全 面 ● 专 业 ● 实 用 ● 经 典 ● 艺 术 ● 厚 重 ● 超 值

新闻出版总署
“盘配书”项目

中文版 Photoshop CS6 完全自学手册

瞿颖健 曹茂鹏 李 化 | 编著

1 DVD 高清教学光盘

超值附赠4GB的DVD光盘，内容包括600多个效果文件和素材文件、88段300多分钟的视频教学文件以及赠送106种实用画笔、867种渐变效果、763种矢量形状、597种实用样式、185种精美图案、12种常用动作、50个背景底纹效果、77个光效火焰效果。

技术手册
18章近550页的手册篇幅，全面系统地归纳Photoshop软件核心功能命令的实用方法以及操作技巧

专业实用
充分展现Photoshop的核心技术、新增功能和商业应用，全面提高数码照片处理、平面视觉创意技能

操作技巧
15大核心功能讲解和75个技能实例及综合演练，技术与经验紧密结合，使您的学习变得轻松、快捷

北京希望电子出版社
Beijing Hope Electronic Press
www.bhp.com.cn

内容简介

本书采用知识介绍与案例结合的写作手法，帮助读者快速掌握此种软件的操作，成为行家里手。

全书总共分为18章，从易到难、详细地进行介绍。章节分为“你好 !Photoshop CS6”、“Photoshop 文档的操作”、“图像的常用编辑”、“选区的创建与编辑”、“修饰与绘制工具的使用”、“文字的使用与编辑”、“矢量工具与绘图”、“解密调色技术”、“图层操作与高级应用”、“蒙版与合成”、“通道的应用”、“缤纷的滤镜世界”、“视频文件编辑与处理”、“3D 功能的应用”、“Web 图形处理与打印输出”、“精通平面设计”、“精通特效插画”、“精通创意合成”。

本书是初学者快速自学Photoshop的经典教程；也是即将踏入或从事平面设计、网络美工、摄影后期、三维动画设计、影视广告、数字插画、包装设计等的从业人员必备工具；同时也适合作为高等院校相关专业以及计算机培训的专业教材。

本书附带一张DVD教学光盘，内容包括本书部分实例的源文件、素材文件，并包含本书中实例的视频教学录像，同时作者精心准备了Photoshop实用快捷键索引，以及多种画笔库、形状库、动作库、渐变库、样式库供读者使用。

图书在版编目（CIP）数据

中文版Photoshop CS6完全自学手册/瞿颖健，曹茂鹏，李化编著.
—北京 :北京希望电子出版社，2012.10

ISBN 978-7-83002-046-0

Ⅰ. ①中… Ⅱ. ①瞿…②曹…③李… Ⅲ. ①图像处理软件
Ⅳ. ①TP391.41

中国版本图书馆CIP数据核字(2012)第197370号

出版：北京希望电子出版社	封面：付　巍
地址：北京市海淀区上地3街9号	编辑：韩宜波　刘俊杰
金隅嘉华大厦C座611	校对：刘　伟
邮编：100085	开本：787mm×1092mm　1/16
网址：www.bhp.com.cn	印张：35（全彩印刷）
电话：010-62978181（总机）转发行部	印数：1-3500
010-82702675（邮购）	字数：670千字
传真：010-82702698	印刷：北京天时彩色印刷有限公司
经销：各地新华书店	版次：2012年10月1版1次印刷

定价：99.00元（配1张DVD光盘）

完成文件制作的基本流程（第 2 章）

利用内容识别比例缩放图像（第 3 章）

使用常用编辑命令制作玫瑰花海（第 3 章）

使用操控变形制作美女的分身（第 3 章）

使用多种变换命令（第 3 章）

使用历史记录画笔工具还原局部效果（第 3 章）

使用自动混合图层连接两张风景照（第 3 章）

使用再次变换命令制作重叠花朵（第 3 章）

使用变换选区制作投影（第 4 章）

使用磁性套索工具去除白色背景（第 4 章）

使用矩形选框制作相册（第 4 章）

使用快速选择工具为照片换背景（第 4 章）

使用描边制作艺术字招贴（第 4 章）

使用内容识别智能填充（第 4 章）

使用魔棒工具去除背景（第 4 章）

使用选区工具制作数码产品广告（第 4 章）

使用多种橡皮擦制作可爱写真（第 5 章）

使用仿制图章工具去除多余部分（第 5 章）

使用画笔面板制作绚丽光斑（第 5 章）

使用散布制作可爱气泡（第 5 章）

使用填充制作彩色海报（第 5 章）

使用修复工具进行人像精修（第 5 章）

使用颜色替换工具人物服饰（第 5 章）

制作创意时装海报（第 5 章）

创建路径文字（第 6 章）

晶莹质感炫彩文字（第 6 章）

复古质感裂痕花纹文字（第 6 章）

使用文字工具制作展馆招贴（第 6 章）

使用文字制作儿童宣传海报（第 6 章）

制作奶酪文字（第 6 章）

栅格化文字制作吉他 logo（第 6 章）

使用钢笔工具提取人像（第 7 章）

制作设计感切分文字海报（第 6 章）

使用钢笔工具为建筑换背景（第 7 章）

使用描边路径制作花边文字（第 7 章）

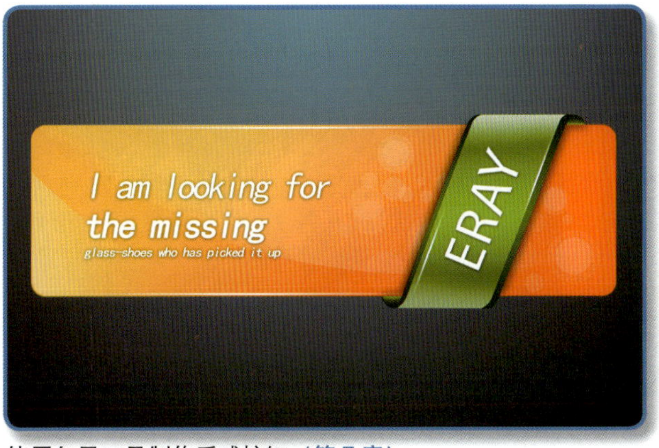

使用矢量工具制作质感按钮（第 7 章）

使用圆角矩形工具制作可爱照片（第 7 章）

打造淡雅外景色调（第 8 章）

制作欧美风格招贴（第 7 章）

打造唯美奇幻色调（第 8 章）

还原图像艳丽色彩（第 8 章）

矫正偏暗的图像（第 8 章）

快速矫正偏色图像（第 8 章）

使用可选颜色制作电影色（第 8 章）

古典风格婚纱照片版式（第 9 章）

使用去色制作黑白照片（第 8 章）

利用混合模式制作甜梦女孩（第 9 章）

使用图层样式制作质感立体文字（第 9 章）

利用混合模式制作炫彩嘴唇（第 9 章）

玫瑰情人（第 9 章）

创建矢量蒙版并添加图层样式（第 10 章）

使用样式制作可爱糖果文字（第 9 章）

剪贴蒙版制作黑金属质感文字（第 10 章）

使用剪贴蒙版制作创意标志（第 10 章）

使用蒙版合成混合插画（第 10 章）

使用快速蒙版制作版式（第 10 章）

使用图层蒙版合成多重曝光效果（第 10 章）

天空神秘岛（第 10 章）

制作青春写真版式（第 10 章）

制作 3D 电影效果（第 11 章）

通道调色制作梦幻色调（第 11 章）

使用通道抠图换背景（第 11 章）

通道抠图美化天空（第 11 章）

使用光照效果与镜头光晕滤镜（第 12 章）

使用锐化滤镜锐化图像（第 12 章）

使用水波滤镜制作水中女神（第 12 章）

使用滤镜制作水墨画（第 12 章）

使用液化滤调整人像身形（第 12 章）

使用蒙尘与划痕磨皮（第 12 章）

使用油画滤镜制作手绘效果（第 12 章）

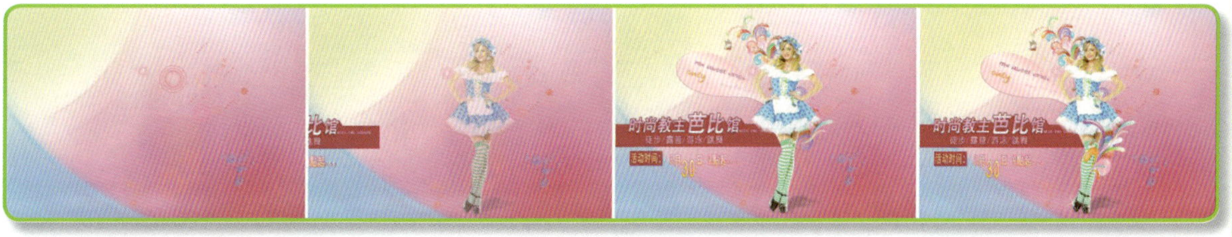

制作动态宣传广告 - 动态（第 13 章）

制作蝴蝶动画 - 动态（第 13 章）

实例练习——制作 3D 怀旧文字态（第 14 章）

古韵水墨风招贴（第 16 章）

果味饮料包装设计（第 16 章）

活力旅行网站设计（第 16 章）

异次元幻境电影海报（第 16 章）

缤纷世界混合插画（第 17 章）

欧美风格插画（第 17 章）

矢量风格插画（第 17 章）

炫彩光效插画（第 17 章）

创意切割人像（第 18 章）

幻境奇缘（第 18 章）

纷飞的红舞裙（第 18 章）

童话仙境（第 18 章）

配套光盘说明

将 DVD 光盘放入光驱中，几秒钟后自动进入光盘主界面，单击相应的按钮即可进入相应的文件夹。也可以在桌面上双击“我的电脑”图标，在打开的窗口中右击光盘所在的盘符，在弹出的快捷菜单中执行“打开”命令，即可进入光盘中。

随书超值附赠 4GB 的 DVD 光盘，内容包括 600 多个效果文件和素材文件、88 段 300 多分钟的视频教学文件以及赠送 106 种实用画笔、867 种渐变效果、763 种矢量形状、597 种实用样式、185 种精美图案、12 种常用动作、50 个背景底纹效果、77 个光效火焰效果。

“案例文件”文件夹中包含 600 多个最终实例效果的 JPG 和 PSD 文件以及所需要的素材文件

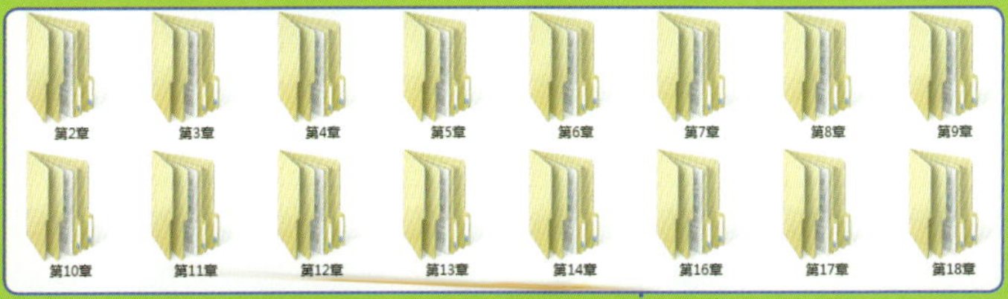

“视频文件”文件夹中包含 88 段 300 多分钟的实例视频教学文件

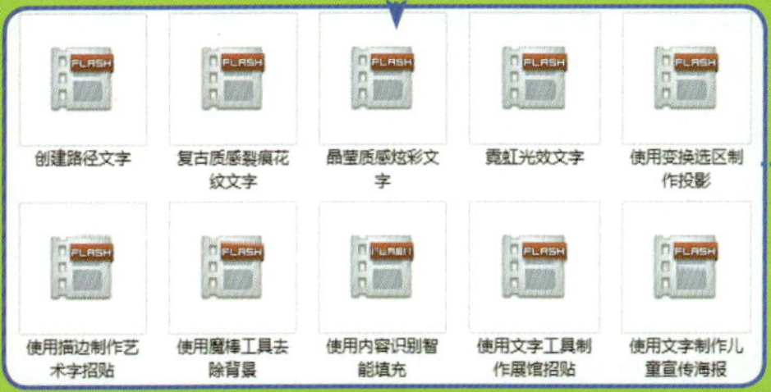

106 种实用画笔

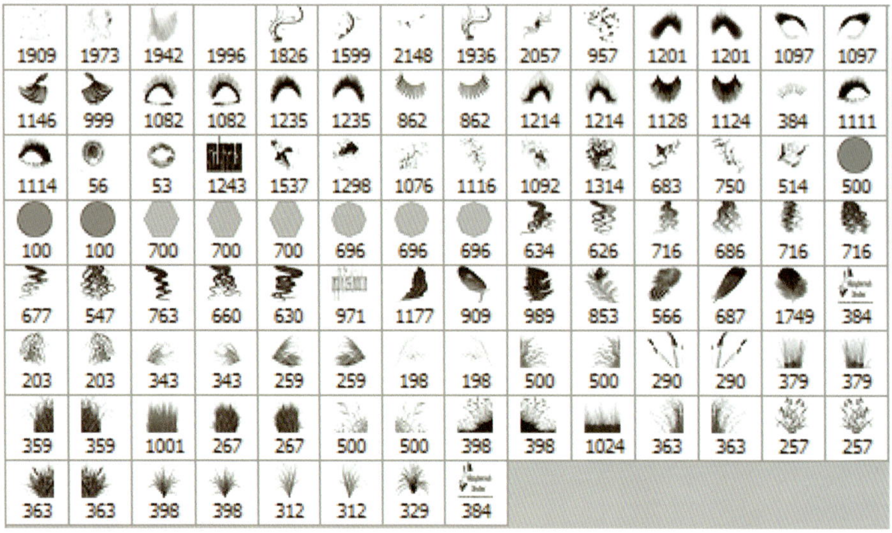

867 种渐变效果

763 种矢量形状

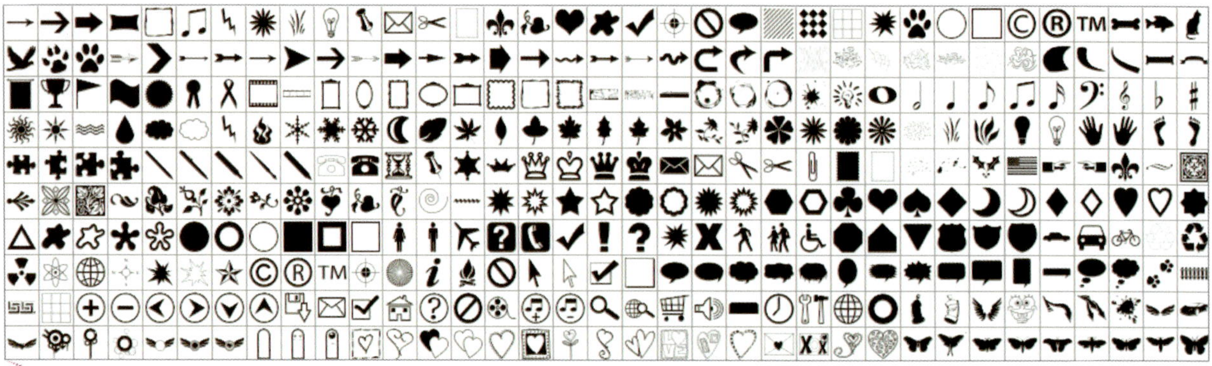

597 种实用样式

钻石效果

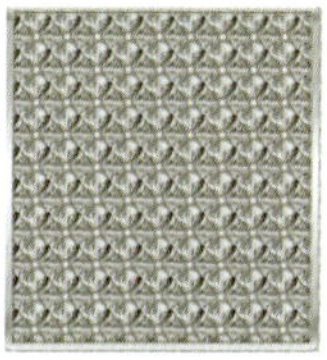

金属效果

宝石效果

花岗岩效果

皮质效果

磨砂效果

185 种精美图案

12 种常用动作

50 个背景底纹效果

77 个光效火焰效果

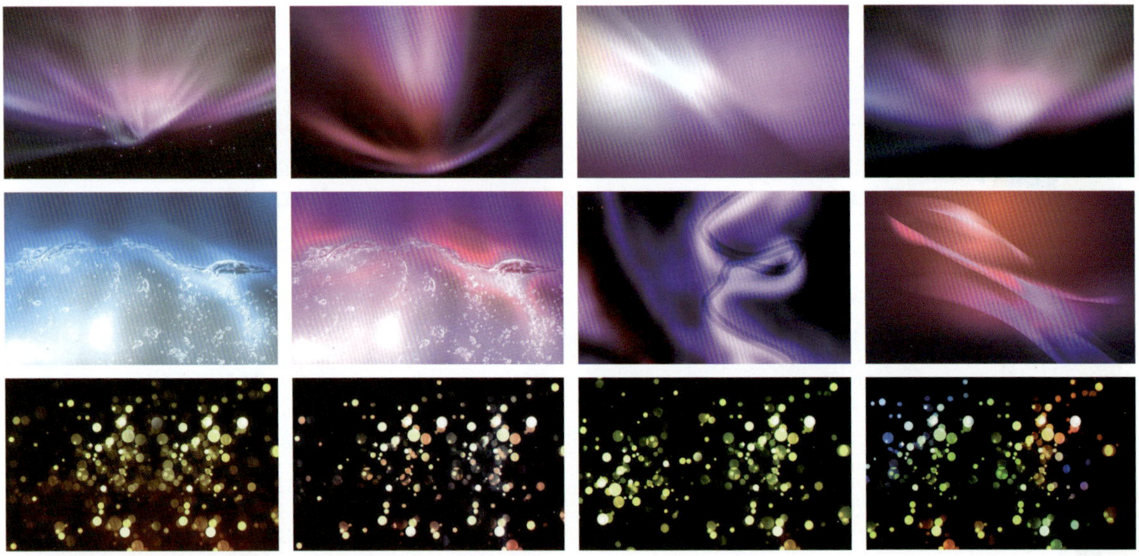

50 个液体墨滴烟雾效果

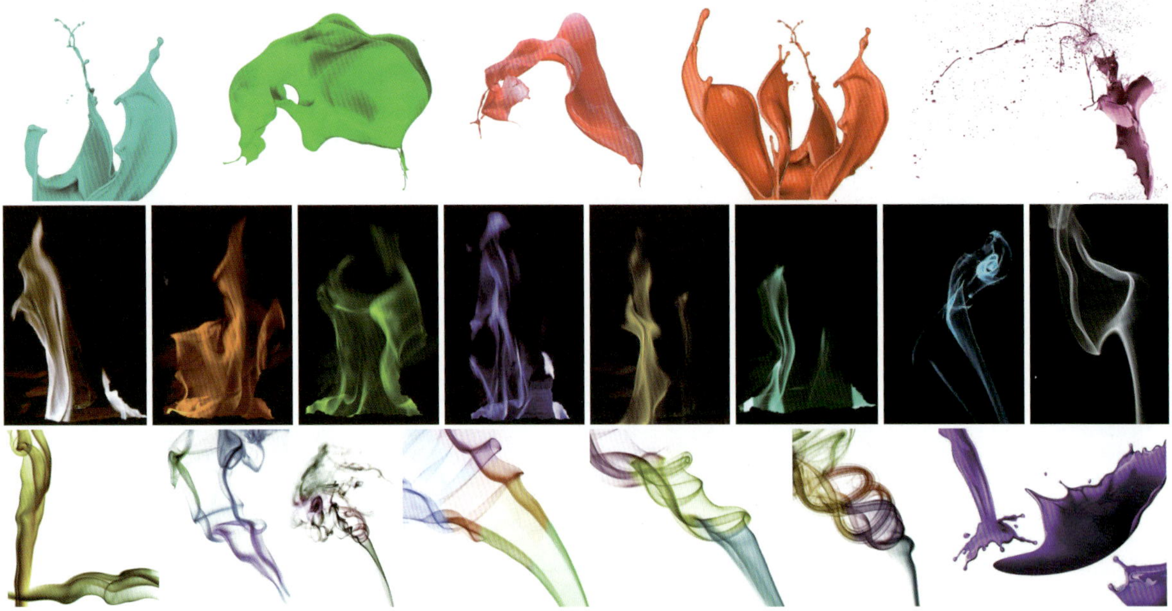

前言

Photoshop是目前世界范围内应用较广泛的设计软件。它是Adobe公司旗下最著名的图像处理软件，主要应用于数码照片处理、平面设计、视觉创意合成、数字插画创作、三维设计、网页设计、交互界面设计等。

基于Photoshop在设计行业应用的广泛度及广大爱好者的要求，编写了这本《中文版Photoshop CS6完全自学手册》，希望能对读者学习Photoshop带来帮助。

全书全面细致地介绍了最新的Photoshop CS6的所有内容，理论结合实例，从易到难；本书是平面设计、网络美工、摄影后期、三维动画设计、影视广告、数字插画、包装设计等的从业人员必备工具；同时也适合作为高等院校相关专业以及计算机培训的专业教材。

全书总共分为18个章节，在内容安排上基本涵盖了日常工作所用到的全部工具与命令。前15章主要以基础为主，后3章则从Photoshop的实际应用出发，着重针对平面设计、特效插画、创意合成3个方面进行案例式地针对性和实用性实战练习，不仅使读者巩固了前面学到的Photoshop中的技术技巧，更为以后实际学习工作打下了坚实的基础。

本书附带一张DVD教学光盘，内容包括本书部分实例的源文件、素材文件，并包含本书中实例的视频教学录像，同时作者精心准备了大量画笔库、形状库、动作库、渐变库、样式库供读者使用。

本书由亿瑞设计策划，瞿颖健、曹茂鹏和李化共同编写。参与本书编写和整理的还有瞿吉业、瞿玉珍、王萍、董辅川、杨建超、马啸、李路、于燕香、杨力、曹元钢、张玉华、曹子龙、曹诗雅、曹明、孙雅娜、曹爱德、曹玮、孙芳、丁仁雯、张建霞、马扬、杨宗香、张效晨、朱春涛、王铁成、崔英迪、高歌、王守钢等同志。在编写的过程中，得到了北京希望电子出版社韩宜波老师的大力支持，在此一并表示感谢。

由于水平有限，书中难免存在错误和不妥之处，敬请广大读者批评和指出。

编著者

Contents 目录

第4章 选区的创建与编辑

第5章 修饰与绘制工具的使用

第6章 文字的使用与编辑

第7章 矢量工具与绘图

目 录

第8章 解密调色技术

第9章 图层操作与高级应用

第10章 蒙版与合成

第11章 通道的应用

第12章 缤纷的滤镜世界

第13章 动态视频文件处理

第14章 3D功能的应用

第15章 Web图形处理与打印输出

第16章 精通平面设计

第17章 精通特效插画

第18章 精通创意合成

第 1 章

初识Photoshop CS6

本章学习要点：

- 掌握 Photoshop CS6 的安装与卸载方法
- 熟悉 Photoshop CS6 的工作界面

自 1990 年诞生了只能在苹果机（Mac）上运行的 Photoshop 1.0，直至 2012 年面世的 Photoshop CS6，多年来的发展，证明 Adobe Photoshop 不仅是优秀的图像处理软件，更是平面设计、排版印刷、数字绘画、影视传媒、艺术创作行业的必备工具。Photoshop CS6 自面世以来更是以其更新的便捷功能、优秀的运行速度以及舒适的用户体验，深受广大设计师以及艺术工作者的喜爱。图 1-1 至图 1-4 所示为使用 Photoshop 制作的作品。

图1-1

图1-2

图1-3

图1-4

1.1 认识 Photoshop CS6

Photoshop CS6

Adobe Photoshop CS6 包含两个版本：标准版 Adobe Photoshop CS6 与扩展版 Adobe Photoshop CS6 Extended，如图 1-5 所示。在全新的 Adobe Photoshop CS6 Extended 版本中，可以发现其不仅在操作界面上发生了显著的变化，还有新增的文字样式、自适应广角滤镜、油画滤镜、模糊画廊，以及改良的润饰工具、裁剪工具、矢量工具、肤色识别、3D、64 位光照效果、视频编辑功能。另外 Adobe Photoshop CS6 还贴心地为用户添加了后台自动存储与文档自动恢复的功能，借助 Mercury 图形引擎，提高了图像的处理速度，更能实现实时查看调整结果，着实让人感到惊喜。

Adobe Photoshop CS6 具有功能强大的摄影工具以及可实现出众图像选择、图像润饰和逼真绘画的突破性功能，适用于摄影师和印刷设计人员。Adobe Photoshop CS6 Extended 则是在标准版的基础上添加了用于处理 3D、动画和高级图像分析等工具，适用于专业的视频编辑人员、跨媒体设计人员、Web 设计人员、交互式设计人员等。图 1-6 和图 1-7 所示分别为两个版本的启动画面。

图1-5

图1-6

图1-7

1.2 如何安装与拆卸Photoshop CS6

Photoshop CS6

Adobe Photoshop CS6 仍然支持主流的 Windows 以及 Mac OS 操作平台。Adobe 推荐使用 64 位硬件及操作系统，尤其是 Windows 7 64-bit 或 Mac OS X 10.6.x 或 10.7.x。Photoshop 将继续支持 Windows XP，但不支持非 64 位 Mac。需要注意的是，如果在 Windows XP 系统下安装 Photoshop CS6 Extended，3D 功能和光照效果滤镜等某些需要启动 GPU 的功能将不可用。并且该软件使用前需要激活，因此必须具备宽带网络连接并完成注册，才能激活软件、验证订阅和访问在线服务。

1.2.1 安装Photoshop CS6的系统要求

Windows	Mac OS
Intel® Pentium® 4 或 AMD Athlon® 64 处理器 Microsoft® Windows® XP*（装有 Service Pack 3）或 Windows 7（装有 Service Pack 1） 1GB 内存 1GB 可用硬盘空间用于安装；安装过程中需要额外的可用空间（无法安装在可移动闪存设备上） 分辨率为 1024×768 dpi（建议使用分辨率为 1280×800 dpi），16 位颜色和 512 MB 的显存 支持 OpenGL 2.0 系统 DVD-ROM 驱动器	Intel 多核处理器（支持 64 位） Mac OS X 10.6.8 或 10.7 版 1GB 内存 2GB 可用硬盘空间用于安装；安装过程中需要额外的可用空间（无法安装在使用区分大小写的文件系统的卷或可移动闪存设备上） 分辨率为 1024×768 dpi（建议使用分辨率为 1280×800dpi），16 位颜色和 512 MB 的显存 支持 OpenGL 2.0 系统 DVD-ROM 驱动器

1.2.2 安装Photoshop CS6

1 将安装光盘放入光驱中，然后在光盘根目录Adobe CS6文件夹中双击Setup.exe文件，或从Adobe官方网站下载试用版运行Setup.exe文件。运行安装程序后开始初始化，如图1-8所示。

图1-8

2 初始化完成后，在“欢迎”界面中可以选择“安装”或“试用”，如图1-9所示。

图1-9

3 如果在欢迎窗口中单击“安装”，则会弹出“Adobe软件许可协议”窗口，阅读许可协议后单击“接受”按钮，如图1-10所示。在弹出的“序列号”窗口中输入安装序列号，如图1-11所示。

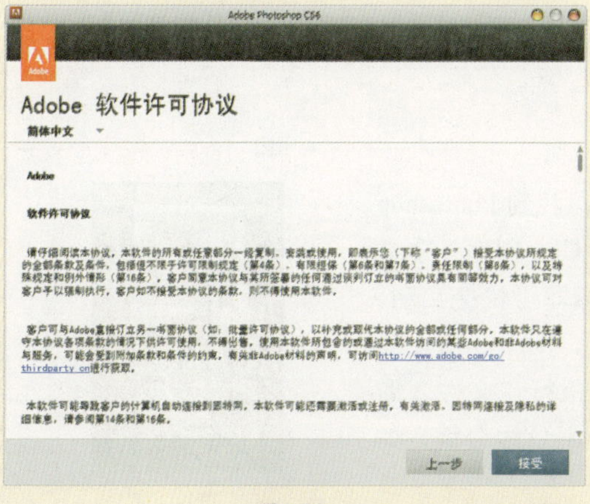

图1-10

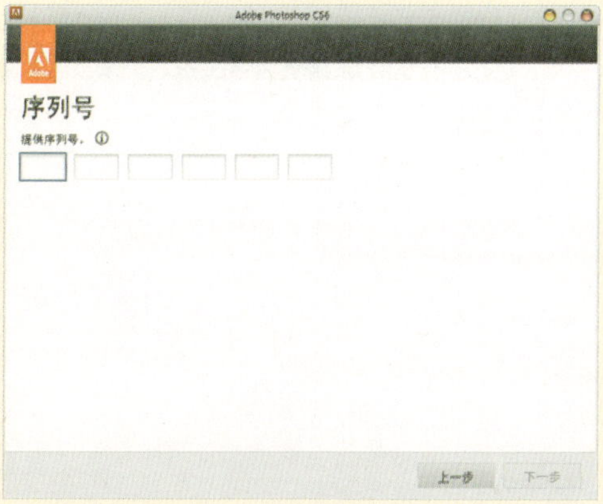

图1-11

4 如果在欢迎窗口中单击“试用”，则在弹出的登录窗口中输入Adobe ID，并单击“登录”按钮，如图1-12所示。

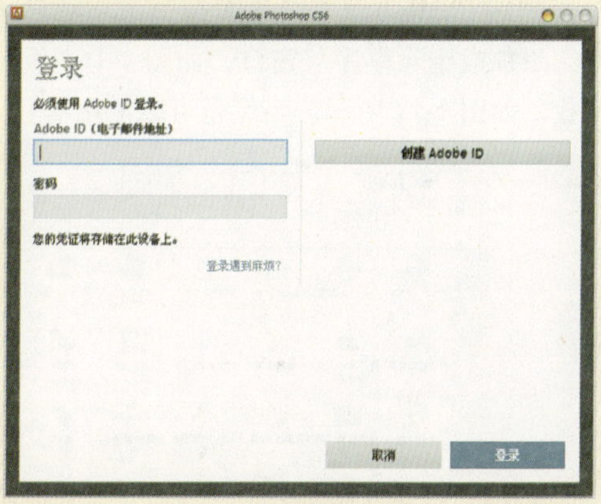

图1-12

5 接着在“选项”窗口中选择合适的语言，并设置合适的安装路径，然后单击“安装”按钮开始安装，如图1-13所示。

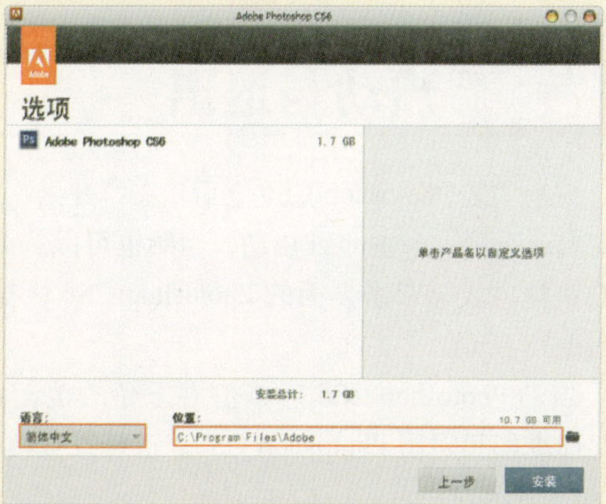

图1-13

6 安装完成后显示“安装完成”窗口，如图 1-14 所示。在桌面上双击 Photoshop CS6 的快捷图标，即可启动 Photoshop CS6，如图 1-15 所示。

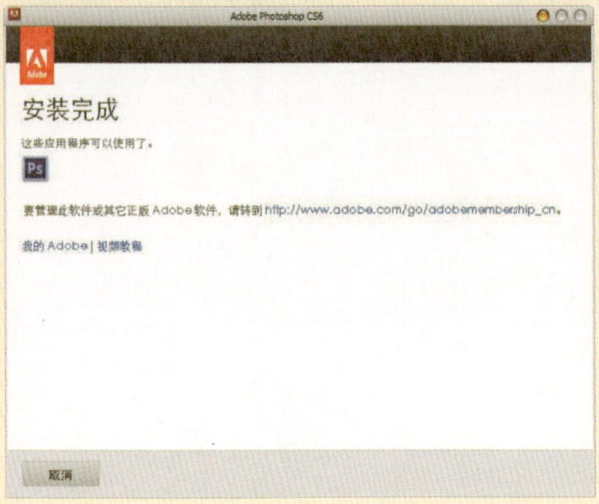

图1-14

图1-15

1.2.3 卸载Photoshop CS6

要卸载 Photoshop CS6，即在 Windows 下打开“控制面板”，然后双击“添加或删除程序”图标，打开“添加或删除程序”窗口，如图 1-16 所示。选择 Adobe Photoshop CS6，最后单击“删除”按钮即可卸载，如图 1-17 所示。当然也可以使用第三方软件进行卸载。

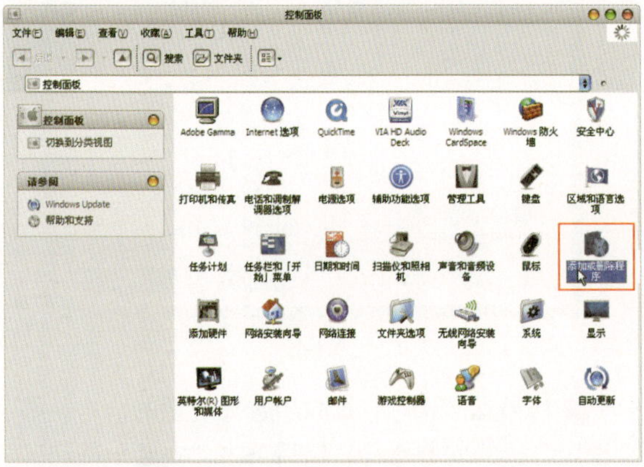

图1-16

图1-17

1.3 启动与退出

Photoshop CS6

成功安装 Photoshop CS6 之后，在“开始”菜单中可以找到 Photoshop CS6 启动选项，单击即可启动。当然也可以为 Photoshop CS6 创建一个桌面的快捷方式，双击桌面的 Photoshop CS6 快捷方式图标即可快捷启动，如图 1-18 所示。

启动 Photoshop CS6 后单击右上角的关闭按钮，或执行“文件 > 退出”命令即可退出 Photoshop CS6，也可以直接使用按 Ctrl+Q 组合键，如图 1-19 所示。

图1-18

图1-19

1.4 熟悉工作界面

Photoshop CS6

启动 Photoshop CS6，可以看到在工作界面中主要由含菜单栏、选项栏、标题栏、工具箱、状态栏、文档窗口以及面板这几大区域组成，如图 1-20 所示。

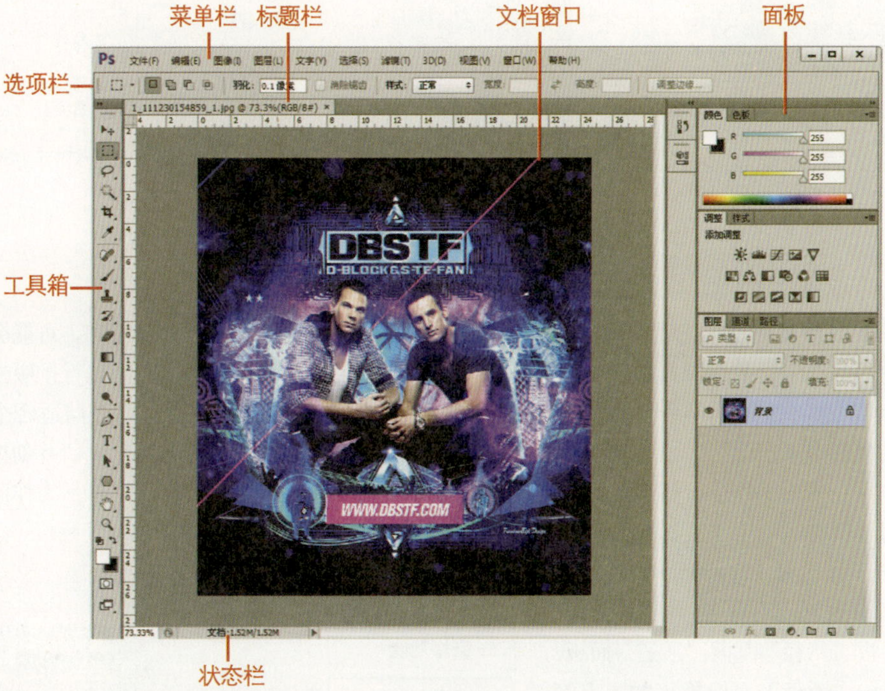

图1-20

- **菜单栏**：Photoshop CS6 的菜单栏中包含 11 组主菜单，分别是文件、编辑、图像、图层、文字、选择、滤镜、3D、视图、窗口和帮助。单击相应的主菜单，即可打开子菜单。
- **标题栏**：在 Photoshop 中打开文件以后，在画布上方会自动出现标题栏。在标题栏中会显示这个文件的名称、格式、窗口缩放比例以及颜色模式等信息。
- **文档窗口**：是显示打开图像的地方。

- **工具箱**：集合了 Photoshop CS6 的大部分工具。“工具箱”可以折叠显示或展开显示。单击“工具箱”顶部的折叠图标，可以将其折叠为双栏；单击按钮即可还原回展开的单栏模式。
- **选项栏**：主要用来设置工具的参数选项，不同工具的选项栏也不同。比如，当选择“移动工具”时，其选项栏会显示如图 1-21 所示的内容。

图1-21

- **状态栏**：位于工作界面的最底部，可以显示当前文档的大小、文档尺寸、当前工具和窗口缩放比例等信息，单击状态栏中的三角形图标，可以设置要显示的内容，如图 1-22 所示。
- **面板**：主要用来配合图像的编辑、对操作进行控制以及设置参数等。每个面板的右上角都有一个图标，单击该图标可以打开该面板的菜单选项，如果需要打开某一个面板，可以单击菜单栏中的“窗口”菜单按钮，在展开的菜单中单击即可打开该面板，如图 1-23 所示。

图1-22

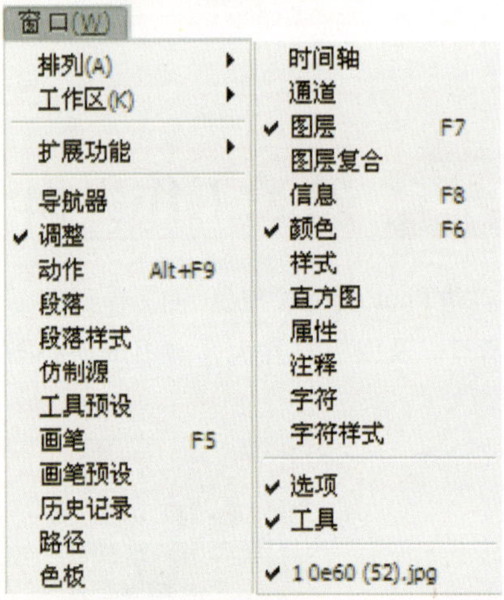

图1-23

1.4.1 使用预设工作区

工作区主要包括文档窗口、工具箱、菜单栏和各种面板。在进行不同类型的操作时，可能会应用到不同的工作区，例如在进行数码照片编辑的过程中，可能经常会用到“调整”面板，而进行排版操作时则可能会用到“字符”面板等。Photoshop 提供了适合不同任务的预设工作区，并且可以存储适合个人的工作区布局。在选项栏中单击工作区，在弹出的菜单中可以选择系统预设的一些工作区，如 CS6 新增功能工作区、绘画工作区、摄影工作区、排版规则工作区，单击即可应用该工作区。执行“窗口 > 工作区”菜单下的子命令即可选择合适的工作区，如图 1-24 所示。

基本功能工作区是 Photoshop 默认的工作区。这个工作区包括了一些常用的面板，如“图层”面板、“路径”面板、“通道”面板、“蒙版”面板和“颜色”面板等，如图 1-25 所示。

如果想要快速浏览 Photoshop CS6 的新增功能，可以将工作区切换为“CS6 新增功能”工作区，菜单命令中的 Photoshop CS6 新增功能会显示为彩色，如图 1-26 所示。

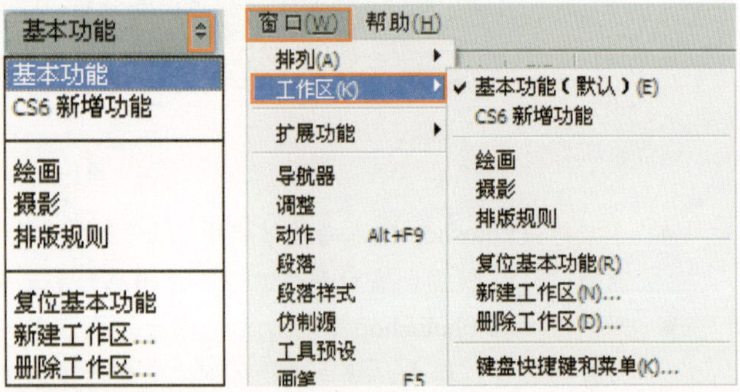

图1-24

图1-25

图1-26

1.4.2 自定义工作区

在 Photoshop 中可以将适合自己的工作区定义为自定义工具区，以便随时调用。调整好工作区后，执行“窗口 > 工作区 > 新建工作区”菜单命令，如图 1-27 所示。然后在弹出的对话框中为工作区设置一个名称，接着单击“存储”按钮存储工作区，如图 1-28 所示。

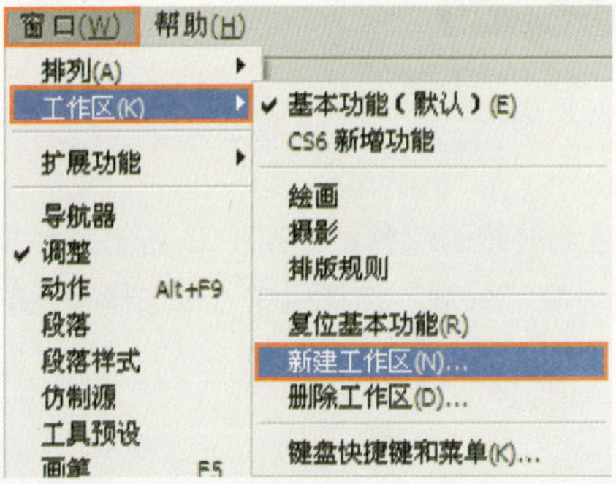

图1-27

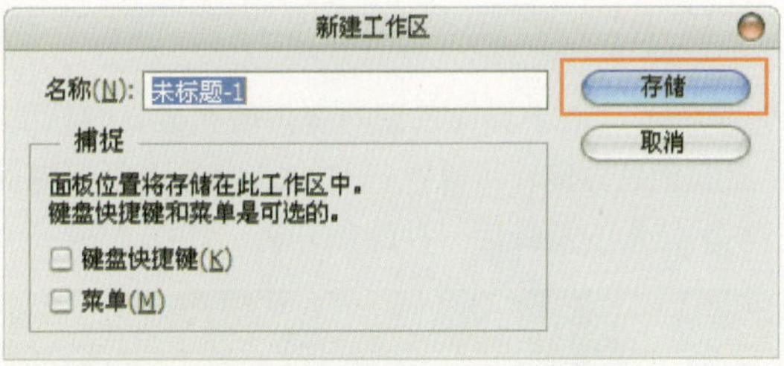

图1-28

在“窗口 > 工作区”菜单下可以选择之前自定义的工作区。如果需要删除自定义的工作区，则执行“窗口 > 工作区 > 删除工作区”菜单命令，如图 1-29 所示。

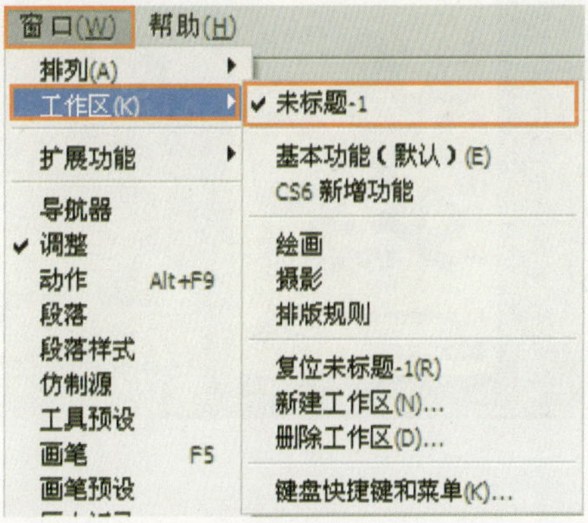

图1-29

1.4.3 更改屏幕模式

单击工具箱中的“更改屏幕模式”按钮，在弹出的列表中可以选择屏幕模式，其中包括“标准屏幕模式”（如图 1-30 所示）、“带有菜单栏的全屏模式”（如图 1-31 所示）和“全屏模式”（如图 1-32 所示）3 种。

图1-30

图1-31

图1-32

1.4.4 更改界面颜色方案 新增功能

Photoshop CS6 中界面色调的变化最明显，默认的界面颜色为较暗的深色，如图 1-33 所示。如果想要更改界面的颜色方案，可以执行“编辑 > 首选项 > 界面”命令，在“外观”选项组中可以选择合适的颜色方案，本书使用的是最后一种颜色方案，如图 1-34 所示。

图1-33

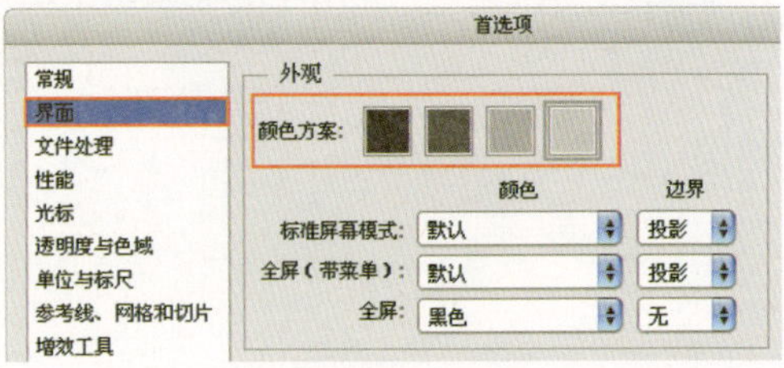

图1-34

1.5 Photoshop CS6工具速查

Photoshop CS6

Photoshop CS6 的工具箱中有很多工具图标，其中工具的右下角带有三角形图标表示这是一个工具组，每个工具组中又包含多个工具，在工具组上单击鼠标右键即可弹出隐藏的工具。左键单击工具箱中的某一个工具，即可选择该工具，如图 1-35 所示。

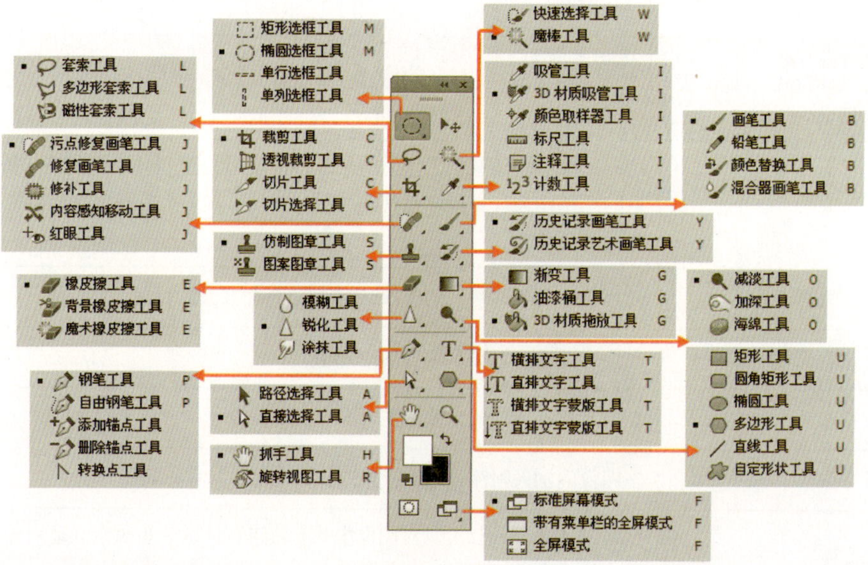

图1-35

按钮	工具名称	说明	快捷键
	移动工具	移动图层、参考线、形状或选区内的像素	V
选框工具组			
	矩形选框工具	创建矩形选区与正方形选区，按Shift键可以创建正方形选区	M
	椭圆选框工具	制作椭圆选区和正圆选区，按Shift键可以创建正圆选区	M
	单行选框工具	创建高度为1像素的选区，常用来制作网格效果	无
	单列选框工具	创建宽度为1像素的选区，常用来制作网格效果	无
套索工具组			
	套索工具	自由地绘制出形状不规则的选区	L
	多边形套索	创建转角比较强烈的选区	L
	磁性套索工具	能够以颜色上的差异自动识别对象的边界，特别适合于快速选择与背景对比强烈且边缘复杂的对象	L
快速选择工具组			
	快速选择工具	利用可调整的圆形笔尖迅速地绘制出选区	W
	魔棒工具	使用“魔棒工具”在图像中单击就能选取颜色差别在容差值范围内的区域	W
裁剪与切片工具组			
	裁剪工具	以任意尺寸裁剪图像	C
	透视裁剪工具	使用“透视裁剪工具”可以在需要裁剪的图像上制作出带有透视感的裁剪框，在应用裁剪后可以使图像带有明显的透视感	C
	切片工具	从一张图像创建切片图像	C
	切片选择工具	为改变切片的各种设置而选择切片	C

（续表）

按钮	工具名称	说明	快捷键
吸管与辅助工具组			
	吸管工具	拾取图像中的任意颜色作为前景色，按住Alt键进行拾取可将当前拾取的颜色作为背景色。在打开图像的任何位置采集色样来作为前景色或背景色	I
	3D材质吸管工具	使用该工具可以快速的吸取3D模型中各个部分的材质	I
	颜色取样器工具	在信息浮动窗口显示取样的RGB值	I
	标尺工具	在信息浮动窗口显示拖曳的对角线距离和角度	I
	注释工具	在图像内加入附注。PSD、TIFF、PDF文件都有此功能	I
	计数工具	使用“计数工具”可以对图像中的元素进行计数，也可以自动对图像中的多个选定区域进行计数	I
修复画笔工具组			
	污点修复画笔工具	不需要设置取样点，自动从所修饰区域的周围进行取样消除图像中的污点和某个对象	J
	修复画笔工具	用图像中的像素作为样本进行绘制	J
	修补工具	利用样本或图案来修复所选图像区域中不理想的部分	J
	内容感知移动工具	在用户整体移动图片中选中的某物体时，智能填充物体原来的位置	J
	红眼工具	可以去除由闪光灯导致的瞳孔红色反光	J
画笔工具组			
	画笔工具	使用前景色绘制出各种线条，同时也可以利用它来修改通道和蒙版	B
	铅笔工具	用无模糊效果的画笔进行绘制	B
	颜色替换工具	将选定的颜色替换为其他颜色	B
	混合器画笔工具	可以像传统绘画过程中混合颜料一样混合像素	B
图章工具组			
	仿制图章工具	将图像的一部分绘制到同一图像的另一个位置上，或绘制到具有相同颜色模式的任何打开的文档的另一部分，也可以将一个图层的一部分绘制到另一个图层上	S
	图案图章工具	使用预设图案或载入的图案进行绘画	S
历史记录画笔工具组			
	历史记录画笔工具	将标记的历史记录状态或快照用作源数据对图像进行修改	Y
	历史记录艺术画笔工具	将标记的历史记录状态或快照用作源数据，并以风格化的画笔进行绘画	Y

（续表）

按钮	工具名称	说明	快捷键
橡皮擦工具组			
	橡皮擦工具	以类似画笔描绘的方式将像素更改为背景色或透明	E
	背景橡皮擦工具	基于色彩差异的智能化擦除工具	E
	魔术橡皮擦工具	清除与取样区域类似的像素范围	E
渐变与填充工具组			
	渐变工具	以渐变方式填充拖曳的范围，在渐变编辑器内可以设置渐变模式	G
	油漆桶工具	可以在图像中填充前景色或图案	G
	3D材质拖放工具	在选项栏中选择一种材质，在选中模型上单击可以为其填充材质	G
模糊锐化工具组			
	模糊工具	柔化硬边缘或减少图像中的细节	无
	锐化工具	增强图像中相邻像素之间的对比，以提高图像的清晰度	无
	涂抹工具	模拟手指划过湿油漆时所产生的效果。可以拾取鼠标单击处的颜色，并沿着拖曳的方向展开这种颜色	无
加深减淡工具组			
	减淡工具	可以对图像进行减淡处理	O
	加深工具	可以对图像进行加深处理	O
	海绵工具	增加或降低图像中某个区域的饱和度。如果是灰度图像，该工具将通过灰阶远离或靠近中间灰色来增加或降低对比度	O
钢笔工具组			
	钢笔工具	以锚点方式创建区域路径，主要用于绘制矢量图形和选取对象	P
	自由钢笔工具	用于绘制比较随意的图形，使用方法与套索工具非常相似	P
	添加锚点工具	将光标放在路径上，单击即可添加一个锚点	
	删除锚点工具	删除路径上已经创建的锚点	
	转换点工具	用来转换锚点的类型（角点和平滑点）	
文字工具组			
	横排文字工具	创建横排文字图层	T
	直排文字工具	创建直排文字图层	T
	横排文字蒙版工具	创建水平文字形状的选区	T
	直排文字蒙版工具	创建垂直文字形状的选区	T

（续表）

按钮	工具名称	说明	快捷键
选择工具组			
	路径选择工具	在路径浮动窗口内选择路径，可以显示出锚点	A
	直接选择工具	只移动两个锚点之间的路径	A
形状工具组			
	矩形工具	创建长方形路径、形状图层或填充像素区域.	U
	圆角矩形工具	创建圆角矩形路径、形状图层或填充像素区域	U
	椭圆工具	创建正圆或椭圆圆形路径、形状图层或填充像素区域	U
	多边形工具	建多边形路径、形状图层或填充像素区域	U
	直线工具	创建直线路径、形状图层或填充像素区域	U
	自定形状工具	创建事先存储的形状路径、形状图层或填充像素区域	U
视图调整工具			
	抓手工具	拖曳并移动图像显示区域	H
	旋转视图工具	拖曳以及旋转视图	R
	缩放工具	放大、缩小显示的图像	Z
颜色设置工具			
	前景色/背景色	单击打开拾色器设置前景色/背景色	无
	切换前景色和背景色	切换所设置的前景色和背景色	X
	默认前景色和背景色	恢复默认的前景色和背景色	D
快速蒙版			
	以快速蒙版模式编辑	切换快速蒙版模式和标准模式	Q
更改屏幕模式			
	标准屏幕模式	标准屏幕模式可以显示菜单栏、标题栏、滚动条和其他屏幕元素	F
	带有菜单栏的全屏模式	带有菜单栏的全屏模式可以显示菜单栏、50%的灰色背景、无标题栏和滚动条的全屏窗口	F
	全屏模式	全屏模式只显示黑色背景和图像窗口，如果要退出全屏模式，可以按Esc键。如果按Tab键，将切换到带有面板的全屏模式	F

第 2 章

Photoshop CS6 文档的操作

本章学习要点：

- 掌握文件的基本操作
- 掌握标尺与辅助线的使用方法
- 掌握图像窗口的使用方法

在 Photoshop CS6 中，文档处理的基本方式与其他设计软件非常相似，都包含新建、打开、导入、导出、存储、关闭等操作。熟练掌握这些常用操作的快捷方式能够极大节省操作时间。本章节还介绍了常用辅助工具的使用以及文档窗口的查看方式。

2.1 新建文件

Photoshop CS6

创建新文件时，需要执行“文件＞新建”菜单命令或按 Ctrl+N 组合键，打开“新建”对话框，如图 2-1 所示。在“新建”对话框中可以分别对文件的名称、尺寸、分辨率、颜色模式等进行相应设置，如图 2-2 所示。

图2-1

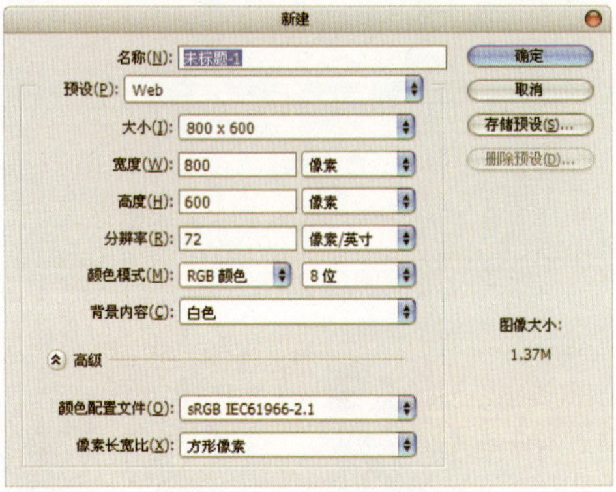

图2-2

- **名称：**设置文件的名称，默认情况下的文件名为“未标题 -1”。如果在新建文件时没有对文件进行命名，这时可以通过执行“文件＞存储为”菜单命令对文件进行名称的修改。
- **预设：**选择一些内置的常用尺寸，单击预设下拉列表即可进行选择。预设列表中包含了“剪贴板”、“默认 Photoshop 大小”、“美国标准纸张”、“国际标准纸张”、“照片”、“Web”、“移动设备”、“胶片和视频”和“自定”9 个选项。
- **大小：**用于设置预设类型的大小，在设置“预设”为“美国标准纸张”、“国际标准纸张”、“照片”、“Web”、“移动设备”或“胶片和视频”时，“大小”选项才可用。
- **宽度 / 高度：**设置文件的宽度和高度，其单位有“像素”、“英寸”、“厘米”、“毫米”、“点”、“派卡”和“列”7 种。
- **分辨率：**用来设置文件的分辨率大小，其单位有“像素 / 英寸”和“像素 / 厘米”两种。一般情况下，图像的分辨率越高，印刷出来的质量就越好。
- **颜色模式：**设置文件的颜色模式以及相应的颜色深度。
- **背景内容：**设置文件的背景内容，有“白色”、“背景色”和“透明”3 个选项。
- **颜色配置文件：**用于设置新建文件的颜色配置。
- **像素长宽比：**用于设置单个像素的长宽比例。通常情况下保持默认的“方形像素”即可，如果需要应用于视频文件，则需要进行相应更改。
- **存储预设：**完成设置后，可以单击“存储预设”按钮，将这些设置存储到预设列表中，以便以后直接使用。

2.2 打开文件

Photoshop CS6

1 执行“文件＞打开”菜单命令或按 Ctrl+O 组合键，在弹出的对话框中选择需要打开的文件，接着单击“打开”按钮即可打开该文件。在查找范围中可以通过此处设置打开文件的路径；在“文件类型”中可以用于筛选需要打开文件的类型，默认为“所有格式”，如图 2-3 所示。

图2-3

2 另外，Photoshop 可以记录最近使用过的 10 个文件，执行“文件 > 最近打开文件”菜单命令，在其下拉菜单中单击文件名即可将其在 Photoshop 中打开，执行底部的“清除最近”命令可以删除历史打开记录，如图 2-4 所示。但是首次启动 Photoshop 时，或者在运行 Photoshop 期间已经执行过“清除最近”命令后，都会导致“最近打开文件”命令处于灰色不可用状态。

3 选择一个需要打开的文件，单击鼠标右键，接着在弹出的快捷菜单中执行“打开方式 >Adobe Photoshop CS6”命令可以使用 Photoshop CS6 快速打开该文件，如图 2-5 所示。也可以选择一个需要打开的文件，然后将其拖曳到 Photoshop CS6 的应用程序图标上即可快速打开文件，如图 2-6 所示。

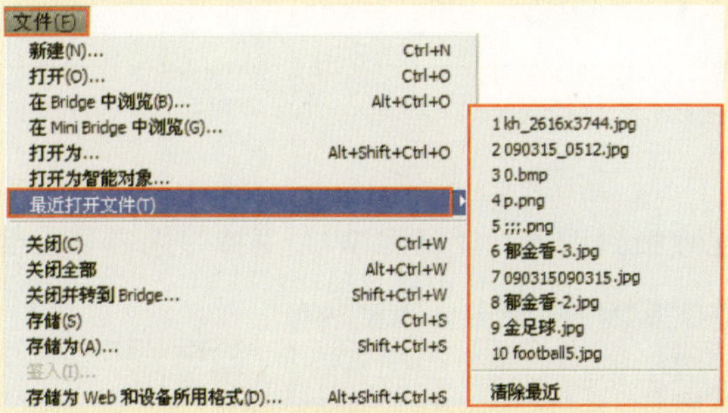

图2-4

图2-5

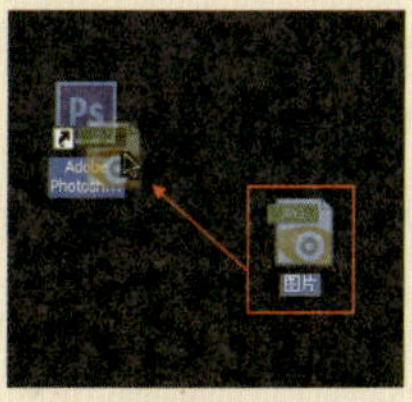

图2-6

2.3 复制文件

Photoshop CS6

执行“图像 > 复制”菜单命令可以快速地将当前文件复制为完全相同的副本，如图 2-7 和图 2-8 所示。

图2-7

图2-8

2.4 置入文件

Photoshop CS6

“置入”命令可以将任何 Photoshop 支持的文件添加到当前操作的文档中，如图 2-9 所示。置入的文件将作为智能对象并自动放置在画布的中间，同时文件会保持其原始长宽比，如图 2-10 和图 2-11 所示。置入文件之后，可以对作为智能对象的图像进行缩放、定位、斜切、旋转或变形操作，并且不会降低图像的质量。

图2-9

图2-10

图2-11

2.5 导入与导出文件

Photoshop CS6

2.5.1 导入文件

执行“文件＞导入”命令可以将变量数据组、视频帧到图层、注释和 WIA 支持等内容导入到 Photoshop 中进行编辑。当需要将数码相机中的照片导入到计算机中时，执行“文件＞导入＞WIA 支持”菜单命令即可。如果计算机配置了扫描仪并安装了相关的软件，则可以在“导入”下拉菜单中选择扫描仪的名称，使用扫描仪制造商的软件扫描图像，并将其存储为 TIFF、PICT、BMP 格式，然后在 Photoshop 中就可以打开这些图像，如图 2-12 所示。

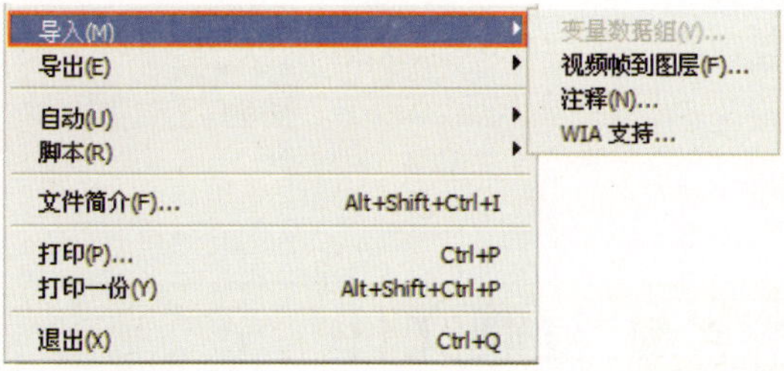

图2-12

2.5.2 导出文件

执行“文件＞导出”菜单命令，可以在其下拉菜单中选择导出类型。“数据组作为文件”时可以按批处理模式使用数据组值将图像输出为 PSD 文件。选择“Zoomify”时可以将高分辨率的图像发布到 Web 上，利用 Viewpoint Media Player，可以平移或缩放图像以查看其不同部分。在导出时，Photoshop 会创建 JPG 和 HTML 文件，可以将这些文件上传到 Web 服务器。选择“路径到 Illustrator”时将路径导出为 AI 格式，在 Illustrator 中可以继续对路径进行编辑。选择“渲染视频”时可以将视频导出为 QuickTime 影片。在 Photoshop CS6 中，还可以将时间轴动画与视频图层一起导出。选择如图 2-13 所示。

图2-13

2.6 保存文件

Photoshop CS6

2.6.1 存储文件

Photoshop 文档编辑完成后就需要对文件进行保存关闭，这一特点与 Word 等软件是相同的。当 Photoshop 出现程序错误、计算机出现程序错误以及发生断电等情况时，所有操作结果都将丢失。所以在编辑过程中需要经常进行保存，这样在编辑过程中就会避免很多不必要的损失。将保留所做的更改存储时会替换掉上一次保存的文件，并且会按照当前格式和名称来进行保存。

1 执行“文件 > 存储”菜单命令或按 Ctrl+S 组合键可以对文件进行保存，如图 2-14 所示。

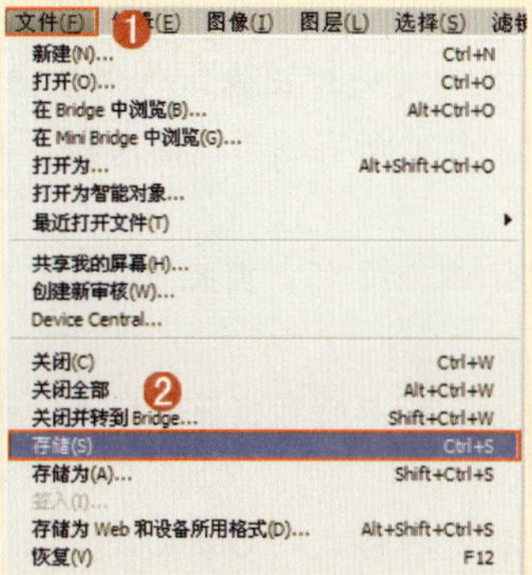

图2-14

2 如果需要将文件保存到另一个位置或使用另一文件名进行保存时，可以执行“文件 > 存储为”菜单命令或按 Shift+Ctrl+S 组合键。在“文件名”和“格式”中可以分别进行设置，如图 2-15 所示。

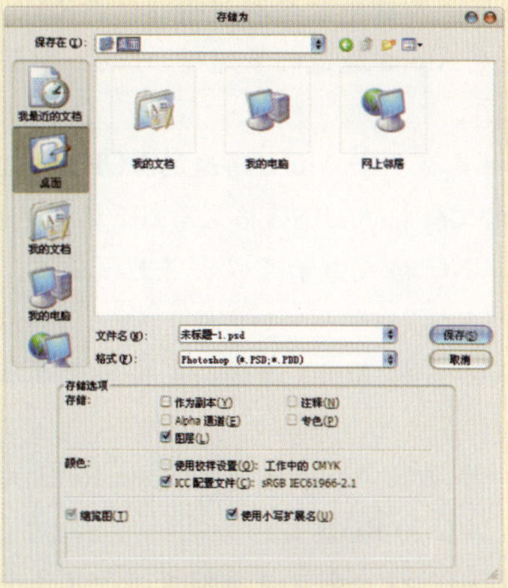

图2-15

技巧提示

如果是新建的一个文件，那么在执行“文件>存储”菜单命令时，系统会弹出“存储为”对话框。

3 在“存储”选项组中选中“作为副本”复选框时，可以另外保存一个副本文件。选中“注释”、“Alpha 通道”、“专色”、“图层”时可以选择是否存储这些内容，如图 2-16 所示。

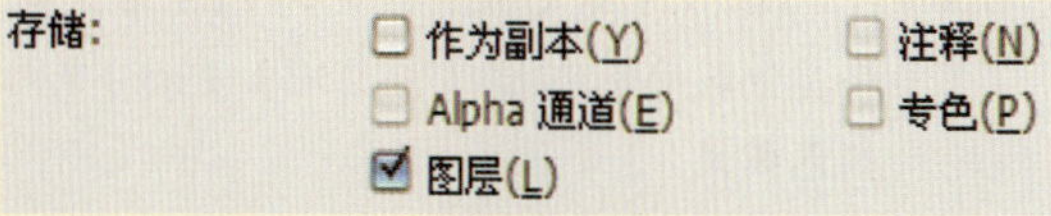

图2-16

4 在“颜色”选项组中选中“使用校样设置”复选框可以将文件的保存格式设置为 EPS 或 PDF 时，该选项才可用。选中“ICC 配置文件”复选框时可以保存嵌入在文档中的 ICC 配置文件，如图 2-17 所示。

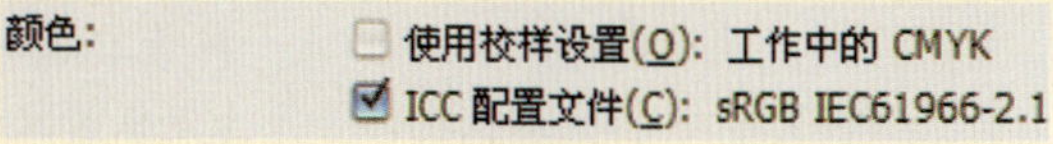

图2-17

5 选中“缩览图”复选框可以为图像创建并显示缩览图。选中“使用小写扩展名”复选框时将文件的扩展名设置为小写，如图 2-18 所示。

图2-18

2.6.2 熟悉常用图像格式

图像文件格式就是存储图像数据的方式，它决定了图像的压缩方法；支持何种 Photoshop 功能以及文件是否与一些文件相兼容等属性。下面介绍一些常见的图像格式。

- PSD：是 Photoshop 的默认存储格式，能够保存图层、蒙版、通道、路径、未栅格化的文字、图层样式等。在一般情况下，保存文件都采用这种格式，以便随时进行修改。PSD 格式应用非常广泛，可以直接将这种格式的文件置入到 Illustrator、InDesign 和 Premiere 等 Adobe 软件中。
- PSB：是一种大型文档格式，可以支持高达到 300000 像素的超大图像文件。它支持 Photoshop 的所有功能，可以保存图像的通道、图层样式和滤镜效果不变，但是只能在 Photoshop 中打开。
- BMP：是微软开发的固有格式，这种格式被大多数软件支持。此格式采用了一种叫 RLE 的无损压缩方式，对图像质量不会产生什么影响。BMP 格式主要用于保存位图图像，支持 RGB、位图、灰度和索引颜色模式，但是不支持 Alpha 通道。
- GIF 格式：是输出图像到网页最常用的格式。采用 LZW 压缩，支持透明背景和动画，被广泛应用在网络中。
- DICOM：通常用于传输和保存医学图像，如超声波和扫描图像。此种格式文件包含图像数据和标头，其中存储了有关医学图像的信息。
- EPS：是为 PostScript 打印机上输出图像而开发的文件格式，是处理图像工作中最重要的格式，被广泛应用在 Mac 和 PC 环境下的图形设计和版面设计中，几乎所有图形、图表和页面排版程序都支持这种格式。
- IFF 格式：由 Commodore 公司开发，由于该公司已退出了计算机市场，因此 IFF 格式也将逐渐被废弃。
- JPEG：是平时最常用的一种图像格式。它是一个最有效、最基本的有损压缩格式，被绝大多数的图形处理软件所支持。
- DCS 格式：是 Quark 开发的 EPS 格式的变种，主要在支持这种格式的 QuarkXPress、PageMaker 和其他应用软件上工作。DCS 便于分色打印，Photoshop 在使用 DCS 格式时，必须转换成 CMYK 颜色模式。
- PCX：是 DOS 格式下的古老程序 PC PaintBrush 固有格式的扩展名，目前并不常用。
- PDF：是由 Adobe Systems 创建的一种文件格式，允许在屏幕上查看电子文档。PDF 文件还可被嵌入到 Web 的 HTML 文档中。
- RAW：是一种灵活的文件格式，主要用于在应用程序与计算机平台之间传输图像。RAW 格式支持具有 Alpha 通道的 CMYK、RGB 和灰度模式，以及无 Alpha 通道的多通道、Lab、索引和双色调模式。
- PXR：是专为高端图形应用程序设计的文件格式，它支持具有单个 Alpha 通道的 RGB 和灰度图像。
- PNG：是专为 Web 开发的，是一种将图像压缩到 Web 上的文件格式。PNG 格式与 GIF 格式不同的是，PNG 格式支持 24 位图像并产生无锯齿状的透明背景。PNG 格式由于可以实现无损压缩，并且可以存储透明区域，因此常用来存储背景透明的素材。
- SCT：支持灰度图像、RGB 图像和 CMYK 图像，但是不支持 Alpha 通道，主要用于 Scitex 计算机上的高端图像处理。
- TGA：专用于使用 Truevision 视频板的系统，它支持一个单独 Alpha 通道的 32 位 RGB 文件，以及无 Alpha 通道的索引、灰度模式，并且支持 16 位和 24 位的 RGB 文件。
- TIFF：是一种通用的文件格式，所有绘画、图像编辑和排版程序都支持该格式，而且几乎所有桌面扫描仪都可以产生 TIFF 图像。TIFF 格式支持具有 Alpha 通道的 CMYK、RGB、Lab、索引颜色和灰度图像，以及没有 Alpha 通道的位图模式图像。Photoshop 可以在 TIFF 文件中存储图层和通道，但是如果在另外一个应用程序中打开该文件，那么只有拼合图像才是可见的。
- 便携位图格式 PBM：支持单色位图（即 1 位 / 像素），可以用于无损数据传输。因为许多应用程序都支持这种格式，所以可以在简单的文本编辑器中编辑或创建这类文件。

2.7 关闭与退出

Photoshop CS6

在 Photoshop CS6 中可以使用多种方法关闭文件。例如执行“文件 > 关闭”菜单命令（按 Ctrl+W 组合键）或者单击文档窗口右上角的“关闭”按钮 ，使用这种方法关闭文件时，其他文件将不受任何影响，如图 2-19 所示。

执行“文件 > 关闭全部”菜单命令或按 Alt+Ctrl+W 组合键，可以关闭所有文件，如图 2-20 所示。执行“文件 > 退出”菜单命令或者单击程序窗口右上角的“关闭”按钮，可关闭所有文件并退出 Photoshop，如图 2-21 所示。

图2-19

图2-20

图2-21

综合演练 完成文件制作的基本流程

案例文件	案例文件\第2章\综合演练\完成文件制作的基本流程.psd
视频教学	视频文件\第2章\完成文件制作的基本流程.flv
难易指数	★★★★★
知识掌握	新建、打开、置入、存储为、关闭

案例效果

本案例通过使用新建、打开、置入、存储为、关闭等命令使读者熟悉文件处理的基本流程，效果如图 2-22 所示。

图2-22

操作步骤

1 执行“文件 > 新建”菜单命令，在弹出的“新建”窗口中设置“名称”为“完成文件制作的基本流程”，设置文件“宽度”为 2700 像素、“高度”为 1900 像素，设置“分辨率”为 300 像素 / 英寸，“颜色模式”为 RGB 颜色，“背景”为白色，如图 2-23 所示。

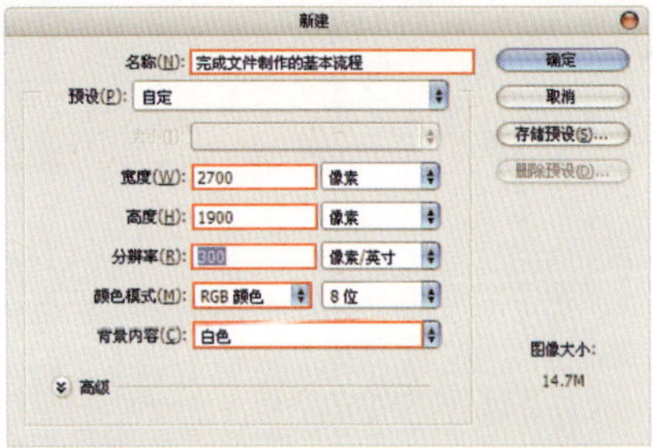

图2-23

2 执行“文件 > 打开”菜单命令，打开背景素材“1”，单击工具箱中的“移动工具”，在背景素材上单击并将其拖动到新建文件中，如图 2-24 所示。此时的效果如图 2-25 所示。

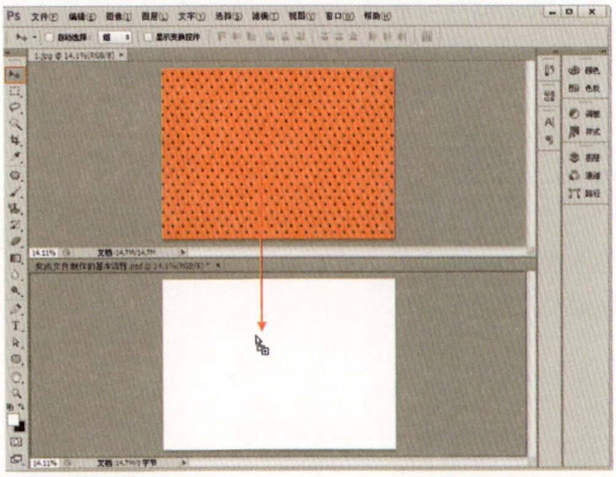
图2-24

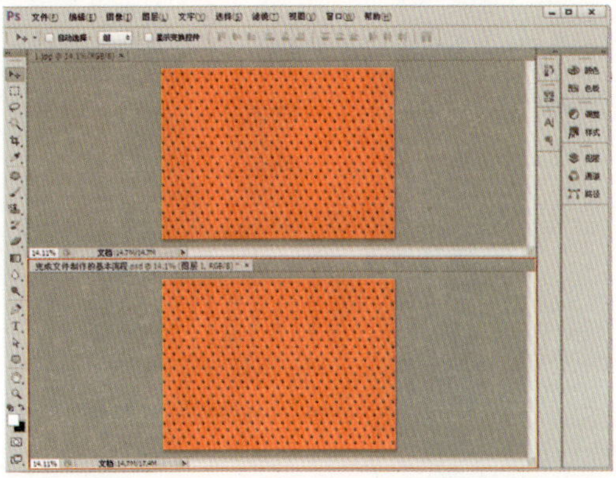
图2-25

3 执行“文件 > 置入”命令，在弹出的“置入”对话框中选择素材“2”，单击“置入”按钮，如图 2-26 所示。将其放置在画布中间，此时的效果如图 2-27 所示。

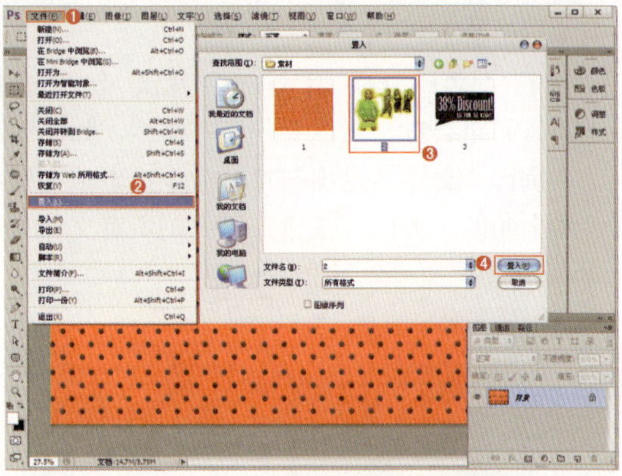
图2-26

图2-27

4 继续执行“文件 > 置入”命令，选择右下角的装饰素材“3”，如图 2-28 所示。按 shift 键等比例缩小放置到画布右下角，如图 2-29 所示。

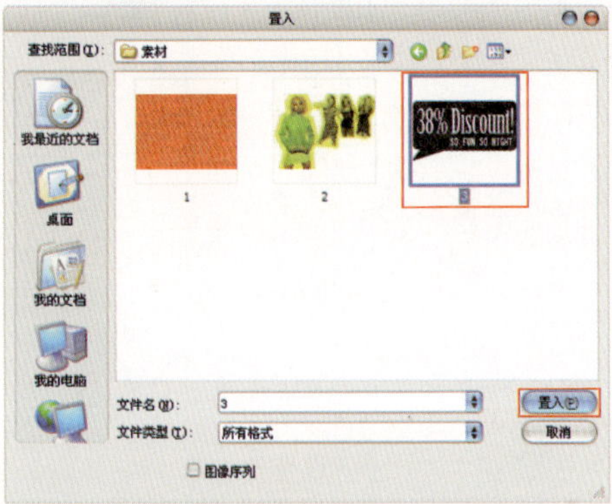

图2-28

图2-29

5 按 Enter 键确定图像的置入，效果如图 2-30 所示。

图2-30

6 制作完成后执行“文件 > 存储为”菜单命令或按 Shift+Ctrl+S 组合键，打开“存储为”对话框。在其中设置文件存储位置、名称以及格式，首先设置格式为可保存分层文件信息的 PSD 格式，如图 2-31 所示。

7 再次执行“文件 > 存储为”菜单命令或按 Shift+Ctrl+S 组合键，打开“存储为”对话框。选择格式为方便预览和上传至网络的 .jpg 格式，如图 2-32 所示。最后执行“文件 > 关闭”菜单命令，关闭当前文件，如图 2-33 所示。

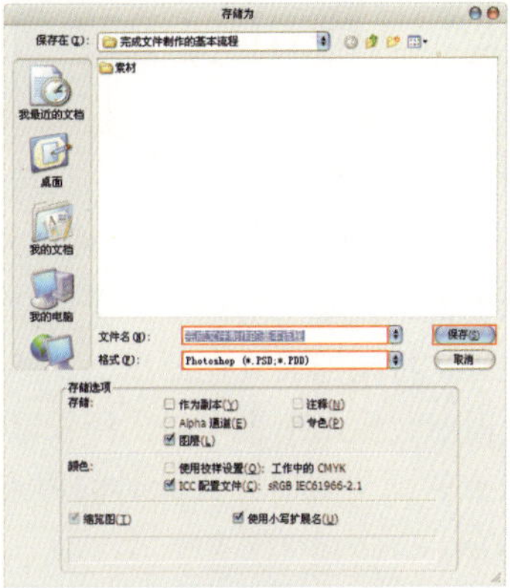

图2-31

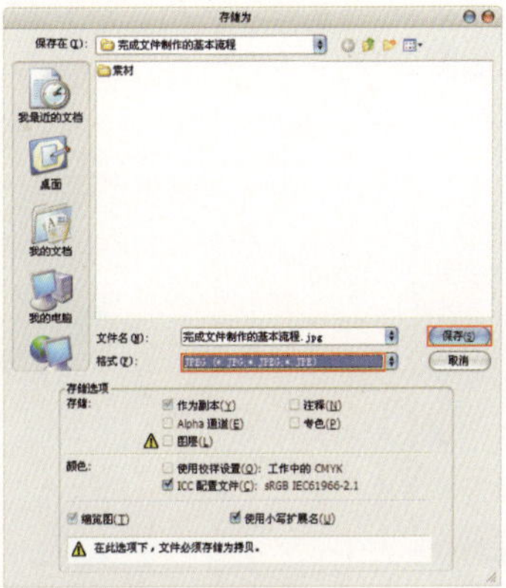

图2-32

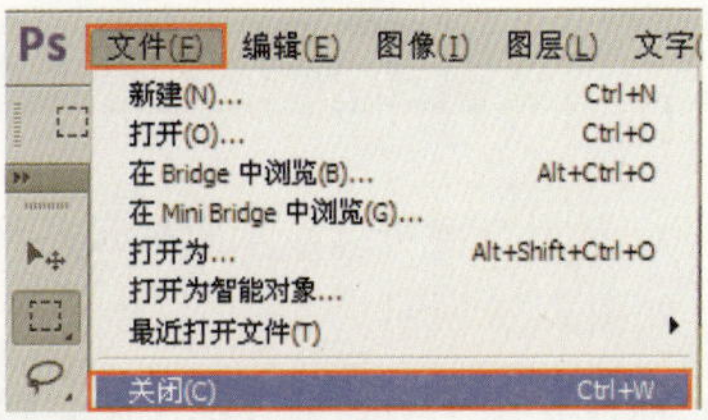

图2-33

2.8 标尺与参考线

Photoshop CS6

标尺与参考线在实际操作中应用非常频繁。标尺在实际工作中经常用来定位图像或元素位置，从而让用户更精确地处理图像。在平面设计中使用参考线可以快速定位图像中的某个特定区域或某个元素的位置，以方便用户在这个区域或位置内进行操作。图 2-34 所示为启用标尺与参考线的文档。

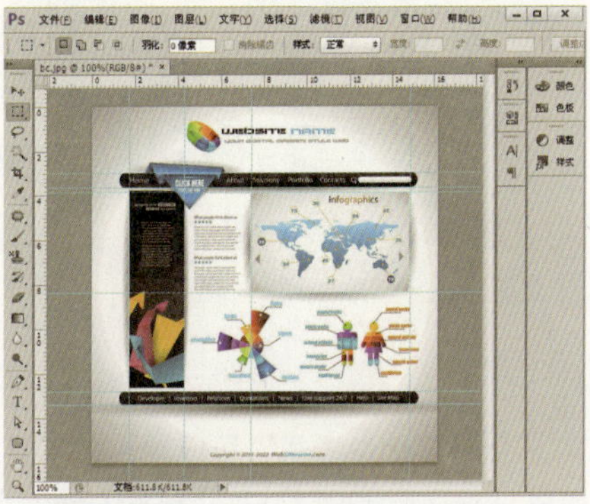

图2-34

2.8.1 使用“标尺”

1 执行“视图 > 标尺”菜单命令或按 Ctrl+R 组合键，此时看到窗口顶部和左侧会出现标尺，如图 2-35 所示。

2 默认情况下，标尺的原点位于窗口的左上方，可以修改原点的位置。将光标放置在原点上，然后使用鼠标左键拖曳原点，画面中会显示出十字线，释放鼠标左键以后，释放处便成了原点的新位置，并且此时的原点数字也会发生变化，如图 2-36 所示。

3 如果要将原点复位到初始状态，即（0，0）位置，可以将光标放置在原点上进行双击，这样就可以将原点复位到初始位置，如图 2-37 所示。

图2-35

图2-36

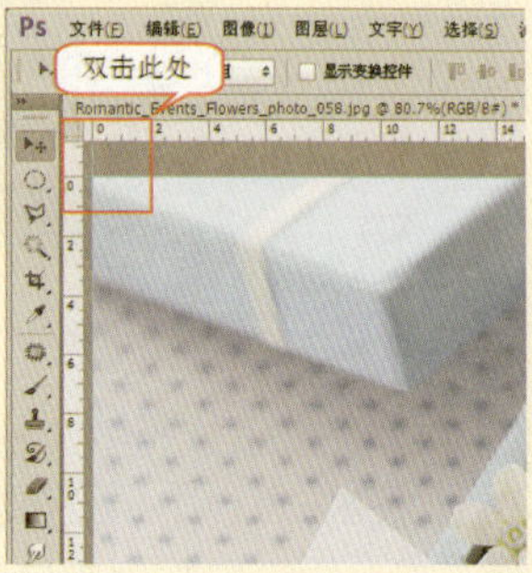

图2-37

2.8.2 使用“参考线”

1 按 Ctrl+R 组合键可以显示出标尺，将光标移至在水平标尺上，按住鼠标左键向下拖曳即可拖出水平参考线，如图 2-38 所示。

2 将光标放置在左侧的垂直标尺上，按住鼠标左键向右拖曳即可拖出垂直参考线。如果不想让参考线与标尺刻度进行对齐时，可以按 Ctrl 键将参考线放置在画布中的任意位置；在创建、移动参考线时，按 Shift 键可以使参考线与标尺刻度进行对齐，如图 2-39 所示。

图2-38

图2-39

3 如果想要移动参考线，可以单击“工具箱”中的“移动工具”按钮，将光标移至参考线上，当光标变成分隔符形状时，按住鼠标左键即可移动参考线，如图 2-40 所示。

图2-40

4 如果想要删除参考线，可以使用“移动工具”将参考线拖曳出画布之外，如图 2-41 所示。

图2-41

5 如果需要删除画布中的所有参考线，可以执行“视图 > 清除参考线”菜单命令，如图 2-42 所示。

6 执行“视图 > 显示 > 参考线”菜单命令或按 Ctrl+ ; 组合键可以切换参考线的显示与隐藏状态，如图 2-43 所示。

7 执行“编辑 > 首选项 > 单位与标尺”菜单命令打开“单位与标尺”设置页面。在“单位”选项组中可以设置在默认状态下 Photoshop 所用的所有单位，主要包含标尺的单位和文字的单位。在“列尺寸”选项组中可以设置默认状态下列尺寸的宽度单位和装订线的单位。在“新文档预设分辨率”选项组中可以设置新建文档时，默认的打印分辨率和屏幕分辨率。在“点 / 派卡大小”选项组中可以设置点 / 派卡的大小。选中“PostScript（72 点 / 英寸）”单选按钮，设置一个兼容的单位大小，以便打印到 PostScript 设备；选中“传统（72.27 点 / 英寸）”单选按钮，可以使用 72.27 点 / 英寸的传统大小，如图 2-44 所示。

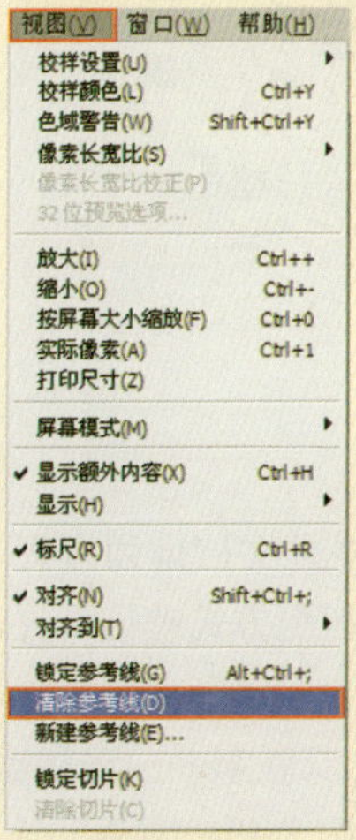

图2-42

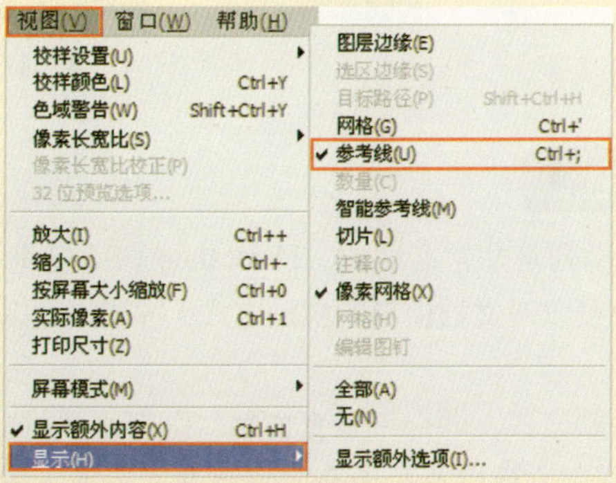

图2-43

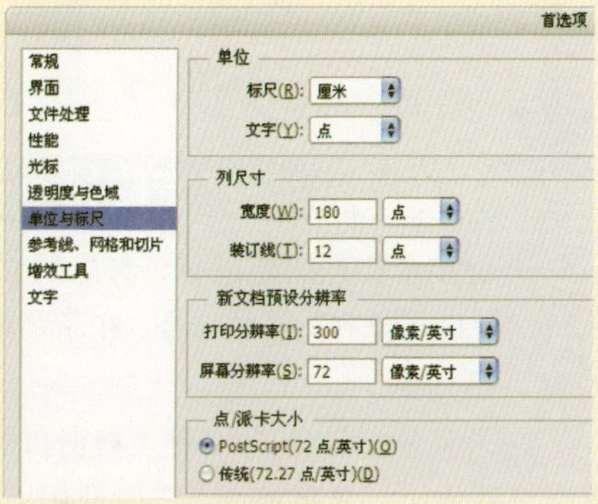

图2-44

2.8.3 使用“智能参考线”

执行“视图 > 显示 > 智能参考线”菜单命令，可以启用智能参考线。当绘制形状、创建选区或切片时，智能参考线会自动出现在画布中。图 2-45 所示的粉色线条为智能参考线。

图2-45

2.9 查看文档窗口

Photoshop CS6

在 Photoshop 中可以选择合理的方式查看打开多个文件时的图像窗口，这样就会更好地对图像进行编辑。查看图像窗口的方式由图像的缩放级别、多种图像的排列形式、多种屏幕模式、使用导航器查看图像、使用“抓手工具”查看图像等多个查看方式组成，如图 2-46 和图 2-47 所示。

图2-46

图2-47

2.9.1 调整窗口排列形式

进行多个文档的处理时，有序的文档排列是非常必要的。Photoshop CS6 提供了多种文档排列方式。执行“窗口 > 排列”菜单命令，在子菜单中可以对文档窗口的拼贴方式、排列方式以及匹配方式进行设置，如图 2-48 所示。

在子菜单中包含了 10 种文档窗口的拼贴方式，即全部垂直拼贴、全部水平拼贴、双联水平、双联垂直、三联水平、三联垂直、三联堆积、四联、六连以及将所有内容合并到选项卡中。图 2-49、图 2-50 和图 2-51 所示分别为全部垂直拼贴、全部水平拼贴和双联水平对比效果。

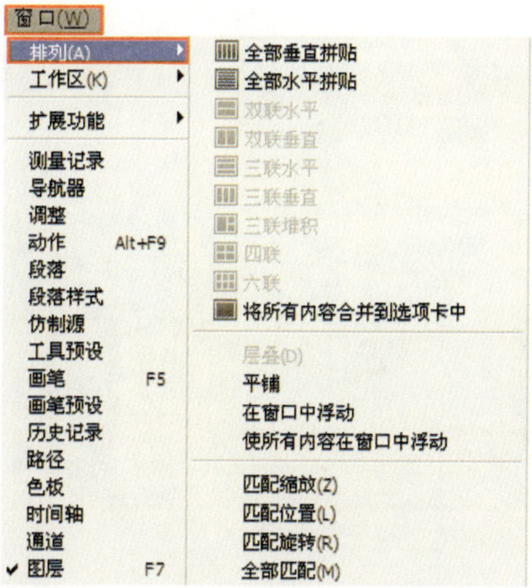

图2-48

图2-49

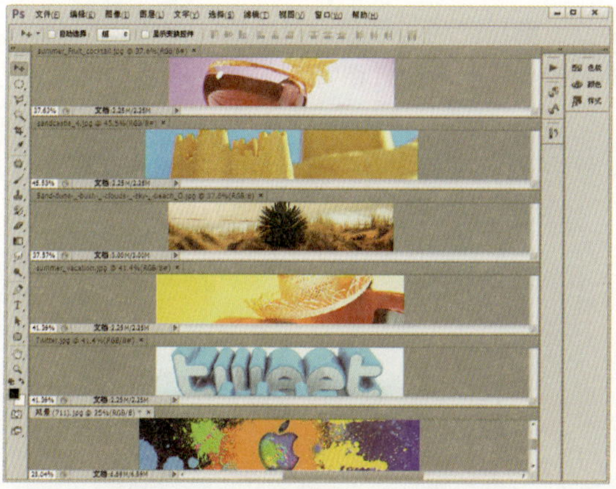

图2-50

图2-51

“层叠”方式是从屏幕的左上角到右下角以堆叠和层叠的方式显示未停放的窗口，如图 2-52 所示。

当选择“平铺”方式时，窗口会自动调整大小，并以平铺的方式填满可用的空间，如图 2-53 所示。

图2-52

图2-53

当选择“在窗口中浮动”方式时，图像可以自由浮动，并且可以任意拖曳标题栏来移动窗口，如图 2-54 所示。

当选择“使所有内容在窗口中浮动”方式时，所有文档窗口都将变成浮动窗口，如图 2-55 所示。

图2-54

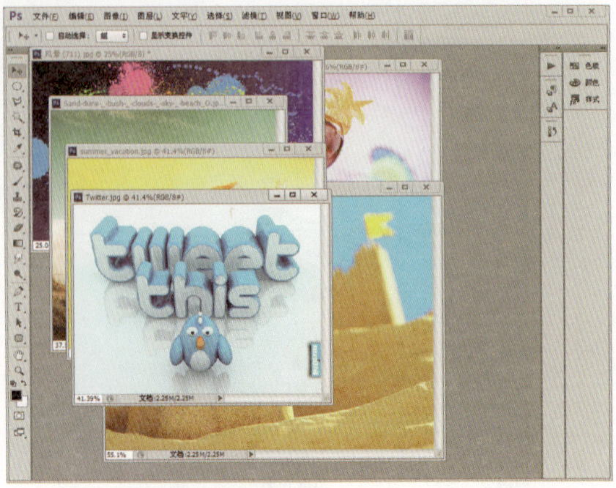

图2-55

在子菜单中包含了四种文档窗口的匹配方式，选择“匹配缩放”方式是将所有窗口都匹配到与当前窗口相同的缩放比例，如图 2-56 所示。

选择“匹配位置”方式是将所有窗口中图像的显示位置都匹配到与当前窗口相同，如图 2-57 所示。选择“匹配旋转”方式是将所有窗口中画布的旋转角度都匹配到与当前窗口相同。

图2-56

图2-57

选择“全部匹配”方式是将所有窗口的缩放比例、图像显示位置、画布旋转角度与当前窗口进行匹配，如图 2-58 所示。

图2-58

2.9.2 使用“导航器”

执行“窗口 > 导航器”菜单命令，可以调出“导航器”面板，在“导航器”面板中，通过滑动鼠标可以查看图像的某个区域。

1 图像的缩放比例大于全屏显示比例时，将光标放置在缩览图上，当光标变成抓手形状时，拖曳鼠标即可移动图像画面，如图 2-59 所示。

2 在缩放数值输入框输入缩放数值，然后按 Enter 键可以精确地修改缩放尺寸，如图 2-60 所示。

图2-59

图2-60

3 单击“缩小”按钮可以缩小图像的显示比例；单击“放大”按钮可以放大图像的显示比例，如图 2-61 和 2-62 所示。

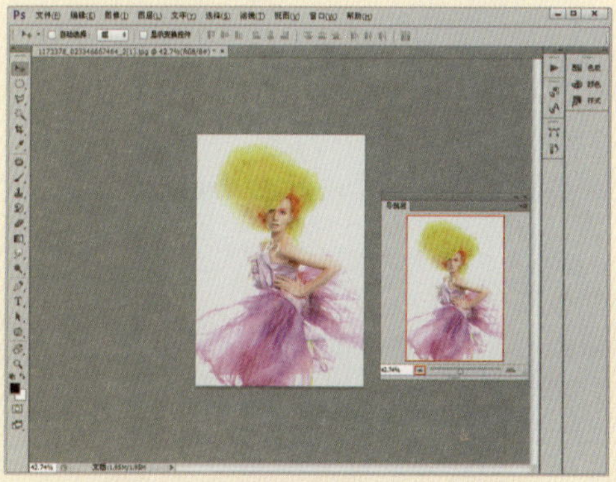

图2-61

图2-62

4 拖曳缩放滑块可以放大或缩小窗口，如图 2-63 和图 2-64 所示。

图2-63

图2-64

2.9.3 使用“缩放工具”

使用“缩放工具”可以将图像的显示比例进行放大和缩小，但是图像的真实大小不会随着发生改变。因为使用“缩放工具”只是改变了图像在屏幕上的显示比例，并没有改变图像的大小比例，如图 2-65、图 2-66 和图 2-67 所示。

图2-65

图2-66

图2-67

在选项栏中单击“放大”按钮可以切换到放大模式，在画布中单击鼠标左键可以放大图像；单击“缩小”按钮可以切换到缩小模式，在画布中单击鼠标左键可以缩小图像。在使用过程中按 Alt 键可以切换“放大”和“缩小”工具。图 2-68 所示为“缩放工具”的选项栏。

图2-68

- **调整窗口大小以满屏显示**：在缩放窗口的同时自动调整窗口的大小。
- **缩放所有窗口**：同时缩放所有打开的文档窗口。
- **细微缩放**：选中该复选框后，在画面中单击并向左侧或右侧拖曳鼠标，能够以平滑的方式快速放大或缩小窗口。
- **实际像素**：单击该按钮，图像将以实际像素的比例进行显示。也可以双击“缩放工具”来实现相同的操作。
- **适合屏幕**：单击该按钮，可以在窗口中最大化显示完整的图像。
- **填充屏幕**：单击该按钮，可以在整个屏幕范围内最大化显示完整的图像。
- **打印尺寸**：单击该按钮，可以按照实际打印尺寸来显示图像。

技巧提示

按Ctrl++组合键可以放大窗口的显示比例；按Ctrl+－组合键可以缩小窗口显示比例；按Ctrl+0组合键可以自动调整图像的显示比例，使之能够完整地在窗口中显示出来；按Ctrl+1组合键可以使图像按照实际的像素比例显示出来。

2.9.4 使用“抓手工具”

当视图中的画面不能够完全显示时，在“工具箱”中单击“抓手工具”按钮或按 H 键，激活“抓手工具”，此时光标在画布中会变成抓手形状，拖曳鼠标左键到其他位置即可查看到该区域的图像，如图 2-69 和图 2-70 所示。在使用其他工具编辑图像时，可以按 Space 键（即空格键）切换到抓手状态，当松开 Space 键时，会自动切换回“画笔工具”。图 2-71 所示为“抓手工具”的选项栏。

图2-69

图2-70

图2-71

- **滚动所有窗口**：选中该复选框时，可以允许滚动所有窗口。
- **实际像素**：单击该按钮，图像以实际像素比例进行显示。
- **适合屏幕**：单击该按钮，可以在窗口中最大化显示完整的图像。
- **填充屏幕**：单击该按钮，可以在整个屏幕范围内最大化显示完整的图像。
- **打印尺寸**：单击该按钮，可以按照实际打印尺寸显示图像。

2.9.5 使用“旋转视图”工具

“旋转视图工具”是一款非常实用的画布旋转工具。与图像菜单中的“旋转画布”命令不同，“旋转视图工具”工具不会改变画布大小。单击该工具后用鼠标轻轻按住拖动，画布就会发生临时旋转，便于编辑操作。在输出文档时则会恢复之前的角度，如图2-72所示。

图2-73所示为“旋转视图工具”的选项栏。

图2-72

图2-73

- **旋转角度**：精确控制画布旋转的角度。
- **复位视图**：单击按钮，即可快速回到之前位置。
- **旋转所有窗口**：选中该复选框时，允许旋转所有窗口。

第3章

图像的常用编辑

本章学习要点：

- 掌握图像尺寸、分辨率的修改方法
- 掌握撤销与返回操作的方法
- 掌握多种变换方法
- 掌握图像的裁切方法

本章主要介绍图像的常用编辑，例如修改图像尺寸与角度，撤销与还原操作，剪切与粘贴以及图像变形的多种方法。熟练掌握这些功能的使用方法以及快捷键操作可以极大提高日常工作效率。

3.1 修改图像尺寸

Photoshop CS6

“像素”和“分辨率”是位图图像非常重要的两个参数，如果把数字图像放大数倍，就会发现这些连续色调是由许多色彩相近的小方点组成的，而这些小方点就是构成图像的最小单位“像素”。图像分辨率用于控制位图图像中的细节精细度，测量单位是像素/英寸（ppi），每英寸的像素越多，分辨率越高。通常来说，图像的分辨率越高，印刷出来的质量就越好。图3-1和图3-2所示为将位图放大数倍显示出的像素点状态。

图3-1

图3-2

3.1.1 修改像素尺寸

对于图像最关注的属性主要包括尺寸、大小及分辨率这三点。执行“图像 > 图像大小”菜单命令或按Alt+Ctrl+I组合键，打开“图像大小”对话框，在“像素大小”选项组下可以修改图像的像素大小，而更改图像的像素大小不仅会影响图像在屏幕上的大小，还会影响图像的质量及其打印特性（图像的打印尺寸和分辨率），如图3-3所示。

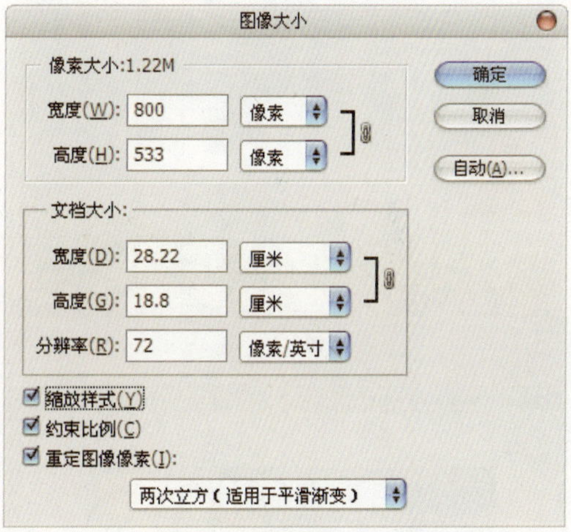

图3-3

- **像素大小**：此选项组下的参数主要用来设置图像的尺寸。顶部显示了当前图像的大小，括号内显示的是旧文件大小。修改图像宽度和高度数值，像素大小也会发生变化。
- **文档大小**：此选项组中的参数主要用来设置图像的打印尺寸。如果增大图像或提高分辨率，则会增加新的像素，此时图像尺寸虽然变大了，但是画面的质量会下降，如果一张图像的分辨率比较低，并且图像比较模糊，即使提高图像的分辨率也不能使其变得清晰。因为Photoshop只能在原始数据的基础上进行调整，无法生成新的原始数据。
- **缩放样式**：当文档中的某些图层包含图层样式时，选中后，才可以在调整图像的大小时自动缩放样式效果。只有选中时，“缩放样式”才可用。
- **约束比例**：当选中该复选框时，可以在修改图像的宽度或高度时，保持宽度和高度的比例不变。一般情况下对数码照片进行处理时都应该选中。
- **重定图像像素**：当取消选中“重定图像像素”复选框时，即使修改图像的宽度和高度，图像的像素总量也不会发生变化，也就是说，减少宽度和高度数值时，会自动提高分辨率；当增大宽度和高度数值时，会自动降低分辨率。

- **插值方法**：修改图像的像素大小时在 Photoshop 中称为“重新取样”。当减少像素的数量时，就会从图像中删除一些信息；当增加像素的数量或增加像素取样时，则会增加一些新的像素。在“图像大小”对话框最底部的下拉列表中提供了 5 种插值方法来确定添加或删除像素的方式，分别是“邻近（保留硬边缘）”、“两次线性”、“两次立方（适用于平滑渐变）”、“两次立方较平滑（适用于扩大）”和“两次立方较锐利（适用于缩小）”。
- **自动**：单击窗口右侧的“自动”按钮可以打开“自动分辨率”对话框。在该对话框中输入“挂网”的线数后，Photoshop 可以根据输出设备的网频来确定建议使用的图像分辨率。

3.1.2 修改画布大小

图像大小是指图像的“像素大小”；画布大小是指工作区域的大小，它包含图像和空白区域。这就是图像大小与画布大小的本质区别。打开一张图像，如图 3-4 所示。想要分别对画布的宽度、高度、定位和扩展背景颜色进行调整，可以执行“图像 > 画布大小”菜单命令，打开“画布大小”对话框，在该对话框中调整相应的数值即可，如图 3-5 所示。增大画布大小，原始图像大小不会发生变化，而增大的部分则使用选定的填充颜色进行填充，如图 3-6 所示。减小画布大小，图像则会被裁切掉一部分，如图 3-7 所示。

图3-4

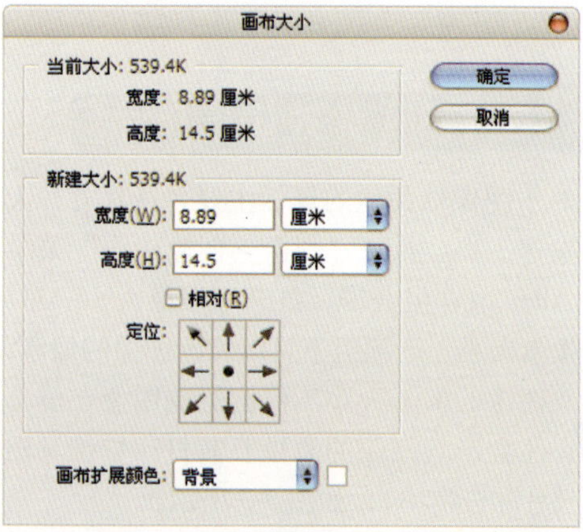

图3-5

图3-6

图3-7

- **当前大小**：此选项组下显示的是文档的实际大小，以及图像的宽度和高度的实际尺寸。

- **新建大小**：是指修改画布尺寸后的大小。当输入的“宽度”和“高度”值大于原始画布尺寸时，会增大画布。当输入的“宽度”和“高度”值小于原始画布尺寸时，Photoshop 会裁切超出画布区域的图像。
- **相对**：选中时，“宽度”和“高度”数值将代表实际增加或减少的区域的大小，而不再代表整个文档的大小。输入正值表示增加画布，输入负值表示减小画布。
- **定位**：此选项主要用来设置当前图像在新画布上的位置。
- **画布扩展颜色**：是指填充新画布的颜色。如果图像的背景是透明的，那么“画布扩展颜色”选项将不可用，新增加的画布也是透明的。

3.2 旋转画布

Photoshop CS6

执行“图像 > 图像旋转”命令可以旋转或翻转整个图像，旋转菜单中提供了包含“180 度”、“90 度（顺时针）”、“90 度（逆时针）”、“任意角度”、“水平翻转画布”和“垂直翻转画布”的 6 种旋转画布的命令。图 3-8 和图 3-9 所示为原图以及执行“垂直翻转画布”命令后的图像效果。

图3-8

图3-9

在“图像 > 图像旋转”菜单下提供了一个“任意角度”命令，这个命令主要用来以任意角度旋转画布。在弹出的“旋转画布”对话框中可以设置旋转的角度和旋转的方式（顺时针和逆时针），如图 3-10 所示。图 3-11 所示是将图像顺时针旋转 45 度后的效果。

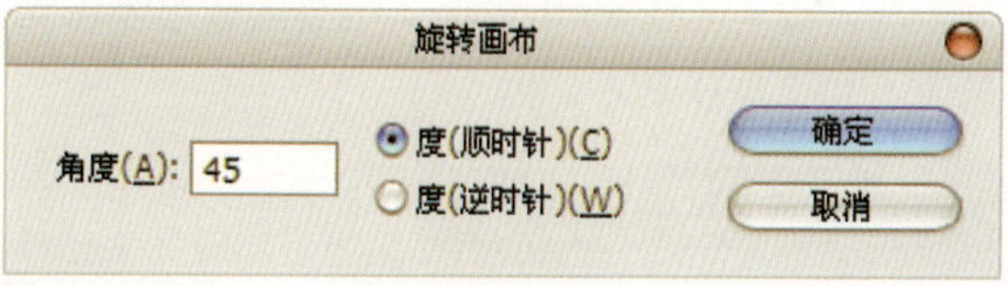

图3-10

图3-11

3.3 撤销/返回/恢复文件

Photoshop CS6

在 Photoshop 中进行数字化编辑时，出现错误操作则可以撤销或返回所做的操作，然后重新编辑图像。这与传统绘画过程中，出现错误操作时只能选择擦除或覆盖相比，优势显而易见。

3.3.1 还原与重做

想要撤销最近的一次操作，将其还原到上一步操作状态，可以执行“编辑 > 还原”菜单命令或按 Ctrl+Z 组合键；执行“编辑 > 重做”菜单命令，还可以取消还原操作，如图 3-12 所示。

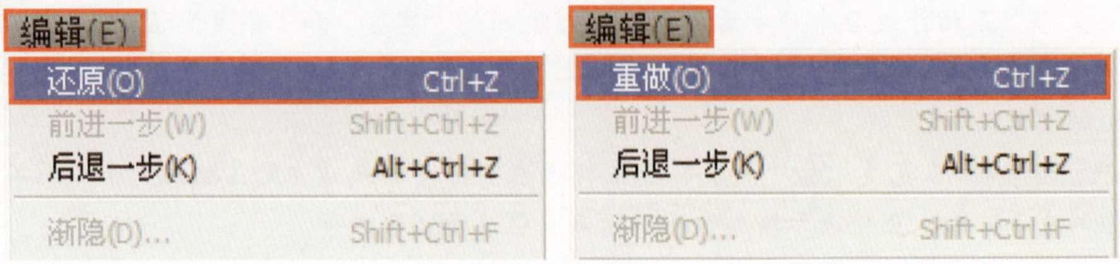

图3-12

3.3.2 前进一步与后退一步

由于“还原”命令只可以还原一步操作，而实际操作中经常需要还原多个操作,这就需要执行“编辑 > 后退一步”菜单命令，或连续按 Alt+Ctrl+Z 组合键来逐步撤销操作；如果要取消还原的操作，可以连续执行“编辑 > 前进一步”菜单命令，或连续按 Shift+Ctrl+Z 组合键来逐步恢复被撤销的操作，如图 3-13 所示。

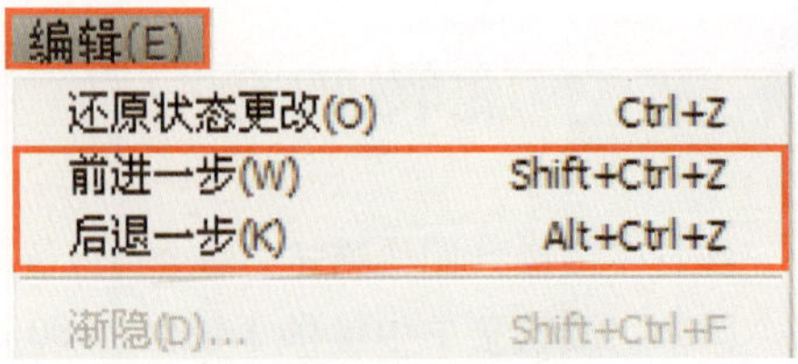

图3-13

3.3.3 恢复

若想返回到刚打开文件时的状态，或直接将文件恢复到最后一次保存时的状态，可以执行“文件 > 恢复”菜单命令。需要注意的是“恢复”命令只能针对已有图像的操作进行恢复。如果是新建的空白文件,“恢复”命令将不可用。

3.4 使用“历史记录”面板还原操作

Photoshop CS6

3.4.1 熟悉“历史记录”面板

通过“历史记录”面板可以恢复到某一步的状态，也就是说在执行该命令后可以再次返回到当前的操作状态。“历史记录”面板用于记录编辑图像过程中所进行的操作步骤。执行“窗口 > 历史记录”菜单命令，打开“历史记录”面板，这里记录了之前进行的操作，如图 3-14 所示。

- “设置历史记录画笔的源”图标：使用历史记录画笔时，该图标所在的位置代表历史记录画笔的源图像。
- “快照缩览图”：被记录为快照的图像状态。
- “从当前状态创建新文档”按钮：以当前操作步骤中图像的状态创建一个新文档。
- “创建新快照”按钮：以当前图像的状态创建一个新快照。
- “删除当前状态”按钮：选择一个历史记录后，单击该按钮可以将记录以及后面的记录删除。

图3-14

3.4.2 创建与删除快照

在“历史记录”面板中，默认状态下可以记录 20 步操作，超过限定数量的操作将不能返回。但是通过创建“快照”可以在图像编辑的任何状态创建副本，也就是说可以随时返回到快照所记录的状态。

为某一状态创建新的快照，可以采用以下两种方法中的一种。

1 在“历史记录”面板中选择需要创建快照的状态，然后单击“创建新快照”按钮，此时 Photoshop 会自动为其命名，如图 3-15 所示。

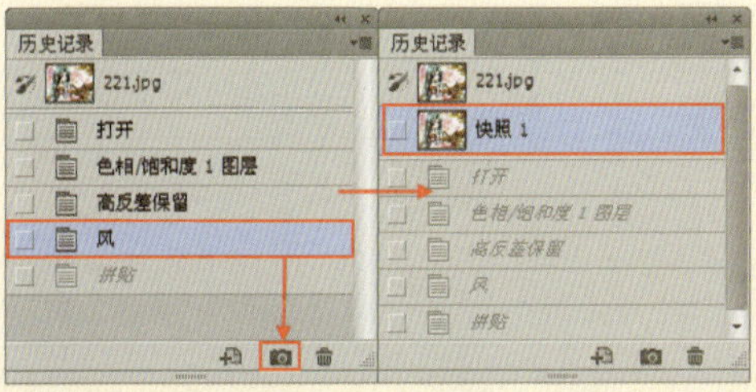

图3-15

2 在“历史记录”面板右上角单击图标，在弹出的菜单中执行“新建快照”命令，就可以创建需要的快照状态，如图 3-16 所示。

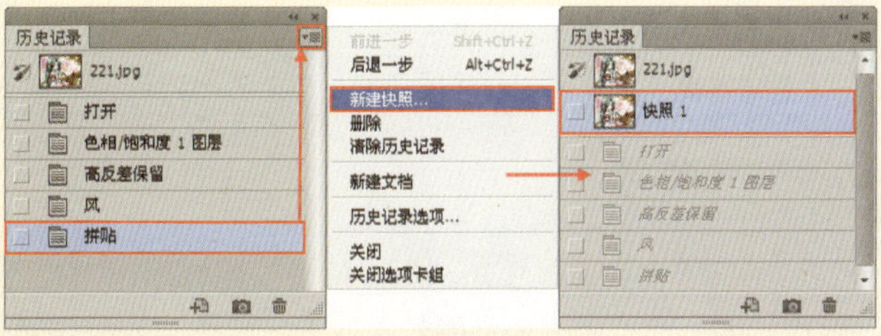

图3-16

技巧提示

在使用第二种方法创建快照时，系统会弹出一个“新建快照”对话框，在该对话框中可以为快照进行命名，并且可以选择需要创建快照的对象类型，如图3-17所示。

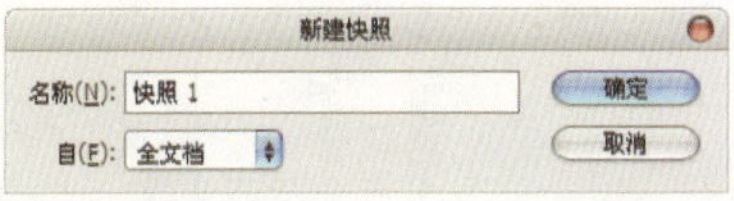

图3-17

3 在“历史记录”面板中选择需要删除的快照，然后单击“删除当前状态”按钮，或者在“历史记录”面板菜单中执行“删除”命令，如图 3-18 所示。最后在弹出的对话框中单击“是”按钮，如图 3-19 所示。

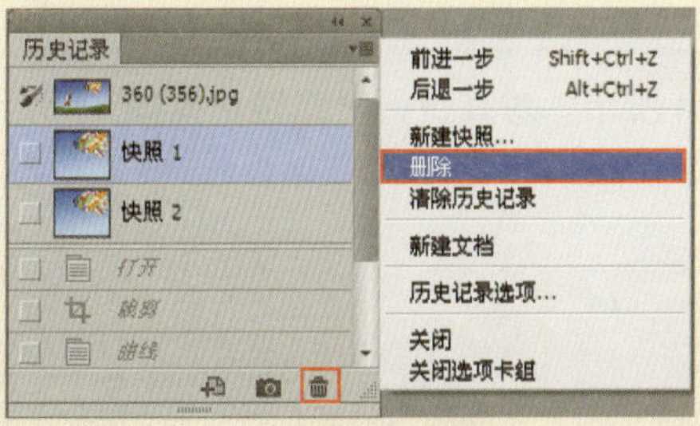

图3-18

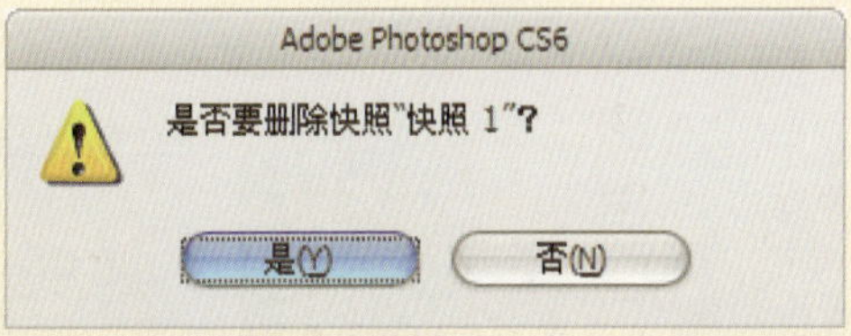

图3-19

3.4.3 历史记录画笔工具

“历史记录画笔工具”可以将标记的历史记录状态或快照用作源数据对图像进行修改。“历史记录画笔工具”也可以理性、真实地还原某一区域的某一步操作。图 3-20 和图 3-21 所示为原始图像以及使用“历史记录画笔工具”还原“拼贴”的效果图像。

图3-20

图3-21

工具实训 使用历史记录画笔工具还原局部效果

案例文件	案例文件\第3章\3.4.3\使用历史记录画笔工具还原局部效果.psd
视频教学	视频文件\第3章\使用历史记录画笔工具还原局部效果.flv
难易指数	★★★☆☆
知识掌握	历史记录面板、历史记录画笔工具、高斯模糊滤镜

案例效果

本案例主要通过使用“历史记录”面板标记需要还原的步骤，并使用“历史记录画笔工具”对局部进行还原模拟出画面中的景深效果，原图与效果图对比如图 3-22 和图 3-23 所示。

图3-22

图3-23

操作步骤

1 打开本书配套光盘中的素材文件“1.jpg”，如图 3-24 所示。对其执行“滤镜 > 模糊 > 高斯模糊”命令，设置“半径”为 10，如图 3-25 所示。此时效果如图 3-26 所示。

图3-24

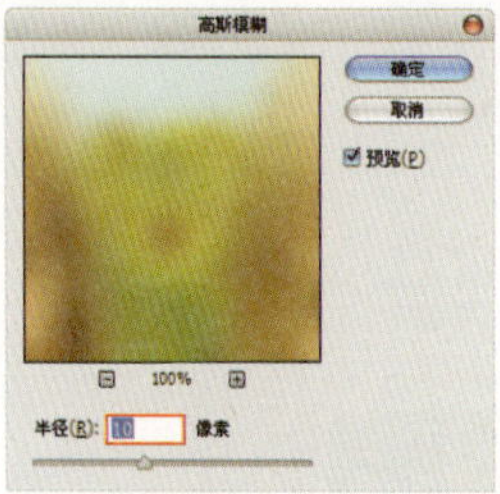

图3-25

图3-26

2 执行“窗口 > 历史记录”命令，打开“历史记录”面板，在最后一项“高斯模糊”前单击进行标记，如图 3-27 所示。

3 继续在“历史记录”面板中单击“打开”，如图 3-28 所示。此时画面变为清晰的状态，如图 3-29 所示。

图3-27

图3-28

图3-29

4 单击工具箱中的“历史记录画笔工具”，设置合适的画笔大小，硬度设置为零，在背景处进行涂抹，使背景变为“历史记录”面板中标记的“高斯模糊”效果，最终制作效果如图 3-30 所示。

图3-30

3.4.4 历史记录艺术画笔工具

“历史记录艺术画笔工具”与“历史记录画笔工具”具有一定的相同点，那就是可以将标记的历史记录状态或快照用作源数据对图像进行修改。当然这两个工具也具有不同的特点，“历史记录艺术画笔工具”在使用原始数据的同时，还可以为图像创建不同的颜色和艺术风格。图 3-31、图 3-32 和图 3-33 所示为原图和艺术效果。

图3-31

图3-32

图3-33

“历史记录艺术画笔工具”选项栏如图 3-34 所示。

图3-34

- **样式**：选择一个选项来控制绘画描边的形状，包括“绷紧短”、“绷紧中”和“绷紧长”等。
- **区域**：用来设置绘画描边所覆盖的区域。数值越高，覆盖的区域越大，描边的数量也越多。
- **容差**：限定可应用绘画描边的区域。低容差可以用于在图像中的任何地方绘制无数条描边；高容差会将绘画描边限定在与源状态或快照中的颜色明显不同的区域。

3.5 剪切/拷贝/粘贴图像

Photoshop CS6

3.5.1 剪切与粘贴

Photoshop 中的剪切、拷贝、粘贴命令可以快捷地完成复制粘贴任务。同时还可以对图像进行合并拷贝等特殊操作。若需要将选区中的内容剪切到剪贴板上，可以在创建选区后，执行“编辑 > 剪切”菜单命令或按 Ctrl+X 组合键，如图 3-35 和图 3-36 所示。

执行“编辑 > 粘贴”菜单命令或按 Ctrl+V 组合键，即可将剪切的图像粘贴到画布中，生成一个新的图层，如图 3-37 和图 3-38 所示。

图3-35

图3-36

图3-37

图3-38

3.5.2 拷贝与合并拷贝

首先创建选区，如图 3-39 所示。然后执行“编辑 > 拷贝”菜单命令或按 Ctrl+C 组合键，可以将选区中的图像复制到剪贴板中，执行“编辑 > 粘贴”菜单命令或按 Ctrl+V 组合键，可以将复制的图像粘贴到画布中，即可生成一个新的图层，如图 3-40 所示。

图3-39

图3-40

当文档中包含很多图层时，首先执行“选择 > 全选”菜单命令或按 Ctrl+A 组合键全选当前图像，然后执行“编辑 > 合并拷贝”菜单命令或按 Ctrl+Shift+C 组合键，即可将所有可见图层复制并合并到剪切板中。按 Ctrl+V 组合键可以将合并复制的图像粘贴到当前文档或其他文档中，如图 3-41 和图 3-42 所示。

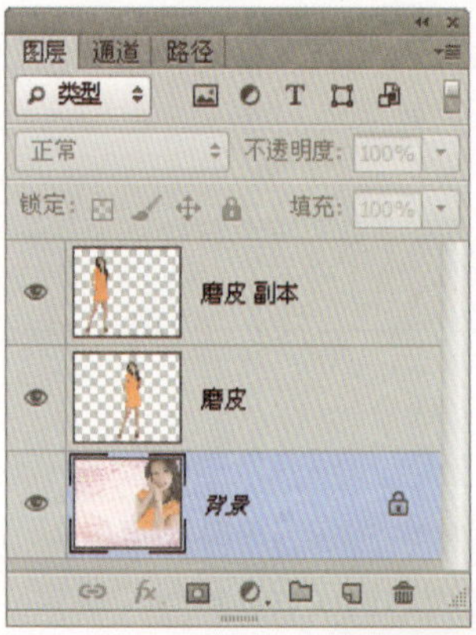

图3-41

图3-42

3.5.3 清除图像

当选中的图层为包含选区状态下普通图层，那么执行“编辑 > 清除”菜单命令，可以清除选区中的图像。选中图层为“背景”图层时，被清除的区域将填充背景色或进行智能填充。图 3-43、图 3-44 和图 3-45 所示分别为创建选区、清除“背景”图层上的图像与清除普通图层上的图像对比效果。

图3-43

图3-44

图3-45

3.6 图像变换与变形

Photoshop CS6

处理图像的基本命令包括“移动”、“旋转”、“缩放”、“扭曲”、“斜切”等。可以通过执行“编辑”菜单下的“自由变换”和“变换”命令，改变图像的形状。其中移动、旋转和缩放称为变换操作，而“扭曲”和“斜切”称为变形操作。

执行“自由变换”或“变换”操作的时候，当前对象周围会出现一个界定框，这是用于变换的图像的框架。界定框的中间有一个中心点，四周还有控制点。在默认情况下，中心点位于变换对象的中心，用于定义对象的变换中心，拖曳中心点可以移动它的位置；控制点主要用来变换图像。图 3-46、图 3-47 和图 3-48 所示是中心点在不同位置的缩放效果。

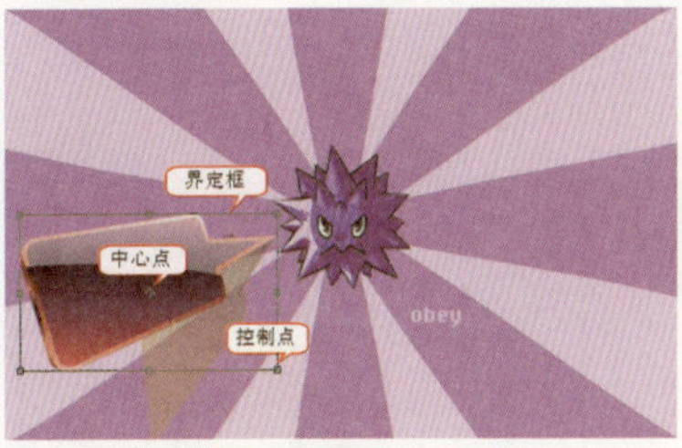

图3-46

图3-47

图3-48

3.6.1 移动

无论是在文档中移动图层、选区中的图像，还是将其他文档中的图像拖曳到当前文档，都需要用到“移动工具”，图 3-49 和图 3-50 所示为移动效果。“移动工具”是最常用的工具之一，该工具位于工具箱的最顶端，图 3-51 所示是“移动工具”的选项栏。

- **自动选择：**如果文档中包含了多个图层或图层组，可以在后面的下拉列表中选择要移动的对象。如果选择“图层”选项，使用“移动工具”在画布中单击时，可以自动选择“移动工具”下面包含像素的最顶层的图层；如果选择“组”选项，在画布中单击时，可以自动选择“移动工具”下面包含像素的最顶层的图层所在的图层组。
- **显示变换控件：**选中以后，当选择一个图层时，就会在图层内容的周围显示定界框，可以拖曳控制点来对图像进行变换操作。

- **对齐图层**：当同时选择了两个或两个以上的图层时，单击相应的按钮可以将所选图层进行对齐。对齐方式包括“顶对齐”、“垂直居中对齐”、“底对齐”、“左对齐”、“水平居中对齐”和“右对齐”。
- **分布图层**：如果选择了3个或3个以上的图层时，单击相应的按钮可以将所选图层按一定规则进行均匀分布排列。分布方式包括“按顶分布”、“垂直居中分布”、“按底分布”、“按左分布”、“水平居中分布”和“按右分布”。

图3-49

图3-50

图3-51

3.6.2 变换

在“编辑 > 变换”菜单中提供了多种变换命令，如图3-52所示。这些命令可以分别对图层、路径、矢量图形，以及选区中的图像进行相应的变换操作。另外，还可以对矢量蒙版和Alpha应用变换。图3-53、图3-54和图3-55所示分别为原图、缩放与旋转的效果。

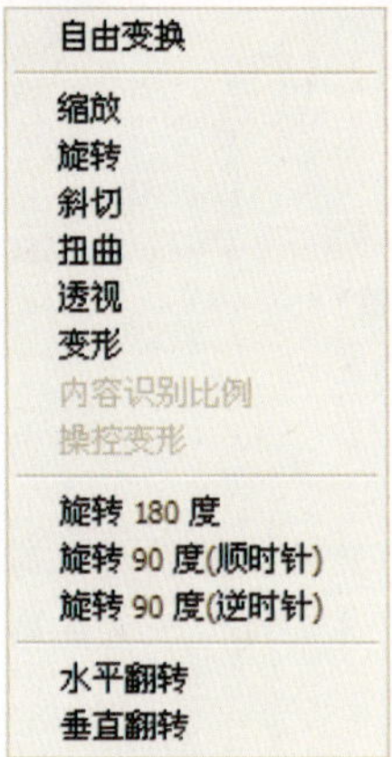

图3-52

图3-53

图3-54

图3-55

- **缩放**：此命令的使用可以相对于变换对象的中心点对图像进行缩放。要对图像进行任意缩放，可以不按任何快捷键；对图像进行等比例缩放缩放，可以按Shift键；对图像以中心点为基准进行等比例缩放，可以按Shift+Alt组合键。图3-56、图3-57和图3-58所示为任意缩放图像、等比例缩放图像、以中心点为基准等比例缩放图像的对比效果。

图3-56

图3-57

图3-58

- **旋转**：围绕中心点转动变换对象可以执行“旋转”命令。以任意角度旋转图像，可以不按任何快捷键；以 15 度为单位旋转图像，可以按 Shift 键。图 3-59 和图 3-60 所示为任意旋转图像和以 15 度为单位旋转图像的对比效果。

图3-59

图3-60

- **斜切**：在任意方向、垂直方向或水平方向上倾斜图像可以使用“斜切”命令。在任意方向上倾斜图像，可以不按任何快捷键；在垂直或水平方向上倾斜图像，可以按 Shift 键。图 3-61 和图 3-62 所示为在任意方向上倾斜图像与在水平方向上倾斜图像的对比效果。

图3-61

图3-62

- **扭曲**：在各个方向上伸展变换对象可以使用“扭曲”命令。在任意方向上扭曲图像，可以不按任何快捷键；在垂直或水平方向上扭曲图像，可以按 Shift 键。图 3-63 和图 3-64 所示分别为向上扭曲图像和垂直或水平方向上扭曲图像的效果。

图3-63

图3-64

- **透视**：对变换对象应用单点透视可以使用“透视”命令。在水平或垂直方向上透视图像，可以应用透视拖曳定界框 4 个角上的控制点。图 3-65 和图 3-66 所示分别为应用水平透视和应用垂直透视的对比效果。

图3-65

图3-66

- **变形**：如果要对图像的局部内容进行扭曲，可以使用“变形”命令来操作。执行该命令时，图像上将会出现变形网格和锚点，拖曳锚点或调整锚点的方向线可以对图像进行更加自由和灵活的变形处理。图 3-67 和图 3-68 所示为变形前后的对比效果图。

图3-67

图3-68

- **旋转 180 度 / 旋转 90 度（顺 / 逆时针）**：这 3 个命令非常简单，执行“旋转 180 度”命令，可以将图像旋转 180 度；执行“旋转 90 度（顺时针）”命令可以将图像顺时针旋转 90 度；执行“旋转 90 度（逆时针）”命令可以将图像逆时针旋转 90 度。图 3-69、图 3-70 和图 3-71 所示分别为 180 度、顺时针旋转 90 度和逆时针旋转 90 度的图像效果。

图3-69

图3-70

图3-71

- **水平 / 垂直翻转**：将图像在水平方向上进行翻转可以执行“水平翻转”命令；将图像在垂直方向上进行翻转可以执行“垂直翻转”命令。图 3-72 和图 3-73 所示分别为水平翻转图像和垂直翻转图像的效果。

图3-72

图3-73

3.6.3 自由变换

在自由变换状态下，配合 Ctrl 键、Alt 键和 Shift 键使用可以快速达到某些变换目的。“自由变换”命令可以在一个连续的操作中应用旋转、缩放、斜切、扭曲、透视和变形，并且可以不必执行其他变换命令。

1 按 Shift 键，用鼠标左键单击拖曳定界框 4 个角上的控制点可以等比例放大或缩小图像，也可以反向拖曳形成翻转变换。鼠标左键在定界框外单击拖曳，可以以 15 度为单位顺时针或逆时针旋转图像。图 3-74、图 3-75 和图 3-76 所示分别为控制点、等比例缩小和旋转后的图像。

图3-74

图3-75

图3-76

2 要想形成以对角为直角的自由四边形方式变换，可以按 Ctrl 键，鼠标左键单击拖曳定界框 4 个角上的控制点。要想形成以对边不变的自由平行四边形方式变换，可以鼠标左键单击拖曳定界框边上的控制点。图 3-77 和图 3-78 所示分别为拖曳四角控制点和拖曳边框上的控制点的效果。

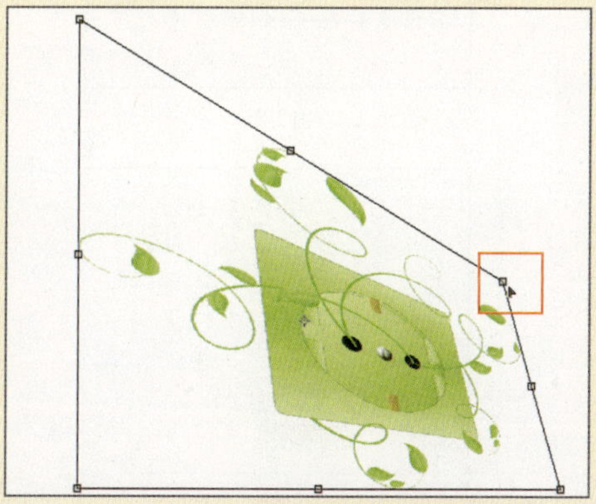

图3-77

图3-78

3 要想形成以中心对称的自由矩形方式变换，可以按住 Alt 键，鼠标左键单击拖曳定界框四角上的控制点。要想形成以中心对称的等高或等宽的自由矩形方式变换，可以使用鼠标左键单击拖曳定界框边上的控制点。图 3-79 和图 3-80 所示分别为拖曳四角控制点和以中心对称的等高或等宽的自由矩形方式的变换图像。

图3-79

图3-80

4 要想形成以对角为直角的直角梯形方式变换，可以按 Shift+Ctrl 组合键，鼠标左键单击拖曳定界框 4 个角上的控制点。要想形成以对边不变的等高或等宽的自由平行四边形方式变换，可以鼠标左键单击拖曳定界框边上的控制点。图 3-81 和图 3-82 所示分别为两种变换方式的对比图。

图3-81

图3-82

5 要想形成以相邻两角位置不变的中心对称自由平行四边形方式变换，可以按 Ctrl+Alt 组合键，鼠标左键单击拖曳定界框 4 个角上的控制点即可完成。要想形成以相邻两边位置不变的中心对称自由平行四边形方式变换，可以鼠标左键单击拖曳定界框边上的控制点。图 3-83 和图 3-84 所示分别为拖曳四角上控制点和拖曳框边上的控制点图像。

图3-83

图3-84

6 要想形成以中心对称的等比例放大或缩小的矩形方式变换，可以按 Shift+Alt 组合键，鼠标左键单击拖曳定界框 4 个角上的控制点。鼠标左键单击拖曳定界框边上的控制点，可以形成以中心对称的对边不变的矩形方式变换。图 3-85、图 3-86 和图 3-87 所示为以中心对称的等比例放大或缩小的矩形方式变换效果。

图3-85

图3-86

图3-87

7 想要形成以等腰梯形、三角形或相对等腰三角形方式变换，可以按 Shift+Ctrl+ Alt 组合键，鼠标左键单击拖曳定界框 4 个角上的控制点，如图 3-88 和图 3-89 所示。

图3-88

图3-89

命令实训 使用多种变换命令

案例文件	案例文件\第3章\3.6a\使用多种变换命令.psd
视频教学	视频文件\第3章\使用多种变换命令.flv
难易指数	★★☆☆☆
知识掌握	缩放、旋转、斜切、扭曲

案例效果

本例使用“变换”功能形态各异的蝴蝶如图 3-90 所示。

图3-90

操作步骤

1 按 Ctrl+O 组合键，打开本书配套光盘中的素材文件，如图 3-91 所示。

图3-91

2 创建一个“蝴蝶”组，导入蝴蝶素材文件，接着执行“编辑 > 变换 > 缩放”菜单命令，此时蝴蝶四周出现方形界定框，按 Shift 键单击右上角的控制点并向内拖动，等比例缩放蝴蝶，如图 3-92 所示。

图3-92

3 执行“编辑 > 变换 > 旋转”命令或单击鼠标右键在弹出的快捷菜单中执行“旋转”命令，然后将光标移动到右上角外侧，此时光标变为圆滑的双箭头形，单击并向右下拖动光标旋转蝴蝶，如图 3-93 所示。

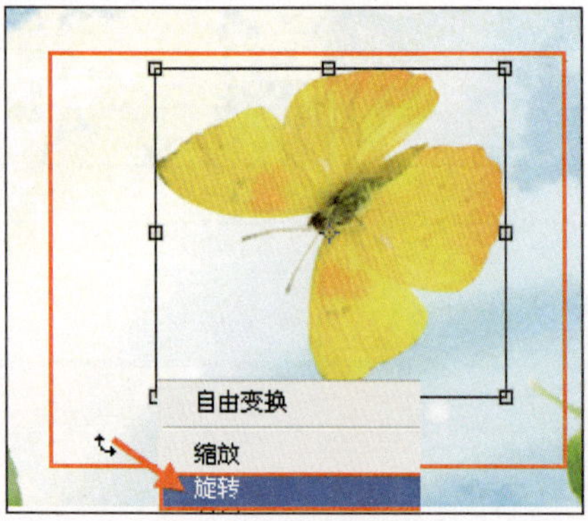

图3-93

4 再次单击鼠标右键在弹出的快捷菜单中执行“水平翻转”命令，按 Enter 键完成变换，并将其移动到合适位置，如图 3-94 所示。

图3-94

5 多次按 Ctrl+J 组合键复制蝴蝶图层，然后对其进行变换调整，如图 3-95 所示。制作出形态各异的蝴蝶摆放在天空中，效果如图 3-96 所示。

图3-95

图3-96

技巧提示

为了模拟出蝴蝶的远近关系不仅需要在大小上进行调整，还要将较远处蝴蝶图层的不透明度降低，如图3-97所示。

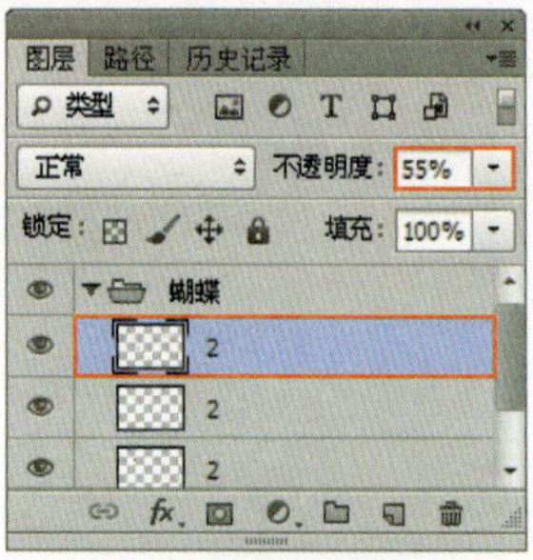

图3-97

3.6.4 复制并重复自由变换

在 Photoshop 中，完成一次自由变换后，按 Ctrl+Alt+T 组合键可以进入复制并自由变换的状态，按 Shift+Ctrl+Alt+T 组合键可以复制并以上一次自由变换的规律进行变换。

将中心点定位在右上角，然后将其缩小并向右移动一段距离，接着按 Enter 键确认操作，如图 3-98 所示。通过这一系列的操作，就奠定了一个变换规律，同时 Photoshop 会生成一个新的图层，如图 3-99 所示。

确定变换规律以后，可以连续按 Shift+Ctrl+Alt+T 组合键，就可以按照这个规律继续变换并复制图像，如图 3-100 所示。

图3-98

图3-99

图3-100

命令实训 使用再次变换命令制作重叠花朵

案例文件	案例文件\第3章\3.6b\使用再次变换命令制作重叠花朵.psd
视频教学	视频文件\第3章\使用再次变换命令制作重叠花朵.flv
难易指数	★★★☆☆
知识掌握	“自由变换工具”、“再次变换”命令

案例效果

本例通过“自由变换工具”和“再次变换”命令的使用将素材进行一定的变换，制作重叠花朵效果，如图 3-101 所示。

图3-101

操作步骤

1 按 Ctrl+N 组合键创建新文件。置入本书中的前景素材，将该图层命名为胶囊，如图 3-102 所示。

图3-102

2 按 Ctrl+T 组合键使用自由变换工具在选项栏中设置参考点位置和旋转角度，如图 3-103 所示。按 Enter 键完成旋转操作，如图 3-104 和图 3-105 所示。

图3-103

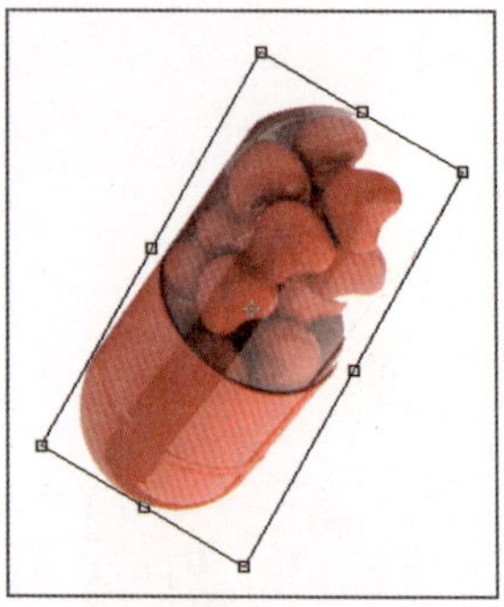

图3-104

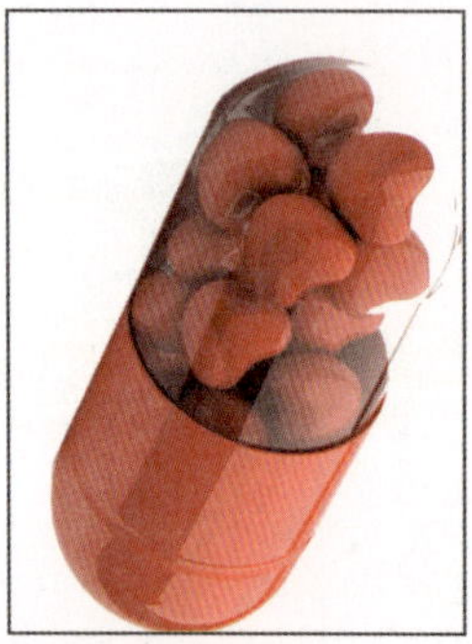

图3-105

3 然后多次按 Ctrl+Alt+Shift+T 组合键复制并重复上一次变换操作，制作出多个胶囊，如图 3-106 和图 3-107 所示。

图3-106

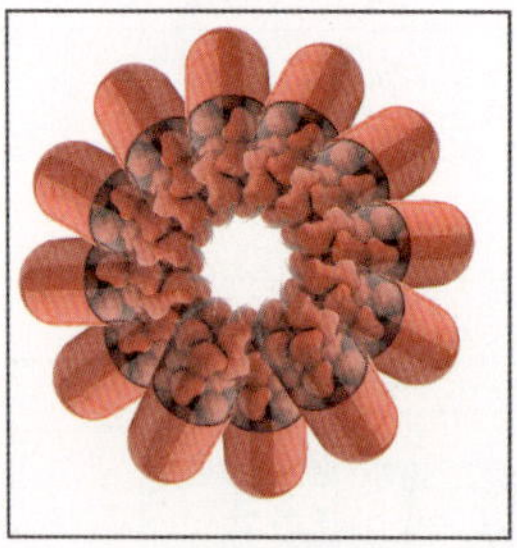

图3-107

4 下面导入鲜花素材和背景素材丰富画面效果，如图 3-108 所示，最终效果如图 3-109 所示。

图3-108

图3-109

3.7 内容识别比例

Photoshop CS6

在 Photoshop 中“内容识别比例”是一个非常实用的缩放功能，常规缩放在调整图像大小时会统一影响所有像素，而“内容识别比例”命令主要影响没有重要可视内容区域中的像素。它可以在不更改重要可视内容（如人物、建筑、动物等）的情况下缩放图像大小。图 3-110、图 3-111 和图 3-112 所示分别为原图、执行“自由变换”命令进行常规缩放以及执行“内容识别比例”命令缩放的对比效果。执行“内容识别比例”命令，调出该命令的选项栏，如图 3-113 所示。

- **“参考点位置”图标**：单击其他白色方块，可以指定缩放图像时要围绕的固定点。在默认情况下，参考点位于图像的中心。
- **“使用参考点相对定位”按钮**：单击该按钮，可以指定相对于当前参考点位置的新参考点位置。
- **X/Y**：设置参考点的水平和垂直位置。
- **W/H**：设置图像按原始大小的缩放百分比。
- **数量**：设置内容识别缩放与常规缩放的比例。在一般情况下，都应该将该值设置为 100%。

- **保护**：选择要保护区域的 Alpha 通道。如果要在缩放图像时保留特定的区域，“内容识别比例”命令允许在调整大小的过程中使用 Alpha 通道来保护内容。
- **“保护肤色”按钮**：激活该按钮后，在缩放图像时，可以保护人物的肤色区域。

图3-110

图3-111

图3-112

图3-113

命令实训 利用内容识别比例缩放图像

案例文件	案例文件\第3章\3.7\利用内容识别比例命令缩放图像.psd
视频教学	视频文件\第3章\利用内容识别比例命令缩放图像.flv
难易指数	
知识掌握	内容识别比例、保护通道、保护肤色

案例效果

本案例主要执行“内容识别比例”命令对画面进行缩放，图 3-114、图 3-115 和图 3-116 所示分别为原图、收缩效果与放大效果。

图3-114

图3-115

图3-116

操作步骤

1 按 Ctrl+O 组合键，打开带有 Alpha 通道的素材文件，按 Ctrl+J 组合键复制原图层，如图 3-117 和图 3-118 所示。

图3-117

图3-118

2 执行“编辑 > 内容识别比例”菜单命令或按 Alt+Shift+Ctrl+C 组合键，进入内容识别缩放状态。在选项栏中单击“保护”下拉菜单，选择 Alpha1 通道，然后单击“保护肤色”按钮，如图 3-119 所示。此时可以看到图像上出现变形的界定框，如图 3-120 所示。

3 将光标定位到界定框左侧的控制点，单击并向右拖曳，此时可以观察到人物和左侧标志部分几乎没有发生变形，如图 3-121 所示。

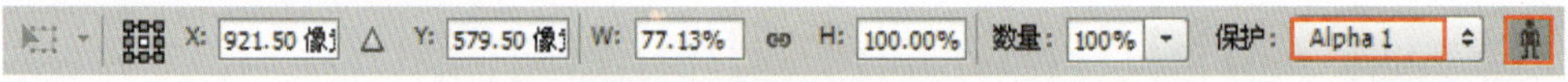

图3-119

图3-120

图3-121

4 也可以将画面放大，向左侧拖动将画面放大，可以看到需要保护的对象仍没有发生变形的情况，如图 3-122 所示。

图3-122

3.8 操控变形

Photoshop CS6

执行“操控变形”命令可以便捷有效地修改角色的动作、发型等以及其他对象的外观。执行“编辑 > 操控变形”菜单命令，通过在对象中的关键点上添加“图钉”，可以修改对象的外形，如图 3-123 所示。将图像转换为智能对象可以非破坏性的方式变形图像，如图 3-124、图 3-125 和图 3-126 所示。

图3-123

图3-124

图3-125

图3-126

- **模式**：共有“刚性”、“正常”和“扭曲”3 种模式。选择“刚性”模式时，变形效果比较精确，但是过渡效果不是很柔和，如图 3-127 所示；选择“正常”模式时，变形效果比较准确，过渡也比较柔和，如图 3-128 所示；选择“扭曲”模式时，可以在变形的同时创建透视效果，如图 3-129 所示。

图3-127

图3-128

图3-129

- **浓度**：共有“较少点”、“正常”和“较多点”3 个选项。选择“较少点”选项时，网格点数量就比较少，同时可添加的图钉数量也较少，并且图钉之间需要间隔较大的距离，如图 3-130 所示；选择“正常”选项时，网格点数量比较适中，如图 3-131 所示；选择“较多点”选项时，网格点非常细密，当然可添加的图钉数量也更多，如图 3-132 所示。

图3-130

图3-131

图3-132

- **扩展**：用来设置变形效果的衰减范围。设置较大的像素值以后，变形网格的范围也会相应向外扩展，变形之后，图像的边缘会变得更加平滑，如图 3-133 和图 3-134 所示。

- **显示网格**：控制是否在变形图像上显示出变形网格。
- **图钉深度**：选择一个图钉以后，单击“将图钉前移”按钮，可以将图钉向上层移动一个堆叠顺序，如图 3-135 所示；单击“将图钉后移”按钮，可以将图钉向下层移动一个堆叠顺序，如图 3-136 所示。
- **旋转**：共有“自动”和“固定”两个选项。选择“自动”选项，在拖曳图钉变形图像时，系统会自动对图像进行旋转处理，如图 3-137 所示；如果要设定精确的旋转角度，可以选择“固定”选项，然后在后面的输入框中输入旋转度数即可，如图 3-138 所示。

图3-133

图3-134

图3-135

图3-136

图3-137

图3-138

命令实训 使用操控变形命令制作美女的分身

案例文件	案例文件\第3章\3.8\使用操控变形命令制作美女的分身.psd
视频教学	视频文件\第3章\使用操控变形命令制作美女的分身.flv
难易指数	★★☆☆☆
知识掌握	掌握操控变形命令的使用方法

案例效果

本例使用“操控变形”命令修改美少女动作，如图 3-139 和图 3-140 所示为前后的对比效果。

图3-139

图3-140

操作步骤

1 按 Ctrl+O 组合键，打开本书配套光盘中的人像素材文件“1.png”，如图 3-141 所示。

2 按 Ctrl+J 组合键，复制一层，执行“编辑 > 操控变形”菜单命令，可以看到人像上出现了密布的网格，光标会变成✱形状，在图像上单击鼠标左键即可在单击处添加图钉。如果要删除图钉，可以选择该图钉，然后按 Delete 键，或者按 Alt 单击要删除的图钉；如果要删除所有图钉，可以在网格上单击鼠标右键，然后在弹出的菜单中执行“移去所有图钉”命令，如图 3-142 所示。

3 将光标放置在图钉上，然后使用鼠标左键单击并仔细调节图钉的位置，此时图像也会随之发生变形，如图 3-143 所示。

图3-141

图3-142

图3-143

技巧提示

“操作变形”命令类似于三维软件中的骨骼绑定系统，使用起来非常方便，可以通过控制几个图钉来快速调节图像的变形效果。

4 变形调整完成后按 Enter 键完成操作，用同样的方法可以制作出另外一个变形人像，将三个人像摆放在一起，如图 3-144 所示。

5 打开背景素材文件“2.psd”，将制作好的人像图层放在其中，如图 3-145 所示，效果如图 3-146 所示。

图3-144

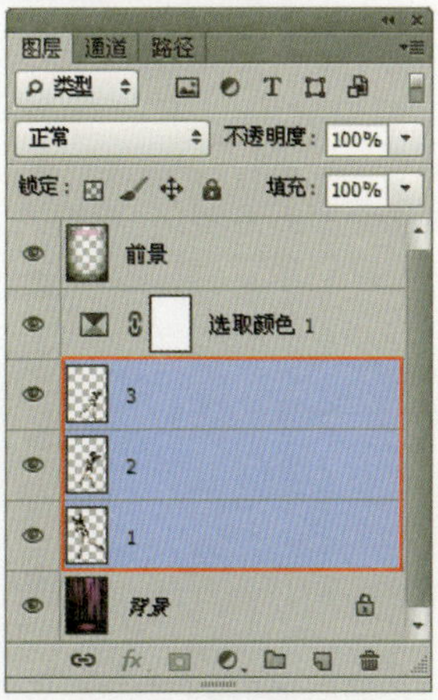

图3-145

图3-146

3.9 自动对齐图层

Photoshop CS6

执行“自动对齐图层”命令可以根据不同图层中的相似内容（如角和边）自动对齐图层，如图 3-147 和图 3-148 所示。在“图层”面板中选择两个或两个以上的图层，然后执行“编辑 > 自动对齐图层”菜单命令，打开“自动对齐图层”对话框，如 3-149 所示。

图3-147

图3-148

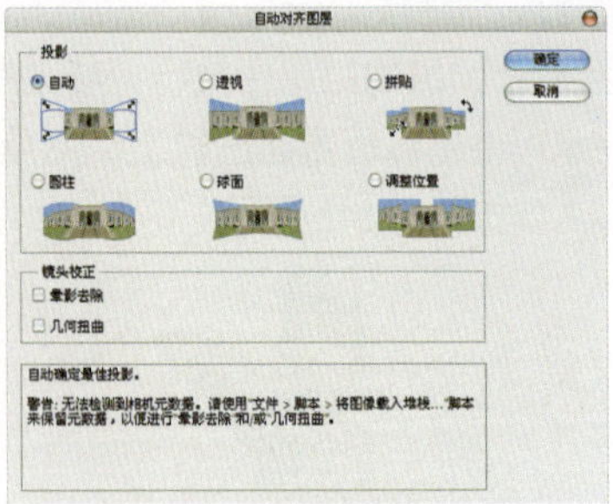

图3-149

- **自动**：通过分析源图像并应用“透视”或“圆柱”版面。
- **透视**：通过将源图像中的一张图像指定为参考图像来创建一致的复合图像，然后变换其他图像，以匹配图层的重叠内容。
- **圆柱**：通过在展开的圆柱上显示各个图像来减少在“透视”版面中会出现的“领结”扭曲，同时图层的重叠内容仍然相互匹配。
- **球面**：将图像与宽视角对齐。指定某个源图像作为参考图像后，对其他图像执行“球面变换”，以匹配重叠的内容。
- **拼贴**：对齐图层并匹配重叠内容，并且不更改图像中对象的形状。
- **调整位置**：对齐图层并匹配重叠内容，但不会变换任何源图层。
- **晕影去除**：对导致图像边缘比图像中心暗的镜头缺陷进行补偿。
- **几何扭曲**：补偿桶形、枕形或鱼眼失真。

3.10 自动混合图层

Photoshop CS6

“自动混合图层”命令可以对 RGB 或灰度图像的每个图层应用图层蒙版，以遮盖过渡曝光或曝光不足的区域或内容差异。从而实现缝合或者组合图像，在最终图像中获得平滑的过渡效果，如图 3-150 所示。选择两个或两个以上的图层，然后执行“编辑 > 自动混合图层”菜单命令，打开“自动混合图层”对话框，如图 3-151 所示。

图3-150

图3-151

- **全景图**：将重叠的图层混合成全景图。
- **堆叠图像**：混合每个相应区域中的最佳细节。该选项最适合用于已对齐的图层。

命令实训　使用自动混合图层连接两张风景照

案例文件	案例文件\第3章\3.10\使用自动混合图层命令连接两张风景照.psd
视频教学	视频文件\第3章\使用自动混合图层命令连接两张风景照.flv
难易指数	★★☆☆☆
知识掌握	自动混合图层

案例效果

本例使用“自动混合图层”命令将两张风景照结合在一起制作风景照片效果，如图3-152所示。

图3-152

操作步骤

1 按Ctrl+N组合键，打开“新建”对话框，然后设置“宽度”为1581像素，“高度”为1080像素，如图3-153所示。

2 按Ctrl+O组合键，打开本书配套光盘中的两张素材文件，如图3-154所示。

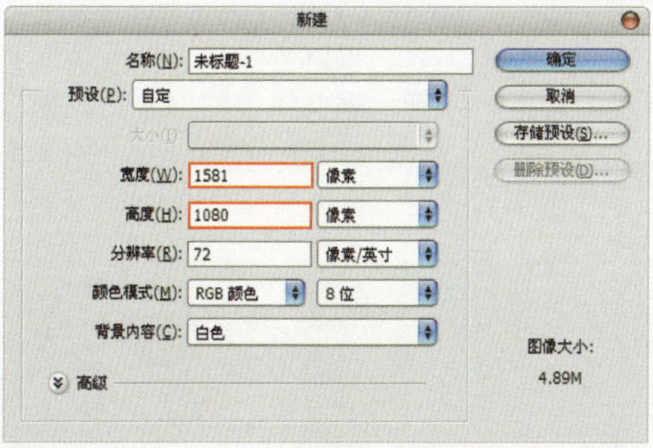

图3-153

图3-154

3 在“图层”面板中同时选择“图层0”和“图层1”，然后执行“编辑>自动混合图层”菜单命令，接着在弹出的“自动混合图层”对话框中设置“全景图”，单击“确定”按钮后可以看到两个图层上分别出现了图层蒙版，如图 3-155 所示。并且两张图片交界处的分界线消失了，如图 3-156 所示。

4 单击“剪切工具”按钮，在画面中裁切去多余区域。用“矩形选框工具”框出合适区域，按 Ctrl+Shift+I 组合键进行反选，将新建图层填充为白色，如图 3-157 所示。

图3-155

图3-156

图3-157

3.11 裁剪与裁切图像

Photoshop CS6

想要调整画面构图或去除多余边界时，可使用 Photoshop。因在 Photoshop 中可以使用多种方法对图像进行裁切。例如使用“裁剪工具”、“裁剪”命令和“裁切”命令都可以轻松去掉画面的多余部分，如图 3-158 和图 3-159 所示。

图3-158

图3-159

3.11.1 使用“裁剪工具”

裁剪是指移去部分图像，以突出或加强构图效果。使用“裁剪工具”可以裁剪掉多余的图像，并重新定义画布的大小。选择“裁剪工具”后，在画面中调整裁切框，以确定需要保留的部分。或拖曳出一个新的裁切区域，然后按 Enter 键或双击鼠标左键即可完成裁剪，如图 3-160、图 3-161、图 3-162 和图 3-163 所示。

图3-160

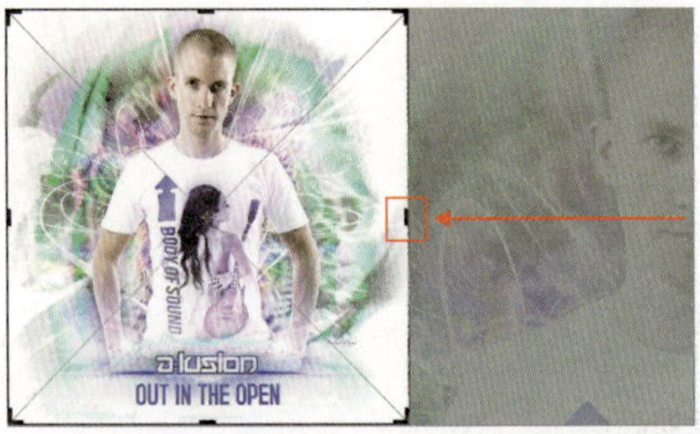

图3-161

图3-162

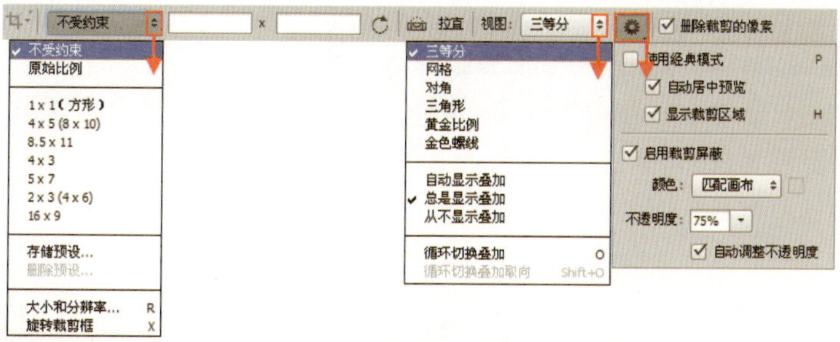

图3-163

- 约束方式 ：在下拉列表中可以选择多种裁切的约束比例。
- 约束比例 ：在这里可以键入自定的约束比例数值。
- 旋转 ：单击按钮，将光标定位到裁切框以外的区域，单击并拖动光标即可旋转裁切框。
- 拉直 ：通过在图像上画一条直线来拉直图像。
- 视图：在下拉列表中可以选择裁剪的参考线的方式，例如“三等分”、“网格”、“对角”、“三角形”、“黄金比例”、“金色螺线”。也可以设置参考线的叠加显示方式。
- 设置其他裁切选项 ：在这里可以对裁切的其他参数进行设置，例如可以使用经典模式，或设置裁剪屏蔽的颜色、透明度等参数。
- 删除裁剪的像素 ：确定是否保留或删除裁剪框外部的像素数据。如果不选中该项，多余的区域可以处于隐藏状态，如果想要还原裁切之前的画面，只需要再次选择“裁剪工具”，然后随意操作即可看到原文档。

3.11.2 使用“透视裁剪工具” 新增功能

使用“透视裁剪工具” 可以在需要裁剪的图像上制作出带有透视感的裁剪框，在应用裁剪后可以使图像带有明显的透视感。打开一张图像，如图 3-164 所示。单击工具箱中的“透视裁剪工具”按钮 ，在画面中绘制一个裁剪框，如图 3-165 所示。

将光标定位到裁剪框的一个控制点上，单击并向内拖动，如图 3-166 所示。

图3-164

图3-165

图3-166

用同样的方法调整其他控制点，如图 3-167 所示。调整完成后单击控制栏中的“提交当前裁剪操作”按钮 ，即可得到带有透视感的画面效果，如图 3-168 所示。

图3-167

图3-168

3.11.3 使用“裁切”命令裁切图像

执行“编辑 > 裁切”命令，打开“裁切”对话框，如图 3-169 所示。使用“裁切”命令可以基于像素的颜色来裁剪图像，如图 3-170 所示。

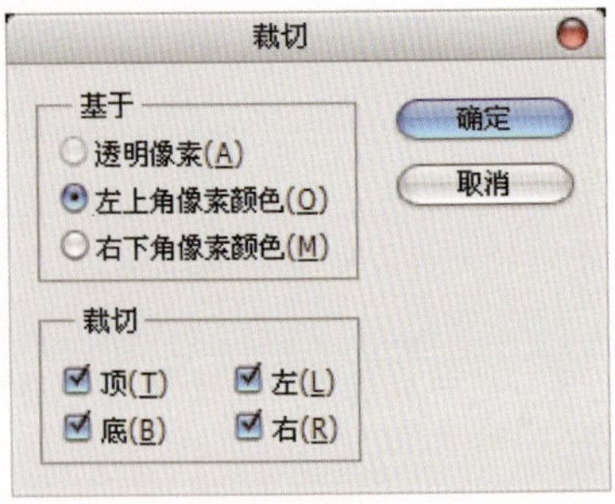

图3-169

图3-170

- **透明像素**：可以裁剪掉图像边缘的透明区域，只将非透明像素区域的最小图像保留下来。该选项只有图像中存在透明区域时才可用。
- **左上角像素颜色**：从图像中删除左上角像素颜色的区域。
- **右下角像素颜色**：从图像中删除右下角像素颜色的区域。
- **顶 / 底 / 左 / 右**：设置修正图像区域的方式。

命令实训 使用常用编辑命令制作玫瑰花海

案例文件	案例文件\第3章\3.11\使用常用编辑命令制作玫瑰花海.psd
视频教学	视频文件\第3章\使用常用编辑命令制作玫瑰花海.flv
难易指数	★★★★★
知识掌握	复制、粘贴、缩放、旋转、合并拷贝

案例效果

本案例主要通过使用“复制”命令与“粘贴”命令复制出大量的花朵，并执行“自由变换”命令对花朵进行选择、缩放等操作制作出形态各异的效果，如图 3-171 所示。

图3-171

操作步骤

1 按 Ctrl+O 组合键，打开本书配套光盘中的背景素材文件“1.jpg”，如图 3-172 所示。

2 导入素材文件“2.png”，如图 3-173 所示。执行“编辑 > 变换 > 缩放”命令，按 Shift 键进行等比例缩放，将其放置在裙角一边，如图 3-174 所示。

图3-172

图3-173

图3-174

3 单击工具箱中的“矩形选框工具”按钮，框选花朵素材，执行“编辑 > 拷贝”命令，再次执行“编辑 > 粘贴”命令，多次复制花朵；执行“编辑 > 变换 > 旋转”命令，调整不同角度，制作由远及近的效果，如图 3-175 所示。用同样的方法制作出多层次花朵的效果，如图 3-176 所示。

图3-175

图3-176

4 导入素材文件“3.png”，调整合适位置及大小，如图 3-177 所示。

5 复制可见图层并进行合并，单击工具箱中的“减淡工具”按钮，在下层玫瑰中进行适当涂抹，使其看起来更加清透，最终效果如图 3-178 所示。

图3-177

图3-178

第 4 章

选区的创建与编辑

本章学习要点：

- 掌握“选框工具”的使用方法
- 掌握“套索工具”的使用方法
- 掌握“快速选择工具”与“魔棒工具”的使用方法
- 掌握选区的编辑方法
- 掌握填充与描边选区的应用

本章节主要介绍选区的制作与编辑方法。在 Photoshop 中处理图像时，需要为图像指定一个有效的编辑区域，这个区域就是“选区”。创建选区的方法有多种，可以使用“选框工具”进行创建，也可以使用“钢笔工具”进行精确选区的制作，还可以基于色彩进行选区的制作。

4.1 认识选区

Photoshop CS6

选区不仅用于在选区中绘制或编辑选区中的内容，“抠图”也是选区的重要功能之一，制作出素材图像中需要保留的对象选区，然后将其从背景中分离出来，并与其他元素进行融合，这就是“合成”的重要步骤之一，如图 4-1 和图 4-2 所示。

选框工具组是 Photoshop 中最常用的选区工具，适合于圆形、椭圆形、正方形、长方形等规则的形状，图 4-3 所示为典型的圆形选区。对于转折处比较强烈的图案，可以使用“多边形套索工具”来进行选择，图 4-4 所示为转折处比较强烈的不规则选区。

对于一些边界复杂需要进行精确绘制的选区则可以使用“钢笔工具”进行路径的绘制，并将路径转换为选区，进行人像抠图的制作，如图 4-5 和图 4-6 所示。

图4-1

图4-2

图4-3

图4-4

图4-5

图4-6

Photoshop CS6 中还包含一类以色调进行选择的工具，当需要选择的对象与背景之间的色调差异比较明显时，使用“魔棒工具”、“快速选择工具”、“磁性套索工具”和“色彩范围”命令可以快速地将对象分离出来。这些工具和命令都可以基于色调之间的差异来创建选区。图 4-7 和图 4-8 所示是使用“快速选择工具”将前景对象抠选出来，并更换背景后的效果。

图4-7

图4-8

前面介绍的方法可以制作出精确的选区，但是遇到选区边缘复杂并且包含羽化效果的情况则需要使用通道抠图。通道抠图主要利用具体图像的色相差别或者明度差别用不同的方法建立选区。通道抠图法非常适合抠取毛发、婚纱、烟雾、玻璃以及具有运动模糊的物体，图 4-9 和图 4-10 所示为毛发抠图效果。

图4-9

图4-10

4.2 使用内置选区工具

Photoshop CS6

Photoshop 中包含多种方便快捷的选区工具，熟练掌握这些基本工具的使用方法，可以快速选择需要的选区。例如选框工具组、套索工具组、魔棒与快速选择工具组这三种工具组，每个工具组中又包含多种工具。

4.2.1 选框工具组

1. 矩形选框工具

创建矩形选区与正方形选区可以使用“矩形选框工具”，按 Shift 键可以创建正方形选区，如图 4-11 和图 4-12 所示。图 4-13 所示为“矩形选框工具”的选项栏。

图4-11

图4-12

图4-13

- **羽化**：主要用来设置选区边缘的虚化程度。羽化值越大，虚化范围越宽；羽化值越小，虚化范围越窄；图 4-14 和图 4-15 所示的图像边缘锐利程度模拟羽化数值分别为 0 像素与 20 像素时的边界效果。

图4-14

图4-15

技巧提示

当Photoshop弹出一个警告对话框提醒羽化后的选区将不可见（选区仍然存在）时，表明当前设置的“羽化”数值过大，以至于任何像素都不大于50%选择，如图4-16所示。

图4-16

- **消除锯齿**：“矩形选框工具”的“消除锯齿”选项是不可用的，因为矩形选框没有不平滑效果，只有在使用“椭圆选框工具”时“消除锯齿”选项才可用。
- **样式**：用来设置矩形选区的创建方法。当选择“正常”选项时，可以创建任意大小的矩形选区；当选择“固定比例”选项时，可以在“右侧”的“宽度”和“高度”输入框输入数值，以创建固定比例的选区。比如，设置“宽度”为 1、“高度”为 2，那么创建出来的矩形选区的高度就是宽度的 2 倍；当选择“固定大小”选项时，可以在右侧的“宽度”和“高度”输入框中输入数值，然后单击鼠标左键即可创建一个固定大小的选区（单击“高度和宽度互换”按钮可以切换“宽度”和“高度”的数值）。
- **调整边缘**：与执行“选择 > 调整边缘”命令相同，单击该按钮可以打开“调整边缘”对话框，在该对话框中可以对选区进行平滑、羽化等处理。

2. 椭圆选框工具

制作椭圆选区和正圆选区可以使用“椭圆选框工具”，按 Shift 键可以创建正圆选区，如图 4-17 和图 4-18 所示。“椭圆选框工具”的选项栏如图 4-19 所示。

图4-17

图4-18

图4-19

- **消除锯齿**：通过柔化边缘像素与背景像素之间的颜色过渡效果，来使选区边缘变得平滑，图 4-17 所示是未选中“消除锯齿”复选框时的图像边缘效果，图 4-18 所示是选中了“消除锯齿”复选框时的图像边缘效果。由于“消除锯齿”只影响边缘像素，因此不会丢失细节，在剪切、拷贝和粘贴选区图像时非常有用。

技巧提示

其他选项的用法与“矩形选框工具”中的相同，因此这里不再介绍。

3. 单行 / 单列选框工具

创建高度或宽度为 1 像素的选区时可以使用“单行选框工具”和“单列选框工具”，这两种工具常用来制作网格效果，如图 4-20 所示，放大效果如图 4-21 所示。

图4-20

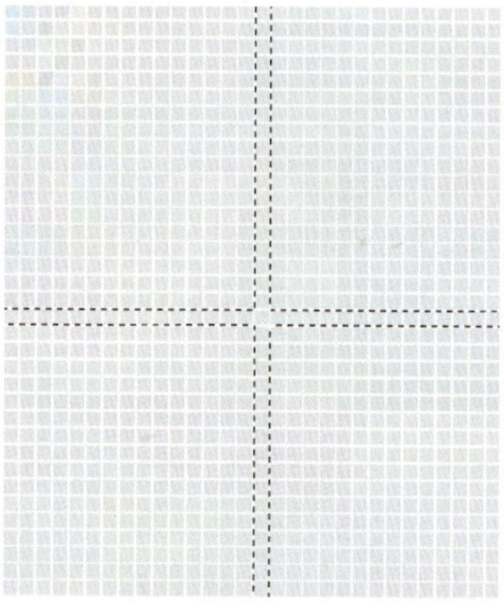

图4-21

工具实训 使用矩形选框工具制作相册

案例文件	案例文件\第4章\4.2.1\使用矩形选框工具制作相册.psd
视频教学	视频文件\第4章\使用矩形选框工具制作相册.flv
难易指数	★★★★★
知识掌握	创建矩形选区

案例效果

本例主要是针对“矩形选框工具”的用法进行练习，如图 4-22 所示。

图4-22

操作步骤

1 打开本书配套光盘中的素材文件“1.jpg”，如图 4-23 所示。

2 下面需要为相框添加照片，导入一张图片素材文件“2.jpg”，如图 4-24 所示。

图4-23

图4-24

3 为了将照片与背景相框更好的结合，需要去除相片中多余的部分。首先需要将照片图层不透明度降低以便于观察。在“图层”面板中选中该图层，然后将“图层”面板右上角处的不透明度处降低数值即可，如图 4-25 所示。单击工具箱中的“矩形选框工具”在相框的中心部分绘制一个矩形选区，如图 4-26 所示。

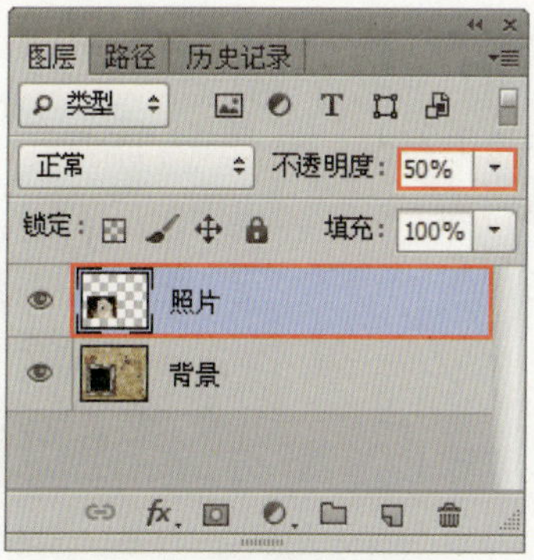

图4-25

图4-26

4 将照片图层不透明度调整为 100%，单击鼠标右键在弹出的快捷菜单中执行“选择反向”命令，选择反向的选区，如图 4-27 所示。然后按 Delete 键删除选区内的照片部分，最终效果如图 4-28 所示。

图4-27

图4-28

4.2.2 套索工具

1. 套索工具

当需要自由绘制出形状不规则的选区时可以使用“套索工具”。选择使用“套索工具”后，在图像上拖曳光标绘制选区边界，松开鼠标左键时，选区将会进行自动闭合，图 4-29 和图 4-30 所示为绘制选区边界和选区闭合。

图4-29

图4-30

2. 多边形套索工具

“多边形套索工具”与“套索工具”的使用方法类似，但是“多边形套索工具”更适合创建一些转角比较强烈的选区。在水平方向、垂直方向或 45 度方向上绘制直线，可以使用“多边形套索工具”绘制选区，然后按 Shift 键。另外，按 Delete 键可以删除最近绘制的直线，如图 4-31 和图 4-32 所示。

图4-31

图4-32

技巧提示

当使用“套索工具”绘制选区时，如果在绘制过程中按Alt键，松开鼠标左键以后，Photoshop会自动切换到“多边形套索工具”。

3. 磁性套索工具

“磁性套索工具”特别适合快速选择与背景对比强烈且边缘复杂的对象，因为“磁性套索工具”能够以颜色上的差异自动识别对象的边界。使用“磁性套索工具”时，套索边界会自动对齐图像的边缘，如图 4-33 所示。当勾选完比较复杂的边界时，还可以按 Alt 键切换到“多边形套索工具”，以勾选转角比较强烈的边缘，如图 4-34 所示。

“磁性套索工具”的选项栏如图 4-35 所示。

- **宽度**：数值决定了以光标中心为基准，光标周围有多少个像素能够被“磁性套索工具”检测到，如果对象的边缘比较清晰，可以设置较大的值；如果对象的边缘比较模糊，可以设置较小的值。图 4-36 和图 4-37 所示分别是“宽度”值为 20 和 200 时检测到的边缘。

图4-33

图4-34

图4-35

图4-36

图4-37

技巧提示

在使用“磁性套索工具”勾画选区时，按CapsLock键，光标会变成形状，圆形的大小就是该工具能够检测到的边缘宽度。另外，按↑键和↓键可以调整检测宽度。

- **对比度**：该选项主要用来设置“磁性套索工具”感应图像边缘的灵敏度。如果对象的边缘比较清晰，可以将该值设置得高一些；如果对象的边缘比较模糊，可以将该值设置得低一些。
- **频率**：在使用“磁性套索工具”勾画选区时，Photoshop会生成很多锚点，“频率”选项就是用来设置锚点的数量。数值越高，生成的锚点越多，捕捉到的边缘越准确，但是可能会造成选区不够平滑。图4-38和图4-39所示分别是“频率”为10和100时生成的锚点。

图4-38

图4-39

- **“钢笔压力”按钮**：如果计算机配有数位板和压感笔，则可以激活该按钮，Photoshop会根据压感笔的压力自动调节“磁性套索工具”的检测范围。

工具实训 使用磁性套索工具去除白色背景

案例文件	案例文件\第4章\4.2.2\使用磁性套索工具去除白色背景.psd
视频教学	视频文件\第4章\使用磁性套索工具去除白色背景.flv
难易指数	★★☆☆☆
知识掌握	掌握磁性套索工具的使用方法

案例效果

本例主要是针对“磁性套索工具”的用法进行练习。图 4-40 和图 4-41 所示为制作人像前后的对比图。

图4-40

图4-41

操作步骤

1 打开本书配套光盘中的素材文件“1.jpg”，如图 4-42 所示。

2 在“工具箱”中单击“磁性套索工具”按钮，然后在肩膀的边缘单击鼠标左键确定起点，如图 4-43 所示；接着沿着人像边缘移动光标，此时 Photoshop 会生成很多锚点，如图 4-44 所示；当勾画到起点处时按 Enter 键闭合选区，如图 4-45 所示。

图4-42

图4-43

图4-44

图4-45

答疑解惑

如果在勾画过程中生成的锚点位置远离了人像该怎么办?

如果遇到这种情况，可以按Delete键删除最近生成的一个锚点，然后继续绘制。

3 单击鼠标右键，在弹出的快捷菜单中执行“选择反向”命令，如图 4-46 所示，按 Delete 键删除，按 Ctrl+D 组合键取消选择，如图 4-47 所示。

4 导入背景素材“2.jpg”，放置在最底层，如图 4-48 所示。导入前景素材“3.png”放在顶层，如图 4-49 所示。

图4-46

图4-47

图4-48

图4-49

4.2.3 快速选择工具与魔棒工具

1. 快速选择工具

使用“快速选择工具”，拖曳笔尖时，选取范围不但会向外扩张，而且还可以自动寻找并沿着图像的边缘来描绘边界。使用“快速选择工具”可以利用可调整的圆形笔尖迅速绘制出选区。“快速选择工具”的选项栏如图 4-50 所示。

图4-50

- **选区运算按钮**：激活“新选区”按钮，可以创建一个新的选区；激活“添加到选区”按钮，可以在原有选区的基础上添加新创建的选区；激活“从选区减去”按钮，可以在原有选区的基础上减去当前绘制的选区。
- **“画笔”选择器**：单击倒三角按钮，可以在弹出的“画笔”选择器中设置画笔的大小、硬度、间距、角度以及圆度，如图 4-51 所示。在绘制选区的过程中，可以按] 键和 [键增大或减小画笔的大小。
- **对所有图层取样**：如果选中该复选框，Photoshop 会根据所有图层建立选取范围，而不仅是只针对当前图层。
- **自动增强**：降低选取范围边界的粗糙度与区块感。

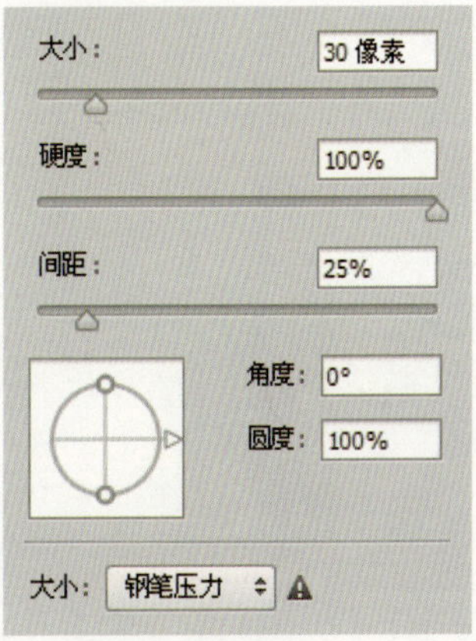

图4-51

工具实训 使用快速选择工具为照片换背景

案例文件	案例文件\第4章\4.2.3a\使用快速选择工具为照片换背景.psd
视频教学	视频文件\第4章\使用快速选择工具为照片换背景.flv
难易指数	★★☆☆☆
知识掌握	快速选择工具

案例效果

本例主要是针对“快速选择工具”进行练习，对比效果如图 4-52 和图 4-53 所示。

图4-52

图4-53

操作步骤

1 打开本书配套光盘中的素材文件“1.jpg”，如图 4-54 所示。导入人像素材文件“2.jpg”，如图 4-55 所示。

2 使用“快速选择工具”单击白色背景并进行拖动，可以将白色背景部分完全选择出来，如图 4-56 和图 4-57 所示。

3 按 Delete 键删除白色背景，如图 4-58 所示。

4 最后导入前景素材文件“3.png”，如图 4-59 所示。

图4-54

图4-55

图4-56

图4-57

图4-58

图4-59

2. 魔棒工具

“魔棒工具” 在实际工作中的使用频率相当高，使用“魔棒工具”在图像中单击就能选取颜色差别在容差值范围之内的区域，其选项栏如图 4-60 所示。

图4-60

- **容差**：决定所选像素之间的相似性或差异性，其取值范围从 0~255。数值越低，对像素的相似程度的要求越高，所选的颜色范围就越小；数值越高，对像素的相似程度的要求越低，所选的颜色范围就越大。图 4-61 和图 4-62 所示分别为数值是 30 和 60 时的选区效果。

图4-61

图4-62

- **连续**：当选中该复选框时，只选择颜色连接的区域；当关闭该选项时，可以选择与所选像素颜色接近的所有区域，当然也包含没有连接的区域。图 4-63 和图 4-64 所示分别为选中“连续”和取消选中“连续”的效果。

图4-63

图4-64

- **对所有图层取样**：如果文档中包含多个图层，当选中该复选框时，可以选择所有可见图层上颜色相近的区域；当关闭该选项时，仅选择当前图层上颜色相近的区域。

工具实训 使用魔棒工具去除背景

案例文件	案例文件\第4章\4.2.3b\使用魔棒工具去除背景.psd
视频教学	视频文件\第4章\使用魔棒工具去除背景.flv
难易指数	★★☆☆☆
知识掌握	魔棒工具

案例效果

本例主要是针对“魔棒工具”进行练习，如图 4-65 所示。

图4-65

操作步骤

1 打开本书配套光盘中的素材文件“1.jpg”，如图 4-66 所示。

图4-66

2 导入人像素材文件“2.jpg”，如图 4-67 所示。

图4-67

3 下面使用“魔棒工具”，设置选项栏的“类型”为“添加到选区”，“容差值”为 20，选中“消除锯齿”和“连续”复选框，如图 4-68 所示。单击背景选区，第一次单击背景时可能会有遗漏的部分，可以再次单击没有被选区链接到的地方，如图 4-69 所示。

4 按 Ctrl+Shift+I 组合键反向选择，然后为图像添加图层蒙版，则人像背景会被自动抠出，如图 4-70 所示。

图4-68

图4-69

图4-70

5 单击工具箱中的“魔棒工具”，单击背景黄色区域，然后单击鼠标右键，在弹出的快捷菜单中执行“选择反向”命令，如图 4-71 所示。然后使用工具箱中的“橡皮擦工具”擦除底部多余的区域，如图 4-72 所示。

6 效果如图 4-73 所示。

图4-71

图4-72

图4-73

4.3 选区的基本操作

Photoshop CS6

选区通常是被作为一个非实体的对象，也可以对运算（新选区、添加到选区、从选区减去与选区交叉）、全选与反选、取消选择与重新选择、移动与变换、存储与载入等操作。

4.3.1 选区的运算

如果当前图像中包含选区，在使用任何“选框工具”、“套索工具”或“魔棒工具”创建选区时，选项栏中就会出现选区运算的相关工具，如图 4-74 所示。

- **“新选区”按钮**：激活该按钮以后，可以创建一个新选区，如图 4-75 所示。如果已经存在选区，那么新创建的选区将替代原来的选区。

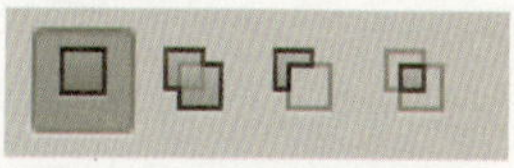

图4-74

- "添加到选区"按钮：激活该按钮以后，可以将当前创建的选区添加到原来的选区中（按 Shift 键也可以实现相同的操作），如图 4-76 所示。

图4-75

图4-76

- "从选区减去"按钮：激活该按钮以后，可以将当前创建的选区从原来的选区中减去（按住 Alt 键也可以实现相同的操作），如图 4-77 所示。
- "与选区交叉"按钮：激活该按钮以后，新建选区时只保留原有选区与新创建选区相交的部分（按 Alt+Shift 组合键也可以实现相同的操作），如图 4-78 所示。

图4-77

图4-78

4.3.2 全选与反选

执行"选择 > 全部"菜单命令或按 Ctrl+A 组合键，可以选择当前文档边界内的所有图像，全选图像常用于复制整个文档中的图像，如图 4-79 和图 4-80 所示。

图4-79

图4-80

创建选区后，想要选择图像中没有被选择的部分，则执行"选择 > 反向选择"菜单命令或按 Shift+Ctrl+I 组合键，选择反相的选区，如图 4-81 和图 4-82 所示。

图4-81

图4-82

4.3.3 取消选择与重新选择

取消选区状态，可以执行“选择 > 取消选择”菜单命令或按 Ctrl+D 组合键。执行“选择 > 重新选择”菜单命令，可以恢复被取消的选区。

4.3.4 隐藏与显示选区

执行“视图 > 显示 > 选区边缘”菜单命令可以切换选区的显示与隐藏。创建选区以后，隐藏选区（注意，隐藏选区后，选区仍然存在），可以执行“视图 > 显示 > 选区边缘”菜单命令或按 Ctrl+H 组合键；再次执行“视图 > 显示 > 选区边缘”菜单命令或按 Ctrl+H 组合键，可以将隐藏的选区显示出来。

4.3.5 移动选区

将光标放置在选区内，当光标变为形状时，拖曳光标即可移动选区，如图 4-83 和图 4-84 所示。

图4-83

图4-84

使用“选框工具”创建选区时，在松开鼠标左键之前，按 Space 键（即空格键）拖曳光标，可以移动选区，如图 4-85 和图 4-86 所示。

图4-85

图4-86

技巧提示

在包含选区的状态下，按键盘上的→、←、↑、↓键可以1像素的距离移动选区。

4.3.6 变换选区

“变换选区”的方法与图像的“自由变换”非常相似，对创建好的选区执行“选择 > 变换选区”菜单命令，或单击鼠标右键，在弹出的快捷菜单中执行“变换选区”命令，如图4-87所示。选区周围会出现类似自由变换的界定框，通过单击鼠标右键，还可以在弹出的快捷菜单中执行其他变换方式命令，如图4-88所示。完成变换之后，按Enter键即可得到变换后的选区，如图4-89所示。

图4-87

图4-88

图4-89

命令实训 使用变换选区命令制作投影

案例文件	案例文件\第4章\4.3.6\使用变换选区命令制作投影.psd
视频教学	视频文件\第4章\使用变换选区命令制作投影.flv
难易指数	★★☆☆☆
知识掌握	变换选区

案例效果

本例主要是针对如何变换选区进行练习，如图4-90所示。

图4-90

操作步骤

1 打开本书配套光盘中的素材文件“1.jpg”，如图 4-91 所示。导入卡通前景素材“2.png”放置在界面中，作为图层“1”，如图 4-92 所示。

图4-91

图4-92

2 新建“投影”图层，然后将其放置在图层“卡通人”的下一层，如图 4-93 所示。按 Ctrl 键并使用鼠标左键单击将卡通素材图层缩略图载入选区，如图 4-94 所示。

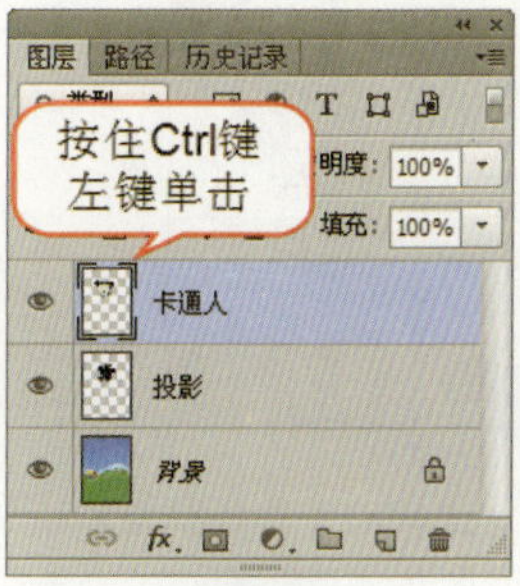

图4-93

图4-94

3 接着执行“选择 > 变换选区”菜单命令或按 Alt+S+T 组合键，或在画面中单击鼠标右键，在弹出的快捷菜单中执行“变换选区”命令，此时选区上出现与自由变换相同的界定框，单击鼠标右键，在弹出的快捷菜单中执行“透视”命令，横向调整选区透视，如图 4-95 所示。

4 再次单击鼠标右键，在弹出的快捷菜单中执行“缩放”命令，自上而下将选区适当缩放，如图 4-96 所示。

5 变换完成后按 Enter 键完成操作，如图 4-97 所示。

图4-95

图4-96

图4-97

6 选中新建的“投影”图层，设置前景色为黑色，按 Alt+Delete 组合键填充当前选区，如图 4-98 和图 4-99 所示。

图4-98

图4-99

7 为了使阴影效果柔和一些，可以在“图层”面板中选中“投影”图层，并调整图层不透明度为 35%，如图 4-100 和图 4-101 所示。

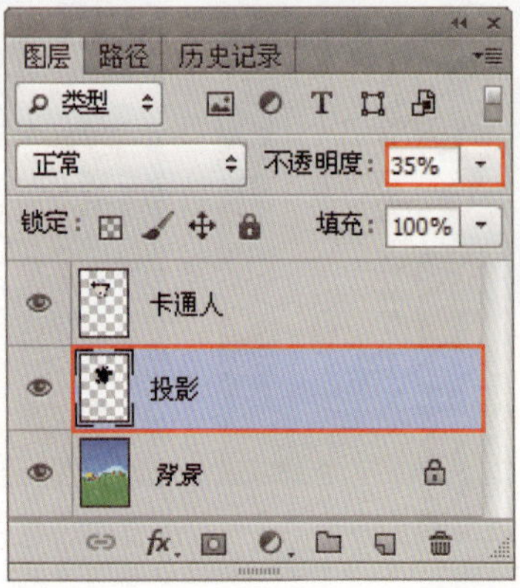

图4-100

图4-101

4.3.7 存储与载入选区

1. 存储选区

在 Photoshop 中，选区可以作为通道进行存储。执行“选择 > 存储选区”菜单命令，或在“通道”面板中单击“将选区存储为通道”按钮，可以将选区存储为 Alpha 通道蒙版，如图 4-102 和图 4-103 所示。

图4-102

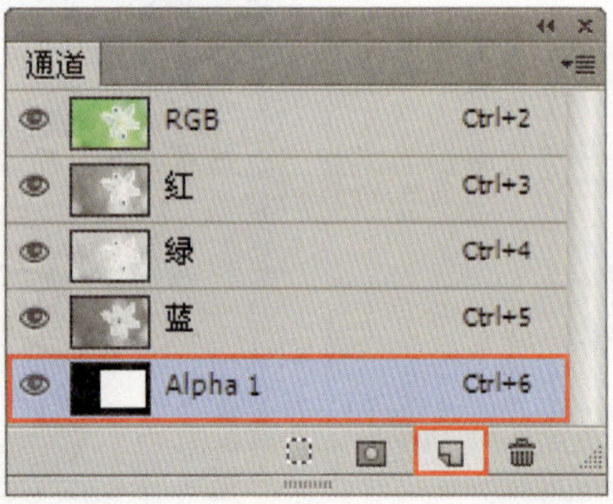

图4-103

当执行“选择 > 存储选区”菜单命令时，Photoshop 会弹出“存储选区”对话框，如图 4-104 所示。

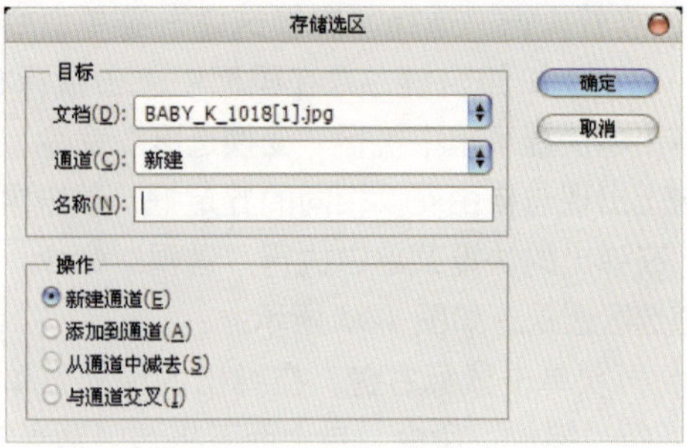

图4-104

- **文档**：选择保存选区的目标文件。默认情况下将选区保存在当前文档中，也可以将其保存在一个新建的文档中。
- **通道**：选择将选区保存到一个新建的通道中，或保存到其他 Alpha 通道中。
- **名称**：设置选区的名称。
- **操作**：选择选区运算的操作方式，其中包括 4 种。

“新建通道”是指将当前选区存储在新通道中；“添加到通道”是将选区添加到目标通道的现有选区中；“从通道中减去”是指从目标通道中的现有选区中减去当前选区；“与通道交叉”是指将当前选区与目标通道的选区交叉，并存储交叉区域的选区。

2. 载入选区

执行“选择 > 载入选区”菜单命令，或在“通道”面板中按Ctrl键的同时单击存储选区的通道蒙版缩略图，即可重新载入存储起来的选区，如图4-105和图4-106所示。

图4-105

图4-106

当执行“选择 > 载入选区”菜单命令时，Photoshop会弹出“载入选区”对话框，如图4-107所示。

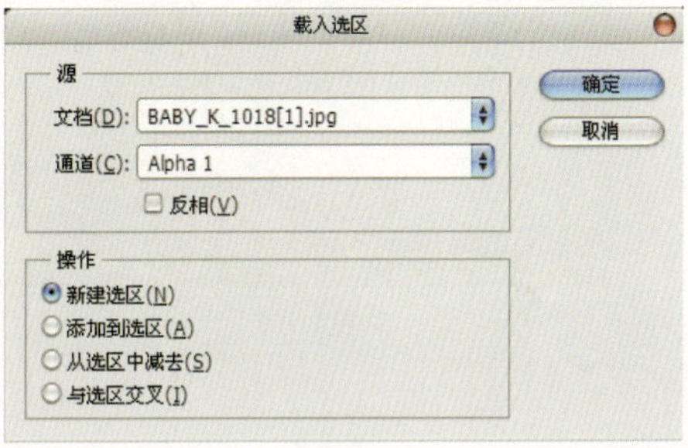

图4-107

- **文档**：选择包含选区的目标文件。
- **通道**：选择包含选区的通道。
- **反相**：选中该复选框后，可以反转选区，相当于载入选区后执行“选择 > 反向”菜单命令。
- **操作**：选择选区运算的操作方式，包括4种。“新建选区”是指用载入的选区替换当前选区；“添加到选区”是指将载入的选区添加到当前选区中；“从选区中减去”是指从当前选区中减去载入的选区；“与选区交叉”可以得到载入的选区与当前选区交叉的区域。

技巧提示

如果要载入单个图层的选区，可以按Ctrl键的同时单击该图层的缩略图。

4.4 “色彩范围”命令 新增功能

Photoshop CS6

“色彩范围”命令与“魔棒工具”比较相似，但是该命令提供了更多的控制选项，因此该命令的选择精度也要高一些，使用该工具可根据图像的颜色范围创建选区。需要注意的是“色彩范围 ”命令不可用于32位/通道的图像。

执行“选择 > 色彩范围”菜单命令，打开“色彩范围”对话框，如图4-108和图4-109所示。

- **选择**：用来设置选区的创建方式。选择“取样颜色”选项时，光标会变成形状，将光标放置在画布中的图像上，或在“色彩范围”对话框中的预览图像上单击，可以对颜色进行取样，如果要添加取样颜色，可以单击“添加到取样”按钮，然后在预览图像上单击，以取样其他颜色。如果要减去取样颜色，可以单击“从取样中减去”按钮，然后在预览图像上单击，以减去其他取样颜色；选择“红色”、“黄色”、“绿色”、“青色”等选项时，可以选择图像总特定的颜色；选择“高光”、“中间调”和“阴影”选项时，可以选择图像中特定的色调；选择“溢色”选项时，可以选择图像中出现的溢色。
- **本地化颜色簇**：选中“本地化颜色簇”复选框后，拖曳“范围”滑块可以控制要包含在蒙版中的颜色与取样点的最大和最小距离。

- **颜色容差**：用来控制颜色的选择范围。数值越高，包含的颜色越多；数值越低，包含的颜色越少。
- **选区预览图**：下面包含“选择范围”和“图像”两个选项。当选中“选择范围”复选框时，预览区域中的白色代表被选择的区域，黑色代表未选择的区域，灰色代表被部分选择的区域（即有羽化效果的区域）；当选中“图像”复选框时，预览区内会显示彩色图像。
- **选区预览**：用来设置文档窗口中选区的预览方式。
- **存储 / 载入**：单击“存储”按钮，可以将当前的设置状态保存为选区预设；单击“载入”按钮，可以载入存储的选区预设文件。
- **反相**：将选区进行反转，也就是说创建选区后，相当于执行了“选择 > 反向”菜单命令。

图4-108

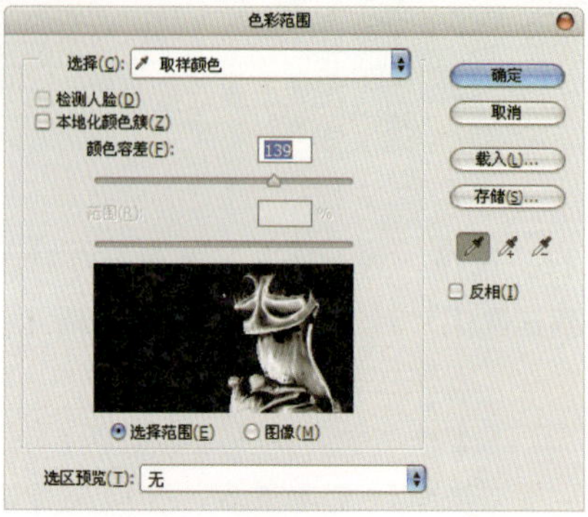

图4-109

4.5 选区的编辑

选区的编辑由调整选区边缘、创建边界选区、平滑选区、扩展与收缩选区、羽化选区、扩大选取、选取相似等命令组成，熟练掌握这些操作对于快速选择需要的选区非常重要，如图 4-110 所示。

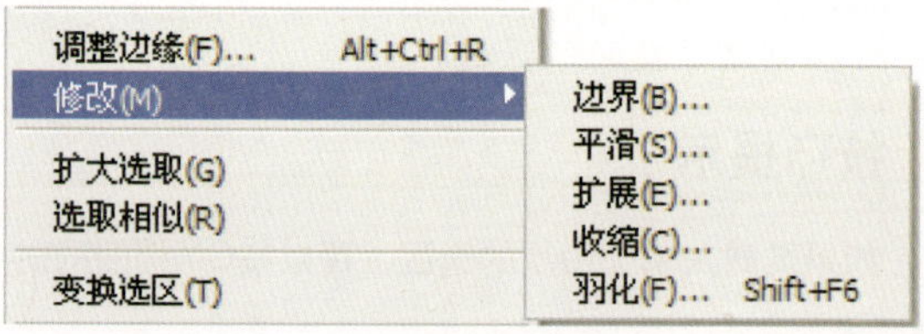

图4-110

4.5.1 调整边缘

创建选区以后，在选项栏中单击“调整边缘”按钮 调整边缘... ，或执行“选择 > 调整边缘”菜单命令（按 Alt+Ctrl+R 组合键），打开“调整边缘”对话框，如图 4-111 所示。“调整边缘”命令可以分别对选区的半径、平滑度、羽化、对比度、边缘位置等属性进行相应调整，从而提高选区边缘的品质，并且可以在不同的背景下查看选区。

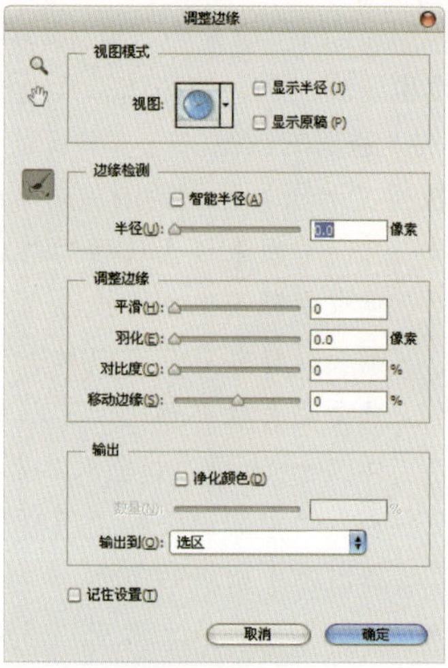

图4-111

1. 视图模式

为了更加方便地查看选区的调整结果，可以在“视图模式”选项组中提供的多种视图中选择显示模式，如图 4-112 和图 4-113 所示。

- **闪烁虚线**：可以查看具有闪烁的虚线边界的标准选区。如果当前选区包含羽化效果，那么闪烁虚线边界将围绕被选中 50% 以上的像素，如图 4-114 所示。

图4-112

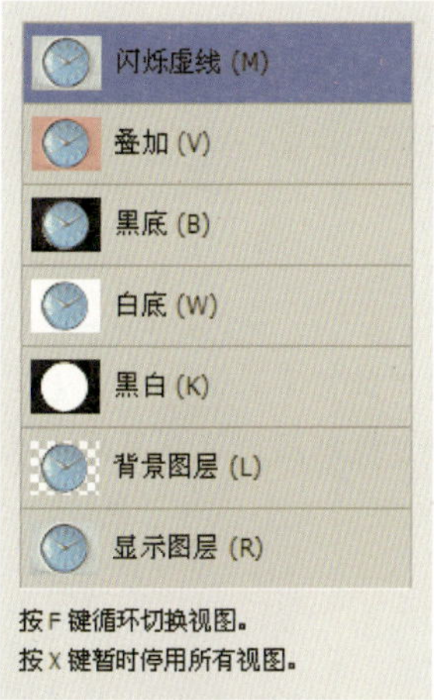

图4-113

图4-114

- **叠加**：在快速蒙版模式下查看选区效果，如图 4-115 所示。
- **黑底**：在黑色的背景下查看选区，如图 4-116 所示。
- **白底**：在白色的背景下查看选区，如图 4-117 所示。

图4-115

图4-116

图4-117

- **黑白**：以黑白模式查看选区，如图 4-118 所示。
- **背景图层**：可以查看被选区蒙版的图层，如图 4-119 所示。
- **显示图层**：可以在未使用蒙版的状态下查看整个图层，如图 4-120 所示。

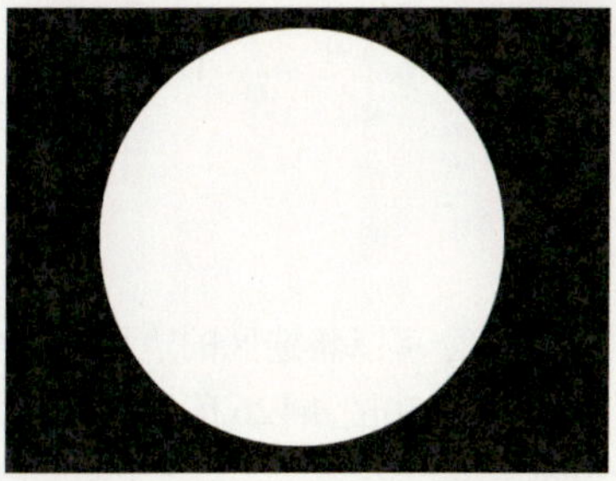
图4-118

图4-119

图4-120

- **显示半径**：显示以半径定义的调整区域。
- **显示原稿**：可以查看原始选区。
- **“缩放工具”**：使用该工具可以缩放图像，与“工具箱”中“缩放工具”的使用方法相同。
- **“抓手工具”**：使用该工具可以调整图像的显示位置，与“工具箱”中“抓手工具”的使用方法相同。

2. 边缘检测

使用“边缘检测”选项组中的选项可以轻松抠出细密的毛发，如图 4-121 所示。

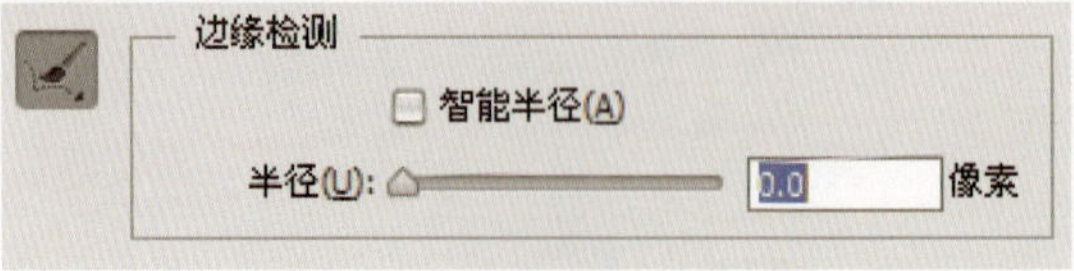

图4-121

- “调整半径工具”/“抹除调整工具”：使用这两个工具可以精确调整发生边缘调整的边界区域。制作头发或毛皮选区时可以使用“调整半径工具”柔化区域以增加选区内的细节。
- 智能半径：自动调整边界区域中发现的硬边缘和柔化边缘的半径。
- 半径：确定发生边缘调整的选区边界的大小。对于锐边，可以使用较小的半径；对于较柔和的边缘，可以使用较大的半径。

3. 调整边缘

“调整边缘”选项组主要用来对选区进行平滑、羽化和扩展等处理，如图 4-122 所示。

- 平滑：减少选区边界中的不规则区域，以创建较平滑的轮廓。
- 羽化：模糊选区与周围像素之间的过渡效果。
- 对比度：锐化选区边缘并消除模糊的不协调感。通常情况下，配合“智能半径”选项调整出来的选区效果会更好。
- 移动边缘：当设置为负值时，可以向内收缩选区边界；当设置为正值时，可以向外扩展选区边界。

4. 输出

“输出”选项组主要用来消除选区边缘的杂色以及设置选区的输出方式，如图 4-123 所示。

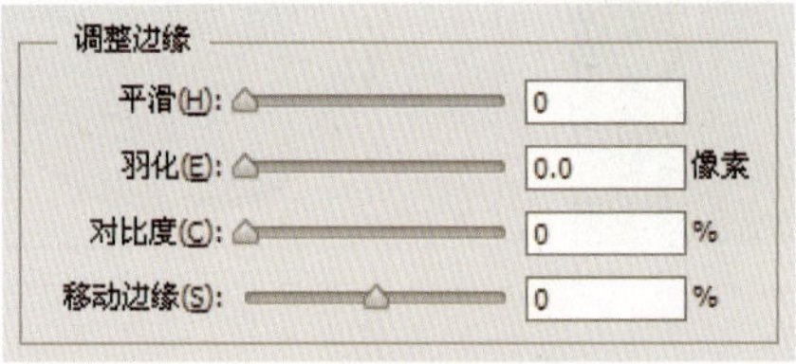

图4-122

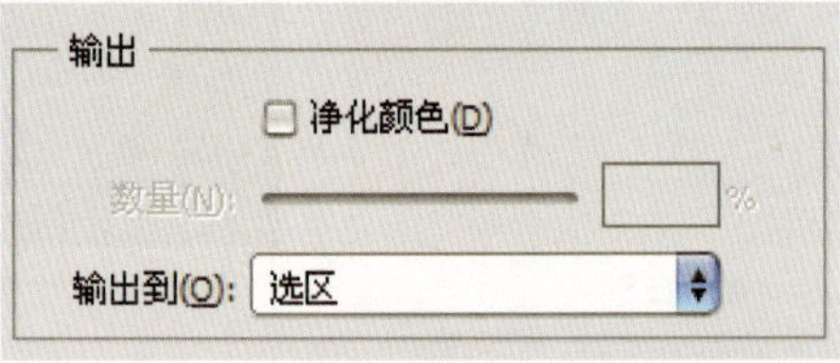

图4-123

- 净化颜色：将彩色杂边替换为附近完全选中的像素颜色。颜色替换的强度与选区边缘的羽化程度是成正比的。
- 数量：更改净化彩色杂边的替换程度。
- 输出到：设置选区的输出方式。

4.5.2 创建边界选区

创建选区后的效果如图 4-124 所示。这里执行“选择 > 修改 > 边界”菜单命令可以将选区的边界向内或向外进行扩展，扩展后的选区边界将与原来的选区边界形成新的选区。图 4-125 和图 4-126 所示分别是在“边界选区”对话框中设置“宽度”为 20 像素和 50 像素时的选区对比效果。

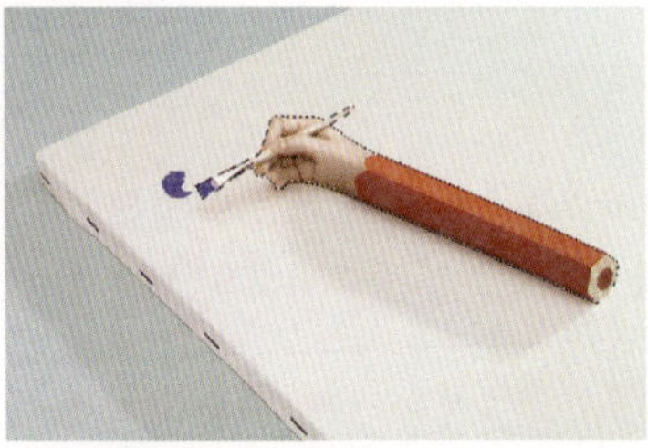

图4-124

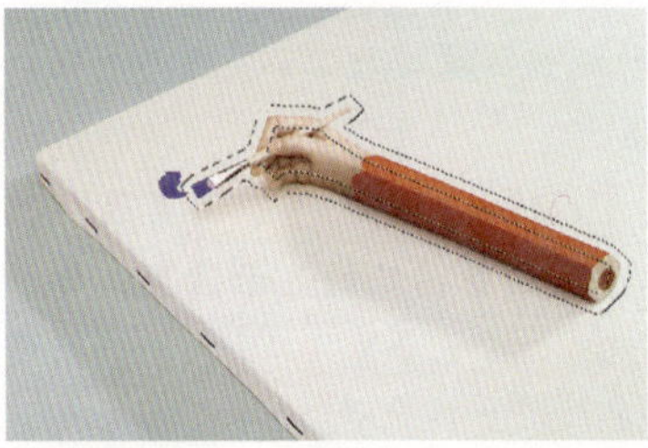

图4-125

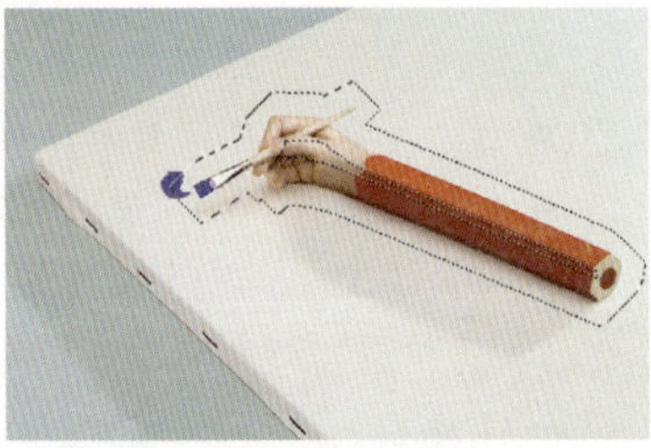

图4-126

4.5.3 平滑选区

如果要将选区进行平滑处理，可以对选区执行“选择 > 修改 > 平滑”菜单命令。图 4-127 和图 4-128 所示分别是设置“取样半径”为 10 像素和 100 像素时的选区效果。

图4-127

图4-128

4.5.4 扩展与收缩选区

如果将选区向外进行扩展，可以对选区执行“选择 > 修改 > 扩展”菜单命令，设置“扩展量”为 100 像素，对比效果如图 4-129 和图 4-130 所示。

图4-129

图4-130

如果要向内收缩选区，可以执行“选择 > 修改 > 收缩”菜单命令，图 4-131 所示为原始选区，图 4-132 所示是设置“收缩量”为 100 像素后的选区效果。

图4-131

图4-132

4.5.5 羽化选区

羽化选区方式会丢失选区边缘的一些细节，可以通过建立选区和选区周围像素之间的转换边界来模糊边缘。

对选区执行“选择 > 修改 > 羽化”菜单命令或按 Shift+F6 组合键，接着在弹出的“羽化选区”对话框中定义选区的“羽化半径”，图 4-133 和图 4-134 所示是设置“羽化半径”为 50 像素前后的图像对比效果。

图4-133

图4-134

技巧提示

如果选区较小，而“羽化半径”又设置得很大，Photoshop会弹出一个警告对话框，这时单击“确定”按钮，确认当前设置的“羽化半径”，此时选区可能会变得非常模糊，以至于在画面中观察不到，但是选区仍然存在，如图4-135所示。

图4-135

4.5.6 扩大选取

图中只选择了一部分黄色背景，执行“选择 > 扩大选取”菜单命令后，Photoshop 会查找并选择那些与当前选区中像素色调相近的像素，从而扩大选择区域，图 4-136 和图 4-137 所示为执行命令前后的对比效果图。从中可以发现“扩大选取”命令是基于“魔棒工具”选项栏中指定的“容差”范围来决定选区扩展的范围。

图4-136

图4-137

4.5.7 选取相似

下图中只选择了一部分黄色背景，执行“选择 > 选取相似”菜单命令后，Photoshop 同样会查找并选择那些与当前选区中像素色调相近的像素，从而扩大选择区域。“选取相似”命令是基于“魔棒工具”选项栏中指定的“容差”范围来决定选区的扩展范围，这点与“扩大选取”命令相似。图 4-138 和图 4-139 所示为对比效果图。

图4-138

图4-139

技巧提示

“扩大选取”命令和“选取相似”这两个命令的最大共同之处是扩大选区区域。但是“扩大选取”命令只针对当前图像中连续的区域，非连续的区域不会被选择；而“选取相似”命令针对的是整张图像，意思就是说该命令可以选择整张图像中处于“容差”范围内的所有像素。

如果执行一次“扩大选取”和“选取相似”命令不能达到预期的效果，可以多执行几次这两个命令来扩大选区范围。

4.6 填充与描边选区

Photoshop CS6

4.6.1 填充选区

执行“编辑＞填充”菜单命令或按Shift+F5组合键，打开“填充”对话框，如图4-140所示。利用“填充”命令可以在当前图层或选区内填充颜色或图案，同时也可以设置填充时的不透明度和混合模式。需要注意的是文字图层和被隐藏的图层不能使用“填充”命令。

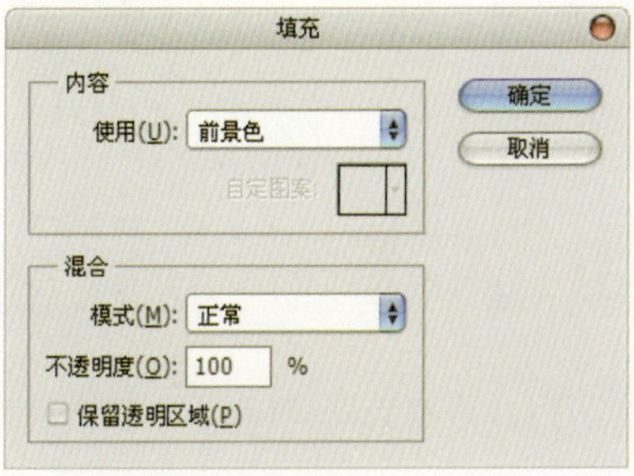

图4-140

- **内容**：用来设置填充的内容，包含前景色、背景色、颜色、内容识别、图案、历史记录、黑色、50%灰色和白色。图4-141所示是一个盘子的选区，图4-142所示是使用图案填充选区后的效果。
- **模式**：用来设置填充内容的混合模式，图4-143所示是设置“模式”为“变暗”后的填充效果。

图4-141

图4-142

图4-143

- **不透明度**：用来设置填充内容的不透明度。
- **保留透明区域**：选中该复选框以后，只填充图层中包含像素的区域，而透明区域不会被填充。

命令实训 使用内容识别智能填充

案例文件	案例文件\第4章\4.6.1\使用内容识别智能填充.psd
视频教学	视频文件\第4章\使用内容识别智能填充.flv
难易指数	★★★★★
知识掌握	填充、内容识别

案例效果

本例主要是针对填充进行练习，使用内容识别的填充方式快速去除树叶上的瓢虫，图 4-144 和图 4-145 所示为对比效果图。

图4-144

图4-145

操作步骤

1 打开素材文件“1.jpg”，如图 4-146 所示。

2 使用“套索工具”在左侧绘制出选区，如图 4-147 所示。

图4-146

图4-147

3 执行“编辑 > 填充”命令，设置填充中的使用为“内容识别”，单击“确定”按钮，可以看到选区内的部分被填充上与附近相似的像素，如图 4-148 和图 4-149 所示。

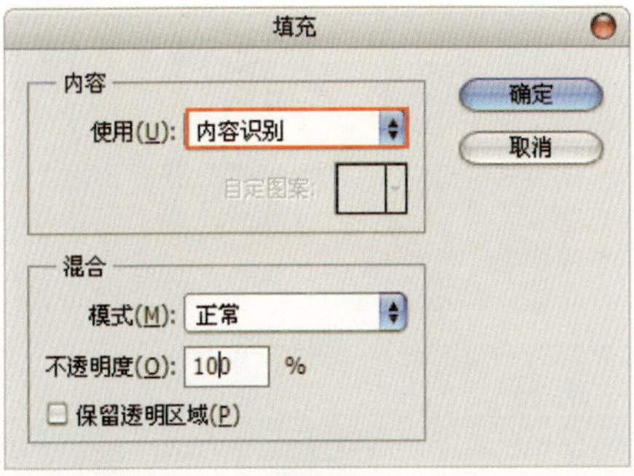

图4-148

图4-149

4.6.2 描边选区

打开一张素材，并创建出选区，然后执行“编辑 > 描边”菜单命令或按 Alt+E+S 组合键，打开“描边”对话框，如图 4-150 和图 4-151 所示。使用“描边”命令可以在选区、路径或图层周围创建彩色或者花纹的边框效果。

图4-150

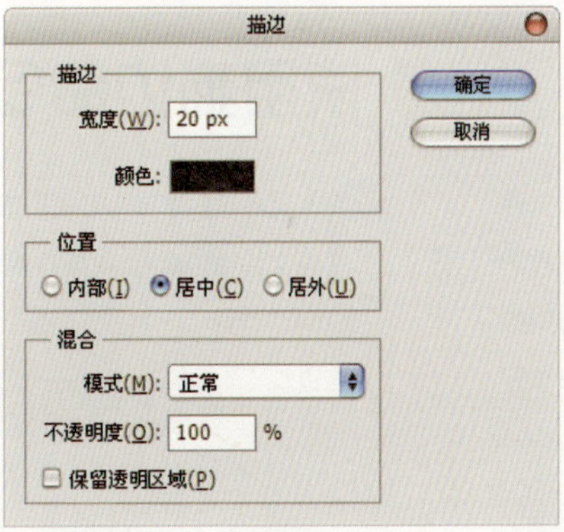

图4-151

技巧提示

在有选区的状态下也可以执行“描边”命令。

- **描边**：该选项组主要用来设置描边的宽度和颜色，图 4-152 和图 4-153 所示分别为不同“宽度”和“颜色”的描边效果。
- **位置**：设置描边相对于选区的位置，包括“内部”、“居中”和“居外”3 个选项，效果如图 4-154、图 4-155 和图 4-156 所示。
- **混合**：用来设置描边颜色的混合模式和不透明度。如果选中“保留透明区域”复选框，则只对包含像素的区域进行描边。

图4-152

图4-153

图4-154

图4-155

图4-156

命令实训 使用描边命令制作艺术字招贴

案例文件	案例文件\第4章\4.6.2\使用描边制作艺术字招贴.psd
视频教学	视频文件\第4章\使用描边制作艺术字招贴.flv
难易指数	★★☆☆☆
知识掌握	描边

案例效果

“描边”命令为文字添加的描边效果如图 4-157 所示。

图4-157

操作步骤

1 按 Ctrl+O 组合键，打开本书配套光盘中的素材文件“1.jpg”，如图 4-158 所示。

2 使用“横排文字工具” T，在选项中选择一种字体，设置颜色为黄色，在画面中单击并键入文字，效果如图 4-159 所示。

图4-158

图4-159

3 新建图层，按 Ctrl 键并单击“文字”图层缩略图载入文字选区，执行“编辑 > 描边”命令，设置宽度为 4 像素，颜色为粉色，如图 4-160 和图 4-161 所示。

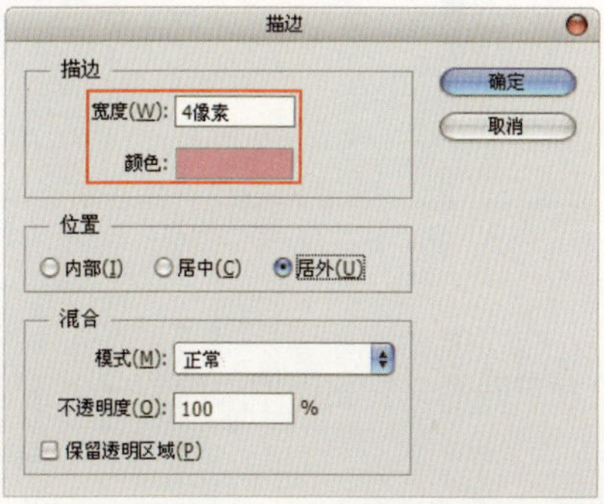

图4-160

图4-161

4 接着创建新图层，放在白色描边图层的下一层，执行“编辑 > 描边”命令，设置宽度为 9 像素，颜色为白色，如图 4-162 所示。此时文字出现粉色和白色两层描边。最终效果如图 4-163 所示。

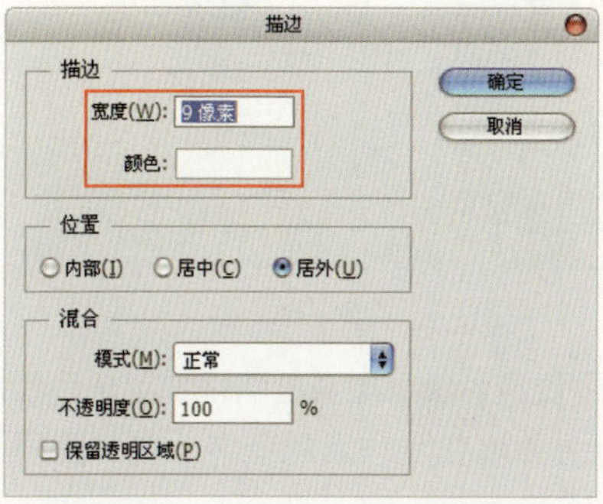

图4-162

图4-163

综合演练 使用选区工具制作数码产品广告

案例文件	案例文件\第4章\综合演练\使用选区工具制作数码产品广告.psd
视频教学	视频文件\第4章\使用选区工具制作数码产品广告.flv
难易指数	★★★☆☆
知识掌握	椭圆选框工具、多边形套索工具、变换选区命令、钢笔工具

案例效果

本例主要是针对“椭圆选区工具”和“多边形套索工具”工具的用法进行练习，制作数码产品的广告宣传页，如图 4-164 所示。

图4-164

操作步骤

1 打开背景素材“1.jpg”，如图 4-165 所示。

2 单击工具箱中的“椭圆选框工具”按钮，按 Shift 键绘制正圆形，在画面中央绘制一个正圆选区，将其填充为灰蓝色，如图 4-166 所示。

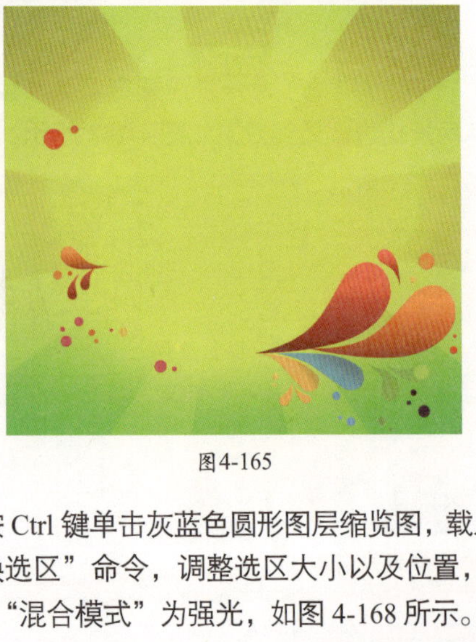

图4-165

图4-166

3 按 Ctrl 键单击灰蓝色圆形图层缩览图，载入选区。然后单击鼠标右键，在弹出的快捷菜单中执行“变换选区”命令，调整选区大小以及位置，如图 4-167 所示。并填充浅一点的蓝色，在“图层”面板中设置“混合模式”为强光，如图 4-168 所示。效果如图 4-169 所示。

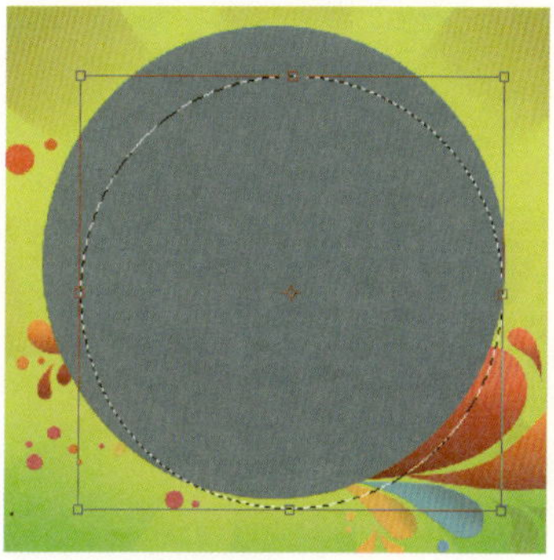

图4-167

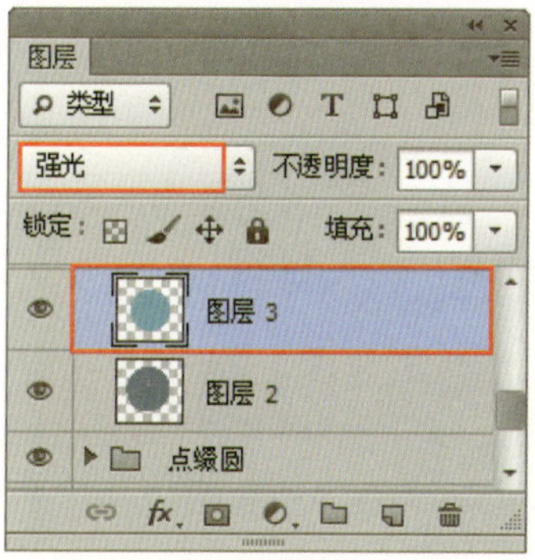

图4-168

图4-169

4 用同样的方法多次调整选区并新建图层填充不同的颜色，效果如图 4-170 所示。

5 导入素材文件“2.png”，调整合适大小及位置，如图 4-171 所示。在顶部绘制一个合适大小的正圆，将其填充为白色，如图 4-172 所示。

图4-170

图4-171

图4-172

6 在“图层”面板中设置“混合模式”为柔光，设置“不透明度”数值为 80%，如图 4-173 所示。

7 继续新建图层，在白色正圆下绘制一个绿色正圆，如图 4-174 所示。设置绿圆的“混合模式”为变亮，“不透明度”数值为 45%，如图 4-175 所示。为绿圆添加一个图层蒙版，使用“画笔工具”在蒙版中使用黑色涂抹遮挡住电器部分的区域，效果如图 4-176 所示。用同样的方法制作出其他不同颜色和混合模式的正圆，如图 4-177 所示。

8 单击工具箱中的“多边形套索”按钮，在画面右侧绘制一个四边形选区，如图 4-178 所示。

图4-173

图4-174

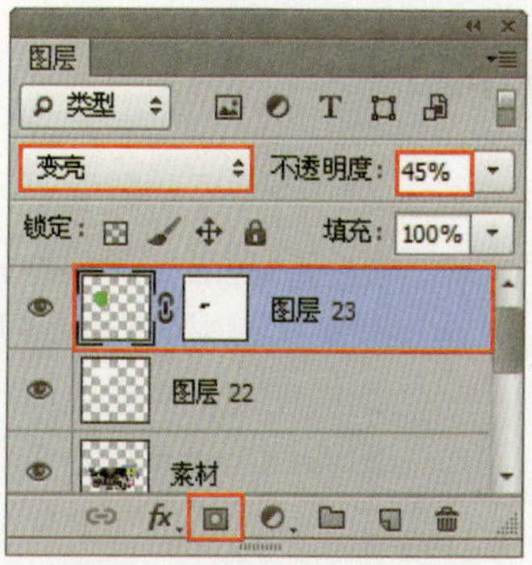

图4-175

图4-176

图4-177

图4-178

9 新建图层，将其填充为红色，如图 4-179 所示。用同样的方法在红色矩形下绘制一个蓝色矩形，如图 4-180 所示。

图4-179

图4-180

10 单击工具箱中的“文字工具”按钮 T，设置合适字体及大小，键入白色文字，如图 4-181 所示。在“文字”图层上单击鼠标右键，在弹出的快捷菜单上执行“栅格化文字”命令，如图 4-182 所示。

11 按 Ctrl+T 组合键，单击鼠标右键，在弹出的快捷菜单上执行“扭曲”命令，调整四角的控制点，制作具有透视感的文字效果，如图 4-183 所示。

图4-181

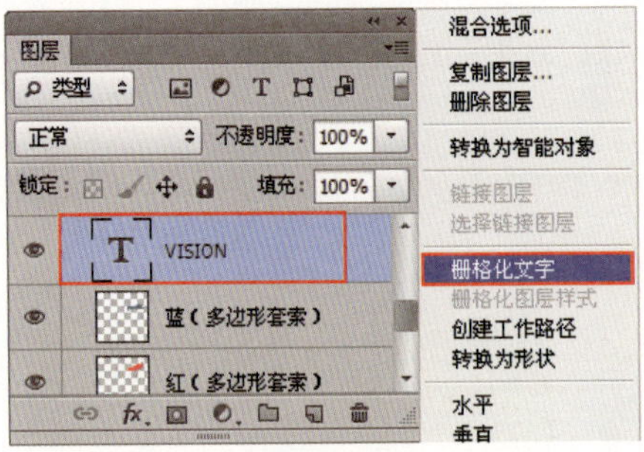

图4-182

图4-183

12 执行“图层 > 图层样式 > 内阴影”命令，设置“距离”数值为 1 像素，“大小”数值为 1 像素，如图 4-184 和图 4-185 所示。用同样方法制作出红色矩形上的透视文字，如图 4-186 所示。

13 继续使用“文字工具”在画面中央制作主体文字，并添加投影样式，将其旋转为合适角度，如图 4-187 所示。

14 单击“多边形套索”按钮，在画面中绘制一个三角形，新建图层并将其填充为粉色，如图 4-188 所示。

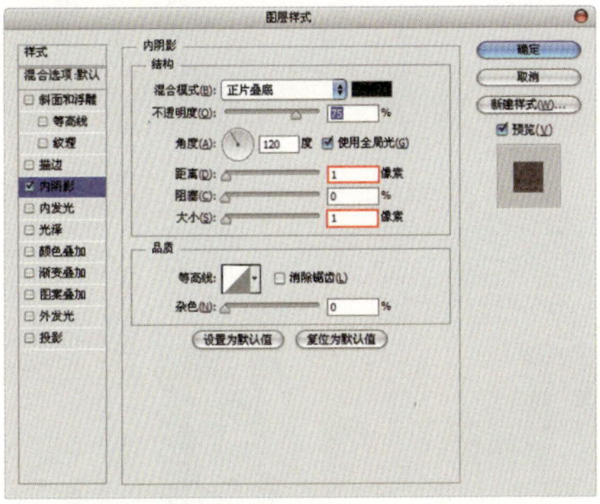

图4-184

图4-185

图4-186

图4-187

图4-188

15 设置其“不透明度”数值为 50%，如图 4-189 所示。为粉色三角形添加图层蒙版，在蒙版中使用黑色画笔涂抹三角形右下角的区域，使之变为半透明效果，如图 4-190 所示。

16 使用同样的方法制作另外一个蓝色的光带效果，最终效果如图 4-191 所示。

图4-189

图4-190

图4-191

第 5 章

修饰与绘制工具的使用

本章学习要点：

- 掌握颜色与安全色的设置方法
- 熟练常用绘画工具的使用方法
- 掌握“画笔”面板的使用方法
- 掌握多种修复润饰工具的使用方法

Photoshop 中提供了多种用于绘制和修饰的工具，例如“画笔工具”、“铅笔工具”、“仿制图章工具”、“修复工具”等，极大满足了用户绘画或者数码照片精修的需求。

5.1 颜色设置

Photoshop CS6

任何图像都离不开颜色，Photoshop 中提供了多种选取颜色的方法。使用 Photoshop 的画笔、文字、渐变、填充、蒙版、描边等工具修饰图像时，都需要设置相应的颜色，如图 5-1、图 5-2、图 5-3 和图 5-4 所示。

图5-1

图5-2

图5-3

图5-4

5.1.1 "颜色"面板

执行"窗口 > 颜色"菜单命令，打开"颜色"面板，如图 5-5 所示。"颜色"面板中显示了当前设置的前景色和背景色，可以在该面板中进行设置。

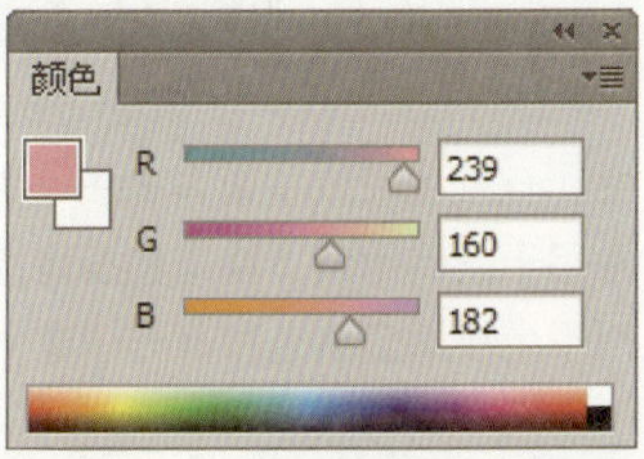

图5-5

- **前景色**：显示当前所设置的前景色。
- **背景色**：显示当前所设置的背景色。
- **颜色滑块**：通过拖曳滑块，可以改变当前所设置的颜色。
- **四色曲线图**：将光标放置在四色曲线图上，光标会变成吸管状，单击即可将拾取的颜色作为前景色。然后按 Alt 键进行拾取，那么拾取的颜色将作为背景色。
- **颜色面板菜单**：单击图标，可以打开"颜色"面板菜单。通过这个菜单中的命令可以切换不同的模式滑块和色谱。

5.1.2 色板面板

执行"窗口 > 色板"菜单命令，打开"色板"面板，如图 5-6 所示。"色板"面板中默认情况下包含一些系统预设的颜色，单击相应的颜色即可将其设置为前景色。

图5-6

- **创建前景色的新色板**：使用"吸管工具"拾取一种颜色后，单击"创建前景色的新色板"按钮可以将其添加到"色板"面板中。
- **删除色板**：如果要删除一个色板，按住鼠标左键的同时将其拖曳到"删除色板"按钮上即可。或者按 Alt 键的同时将光标放置在要删除的色板上，当光标变成剪刀形状时，单击该色板即可将其删除。
- **色板面板菜单**：单击图标，可以打开"色板"面板的菜单。

5.1.3 拾色器

在 Photoshop 中经常会使用拾色器来设置颜色。在拾色器中，可以选择用 HSB、RGB、Lab 和 CMYK 四种颜色模式来指定颜色。在色域中拖曳鼠标可以改变当前拾取的颜色，如图 5-7 所示。

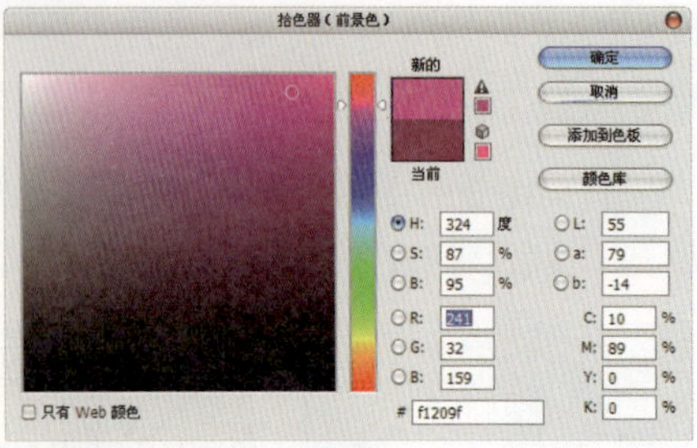

图5-7

- 新的 / 当前："新的"颜色块中显示的是当前所设置的颜色；"当前"颜色块中显示的是上一次使用过的颜色。
- 溢色警告：由于 HSB、RGB 以及 Lab 颜色模式中的一些颜色在 CMYK 印刷模式种没有等同的颜色，所以无法准确印刷出来，这些颜色就是常说的"溢色"。出现警告以后，可以单击警告图标下面的小颜色块，将颜色替换为 CMYK 颜色中与其最接近的颜色。
- 非 Web 安全色警告：这个警告图标表示当前所设置的颜色不能在网络上准确显示出来。单击警告图标下面的小颜色块，可以将颜色替换为与其最接近的 Web 安全颜色。
- 颜色滑块：拖曳可以更改当前可选的颜色范围。在使用色域和颜色滑块调整颜色时，对应的颜色数值会发生相应的变化。
- 颜色值：显示当前所设置颜色的数值。可以通过输入数值来设置精确的颜色。
- 只有 Web 颜色：选中该复选框以后，只在色域中显示 Web 安全色。
- 添加到色板：单击该按钮，可以将当前所设置的颜色添加到"色板"面板中。
- 颜色库：单击该按钮，可以打开"颜色库"对话框。

5.1.4 前/背景色设置器

在 Photoshop"工具箱"的底部有一组前景色和背景色设置按钮，如图 5-8 所示。前景色通常用于绘制图像、填充和描边选区等。背景色常用于生成渐变填充和填充图像中已抹除的区域。

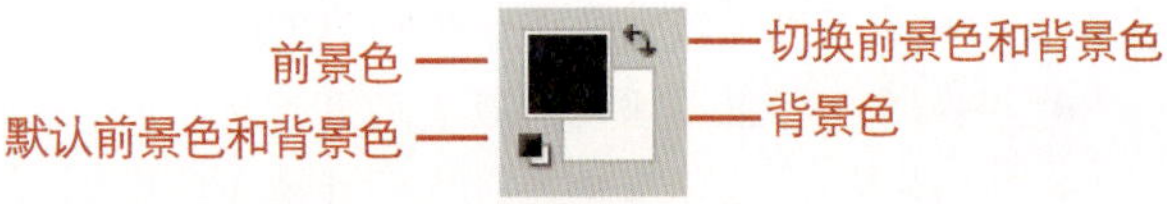

图5-8

1. 单击前景色图标，可以在弹出的"拾色器"对话框中选取一种颜色作为前景色。
2. 单击背景色图标，可以在弹出的"拾色器"对话框中选取一种颜色作为背景色。
3. 单击"切换前景色和背景色"图标可以切换所设置的前景色和背景色（快捷键为 X 键）。
4. 单击"默认前景色和背景色"图标可以恢复默认的前景色为黑，背景色为白（快捷键为 D 键）。

5.1.5 吸管工具

如果在使用"绘画工具"时需要暂时使用"吸管工具"拾取前景色，可以按 Alt 键将当前工具切换到"吸管工具"，松开 Alt 键后即可恢复到之前使用的工具。使用"吸管工具"可以在打开图像的任何位置采集色样来作为前景色或背景色。在画面中单击即可拾取图像中的任意颜色作为前景色，按 Alt 键进行拾取可将当前拾取的颜色作为背景色，如图 5-9 和图 5-10 所示。

图5-9

图5-10

“吸管工具”的选项栏如图 5-11 所示。

图5-11

- **取样大小**：设置吸管取样范围的大小。选择“取样点”选项时，可以选择像素的精确颜色；选择“3×3 平均”选项时，可以选择所在位置 3 个像素区域以内的平均颜色；选择“5×5 平均”选项时，可以选择所在位置 5 个像素区域以内的平均颜色。其他选项依此类推。
- **样本**：可以从“当前图层”或“所有图层”中采集颜色。
- **显示取样环**：选中该复选框以后，可以在拾取颜色时显示取样环。显示“取样环”需要启用 OpenGL 功能才能选中“显示取样环”复选框。执行“编辑 > 首选项 > 性能”菜单命令，打开“首选项”对话框，然后在“GPU 设置”选项组下选中“启用 OpenGL 绘图”复选框。

5.1.6 颜色取样器

“颜色取样器工具”的使用就是在调整图像时监测几个地方（如高光部分、暗调部分）的颜色，这样通过它们的数据就可以避免这些地方的颜色被过度调整。单击工具箱中的“颜色取样器工具”按钮，在图像上单击即可采取颜色取样点，取样器工具最多可取 4 处，如图 5-12 和图 5-13 所示。

在选项栏中可以更改取样大小选项。“取样点”代表以取样点处那一个像素的颜色为准；“3×3 平均”和“5×5 平均”表示以采样点四周 3×3 或 5×5 范围内像素的颜色平均值为准。在选择项下的颜色工具中，可以使用“颜色取样器工具”来选取一定容差下画面中相同的颜色，如图 5-14 所示。

图5-12

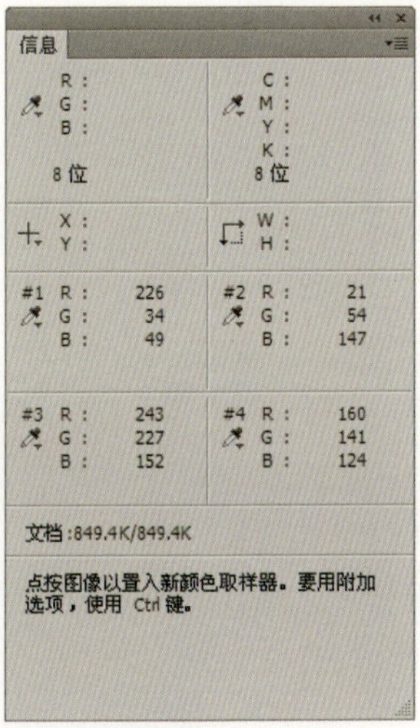

图5-13

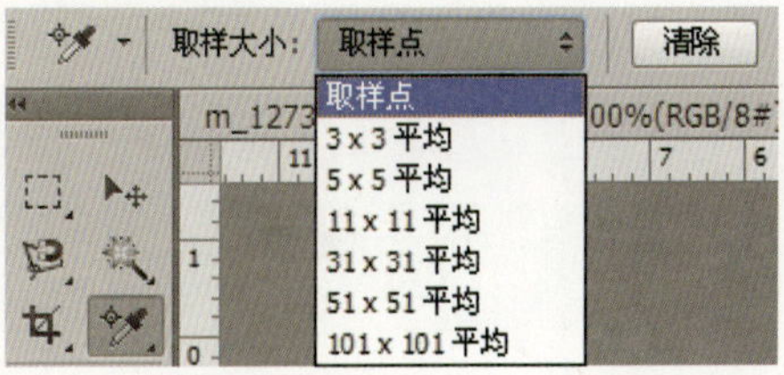

图5-14

5.1.7 了解Web安全色

Web 安全色是指能在不同操作系统和不同浏览器中同时正常显示颜色。确保制作出的网页颜色能够在所有显示器中显示相同的效果是非常重要的，所以在制作网页时就需要使用“Web 安全色”。需要注意的是由于网页会在不同的操作系统下或在不同的显示器中浏览，而不同操作系统的颜色都有一些细微的差别，且不同的浏览器对颜色的编码显示也不同，如图 5-15 所示。

在“拾色器”中选择颜色时，在所选颜色右侧出现出现警告图标，就说明当前选择的颜色不是 Web 安全色，如图 5-16 所示。

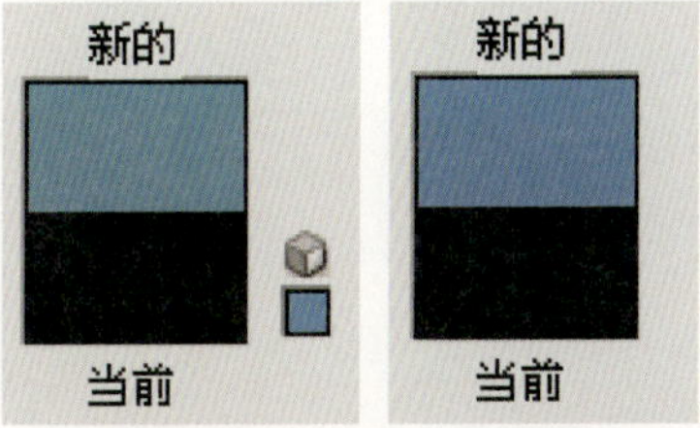

非安全色　　安全色

图5-15

单击该图标，即可将当前颜色替换为与其最接近的 Web 安全色，如图 5-17 所示。

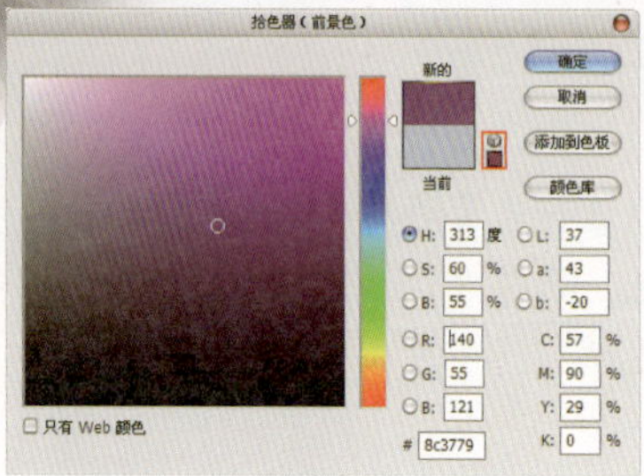
图5-16

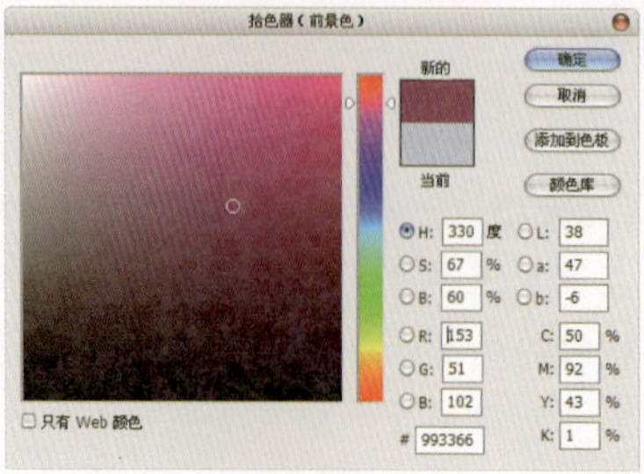
图5-17

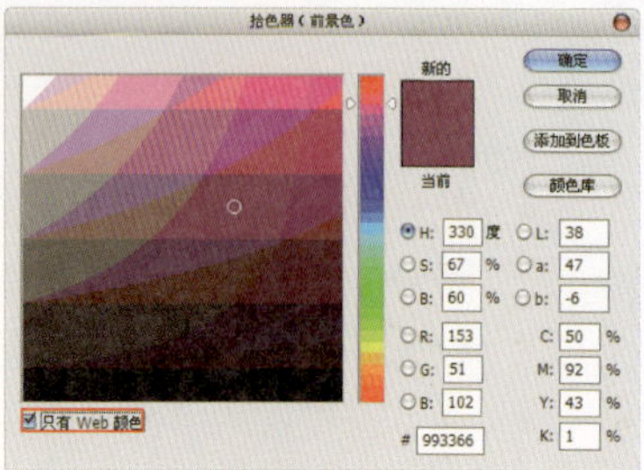
图5-18

在“拾色器”中选择颜色时，可以选中底部“只有 Web 颜色”复选框，之后就可以始终在 Web 安全色下工作，如图 5-18 所示。

在使用“颜色”面板设置颜色时，可以在其菜单中执行“Web 颜色滑块”命令，如图 5-19 所示。“颜色”面板会自动切换为“Web 颜色滑块”模式，并且可选颜色数量明显减少，如图 5-20 所示。

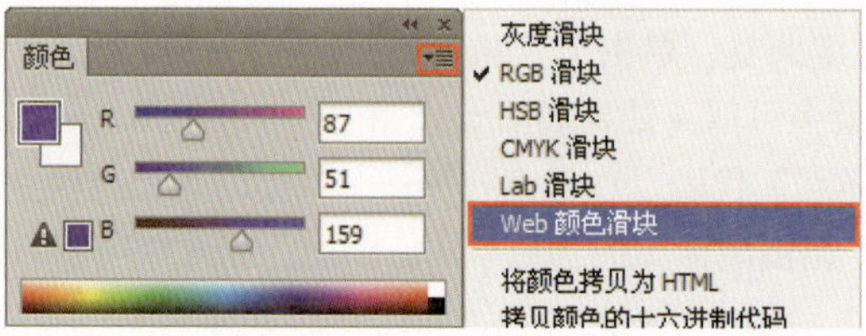

图5-19

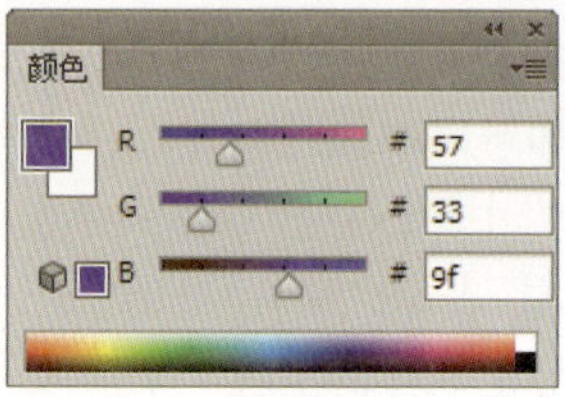

图5-20

也可以在其菜单中执行“建立 Web 安全曲线”命令，如图 5-21 所示。之后能够发现底部的四色曲线图出现明显的“阶梯”效果，并且可选颜色数量同样减少了很多，如图 5-22 所示。

图5-21

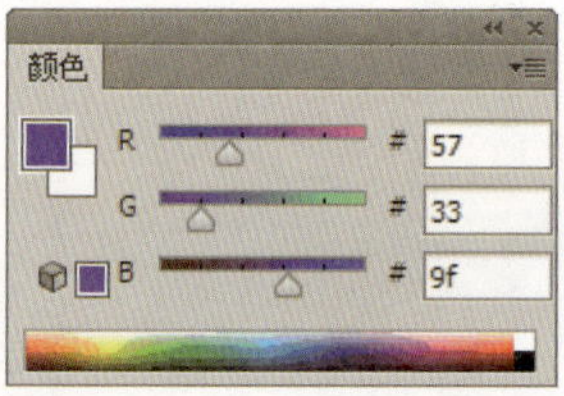

图5-22

5.2 “画笔”面板

Photoshop CS6

在“画笔”面板中可以设置绘画工具、修饰工具的笔刷种类、画笔大小和硬度等属性。执行“窗口 > 画笔”菜单命令，或按 F5 键打开“画笔”面板，如图 5-23 所示。

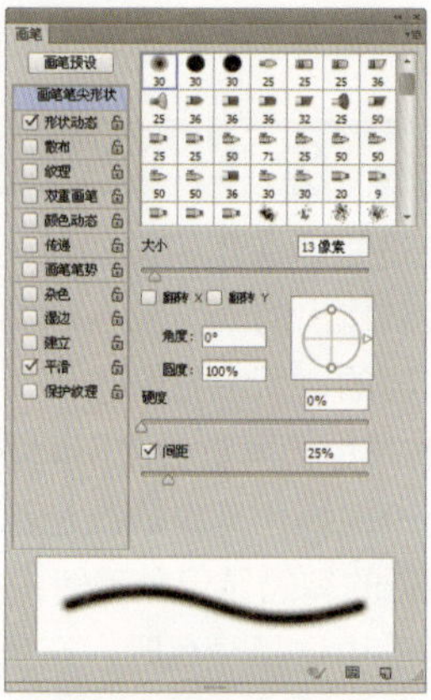
图5-23

5.2.1 画笔笔尖形状

在“画笔笔尖形状”选项面板中可以对画笔的形状、大小、硬度和间距等属性进行相应设置，单击左侧的“画笔笔尖形状”选项可以进行相应的参数设置，如图 5-24 所示。

- **大小**：控制画笔的大小，可以直接输入像素值，也可以通过拖曳大小滑块来设置。
- **“恢复到原始大小”按钮**：将画笔恢复到原始大小。
- **翻转 X/Y**：将画笔笔尖在其 X 轴或 Y 轴上进行翻转，如图 5-25 所示。

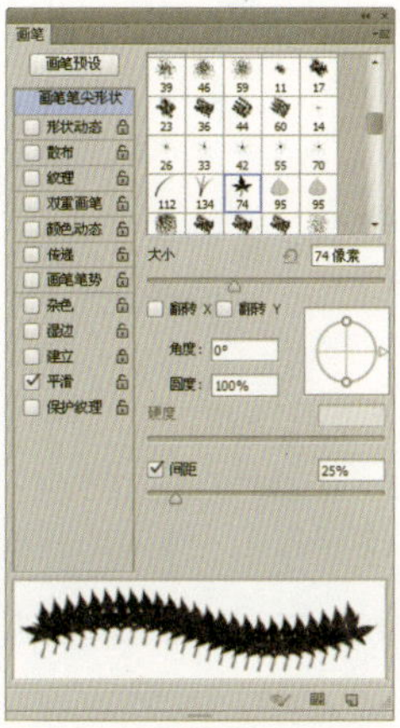

图5-24

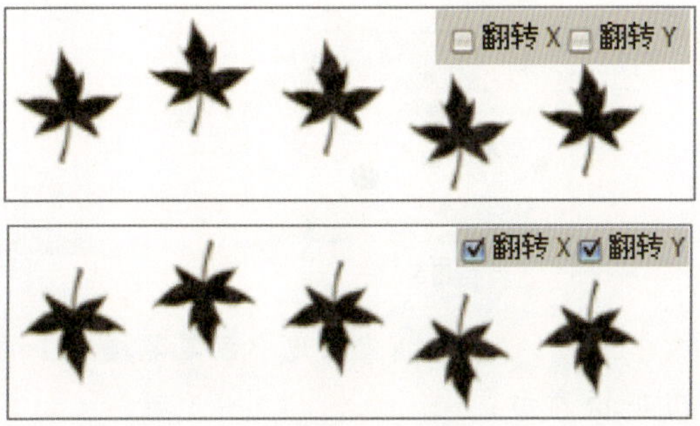

图5-25

- **角度**：指定椭圆画笔或样本画笔的长轴在水平方向旋转的角度，如图 5-26 所示。
- **圆度**：设置画笔短轴和长轴之间的比率。当“圆度”值为 100% 时，表示圆形画笔，如图 5-27 所示；当“圆度”值为 0% 时，表示线性画笔，如图 5-28 所示；介于 0%~100% 之间的“圆度”值，表示椭圆画笔（呈“压扁”状态）。

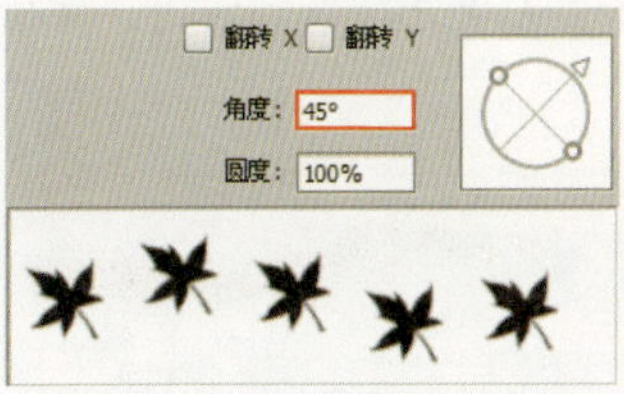

图5-26

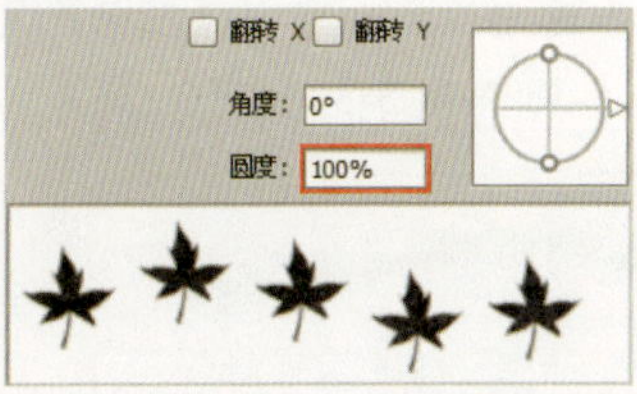

图5-27

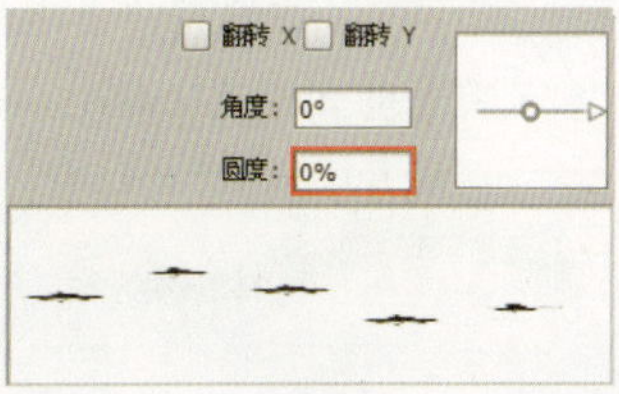

图5-28

- **硬度**：控制画笔硬度中心的大小。数值越小，画笔的柔和度越高，如图 5-29 和图 5-30 所示。

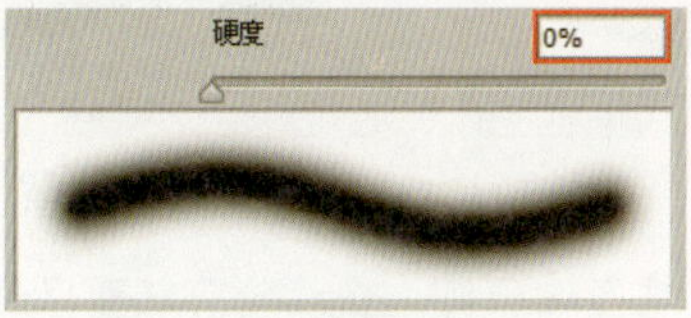

图5-29

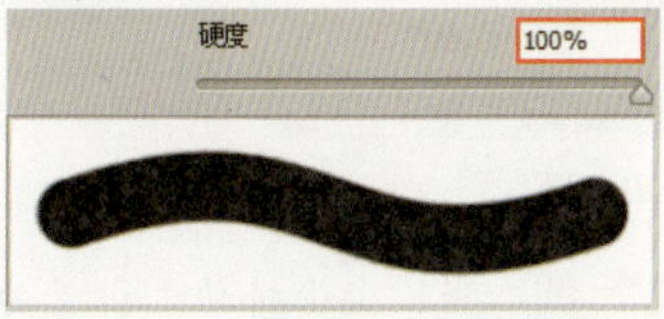

图5-30

- **间距**：控制描边中两个画笔笔迹之间的距离。数值越高，笔迹之间的距离越大，如图 5-31 和图 5-32 所示。

图5-31

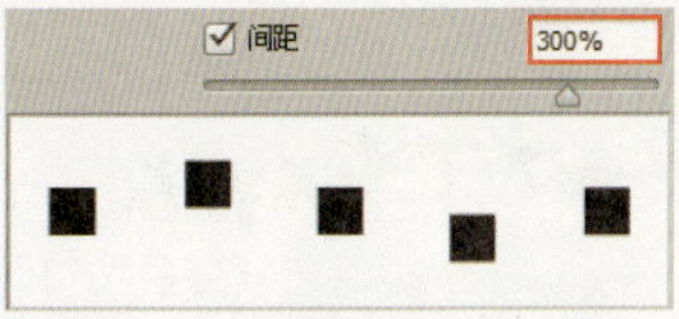

图5-32

5.2.2 形状动态

“形状动态”可以决定描边中画笔笔迹的变化。它可以使画笔的大小、圆度等产生随机变化的效果，如图 5-33 和图 5-34 所示。

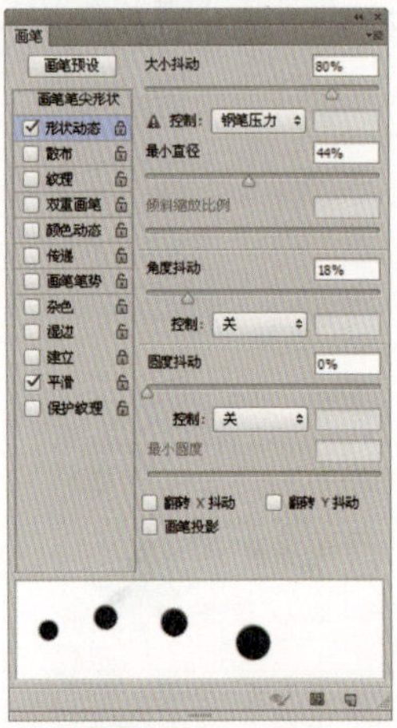

图5-33

图5-34

- **大小抖动 / 控制**：指定描边中画笔笔迹大小的改变方式。数值越高，图像轮廓越不规则，如图 5-35 所示。
- **“控制”下拉列表中可以设置“大小抖动”的方式**：其中“关”选项表示不控制画笔笔迹的大小变换，如图 5-36 所示；“渐隐”选项是按照指定数量的步长在初始直径和最小直径之间渐隐画笔笔迹的大小，使笔迹产生逐渐淡出的效果，如图 5-37 所示；如果计算机配置了绘图板，则可以选择“钢笔压力”、“钢笔斜度”、“光笔轮”或“旋转”选项，然后根据钢笔的压力、斜度、钢笔位置或旋转角度来改变初始直径和最小直径之间的画笔笔迹大小。
- **最小直径**：当启用“大小抖动”选项以后，可以设置画笔笔迹缩放的最小缩放百分比。数值越高，笔尖的的直径变化越小，如图 5-38 和图 5-39 所示。

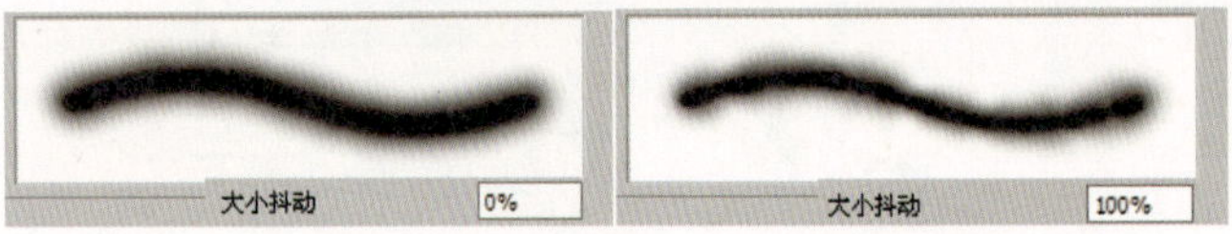

图5-35

图5-36

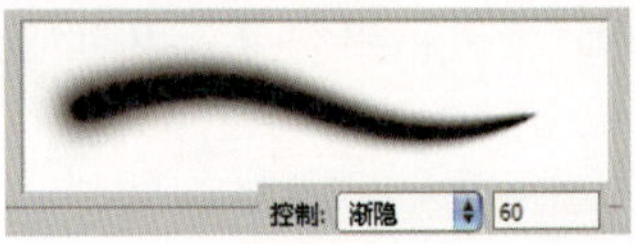

图5-37

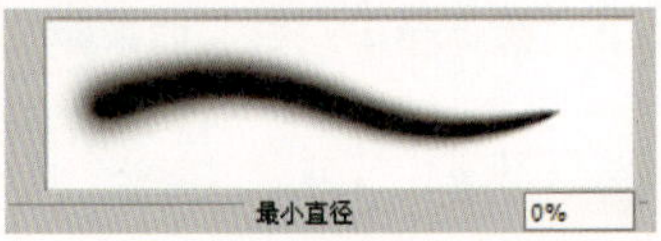

图5-38

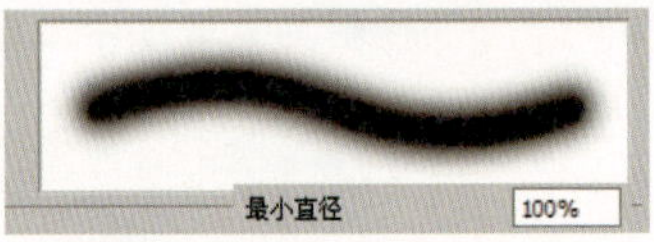

图5-39

- **倾斜缩放比例**：当“大小抖动”设置为“钢笔斜度”选项时，在旋转前就可以应用于画笔高度的比例因子。
- **角度抖动 / 控制**：用来设置画笔笔迹的角度，如图 5-40 和图 5-41 所示。如果要设置“角度抖动”的方式，可以在下面的“控制”下拉列表中进行选择。

图5-40

图5-41

- **圆度抖动 / 控制 / 最小圆度**：用来设置画笔笔迹的圆度在描边中的变化方式，如图 5-42 和图 5-43 所示。如果要设置“圆度抖动”的方式，可以在下面的“控制”下拉列表中进行选择。另外，“最小圆度”选项可以用来设置画笔笔迹的最小圆度。

图5-42

图5-43

- **翻转 X/Y 抖动**：将画笔笔尖在其 X 轴或 Y 轴上进行翻转。
- **画笔投影**：可应用光笔倾斜和旋转来产生笔尖形状。使用光笔绘画时，需要将光笔更改为倾斜状态并旋转光笔以改变笔尖形状。

5.2.3 散布

在“散布”选项中可以设置描边中笔迹的数目和位置，如图 5-44 所示。使画笔笔迹沿着绘制的线条扩散，如图 5-45 所示。

图5-44

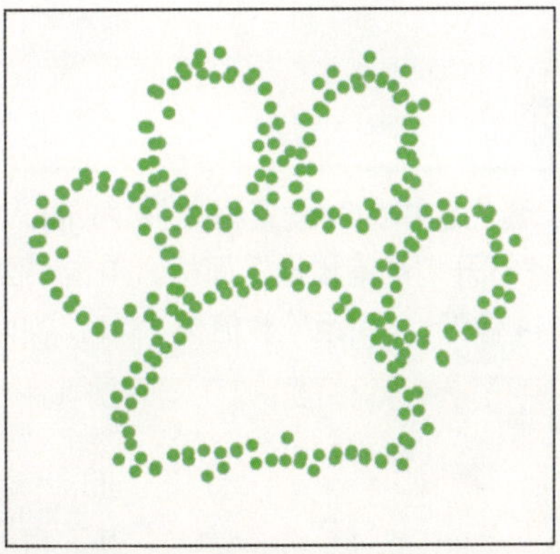
图5-45

- **散布 / 两轴 / 控制**：指定画笔笔迹在描边中的分散程度，该值越高，分散的范围越广。当选中“两轴”复选框时，画笔笔迹将以中心点为基准，向两侧分散，如图 5-46 和图 5-47 所示。如果要设置画笔笔迹的分散方式，可以在下面的“控制”下拉列表中进行选择。
- **数量**：指定在每个间距间隔应用的画笔笔迹数量。数值越高，笔迹重复的数量越大，如图 5-48 和图 5-49 所示。
- **数量抖动 / 控制**：指定画笔笔迹的数量如何针对各种间距间隔产生变化，如图 5-50 和图 5-51 所示。如果要设置“数量抖动”的方式，可以在下面的“控制”下拉列表中进行选择。

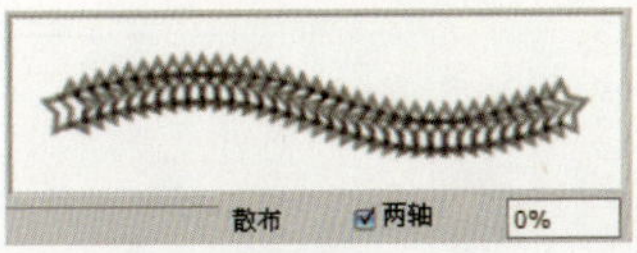

图5-46

图5-47

图5-48

图5-49

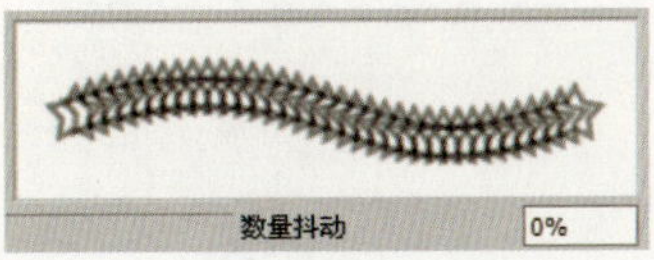

图5-50

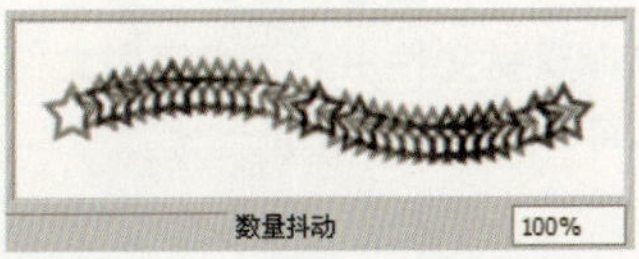

图5-51

工具实训 使用散布制作可爱气泡

案例文件	案例文件\第5章\5.2.3\使用散布制作可爱气泡.psd
视频教学	视频文件\第5章\使用散布制作可爱气泡.flv
难易指数	★★☆☆☆
知识掌握	画笔工具、散布选项

案例效果

本例主要是针对“画笔工具”和“散布选项”的用法进行练习，如图5-52所示。

图5-52

操作步骤

1 打开本书配套光盘中的背景素材文件“1.jpg”，如图5-53所示。创建新图层，设置前景色为白色。按F5键快速打开“画笔预设”面板，单击“画笔笔尖形状”，从中选择一种合适的笔尖形状，设置“大小”数值为144像素，“间距”数值为238%，如图5-54所示。

图5-53

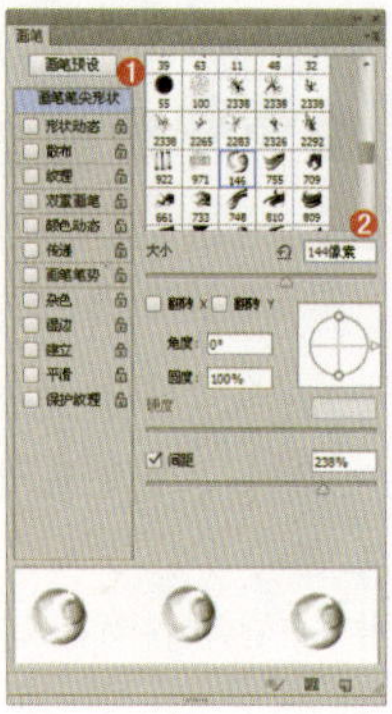

图5-54

技巧提示

如果“画笔预设”中没用合适的笔刷，可以执行“编辑>预设管理器”命令，在打开的“预设管理器”中选择画笔选项，如图5-55所示。单击“载入”按钮，选择素材文件中的气泡笔刷文件即可，如图5-56所示。

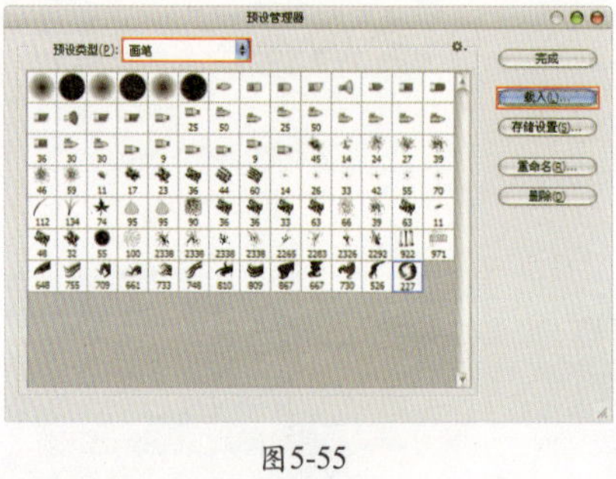

图5-55

图5-56

2 选中“形状动态”复选框，设置其“大小抖动”的数值为 84%，如图 5-57 所示。

3 选中“散布”复选框，设置其“散布”数值为 516%，“数量”数值为 1，如图 5-58 所示。单击工具箱中的“画笔工具”，在画面中绘制出泡泡，如图 5-59 所示。

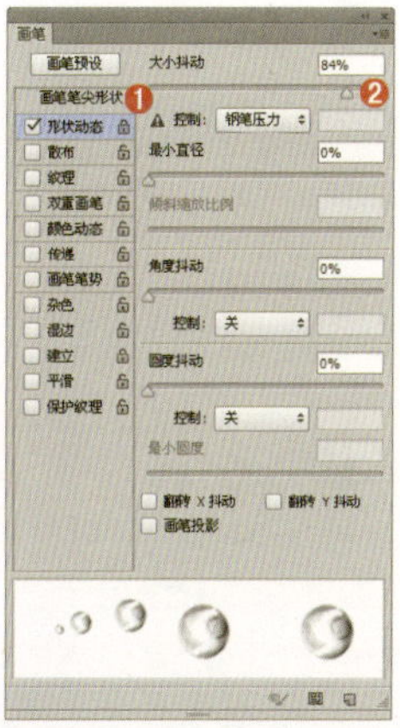

图5-57

图5-58

图5-59

4 按 Ctrl+J 组合键复制出一个泡泡副本。执行“图层 > 图层样式 > 渐变叠加”命令，打开“图层样式”对话框，然后设置“混合模式”为强光，“不透明度”为 60%，“渐变”为七彩渐变，“类型”为线性，“角度”为 90 度，单击“确定”按钮完成，如图 5-60 所示。可以看到气泡上出现七彩效果，最终效果如图 5-61 所示。

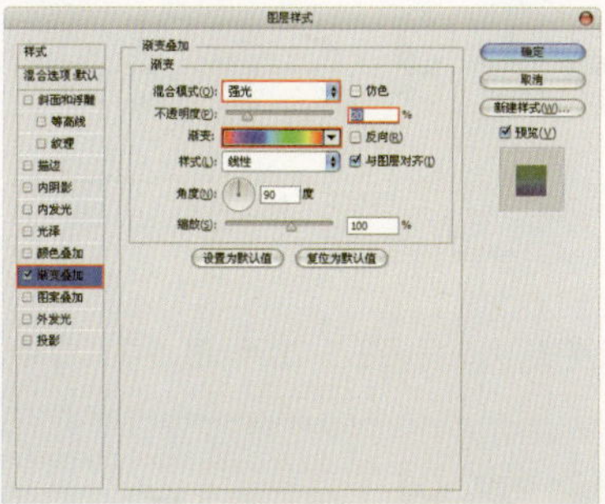

图5-60

图5-61

5.2.4 纹理

使用“纹理”选项可以绘制出带有纹理质感的笔触，如图 5-62 所示。例如在带纹理的画布上绘制效果等，如图 5-63 所示。

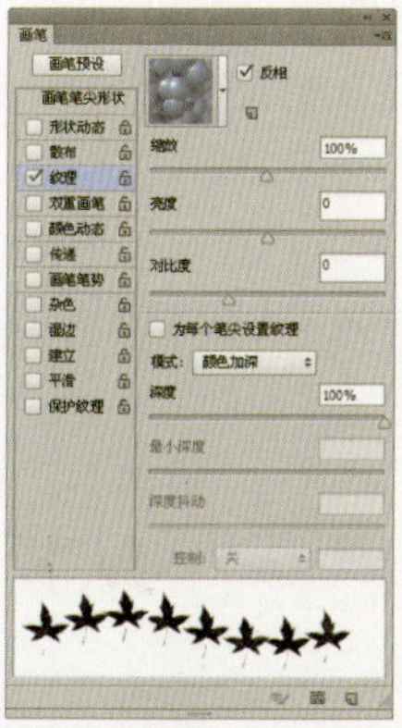

图5-62

图5-63

- **设置纹理 / 反相**：单击图案缩览图右侧的倒三角图标，可以在弹出的“图案”拾色器中选择一个图案，并将其设置为纹理。如果选中“反相”复选框，可以基于图案中的色调来反转纹理中的亮点和暗点，如图 5-64 和图 5-65 所示。

图5-64

图5-65

- **缩放**：设置图案的缩放比例。数值越小，纹理越多，如图 5-66 和图 5-67 所示。

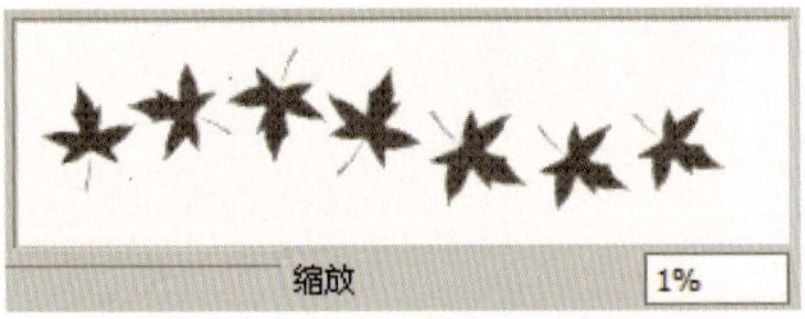

图5-66

图5-67

- **为每个笔尖设置纹理**：将选定的纹理单独应用于画笔描边中的每个画笔笔迹，而不是作为整体应用于画笔描边。如果关闭“为每个笔尖设置纹理”选项，下面的“深度抖动”选项将不可用。
- **模式**：设置用于组合画笔和图案的混合模式，图 5-68 和图 5-69 所示分别是“正片叠底”和“线性高度”模式。

图5-68

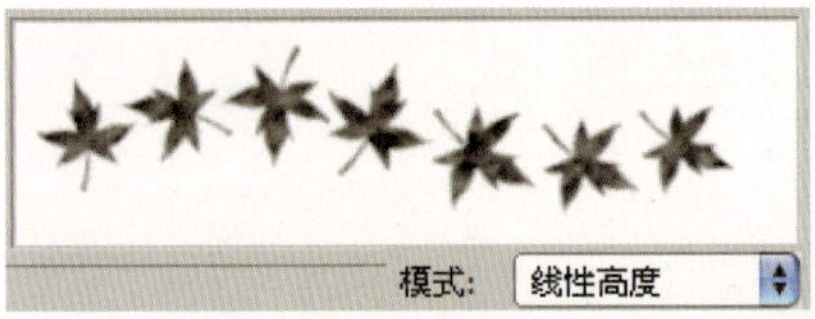

图5-69

- **深度**：设置油彩渗入纹理的深度。数值越大，渗入的深度越大，如图 5-70 和图 5-71 所示。

图5-70

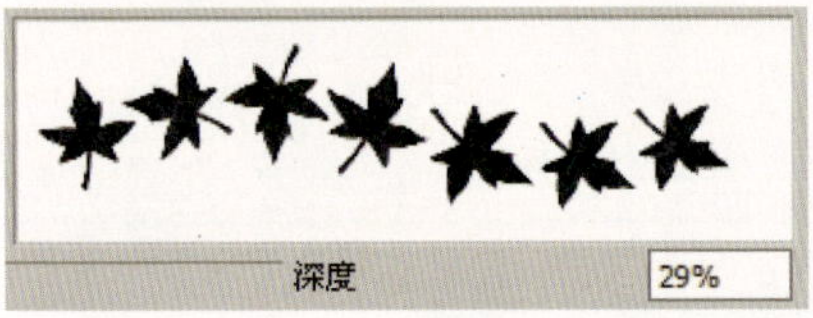

图5-71

- **最小深度**：当“深度抖动”下面的“控制”选项设置为“渐隐”、“钢笔压力”、“钢笔斜度”或“光笔轮”选项，并且选中了“为每个笔尖设置纹理”复选框时，“最小深度”选项用来设置油彩可渗入纹理的最小深度。
- **深度抖动 / 控制**：当选中“为每个笔尖设置纹理”复选框时，“深度抖动”选项用来设置深度的改变方式，如图 5-72 和图 5-73 所示。然后指定如何控制画笔笔迹的深度变化，可以从下面的“控制”下拉列表中进行选择。

图5-72

图5-73

5.2.5 双重画笔

启用“双重画笔”选项，首先设置“画笔笔尖形状”主画笔参数属性，然后启用“双重画笔”选项，并从“双重画笔”选项中选择另外一个笔尖（即双重画笔），这样绘制的线条就可以呈现出两种画笔的效果，如图 5-74 所示。

最顶部的“模式”是指选择从主画笔和双重画笔组合画笔笔迹时要使用的混合模式。而面板上的其他参数与其他选项中的参数相同，如图 5-75 所示。

图5-74

图5-75

5.2.6 颜色动态

选中“颜色动态”复选框，如图 5-76 所示。可以通过设置选项绘制出颜色变化的效果，如图 5-77 所示。

图5-76

图5-77

- **前景 / 背景抖动 / 控制：**用来指定前景色和背景色之间的油彩变化方式，如图 5-78 所示。数值越小，变化后的颜色越接近前景色；数值越大，变化后的颜色越接近背景色。如果要指定如何控制画笔笔迹的颜色变化，可以在下面的“控制”下拉列表中进行选择，如图 5-79 所示。
- **色相抖动：**设置颜色变化范围。数值越小，颜色越接近前景色；数值越大，色相变化越丰富，如图 5-80 所示。

图5-78

图5-79

图5-80

- **饱和度抖动：**设置颜色的饱和度变化范围。数值越小，饱和度越接近前景色；数值越大，色彩的饱和度越高，如图 5-81 所示。

- **亮度抖动**：设置颜色的亮度变化范围。数值越小，亮度越接近前景色；数值越大，颜色的亮度值越大，如图 5-82 所示。

图5-81

图5-82

- **纯度**：用来设置颜色的纯度。数值越小，笔迹的颜色越接近黑白色，如图 5-83 所示；数值越大，颜色饱和度越高，如图 5-84 所示。

图5-83

图5-84

5.2.7 传递

“传递”选项中包含不透明度、流量、湿度、混合等抖动的控制，可以用来确定油彩在描边路线中的改变方式，如图 5-85 和图 5-86 所示。

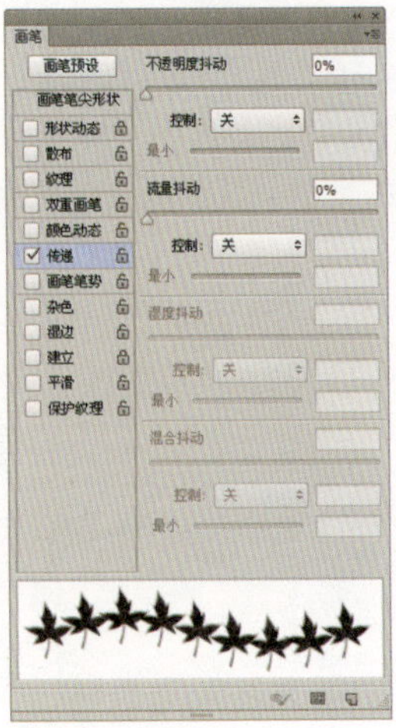

图5-85

图5-86

- **不透明度抖动/控制**：指定画笔描边中油彩不透明度的变化方式，最高值是选项栏中指定的不透明度值。如果要指定如何控制画笔笔迹的不透明度变化，可以从下面的“控制”下拉列表中进行选择。

- **流量抖动 / 控制**：用来设置画笔笔迹中油彩流量的变化程度。如果要指定如何控制画笔笔迹的流量变化，可以从下面的“控制”下拉列表中进行选择。
- **湿度抖动 / 控制**：用来控制画笔笔迹中油彩湿度的变化程度。如果要指定如何控制画笔笔迹的湿度变化，可以从下面的“控制”下拉列表中进行选择。
- **混合抖动 / 控制**：用来控制画笔笔迹中油彩混合的变化程度。如果要指定如何控制画笔笔迹的混合变化，可以从下面的“控制”下拉列表中进行选择。

5.2.8 画笔笔势　新增功能

“画笔笔势”选项用于调整毛刷画笔笔尖、侵蚀画笔笔尖的角度，如图 5-87 所示。

- **倾斜 X/ 倾斜 Y**：使笔尖沿 X 轴或 Y 轴倾斜。
- **旋转**：设置笔尖旋转效果。
- **压力**：压力数值越高绘制速度越快，线条效果越粗犷。

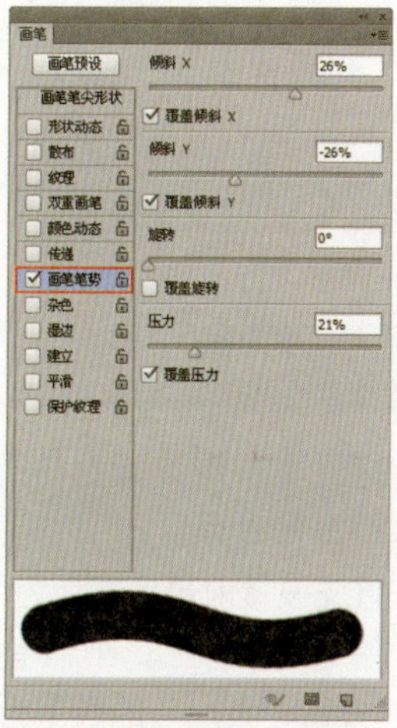

图5-87

5.2.9 其他选项

“画笔”面板中还有“杂色”、“湿边”、“建立”、“平滑”和“保护纹理”5个选项，如图 5-88 所示。这些选项不能调整参数，如果要启用其中某个选项，将其选中即可。

- **杂色**：为个别画笔笔尖增加额外的随机性。当使用柔边画笔时，该选项最能显出效果。
- **湿边**：沿画笔描边的边缘增大油彩量，从而创建出水彩效果。
- **建立**：模拟传统的喷枪技术，根据鼠标按键的单击程度确定画笔线条的填充数量。
- **平滑**：在画笔描边中生成更加平滑的曲线。当使用压感笔进行快速绘画时，该选项最有效。
- **保护纹理**：将相同图案和缩放比例应用于具有纹理的所有画笔预设。选中该复选框后，在使用多个纹理画笔绘画时，可以模拟出一致的画布纹理。

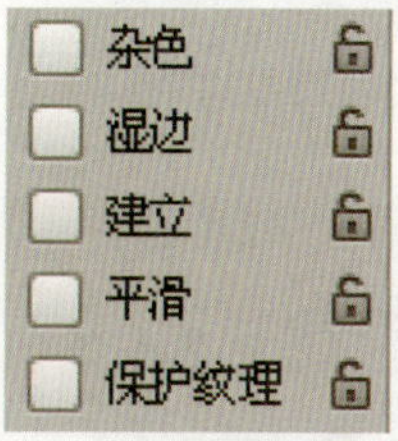

图5-88

工具实训　使用画笔面板制作绚丽光斑

案例文件	案例文件\第5章\5.2\使用画笔面板制作绚丽光斑.psd
视频教学	视频文件\第5章\使用画笔面板制作绚丽光斑.flv
难易指数	★★☆☆☆
知识掌握	描边路径、画笔的设置

案例效果

本例主要针对路径进行练习，如图 5-89 所示。

图 5-89

操作步骤

1 打开本书配套光盘中的素材文件“1.jpg”，如图 5-90 所示。

图 5-90

2 首先设置前景色颜色为白色。按 F5 键，打开“画笔”面板，在“画笔笔尖形状”下，选择星光笔刷，设置“大小”的数值为 20 像素，“间距”数值为 90%，如图 5-91 所示。选中左侧“形状动态”复选框，设置“大小抖动”为 74%，如图 5-92 所示。选中“散布”复选框，设置散布数值为 445%，数量为 1，如图 5-93 所示。

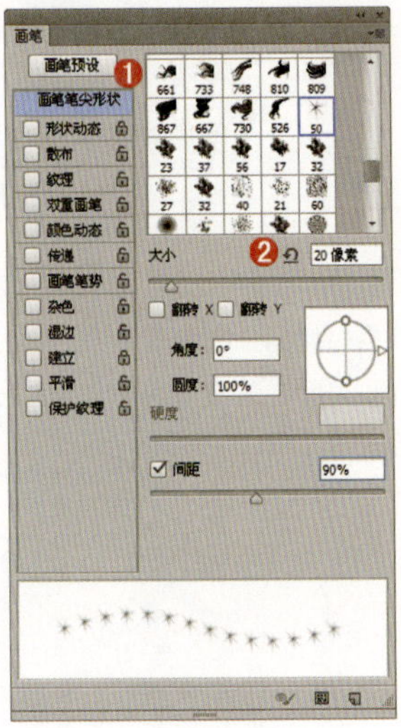

图 5-91

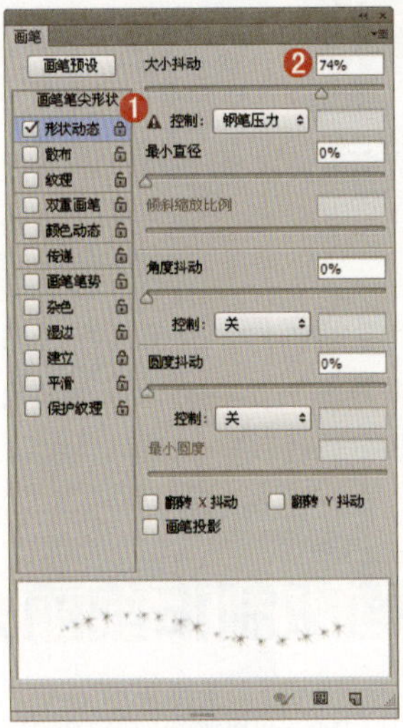

图 5-92

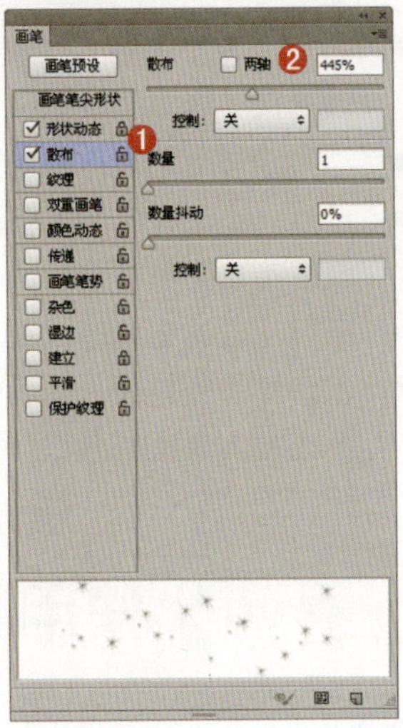

图 5-93

3 使用“钢笔工具”绘制一个路径，然后单击鼠标右键，在弹出的快捷菜单中执行“描边路径”命令，如图 5-94 所示。此时画面中出现围绕路径附近的光斑效果。单击鼠标右键，在弹出的快捷菜单中执行“删除路径”命令，如图 5-95 所示。

4 导入一张光效素材“2.png”，置于最顶端，设置光效图层混合模式为滤色，最终效果如图 5-96 所示。

图5-94

图5-95

图5-96

5.3 绘画工具

Photoshop CS6

Photoshop 中包含了“画笔工具”、“铅笔工具”、“颜色替换工具”和“混合器画笔工具”4 种绘制工具。使用这些工具不仅能够绘制出传统意义上的插画，还能对数码相片制作各种特效及进行美化处理，如图 5-97 和图 5-98 所示。

图5-97

图5-98

5.3.1 画笔工具

可以使用前景色绘制出各种线条，同时也可以使用“画笔工具”修改通道和蒙版，它是 Photoshop 中使用频率最高的工具之一，图 5-99 所示为“画笔工具”的选项栏。

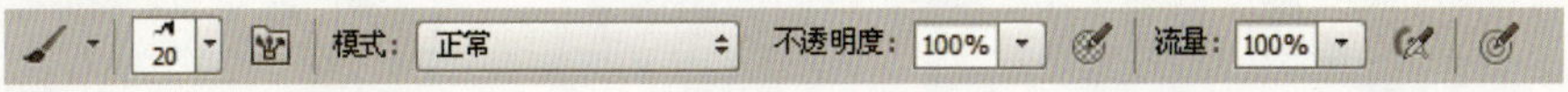

图5-99

- **画笔预设选取器**：单击倒三角形图标，可以打开“画笔预设”选取器，在这里面可以选择笔尖、设置画笔的大小和硬度。在英文输入法状态下，可以按 [键和] 键来减小或增大画笔笔尖的大小。
- **模式**：设置绘画颜色与下面现有像素的混合方法。图 5-100 和图 5-101 所示分别为使用“正片叠底”模式和“颜色减淡”模式绘制的笔迹效果。可用模式将根据当前选定工具的不同而变化。
- **不透明度**：设置画笔绘制出来的颜色的不透明度。数值越大，笔迹的不透明度越高，如图 5-102 所示；数值越小，笔迹的不透明度越低，如图 5-103 所示。在使用“画笔工具”绘画时，可以按数字键 0~9 来快速调整画笔的“不透明度”，数字 1 代表 10%；数值 9 则代表 90%；数字 0 代表 100%。

图5-100

图5-101

图5-102

图5-103

- **流量**：设置当将光标移到某个区域上方时应用颜色的速率。在某个区域上方进行绘画时，如果一直按住鼠标左键，颜色量将根据流动速率增大，直至达到“不透明度”设置。“流量”也有自己的快捷键，按 Shift+0~9 的数字键即可快速设置流量。
- **启用喷枪模式**：激活该按钮后，可以启用喷枪功能，Photoshop 会根据鼠标左键的单击程度来确定画笔笔迹的填充数量。例如，关闭喷枪功能时，每单击一次会绘制一个笔迹，如图 5-104 所示；而启用喷枪功能以后，按住鼠标左键，即可持续绘制笔迹，如图 5-105 所示。

图5-104

图5-105

- **绘图板压力控制大小**：使用压感笔压力可以覆盖“画笔”面板中的“不透明度”和“大小”设置。如果使用绘图板绘画，则可以在“画笔”面板和选项栏中通过设置钢笔压力、角度、旋转或光笔轮来控制应用颜色的方式。

5.3.2 铅笔工具

“铅笔工具”的用法与“画笔工具”基本相似，但是“铅笔工具”更善于绘制出硬边线条，例如近年来比较流行的像素画以及像素游戏都可以使用“铅笔工具”进行绘制，如图 5-106 和图 5-107 所示。

图 5-108 所示为“铅笔工具”的选项栏。

图5-106

图5-107

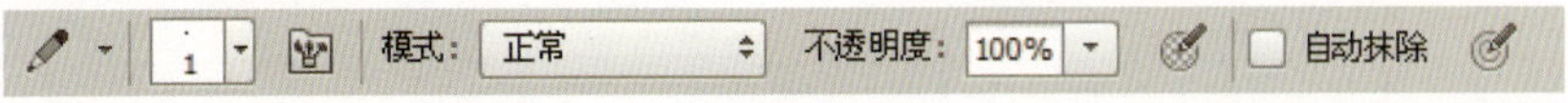

图5-108

- **“画笔预设”选取器**：单击倒三角形图标，可以打开“画笔预设”选取器，在这里面可以选择笔尖、设置画笔的大小和硬度。
- **模式**：设置绘画颜色与下面现有像素的混合方法。
- **不透明度**：设置铅笔绘制出来的颜色的不透明度。数值越大，笔迹的不透明度越高；数值越小，笔迹的不透明度越低。
- **自动抹除**：选中该复选框后，如果将光标中心放置在包含前景色的区域上，可以将该区域涂抹成背景色；如果将光标中心放置在不包含前景色的区域上，则可以将该区域涂抹成前景色。

5.3.3 颜色替换工具

单击工具箱中的“颜色替换工具”按钮，该工具的使用可以将选定的颜色替换为其他颜色，如图 5-109 和图 5-110 所示。其选项栏如图 5-111 所示。

图5-109

图5-110

图5-111

- **模式**：选择替换颜色的模式，包括“色相”、“饱和度”、“颜色”和“明度”。当选择“颜色”模式时，可以同时替换色相、饱和度和明度。
- **取样**：用来设置颜色的取样方式。激活“取样：连续”按钮后，在拖曳光标时，可以对颜色进行取样；激活“取样：一次”按钮后，只替换包含第 1 次单击的颜色区域中的目标颜色；激活“取样：背景色板”按钮后，只替换包含当前背景色的区域。
- **限制**：当选择“不连续”选项时，可以替换出现在光标下任何位置的样本颜色；当选择“连续”

选项时，只替换与光标下的颜色接近的颜色；当选择“查找边缘”选项时，可以替换包含样本颜色的连接区域，同时保留形状边缘的锐化程度。

- **容差**：用来设置“颜色替换工具”的容差，容差值越大，涂抹所影响的颜色范围越大；数值越小，影响颜色范围越小。
- **消除锯齿**：选中该复选框后，可以消除颜色替换区域的锯齿效果，从而使图像变得平滑。

工具实训 使用颜色替换工具改变人物服饰颜色

案例文件	案例文件\第5章\5.3.3\使用颜色替换工具改变人物服饰颜色.psd
视频教学	视频文件\第5章\使用颜色替换工具改变人物服饰颜色.flv
难易指数	★★☆☆☆
知识掌握	掌握颜色替换工具的使用方法

案例效果

本例主要针对“颜色替换工具”的使用方法进行练习。原图与效果图如图 5-112 和图 5-113 所示。

图5-112

图5-113

操作步骤

1 打开本书配套光盘中的素材文件“1.jpg”，如图 5-114 所示。

图5-114

2 由于使用“颜色替换工具”必须在原图上进行操作，而在操作中可能会造成不可返回的错误。为了在错误操作时避免破坏源图像，按 Ctrl+J 组合键复制一个“背景副本”图层。然后在“颜色替换工具”的选项栏中设置画笔的“大小”数值为 400 像素，“硬度”数值为 62，“容差”数值为 50%，“模式”为色相，如图 5-115 所示。

3 按 Alt 键将当前工具切换为“吸管工具”，采集人像面部颜色（R：255G：88B：56）。松开 Alt 键继续使用“颜色替换工具”在图像中的衣服和雨伞部分进行涂抹，注意不要涂抹到其他位置，这样人物服饰就由黄色变为淡粉色了，如图 5-116 所示。

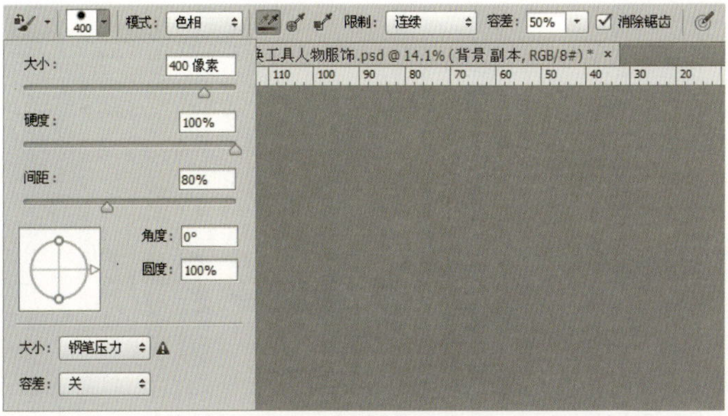

图5-115

图5-116

5.3.4 混合器画笔工具

单击工具箱中的“混合器画笔工具”按钮，该工具的使用可以像传统绘画过程中的混合颜料一样混合像素。效果如图 5-117 和图 5-118 所示。

图5-117

图5-118

所以使用“混合器画笔工具”可以轻松模拟真实的绘画效果，并且可以混合画布颜色和使用不同的绘画湿度，其选项栏如图 5-119 所示。

图5-119

- **潮湿**：控制画笔从画布拾取的油彩量。较高的设置会产生较长的绘画条痕。
- **载入**：指定储槽中载入的油彩量。载入速率较低时，绘画描边干燥的速度会更快。
- **混合**：控制画布油彩量同储槽油彩量的比例。当混合比例为 100% 时，所有油彩将从画布中拾取；当混合比例为 0% 时，所有油彩都来自储槽。
- **流量**：控制混合画笔的流量大小。
- **对所有图层取样**：拾取所有可见图层中的画布颜色。

5.3.5 定义画笔预设

先选择要定义成笔刷的图像，如图 5-120 所示。然后执行“编辑 > 定义画笔预设”菜单命令，接着在弹出的“画笔名称”对话框中为笔刷样式取一个名字，这样就可以自己定义一个笔刷样式了。预设画笔是一种存储的画笔笔刷，带有大小、形状和硬度等特性，如图 5-121 所示。

定义好笔刷样式后，单击工具箱中的“画笔工具”按钮，然后在选项栏中单击倒三角形图标，在弹出的“画笔预设”管理器中即可选择自定义的画笔笔刷，如图 5-122 所示。

图5-120

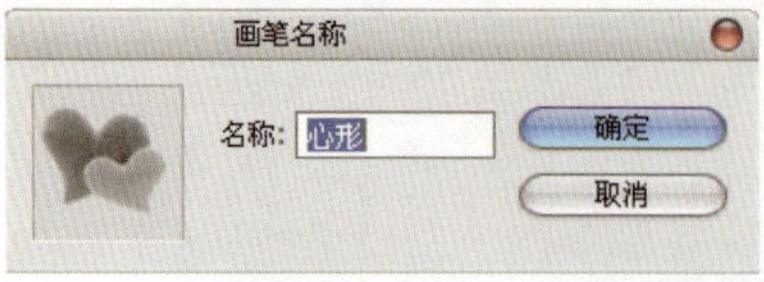

图5-121

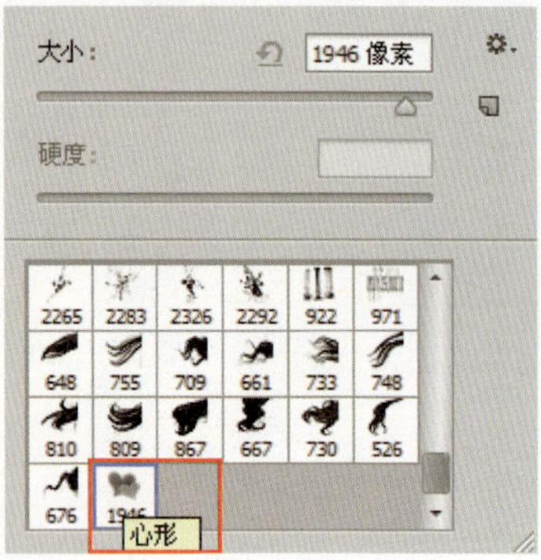

图5-122

技巧提示

选择“画笔工具”后，在画布中单击鼠标右键，在弹出的快捷菜单中执行相应命令也可以打开“画笔预设”管理器。

选择自定义的笔刷后，就可以像使用系统预设的笔刷一样进行绘制了，如图 5-123 所示。

图5-123

5.4 图像修复工具

Photoshop CS6

5.4.1 污点修复画笔工具

单击工具箱中的“污点修复画笔工具”按钮，执行该命令可以消除图像中的污点和某个对象，如图 5-124 和图 5-125 所示。此工具不需要设置取样点，因为它可以自动从所修饰区域的周围进行取样，其选项栏如图 5-126 所示。

- **模式**：用来设置修复图像时使用的混合模式。除“正常”、“正片叠底”等常用模式以外，还有一个“替换”模式，这个模式可以保留画笔描边边缘处的杂色、胶片颗粒和纹理。
- **类型**：用来设置修复的方法。选中“近似匹配”单选按钮时，可以使用选区边缘周围的像素来查找要用作选定区域修补的图像区域；选中“创建纹理”单选按钮时，可以使用选区中的所有像素创建一个用于修复该区域的纹理；选中“内容识别”单选按钮时，可以使用选区周围的像素进行修复。

图5-124

图5-125

图5-126

5.4.2 修复画笔工具

单击工具箱中的“修复画笔工具”按钮，即可激活这个工具。“修复画笔工具”与“仿制图章工具”功能相似之处就是可以修复图像的瑕疵，“修复画笔工具”也可以用图像中的像素作为样本进行绘制。不同的是“修复画笔工具”还可将样本像素的纹理、光照、透明度和阴影与所修复的像素进行匹配，从而使修复后的像素不留痕迹地融入图像的其他部分，如图 5-127 和图 5-128 所示，其选项栏如图 5-129 所示。

图5-127

图5-128

图5-129

- **源**：设置用于修复像素的源。选中“取样”单选按钮时，可以使用当前图像的像素来修复图像；选中“图案”单选按钮时，可以使用某个图案作为取样点。
- **对齐**：选中该复选框以后，可以连续对像素进行取样，即使释放鼠标也不会丢失当前的取样点；关闭”对齐”选项后，则会在每次停止并重新开始绘制时使用初始取样点中的样本像素。

5.4.3 修补工具

单击工具箱中的“修补工具”按钮即可激活这个工具。该工具的使用可以利用样本或图案来修复所选图像区域中不理想的部分，如图 5-130、图 5-131 和图 5-132 所示。其选项栏如图 5-133 所示。

图5-130

图5-131

图5-132

图5-133

- **修补**：创建选区以后，选中“源”单选按钮时，将选区拖曳到要修补的区域后，松开鼠标左键就会用当前选区中的图像修补原来选中的内容，如图 5-134 所示；选中“目标”单选按钮时，则会将选中的图像复制到目标区域，如图 5-135 所示。

图5-134

图5-135

- **透明**：选中该复选框后，可以使修补的图像与原始图像产生透明的叠加效果，该选项适用于修补具有清晰分明的纯色背景或渐变背景。
- **使用图案**：使用“修补工具”创建选区以后（如图 5-136 所示），单击“使用图案”按钮 使用图案，可以使用图案修补选区内的图像，如图 5-137 所示。

图5-136

图5-137

5.4.4 内容感知移动工具 新增功能

使用“内容感知移动工具”可以在无需复杂图层或慢速精确地选择选区的情况下快速地重构图像。“内容感知移动工具”的选项栏与“修补工具”的选项栏用法相似，如图 5-138 所示。首先单击工具箱中的“内容感知移动工具”，在图像上绘制区域，并将影像任意移动到指定的区块中，这时 Photoshop CS6 就会自动将影像与四周的影物融合在一块，而原始区域则会进行智能填充，如图 5-139、图 5-140 和图 5-141 所示。

图5-138

图5-139

图5-140

图5-141

5.4.5 红眼工具

在光线较暗的环境中照相时，由于主体虹膜张开得很宽，经常会出现“红眼”现象。而“红眼工具”可以去除由闪光灯导致的红色反光。单击工具箱中的“红眼工具”按钮，在瞳孔处单击即可快速去除红眼，在选项栏中可以进行瞳孔大小以及变暗量的设置，如图5-142和图5-143所示。其选项栏如图5-144所示。

图5-142

图5-143

- **瞳孔大小**：用来设置瞳孔的大小，即眼睛暗色中心的大小。
- **变暗量**：用来设置瞳孔的暗度。

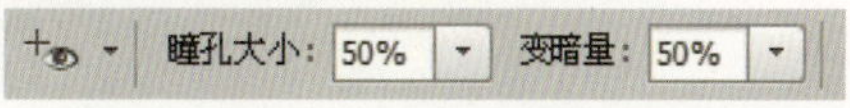

图5-144

答疑解惑

如何避免“红眼”的产生？

“红眼”是由于相机闪光灯在主体视网膜上反光引起的。为了避免出现红眼，除了可以在Photoshop中进行矫正以外，还可以使用相机的红眼消除功能来消除红眼。

工具实训　使用修复工具进行人像精修

案例文件	案例文件\第5章\5.4\使用修复工具进行人像精修.psd
视频教学	视频文件\第5章\使用修复工具进行人像精修.flv
难易指数	★★★★★
知识掌握	污点修复画笔工具、修补工具

案例效果

原图人像面部有很多雀斑，并且下眼袋处细纹较多，本案例主要使用“污点修复画笔工具”对雀斑进行去除，使用“修补工具”对皱纹进行去除，原图与效果图分别如图 5-145 和图 5-146 所示。

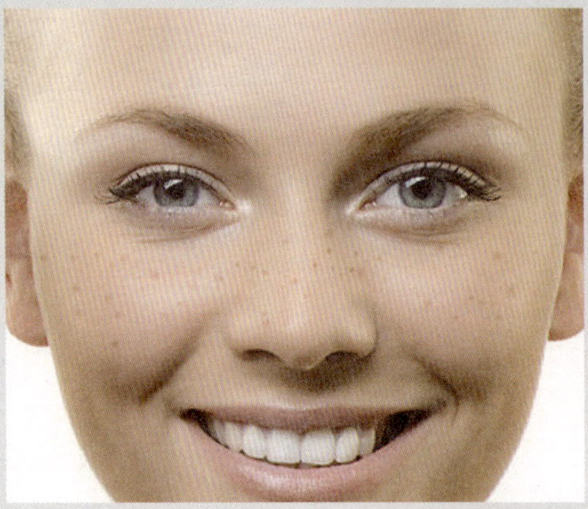
图5-145

图5-146

操作步骤

1 打开素材文件“1.jpg”，如图 5-147 所示。单击工具箱中的“污点修复画笔工具”按钮，在画面中单击鼠标右键，在弹出的面板中对画笔的大小、硬度以及间距进行设置，如图 5-148 所示。

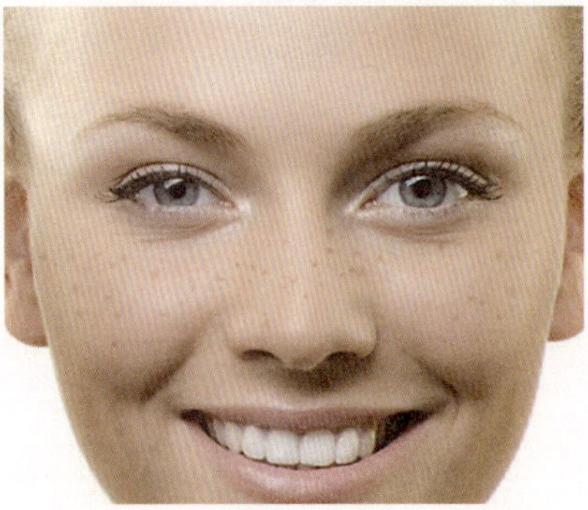
图5-147

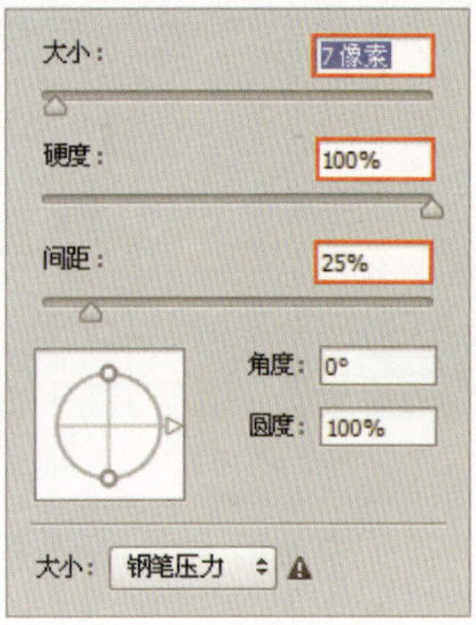

图5-148

2 然后在人像左边面部有斑点的地方单击左键，进行修复，如图 5-149 和图 5-150 所示。

3 用同样的方法可以去除面部其他区域的雀斑，在去除过程中需要注意多次更换画笔的大小以适应不同大小的斑点，如图 5-151 所示。

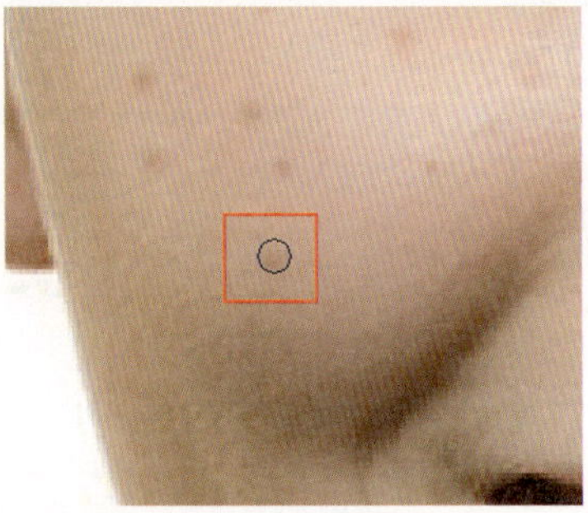
图5-149

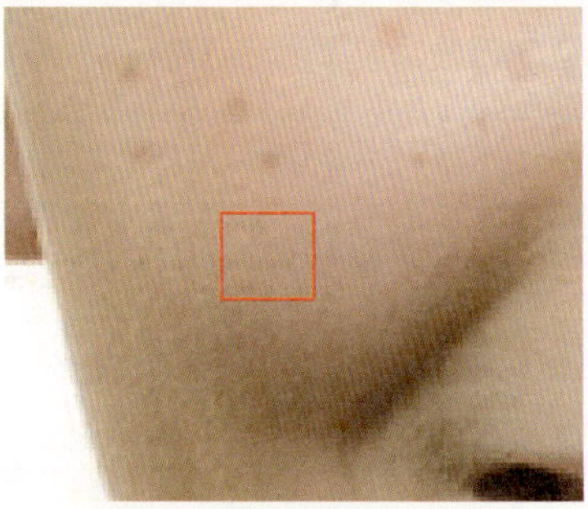
图5-150

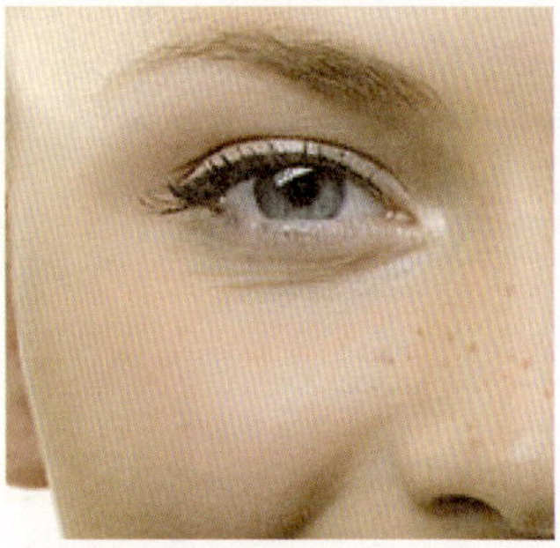
图5-151

4 单击工具箱中的“修补工具”，在左眼下眼袋处拖曳光标绘制区域（如图 5-152 所示），并向下拖动，如图 5-153 所示。

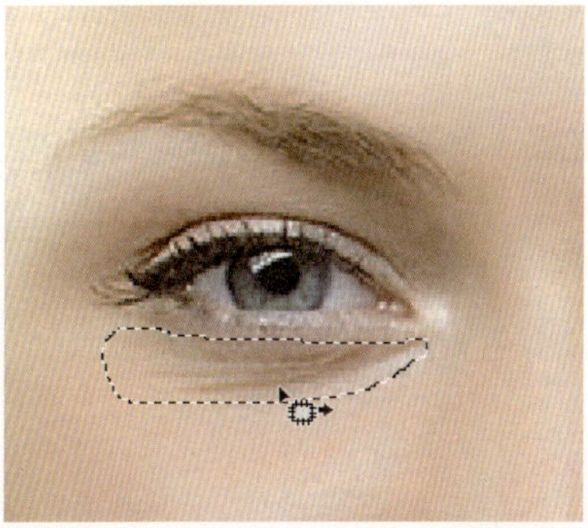

图5-152

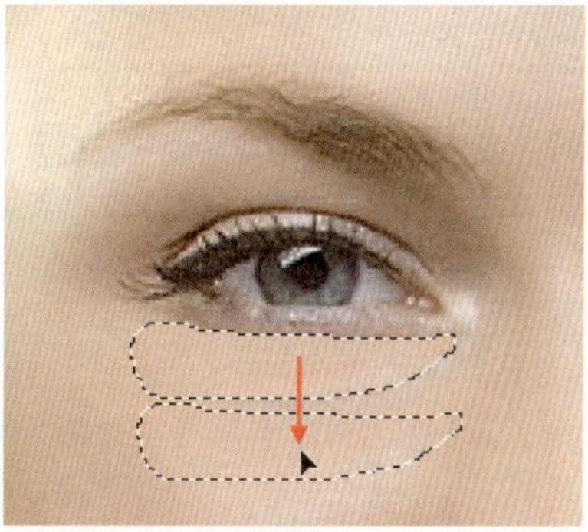

图5-153

5 松开光标后，区域内的部分被填充为正常的皮肤，如图 5-154 所示。

6 用同样的方法处理另外一侧的下眼袋细纹，最终效果如图 5-155 所示。

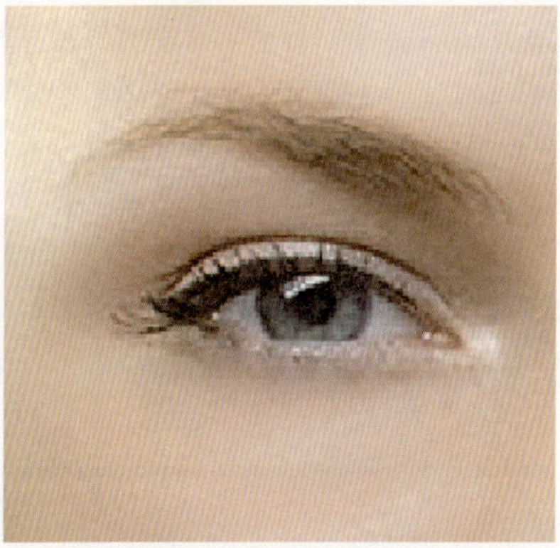

图5-154

图5-155

5.5 图章工具组

Photoshop CS6

5.5.1 仿制图章工具

“仿制图章工具”对于复制对象或修复图像中的缺陷非常有用，其选项栏如图 5-156 所示。单击工具箱中的“仿制图章工具”按钮，该命令的使用可以将图像的一部分绘制到同一图像的另一个位置上，或绘制到具有相同颜色模式的任何打开的文档的另一部分，当然也可以将一个图层的一部分绘制到另一个图层上。

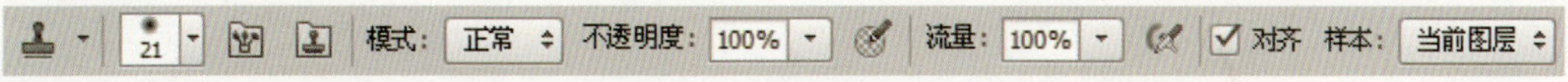

图5-156

- **“切换画笔面板”按钮**：打开或关闭“画笔”面板。
- **“切换仿制源面板”按钮**：打开或关闭“仿制源”面板。
- **对齐**：选中该复选框后，可以连续对像素进行取样，即使是释放鼠标后，也不会丢失当前的取样点。

如果关闭“对齐”选项，则会在每次停止并重新开始绘制时使用初始取样点中的样本像素。

- **样本**：从指定的图层中进行数据取样。

技巧提示：“仿制源”面板

执行“窗口>仿制源”菜单命令，打开“仿制源”面板，设置不同的样本源，并且可以查看样本源的叠加，以便在特定位置进行仿制，还可以缩放或旋转样本源，以便更好地匹配仿制目标的大小和方向，如图5-157所示。

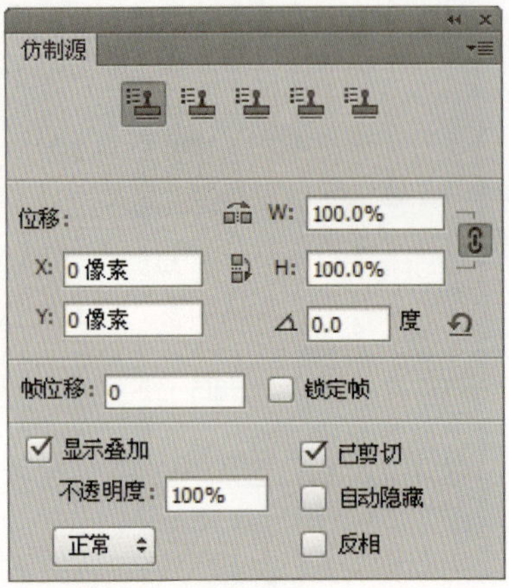

图5-157

- **仿制源**：单击“仿制源”按钮后，按 Alt 键的同时使用“图章工具”或“图像修复工具”在图像中上单击，可以设置取样点。单击下一个“仿制源”按钮，还可以继续取样。
- **位移**：指定 X 轴和 Y 轴的像素位移，可以在相对于取样点的精确位置进行仿制。
- **W/H**：输入 W（宽度）或 H（高度）值，可以缩放所仿制的源。
- **旋转**：在文本输入框中输入旋转角度，可以旋转仿制的源。
- **翻转**：单击“水平翻转”按钮，可以水平翻转仿制源；单击“垂直翻转”按钮，可垂直翻转仿制源。
- **复位变换**：单击“复位变换”按钮，可以将 W、H、角度值和翻转方向恢复到默认的状态。
- **帧位移 / 锁定帧**：在“帧位移”中输入帧数，可以使用与初始取样的帧相关的特定帧进行仿制，输入正值时，要使用的帧在初始取样的帧之后；输入负值时，要使用的帧在初始取样的帧之前。如果选中“锁定帧”复选框，则总是使用初始取样的相同帧进行仿制。
- **显示叠加**：选中复选框，并设置叠加方式后，可以在使用“图章工具”或“修复工具”时，更好地查看叠加以及下面的图像“不透明度”用来设置叠加图像的不透明度；“自动隐藏”选项可以在应用绘画描边时隐藏叠加；“已剪切”选项可将叠加剪切到画笔大小；如果要设置叠加的外观，可以从下面的叠加下拉列表中进行选择；“反相”选项可反相叠加中的颜色。

5.5.2 图案图章工具

单击工具箱中的“图案图章工具”按钮，该命令可以使用预设图案或载入的图案进行绘画，其选项栏如图 5-158 所示。

图5-158

- **对齐**：选中该复选框后，可以保持图案与原始起点的连续性，即使多次单击鼠标也不例外，如图 5-159 所示；关闭选择时，则每次单击鼠标都重新应用图案，如图 5-160 所示。

图5-159

图5-160

- **印象派效果**：选中该复选框以后，可以模拟出印象派效果的图案。图 5-161 和图 5-162 所示分别是关闭和选中选项时的效果。

图5-161

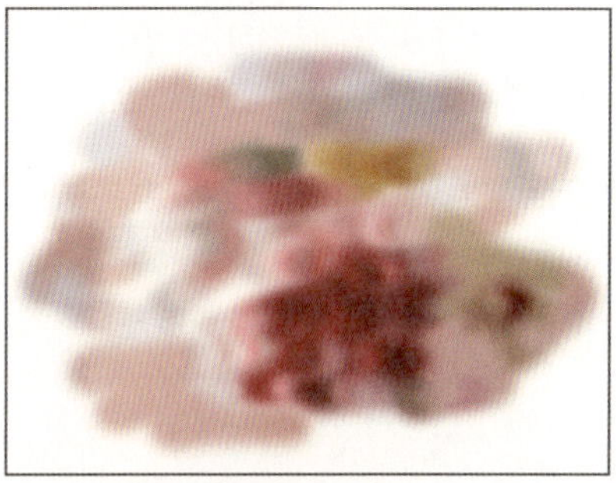
图5-162

工具实训 使用仿制图章工具去除多余部分

案例文件	案例文件\第5章\5.5.1\使用仿制图章工具去除多余部分.psd
视频教学	视频文件\第5章\使用仿制图章工具去除多余部分.flv
难易指数	★★☆☆☆
知识掌握	仿制图章工具

案例效果

本案例主要通过使用“仿制图章工具”去除风景照片中的人像，原图与效果图分别如图 5-163 和图 5-164 所示。

图5-163

图5-164

操作步骤

1 打素材文件“1.jpg”，如图 5-165 所示。单击工具箱中的“仿制图章”工具按钮，在选项栏中设置一种柔边圆图章，设置其大小为 40 像素，“模式”设置为正常，“不透明度”数值为 100%，“流量”数值为 100%，如图 5-166 所示。

图5-165

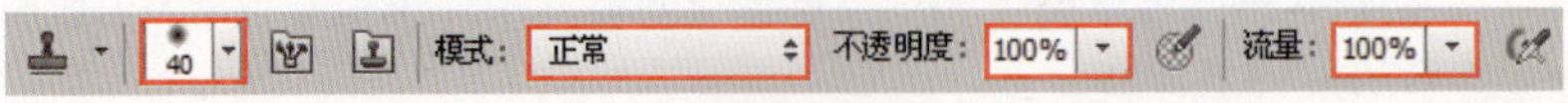

图5-166

2 按 Alt 键，单击左键吸取天空的部分作为像素样本，如图 5-167 所示。

3 松开光标后在右侧人像的部分按左键进行涂抹，如图 5-168 所示。多次涂抹即可去除整个人像，如图 5-169 所示。

4 最终效果如图 5-170 所示。

图5-167

图5-168

图5-169

图5-170

5.6 图像擦除工具

Photoshop CS6

5.6.1 橡皮擦工具

"橡皮擦工具"可以将像素更改为背景色或透明，其选项栏如图 5-171 所示。"橡皮擦工具"在"背景"图层或锁定了透明像素的图层中进行擦除，则擦除的像素将变成背景色；在普通图层中进行擦除，则擦除的像素将变为透明，如图 5-172 和图 5-173 所示。

- **模式：**选择橡皮擦的种类。选择"画笔"选项时，可以创建柔边擦除效果；选择"铅笔"选项时，可以创建硬边擦除效果；选择"块"选项时，擦除的效果为块状。
- **不透明度：**用来设置"橡皮擦工具"的擦除强度。设置为 100% 时，可以完全擦除像素。当设置"模式"设置为"块"时，该选项不可用。
- **流量：**用来设置"橡皮擦工具"的涂抹速度。

- **抹到历史记录**：选中该复选框后，“橡皮擦工具”的作用相当于“历史记录画笔工具”。

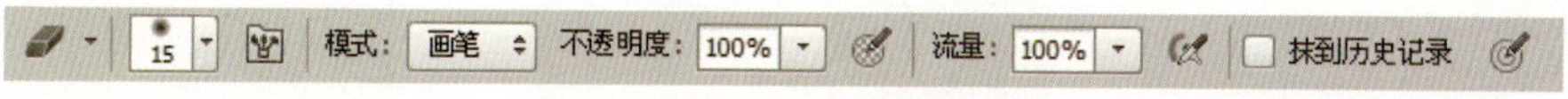

图5-171

图5-172

图5-173

5.6.2 背景橡皮擦工具

“背景橡皮擦工具”的功能非常强大，除了可以使用来擦除图像外，最重要的是运用在抠图中。设置好背景色以后，使用该工具可以在抹除背景的同时保留前景对象的边缘，如图 5-174 和图 5-175 所示。单击工具箱中的“背景橡皮擦工具”按钮，可激活这个工具。该工具是一种基于色彩差异的智能化擦除工具。其选项栏如图 5-176 所示。

图5-174

图5-175

图5-176

- **取样**：用来设置取样的方式。激活“取样：连续”按钮，在拖曳鼠标时可以连续对颜色进行取样，凡是出现在光标中心十字线以内的图像都将被擦除，如图 5-177 所示；激活“取样：一次”按钮，只擦除包含第 1 次单击处颜色的图像，如图 5-178 所示；激活“取样：背景色板”按钮，只擦除包含背景色的图像，如图 5-179 所示。
- **限制**：设置擦除图像时的限制模式。选择“不连续”选项时，可以擦除出现在光标下任何位置的样本颜色；选择“连续”选项时，只擦除包含样本颜色并且相互连接的区域；选择“查找边缘”选项时，可以擦除包含样本颜色的连接区域，同时更好地保留形状边缘的锐化程度。
- **容差**：用来设置颜色的容差范围。
- **保护前景色**：选中该复选框后，可以防止擦除与前景色匹配的区域。

图5-177

图5-178

图5-179

5.6.3 魔术橡皮擦工具

单击工具箱中的“魔术橡皮擦工具”按钮可激活该工具。使用该工具在图像中单击时，可以将所有相似的像素更改为透明（如果在已锁定了透明像素的图层中工作，这些像素将更改为背景色），如图 5-180 和图 5-181 所示。其选项栏如图 5-182 所示。

图5-180

图5-181

图5-182

- **容差**：用来设置可擦除的颜色范围。
- **消除锯齿**：可以使擦除区域的边缘变得平滑。
- **连续**：选中该复选框时，只擦除与单击点像素邻近的像素；关闭该选项时，可以擦除图像中所有相似的像素。
- **不透明度**：用来设置擦除的强度。值为 100% 时，将完全擦除像素；较低的值可以擦除部分像素。

工具实训 使用多种橡皮擦工具制作可爱写真

案例文件	案例文件\第5章\5.6\使用多种橡皮擦工具制作可爱写真.psd
视频教学	视频文件\第5章\使用多种橡皮擦工具制作可爱写真.jpg
难易指数	★★☆☆☆
知识掌握	橡皮擦、背景橡皮擦、魔术橡皮擦

案例效果

本案例用到了三种橡皮擦工具去除人像照片的背景，制作出可爱的写真版式，对比效果如图 5-183 和图 5-184 所示。

图5-183

图5-184

操作步骤

1 创建空白文件，导入人像素材“1.jpg”，摆放在合适位置。单击工具箱中的“吸管工具”按钮，单击采集裙子边缘的颜色为前景色，并按 Alt 键单击灰色背景部分作为背景色，如图 5-185 和图 5-186 所示。

图5-185

图5-186

2 单击工具箱中的“背景橡皮擦工具”按钮，再单击弹出的选项栏中的画笔预设下拉箭头，设置大小为 150 像素，其“容差”数值为 50%，选中“保护前景色”复选框，如图 5-187 所示。回到图像中从裙子边缘区域开始涂抹，可以看到背景部分变为透明，而裙子部分完全被保留下来，如图 5-188 所示。

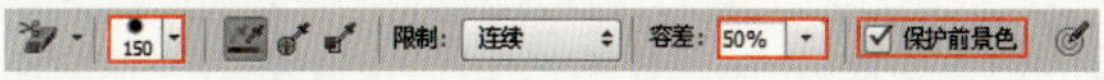

图5-187

图5-188

3 依次更改前景色为肤色、发色、粉色，并去除其他部分背景，如图 5-189 所示。

图5-189

4 单击工具箱中的“橡皮擦工具”按钮，在选项栏中设置不透明度为 60%。在画布中单击鼠标右键，在弹出的面板中选择一种圆形的笔刷，设置“大小”为 200 像素，“硬度”为 0%，如图 5-190 所示。并在裙子边缘处进行涂抹，使其变为半透明效果，如图 5-191 所示。

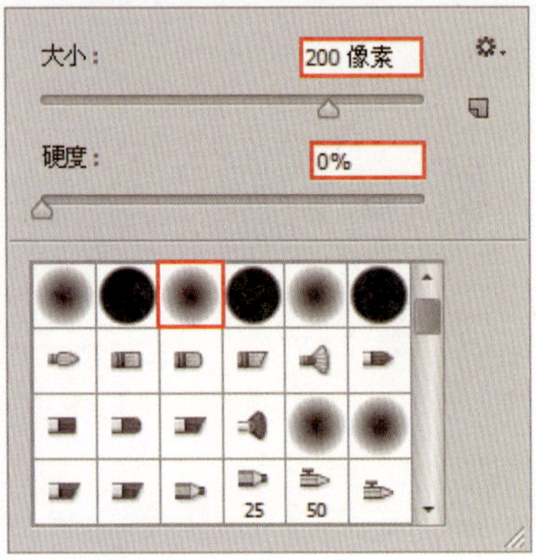

图5-190

图5-191

5 导入第二张人像素材“2.jpg”。单击工具箱中的“魔术橡皮擦工具”按钮，在选项栏中设置“容差”数值为 15，选中“消除锯齿”和“连续”复选框，如图 5-192 所示。在图像白色背景处单击，可以看到白色背景被去除，如图 5-193 和图 5-194 所示。

6 最后导入背景素材“3.jpg”，放在人像图层的下方，如图 5-195 所示。导入前景素材“4.png”，放在人像图层的上方，最终效果如图 5-196 所示。

图5-192

图5-193

图5-194

图5-195

图5-196

5.7 图像填充工具

Photoshop CS6

5.7.1 渐变工具

单击工具箱中的“渐变工具”按钮，弹出的选项栏如图 5-197 所示。该工具的应用非常广泛，它不仅可以用来填充图层蒙版、快速蒙版和通道等，还可以填充图像。“渐变工具”可以在整个文档或选区内填充渐变色，并且可以创建多种颜色间的混合效果。

图5-197

- **渐变颜色条**：显示了当前的渐变颜色，单击右侧的倒三角图标，可以打开“渐变”拾色器，如图 5-198 所示。如果直接单击渐变颜色条，则会弹出“渐变编辑器”对话框，在该对话框中可以编辑渐变颜色，或者保存渐变等，如图 5-199 所示。

图5-198

图5-199

- **渐变类型**：激活“线性渐变”按钮，可以以直线方式创建从起点到终点的渐变，如图 5-200 所示；激活“径向渐变”按钮，可以以圆形方式创建从起点到终点的渐变，如图 5-201 所示；激活“角度渐变”按钮，可以创建围绕起点以逆时针扫描方式的渐变，如图 5-202 所示；激活“对称渐变”按钮，可以使用均衡的线性渐变在起点的任意一侧创建渐变，如图 5-203 所示；激活“菱形渐变”按钮，可以以菱形方式从起点向外产生渐变，终点定义菱形的一个角，如图 5-204 所示。

图5-200

图5-201

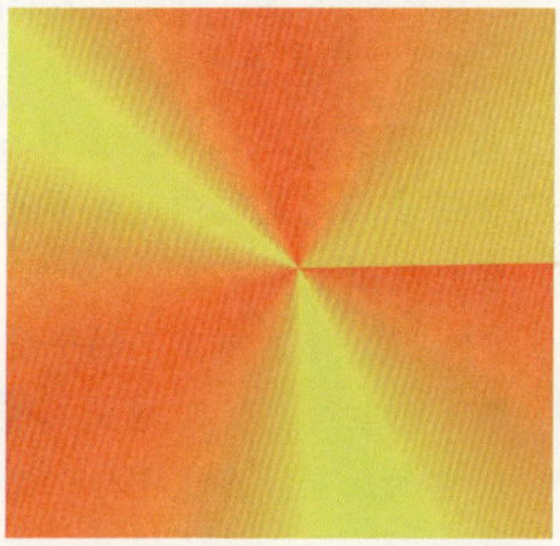

图5-202

图5-203

图5-204

- **模式**：用来设置应用渐变时的混合模式。
- **不透明度**：用来设置渐变色的不透明度。
- **反向**：转换渐变中的颜色顺序，得到反方向的渐变结果。图 5-205 和图 5-206 所示分别是正常渐变和反向渐变的效果。

- **仿色**：选中该复选框时，可以使渐变效果更加平滑。主要用于防止打印时出现条带化现象，但在计算机屏幕上并不能明显地体现出来。
- **透明区域**：选中该复选框时，可以创建包含透明像素的渐变，如图 5-207 所示。

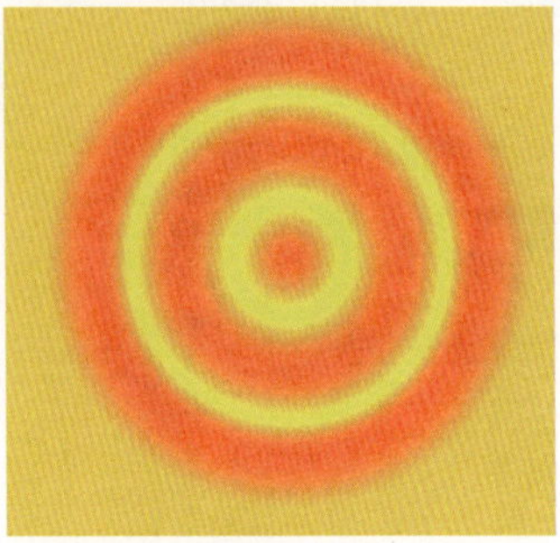

图5-205

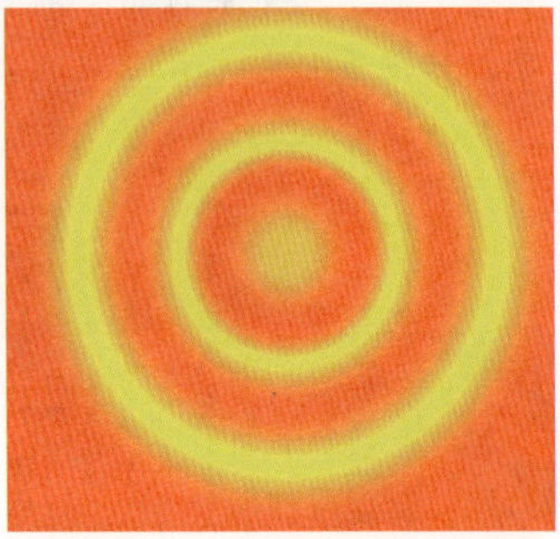

图5-206

图5-207

技术拓展：渐变编辑器详解

“渐变编辑器”对话框主要用来创建、编辑、管理、删除渐变，如图5-208所示。

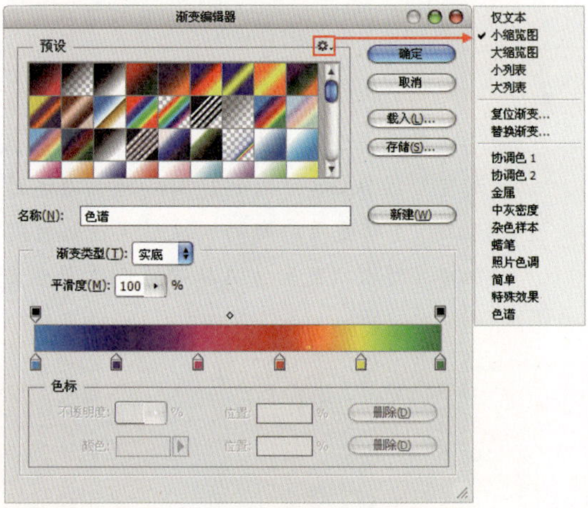

图5-208

- **预设**：显示 Photoshop 预设的渐变效果。单击图标，可以载入 Photoshop 预设的一些渐变效果，单击“载入”按钮可以载入外部的渐变资源；单击“存储”按钮可以将当前选择的渐变存储起来，以备后面调用。
- **名称**：显示当前渐变色名称。
- **渐变类型**：包含“实底”和“杂色”两种。“实底”渐变是默认的渐变色；“杂色”渐变包含了在指定范围内随机分布的颜色，其颜色变化效果更加丰富。
- **平滑度**：设置渐变色的平滑程度。
- **不透明度色标**：拖曳不透明度色标可以移动它的位置。在“色标”选项组下可以精确设置色标的不透明度和位置。
- **不透明度中点**：用来设置当前不透明度色标的中心点位置。也可以在“色标”选项组下进行设置。
- **色标**：拖曳色标可以移动它的位置。在“色标”选项组下可以精确设置色标的颜色和位置。
- **删除**：删除不透明度色标或者色标。
- **粗糙度**：设置“渐变类型”为“杂色”时，控制渐变中的两个色带之间逐渐过渡的方式。
- **颜色模型**：设置“渐变类型”为“杂色”时，选择一种颜色模型来设置渐变色。
- **限制颜色**：设置“渐变类型”为“杂色”时，将颜色限制在可以打印的范围，以防止颜色过于饱和。
- **增加透明度**：设置“渐变类型”为“杂色”时，选中该选项后，可以增加随机颜色的透明度。
- **随机化**：设置“渐变类型”为“杂色”时，每单击一次该按钮，Photoshop 就会随机生成一个新的渐变色。

5.7.2 油漆桶工具

单击工具箱中的“油漆桶工具”按钮就可以激活该工具。该工具可以在图像中填充前景色或图案，如果创建了选区，填充的区域为当前选区；如果没有创建选区，填充的就是与鼠标单击处颜色相近的区域。原图、有选区填充与无选区填充的对比效果分别如图 5-209、图 5-210 和图 5-211 所示。

图5-209

图5-210

图5-211

“油漆桶工具”的选项栏如图 5-212 所示。

图5-212

- **填充模式**：选择填充的模式，包含“前景”和“图案”两种模式。
- **模式**：用来设置填充内容的混合模式。
- **不透明度**：用来设置填充内容的不透明度。
- **容差**：用来定义必须填充的像素的颜色的相似程度。设置较低的“容差”值会填充颜色范围内与鼠标单击处像素非常相似的像素；设置较高的“容差”值会填充更大范围的像素。
- **消除锯齿**：平滑填充选区的边缘。
- **连续的**：选中该复选框后，只填充图像中处于连续范围内的区域；关闭该选项后，可以填充图像中的所有相似像素。
- **所有图层**：选中该复选框后，可以对所有可见图层中的合并颜色数据填充像素；关闭该选项后，仅填充当前选择的图层。

5.7.3 定义图案预设

选择一个图案或选区中的图像后，执行“编辑 > 定义图案”菜单命令，就可以将其定义为预设图案。由此可见，在 Photoshop 中可以将打开的图像文件定义为图案，也可以将选区中的图像定义为图案，如图 5-213 所示。

执行“编辑 > 填充”命令，在弹出的“填充”对话框中设置“使用”为“图案”，接着在“指定图案”选项后面单击倒三角形图标，最后在弹出的“图案”拾色器中选择自定义的图案，如图 5-214 所示，单击“确定”按钮后即可用自定义的图案填充整个画布，如图 5-215 所示。

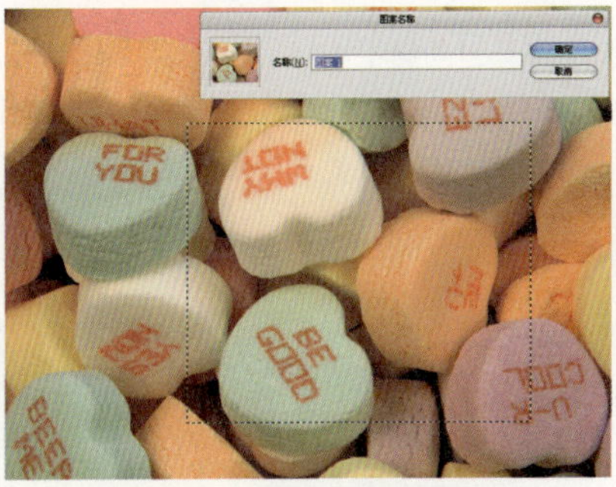

图5-213

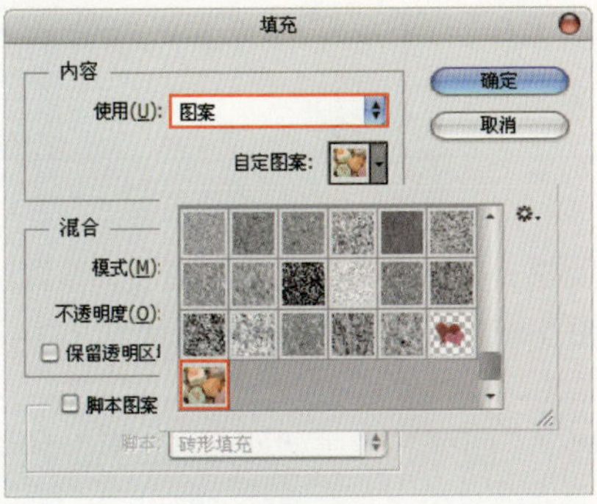

图5-214

图5-215

工具实训 使用填充工具制作彩色海报

案例文件	案例文件\第5章\5.7\使用填充工具制作彩色海报.psd
视频教学	视频文件\第5章\使用填充工具制作彩色海报.flv
难易指数	★★☆☆☆
知识掌握	油漆桶工具、渐变工具

案例效果

本例主要使用“油漆桶工具”和“渐变工具”制作彩色海报样式，效果如图 5-216 所示。

图5-216

操作步骤

1 执行“文件 > 新建”命令，新建空白文件，如图 5-217 所示。

2 单击工具箱中的“钢笔工具”按钮，在选项栏上单击选择“路径”选项，在画面左上角绘制一个矩形形状，如图 5-218 所示。单击鼠标右键，在弹出的快捷菜单中执行“建立选区”命令，如图 5-219 所示。

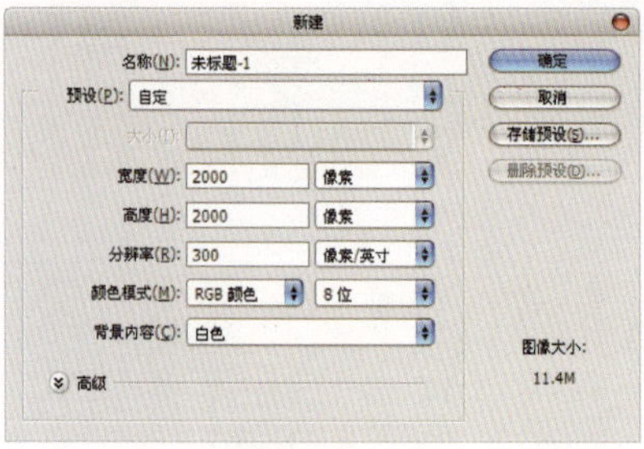

图5-217

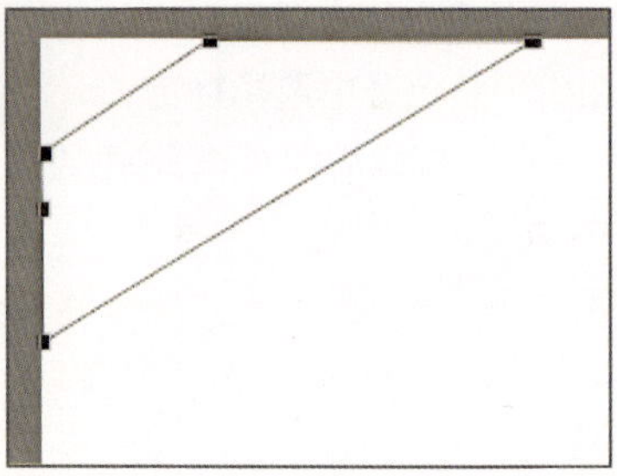

图5-218

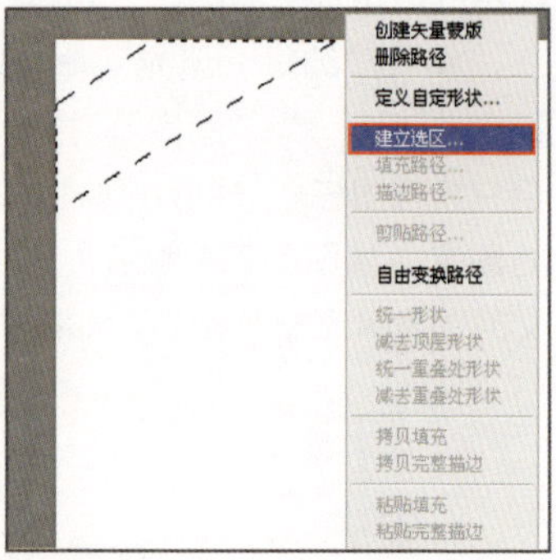

图5-219

3 单击工具箱中的“油漆桶工具”按钮，在打开的选项栏上单击选择“前景”选项，设置前景色为淡粉色，新建图层，在选区内单击为其填充粉色，如图 5-220 所示。用同样方法制作出其他不同形状的淡粉色图形，如图 5-221 所示。

4 单击工具箱中的“矩形选框工具”按钮，在画面中绘制一个矩形，单击“油漆桶工具”按钮，设置前景色为淡蓝色，单击并为选区填充蓝色，如图 5-222 所示。

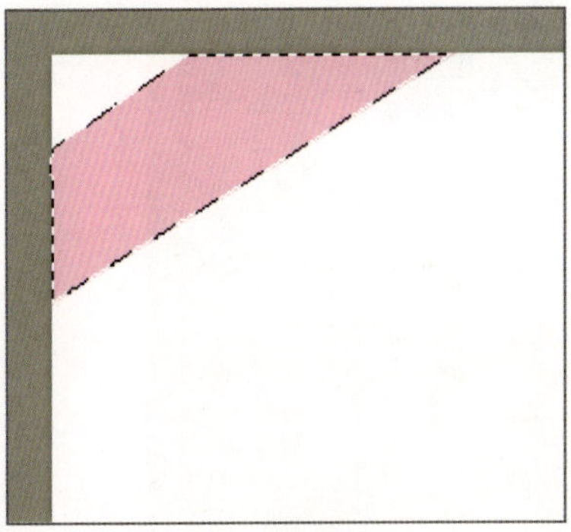

图5-220

图5-221

图5-222

5 按 Ctrl+T 组合键调整合适大小及角度，如图 5-223 所示。多次复制并依次排列，制作蓝色条纹效果，如图 5-224 所示。

图5-223

图5-224

6 单击工具箱中的“圆角矩形工具”按钮，在打开的选项栏中设置“半径”数值为 200 像素，在画面中绘制大一点的圆角矩形，如图 5-225 所示。单击鼠标右键，在弹出的快捷菜单中执行“建立选区”命令，如图 5-226 所示。

图5-225

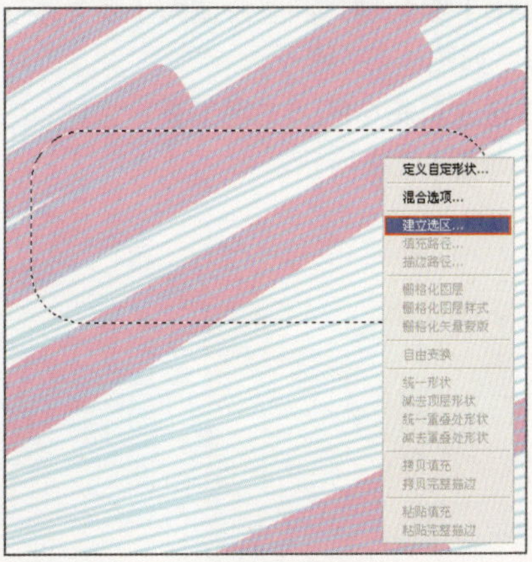

图5-226

7 设置前景色为粉红色，使用“油漆桶工具”为选区填充红色，如图 5-227 所示。按 Ctrl+T 组合键自由调整合适大小及角度，如图 5-228 所示。

图5-227

图5-228

8 再次单击“圆角矩形工具”按钮，绘制同样合适大小的圆角矩形，单击鼠标右键，在弹出的快捷菜单中执行“建立选区”命令。单击工具箱中的“渐变填充工具”按钮，在打开的选项栏中单击并设置一种由粉色到白色的渐变，如图 5-229 所示。单击选项栏中的“线性渐变”按钮，在画面中进行拖曳填充，如图 5-230 所示。

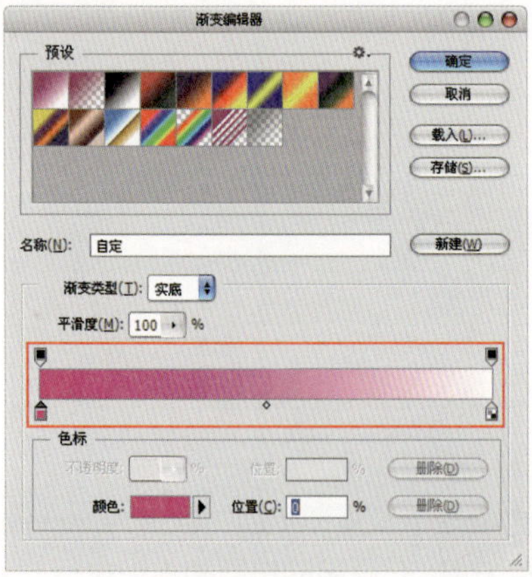

图5-229

图5-230

9 按 Ctrl+T 组合键，调整合适大小及角度，如图 5-231 所示。用同样方法制作出合适大小的蓝色圆角矩形，如图 5-232 所示。

10 单击工具箱中的“文字工具”按钮，设置合适字体及大小，分别在圆角矩形上键入文字，最终效果如图 5-233 所示。

图5-231

图5-232

图5-233

5.8 图像润饰工具

Photoshop CS6

5.8.1 模糊工具

单击工具箱中的“模糊工具”按钮激活该工具。使用该工具可柔化硬边缘或减少图像中的细节，如图 5-234 和图 5-235 所示。使用该工具在某个区域上方绘制的次数越多，该区域就越模糊。该工具的选项栏如图 5-236 所示。

图5-234

图5-235

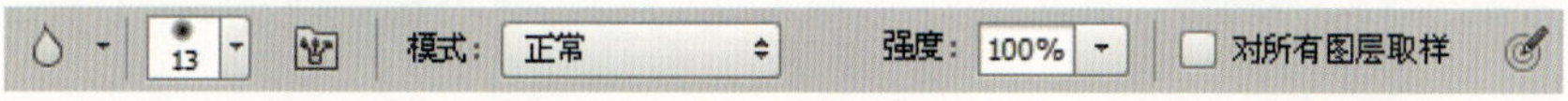

图5-236

- **模式**：用来设置“模糊工具”的混合模式，包括“正常”、“变暗”、“变亮”、“色相”、“饱和度”、“颜色”和“明度”。
- **强度**：用来设置“模糊工具”的模糊强度。

5.8.2 锐化工具

“锐化工具”与“模糊工具”的大部分选项相同。但是该工具与“模糊工具”相反，使用该工具可以增强图像中相邻像素之间的对比，以提高图像的清晰度，如图 5-237 和图 5-238 所示。单击工具箱中的“锐化工具”按钮，选中“保护细节”复选框后，在进行锐化处理时，将对图像的细节进行保护。该工具的选项栏如图 5-239 所示。

图5-237

图5-238

图5-239

5.8.3 涂抹工具

单击工具箱中的“涂抹工具”按钮激活该工具。该工具可以拾取鼠标单击处的颜色，并沿着拖曳的方向展开这种颜色，如图 5-240 和图 5-241 所示。“涂抹工具”可以模拟手指划过湿油漆时所产生的效果。“涂抹工具”的选项栏如图 5-242 所示。

图5-240

图5-241

图5-242

- **模式**：用来设置“涂抹工具”的混合模式，包括“正常”、“变暗”、“变亮”、“色相”、“饱和度”、“颜色”和“明度”。
- **强度**：用来设置“涂抹工具”的涂抹强度。
- **手指绘画**：选中该复选框后，可以使用前景颜色进行涂抹绘制。

5.8.4 减淡工具

单击工具箱中的“减淡工具”按钮激活该工具。该工具可以对图像的“亮部”、“中间调”、“暗部”分别进行减淡处理，如图 5-243 和图 5-244 所示。用在某个区域上方绘制的次数越多，该区域就会变得越亮。其选项栏如图 5-245 所示。

图5-243

图5-244

图5-245

- **范围**：选择要修改的色调。选择“中间调”选项时，可以更改灰色的中间范围；选择“阴影”选项时，可以更改暗部区域；选择“高光”选项时，可以更改亮部区域。
- **曝光度**：用于设置减淡的强度。
- **保护色调**：可以保护图像的色调不受影响。

5.8.5 加深工具

单击工具箱中的“加深工具”按钮激活该工具。“加深工具”的选项栏与“减淡工具”的选项栏完全相同，因此这里不再介绍。该工具可以对图像进行加深处理，用在某个区域上方绘制的次数越多，该区域就会变得越暗，如图 5-246 和图 5-247 所示。

图5-246

图5-247

5.8.6 海绵工具

使用“海绵工具”可以增加或降低图像中某个区域的饱和度。如果是灰度图像，该工具将通过灰阶远离或靠近中间灰色来增加或降低对比度。图 5-248、图 5-249 和图 5-250 所示分别为原图、降低红色图形饱和度和增强蓝色图形饱和度的对比效果。单击工具箱中的“海绵工具”按钮，弹出的该工具的选项栏如图 5-251 所示。

图5-248

图5-249

图5-250

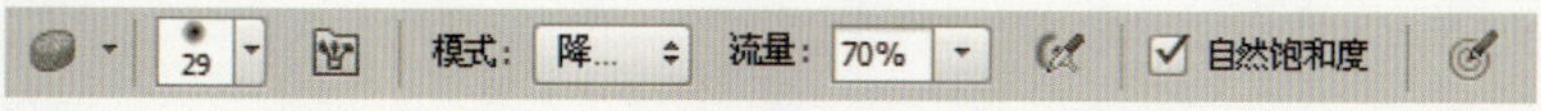

图5-251

- **模式**：选择“饱和”选项时，可以增加色彩的饱和度；选择“降低饱和度”选项时，可以降低色彩的饱和度。
- **流量**：可以为“海绵工具”指定流量。数值越高，“海绵工具”的强度越大，效果越明显。
- **自然饱和度**：选中该复选框以后，可以在增加饱和度的同时防止颜色过度饱和而产生溢色现象。

综合演练 创意时装广告

案例文件	案例文件\第5章\综合演练\创意时装广告.psd
视频教学	视频文件\第5章\创意时装广告.flv
难易指数	★★★★★
知识掌握	渐变工具、颜色填充、画笔工具、橡皮擦工具、单列选框工具、钢笔工具

案例效果

本例主要针对“单列选框工具”、“钢笔工具”和颜色填充等工具的用法进行练习，制作创意时装广告海报效果。对比效果如图 5-252 所示。

图5-252

操作步骤

1 执行“文件 > 新建”命令，或按 Ctrl+N 组合键新建一个文档，具体参数设置如图 5-253 所示。

2 单击工具箱中的“渐变工具”按钮，在打开的选项栏中设置一种灰蓝色系渐变，渐变类型为“径向渐变”，如图 5-254 所示。并在背景层中由中心向上填充渐变颜色，如图 5-255 所示。

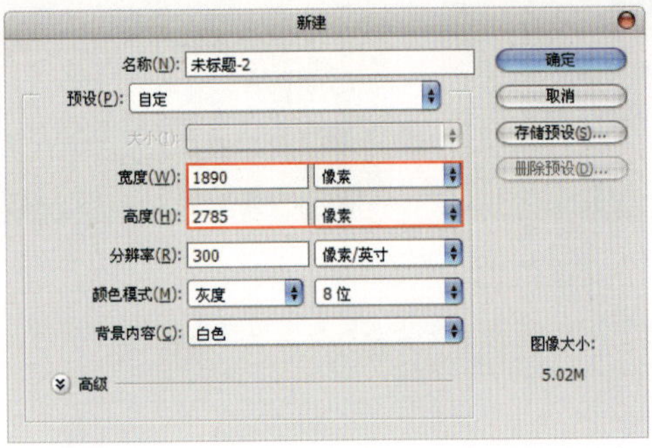

图5-253

图5-254

图5-255

3 单击“图层”面板下的“创建新组”按钮，创建一个新的组，并命名为“网格”。执行“视图 > 显示 > 网格”菜单命令，显示出网格。单击“单列选框工具”按钮，然后在左侧的第 1 个网格上单击鼠标左键，创建一个单列选区，接着按 Shift 键的同时每隔一个网格创建选区，如图 5-256 所示。创建新图层，然后设置前景色为白色，按 Alt+Delete 组合键填充选区为白色，如图 5-257 所示。

技巧提示

在绘制网格时，为了使网格更均匀，所以执行“视图>显示>网格”菜单命令，显示网格作为辅助。

4 选择“图层 1”，单击拖曳到“创建新图层”按钮中建立“图层 1 副本”，按 Ctrl+T 组合键，单击鼠标右键，在弹出的快捷菜单中执行“旋转 90 度（顺时针）”命令。然后再次复制副本并调整位置，如图 5-258 所示。

图5-256

图5-257

图5-258

5 导入配套光盘中的人像素材文件“1.jpg”，使用“魔棒工具”在选项栏中设置“容差”值为 32，取消选中“连续”复选框，如图 5-259 所示。选择背景区域，然后按 Ctrl+Shift+I 组合键进行反向选择，并为图层添加蒙版，图像被完整抠出来，如图 5-260 和图 5-261 所示。

图5-259

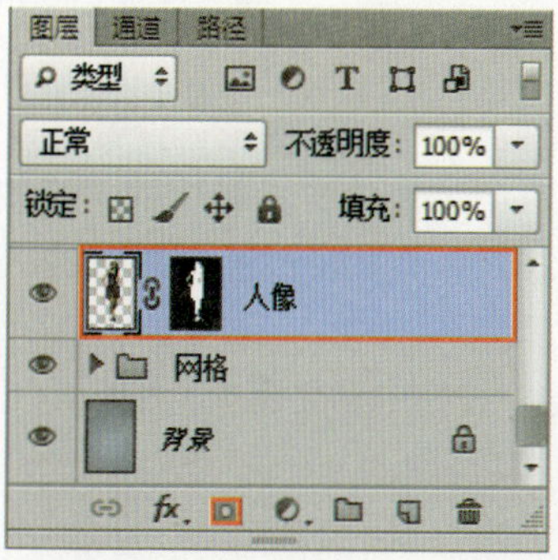

图5-260

图5-261

6 选择人像图像，执行“图像＞调整＞曲线”命令，创建新的“曲线”调整图层，调整曲线形状，如图 5-262 所示。在“曲线”图层的蒙版上使用黑色画笔涂抹头发部分，并在图层中单击鼠标右键，在弹出的快捷菜单中执行“创建剪贴蒙版”命令，使其只对人像图层作调整，如图 5-263 所示。

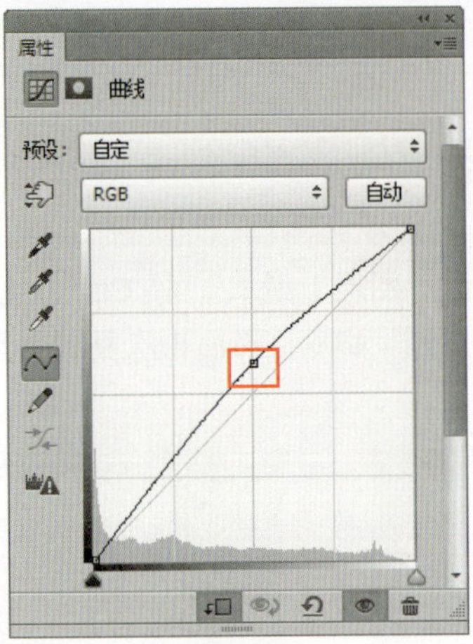

图5-262

图5-263

7 下面制作人像投影效果。选择人像图层，按 Ctrl 键将人像载入选区，设置前景色为黑色，按 Alt+Delete 组合键为选区填充黑色，执行“滤镜＞模糊＞高斯模糊”命令，设置“半径”为 45 像素，如图 5-264 所示。使用“自由变换工具”按 Ctrl+T 组合键，调整投影大小和位置，将该图层放置在“人像”图层的下面，设置图层的“不透明度”为 45%，如图 5-265 和图 5-266 所示。

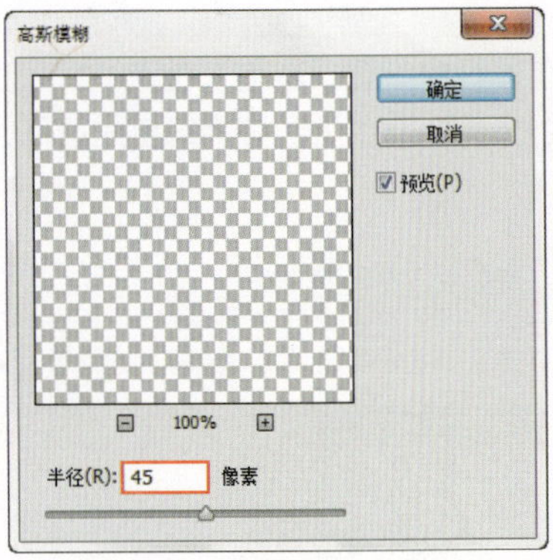

图5-264

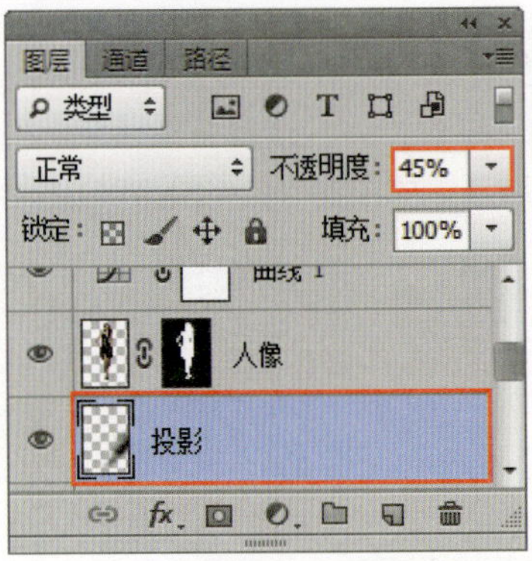

图5-265

图5-266

8 单击工具箱中的“椭圆选框工具”按钮，按 Shift 键绘制一个正圆形。设置前景色为黄色（R: 253 G:233 B:2），按 Alt+Delete 组合键填充颜色为黄色。单击工具箱中的“橡皮擦工具”，适当调整不透明度和流量，在圆上进行适当涂抹，如图 5-267 所示。将该图层放置在人像的下一层，如图 5-268 所示。

9 选择绘制完成黄色圆形，多次单击拖曳到“创建新图层”按钮中建立副本，按 Ctrl+T 组合键，调整圆的大小和位置，如图 5-269 所示。

10 单击“图层”面板下的“创建新组”按钮，创建一个新的组，并命名为“白圆”。用同样的方法制作出白色圆的效果，如图 5-270 所示。

11 导入网状素材“2jpg”，将其放置在“人像”图层下，调整素材的大小和位置，如图 5-271 所示。

图5-267

图5-268

图5-269

图5-270

图5-271

12 新建图层，单击工具箱中的“钢笔工具”按钮，在画面中绘制雨点形状，如图 5-272 所示。按 Ctrl+Enter 组合键将路径转换为选区并填充白色，多次复制雨点摆放在合适位置，如图 5-273 所示。

图5-272

图5-273

13 下面为人像衣服改变颜色。创建新图层，设置前景色颜色为粉色，按 Alt+Delete 组合键填充颜色为粉色，将该图层的“混合模式”设置为颜色，如图 5-274 所示。使用“钢笔工具”绘制出一个衣服的闭合路径，单击鼠标右键，在弹出的快捷菜单中执行“建立选区”命令，并为图层添加蒙版，如图 5-275 所示。

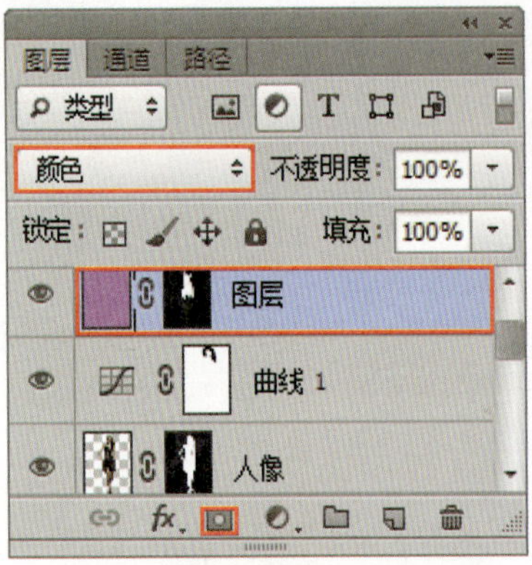

图5-274

图5-275

14 创建新组，命名为“光线”。绘制人像穿插光线效果。单击工具箱中的“矩形选框工具”按钮，绘制一个长条矩形选框。设置前景色颜色为白色，按 Alt+Delete 组合键填充颜色为白色，如图 5-276 所示。

15 选择绘制完成的白色长条矩形，单击拖曳到“创建新图层”按钮中建立副本，按 Ctrl+T 组合键调整角度，并为图层添加一个“图层蒙版”，在图层蒙版中使用黑色画笔绘制涂抹多余区域，如图 5-277 所示。

16 使用同样的制作方法绘制其他长矩形光线效果，如图 5-278 所示。

图5-276

图5-277

图5-278

17 然后导入光效素材“3jpg”，如图 5-279 所示。在“图层”面板设置混合模式为“滤色”，如图 5-280 和图 5-281 所示。

18 在投影下方继续新建图层，使用黑色柔角画笔在右下角涂抹绘制出投影。设置其图层的“不透明度”为 57%，如图 5-282 所示。为图层添加一个“图层蒙版”，在图层蒙版中使用黑色画笔绘制涂抹多余区域，如图 5-283 所示。

图5-279

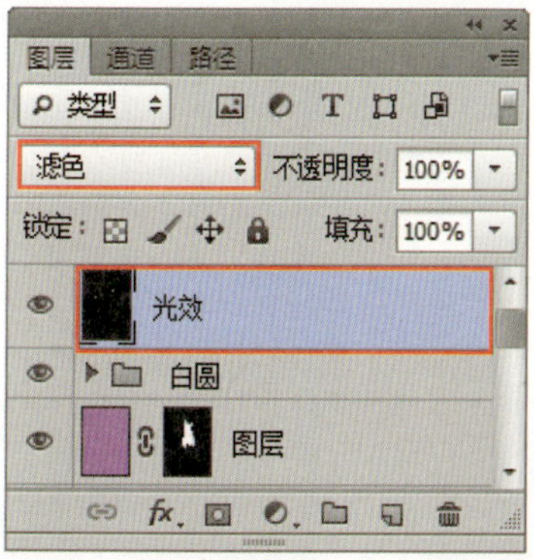

图5-280

图5-281

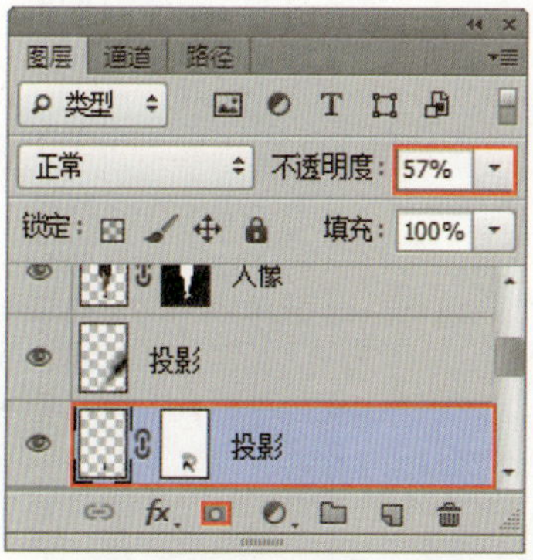

图5-282

图5-283

19 在人像下方新建图层，使用“钢笔工具”在地面部分绘制出一个闭合路径，如图5-284所示。单击鼠标右键，在弹出的快捷菜单中执行“建立选区”命令，设置前景色为白色，按Alt+Delete组合键填充颜色为白色，如图5-285所示。

20 最后键入文字作为装饰，最终效果如图5-286所示。

图5-284

图5-285

图5-286

第 6 章

文字的使用与编辑

本章学习要点：

- 掌握文字工具与文字蒙版工具的使用方法
- 掌握多种类型文字的制作
- 掌握艺术化文字的制作

Photoshop 的工具箱中提供了 4 种文字工具："横排文字工具"、"直排文字工具"、"横排文字蒙版工具"以及"直排文字蒙版工具"。使用这些文字工具不仅可以在设计作品中添加文字内容，还能制作出丰富多彩的画面效果。图 6-1、图 6-2、图 6-3 和图 6-4 所示分别为使用文字工具制作出的作品。

图6-1

图6-2

图6-3

图6-4

6.1 认识“文字工具组”

Photoshop CS6

6.1.1 文字工具组

文字工具组中包括“横排文字工具”和“直排文字工具”两种。“横排文字工具”可以输入横向排列的文字，如图 6-5 所示。而“直排文字工具”可以输入竖向排列的文字，如图 6-6 所示。在文字工具选项栏中可以设置字体的系列、样式、大小、颜色和对齐方式等，如图 6-7 所示。

图6-5

图6-6

图6-7

- 切换文本取向：在选项栏中单击“切换文本取向”按钮，可以将横向排列的文字更改为直向排列的文字，也可以执行“文字 > 取向 > 水平 / 垂直”菜单命令。
- Arial 设置字体系列：在选项栏中单击“设置字体系列”下拉箭头，并在下拉列表中选择合适的字体。
- Regular 设置字体样式：字体样式只针对部分英文字体有效。输入字符后，可以在选项栏中设置字体的样式，包含 Regular（规则）、Italic（斜体）、Bold（粗体）和 Bold Italic（粗斜体）。
- 12点 设置字体大小：输入文字以后，如果要更改字体的大小，可以直接在选项栏中输入数值，也可以在下拉列表中选择预设的字体大小。若要改变部分字符的大小则需要选中需要更改的字符后进行设置。
- 锐利 消除锯齿：输入文字以后，可以在选项栏中为文字指定一种消除锯齿的方式。选择“无”方式时，Photoshop 不会应用消除锯齿；选择“锐利”方式时，文字的边缘最为锐利；选择“犀利”方式时，文字的边缘比较锐利；选择“浑厚”方式时，文字会变粗一些；选择“平滑”方式时，文字的边缘会非常平滑。
- 设置文本对齐：文本对齐方式是根据输入字符时光标的位置来设置的。
- 设置文本颜色：输入文本时，文本颜色默认为前景色。如果要修改文字颜色，可以先在文档中选择文本，然后在选项栏中单击颜色块，接着在弹出的“选择文本颜色”对话框中设置所需要的颜色。
- 创建文字变形：选中文本，单击该按钮即可在弹出的窗口中为文本设置变形效果。
- 切换字符和段落面板：单击该按钮即可打开字符和段落面板。

6.1.2 文字蒙版工具

“文字蒙版工具”包含“横排文字蒙版工具”和“直排文字蒙版工具”两种，使用此工具可以创建文字选区，如图 6-8 所示。使用“文字蒙版工具”输入文字后，文字将以选区的形式出现，如图 6-9 所示。在文字选区中，可以填充渐变色，如图 6-10 所示。

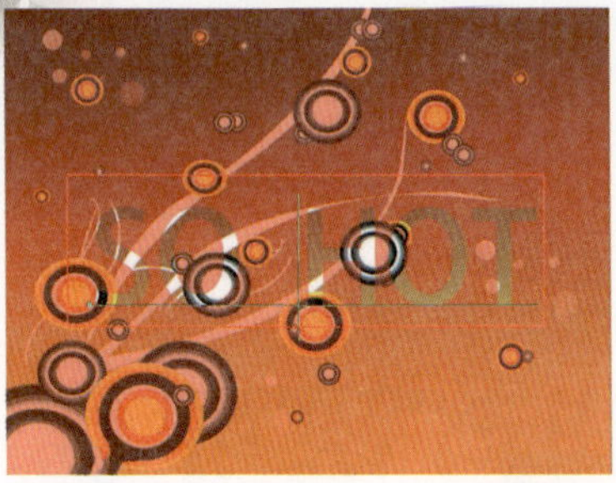
图6-8

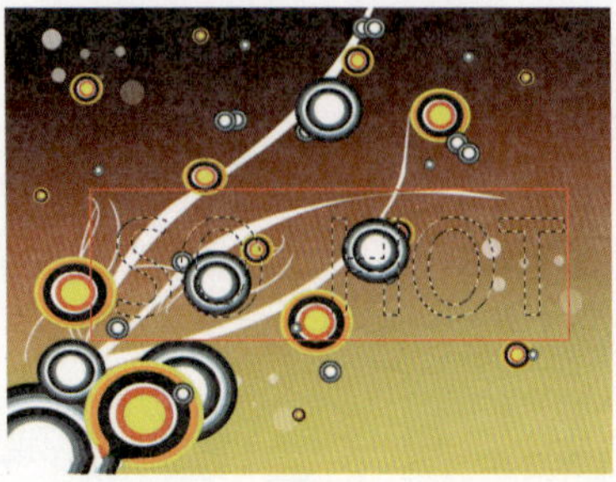
图6-9

图6-10

在使用“文字蒙版工具”键入文字时，将鼠标移动到文字以外区域，这时光标会变为移动状态，单击并拖曳可以移动文字蒙版的位置，如图 6-11 所示。按 Ctrl 键，文字蒙版四周会出现类似自由变换的界定框，如图 6-12 所示。

图6-11

图6-12

此时可以对该文字蒙版进行移动、旋转、缩放、斜切等操作。图 6-13 和图 6-14 所示分别为旋转和斜切效果。

图6-13

图6-14

6.2 创建文字

Photoshop CS6

在 Photoshop 中可以将文字分为点文字、段落文字、路径文字和变形文字等几个类型，它满足了平面设计中经常需要用到多种版式类型文字的需求。

6.2.1 创建点文字

点文字是一个水平或垂直的文本行，行的长度会随文字的输入而不断增加。每行文字都是独立的，并且不会进行自动换行，需要按 Enter 键进行换行，如图 6-15、图 6-16、图 6-17 和图 6-18 所示。

图6-15

图6-16

图6-17

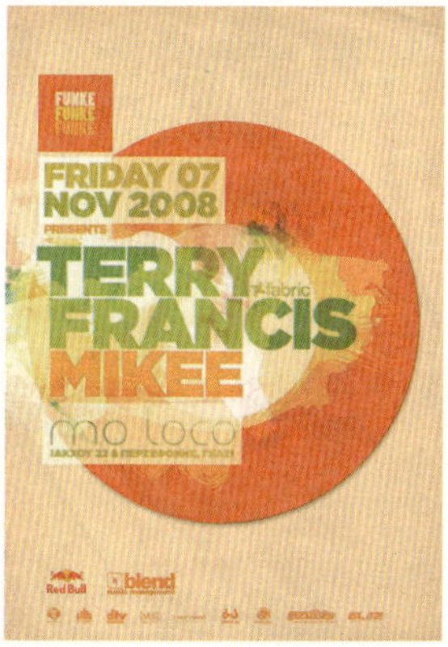

图6-18

单击工具箱中的“横排文字工具”按钮，在打开的选项栏中可以分别对字体、字号、字体颜色等进行相应设置，如图 6-19 所示。在画布中单击鼠标左键设置插入点，然后输入文字。输入完成后可以按 Ctrl+Enter 组合键完成当前操作，或单击选项栏中的“提交当前编辑”按钮，如图 6-20 所示。

执行“文字 > 取向 > 水平 / 垂直”菜单命令，可以将横向排列的文字更改为直向排列的文字，或在选项栏中单击“切换文本取向”按钮，也可以更改文字方向，如图 6-21 所示。

执行“文字 > 转换为段落文本”菜单命令，可以将当前创建的点文本转换为段落文本，如图 6-22 所示。

图6-19

图6-20

图6-21

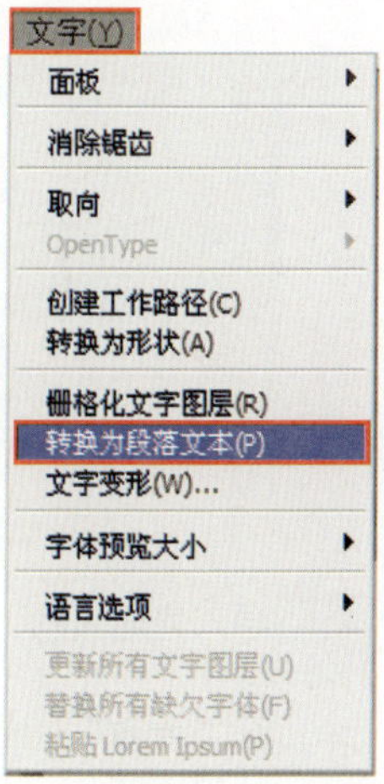

图6-22

工具实训　晶莹质感炫彩文字

案例文件	案例文件\第6章\6.2.1\晶莹质感炫彩文字.psd
视频教学	视频文件\第6章\晶莹质感炫彩文字.flv
难易指数	★★★★★
知识掌握	文字工具、剪贴蒙版、渐变工具

案例效果

本案例使用“文字工具”创建点文字，并通过剪贴蒙版的使用制作出晶莹炫彩的效果，效果如图 6-23 所示。

图6-23

操作步骤

1 打开本书配套光盘中的文件，如图 6-24 所示。

2 单击工具箱中的“横排文字工具”按钮，设置合适的字体字号，键入文字，如图 6-25 所示。

图6-24

图6-25

3 导入光效素材，将“光效”图层放置在“文字”图层上方，如图 6-26 所示。

4 在“光效”图层单击鼠标右键，在弹出的快捷菜单中执行“创建剪贴蒙版”命令，如图 6-27 所示，效果如图 6-28 所示。

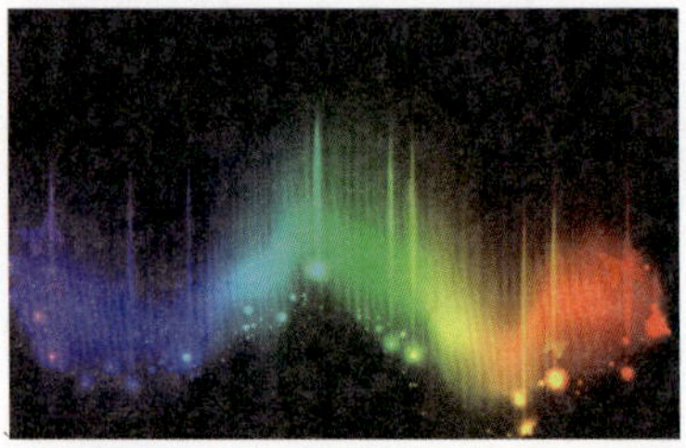
图6-26

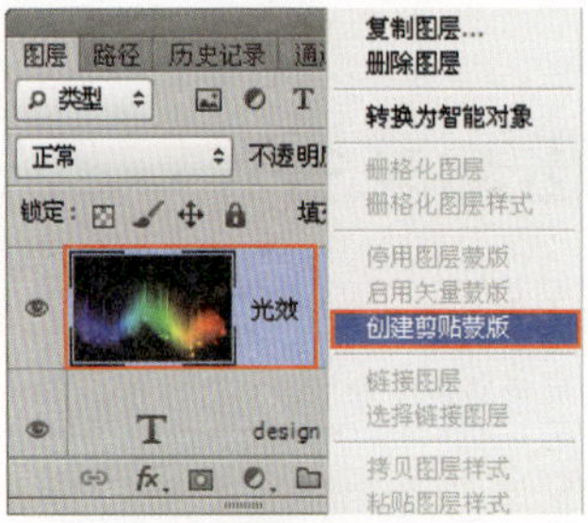

图6-27

图6-28

5 为了便于观察，暂时隐藏“光效”图层。新建图层，在工具箱中单击“椭圆选框工具”按钮，在画布中的适当位置绘制椭圆选区，如图 6-29 所示。选择“渐变工具”，设置由白色到透明渐变，设置类型为线性渐变，如图 6-30 所示。

6 然后在正圆内填充白色到透明的渐变。用相同方法单击鼠标右键在白色椭圆图层创建剪贴蒙版，效果如图 6-31 所示。

图6-29

图6-30

图6-31

7 新建一个图层，单击工具箱中的“多边形套索工具”按钮，画出字母 I 的倒影选区。单击工具箱中的“渐变工具”按钮，选择渐变类型为线性渐变，设置由绿色到透明的渐变，如图 6-32 所示。对选区进行填充，如图 6-33 所示。

8 按照相同方法制作其他字母的倒影，最终效果如图 6-34 所示。

图6-32

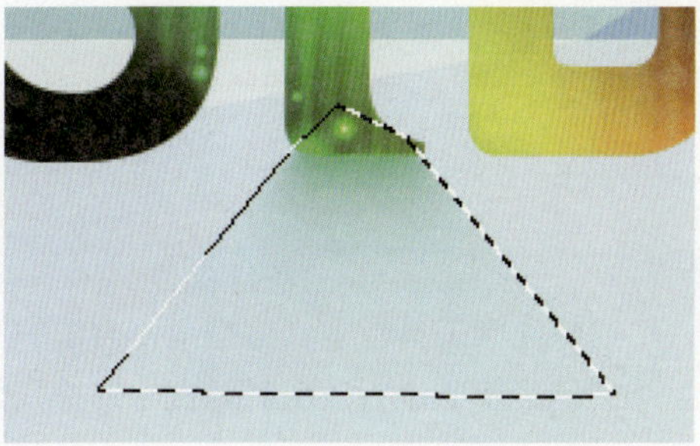

图6-33

图6-34

6.2.2 创建段落文字

段落文字常用在大量的文本排版中，如海报、画册等。这是由于该命令具有自动换行、可调整文字区域大小等优势。创建段落文本以后，可以根据实际需求来调整文本框的大小，文字会自动在调整后的文本框内重新排列。另外，通过文本框还可以旋转、缩放和斜切文字，如图 6-35、图 6-36、图 6-37 和图 6-38 所示。

单击工具箱中的“横排文字工具”按钮T，设置合适的前景色、字体及大小，在操作界面单击左键并拖曳创建出文本框，如图 6-39 所示。键入所需文字，单击工具选项栏中的✓按钮或按 Ctrl+Enter 组合键，可以完成对文本的编辑操作。单击工具选项栏中的⊘按钮或者按 Esc 键，可以放弃对文字的修改，如图 6-40 所示。

选择段落文本，执行“文字 > 转换为点文本”菜单命令，可以将段落文本转换为点文本，如图 6-41 所示。

图6-35

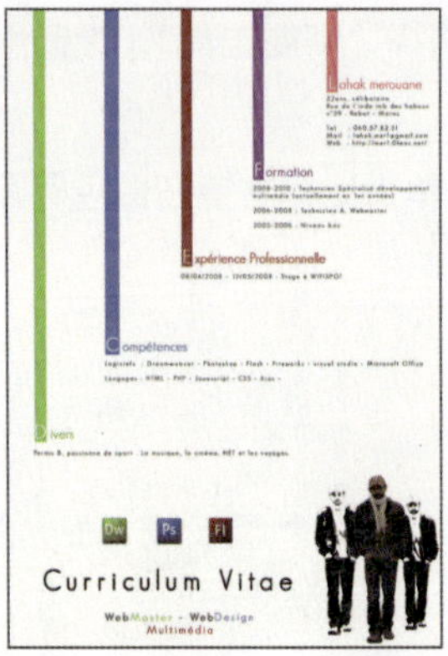

图6-36

图6-37

图6-38

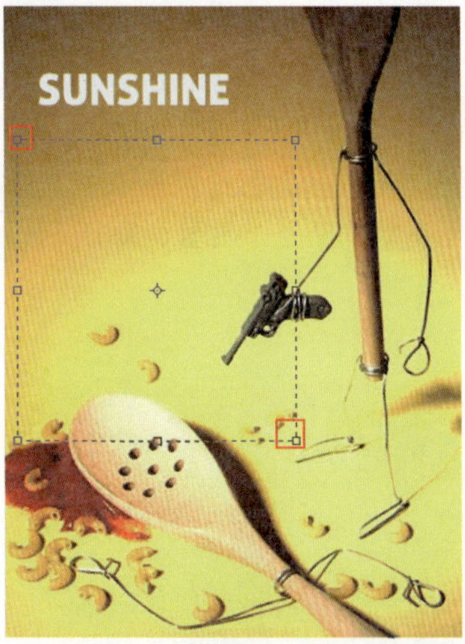

图6-39

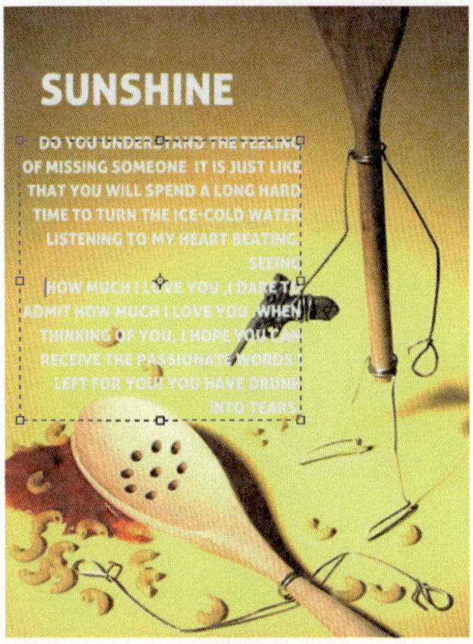

图6-40

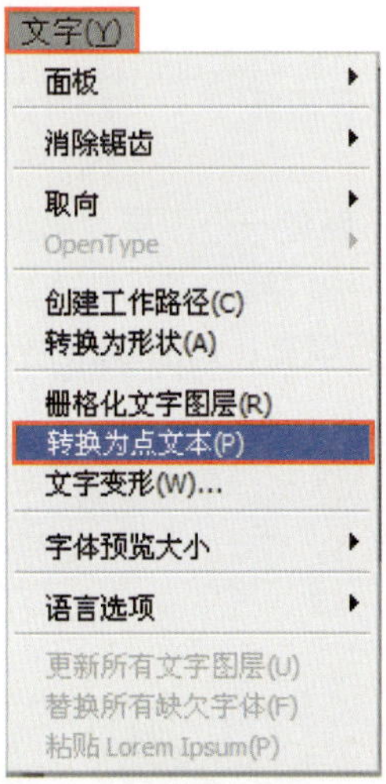

图6-41

6.2.3 创建路径文字

在 Photoshop 中为了制作路径文字需要先绘制路径，然后将文字工具指定到路径上，创建的文字会沿着路径排列。路径文字常用于创建走向不规则的文字行。当对路径形状进行改变时，文字的排列方式也会随之发生改变，如图 6-42 和图 6-43 所示。

图6-42

图6-43

工具实训 创建路径文字

案例文件	案例文件\第6章\6.2.3\创建路径文字.psd
视频教学	视频文件\第6章\创建路径文字.flv
难易指数	★★☆☆☆
知识掌握	文字工具，钢笔工具

案例效果

本例主要是针对创建路径文字进行练习，如图 6-44 所示。

图6-44

操作步骤

1 打开本书配套光盘中的素材文件，如图 6-45 所示。

图6-45

2 单击工具箱中的“钢笔工具”按钮，绘制碗轮廓路径，如图 6-46 所示。

图6-46

3 单击工具箱中的“横排文字工具”按钮T，设置前景色为白色，选择合适的字体及大小，在路径上单击并键入文字，此时可以看到文字沿路径进行排列，如图 6-47 所示。

图6-47

4 使用同样的办法制作另一侧的文字，并将文字颜色设置为红色，最终效果如图 6-48 所示。

图6-48

6.2.4 创建变形文字

在 Photoshop 中，如果想要在不栅格化文字图层的状态下制作出多种变形文字，可以对文字对象进行一系列内置的变形效果设置。输入文字以后，在文字工具的选项栏中单击“创建文字变形”按钮，打开“变形文字”对话框，在该对话框中可以选择变形文字的方式，如图 6-49 所示。效果如图 6-50 所示。

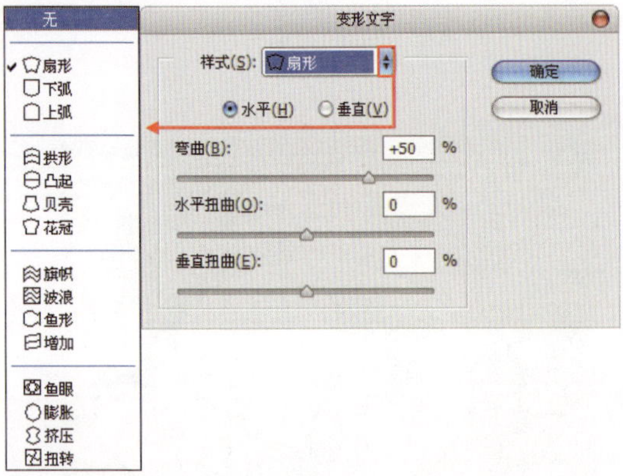

图6-49

图6-50

创建变形文字后，可以调整其他参数选项来调整变形效果。每种样式都包含相同的参数选项，下面进行参数选项的详解。

- **水平 / 垂直：**选择“水平”选项时，文本扭曲的方向为水平方向，如图 6-51 所示；选择“垂直”选项时，文本扭曲的方向为垂直方向，如图 6-52 所示。
- **弯曲：**用来设置文本的弯曲程度。图 6-53 和图 6-54 所示分别是“弯曲”为 -50% 和 100% 时的效果。

图6-51

图6-52

图6-53

图6-54

- **水平扭曲：**设置水平方向的透视扭曲变形的程度。图 6-55 和图 6-56 所示分别是“水平扭曲”为 -66% 和 86% 时的扭曲效果。

图6-55

图6-56

- **垂直扭曲：**用来设置垂直方向的透视扭曲变形的程度。图 6-57 和图 6-58 所示分别是“垂直扭曲”为 -60% 和 60% 时的扭曲效果。

图6-57

图6-58

工具实训 使用点文字制作奶酪文字

案例文件	案例文件\第6章\6.2\使用点文字制作奶酪文字.psd
视频教学	视频文件\第6章\使用点文字制作奶酪文字.flv
难易指数	★★★☆☆
知识掌握	创建点文字

案例效果

本案例通过文字工具创建点文字，并通过文字的多次重叠与移动制作出奶酪的效果，如图 6-59 所示。

图6-59

操作步骤

1 打开本书配套光盘中的文件，如图 6-60 所示。

2 新建一个图层，将背景图层隐藏，用橙黄色填充该图层，单击“椭圆工具”按钮在图像上绘制一些大小不等的椭圆选区，最后按 Delete 键删除选区内的像素，效果如图 6-61 所示。

图6-60

图6-61

技巧提示

为了观察效果，可以暂时隐藏“背景”图层和文字图层。

3 单击工具箱中的“横排文字工具”按钮T，在选项栏中设置合适的字体、字号以及颜色。设置完成后在画面中单击确定输入点，键入文字“Delicious”，如图 6-62 所示。

4 按 Ctrl 键单击文字图层缩览图，载入“Delicious”图层的选区，然后为橙色图层添加一个选区蒙版，如图 6-63 所示，效果如图 6-64 所示。

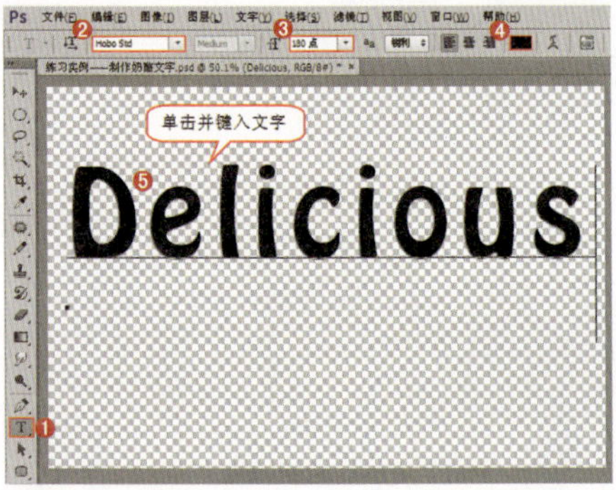

图6-62

图6-63

图6-64

技巧提示

在包含选区的状态下，单击“图层”面板底部的“添加图层蒙版”按钮即可为该图层添加图层蒙版，如图6-65所示。

图6-65

5 按 Ctrl+J 组合键复制橙色图层，然后在副本图层的蒙版缩略图上单击鼠标右键，在弹出的快捷菜单中执行“应用图层蒙版”命令，如图 6-66 和图 6-67 所示。

图6-66

图6-67

6 再次按 Ctrl+J 组合键复制一个图层，然后按一次↑键，将图像向上移动 1 像素；接着按两次←键，将图像向左移动 2 像素。最后执行“图像 > 调整 > 亮度 / 对比度”菜单命令，并在弹出的“亮度 / 对比度”对话框中设置“亮度”为 25，提高亮度，效果如图 6-68 所示。

7 采用相同的方法继续复制图层，然后移动图层，接着调整图像的亮度和对比度，直到调出明显的立体感为止，最终效果如图 6-69 所示。

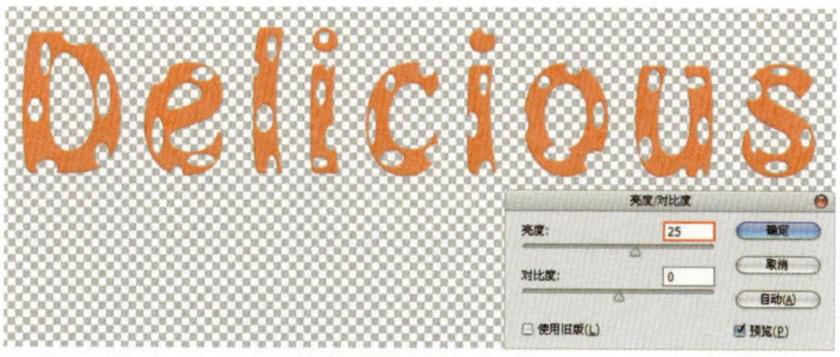

图6-68

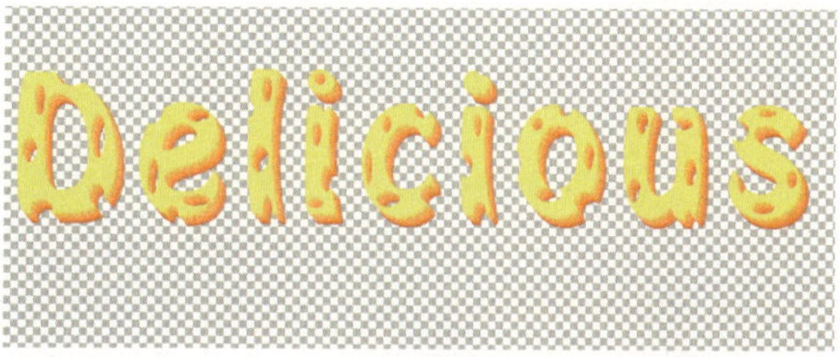

图6-69

8 导入一张奶酪素材，按 Ctrl 键单击最顶层文字图层的缩略图，载入选区。为奶酪素材图层添加蒙版，如图 6-70 所示。效果如图 6-71 所示。

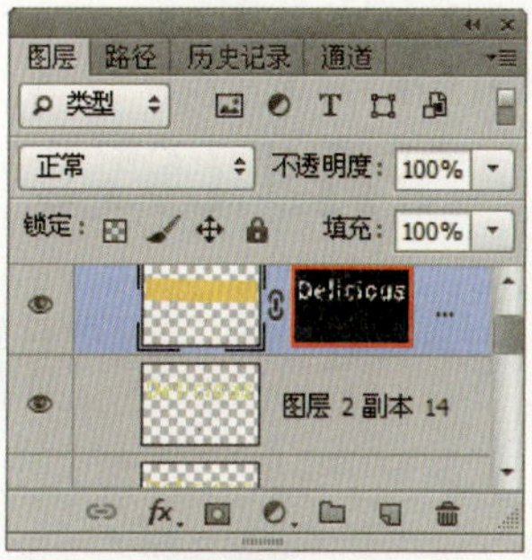

图6-70

图6-71

9 显示出“背景”图层，为了便于管理，可以将所有文字图层放置在一个图层组中，命名为奶酪，并为奶酪组添加蒙版，在蒙版中运用“钢笔工具”画出背景素材中的叶子以及人物与该组的重叠部分路径，转换为选区后在蒙版中填充黑色，如图 6-72 所示。效果如图 6-73 所示。

图6-72

图6-73

10 导入前景素材命名为前景卡通，最终效果如图 6-74 所示。

图6-74

6.3 使用面板编辑文字

6.3.1 “字符”面板

在“字符”面板中提供了比文字工具选项栏更多的调整选项，面板中除了包括常见的字体系列、字体样式、字体大小、文字颜色和消除锯齿等设置外，还包括行距、字距等常见设置，如图 6-75 所示。

- 设置字体大小：在下拉列表中选择预设数值，或者键入自定义数值即可更改字符大小。
- 设置行距：行距就是上一行文字基线与下一行文字基线之间的距离。选择需要调整的文字图层，然后在“设置行距”数值框中输入行距数值或在其下拉列表中选择预设的行距值，接着按 Enter 键即可。图 6-76 和图 6-77 所示分别是行距值为 30 点和 60 点时的文字效果。

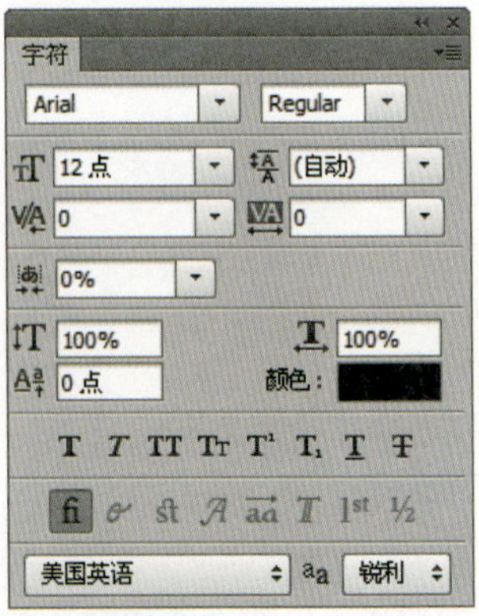

图6-75

图6-76

图6-77

- 字距微调：用于设置两个字符之间的字距微调。在设置时先要将光标插入到需要进行字距微调的两个字符之间，如图 6-78 所示；然后在数值框中输入所需的字距微调数量。输入正值时，字距会扩大；输入负值时，字距会缩小。图 6-79 和图 6-80 所示分别为插入光标以及字距为 200 与 −100 的对比效果。

图6-78

图6-79

图6-80

- 字距调整：字距用于设置文字的字符间距。输入正值时，字距会扩大；输入负值时，字距会缩小。图 6-81 和图 6-82 所示为正字距与负字距。
- 比例间距：是按指定的百分比来减少字符周围的空间。因此，字符本身并不会被伸展或挤压，而是字符之间的间距被伸展或挤压。图 6-83 和图 6-84 所示是比例间距分别为 0% 和 100% 时的字符效果。
- 垂直缩放：用于设置文字的垂直缩放比例，以调整文字的高度。
- 水平缩放：用于设置文字的水平缩放比例，以调整文字的宽度。

图6-81

图6-82

图6-83

图6-84

- 基线偏移：用来设置文字与文字基线之间的距离。输入正值时，文字会上移；输入负值时，文字会下移。图 6-85 所示为基线偏移 50 点与 -50 点的效果。
- 颜色： 颜色：单击色块，即可在弹出的拾色器中选取字符的颜色。
- T *T* TT Tт T¹ T₁ T̲ T̶ 文字样式：设置文字的效果，共有仿粗体、仿斜体、全部大写字母、小型大写字母、上标、下标、下划线和删除线 8 种，无样式和其他 8 种样式的效果如图 6-86 所示。

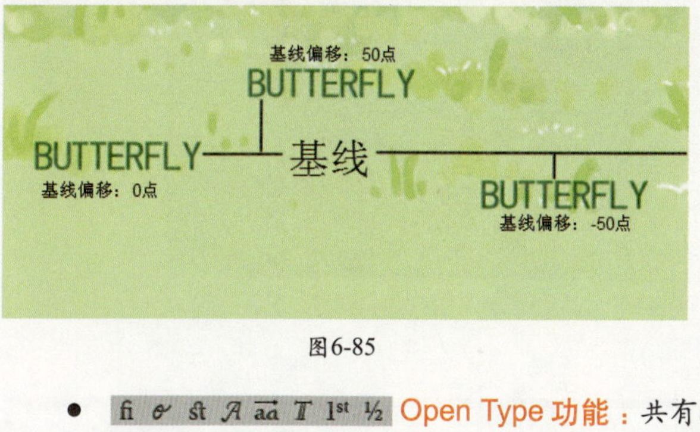

图6-85

图6-86

- Open Type 功能：共有标准连字、上下文替代字、自由连字、花饰字、文体替代字、标题替代字、序数字、分数字 8 种。
- 美国英语 语言设置：用于设置文本连字符和拼写的语言类型。
- aa 锐利 消除锯齿方式：输入文字以后，可以在选项栏中为文字指定一种消除锯齿的方式。

6.3.2 “段落”面板

由于“段落”面板中提供了用于设置段落编排格式的所有选项，所以在文字排版中经常会用到“段落”面板。通过“段落”面板可以设置段落文本的对齐方式和缩进量等参数，如图 6-87 所示。

- **左对齐文本**：文字左对齐，段落右端参差不齐，如图 6-88 所示。
- **居中对齐文本**：文字居中对齐，段落两端参差不齐，如图 6-89 所示。

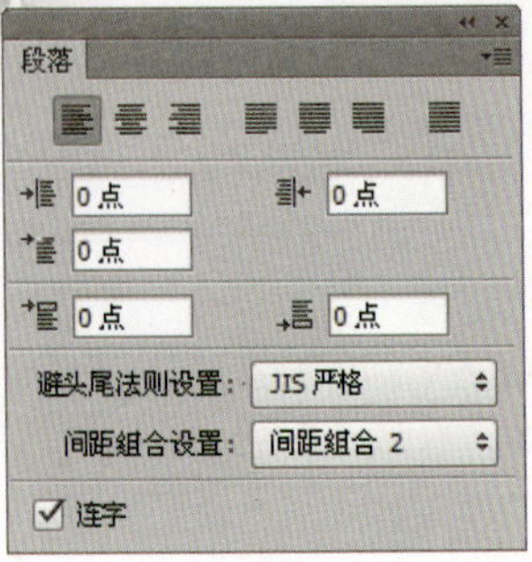

图6-87

图6-88

图6-89

- **右对齐文本**：文字右对齐，段落左端参差不齐，如图 6-90 所示。
- **最后一行左对齐**：最后一行左对齐，其他行左右两端强制对齐，如图 6-91 所示。
- **最后一行居中对齐**：最后一行居中对齐，其他行左右两端强制对齐，如图 6-92 所示。

图6-90

图6-91

图6-92

- **最后一行右对齐**：最后一行右对齐，其他行左右两端强制对齐，如图 6-93 所示。
- **全部对齐**：在字符间添加额外的间距，使文本左右两端强制对齐，如图 6-94 所示。

图6-93

图6-94

技巧提示

当文字为直排列方式时，对齐按钮会发生一些变化，如图6-95所示。

图6-95

- **左缩进**：用于设置段落文本向右（横排文字）或向下（直排文字）的缩进量。
- **右缩进**：用于设置段落文本向左（横排文字）或向上（直排文字）的缩进量。
- **首行缩进**：用于设置段落文本中每个段落的第 1 行向右（横排文字）或第 1 列文字向下（直排文字）的缩进量。

- **段前添加空格**：设置光标所在段落与前一个段落之间的间隔距离。
- **段后添加空格**：设置当前段落与另外一个段落之间的间隔距离。
- **避头尾法则设置**：不能出现在一行的开头或结尾的字符称为避头尾字符，Photoshop 提供了基于标准 JIS 的宽松和严格的避头尾集，宽松的避头尾设置忽略长元音字符和小平假名字符。选择“JIS 宽松”或“JIS 严格”选项时，可以防止在一行的开头或结尾出现不能使用的字母。
- **间距组合设置**：用于设置日语字符、罗马字符、标点和特殊字符在行开头、行结尾和数字的间距文本编排方式。选择“间距组合 1”选项，可以对标点使用半角间距；选择“间距组合 2”选项，可以对行中除最后一个字符外的大多数字符使用全角间距；选择“间距组合 3”选项，可以对行中的大多数字符和最后一个字符使用全角间距；选择“间距组合 4”选项，可以对所有字符使用全角间距。
- **连字**：选中此复选框后，在输入英文单词时，如果段落文本框的宽度不够，英文单词将自动换行，并在单词之间用连字符连接起来。

6.3.3 “字符样式”面板 新增功能

在进行书籍、报纸杂志等的包含大量文字排版的任务时，经常需要为多个文字图层赋予相同的样式，而在 Photoshop CS6 中提供的“字符样式”面板功能为此类操作提供了便利的操作方式。在“字符样式”面板中可以创建字符样式，更改字符属性，并将字符属性存储在“字符样式”面板中。在需要使用时，只需要选中文字图层，并单击相应字符样式即可，如图 6-96 所示。

图6-96

- **清除覆盖**：单击即可清除当前字体样式。
- **通过合并覆盖重新定义字符样式**：单击该按钮即可以所选文字合并覆盖当前字符样式。
- **创建新样式**：单击该选项可以创建新的样式。
- **删除选项样式 / 组**：单击该选项，可以将当前选中的新样式或新样式组删除。

在“字符样式”面板中单击“创建新样式”按钮，然后双击新创建出的字符样式，即可弹出“字符样式选项”对话框，这里包含三组设置页面：“基本字符格式”、“高级字符格式”与“OpenType”功能，可以对字符样式进行详细编辑。“字符样式选项”对话框中的选项与“字符面板”中的设置选项基本相同，这里不做重复介绍，如图 6-97、图 6-98 和图 6-99 所示。

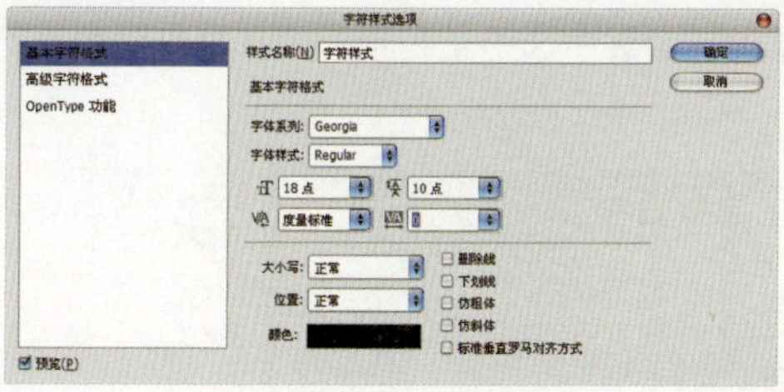
图6-97

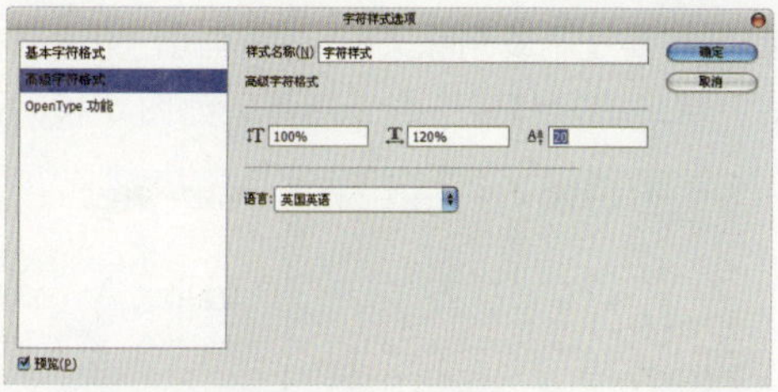
图6-98

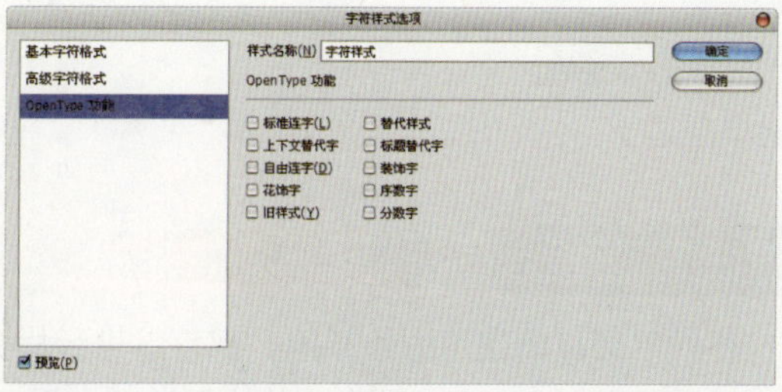
图6-99

如果需要将当前文字样式定义为可以调用的“字符样式”，那么可以在“字符样式”面板中单击“创建新样式”按钮，创建一个新的样式。选中所需文字图层，并在“字符样式”面板中选中新建的样式，在该样式名称的后方会出现“+”，单击“通过合并覆盖重新定义字符样式”按钮即可，如图 6-100 和图 6-101 所示。

图6-100

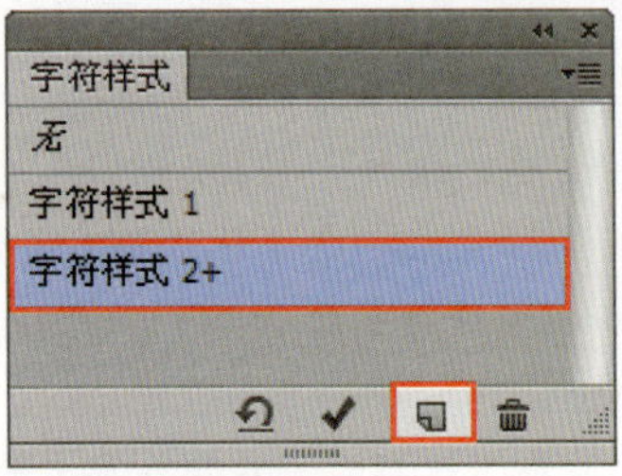

图6-101

如果需要为某个文字使用新定义的字符样式，则需要选中该文字图层，并在“字符样式”面板中单击所需样式即可，如图 6-102 和图 6-103 所示。

如果需要去除当前文字图层的样式，可以选中该文字图层，并单击“字符样式”面板中的“无”即可，如图 6-104 所示。

图6-102

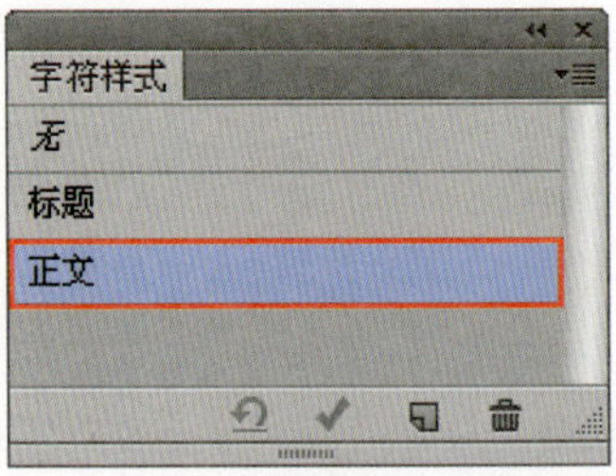

图6-103

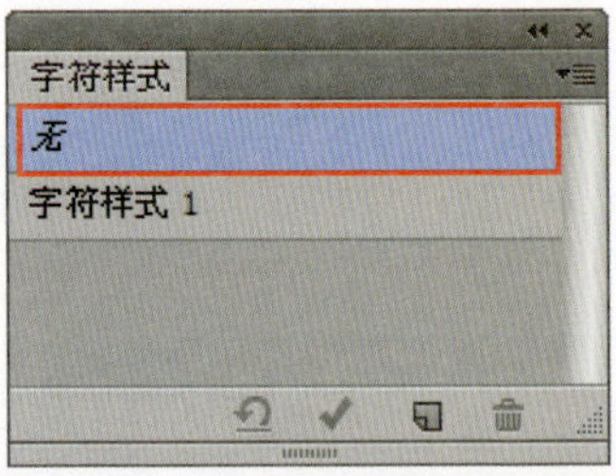

图6-104

可以将另一个 PSD 文档的字符样式导入到当前文档中。打开“字符样式”面板，在其面板菜单中执行“载入字符样式”命令。然后弹出“载入”对话框，从中找到需要导入的素材，双击即可将该文件包含的样式导入到当前文档中，如图 6-105 所示。

如果需要复制或删除某一字符样式，只需在“字符样式”面板中选中某一项，并在菜单栏中执行“复制样式”或“删除样式”命令即可，如图 6-106 所示。

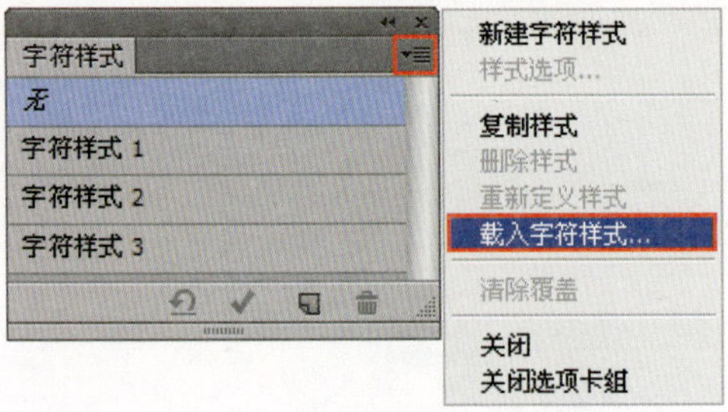

图6-105

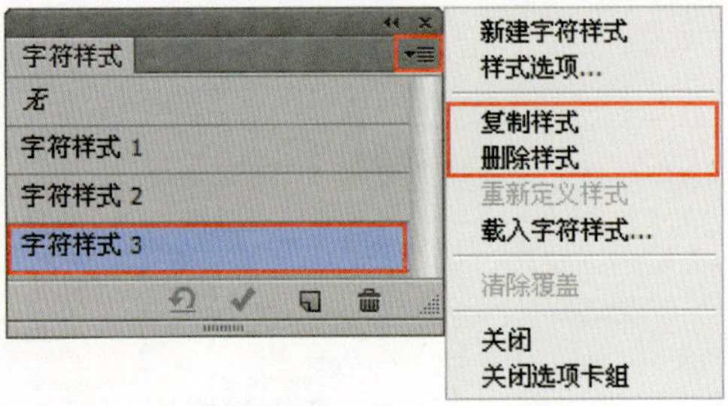

图6-106

6.3.4 “段落样式”面板 新增功能

“段落样式”面板与“字符样式”面板的使用方法相同，都可以进行样式的定义、编辑与调用。字符样式主要用于类似标题文字的较少文字的排版，而段落样式的设置选项多用于类似正文的大段文字的排版，如图 6-107 所示。

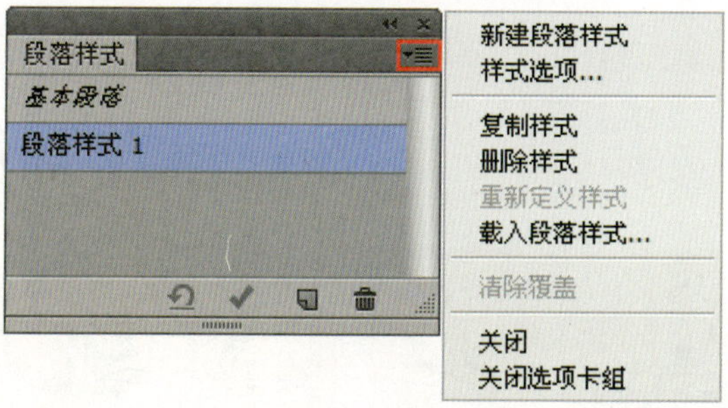

图6-107

工具实训　使用文字工具制作展馆招贴

案例文件	案例文件\第6章\6.3\使用文字工具制作展馆招贴.psd
视频教学	视频文件\第6章\使用文字工具制作展馆招贴.flv
难易指数	★★★★★
知识掌握	点文字、段落文字

案例效果

本案例主要通过使用“文字工具”在招贴上制作点文字与段落文字，效果如图 6-108 所示。

图6-108

操作步骤

1 打开背景素材，如图 6-109 所示。

2 导入花纹素材，单击花纹素材图层，按 Ctrl+J 组合键复制一层新图层。按 Ctrl+T 组合键，单击鼠标右键执行水平翻转，并向右移动，效果如图 6-110 所示。

3 复制两个花纹图层，在选中两个新图层的状态下，按 Ctrl+T 组合键执行垂直翻转，并按 Shift 键进行等比例缩放，然后向下移动，效果如图 6-111 所示。

4 为了便于管理，将所有花纹图层放置于一个组中，命名为花纹，导入复古素材，如图 6-112 所示。

图6-109

图6-110

图6-111

图6-112

5 单击工具箱中的“横排文字工具”按钮T，在打开的选项栏中设置字体为汉仪大宋繁，设置字号为107点，设置字体颜色为棕色，如图6-113所示。

图6-113

6 设置完毕后在画面中单击确定输入点，键入文字，效果如图6-114所示。

技巧提示

注意设置字体样式只对部分英文字体有效，这里不做设置。

7 使用相同方法键入其他文字，如图6-115所示。

图6-114

图6-115

8 继续使用“横排文字工具”，在下半部分绘制一个段落文字的文本框，在选项栏中设置合适的字体及字号，单击选项栏中的“居中对齐文本”按钮，如图6-116所示。并在其中输入文字，效果如图6-117所示。

9 最终效果如图 6-118 所示。

图6-116

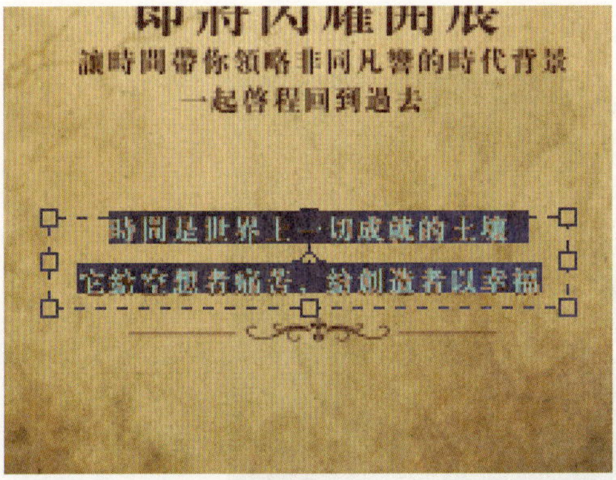

图6-117

图6-118

6.4 转换文字图层

Photoshop CS6

为了进行更多操作可以在编辑和处理文字时，将“文字”图层转换为普通图层，或将文字转换为形状、路径。因为在 Photoshop 中“文字”图层作为特殊的矢量对象，是不能像普通图层一样进行编辑的。

6.4.1 将文字图层转化为普通图层

Photoshop 中若想对文本应用这些滤镜或变换时，就需要将“文字”图层转换为普通图层，使矢量文字对象变成像素图像。因为“文字”图层不能直接应用滤镜或进行涂抹绘制等变换操作。

在“图层”面板中选择“文字”图层，然后在图层名称上单击鼠标右键（如图 6-119 所示），在弹出的快捷菜单中执行“栅格化文字”命令（如图 6-120 所示），就可以将文字图层转换为普通图层，如图 6-121 所示。

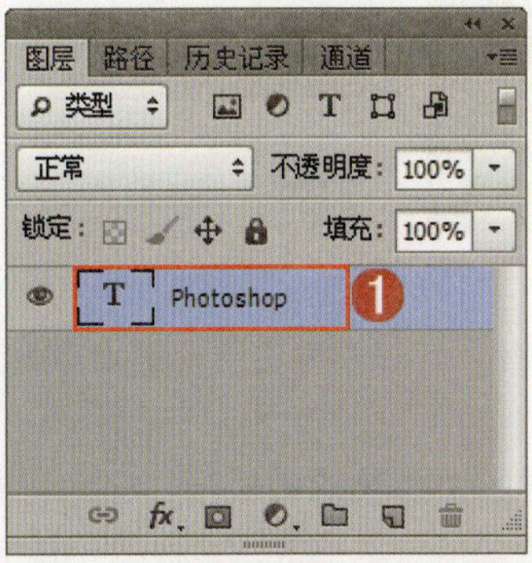

图6-119

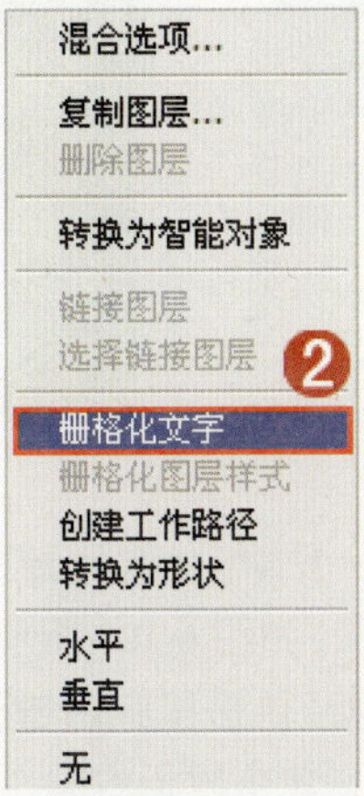

图6-120

图6-121

命令实训 栅格化文字制作吉他 Logo

案例文件	案例文件\第6章\6.4.1\栅格化文字制作吉他logo.psd
视频教学	视频文件\第6章\栅格化文字制作吉他logo.flv
难易指数	★★★☆☆
知识掌握	横排文字工具、栅格化文字、自由变换

案例效果

本案例通过将文字进行栅格化，并对文字进行变形，制作出吉他的效果，如图 6-122 所示。

图6-122

操作步骤

1 按 Ctrl+N 组合键新建一个大小为 2700 像素 ×2000 像素的文档，如图 6-123 所示。

2 单击“渐变工具”按钮，在打开的选项栏中单击打开渐变编辑器，编辑一种从灰色到黑色的渐变，为背景填充灰色渐变效果，如图 6-124 所示。

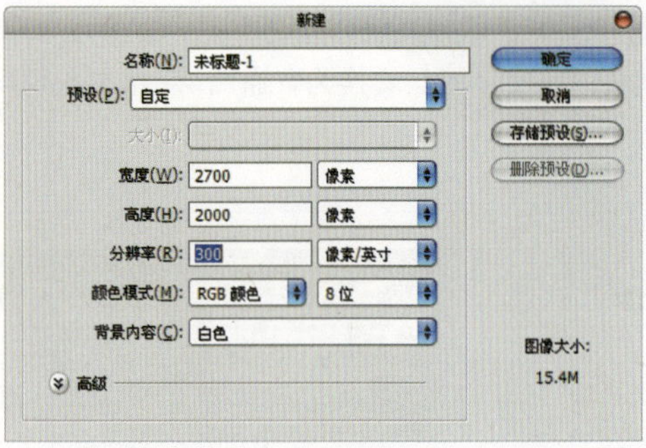

图6-123

图6-124

3 在“横排文字工具”的选项栏中选择一个较粗的字体，设置字体颜色为白色，并设置合适的字体大小，在画布中输入文字“smile”和“grace”，如图 6-125 所示。

4 在“图层”面板中选中“smile”图层，单击鼠标右键，在弹出的快捷菜单中执行“栅格化文字”命令。按 Ctrl+T 组合键进行自由变换，单击鼠标右键，在弹出的快捷菜单中执行“斜切”命令，调整顶部控制点，如图 6-126 所示。

技巧提示

将文字栅格化之后可以对文字进行更加夸张的变形操作。

5 再次单击鼠标右键，在弹出的快捷菜单中执行“变形”命令，调整控制点对图形进行变形，按 Enter 键完成变形操作，得到的效果如图 6-127 所示。

图6-125

图6-126

图6-127

6 下面为图层添加图层样式。执行“图层 > 图层样式 > 投影”命令，在弹出的“图层样式”对话框中设置“混合模式”为正片叠底，“距离”为 5，“大小”为 5，如图 6-128 所示。效果如图 6-129 所示。

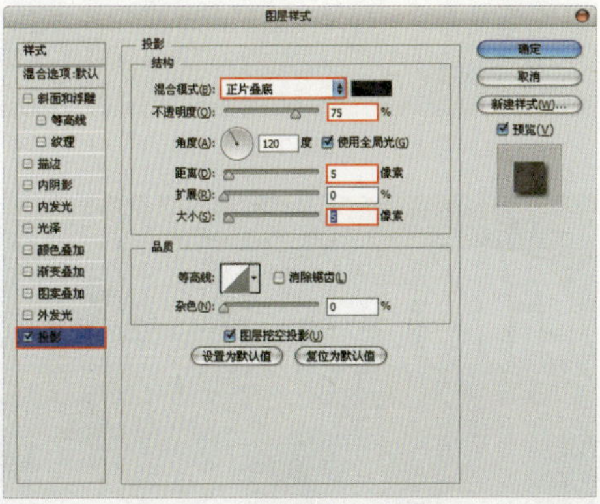

图6-128

图6-129

7 使用同样的方法对“grace”图层进行变形，并添加图层样式。执行“图层 > 图层样式 > 投影”命令，设置“混合模式”为正片叠底，“距离”为 5，“大小”为 5，如图 6-130 所示；再次选中“颜色叠加”复选框，设置“混合模式”为正常，叠加颜色为红色，设置“不透明度”为 100%，如图 6-131 所示。效果如图 6-132 所示。

8 单击工具箱中“钢笔工具”按钮，在文字右侧绘制吉他形状，单击鼠标右键，在弹出的快捷菜单中执行“建立选区”命令，在弹出的窗口中设置羽化数值为 0，如图 6-133 所示。设置前景色为白色，按 Alt+Delete 组合键填充白色，如图 6-134 所示。

技巧提示

由于该图层已经包含投影与颜色叠加样式，所以当前在该图层填充白色也会显示为红色。

9 使用同样方法画出另一半吉他形状，如图 6-135 所示。

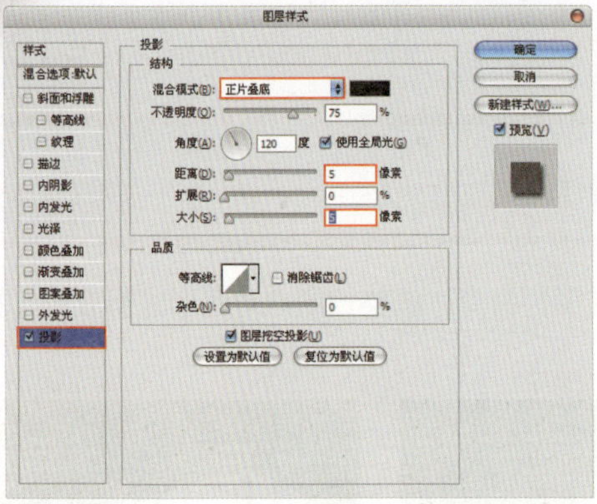

图6-130

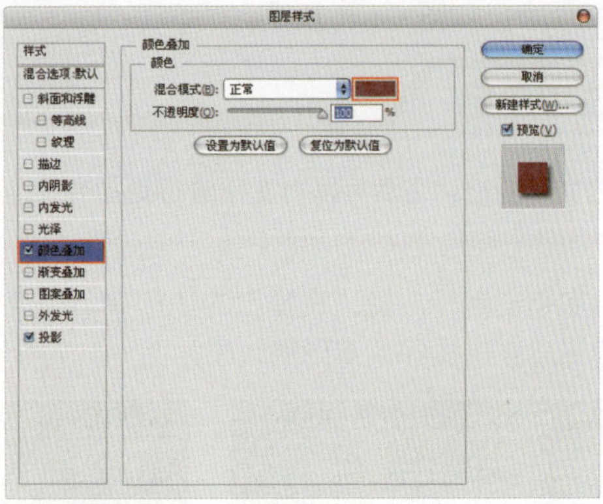

图6-131

图6-132

图6-133

图6-134

图6-135

10 新建图层，并将图层命名为皇冠。单击工具箱中的“自定义形状工具”按钮，在打开的选项栏中单击“像素填充”按钮，并选择一种皇冠形状，如图 6-136 所示。

图6-136

11 在字母“I”上绘制出皇冠形状，在“grace”图层单击鼠标右键，在弹出的快捷菜单中执行“拷贝图层样式”命令，选中“皇冠”图层单击鼠标右键，在弹出的快捷菜单中执行“粘贴图层样式”命令，此时“皇冠”图层出现了与“grace”图层相同的样式，如图 6-137 所示。

12 再次新建图层，选择“椭圆选框工具”，在其选项栏中单击“添加到选区”按钮，设置“羽化”值为 0，如图 6-138 所示。

图6-137

13 在皇冠上绘制多个正圆选区，并填充为白色，如图 6-139 所示。

图6-138

技巧提示

按Shift键配合“椭圆选框工具”可以绘制正圆选区。

14 复制并合并吉他的所有图层，命名为“合并层”，按 Ctrl+T 组合键旋转吉他角度，如图 6-140 所示。

图6-139

图6-140

15 复制合并层，得到合并副本图层，用于制作吉他投影。执行“编辑 > 变换 > 垂直翻转”命令，并向下适当移动，为合并副本图层添加蒙版，使用黑色柔角画笔在底部涂抹制作出半透明效果，最终效果如图 6-141 所示。

图6-141

6.4.2 将文字转化为形状

选择“文字”图层，然后在图层名称上单击鼠标右键（如图 6-142 所示），在弹出的快捷菜单中执行“转换为形状”命令（如图 6-143 所示），可以将文字转换为带有矢量蒙版的形状图层，如图 6-144 所示。需要注意的是，在执行“转换为形状”命令后，不会保留文字图层。

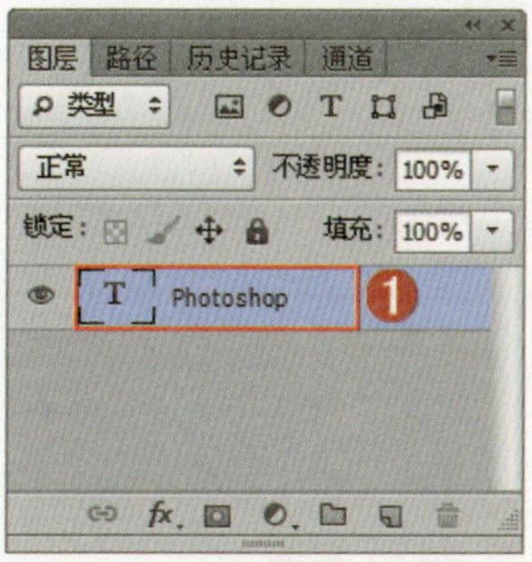

图6-142

图6-143

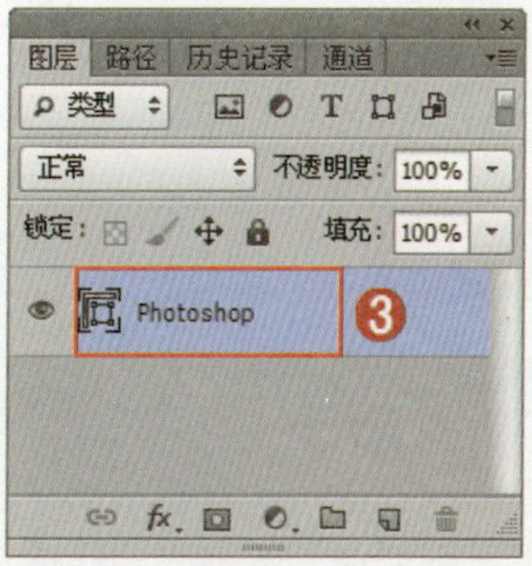

图6-144

6.4.3 创建文字的工作路径

选中“文字”图层，如图 6-145 所示。在“文字”图层上单击鼠标右键，在弹出的快捷菜单中执行“创建工作路径”命令，或执行“文字 > 创建工作路径”菜单命令可以将文字的轮廓转换为工作路径，如图 6-146 所示。

图6-145

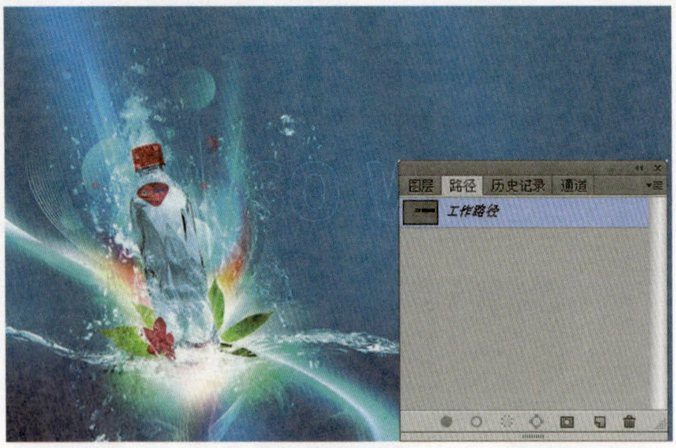

图6-146

工具实训 使用文字工具制作儿童宣传海报

案例文件	案例文件\第6章\6.4.3\使用文字工具制作儿童宣传海报.psd
视频教学	视频教学\第6章\使用文字工具制作儿童宣传海报.flv
难易指数	★★★★★
知识掌握	文字工具、描边、图层样式

案例效果

本例主要是针对“文字工具”、“描边”和“图层样式”等工具的用法进行练习，制作儿童版式效果。效果如图 6-147 所示。

图6-147

操作步骤

1 打开本书配套光盘中的“1jpg”，如图 6-148 所示。

2 创建新组，单击工具箱中的“文字工具”按钮T，键入多种字体文字，选中多个“文字”图层，并单击鼠标右键，在弹出的快捷菜单中执行“合并图层”命令，如图 6-149 所示。

图6-148

图6-149

3 再次键入数字“7”，如图 6-150 所示。复制文字“7”图层为“7 副本”图层，按 Ctrl 键单击“7 副本”图层缩览图建立选区，并填充棕色。选中该图层，使用“移动工具”向下位移 2 像素，向右位移 2 像素，如图 6-151 所示。

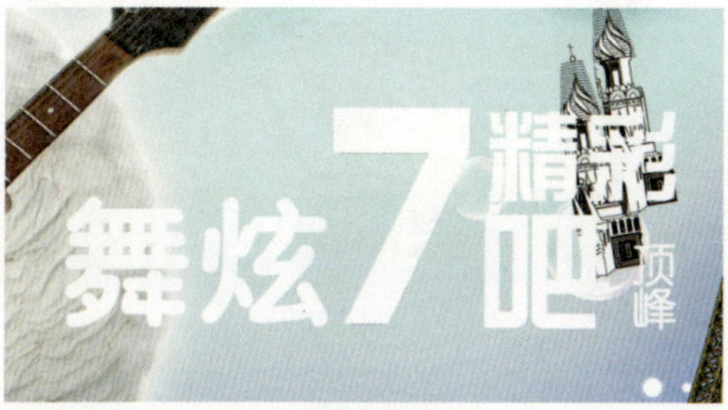

图6-150

图6-151

4 复制组，单击鼠标右键，在弹出的快捷菜单中执行“合并组”命令，将合并出的图层命名为“文字”，执行“图层 > 图层样式 > 斜面与浮雕”命令，设置“样式”为内斜面，“方法”为平滑，“深度”为 100%，“大小”为 10 像素，“角度”为 120 度，“高度”为 30 度。“高光模式”为滤色，“不透明度”为 75%，“阴影模式”为正片叠底，“不透明度”为 75%，如图 6-152 所示。效果如图 6-153 所示。

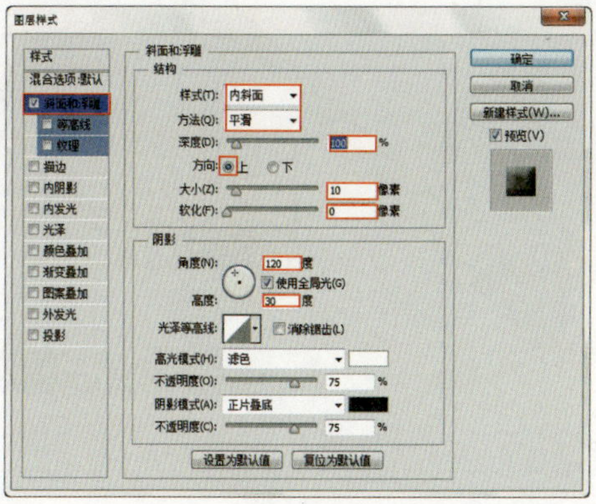

图6-152

图6-153

5 按 Ctrl + J 组合键把文字复制一层命名为“描边”图层，在此图层上单击鼠标右键，在弹出的快捷菜单中执行“清除图层样式”命令，并将其放置在原始文字图层的下方。对其执行“编辑 > 描边”命令，设置“宽度”为 40 像素，“颜色”为橘黄色（R：244，G：113，B：35），“位置”为居外，如图 6-154 和图 6-155 所示。

6 按 Ctrl + J 组合键复制描边层，命名为“描边 2”放置在“描边”图层的下一层，载入选区并填充颜色（R：242，G：188，B：153），设置“不透明度”数值为 80%，如图 6-156 所示。并且向上位移 2 像素，如图 6-157 所示。

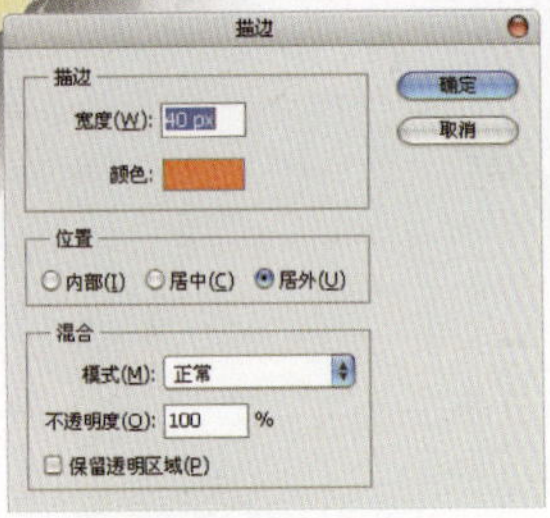

图6-154

图6-155

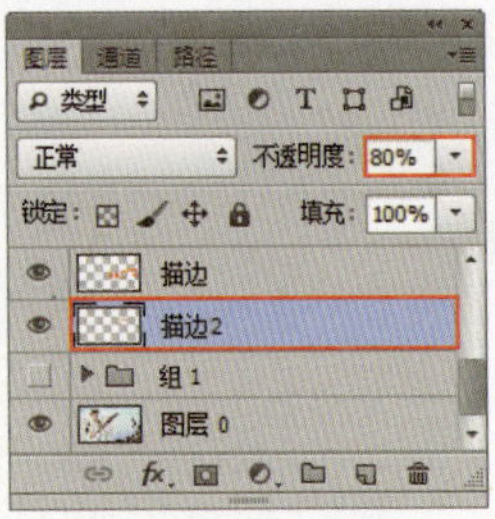

图6-156

图6-157

7 再次复制“描边”图层，建立“描边 3”图层，载入选区填充褐色（R：126，G：31，B：3），并且向下位移 2 像素，如图 6-158 所示。单击工具箱中的“矩形选框工具”按钮，绘制一个矩形选区，填充褐色，适当擦除文字描边，如图 6-159 所示。

图6-158

图6-159

8 接着键入另外两组文字，如图 6-160 所示。

9 最后创建新图层，单击工具箱中的“画笔工具”按钮，绘制可爱的边框图形，最终效果如图 6-161 所示。

图6-160

图6-161

6.5 编辑文本内容

Photoshop CS6

Photoshop 的文字编辑不仅可以对文字的大小写、颜色、行距等参数进行修改，还可以检查和更正拼写、查找和替换文本、更改文字的方向等。这一点与 Microsoft Office Word 有些相似。

6.5.1 拼写检查

选择文本，执行“编辑 > 拼写检查”菜单命令，打开“拼写检查”对话框，其中提供了修改建议，可以检查当前文本中的英文单词拼写是否有误，如图 6-162、图 6-163 和图 6-164 所示。

图6-162

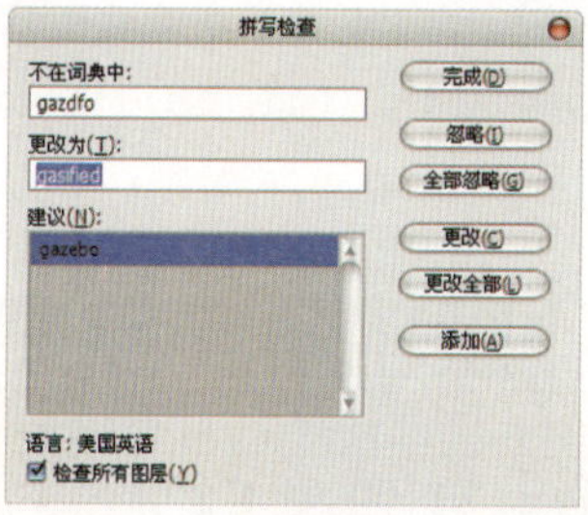

图6-163

图6-164

- 不在词典中：在这里显示错误的单词。
- 更改为 / 建议：在“建议”列表中选择单词后，“更改为”选项中就会显示选中的单词。
- 忽略：继续拼写检查而不更改文本。
- 全部忽略：在剩余的拼写检查过程中忽略有疑问的字符。
- 更改：单击该按钮可以校正拼写错误的字符。
- 更改全部：校正文档中出现的所有拼写错误。
- 添加：可以将无法识别的正确单词存储在词典中。这样后面再次出现该单词时，就不会被检查为拼写错误。
- 检查所有图层：选中该复选框后，可以对所有文字图层进行拼写检查。

6.5.2 查找和替换文本

执行“编辑 > 查找和替换文本”菜单命令，打开“查找和替换文本”对话框。通过执行“查找和替换文本”命令能够快速查找和替换指定的文字，如图 6-165 和图 6-166 所示。

图6-165

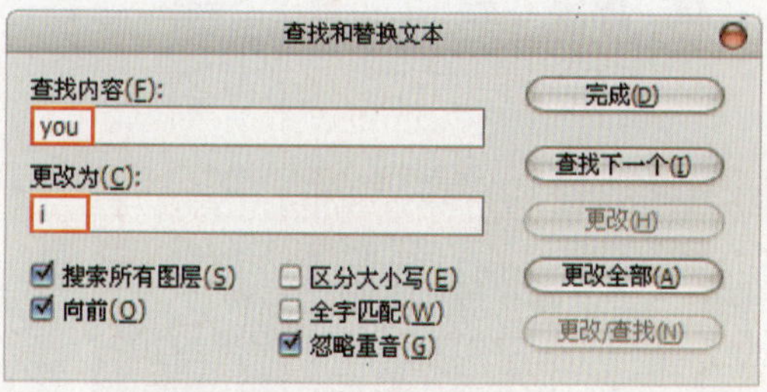

图6-166

- 查找内容：在这里输入要查找的内容。
- 更改为：在这里输入要更改的内容。
- 查找下一个：单击该按钮即可查找到需要更改的内容。
- 更改：单击该按钮即可将查找到的内容更改为指定的文字内容。
- 更改全部：若要替换所有要查找的文本内容，可以单击该按钮。
- 完成：单击该按钮可以关闭“查找和替换文本”对话框，完成查找和替换文本的操作。
- 搜索所有图层：选中该复选框以后，可以搜索当前文档中的所有图层。
- 向前：从文本中的插入点向前搜索。如果关闭该选项，不管文本中的插入点在任何位置，都可以搜索图层中的所有文本。
- 区分大小写：选中该复选框以后，可以搜索与“查找内容”文本框中的文本大小写完全匹配的一个或多个文字。

- **全字匹配**：选中该复选框以后，可以忽略嵌入在更长字中的搜索文本。例如需要查找和替换字符"sun"，但是文本中包含"sunshine"时，不选中该项则会出现单词"sunshine"中的部分字符被更改的情况。

综合演练 1 制作设计感切分文字海报

案例文件	案例文件\第6章\综合演练1\制作设计感的切分文字海报.psd
视频教学	视频文件\第6章\制作设计感的切分文字海报.flv
难易指数	★★★★★
知识掌握	蒙版的应用

案例效果

本案例主要通过蒙版的使用制作出设计感的切分文字海报，效果如图 6-167 所示。

图6-167

操作步骤

1 新建一个文件，设置宽度为 1140 像素，高度为 1600 像素，背景内容为白色，如图 6-168 所示。

2 设置前景色为蓝色，单击工具箱中的"矩形选框工具"按钮，在画布底部画一个矩形选区，填充前景色，如图 6-169 所示。

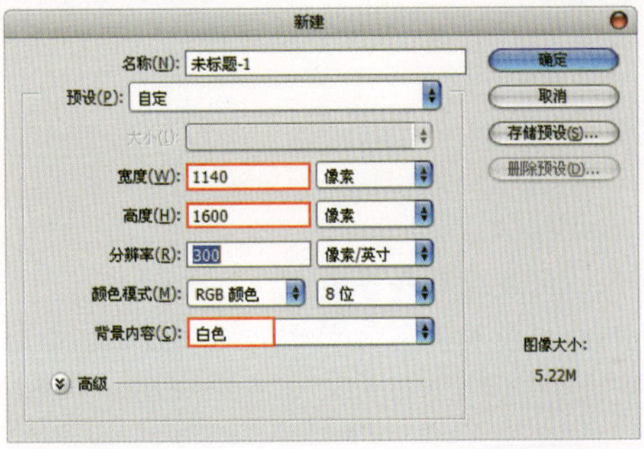

图6-168

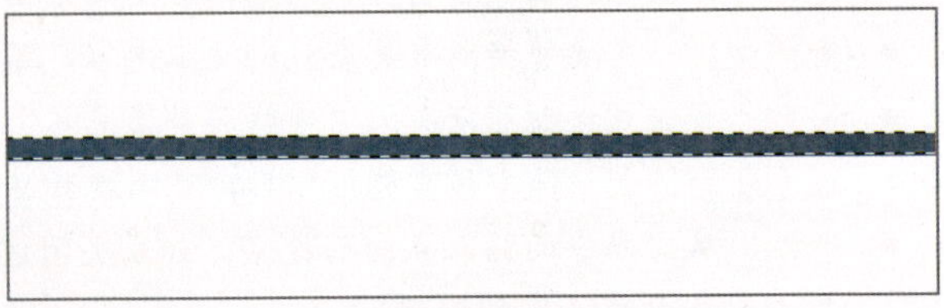

图6-169

3 新建一个图层，使用同样方法创建一个矩形并填充白色，执行“图层 > 图层样式 > 投影”命令，设置“混合模式”为正片叠底，“不透明度”为75%，“角度”为30度，“距离”为5，“大小”为5，选中“使用全局光”复选框，如图6-170所示。效果如图6-171所示。

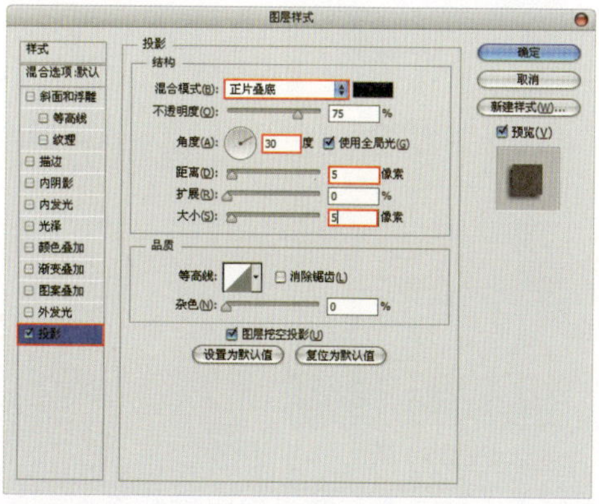

图6-170

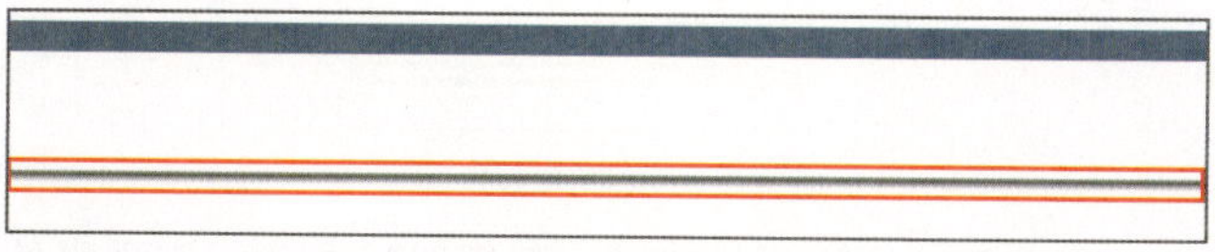

图6-171

4 单击工具箱中的“横排文字工具”按钮，设置合适的字号、字体以及颜色，在蓝色矩形上键入文字，如图6-172所示。

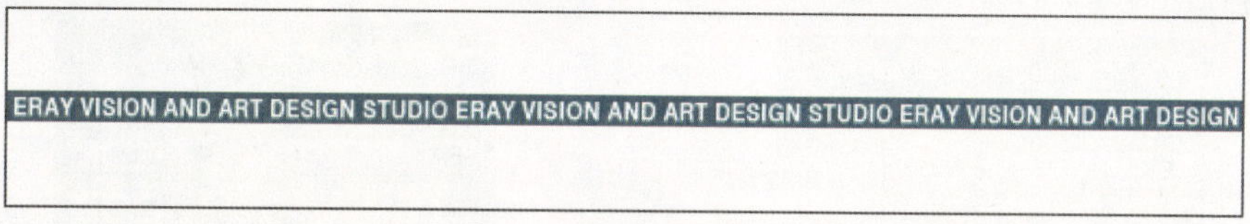

图6-172

5 按照相同方法键入其他文字，如图6-173所示。

6 新建一层并填充白色，使用“多边形套索工具”画出选区，并以当前选区添加图层蒙版，如图6-174所示。效果如图6-175所示。

图6-173

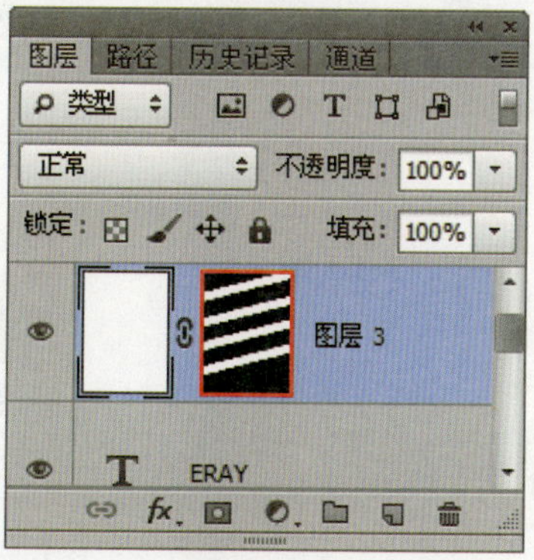

图6-174

图6-175

7 在该图层下新建图层命名为“阴影”，运用黑色柔角画笔工具画出阴影部分，如图6-176所示。

8 复制所有粗体文字图层，并放置于一个组中，如图6-177所示。

图6-176

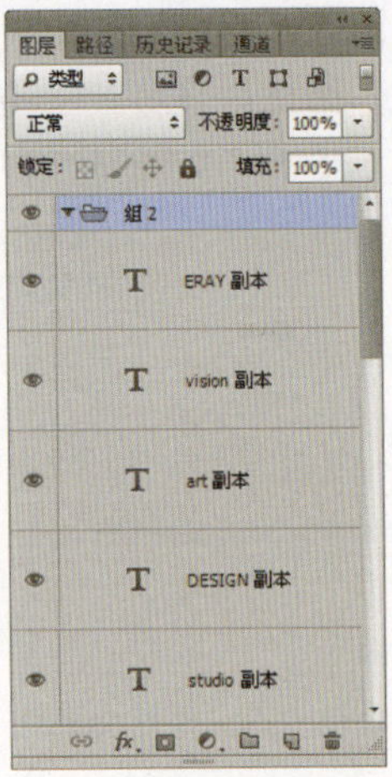

图6-177

9 在图层 3 的蒙版缩览图上单击鼠标右键，在弹出的对话框中执行“添加蒙版到选区”命令，如图 6-178 所示。

10 单击组 2，为其添加蒙版，如图 6-179 所示。选中组 2 中所有的文字图层，按 Ctrl+T 组合键旋转组 2 中所有文字的角度，如图 6-180 所示。效果如图 6-181 所示。

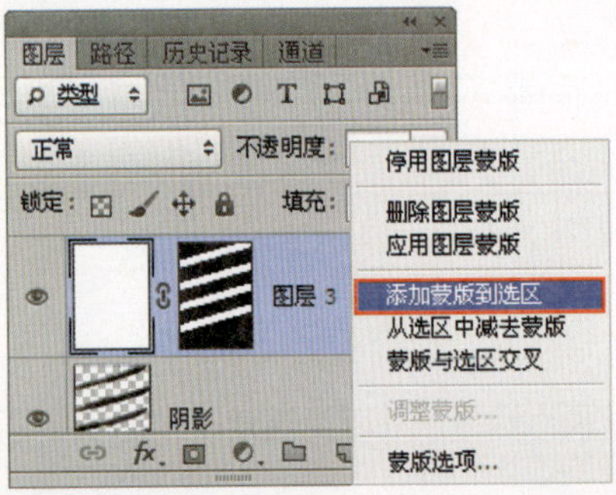

图6-178

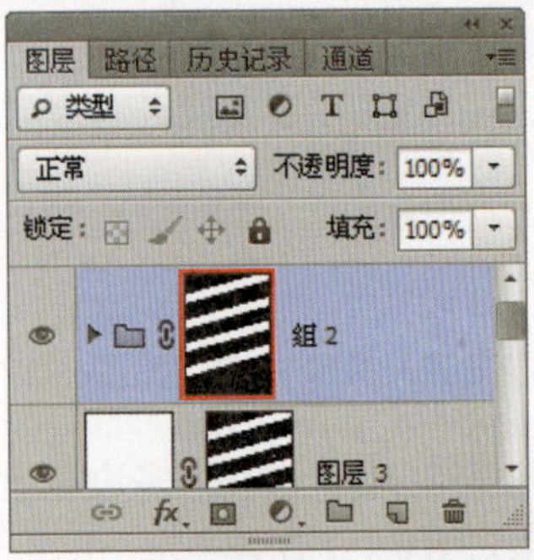

图6-179

图6-180

图6-181

技巧提示

此处一定要在组内选中所有文字图层并进行旋转，如果直接旋转整个图层组，则该组蒙版也会发生变化。

综合演练2 霓虹光效文字

案例文件	案例文件\第6章\综合演练2\霓虹光效文字.psd
视频教学	视频文件\第6章\霓虹光效文字.flv
难易指数	★★★★☆
知识掌握	横排文字工具，图层混合模式，图层样式

案例效果

本案例使用“横排文字工具”创建出文字，并通过文字样式制作出霓虹光效，如图 6-182 所示。

图6-182

操作步骤

1 打开本书配套光盘中的素材文件，如图 6-183 所示。

2 导入一张光效素材，命名为“光线”，将混合模式调为滤色，如图 6-184 所示。效果如图 6-185 所示。

图6-183

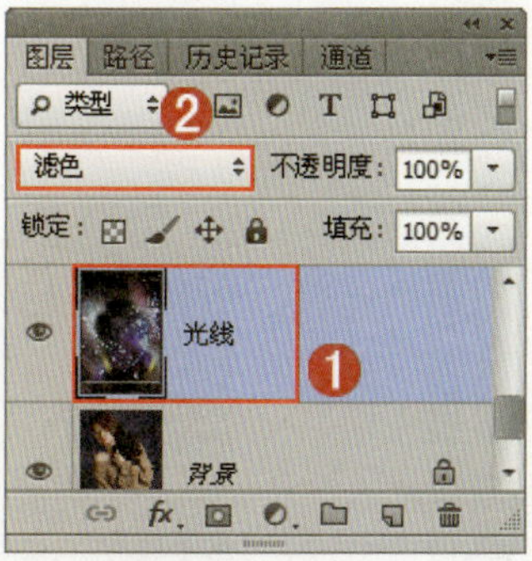

图6-184

图6-185

3 单击工具箱中的“横排文字工具” T 按钮，设置合适的字体以及大小，输入英文 melody，如图 6-186 所示。将“文字”图层的混合模式设为差值，此时文字被隐藏，如图 6-187 所示。

图6-186

图6-187

4 执行“图层 > 图层样式 > 外发光”命令，设置“混合模式”为滤色，“大小”为 28，其他默认数值不变，如图 6-188 所示；选中“渐变叠加”复选框，编辑一种三色渐变，设置“混合模式”为正常，“不透明度”为 7%，“渐变”类型为线性，“角度”为 -11 度，如图 6-189 所示。效果如图 6-190 所示。

5 复制“文字”图层，增强艺术效果，效果如图 6-191 所示。

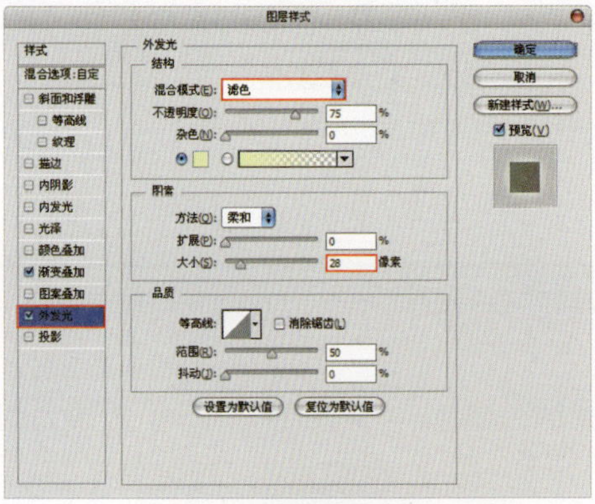

图6-188

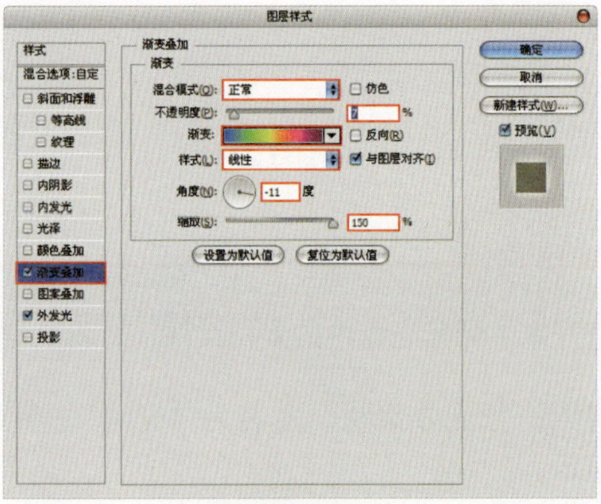

图6-189

图6-190

图6-191

6 再次复制新文字图层，将复制出的新文字图层的图层样式进行更改。双击该图层文字样式，如图 6-192 所示。修改“渐变叠加”中的“不透明度”为 18%，取消选中“外发光”复选框，如图 6-193 所示。最终效果如图 6-194 所示。

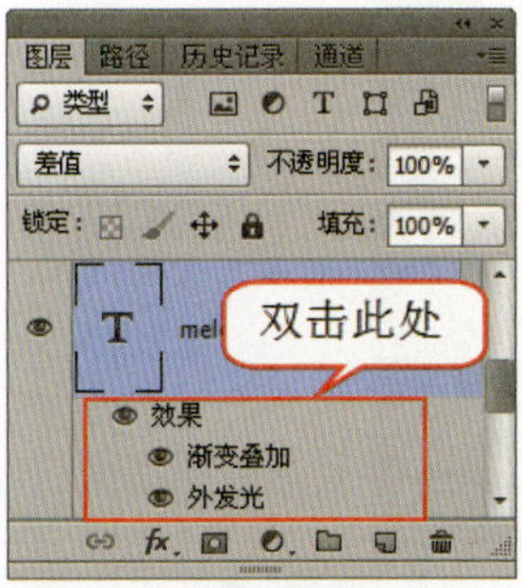

图6-192

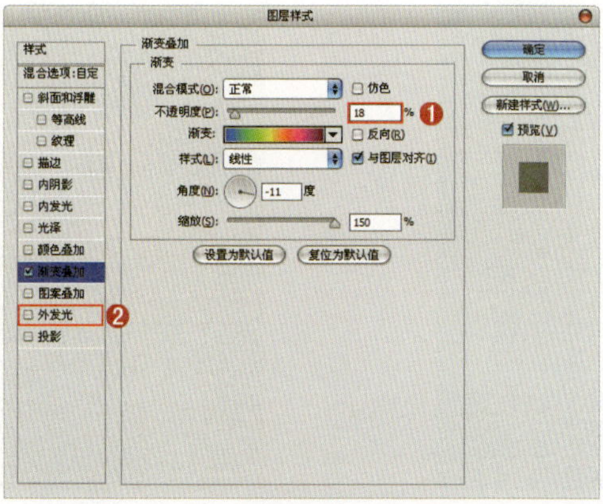

图6-193

图6-194

综合演练 3 复古质感裂痕花纹文字

案例文件	案例文件\第6章\综合演练3\复古质感裂痕花纹文字.psd
视频教学	视频文件\第6章\复古质感裂痕花纹文字.flv
难易指数	★★★★☆
知识掌握	点文字与形状之间的转换 、调整图层的运用、蒙版的应用

案例效果

本例主要针对点文字与形状之间的转换，制作出复古质感的裂痕花纹文字，如图 6-195 所示。

图6-195

操作步骤

1 打开背景素材“1.jpg”，如图 6-196 所示。导入花纹素材“2.png”，调整合适位置及大小，如图 6-197 所示。

图6-196

图 6-197

2 为了便于观察，暂时隐藏装饰素材层。单击工具箱中的“横排文字工具”按钮，在其选项栏中设置合适的字体、字号以及颜色，如图 6-198 所示。在画布下方键入文字 BRENIS，注意留出适当空位，如图 6-199 所示。

3 为其添加图层样式，执行“图层 > 图层样式 > 内阴影”命令，在打开的“图层样式”对话框中设置“混合模式”为正片叠底，“颜色”为黑色，“不透明度”数值为 75%，“角度”数值为 59 度，选中“使用全局光”复选框，“距离”数值设为 7，“阻塞”、“大小”和“杂色”数值均设为 0，如图 6-200 所示。

图6-198

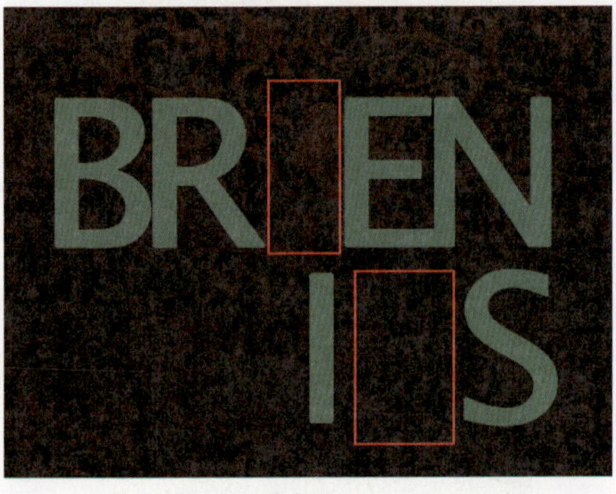

图6-199

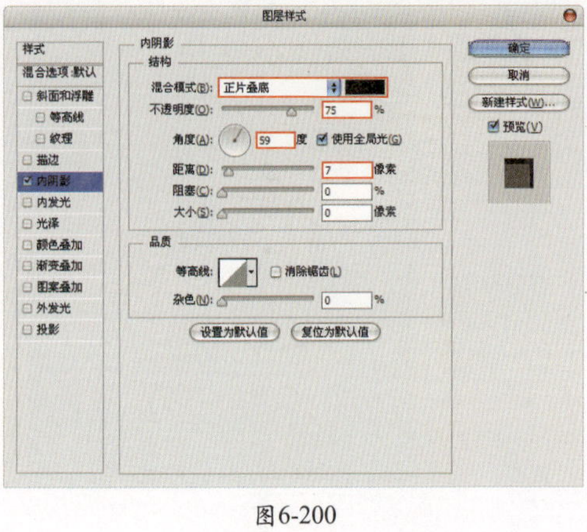

图6-200

4 选中“描边”复选框，设置“大小”数值为 8，“位置”为外部，“混合模式”为正常，“不透明度”为 100%，“填充类型”为渐变，“样式”为线性渐变，选中“与图层对齐”复选框，颜色设置从金色到淡黄色，“角度”数值为 0，“缩放”值为 100%，如图 6-201 和图 6-202 所示。

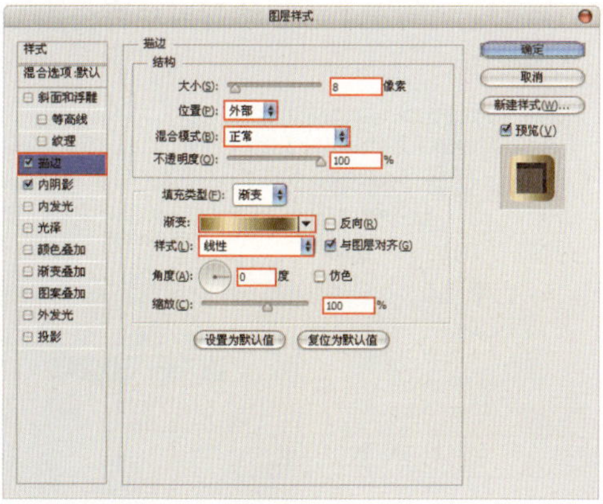

图6-201

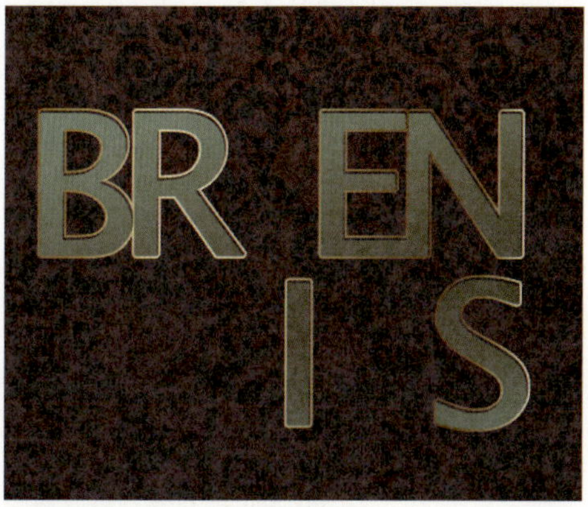

图6-202

5 键入字母k，在此图层单击鼠标右键，在弹出的快捷菜单中执行“转换为形状”命令，如图6-203和图6-204所示。

6 选中该形状图层，单击工具箱中的“直接选择工具”按钮，拖动图像的顶端锚点进行变形，如图6-205和图6-206所示。

7 调整完成后，在此图层单击鼠标右键，在弹出的快捷菜单中执行“栅格化图层”命令，如图6-207和图6-208所示。

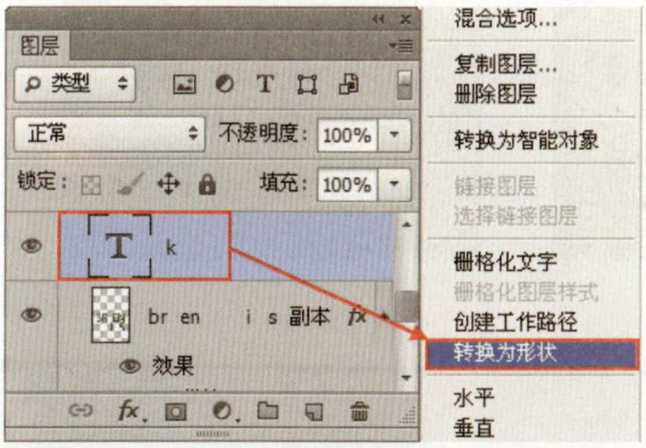

图6-203

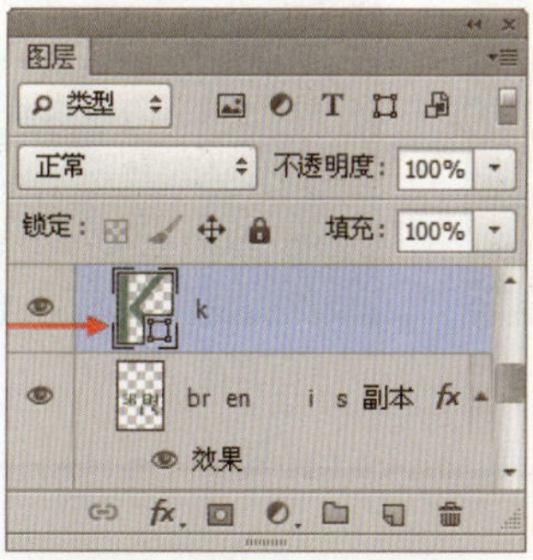

图6-204

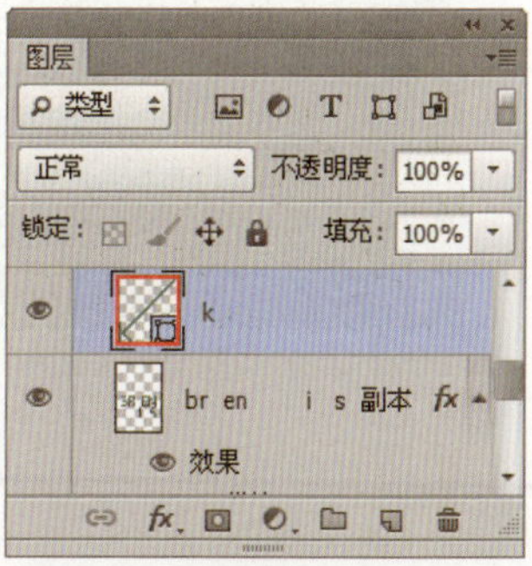

图6-205

图6-206

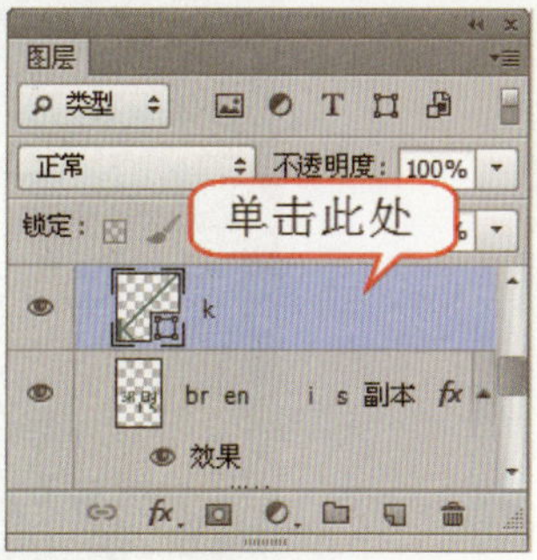

图6-207

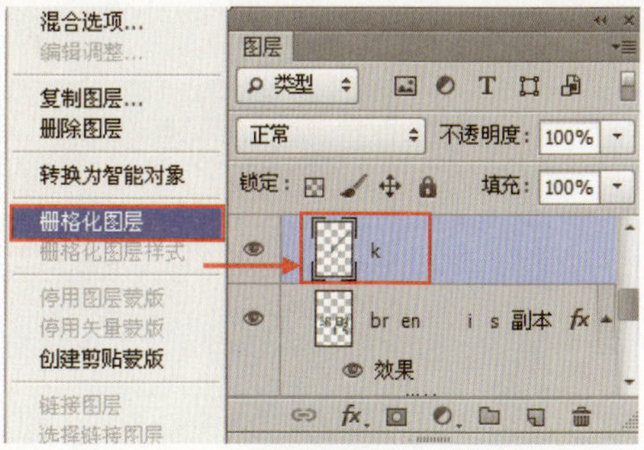

图6-208

8 在“文字”图层上单击鼠标右键，在弹出的快捷菜单中单击执行“拷贝图层样式”命令，如图6-209所示。在“k”图层单击鼠标右键，在弹出的快捷菜单中执行“粘贴图层样式”命令，如图6-210所示。此时字母K出现相同的图层样式，如图6-211所示。

9 按照相同方法制作出字母T的变形效果，效果如图6-212所示。

10 复制图层“k”，单击工具箱中的“移动工具”按钮，向左上方移动适当距离，如图 6-213 所示。

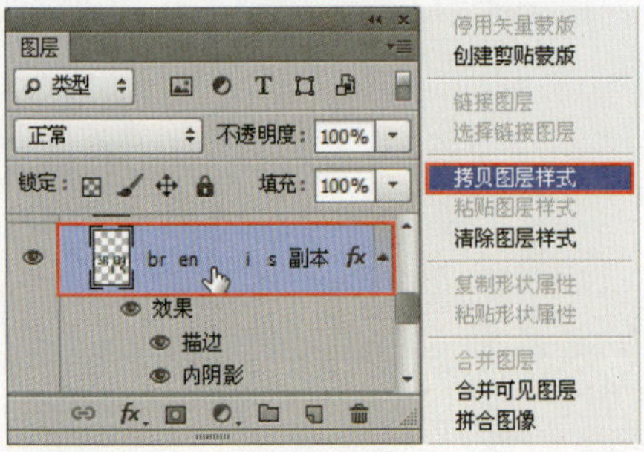

图6-209

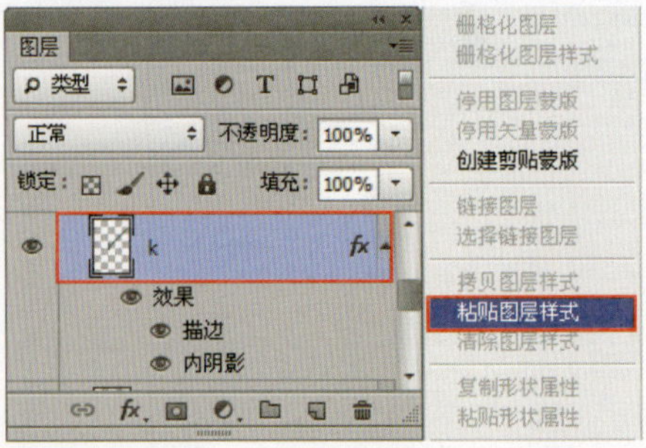

图6-210

图6-211

图6-212

图6-213

11 合并所有“文字”图层，按 Ctrl 键单击“图层”面板中的缩览图将其载入选区，如图 6-214 和图 6-215 所示。

图6-214

图6-215

12 单击工具箱中的“画笔工具”按钮，选择一种圆形柔角画笔，设置“半径”数值为 44 像素，“硬度”数值为 0%，设置前景色为淡黄色，如图 6-216 所示。在选区适当的位置进行涂抹，效果如图 6-217 所示。

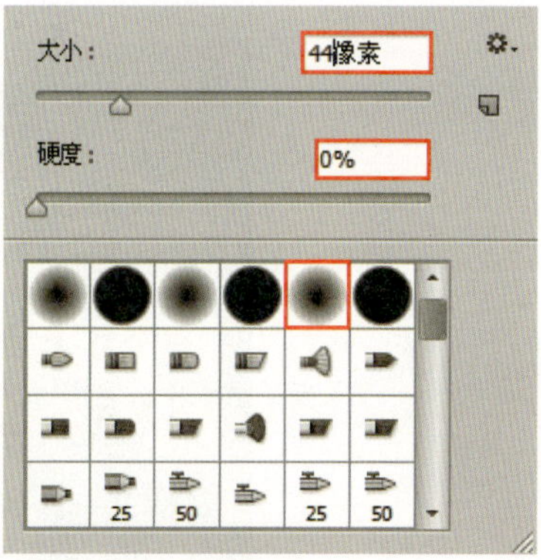

图6-216

图6-217

13 新建图层，使用外挂裂痕笔刷在文字上绘制裂痕效果，设置图层“不透明度”数值为 55%，如图 6-218 和图 6-219 所示。

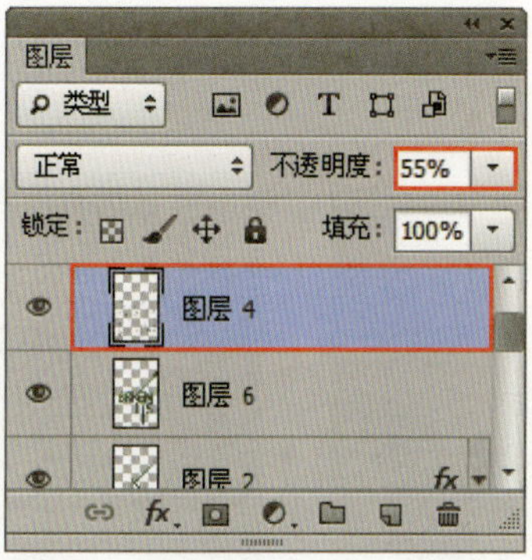

图6-218

图6-219

技巧提示

执行“编辑>预设>预设管理器”命令，在弹出的“预设管理器”对话框中选择“预设类型”为画笔，单击“载入”按钮，载入外挂笔刷素材“3.abr”即可，如图6-220所示。

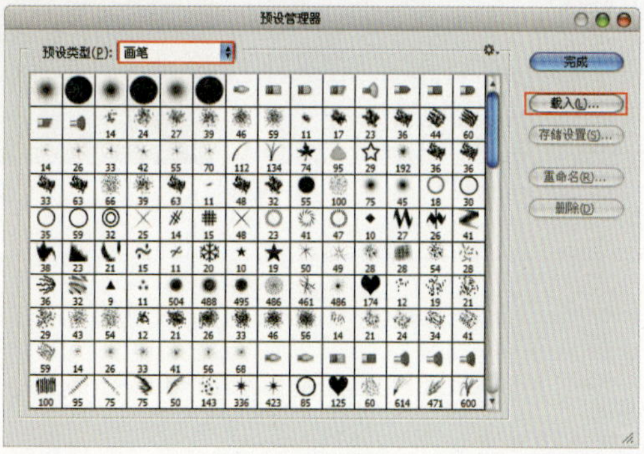

图6-220

14 导入装饰素材“4.png”，放在合适位置，如图 6-221 所示。

15 执行“图层 > 新建调整图层 > 照片滤镜”命令，在弹出的对话框中选中“保留明度”复选框，选中“颜色”单选按钮，设置为黄色，“浓度”数值为 25%，如图 6-222 和图 6-223 所示。

图6-221

图6-222

图6-223

16 执行“图层 > 新建调整图层 > 曲线”命令，在弹出的对话框中调整曲线形状，如图 6-224 和图 6-225 所示。

17 设置前景色为黑色，在曲线调整图层的蒙版中使用黑色画笔涂抹去除对中心部分的影响。最终显示所有图层，效果如图 6-226 所示。

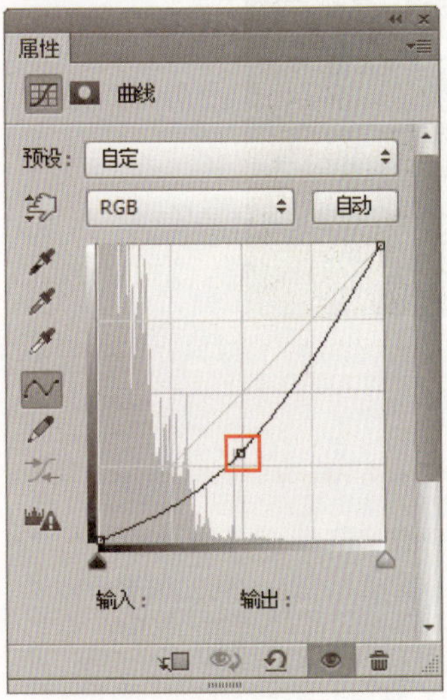

图6-224

图6-225

图6-226

第 7 章

矢量工具与绘图

本章学习要点：

- 熟练掌握“钢笔工具”的使用方法
- 掌握“路径”的操作与编辑方法
- 掌握“形状工具”的使用方法
- 掌握“路径”面板的使用方法

Photoshop 中的矢量绘图工具包括“钢笔工具”和“形状工具”两种。“钢笔工具”主要用于绘制不规则的图形，而“形状工具”则是通过选取内置的图形样式绘制较为规则的图形。“钢笔工具”不仅用于矢量图形的绘制，更多会被应用在复杂选区的制作中。图 7-1 和图 7-2 所示为矢量绘图作品。

图7-1

图7-2

7.1 认识绘图模式 新增功能

Photoshop CS6

在绘图前首先要在工具选项栏中选择绘图模式，它包括形状、路径和像素 3 种类型，如图 7-3 和图 7-4 所示。

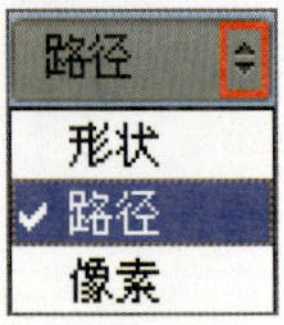

图7-3

图7-4

- **形状：**可以在单独的一个形状图层中创建形状图形。形状图层包含填充区域和矢量蒙版两个部分，填充区域决定了矢量蒙版的颜色和不透明度等，而矢量蒙版则决定了填充区域的显示区域和隐藏区域。矢量蒙版其实就是路径，它保留在"路径"面板中。设置绘制模式为"形状"后，可以在选项栏中更改填充颜色、描边颜色、描边粗细、描边属性以及长宽数值，如图 7-5 所示。

图7-5

- **路径：**选择此类型时，可以只创建工作路径，而且工作路径不会出现在"图层"面板中，只出现在"路径"面板中。在选项栏中可以直接将路径转换为选区、图层的矢量蒙版或形状图层，如图 7-6 所示。
- **像素：**可以在当前图层上创建光栅化的图像，并且可以在选项栏中设置像素混合模式以及不透明度。这种绘图模式不能创建矢量图像，因此在"路径"面板中也不会出现路径，如图 7-7 所示。

图7-6

图7-7

7.2 使用"钢笔工具组"

Photoshop CS6

7.2.1 钢笔工具

"钢笔工具"是最基本、最常用的路径绘制工具之一，使用它可以绘制出任意的"形状"或"路径"，在其选项栏中单击图标，选中"橡皮带"复选框，可以在绘制路径的同时观察到路径的走向，如图 7-8 所示。

图7-8

1 单击工具箱中的"钢笔工具"按钮，然后在打开的选项栏中单击"路径"选项 路径 ，将光标移至画面中单击可创建一个锚点，如图 7-9 所示。

2 松开鼠标，将光标移至下一处位置，单击创建第二个锚点，两个锚点会连接成一条由角点定义的直线路径。使用同样的方法在第三个点处单击，效果如图 7-10 和图 7-11 所示。

图7-9

图7-10

图7-11

技巧提示

按Shift键可以绘制水平、垂直或以45度角为增量的直线。

3 将光标放在路径的起点，当光标变为形状时，单击即可闭合路径，如图 7-12 所示。

4 如果要结束一段开放式路径的绘制，可以按 Ctrl 键并在画面的空白处单击，再单击其他工具，或者按 Esc 键也可以结束路径的绘制，如图 7-13 所示。

图7-12

图7-13

5 单击“钢笔工具”按钮，在打开的选项栏中单击“路径”选项 路径 ，接着在画布中单击鼠标并拖曳光标创建一个平滑点。将光标放置在下一个位置，然后单击并拖曳光标创建第二个平滑点，注意要控制好曲线的走向。继续绘制出其他的平滑点，如图 7-14 和图 7-15 所示。

图7-14

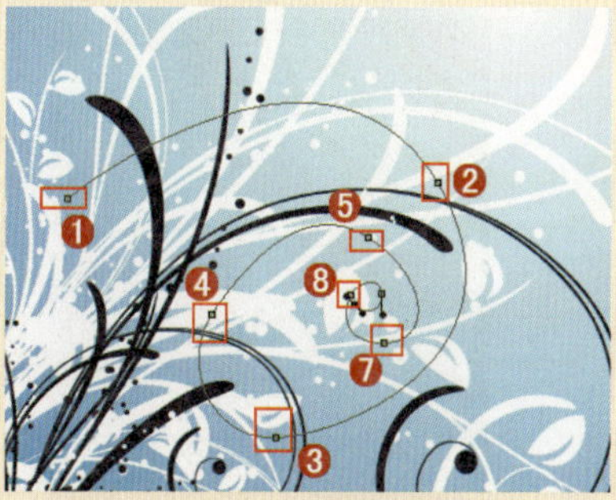
图7-15

路径与锚点

- 路径：是一种轮廓，虽然不包含像素，但是可以使用颜色填充或描边路径。并且路径可以转换为选区或可以作为矢量蒙版来控制图层的显示区域。为了方便随时使用，可以将路径保存在“路径”面板中。路径可以使用“钢笔工具”和“形状工具”来绘制，绘制的路径可以是开放式、闭合式和组合式，如图 7-16、图 7-17 和图 7-18 所示。

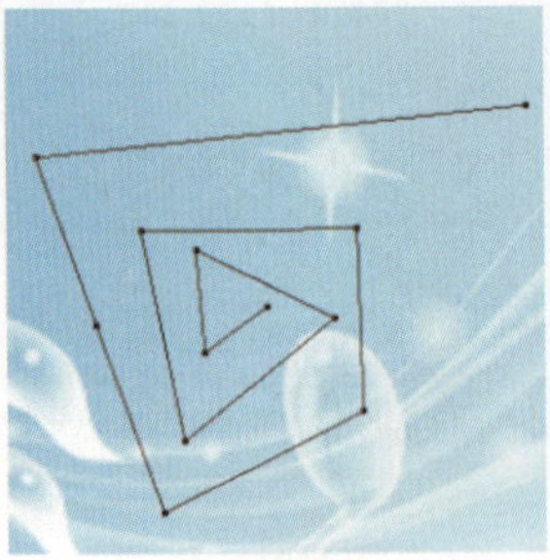

开放路径

图7-16

闭合路径

图7-17

组合路径

图7-18

- 锚点：标记了路径段的端点。在曲线段上，每个选中的锚点显示一条或两条方向线，方向线以方向点结束，而且方向线和方向点的位置共同决定了曲线段的大小和形状。锚点分为平滑点和角点两种类型。由平滑点连接的路径可以形成平滑的曲线；由角点连接起来的路径可以形成直线或转折曲线，如图 7-19 和图 7-20 所示。

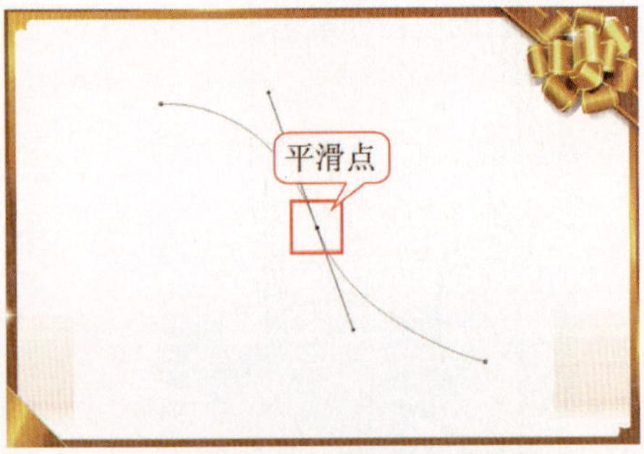

图7-19

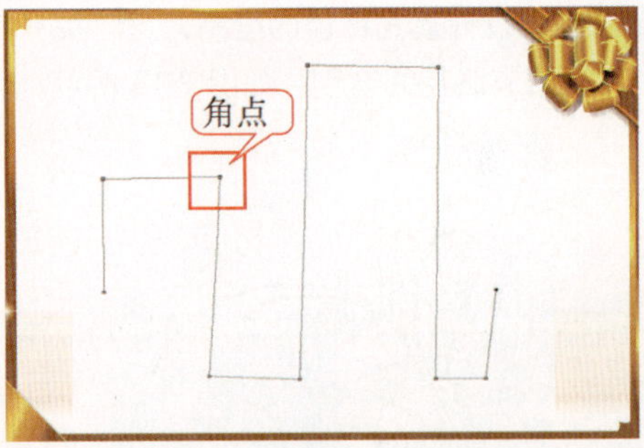

图7-20

7.2.2 自由钢笔工具

使用“自由钢笔工具”绘图时，将自动添加锚点，无需确定锚点的位置就可以绘制出比较随意的图形，就像用铅笔在纸上绘图一样，完成路径后可进一步对其进行调整，如图 7-21 所示。在选项栏中单击图标，打开“自由钢笔工具”的选项，在这里可以对“曲线拟合”数值进行设置，如图 7-22 所示。

图7-21

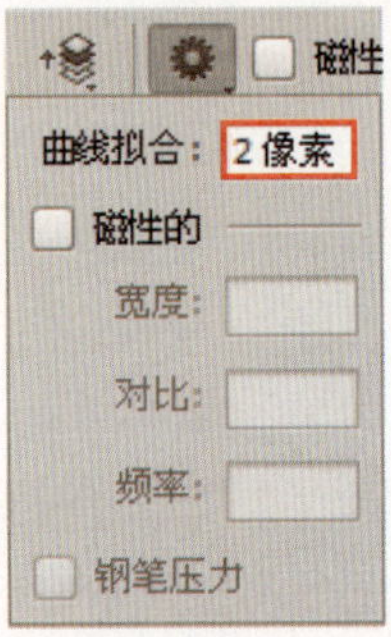

图7-22

“自由钢笔工具”选项中包含“曲线拟合”参数的控制，该数值越低，创建的路径锚点越多，路径细节越多；该数值越高，创建的路径锚点越少，路径越简单。图 7-23 所示为曲线拟合数值为 1 像素和数值为 10 像素的对比效果。

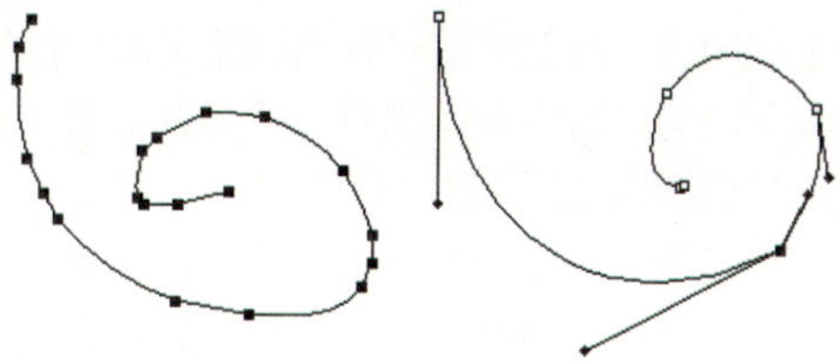
图 7-23

7.2.3 磁性钢笔工具

单击工具箱中的“自由钢笔工具”按钮，在打开的选项栏中选中“磁性的”复选框，自由钢笔工具”将切换为“磁性钢笔工具”，在选项栏中单击图标，打开“磁性钢笔工具”的选项，在这里可以看到“磁性的”复选框处于选中状态，并且可以对宽度、对比、频率以及钢笔压力进行设置，如图 7-24 所示。使用该工具可以像使用“磁性套索工具”一样快速捕捉颜色差异较大的像素轮廓，如图 7-25 所示。

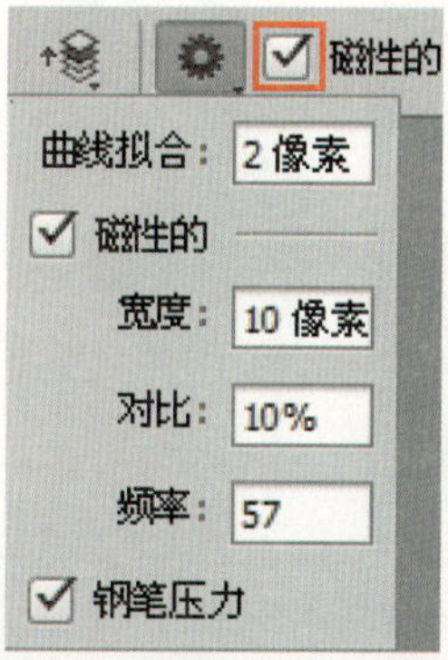

图 7-24

图 7-25

工具实训 使用磁性钢笔工具提取人像

案例文件	案例文件\第7章\7.2.3\使用磁性钢笔工具提取人像.psd
视频教学	视频文件\第7章\使用磁性钢笔工具提取人像.flv
难易指数	★★★★★
知识掌握	磁性钢笔工具

案例效果

本案例主要使用“磁性钢笔工具”提取人像部分，并更换背景，制作人像板式。图 7-26 和图 7-27 所示分别为原图与完成制作的对比效果图。

图 7-26

图 7-27

操作步骤

1 打开素材文件“1.jpg”，复制背景图层，并将背景图层隐藏。从图中可以看出人像与背景颜色反差还是比较大的，所以可以使用“磁性钢笔工具”绘制背景选区并删除，如图 7-28 所示。

2 首先单击工具箱中的“自由钢笔工具”按钮，并在打开的选项栏中选中“磁性的”复选框，此时光标变为“磁性钢笔工具”效果，在人像手臂边缘单击并沿交界处拖动鼠标，可以看到随着鼠标拖动即可创建出新的路径，如图 7-29 所示。

3 如果想要一次绘制整个人像轮廓就可能会造成偏离边界的效果，所以可以先绘制部分背景路径。继续沿人像与背景交界处拖动鼠标，绘制到手腕关节处将鼠标移动到远离人像的区域，并将人像以外的区域与起点重合完成闭合路径的绘制，如图 7-30 所示。

图7-28

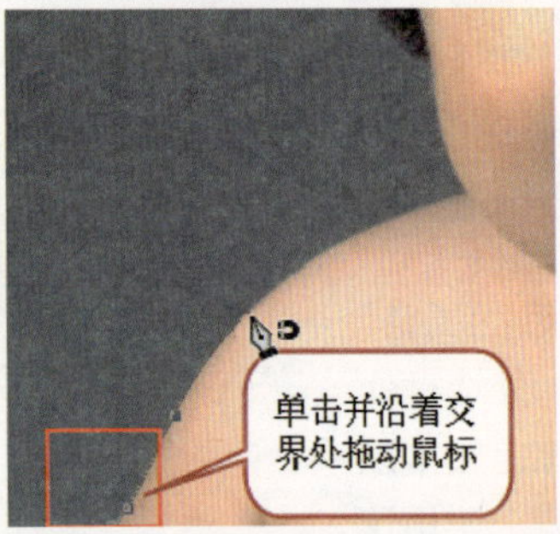

图7-29

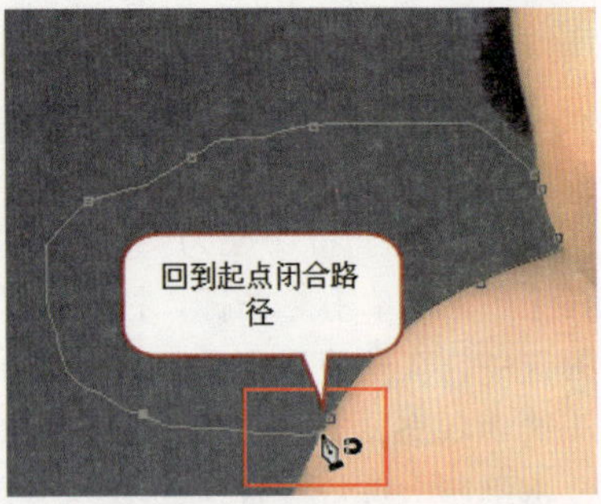

图7-30

4 单击鼠标右键，在弹出的快捷菜单中执行“建立选区”命令，如图 7-31 所示。在弹出的对话框中单击“确定”按钮，建立选区，如图 7-32 所示。

5 按 Delete 键删除选区内的部分，如图 7-33 所示。

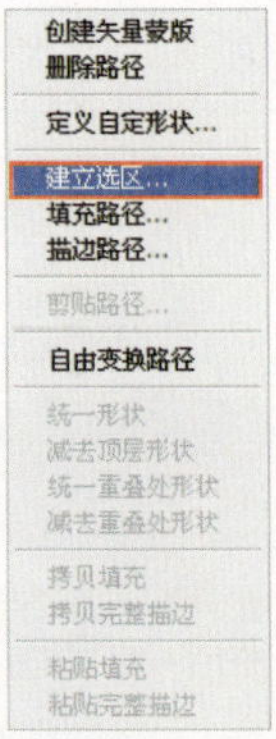

图7-31

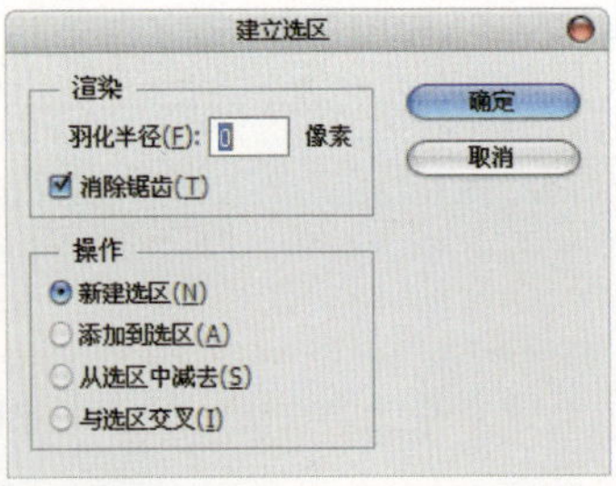

图7-32

图7-33

6 继续使用同样的方法绘制其他部分的路径，按 Ctrl+Enter 组合键快速建立选区并删除剩余背景部分，如图 7-34 所示。

7 导入背景素材“2.jpg”和前景素材文件“3.png”，最终效果如图 7-35 所示。

图7-34

图7-35

7.2.4 添加锚点工具

单击工具箱中的“添加锚点工具”按钮激活该工具。使用它可以直接在路径上添加锚点。或者在使用“钢笔工具”的状态下，将光标放在路径上，当光标变成形状时，在路径上单击也可添加一个锚点，如图 7-36 和图 7-37 所示。

图7-36

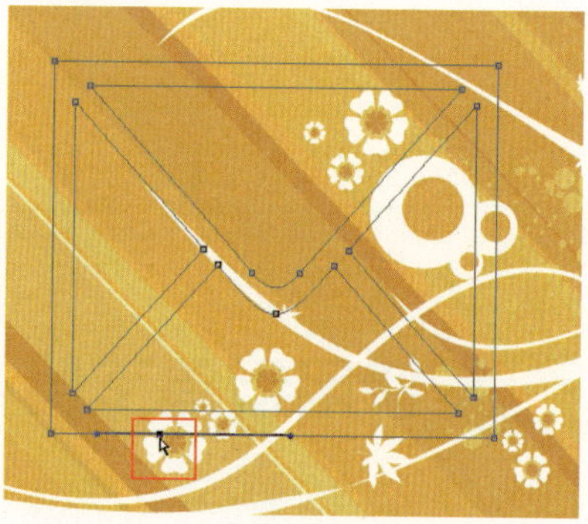
图7-37

7.2.5 删除锚点工具

单击工具箱中的“删除锚点工具”按钮激活该工具。使用它可以删除路径上的锚点。将光标放在锚点上（如图 7-38 所示），当光标变成形状时，单击鼠标左键即可删除锚点。或者在使用“钢笔工具”的状态下，直接将光标移动到锚点上，光标也会变为形状，如图 7-39 所示。

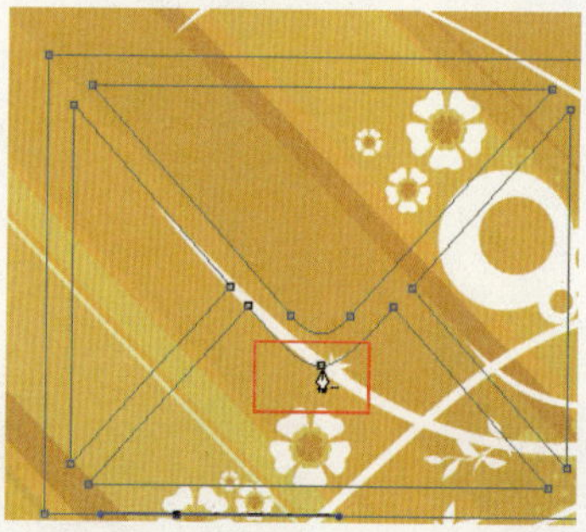
图7-38

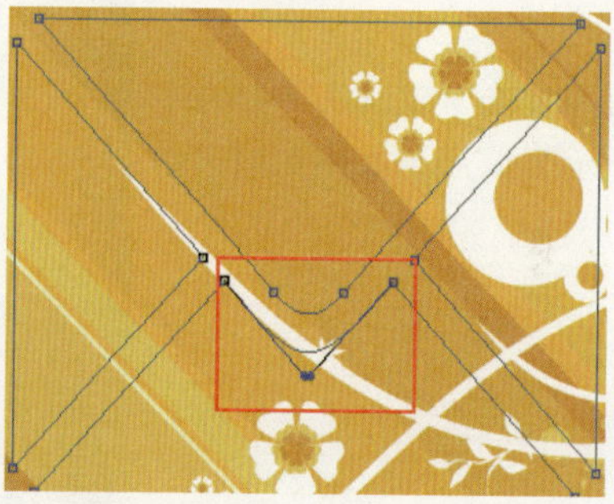
图7-39

7.2.6 使用转换点工具调整路径弧度

“转换为点工具”主要用来转换锚点的类型，如图 7-40 所示。若要将角点转换为平滑点，可以在角点上单击，如图 7-41 所示。

图7-40

图7-41

若要将平滑点转换为角点，可以在平滑点上单击，如图 7-42 和图 7-43 所示。

图7-42

图7-43

工具实训 使用钢笔工具为建筑换背景

案例文件	案例文件\第7章\7.2\使用钢笔工具为建筑换背景.psd
视频教学	视频文件\第7章\使用钢笔工具为建筑换背景.flv
难易指数	★★☆☆☆
知识掌握	钢笔工具

案例效果

本案例主要使用“钢笔工具”绘制建筑的路径，转换为选区后删除背景并为其更换背景。图 7-44 和图 7-45 所示为原图与替换完成的对比效果图。

图7-44

图7-45

操作步骤

1 打开素材“1.jpg”。本案例中所选择的素材背景部分比较单调，如果想要使天空部分的细节更加丰富，就需要将建筑部分提取出来，并更换背景。首先按 Alt 键双击背景图层将其转换为普通图层，如图 7-46 和图 7-47 所示。

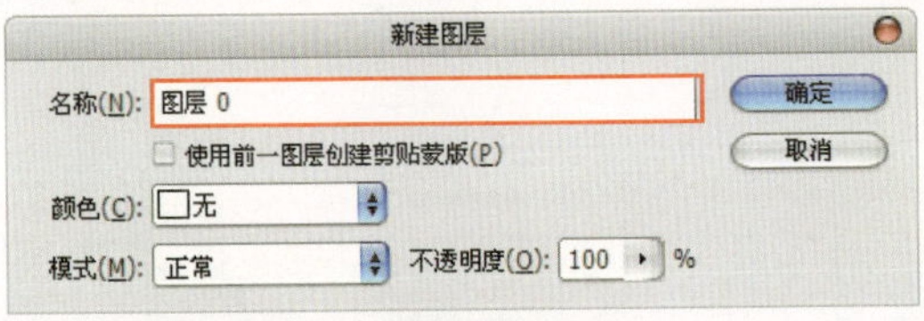

图7-46

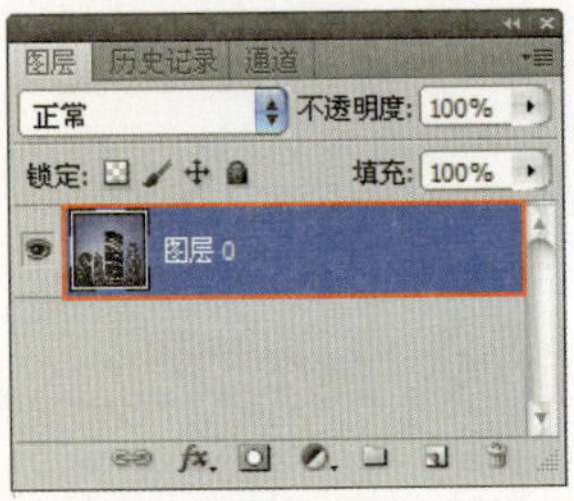

图7-47

2 单击工具箱中的“钢笔工具”按钮，首先从左侧高楼开始绘制，单击即可添加一个锚点，继续在另一处单击添加锚点即可出现一条直线路径，多次沿高楼转折处单击绘制建筑部分的闭合路径，回到起始点处并单击闭合路径，如图 7-48 所示。

3 按 Ctrl+Enter 组合键，将路径转换为选区，单击鼠标右键，在弹出的快捷菜单中执行“选择反向”命令后按 Delete 键即可删除背景，如图 7-49 和图 7-50 所示。

图7-48

图7-49

图7-50

4 最后导入天空背景素材“2.jpg”，将其放置在最底层位置；导入前景素材文件“3.jpg”，将其放置在最顶层位置，设置前景素材图层的混合模式为滤色，如图 7-51 所示。效果如图 7-52 所示。

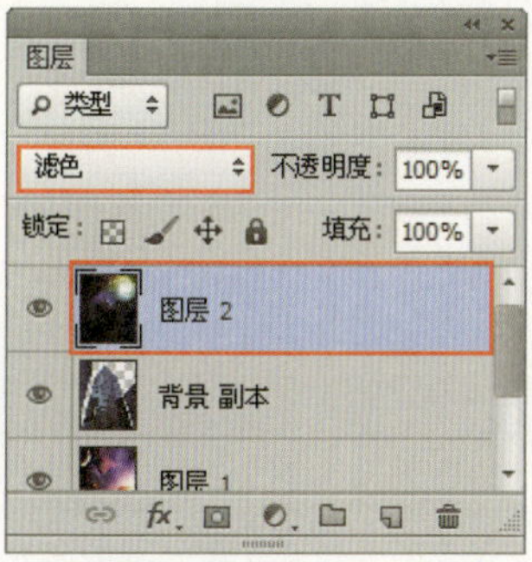

图7-51

图7-52

7.3 使用“路径选择工具组”

Photoshop CS6

“路径选择工具组”主要用来选择和调整路径的形状，其中包括“路径选择工具”和“直接选择工具”两个工具。

7.3.1 路径选择工具

单击工具箱中的“路径选择工具”按钮激活该工具。使用“路径选择工具”单击路径上的任意位置可以选择单个路径，如图 7-53 所示。按 Shift 键单击可以选择多个路径，如图 7-54 所示。

在选项栏中显示了当前所选对象的填充、描边属性与尺寸，而且可以通过选项栏对所选路径进行组合、对齐等设置，如图 7-55 所示。

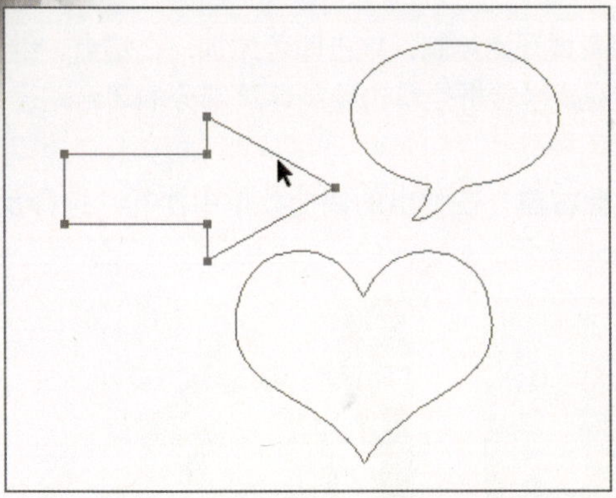

图7-53

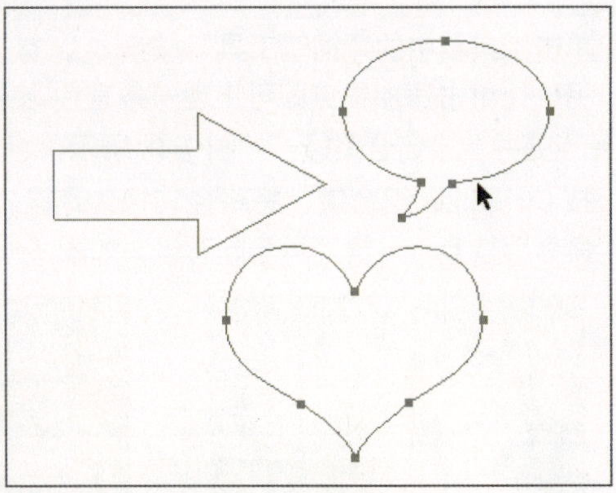

图7-54

图7-55

7.3.2 直接选择工具

移动锚点、调整方向线可以使用“直接选择工具”。这个工具主要用来选择路径上的单个或多个锚点。单击可以选中其中某一个锚点，框选可以选中多个锚点，按 Shift 键单击可以选择多个锚点。图 7-56 和图 7-57 所示分别为选择单个锚点和框选多个锚点的效果。

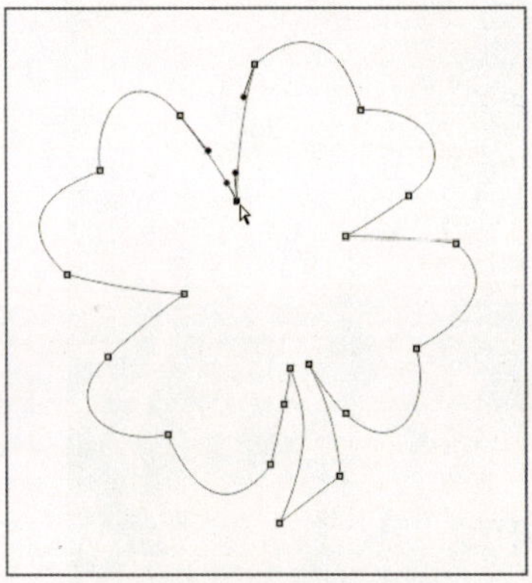

图7-56

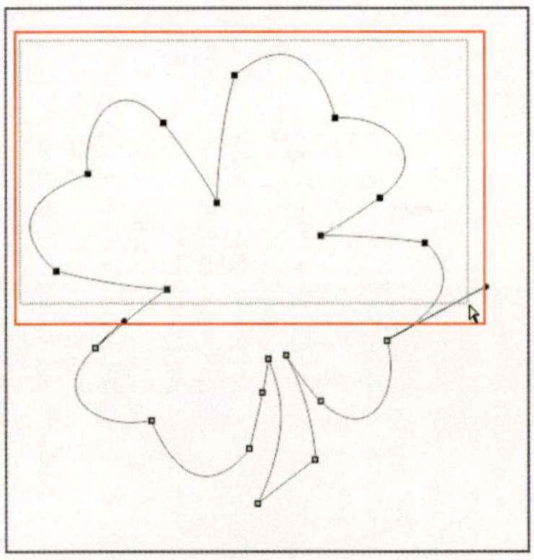

图7-57

7.4 使用“形状工具组”

Photoshop CS6

Photoshop 中的形状工具由“矩形工具”、“圆角矩形工具”、“椭圆工具”、“多边形工具”、“直线工具”和“自定形状工具”这 6 种组成，如图 7-58 所示。

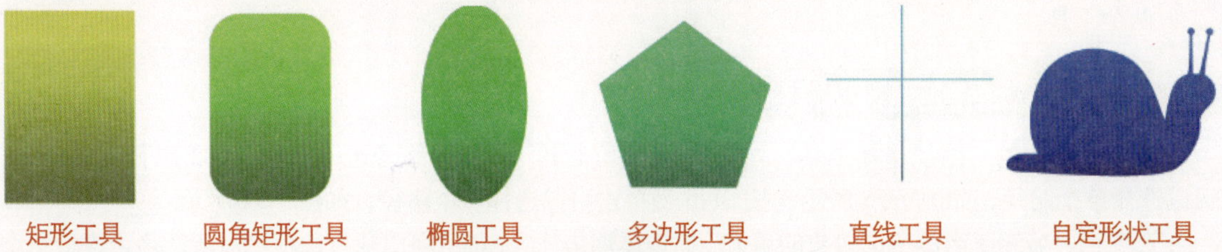

图7-58

7.4.1 矩形工具

单击工具箱中的“矩形工具”按钮，绘制时按Shift键可以绘制出正方形；按Alt键可以以鼠标单击点为中心绘制矩形；按Shift+Alt组合键可以以鼠标单击点为中心绘制正方形，如图7-59所示。“矩形工具”的这一使用方法与“矩形选框工具”的类似，通过辅助键来进行正方形和矩形的绘制。也可以在画面中单击，在弹出的对话框中进行具体数值的设置，如图7-60所示。

在选项栏中单击图形选项设置按钮，在弹出窗口中可以进行参数的设置，如图 7-61 所示。此处设置在“圆角矩形”、“椭圆形”与“自定形状”的绘制中同样适用。

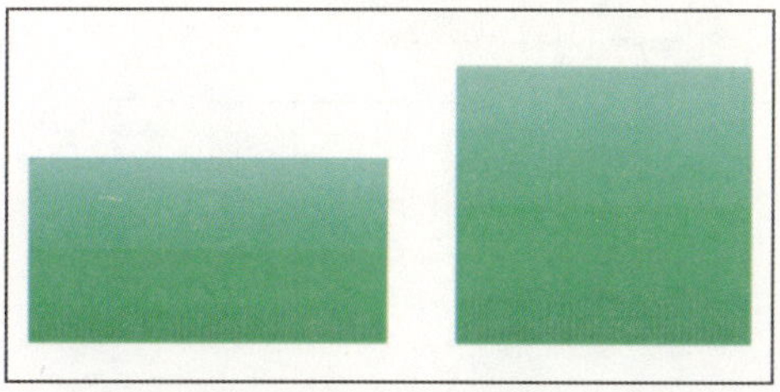
图7-59

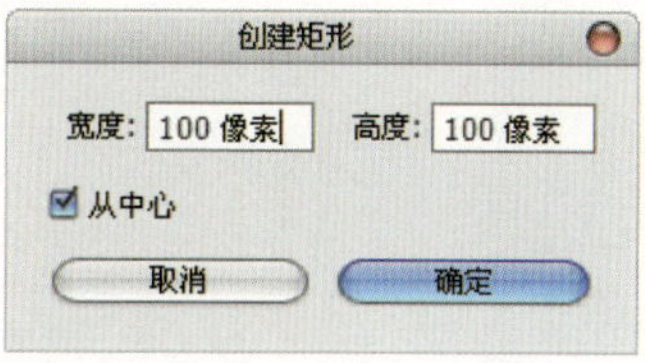

图7-60

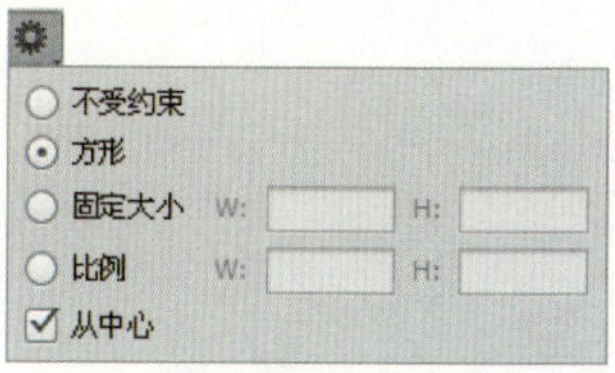

图7-61

- **不受约束**：选中该单选按钮，可以绘制出任何大小的矩形。
- **方形**：选中该单选按钮，可以绘制出任何大小的正方形。
- **固定大小**：选中该单选按钮后，可以在其后面的数值输入框中输入宽度（W）和高度（H），然后在图像上单击即可创建出矩形。
- **比例**：选中该单选按钮后，可以在其后面的数值输入框中输入宽度（W）和高度（H）比例，此后创建的矩形始终保持这个比例。
- **从中心**：以任何方式创建矩形时，选中该复选框，鼠标单击点即为矩形的中心。

7.4.2 圆角矩形工具

单击工具箱中的“圆角矩形工具”按钮，可以激活该工具。使用该工具可以创建出具有圆角效果的矩形。“圆角矩形工具”的创建方法与“矩形工具”的完全相同。在选项栏中可以对“半径”数值进行设置，“半径”选项用来设置圆角的半径，数值越大，圆角越大，如图 7-62 所示。也可以在画面中单击，在弹出的窗口中进行具体数值的设置，如图 7-63 所示。

图7-62

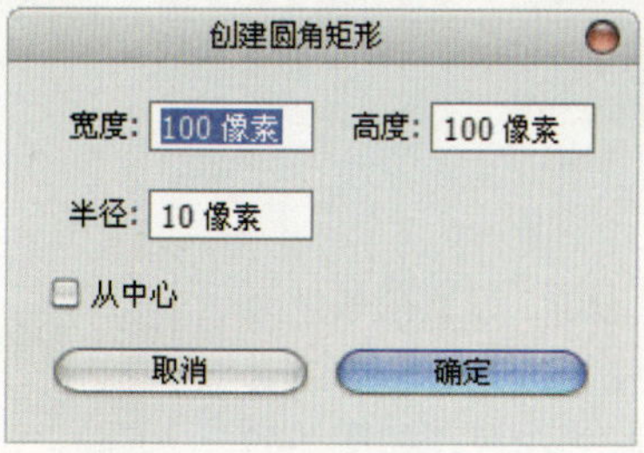

图7-63

工具实训 使用圆角矩形工具制作可爱照片

案例文件	案例文件\第7章\7.4.2\使用圆角矩形工具制作可爱照片.psd
视频教学	视频文件\第7章\使用圆角矩形工具制作可爱照片.flv
难易指数	★★☆☆☆
知识掌握	圆角矩形工具

案例效果

本案例主要使用“圆角矩形工具”为图像添加元素，制作 LOMO 风格的照片，如图 7-64 所示。

图7-64

操作步骤

1 新建一个背景为透明的空白文件，导入照片素材文件“1.jpg”，单击工具箱中的“圆角矩形工具”按钮，在选项栏中设置绘制模式为路径，“半径”为 50 像素，并在画面中绘制一个较大的圆角矩形，如图 7-65 和图 7-66 所示。

2 单击鼠标右键，在弹出的快捷菜单中执行“建立选区”命令，如图 7-67 所示。然后按 Ctrl+Shift+I 组合键进行反选，选择外边缘的选区，如图 7-68 所示。

图7-65

图7-66

图7-67

图7-68

3 新建图层，设置前景色为白色，按 Alt+Delete 组合键填充选区为白色，如图 7-69 所示。

4 导入前景素材“2.png”，最终效果如图 7-70 所示。

图7-69

图7-70

7.4.3 椭圆工具

如果要创建椭圆，可以单击工具箱中的“椭圆工具”按钮，拖曳鼠标进行创建即可；如果要创建圆形，可以按Shift键或Shift+Alt组合键（以鼠标单击点为中心）进行创建，如图7-71所示。使用“椭圆工具”创建椭圆和圆形的这一设置特点与“矩形工具”的相似。也可以在画面中单击，在弹出的窗口中进行具体数值的设置，如图7-72所示。

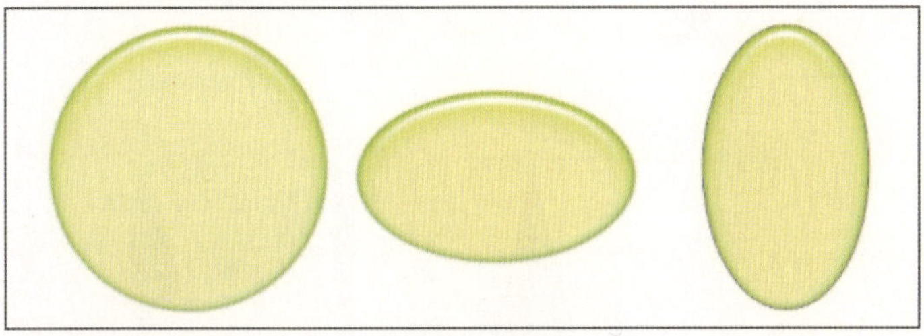

图7-71

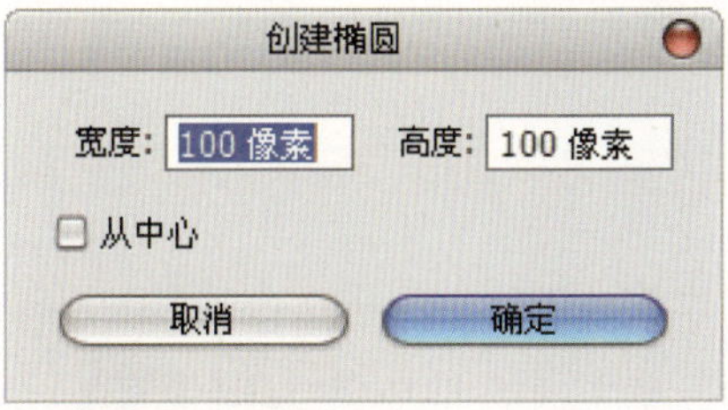

图7-72

7.4.4 多边形工具

单击工具箱中的“多边形工具”按钮激活该工具。使用该工具可以创建出正多边形（最少为3条边）和星形，也可以在画面中单击，在弹出的窗口中进行具体数值的设置，如图7-73和图7-74所示。

图7-73

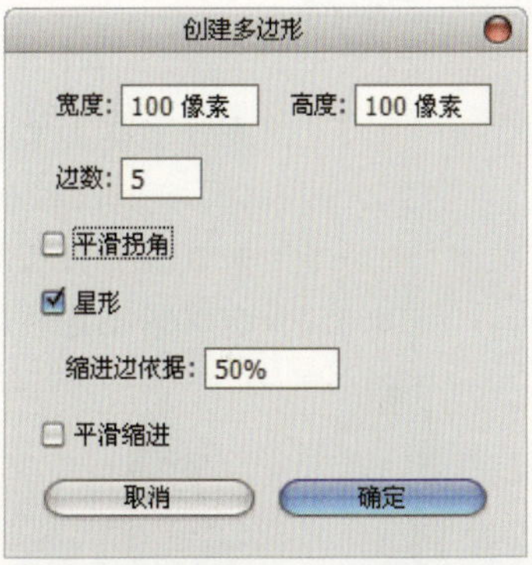

图7-74

- **宽度/高度**：用于设置多边形或星形的尺寸。
- **边数**：设置多边形的边数，设置为3时，可以创建出正三角形；设置为4时，可以绘制出正方形；设置为5时，可以绘制出正五边形。
- **平滑拐角**：选中该复选框以后，可以创建出具有平滑拐角效果的多边形或星形。
- **星形**：选中该复选框后，可以创建星形。
- **缩进边依据**：主要用来设置星形边缘向中心缩进的百分比，数值越高，缩进量越大。
- **平滑缩进**：选中该复选框后，可以使星形的每条边向中心平滑缩进。

7.4.5 直线工具

单击工具箱中的“直线工具”按钮激活该工具。使用这个工具可以创建出直线和带有箭头路径，在选项栏中单击选项设置按钮对其中选项进行设置，如图7-75和图7-76所示。

- **粗细**：设置直线或箭头线的粗细，单位为“像素”，如图7-77所示。
- **起点/终点**：选中“起点”复选框，可以在直线的起点处添加箭头；选中“终点”复选框，可以在直线的终点处添加箭头；选中“起点”和“终点”复选框，则可以在两头都添加箭头，如图7-78所示。

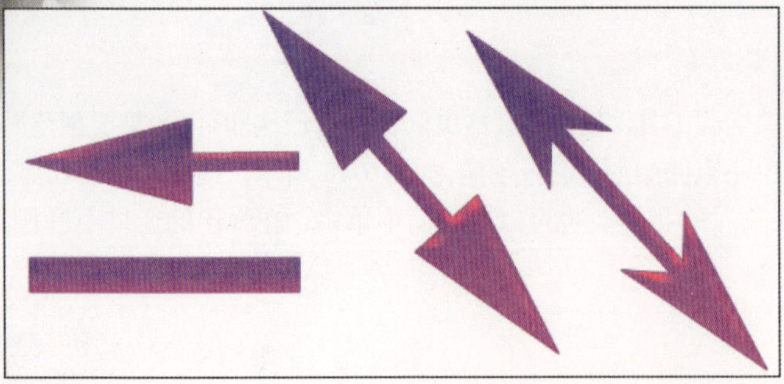

图7-75

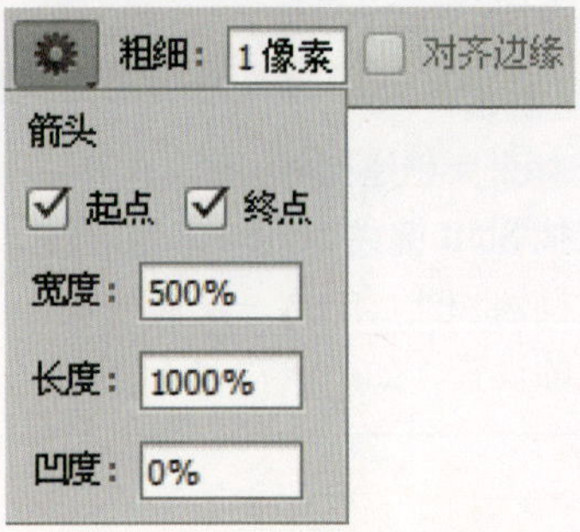

图7-76

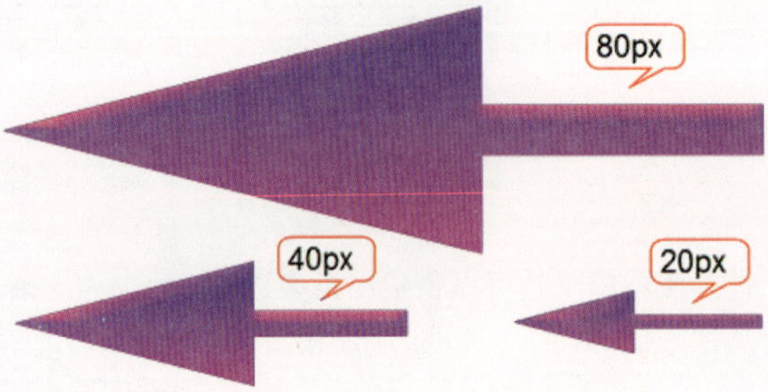

图7-77

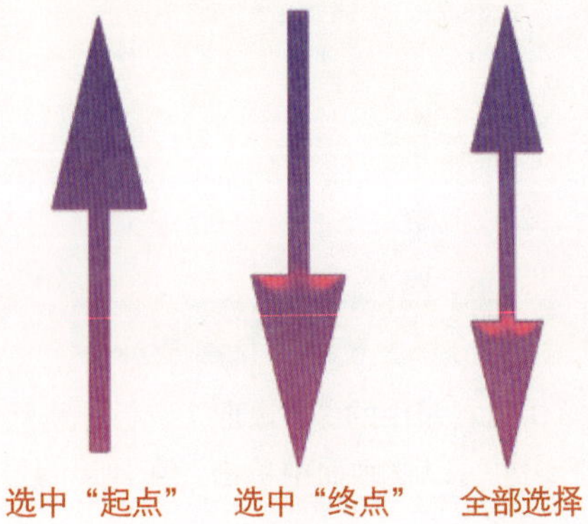

图7-78

- **宽度**：用来设置箭头宽度与直线宽度的百分比，范围从10%~1000%。图7-79所示分别为使用200%、800%和1000%创建的箭头。
- **长度**：用来设置箭头长度与直线宽度的百分比，范围从10%~5000%。图7-80所示分别为使用1000%和5000%创建的箭头。

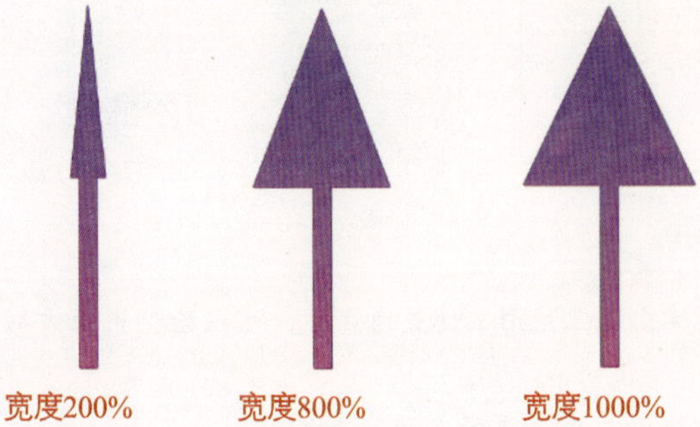

图7-79

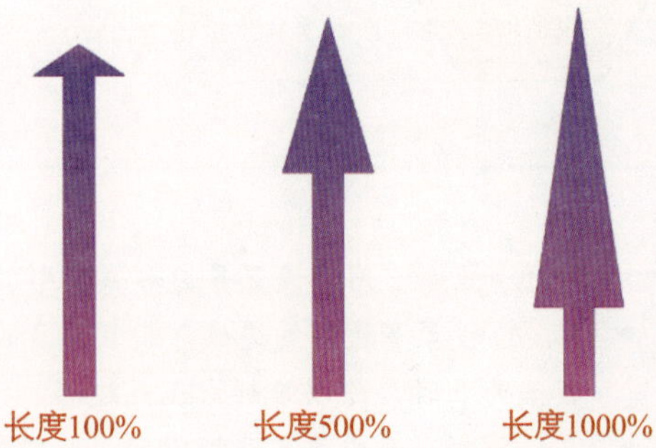

图7-80

- **凹度**：用来设置箭头的凹陷程度，范围为-50%~50%。值为0%时，箭头尾部平齐；值大于0%时，箭头尾部向内凹陷；值小于0%时，箭头尾部向外凸出，如图7-81所示。

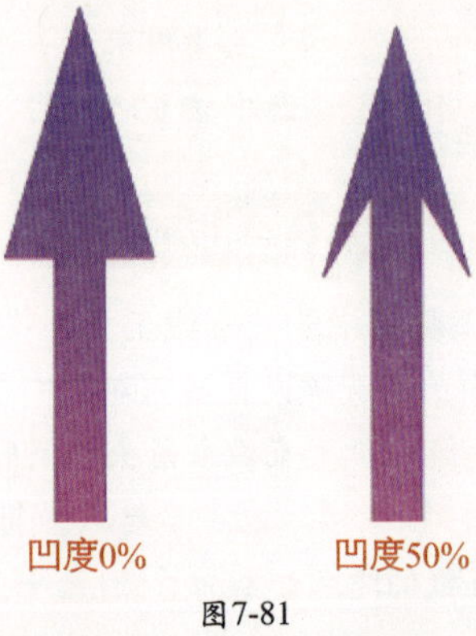

图7-81

7.4.6 自定形状工具

单击工具箱中的“自定义形状工具”按钮激活该工具。该工具的使用可以创建出非常多的形状，这些形状既可以是Photoshop的预设，也可以是自定义或加载的外部形状，其选项设置如图7-82所示。

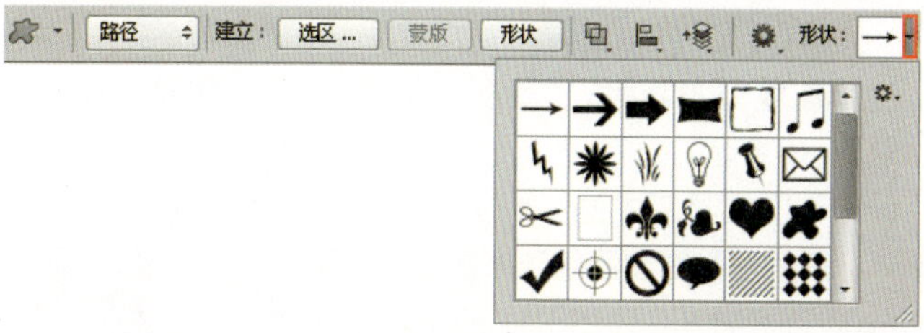

图7-82

因为Photoshop只提供了少量的形状，所以可以在选项栏中单击按钮，打开“自定形状”选取器，这时可以单击图标，然后在弹出的菜单中执行“全部”命令，如图7-83所示。通过这样的方法可以将Photoshop预设的所有形状都加载到“自定形状”拾色器中，如图7-84所示。如果要加载外部的形状，可以在拾色器菜单中执行“载入形状”命令，然后在弹出的“载入”对话框中选择形状即可（形状的格式为.csh）。

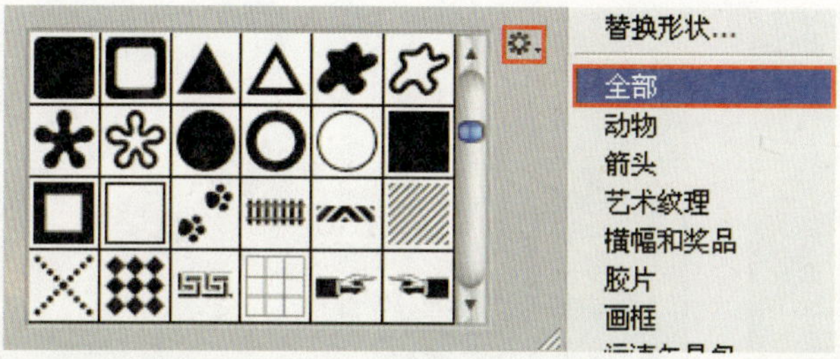

图7-83

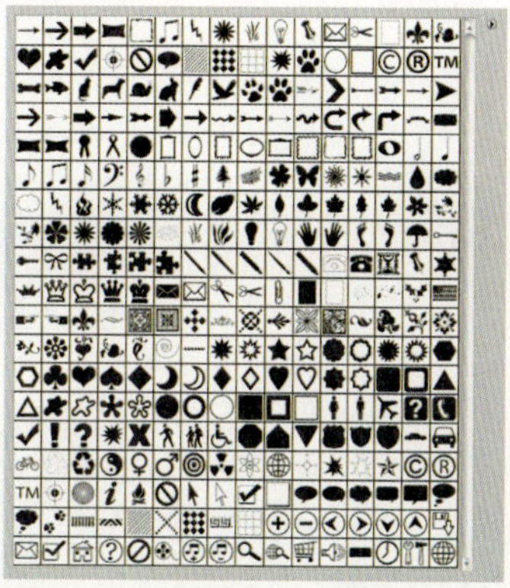
图7-84

工具实训 使用矢量工具制作质感按钮

案例文件	案例文件\第7章\7.4.6\使用矢量工具制作质感按钮.psd
视频教学	视频文件\第7章\使用矢量工具制作质感按钮.flv
难易指数	★★★☆☆
知识掌握	圆角矩形工具 、钢笔工具、选框工具、文字工具

案例效果

本例主要是通过对“圆角矩形工具”、“钢笔工具”、“选框工具”等的应用，制作出极具质感的按钮效果图，如图7-85所示。

图7-85

操作步骤

1 执行“文件 > 新建”命令，设置“宽度”数值为 3500 像素，“高度”数值为 2259 像素，如图 7-86 所示。

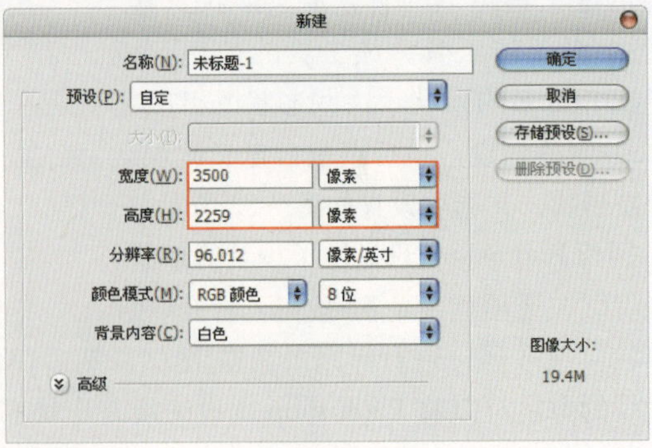

图 7-86

2 单击工具箱中的“渐变填充工具”按钮，设置一种由浅蓝色到深蓝色的渐变，单击“径向渐变”按钮，如图 7-87 所示。在画面中拖曳并进行填充，制作背景，如图 7-88 所示。

3 设置前景色为黑色，单击工具箱中的的“圆角矩形工具”按钮，在打开的选项栏中设置工具模式为形状，设置“半径”数值为 100 像素，在画面中绘制一个较大的圆角矩形，如图 7-89 所示。

图 7-87

图 7-88

图 7-89

4 执行“图层 > 图层样式 > 渐变叠加”命令，设置“渐变”颜色为橙色系渐变，“角度”数值为 130 度，如图 7-90 和图 7-91 所示。

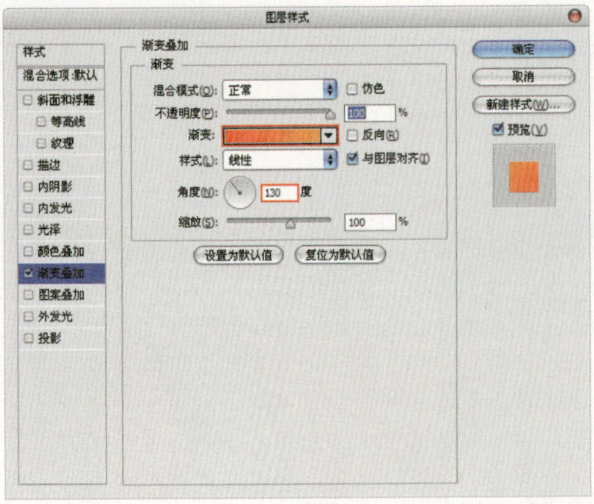

图 7-90

图 7-91

5 单击工具箱中的“矩形选框工具”按钮，在圆角矩形上绘制一个合适大小的矩形选框，新建图层填充为白色，如图 7-92 所示。单击“图层”面板中的“添加图层蒙版”按钮，使用“渐变填充工具”设置一种由黑色到白色再到黑色的渐变，单击“线性渐变”按钮，在蒙版中进行拖曳，完成高光效果的制作，如图 7-93 所示。

图7-92

图7-93

6 用同样方法制作出圆角矩形下面的高光效果，如图 7-94 所示。单击工具箱中的“钢笔工具”按钮，在圆角矩形左下角绘制一个合适的形状，如图 7-95 所示。

图7-94

图7-95

7 单击鼠标右键，在弹出的快捷菜单中执行“建立选区”命令，新建图层并填充为白色，如图 7-96 所示。设置“不透明度”数值为 55%，如图 7-97 所示。

图7-96

图7-97

8 为该图层添加图层蒙版，使用画笔适当涂抹，完成高光部分的制作，如图 7-98 所示。单击工具箱中的“椭圆矩形工具”按钮，绘制一个大一点的椭圆形并填充为白色，如图 7-99 所示。

9 设置“不透明度”数值为 45%，如图 7-100 所示。添加图层蒙版，隐藏多余的部分，如图 7-101 所示。

图7-98

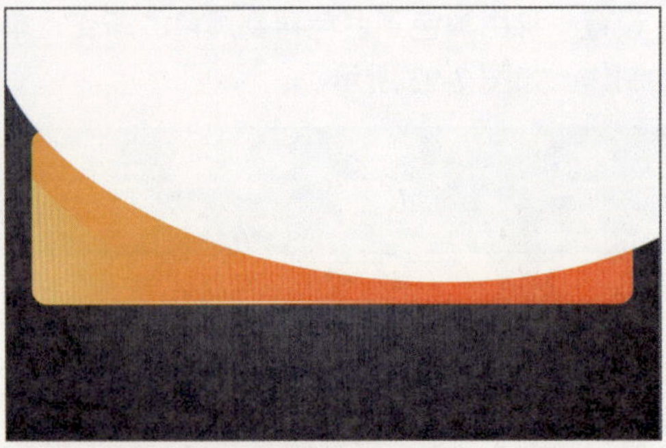

图7-99

图7-100

图7-101

10 使用“椭圆选框工具”，按Shift键绘制合适大小的正圆选区，新建图层并填充为白色，如图7-102所示。设置“不透明度”数值为15%，如图7-103所示。

图7-102

图7-103

11 用同样方法绘制不同大小的正圆，设置不同的“不透明度”数值，如图7-104所示。单击“钢笔工具”按钮，在打开的选项栏中设置“工具模式”为形状 形状 ，在圆角矩形右侧绘制丝带形状，如图7-105所示。

图7-104

图7-105

12 执行“图层 > 图层样式 > 渐变叠加”命令，设置“渐变”颜色为绿色系渐变，设置“角度”数值为 90 度，如图 7-106 和图 7-107 所示。

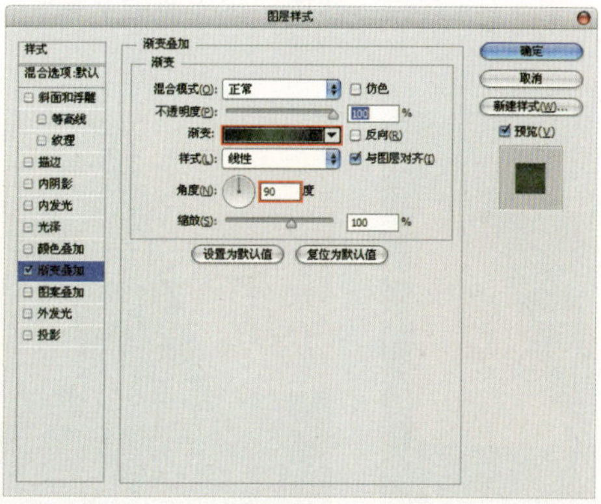

图7-106

图7-107

13 再次使用“钢笔工具”绘制丝带上的图形部分，如图 7-108 所示。执行“图层 > 图层样式 > 渐变叠加”命令，设置“渐变”颜色为浅一点的绿色系渐变，如图 7-109 和图 7-110 所示。

图7-108

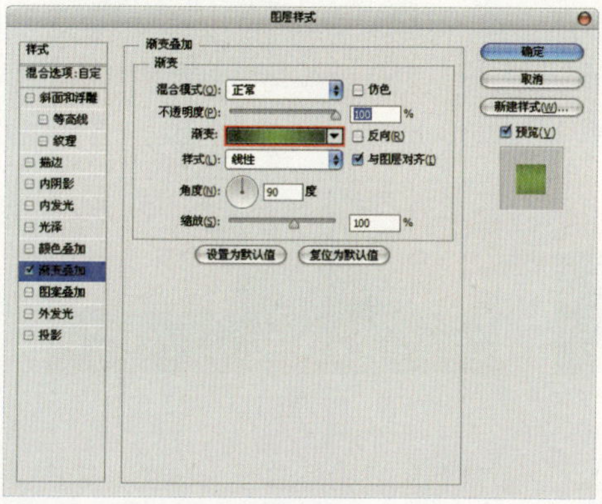

图7-109

图7-110

14 按 Ctrl 键单击丝带底面图层，载入丝带选区，单击鼠标右键，在弹出的快捷菜单中执行“羽化”命令，如图 7-111 所示。设置“羽化半径”数值为 50 像素，单击“确定”按钮完成操作，如图 7-112 所示。

图7-111

图7-112

15 在“丝带”图层下新建图层并填充为黑色，如图 7-113 所示。添加图层蒙版，隐藏多余部分，如图 7-114 所示。

16 使用“钢笔工具”在丝带左下角进行绘制，将其填充为绿色，如图 7-115 所示。添加图层蒙版，隐藏多余部分，如图 7-116 所示。

17 用同样方法制作出丝带右上方的反光效果，如图 7-117 所示。使用“矩形选框工具”和图层蒙版制作出丝带上的高光效果，如图 7-118 所示。

图7-113

图7-114

图7-115

图7-116

图7-117

图7-118

18 载入丝带上方部分的选区，新建图层并将其填充为白色，如图 7-119 所示。设置该图层的“不透明度”数值为 50%，如图 7-120 所示。

19 为该图层添加图层蒙版，并在蒙版上使用黑色画笔涂抹。制作丝带高光效果，如图 7-121 所示。

图7-119

图7-120

图7-121

20 单击工具箱中的“文字工具”按钮T，设置合适字体及大小，在画面中键入文字，如图 7-122 所示。按 Ctrl+T 组合键将文字旋转至合适角度，如图 7-123 所示。

21 执行“图层 > 图层样式 > 投影”命令，设置“不透明度”数值为 60%，“角度”数值为 120 度，“距离”数值为 5 像素，“大小”数值为 21 像素，如图 7-124 和图 7-125 所示。

22 用同样方法制作圆角矩形上具有阴影效果的文字，最终效果如图 7-126 所示。

图7-122

图7-123

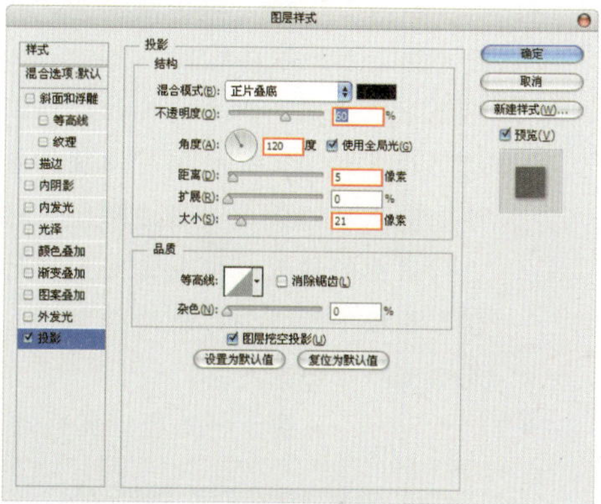

图7-124

图7-125

图7-126

7.5 路径操作与编辑

Photoshop CS6

在 Photoshop 中可以对“路径”进行变换、定义为形状、建立选区、描边等操作，并且路径也可以像选区运算一样进行“运算”。

7.5.1 认识“路径面板”

执行“窗口>路径”菜单命令，打开“路径”面板，如图 7-127 所示。如果要将路径在文档窗口中显示出来，可以在“路径”面板单击该路径。在“路径”面板的空白区域单击可将其隐藏起来，按 Ctrl+H 组合键也可以切换路径的显示与隐藏状态。在“路径”面板中可以显示出存储的所有路径、工作路径和矢量蒙版的名称及缩览图。面板主要用来存储、管理以及调用路径。工作路径是临时路径，是在没有新建路径的情况下使用钢笔等工具绘制的路径，一旦重新绘制了路径，原有路径将被当前路径所替代。如果不想工作路径被替换，可以双击其缩略图，或执行“路径”面板中的“存储路径”命令，打开“存储路径”对话框，将其保存起来。

- **用前景色填充路径**：单击该按钮，可以用前景色填充路径区域。
- **用画笔描边路径**：单击该按钮，可以用设置好的“画笔工具”对路径进行描边。
- **将路径作为选区载入**：单击该按钮，可以将路径转换为选区。

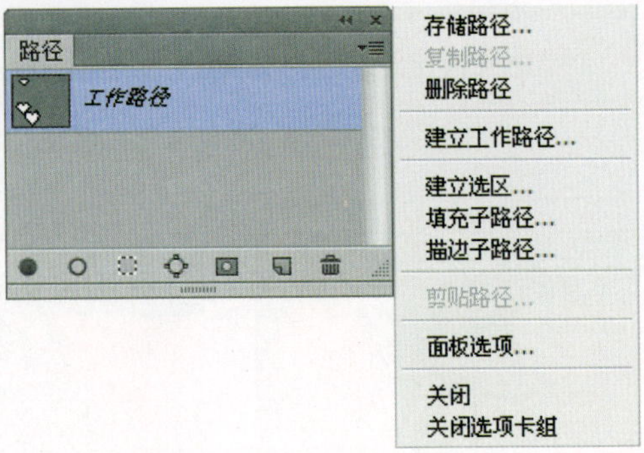

图7-127

- **从选区生成工作路径**：如果当前文档中存在选区，单击按钮，可以将选区转换为工作路径。
- **添加图层蒙版**：单击该按钮，即可以当前选区为图层添加图层蒙版。
- **创建新路径**：单击该按钮，可以创建一个新的路径。按 Alt 键的同时单击“创建新路径”按钮，可以弹出“新建路径”对话框，从中进行名称的设置。拖曳需要复制的路径到“路径”面板下的“创建新路径”按钮上，可以复制出路径的副本。
- **删除当前路径**：将路径拖曳到该按钮上，可以将其删除。

7.5.2 路径的运算

当创建了多个路径或形状时，可以在工具选项栏中单击“路径操作”按钮，在下拉列表中单击并执行相应的运算选项，设置子路径的重叠区域会产生什么样的交叉结果，如图 7-128 所示。下面通过一个形状图层来介绍路径的运算方法。图 7-129 和图 7-130 所示为即将进行运算的两个图形。

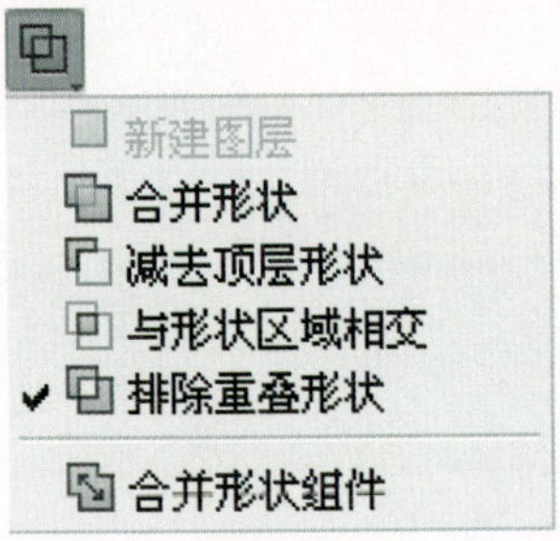

图7-128

图7-129

图7-130

- **合并形状**：单击该按钮，新绘制的图形将添加到原有的图形中，如图 7-131 所示。
- **减去顶层形状**：单击该按钮，可以从原有的图形中减去新绘制的图形，如图 7-132 所示。
- **与形状区域相交**：单击该按钮，可以得到新图形与原有图形的交叉区域，如图 7-133 所示。
- **排除重叠形状**：单击该按钮，可以得到新图形与原有图形重叠部分以外的区域，如图 7-134 所示。

图7-131

图7-132

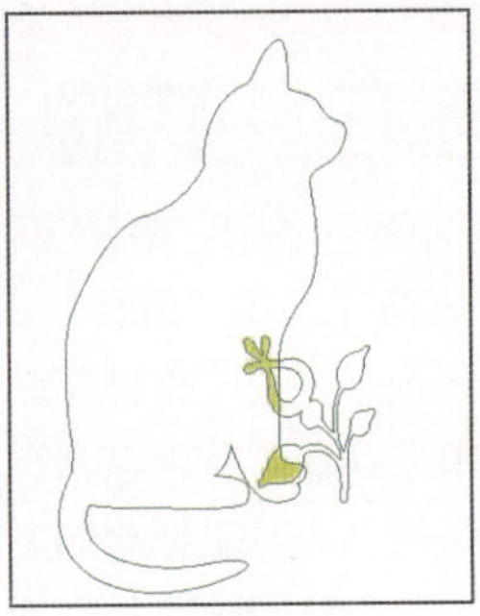
图7-133

图7-134

7.5.3 路径的对齐与分布

“路径”的对齐与分布的应用和“图层”的对齐与分布相似，同时也可以对“路径”进行对齐与分布操作，使用“路径选择工具”选中多个路径，在选项栏中单击“路径对齐方式”按钮，在下拉菜单中可以看到多个对齐与分布的选项，可以从中选择相应的选项，如图 7-135 所示。

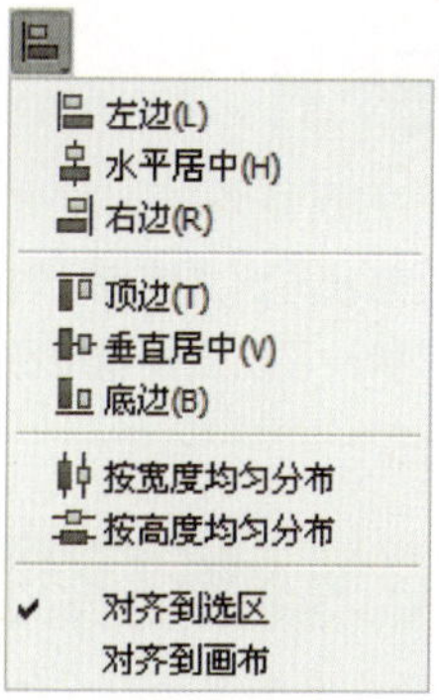

图7-135

7.5.4 路径的排列

当文件中包含多个路径时，选择路径并单击属性栏中的“路径排列方法”按钮，在下拉列表中执行相应命令，可以将选中的路径的层级关系进行相应排列，如图 7-136 所示。

图7-136

7.5.5 路径的变换

在“路径”面板中选择路径，然后执行“编辑 > 变换路径”菜单下的命令即可对其进行相应变换。变换路径与变换图像的方法完全相同，这里不再进行重复介绍，如图 7-137 和图 7-138 所示。

图7-137

图7-138

7.5.6 将路径定义为自定形状

绘制路径后，执行“编辑 > 定义自定形状”菜单命令，在弹出的“形状名称”对话框中为形状取一个名字，如图 7-139 所示，即可将其定义为形状，如图 7-140 所示。

图7-139

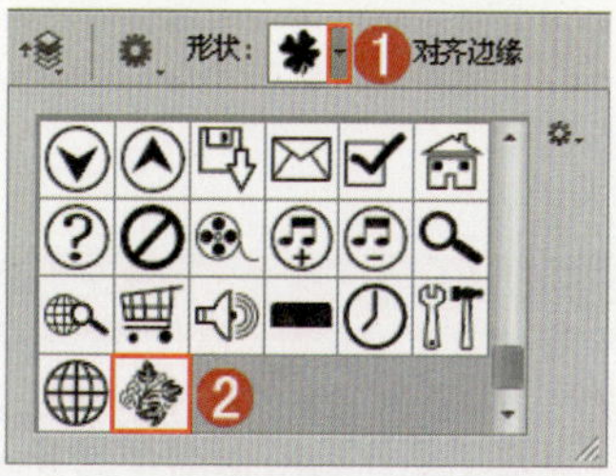

图7-140

答疑解惑

定义为自定形状有什么用处？

定义形状与定义图案、样式画笔类似，可以保存到“自定形状工具”的形状预设中，以后如果需要绘制相同的形状，可以直接调用自定的形状。

7.5.7 路径转换为选区

将路径转换为选区有多种方式，如下所述。

1. 在选项栏中单击“选区”按钮，可以将路径快速转换为选区，如图 7-141 所示。

图7-141

2. 在路径上单击鼠标右键，然后在弹出的快捷菜单中执行“建立选区”命令，在这里还可以进行选区羽化的设置以及选区的运算设置，如图 7-142 所示。

3. 按Ctrl键在“路径”面板中单击路径的缩略图，或单击“将路径作为选区载入”按钮，如图7-143所示。

图7-142

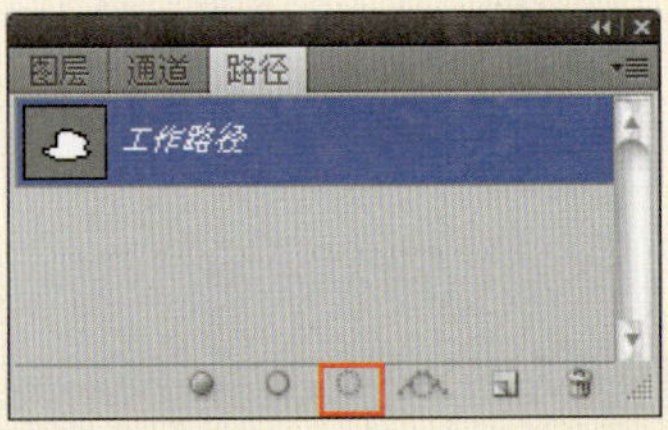

图7-143

4. 也可以按 Ctrl+Enter 组合键将路径转换为选区，如图 7-144 和图 7-145 所示。

图7-144

图7-145

7.5.8 选区转换为路径

在“路径”面板中单击“从选区生成工作路径”按钮，可以将选区转换为路径。或者在选区上单击鼠标右键，在弹出的快捷菜单中执行“建立工作路径”命令，如图 7-146 和图 7-147 所示。

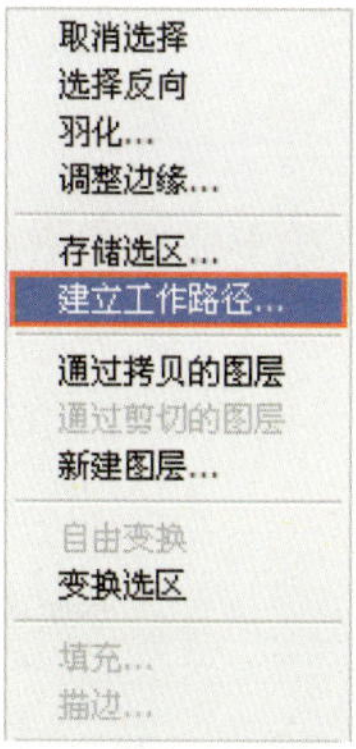

图7-146

图7-147

7.5.9 将路径转换为矢量蒙版

在“图层”面板中选中该图层，并在选项栏中单击“蒙版”按钮，如图7-148所示，即可将当前路径转换为某个图层的图层蒙版。图7-149、图7-150和图7-151所示分别为原图、图层面板和将路径转换为矢量蒙版的效果。

图7-148

图7-149

图7-150

图7-151

7.5.10 将路径转换为形状

选中路径，在选项栏中单击“形状”按钮即可将当前路径转换为形状对象。图7-152、图7-153、图7-154和图7-155所示分别为选项栏、原图、将路径转换为形状的效果图和“图层”面板。

图7-152

图7-153

图7-154

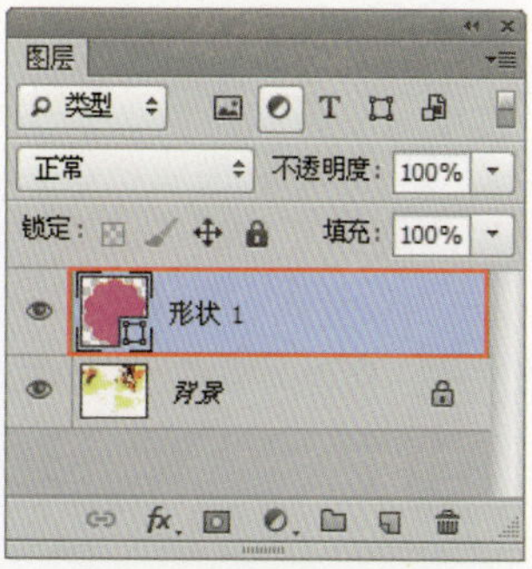

图7-155

7.5.11 填充路径

1 使用“钢笔工具”或“形状工具”（自定义形状工具除外）状态下，在绘制完成的路径上单击鼠标右键，在弹出的快捷菜单中执行“填充路径”命令，打开“填充路径”对话框，如图 7-156 所示。

2 在“填充路径”对话框中包含了多种类型的填充内容，可以设置当前填充内容的混合模式以及不透明度等属性，如图 7-157 所示。

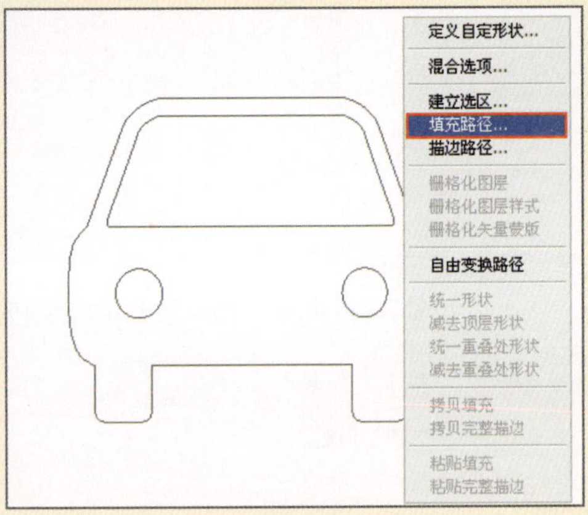

图7-156

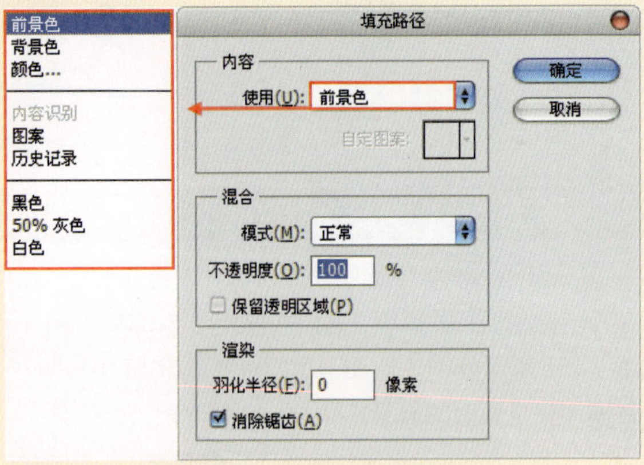

图7-157

3 可以尝试使用“颜色”与“图案”填充路径。图 7-158 和图 7-159 所示分别为颜色填充和图案填充两种效果图。

4 在“路径”面板中单击“用前景色填充路径”按钮 ，即可以当前前景色填充路径，如图 7-160 所示。

图7-158

图7-159

图7-160

7.5.12 描边路径

在 Photoshop 中可以使用多种工具进行描边路径，例如画笔、铅笔、橡皮擦、仿制图章等，如图 7-161 所示。“描边路径”命令能够以当前所使用的绘画工具沿任何路径创建描边。选中“模拟压力”复选框可以模拟手绘描边效果，取消选中后，描边为线性、均匀的效果。

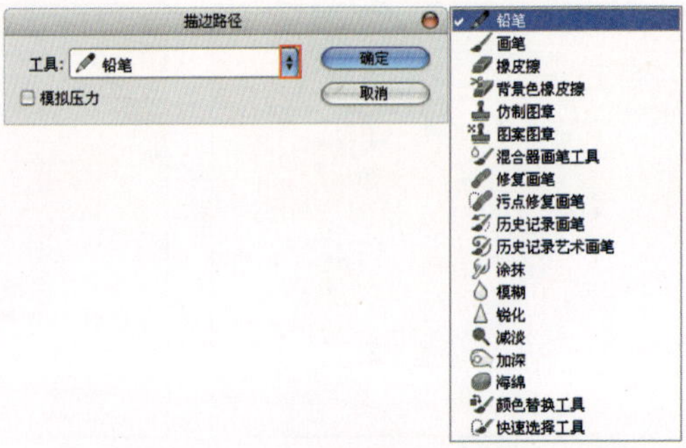

图7-161

1 使用“钢笔工具”或“形状工具”绘制出路径，在描边之前需要先设置好描边工具的参数，如图 7-162 所示。

2 在路径上单击鼠标右键，在弹出的快捷菜单中执行“描边路径”命令，打开“描边路径”对话框，在该对话框中可以选择描边的工具，如图 7-163 所示，画笔描边路径的效果如图 7-164 所示。

图7-162

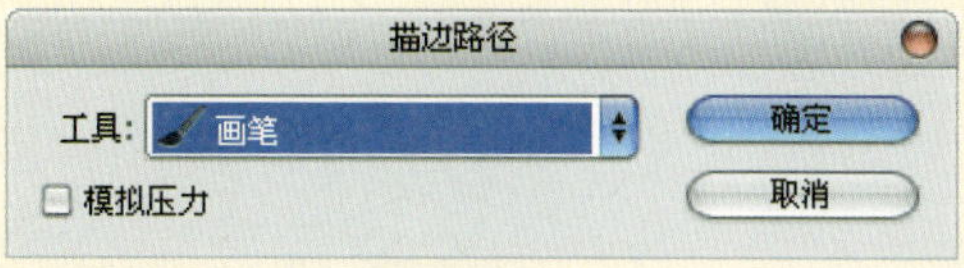

图7-163

图7-164

技巧提示

设置好画笔的参数后，在使用画笔状态下按Enter键可以直接为路径描边。

3 在“路径”面板中单击“用画笔描边路径”按钮，即可以当前画笔设置描边路径，如图 7-165 所示。

图7-165

命令实训 使用描边路径制作花边文字

案例文件	案例文件\第7章\7.5.12\使用描边路径制作花边文字.psd
视频教学	视频文件\第7章\使用描边路径制作花边文字.flv
难易指数	★★★★★
知识掌握	钢笔工具、描边路径、图层样式

案例效果

本案例主要使用“钢笔工具”、“描边路径”和“图层样式”命令制作花边文字效果，如图 7-166 所示。

图7-166

操作步骤

1 打开本书配套光盘中的背景素材“1.jpg”和图案素材文件“2.png”，设置前景色为白色，如图 7-167 所示。

2 隐藏“背景”图层，选择图案素材图层，执行“编辑 > 定义画笔预设”命令，在弹出的对话框中的文本框键入名称，单击“确定”按钮结束操作，如图 7-168 所示。打开“画笔”面板，在弹出的对话框中选择“画笔笔尖形状”，设置“画笔大小”数值为 20 像素，“间距”数值为 102%，如图 7-169 所示。

图7-167

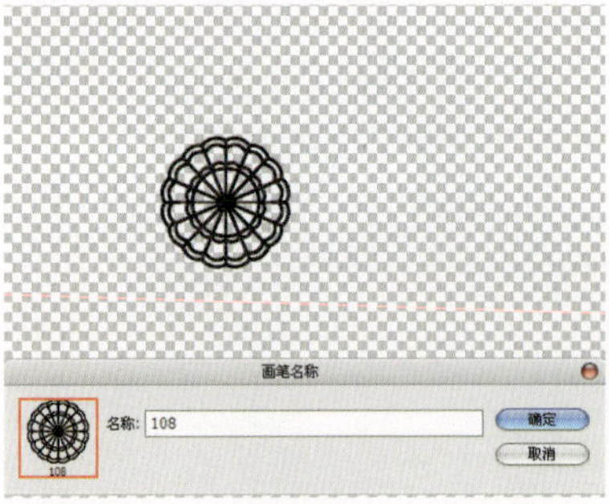

图7-168

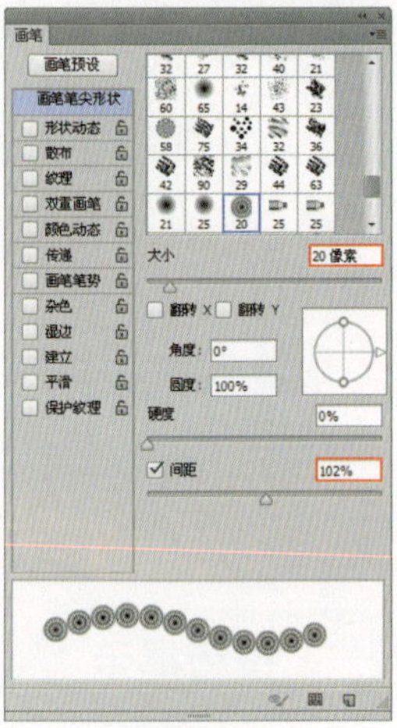

图7-169

3 单击“横排文字工具”按钮 T，选择设置适当的字体、字号及颜色并键入字母，如图 7-170 所示。

4 在“文字”图层单击鼠标右键，在弹出的快捷菜单中执行“转换为形状”命令，如图 7-171 所示。

图7-170

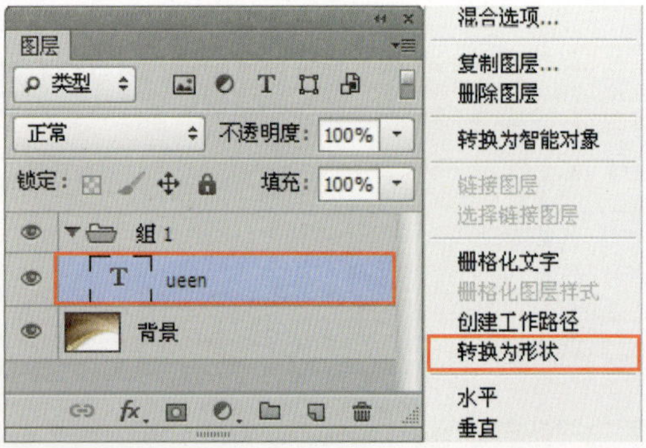

图7-171

5 选择工具箱中的“直接选择工具”，在形状状态下进行编辑变形，效果如图 7-172 所示。

6 合并所有文字图层，执行“图层 > 图层样式 > 内阴影”命令，设置“混合模式”为正片叠底，颜色为红色，“不透明度”数值为 75%，“角度”数值为 120° ，“距离”数值为 5，“大小”数值为 16，如图 7-173 所示。

图7-172

7 选中“外发光”复选框，设置“混合模式”为滤色，“不透明度”数值为75%，“方法”为柔和，“范围”数值为50%，如图7-174所示。

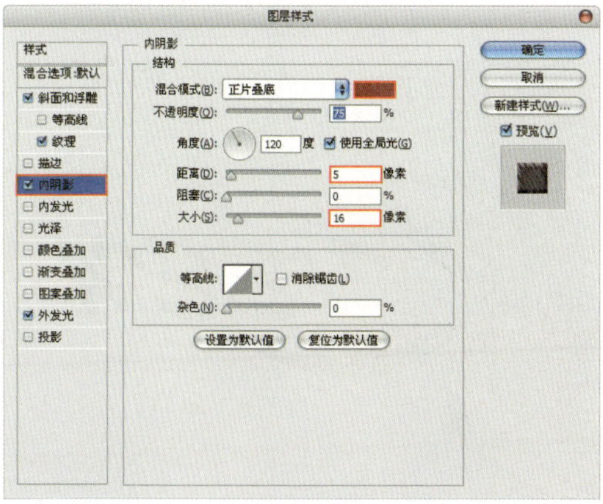

图7-173

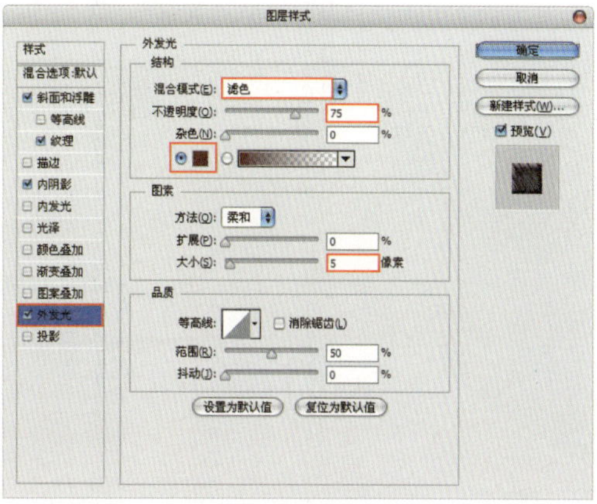

图7-174

8 选中“斜面和浮雕”复选框，设置“样式”为内斜面，“方法”为平滑，“深度”数值为100%，“方向”为上，“大小”数值为5，“角度”数值为120度，“高度”数值为30度，“高光模式”为滤色，“阴影模式”为正片叠底，“不透明度”数值为75%，如图7-175所示。

9 选中“纹理”复选框，设置合适的图案类型，设置“缩放”数值为100，“深度”数值为100，选中“与图层链接”复选框，如图7-176和图7-177所示。

10 载入“文字”图层选区，单击鼠标右键，在弹出的快捷菜单中执行“建立工作路径”命令，将选区转换为路径。为了便于观察，可以隐藏文字图层，如图7-178所示。

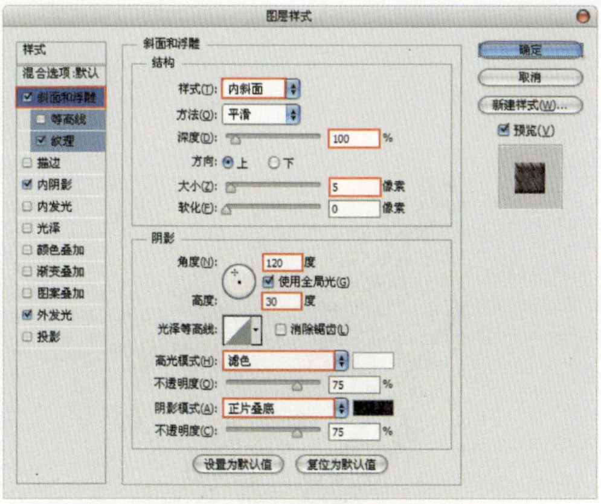

图7-175

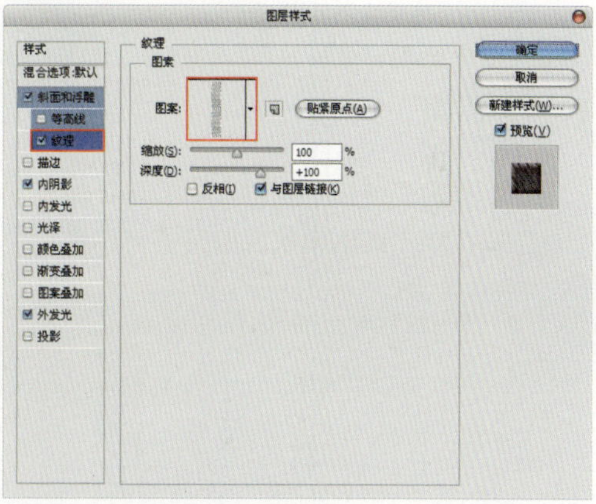

图7-176

图7-177

图7-178

11 在“文字”图层下新建图层，单击鼠标右键，在弹出的快捷菜单中执行“描边路径”命令，如图7-179所示。在弹出的对话框中选择“画笔”工具。由于前面的步骤中已经对画笔进行过设置，所以这里可以直接进行描边，最终效果如图7-180所示。

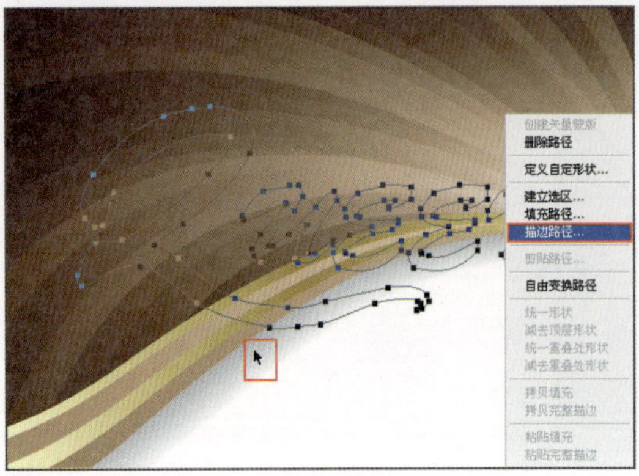

图7-179

图7-180

综合演练 制作欧美风格招贴

案例文件	案例文件\第7章\综合演练\制作欧美风格招贴.psd
视频教学	视频文件\第7章\制作欧美风格招贴.flv
难易指数	★★★★☆
知识掌握	自定形状工具、钢笔工具

案例效果

本案例主要使用“自定形状工具”和“钢笔工具”制作欧美风格招贴，如图7-181所示。

图7-181

操作步骤

1 新建文件，单击工具箱中的“渐变工具”按钮，在渐变编辑器中编辑一种金黄色的线性渐变，按Shift键在背景中自上而下填充渐变，如图7-182所示。

2 导入装饰素材“1.png”，如图 7-183 所示。

3 为了便于观察可以将花纹素材隐藏。新建图层，单击工具箱中的“矩形工具”按钮，设置前景色为白色，单击选项栏中的“像素”按钮，在画布中绘制一个白色的矩形，如图 7-184 所示。

图7-182

图7-183

图7-184

4 按 Ctrl+T 组合键，再单击鼠标右键，在弹出的快捷菜单中执行“旋转”命令，将其旋转到合适的角度，如图 7-185 所示。

5 再次新建图层，同样使用“矩形工具”绘制多个黑色的矩形，并进行旋转，如图 7-186 所示。

6 单击工具箱中“橡皮擦工具”按钮，在打开的属性栏上设置“硬度”数值为 100%，“不透明度”数值为 100%，“流量”数值为 100%，适当擦去黑色矩形的顶部，如图 7-187 所示。

图7-185

图7-186

图7-187

7 用同样的方法绘制蓝色的矩形，如图 7-188 所示。

8 再次导入一个矢量感花纹素材“2.png”，如图 7-189 所示。

图7-188

图7-189

9 新建图层，单击“椭圆工具”按钮，在打开的选项栏中单击“路径”按钮，再单击选项栏中的“减去顶层形状”按钮，如图 7-190 所示。在画面中按 Shift 键绘制一个正圆路径，接着使用“矩形工具”在圆形上绘制多个相同高度、相同距离的矩形，如图 7-191 所示。

10 单击鼠标右键，在弹出的快捷菜单中执行“转换为选区”命令，并为其填充淡红色及旋转适当的角度。使用“矩形选框工具”框选出圆形底部区域，按 Delete 键清除选区部分，效果如图 7-192 所示。

11 复制圆形图层，移动到合适的位置，如图 7-193 所示。

图7-190

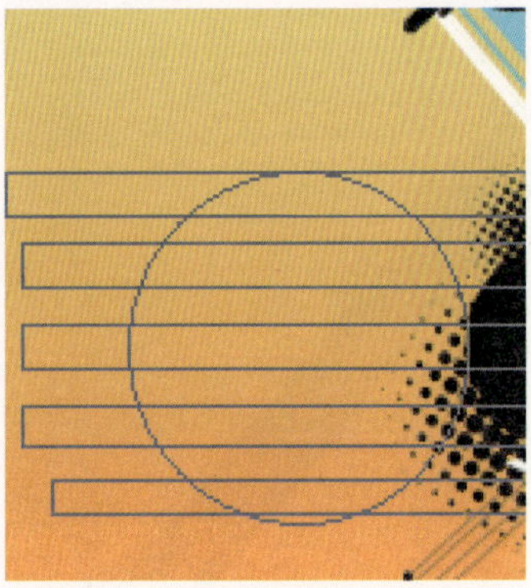

图7-191

图7-192

图7-193

12 用相同方法新建图层，绘制一个红色的矩形并旋转到合适角度，将其“不透明度”设置为 85%。使用“钢笔工具”在红色矩形的一端绘制出喷溅效果的路径，转换为选区后删除选区中的红色矩形部分，效果如图 7-194 所示。

13 新建图层，设置前景色为红灰色，单击“自定义形状工具”按钮，在打开的选项栏中单击“像素填充”按钮，在自定义形状列表中选择箭头图案，如图 7-195 所示。在画面中绘制一个箭头，并将其旋转合适的角度，如图 7-196 所示。

14 继续使用“钢笔工具”在箭头尾部绘制选区并填充相同颜色，以加长箭头，如图 7-197 所示。

图7-194

图7-195

图7-196

图7-197

15 新建图层，单击“椭圆形状工具”按钮，在打开的选项栏中单击“路径”按钮，再单击“减去顶层形状”按钮，如图 7-198 所示。按 Shift 键绘制两个大小不同的同心圆。单击鼠标右键，执行相应命令将其转化为选区并填充红色，使之成为红色圆环，如图 7-199 所示。

图7-198

图7-199

16 按照相同方法绘制出其他圆形，如图 7-200 所示。

17 在圆环上使用“钢笔工具”分别绘制出不同颜色的矩形，建立选区并填充与圆环相同的颜色，如图 7-201 和图 7-202 所示。

图7-200

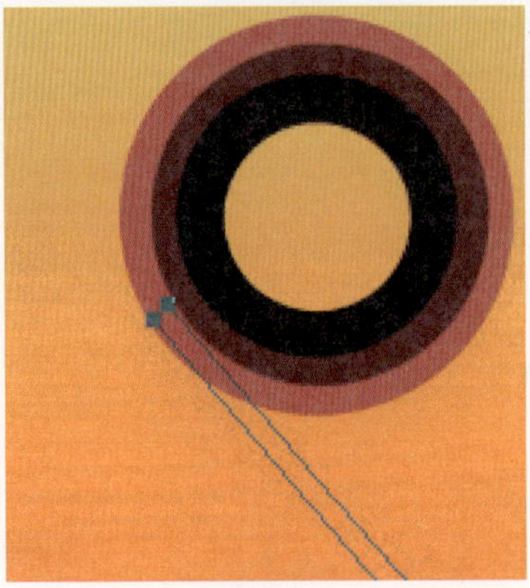

图7-201

图7-202

18 选择“箭头”图层，按 Ctrl 键单击“箭头”图层缩览图，将其载入选区，如图 7-203 所示。

19 按 Ctrl+Shift+I 组合键，选择反向选区，如图 7-204 所示。选择圆环图层，单击“图层”面板下的“添加图层蒙版”按钮，为圆环添加图层蒙版，如图 7-205 所示。

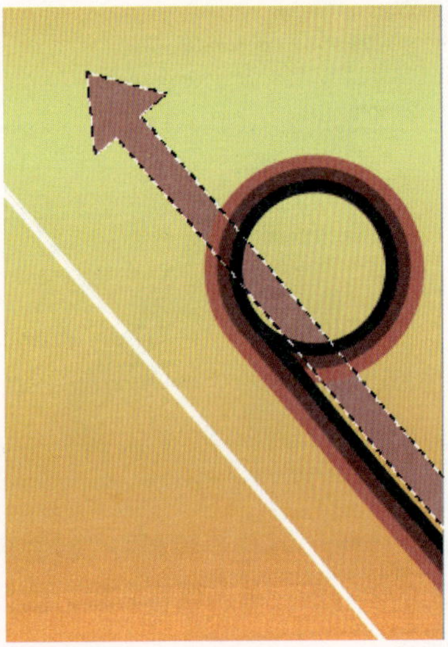

图7-203

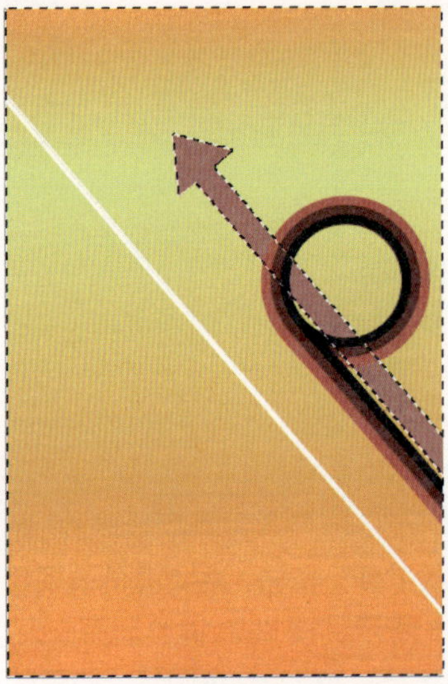

图7-204

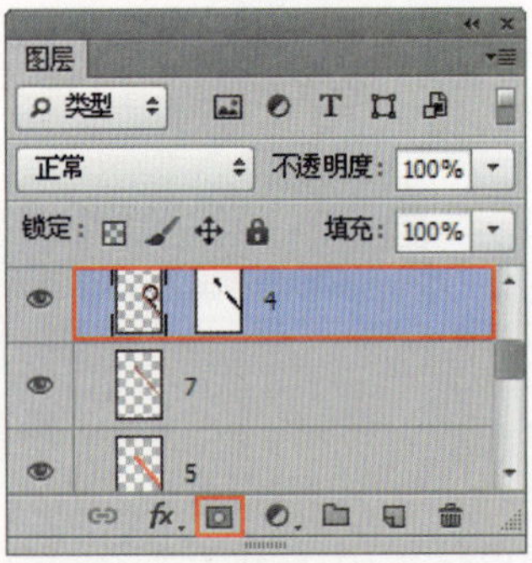

图7-205

20 使用“橡皮工具”擦去圆环与箭头重叠的上部区域，如图 7-206 所示。

21 用相同方法绘制其他多个圆环，如图 7-207 所示。

22 新建图层，设置前景色为黑色，选择“自定义形状工具”，单击“像素填充”按钮，选择桃心图案绘制多个桃心。用相同方法绘制白色三角形图案，效果如图 7-208 所示。

图7-206

图7-207

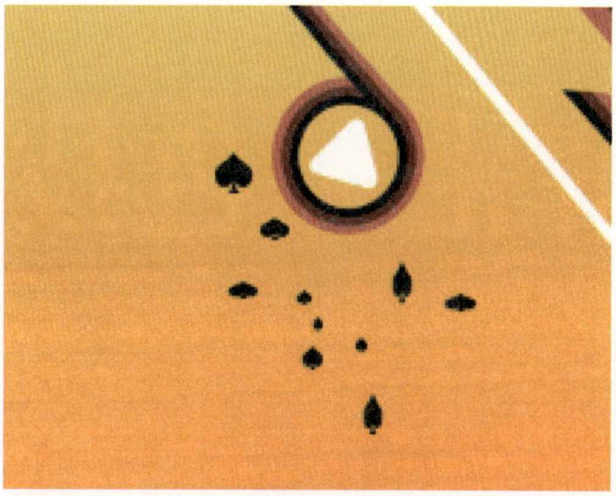

图7-208

23 导入前景素材“3.png”，并将其他素材图层显示出来以丰富画面效果，如图 7-209 所示。

24 最后使用“横排文字工具”键入装饰文字，按 Ctrl+T 组合键自由变换到合适的角度以及大小，最终效果如图 7-210 所示。

图7-209

图7-210

第 8 章

解密调色技术

本章学习要点：

- 掌握常用的色彩调整命令的使用方法
- 掌握多种风格色调的调整方法

色彩的直接心理效应来自色彩的物理光刺激对人的生理发生的直接影响。色彩是视觉最敏感的东西。一幅优秀作品最吸引观众的地方来自于色差对人们的感官刺激。当然摄影作品通常是由多种颜色组成，而且优秀的作品离不开合理的色彩搭配，如图 8-1 和图 8-2 所示。

图8-1

图8-2

8.1 了解图像的颜色模式

Photoshop CS6

图像的颜色模式就是将某种颜色表现为数字形式的模型，或者说是一种记录图像颜色的方式。当使用计算机处理数码照片时就会经常涉及到“颜色模式”这一概念。在 Photoshop 中，颜色模式分为位图模式、灰度模式、双色调模式、索引颜色模式、RGB 颜色模式、CMYK 颜色模式、Lab 颜色模式和多通道模式，如图 8-3 所示。执行“图像 > 模式”命令，在子菜单中即可对图像的颜色模式以及位深度进行调整，在画布上方的名称栏中可以查看图像的颜色模式及颜色深度信息，如图 8-4 所示。

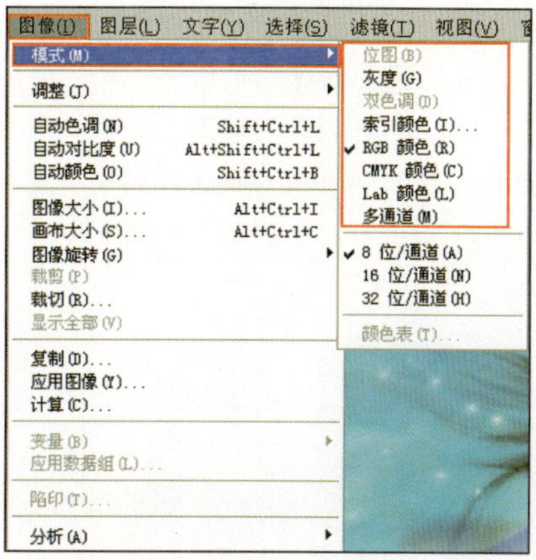

图8-3

图8-4

- **位图模式：**将图像转换为位图模式会使图像减少到两种颜色，从而极大简化了图像中的颜色信息，同时也减小了文件的大小。位图模式就是使用黑色、白色两种颜色值中的一个来表示图像中的像素。由于位图模式只能包含黑白两种颜色，若要将一幅彩色图像转换为位图模式时，就需要先将其转换为灰度模式，这样就可以先删除像素中的色相和饱和度信息，从而只保留亮度值。由于在位图模式图像只有很少的编辑命令可用，因此需要在灰度模式下编辑图像，然后再将其转换为位图模式。图 8-5 所示为 RGB 颜色模式的图像，图 8-6 所示为位图颜色模式的图像。

图8-5

图8-6

- **灰度模式：**是用单一色调来表现图像的一种模式，在图像中可以使用不同的灰度级。在 8 位图像中，最多有 256 级灰度，灰度图像中的每个像素都有一个 0（黑色）~ 255（白色）之间的亮度值；在 16 位和 32 位图像中，图像的级数比 8 位图像要大得多。图 8-7 所示为 RGB 模式的图像效果，图 8-8 所示为灰度模式的图像效果。

图8-7

图8-8

- **双色调模式**：在 Photoshop 中，双色调模式是指通过 1~4 种自定油墨创建的单色调、双色调、三色调和四色调的灰度图像，而非由两种颜色构成图像的颜色模式。单色调是用非黑色的单一油墨打印的灰度图像，双色调、三色调和四色调分别是用 2 种、3 种或 4 种油墨打印的灰度图像。图 8-9 所示为 RGB 模式图像，图 8-10 所示为单色调模式图像，图 8-11 所示为双色调颜色模式图像。

图8-9

图8-10

图8-11

- **索引颜色模式**：索引颜色是基于 RGB、CMYK 等更基本的位图图像颜色的一种编码方法，可以通过限制图像中的颜色总数来实现有损压缩。如果要将图像转换为索引颜色模式，那么这张图像就必须是 8 位 / 通道的图像、灰度图像或是 RGB 颜色模式的图像，如图 8-12 所示。
- **RGB 模式**：是一种发光模式（也叫“加光”模式），同时也是进行图像处理时最常用到的一种模式。RGB 分别代表 Red（红色）、Green（绿色）、Blue（蓝），在“通道”调板中可以查看到 3 种颜色通道的状态信息。RGB 颜色模式所包括的颜色信息（色域）有 1670 多万种，是一种真色彩颜色模式，其图像只有在发光体上才能显示出来，例如显示器、电视等，如图 8-13 所示。

图8-12

图8-13

- **CMYK模式**： CMY是3种印刷油墨名称的首字母，C代表Cyan（青色）、M代表Magenta（洋红）、Y代表Yellow（黄色），而其中的字母K则是代表Black（黑色），CMYK颜色模式是一种印刷模式。CMYK颜色模式包含的颜色总数比RGB模式少很多，所以在显示器上观察到的图像要比印刷出来的图像亮丽一些。在“通道”调板中可以查看到4种颜色通道的状态信息，CMYK模式也叫“减光”模式，该模式下的图像只有在印刷体上才可以观察到，例如纸张，如图8-14所示。

- **Lab 模式**：其亮度分量（L）范围是从 0 ~100，在 Adobe 拾色器和“颜色”调板中，a 分量（绿色 - 红色轴）和 b 分量（蓝色 - 黄色轴）的范围是从 +127 ～ -128。Lab 颜色模式是由照度（L）和有关色彩的 a、b 这 3 个要素组成，L 表示 Luminosity（照度），相当于亮度；a 表示从红色到绿色的范围；b 表示从黄色到蓝色的范围，如图 8-15 所示。

图8-14

图8-15

技巧提示

Lab颜色模式是最接近真实世界颜色的一种色彩模式，同时包括RGB颜色模式和CMYK颜色模式中的所有颜色信息。所以在将RGB颜色模式转换成CMYK颜色模式之前，要先将RGB颜色模式转换成Lab颜色模式，再将Lab颜色模式转换成CMYK颜色模式，这样就不会丢失颜色信息。

- **多通道模式**：将一张 RGB 颜色模式的图像转换为多通道模式的图像后，之前的 R、G、B 这 3 个通道将变成青色、洋红、黄色 3 个通道，多通道颜色模式的图像在每个通道中都包含 256 个灰阶，这对于特殊打印时非常有用。多通道模式图像可以存储为 PSB、PSD、EPS 和 RAW 格式。图 8-16 所示为 RGB 模式图像，图 8-17 所示为转换为多通道模式的效果。

图8-16

图8-17

8.2 自动调整图像颜色

Photoshop CS6

在调整菜单下通常包含三个可以快速自动调整图像颜色的命令，分别是“自动色调”、“自动对比度”和“自动颜色”。这些命令是不需要进行参数设置的，自动调整图像颜色命令通常用于校正数码相片出现的明显的偏色、对比过低、颜色暗淡等常见问题。图 8-18 所示为调整画面亮度，图 8-19 所示为调整画面对比度，图 8-20 所示为调整画面色调。

图8-18

图8-19

图8-20

命令实训 快速矫正偏色图像

案例文件	案例文件\第8章\8.2\快速矫正偏色图像.psd
视频教学	视频文件\第8章\快速矫正偏色图像.flv
难易指数	★★★☆☆
知识掌握	自动色调、自动颜色

案例效果

本案例主要执行“自动色调”命令与“自动颜色”命令矫正画面偏灰过亮的问题。图 8-21 和图 8-22 所示为原图与效果图的对比。

图8-21

图8-22

操作步骤

1 打开本书配套光盘中的背景文件，如图 8-23 所示。执行“图像 > 自动色调”命令，或按 Shift+Ctrl+L 组合键，如图 8-24 所示，得到的效果如图 8-25 所示。

图8-23

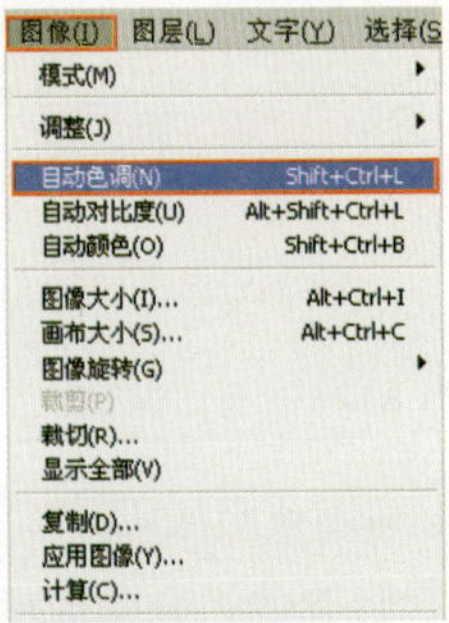

图8-24

图8-25

2 执行“图像 > 自动颜色”命令，如图 8-26 所示。或按 Shift+Ctrl+B 组合键，校正画面颜色，最终效果如图 8-27 所示。

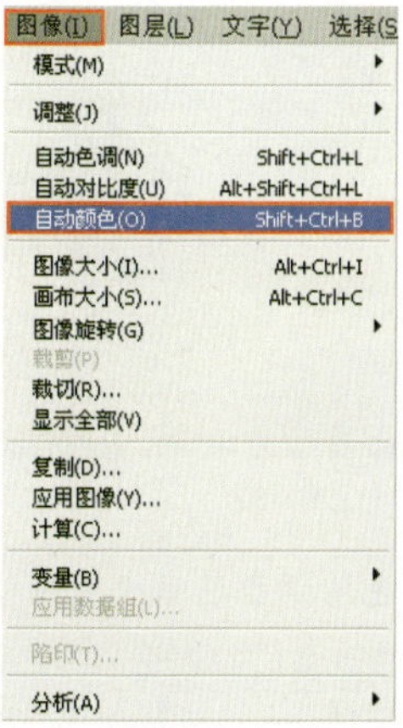

图8-26

图8-27

8.3 亮度/对比度

Photoshop CS6

“亮度 / 对比度”命令是非常常用的影调调整命令，可以对图像的色调范围进行简单调整，能够快速校正图像“发灰”的问题，图 8-28 和图 8-29 所示为对比效果。执行“图像 > 调整 > 亮度 / 对比度”菜单命令，就可以打开“亮度 / 对比度”对话框，如图 8-30 所示。

图8-28

图8-29

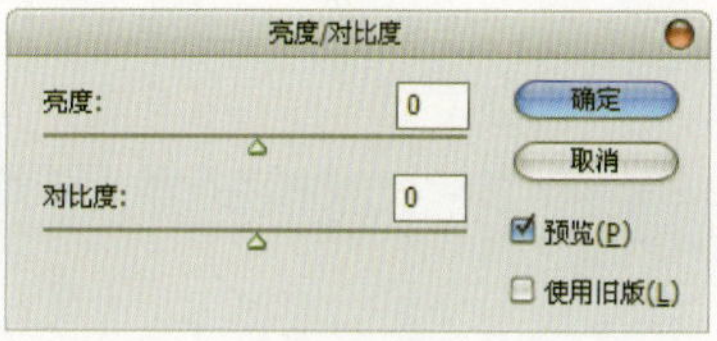

图8-30

- **亮度**：用来设置图像的整体亮度。数值为负值时，表示降低图像的亮度；数值为正值时，表示提高图像的亮度。
- **对比度**：用于设置图像亮度对比的强烈程度。
- **预览**：选中该复选框后，在“亮度 / 对比度”对话框中调节参数时，可以在文档窗口中观察到图像的亮度变化。
- **使用旧版**：选中该复选框后，可以得到与 Photoshop CS3 以前版本相同的调整结果。

8.4 色阶

Photoshop CS6

“色阶”命令是一个非常强大的调整工具，不仅可以针对图像进行明暗对比的调整，还可以分别对图像的阴影、中间调和高光强度级别进行调整，以及分别对各个通道进行调整，以调整图像明暗对比或者色彩倾向，图 8-31 和图 8-32 所示为对比效果。执行“图像 > 调整 > 色阶”菜单命令或按 Ctrl+L 组合键，就可以打开“色阶”对话框，如图 8-33 所示。

图8-31

图8-32

- **预设 / 预设选项**：单击“预设”下拉列表，可以选择一种预设的色阶调整选项来对图像进行调整；单击“预设选项”按钮，可以对当前设置的参数进行保存，或载入一个外部的预设调整文件。
- **通道**：在其下拉列表中可以选择一个通道来对图像进行调整，以校正图像的颜色。
- **输入色阶**：这里可以通过拖曳滑块来调整图像的阴影、中间调和高光，同时也可以直接在对应的输入框中输入数值。将滑块向左拖曳，可以使图像变暗；将滑块向右拖曳，可以使图像变亮。
- **输出色阶**：这里可以设置图像的亮度范围，从而降低对比度。

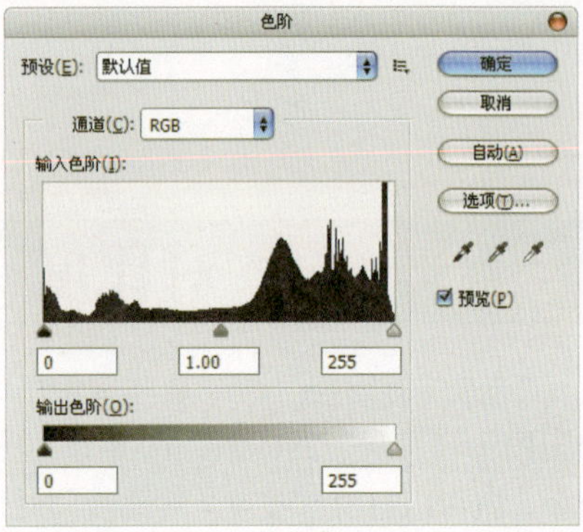

图8-33

- **自动**：单击该按钮，Photoshop 会自动调整图像的色阶，使图像的亮度分布更加均匀，从而达到校正图像颜色的目的。
- **选项**：单击该按钮，可以打开“自动颜色校正选项”对话框。在该对话框中可以设置单色、每通道、深色和浅色的算法等。
- **在图像中取样以设置黑场**：使用该吸管在图像中单击取样，可以将单击点处的像素调整为黑色，同时图像中比该单击点暗的像素也会变成黑色。
- **在图像中取样以设置灰场**：使用该吸管在图像中单击取样，可以根据单击点像素的亮度来调整其他中间调的平均亮度。
- **在图像中取样以设置白场**：使用该吸管在图像中单击取样，可以将单击点处的像素调整为白色，同时图像中比该单击点亮的像素也会变成白色。

8.5 曲线

Photoshop CS6

通过调整“曲线”的形状，不单单可以对图像的明暗进行调整，更加具备了“亮度 / 对比度”、“色彩平衡”、“阈值”和“色阶”等命令的功能。图 8-34 和图 8-35 所示为对比效果。执行“曲线 > 调整 > 曲线”菜单命令或按 Ctrl+M 组合键，就可以打开“曲线”对话框，如图 8-36 所示。

- **预设 / 预设选项**：在“预设”下拉列表中共有 9 种曲线预设效果；单击“预设选项”按钮，可以对当前设置的参数进行保存，或载入一个外部的预设调整文件。
- **通道**：在其下拉列表中可以选择一个通道来对图像进行调整，以校正图像的颜色。
- **编辑点以修改曲线**：使用该工具在曲线上单击，可以添加新的控制点，通过拖曳控制点可以改变曲线的形状，从而达到调整图像的目的。

图8-34

图8-35

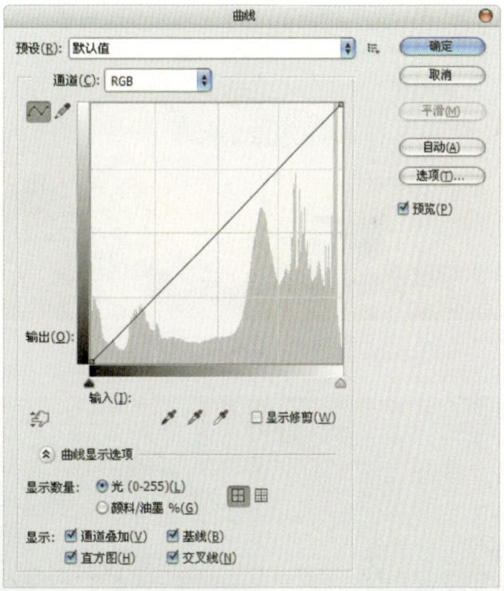

图8-36

- **通过绘制来修改曲线**：使用该工具可以以手绘的方式自由绘制出曲线，绘制好曲线后单击“编辑点以修改曲线”按钮，可以显示出曲线上的控制点。
- **平滑**：使用“通过绘制来修改曲线”绘制出曲线以后，单击“平滑”按钮，可以对曲线进行平滑处理。
- **在曲线上单击并拖动可修改曲线**：选择该工具以后，将光标放置在图像上，曲线上会出现一个圆圈，表示光标处的色调在曲线上的位置，在图像上中单击并拖曳鼠标左键可以添加控制点以调整图像的色调。
- **输入/输出**：“输入”即“输入色阶“，显示的是调整前的像素值；“输出”即“输出色阶”，显示的是调整以后的像素值。
- **自动**：单击该按钮，可以对图像应用“自动色调”、“自动对比度”或“自动颜色”校正。
- **选项**：单击该按钮，可以打开“自动颜色校正选项”对话框。在该对话框中可以设置单色、每通道、深色和浅色的算法等。
- **显示数量**：包含“光（0-255）”和“颜料/油墨%”两种显示方式。
- **以四分之一色调增量显示简单网格/以10%增量显示详细网格**：单击“以四分之一色调增量显示简单网格”按钮，可以以1/4（即25%）的增量来显示网格，这种网格比较简单；单击“以10%增量显示详细网格”按钮，可以以10%的增量来显示网格，这种更加精细。
- **通道叠加**：选中该复选框，可以在复合曲线上显示颜色通道。
- **基线**：选中该复选框，可以显示基线曲线值的对角线。
- **直方图**：选中该复选框，可在曲线上显示直方图以作为参考。
- **交叉线**：选中该复选框，可以显示用于确定点的精确位置的交叉线。

8.6 曝光度

Photoshop CS6

使用“曝光度”命令可以通过对曝光度、位移、灰度系数这3个参数调整照片的对比反差，从而修复数码照片中常见的曝光过度与曝光不足等问题，如图8-37、图8-38和图8-39所示。“曝光度”命令不是通过当前颜色空间，而是通过在线性颜色空间执行计算而得出的曝光效果。执行“图像 > 调整 > 曝光度”菜单命令，打开“曝光度”对话框，如图 8-40 所示。

图8-37

图8-38

图8-39

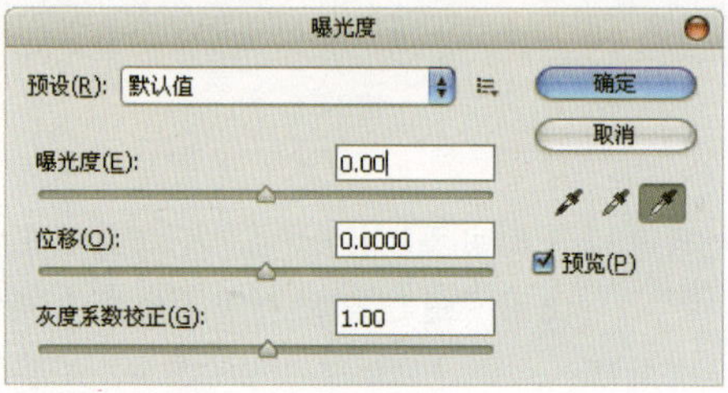

图8-40

- **预设 / 预设选项**：Photoshop 预设了 4 种曝光效果，分别是“减 1.0”、“减 2.0”、“加 1..0”和“加 2.0”；单击“预设选项”按钮，可以对当前设置的参数进行保存，或载入一个外部的预设调整文件。
- **曝光度**：向左拖曳滑块，可以降低曝光效果；向右拖曳滑块，可以增强曝光效果。
- **位移**：该选项主要对阴影和中间调起作用，可以使其变暗，但对高光基本不会产生影响。
- **灰度系数校正**：使用一种乘方函数来调整图像灰度系数。

综合演练 1 矫正偏暗的图像

案例文件	案例文件\第8章\综合演练1\矫正偏暗的图像.psd
视频教学	视频文件\第8章\矫正偏暗的图像.flv
难易指数	★★★☆☆
知识掌握	曝光度命令、亮度/对比度

案例效果

本案例主要使用“曝光度”命令矫正画面亮度，并使用“亮度 / 对比度”增强对比效果。原图与效果图的对比如图 8-41 和图 8-42 所示。

图8-41

图8-42

操作步骤

1 打开本书配套光盘中的背景文件，如图8-43所示。单击“图层”面板中的“调整图层”按钮，在弹出的菜单中执行“曝光度”命令，如图8-44所示。

图8-43

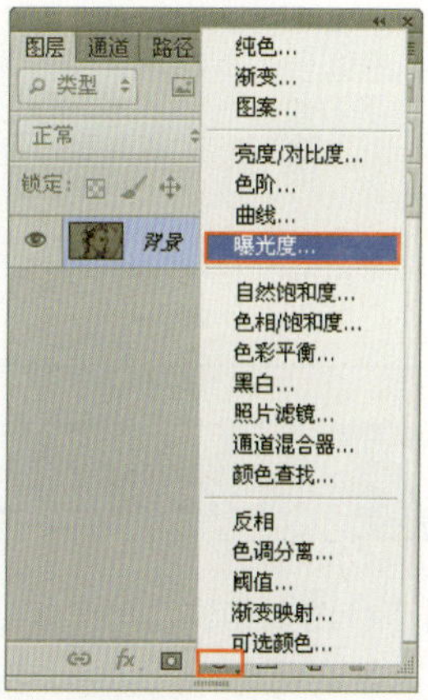

图8-44

2 设置“曝光度”数值为2.15，“位移”数值为-0.03，“灰度系数校正”数值为1，如图8-45所示，效果如图8-46所示。

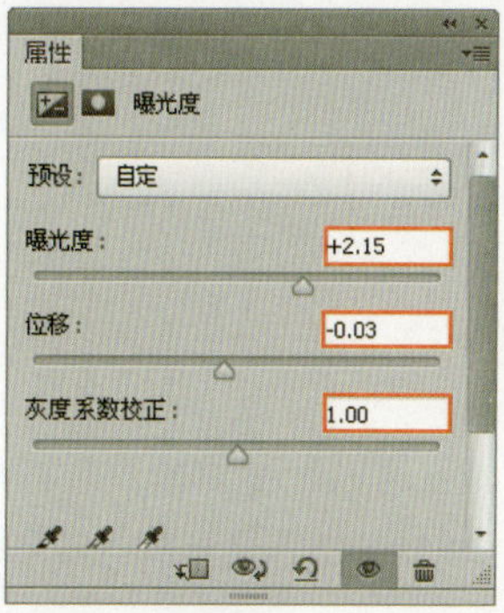

图8-45

图8-46

3 再次创建“亮度/对比度”调整图层，设置“亮度”数值为5，“对比度”数值为31，如图8-47所示，效果如图8-48所示。

4 创建“自然饱和度”图层，设置“自然饱和度”数值为31，如图8-49所示，最终效果如图8-50所示。

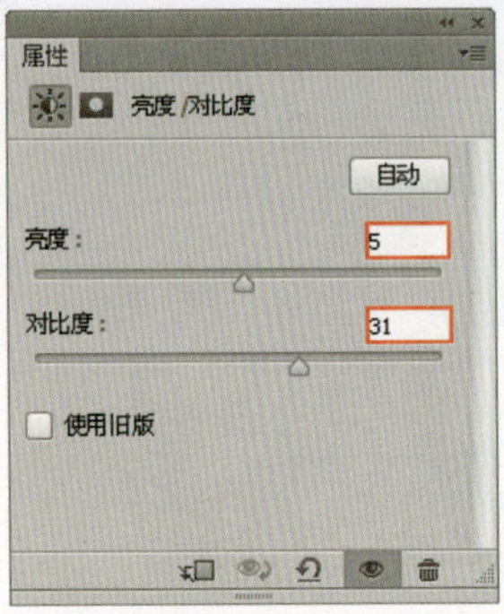

图8-47

图8-48

图8-49

图8-50

8.7 自然饱和度

Photoshop CS6

使用“自然饱和度”命令可以在增加图像饱和度时有效地避免颜色过于饱和而出现溢色现象，同时也可以增加图像饱和度，如图 8-51 和图 8-52 所示。执行“图像 > 调整 > 自然饱和度”菜单命令，从而打开“自然饱和度”对话框，如图 8-53 所示。

图8-51

图8-52

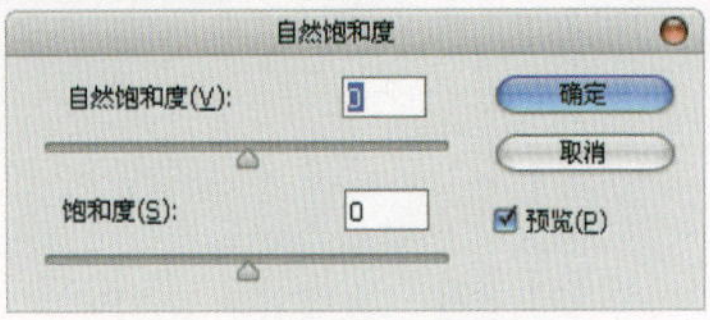

图8-53

- **自然饱和度**：向左拖曳滑块，可以降低颜色的饱和度；向右拖曳滑块，可以增加颜色的饱和度。调节“自然饱和度”选项不会生成饱和度过高或过低的颜色，画面始终保持一个比较平衡的色调，对于调节人像非常有用。
- **饱和度**：向左拖曳滑块，可以增加所有颜色的饱和度；向右拖曳滑块，可以降低所有颜色的饱和度。

8.8 色相/饱和度

Photoshop CS6

“色相 / 饱和度”命令的使用可以进行色相、饱和度、明度的调整，同时也可以在“色相 / 饱和度”

菜单中选择某一单个通道进行调整，如图 8-54 所示。执行“图像 > 调整 > 色相 / 饱和度”菜单命令或按 Ctrl+U 组合键，可以打开“色相 / 饱和度”对话框，如图 8-55 所示。

图8-54

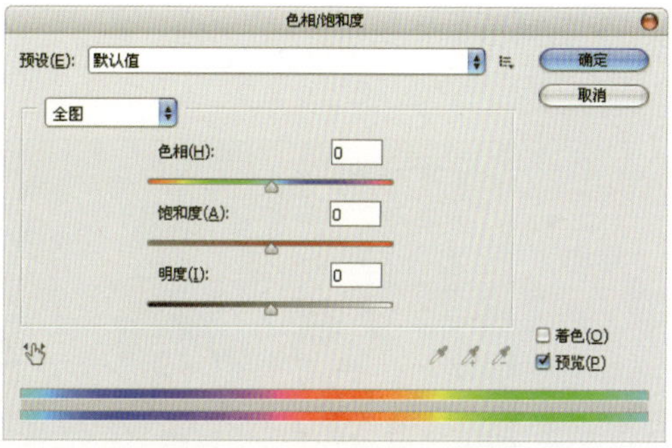

图8-55

- **预设 / 预设选项**：在“预设”下拉列表中提供了 8 种色相 / 饱和度预设；单击“预设选项”按钮，可以对当前设置的参数进行保存，或载入一个外部的预设调整文件。
- **通道下拉列表** 全图：在通道下拉列表中可以选择全图、红色、黄色、绿色、青色、蓝色和洋红通道进行调整。选择好通道以后，拖曳下面的“色相”、“饱和度”和“明度”的滑块，可以对该通道的色相、饱和度和明度进行调整。
- **在图像上单击并拖动可修改饱和度**：使用该工具在图像上单击设置取样点以后，向右拖曳鼠标可以增加图像的饱和度，向左拖曳鼠标可以降低图像的饱和度。
- **着色**：选中该复选框以后，图像会整体偏向于单一的红色调，还可以通过拖曳 3 个滑块来调节图像的色调。

综合演练 2 还原图像艳丽色彩

案例文件	案例文件\第8章\综合演练2\还原图像艳丽色彩.psd
视频教学	视频文件\第8章\还原图像艳丽色彩.flv
难易指数	★★★★★
知识掌握	色相/饱和度、自然饱和度

案例效果

本案例主要使用“色相 / 饱和度”命令和“自然饱和度”命令提高画面饱和度从而制作出艳丽的色彩。原图与效果图分别如图 8-56 和图 8-57 所示。

图8-56

图8-57

操作步骤

1 打开本书配套光盘中的背景文件，如图 8-58 所示。单击“图层”面板中的“调整图层”按钮，在弹出的菜单中执行“色相 / 饱和度”命令，如图 8-59 所示。设置“饱和度”数值为 83，如图 8-60 所示，效果如图 8-61 所示。

图8-58

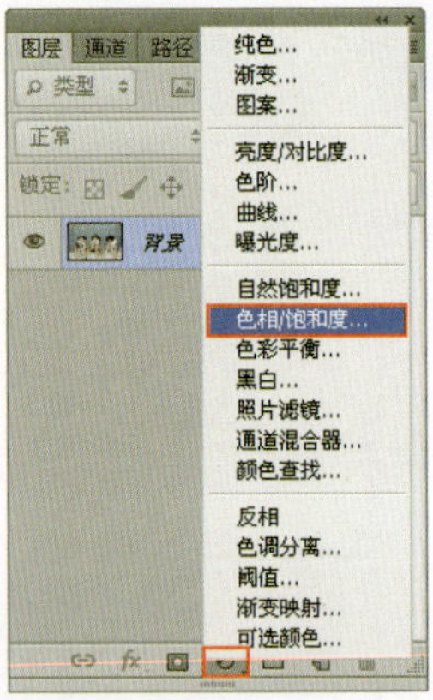

图8-59

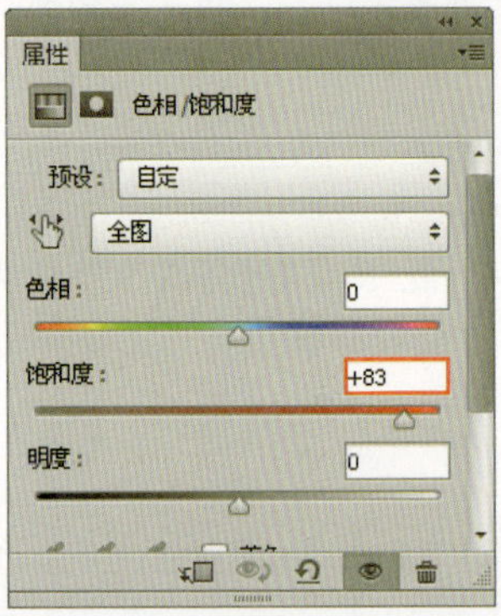

图8-60

图8-61

2 单击“图层”面板中“色相 / 饱和度”的图层蒙版，如图 8-62 所示。单击工具箱中的“画笔工具”按钮，设置前景色为黑色，在画面中涂抹人物皮肤部分，隐藏调整图层对多余部分的影响，如图 8-63 所示。

图8-62

图8-63

3 再次单击“调整图层”按钮，执行“自然饱和度”命令，设置“自然饱和度”数值为 100，如图 8-64 所示。最终效果如图 8-65 所示。

图8-64

图8-65

8.9 色彩平衡

Photoshop CS6

"色彩平衡"命令可以控制图像的颜色分布，使图像整体达到色彩平衡，如图 8-66 和图 8-67 所示。使用该命令调整图像的颜色时根据颜色的补色原理，要减少某个颜色就增加这种颜色的补色。执行"图像 > 调整 > 色彩平衡"菜单命令或按 Ctrl+B 组合键，以打开"色彩平衡"对话框，如图 8-68 所示。

图8-66

图8-67

- **色彩平衡**：用于调整"青色 - 红色"、"洋红 - 绿色"以及"黄色 - 蓝色"在图像中所占的比例，可以手动输入，也可以拖曳滑块来进行调整。
- **色调平衡**：选择调整色彩平衡的方式，包含"阴影"、"中间调"和"高光"3 个选项。
- **保持明度**：如果选中该复选框，还可以保持图像的色调不变，以防止亮度值随着颜色的改变而改变。

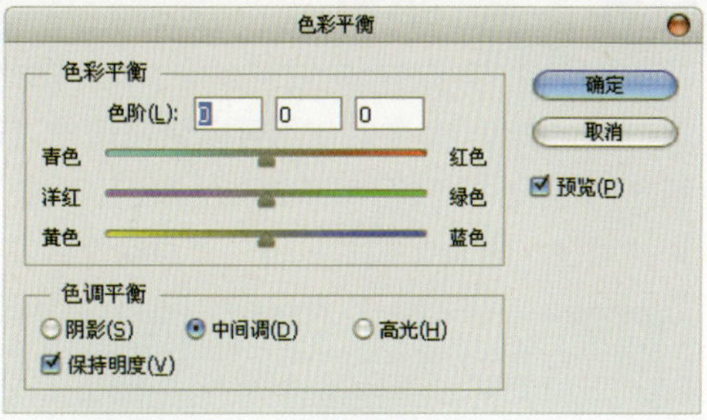

图8-68

8.10 黑白

Photoshop CS6

"黑白"命令不仅可以把彩色图像转换为黑色图像，同时还可以控制每一种色调的量，从而达到调整黑白画面层次感的目的，如图 8-69 和图 8-70 所示。另外"黑白"命令还可以将黑白图像转换为带有颜色的单色图像。执行"图像 > 调整 > 黑白"菜单命令或按 Alt+Shift+Ctrl+B 组合键，可以打开"黑白"对话框，如图 8-71 所示。

图8-69

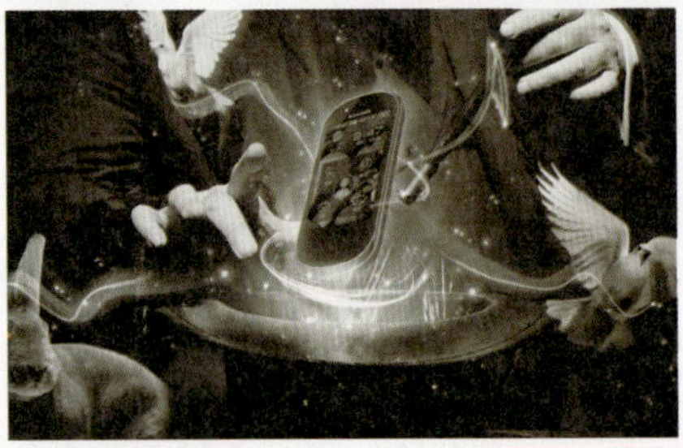

图8-70

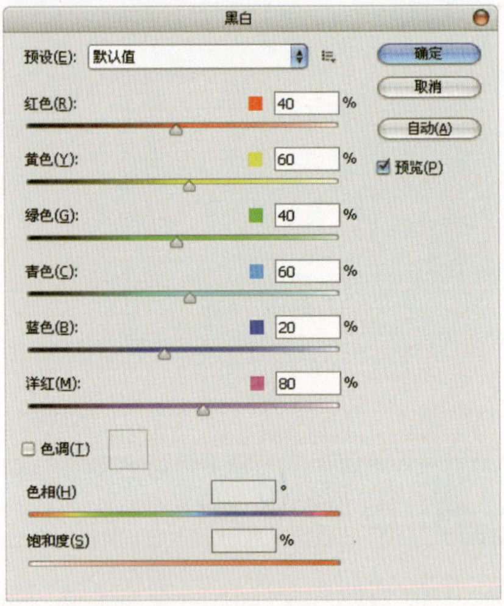

图8-71

答疑解惑

“去色”命令与“黑白”命令有什么不同?

“去色”命令只能简单地去掉所有颜色，只保留原图像中单纯的黑白灰关系，并且将丢失很多细节。而“黑白”命令则可以通过参数的设置调整各个颜色在黑白图像中的亮度，这是“去色”命令所不能够达到的，所以如果想要制作高质量的黑白照片则需要使用“黑白”命令。

- **预设**：在其下拉列表中提供了 12 种黑色效果，可以直接选择相应的预设来创建黑白图像。
- **颜色**：这 6 个选项用来调整图像中特定颜色的灰色调。
- **色调 / 色相 / 饱和度**：选中“色调”复选框，可以为黑色图像着色，以创建单色图像，另外还可以调整单色图像的色相和饱和度。

8.11 照片滤镜

Photoshop CS6

“照片滤镜”命令的使用可以快速调整通过镜头传输光的色彩平衡、色温和胶片曝光，以改变照片颜色倾向，如图 8-72 和图 8-73 所示。“照片滤镜”调整命令还可以模仿在相机镜头前面添加彩色滤镜的效果。执行“图像 > 调整 > 照片滤镜”菜单命令，打开“照片滤镜”对话框，如图 8-74 所示。

图8-72

图8-73

- **滤镜**：在其下拉列表中可以选择一种预设的效果应用到图像中。
- **颜色**：选中“颜色”单选按钮，可以自行设置颜色。
- **浓度**：设置滤镜颜色应用到图像中的颜色百分比。数值越高，应用到图像中的颜色浓度就越高；数值越小，应用到图像中的颜色浓度就越低。
- **保留明度**：选中该复选框后，可以保留图像的明度不变。

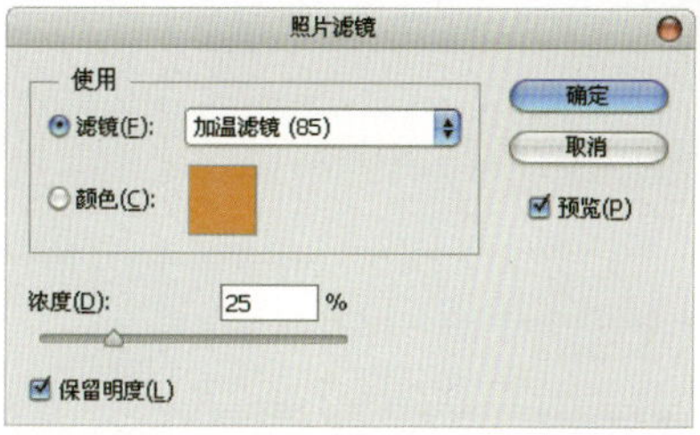

图8-74

8.12 通道混合器

Photoshop CS6

对图像执行“图像 > 调整 > 通道混合器”命令可以对图像的某一个通道的颜色进行调整，以创建出各种不同色调的图像，如图 8-75 和图 8-76 所示。同时“通道混合器”命令也可以用来创建高品质的灰度图像。执行“通道混合器”菜单命令打开其对话框可以从中对图像进行调整，如图 8-77 所示。

图8-75

图8-76

- **预设 / 预设选项**：Photoshop 提供了 6 种制作黑白图像的预设效果；单击“预设选项”按钮，可以对当前设置的参数进行保存，或载入一个外部的预设调整文件。
- **输出通道**：在下拉列表中可以选择一种通道来对图像的色调进行调整。
- **源通道**：用来设置源通道在输出通道中所占的百分比。将一个源通道的滑块向左拖曳，可以减小该通道在输出通道中所占的百分比；向右拖曳，则可以增大通道在输出通道中所占的百分比。
- **总计**：显示源通道的计数值。如果计数值大于 100%，则有可能丢失一些阴影和高光细节。

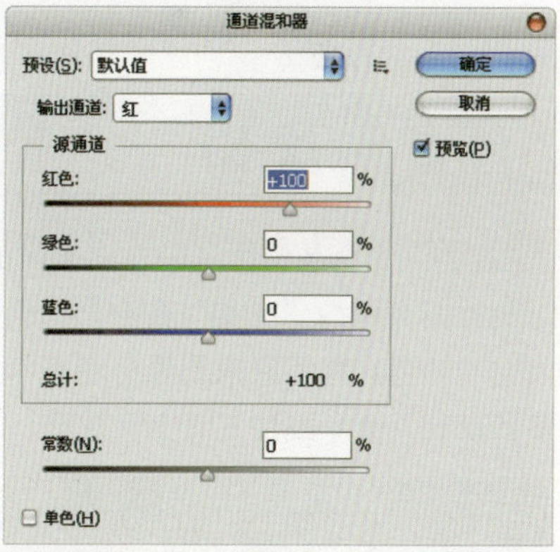

图8-77

- **常数**：用来设置输出通道的灰度值，负值可以在通道中增加黑色，正值可以在通道中增加白色。
- **单色**：选中该复选框后，图像将变成黑白效果。

8.13 颜色查找 新增功能

Photoshop CS6

执行“图像 > 调整 > 颜色查找”命令，在弹出的窗口中可以从以下方式选择用于颜色查找的方式：“3DLUT 文件”、“摘要”、“设备链接”。并在每种方式的下拉列表中选择合适的类型，如图 8-78 所示。选择完成后可以看到图像整体颜色发生了风格化的效果，如图 8-79 和图 8-80 所示。

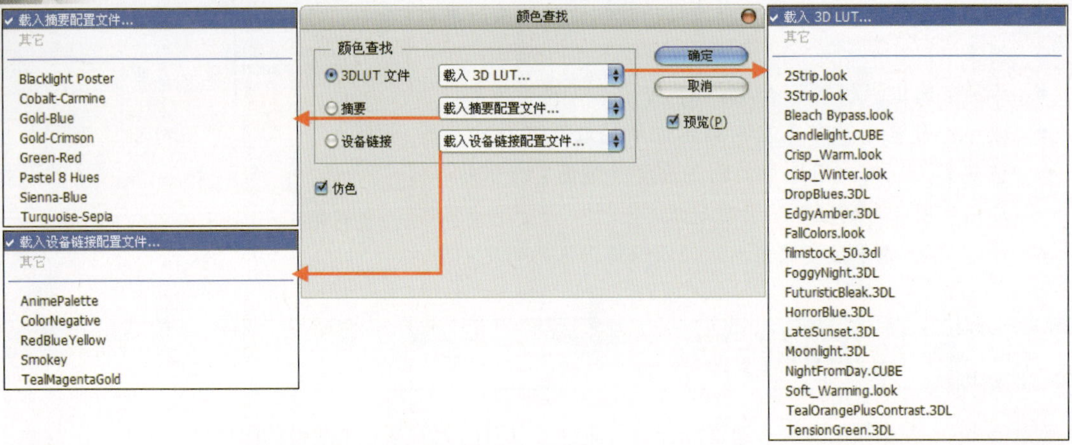

图 8-78

图8-79

图8-80

8.14 反相

Photoshop CS6

“反相”命令是一个可以逆向操作的命令，比如对一张图像执行“反相”命令，创建出负片效果，再次对负片图像执行“反相”命令，又会得到原来的图像。“反相”命令的使用可以将图像中的某种颜色转换为它的补色，即将原来的黑色变成白色，将原来的白色变成黑色，从而创建出负片效果。执行“图层 > 调整 > 反相”命令或按 Ctrl+I 组合键，即可得到反相效果，如图 8-91 和图 8-82 所示。

图8-81

图8-82

8.15 色调分离

Photoshop CS6

“色调分离”命令的使用可以指定图像中每个通道的色调级数目或亮度值，然后将像素映射到最接近的匹配级别中。在“色调分离”对话框中可以对“色阶”的数量进行设置，如图 8-83 所示。图 8-84 为原图。设置的“色阶”数值越小，分离的色调越多，如图 8-85 所示；“色阶”数值越大，保留的图像细节也就越多，如图 8-86 所示。

图8-83

图8-84

图8-85

图8-86

8.16 阈值

Photoshop CS6

在 Photoshop 中使用“阈值”命令可以删除图像中的色彩信息，将其转换为只有黑白两种颜色的图像。并且比阈值亮的像素将转换为白色，比阈值暗的像素将转换为黑色，如图 8-87 和图 8-88 所示。“阈值”是基于图片亮度的一个黑白分界值。在“阈值”对话框中拖曳直方图下面的滑块或输入“阈值色阶”数值可以指定一个色阶作为阈值，如图 8-89 所示。

图8-87

图8-88

图8-89

8.17 渐变映射

Photoshop CS6

“渐变映射”的工作原理其实很简单，“渐变映射”命令可以先将图像转换为灰度图像，然后将相等的图像灰度范围映射到指定的渐变填充色，就是将渐变色映射到图像上，如图 8-90 和图 8-91 所示。执行“图像 > 调整 > 渐变映射”菜单命令，就可以打开“渐变映射”对话框，如图 8-92 所示。

图8-90

图8-91

- **灰度映射所用的渐变**：单击下面的渐变条，打开“渐变编辑器”对话框，在该对话框中可以选择或重新编辑一种渐变应用到图像上。
- **仿色**：选中该复选框后，Photoshop 会添加一些随机的杂色来平滑渐变效果。
- **反向**：选中该复选框后，可以反转渐变的填充方向，映射出的渐变效果也会发生变化。

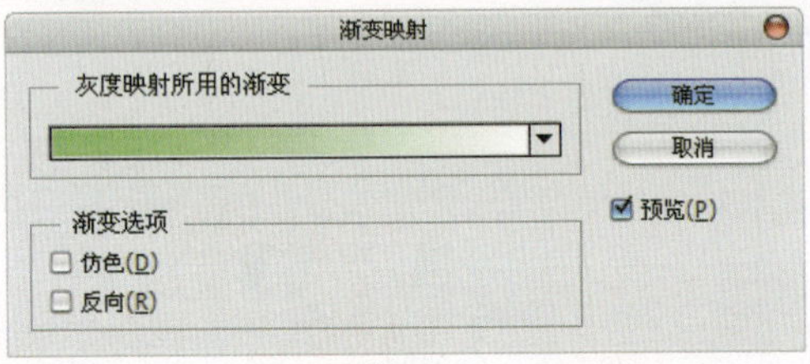

图8-92

8.18 可选颜色

Photoshop CS6

“可选颜色”命令的使用可以在图像中的每个主要原色成分中更改印刷色的数量，也可以在不影响其他主要颜色的情况下有选择地修改任何主要颜色中的印刷色数量，如图 8-93 和图 8-94 所示。打开一张图像，执行“图像 > 调整 > 可选颜色”菜单命令，打开“可选颜色”对话框并从中对其进行调整，如图 8-95 所示。

- **颜色**：在下拉列表中选择要修改的颜色，然后在下面的颜色进行调整，可以调整该颜色中青色、洋红、黄色和黑色所占的百分比。
- **方法**：选择“相对”方式，可以根据颜色总量的百分比来修改青色、洋红、黄色和黑色的数量；选择“绝对”方式，可以采用绝对值来调整颜色。

图8-93

图8-94

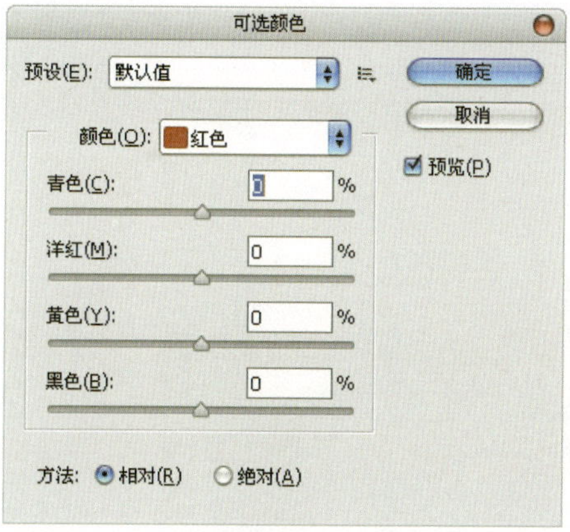

图8-95

命令实训 使用可选颜色制作电影色

案例文件	案例文件\第8章\8.18\使用可选颜色制作电影色.psd
视频教学	视频文件\第8章\使用可选颜色制作电影色.flv
难易指数	★★★☆☆
知识掌握	可选颜色、色相/饱和度、亮度/对比度

案例效果

本案例主要使用“可选颜色”、“色相 / 饱和度”、“亮度 / 对比度”调整画面的色调以及对比度，使其更加接近于电影的色调，并且通过制作黑条以及文中强化电影感。图 8-96 和图 8-97 所示为原图与效果图的对比效果。

图8-96

图8-97

操作步骤

1 打开本书配套光盘中的背景文件，如图 8-98 所示。单击“图层”面板中的“调整图层”按钮，在弹出的菜单中执行“色相 / 饱和度”命令，如图 8-99 所示。

2 设置“明度”数值为 -100，如图 8-100 所示。单击“图层”面板中的“色相 / 饱和度”图层蒙版，单击工具箱中的“画笔工具”按钮，设置前景色为黑色，在画面中进行适当涂抹，制造暗角效果，如图 8-101 所示。

图8-98

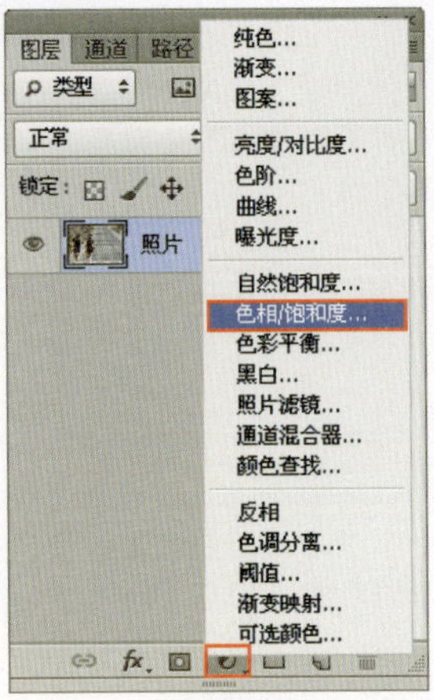

图8-99

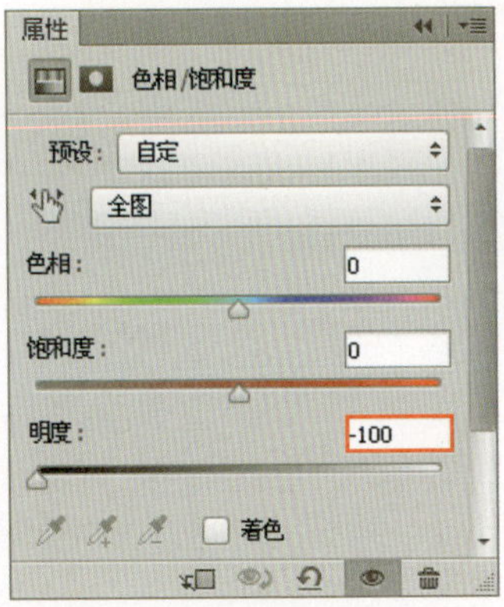

图8-100

图8-101

3 再次单击“调整图层”按钮，执行“可选颜色”命令，设置“颜色”为黄色，“青色”数值为 -54，“洋红”数值为 -4，“黄色”数值为 -99，“黑色”数值为 -35；设置“颜色”为青色，“青色”数值为 100，“黄色”数值为 -6，“黑色”数值为 -25，如图 8-102 和 8-103 所示。

4 设置“颜色”为白色，“黄色”数值为 82；设置“颜色”为中性色，“黄色”数值为 20，如图 8-104 和 8-105 所示。

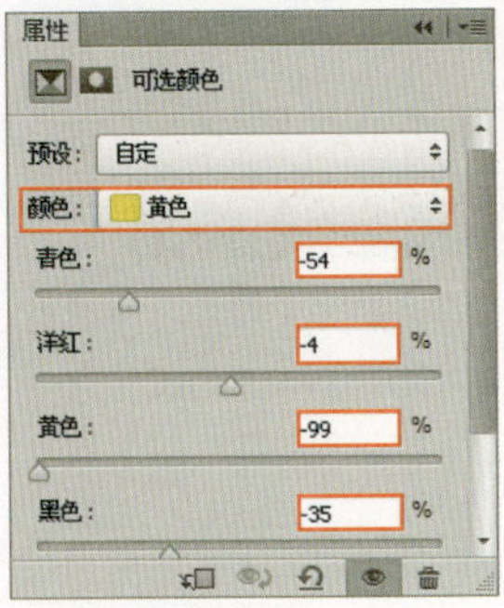

图8-102

图8-103

图8-104

图8-105

5 设置“颜色”为黑色，“青色”数值为 11，“黄色”数值为 -42，“黑色”数值为 34，如图 8-106 所示，效果如图 8-107 所示。

6 单击“调整图层”按钮，执行“亮度/对比度”命令，设置“亮度”数值为 3，“对比度”数值为 25，如图 8-108 所示，效果如图 8-109 所示。

图8-106

图8-107

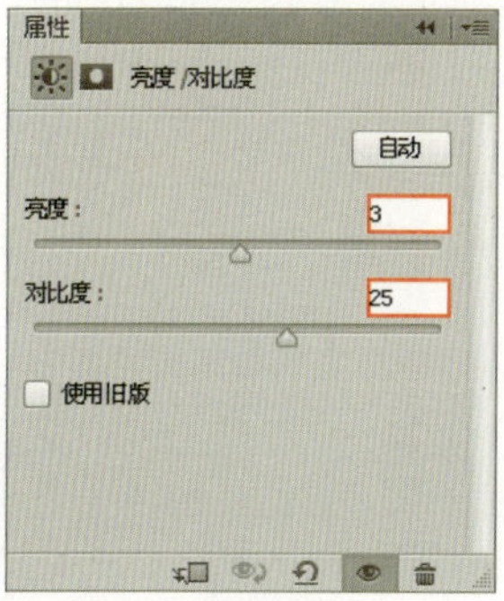

图8-108

图8-109

7 导入艺术字素材，设置合适大小并将其放置在画面的下方，如图 8-110 所示。

8 单击工具箱中的“矩形选框工具”按钮，在画面上方按住左键并进行拖曳，绘制合适大小的矩形选框，如图 8-111 所示。单击“图层”面板中的“创建新图层”按钮，并填充为黑色，如图 8-112 所示。

9 用同样方法制作出画面中下方的黑色矩形，最终效果如图 8-113 所示。

图8-110

图8-111

图8-112

图8-113

8.19 阴影/高光

“阴影 / 高光”命令常用于还原图像阴影区域过暗或高光区域过亮造成的细节损失，如图 8-114 和图 8-115 所示。执行“图像 > 调整 > 阴影 / 高光”菜单命令，打开“阴影 / 高光”对话框，选中“显示更多选项”复选框，如图 8-116 所示。可以显示“阴影 / 高光”的完整选项，如图 8-117 所示。

图8-114

图8-115

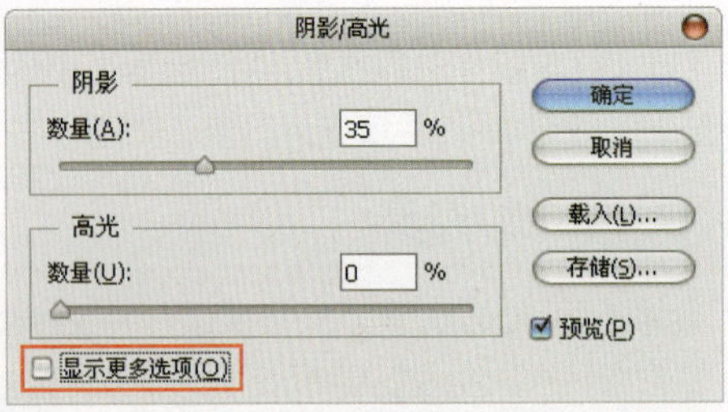

图8-116

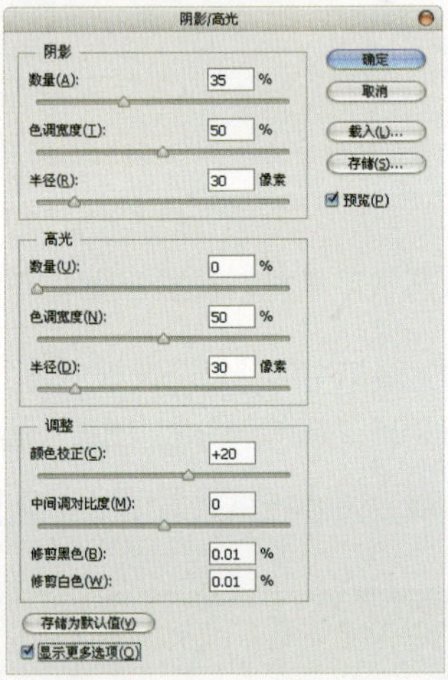

图8-117

- **阴影**：“数量”选项用来控制阴影区域的亮度，值越大，阴影区域就越亮；“色调宽度”选项用来控制色调的修改范围，值越小，修改的范围就只针对较暗的区域；“半径”选项用来控制像素是在阴影中还是在高光中。
- **高光**：“数量”用来控制高光区域的黑暗程度，值越大，高光区域越暗；“色调宽度”选项用来控制色调的修改范围，值越小，修改的范围就只针对较亮的区域；“半径”选项用来控制像素是在阴影中还是在高光中。
- **调整**：“颜色校正”选项用来调整已修改区域的颜色；“中间调对比度”选项用来调整中间调的对比度；“修剪黑色”和“修剪白色”决定了在图像中将有多少阴影和高光剪到新的阴影中。
- **存储为默认值**：如果要将对话框中的参数设置存储为默认值，可以单击该按钮。存储为默认值以后，再次打开“阴影 / 高光”对话框时，就会显示该参数。

技巧提示

如果要将存储的默认值恢复为Photoshop的默认值，可以在“阴影/高光”对话框中按Shift键，此时“存储为默认值”按钮会变成“复位默认值”按钮，单击即可复位为Photoshop的默认值。

8.20 HDR色调

Photoshop CS6

“HDR 色调”命令可以用来修补太亮或太暗的图像，制作出高动态范围的图像效果，如图 8-118 和图 8-119 所示，对于处理风景图像非常有用。执行“图像 > 调整 >HDR 色调”菜单命令，打开“HDR 色调”对话框，从中可以使用预设选项，也可以自行设定参数，如图 8-120 所示。

图8-118

图8-119

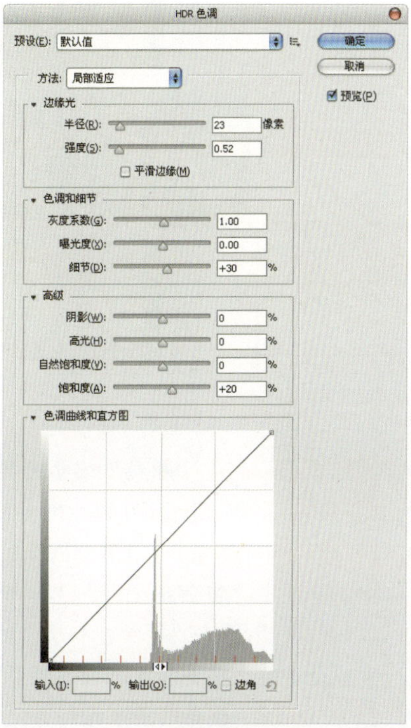

图8-120

技巧提示

HDR图像具有几个明显的特征：亮的地方可以非常亮，暗的地方可以非常暗，并且亮暗部的细节都很明显。

- **预设**：在下拉列表中可以选择预设的 HDR 效果，既有黑白效果，也有彩色效果。
- **方法**：选择调整图像采用何种 HDR 方法。
- **边缘光**：该选项组用于调整图像边缘光的强度。
- **色调和细节**：调节该选项组中的选项可以使图像的色调和细节更加丰富细腻。
- **高级**：在该选项组中可以控制画面整体阴影、高光以及饱和度。
- **色调曲线和直方图**：该选项组的使用方法与“曲线”命令的使用方法相同。

8.21 变化

Photoshop CS6

执行“图像 > 调整 > 变化”菜单命令，打开“变化”对话框，“变化”命令提供了多种可供挑选的效果，通过单击即可分别调整图像的色彩、饱和度和明度，同时还可以预览调色的整个过程，是一个非常简单直观的调色命令。在执行“变化”命令时，单击调整缩览图产生的效果是累积性的，如图 8-121 所示。

图8-121

- **原稿 / 当前挑选**：“原稿”缩略图显示的是原始图像；“当前挑选”缩略图显示的是图像调整结果。
- **阴影 / 中间调 / 高光**：可以分别对图像的阴影、中间调和高光进行调节。
- **饱和度 / 显示修剪**：专门用于调节图像的饱和度。选中该单选按钮后，在对话框的下面会显示出“减少饱和度”、“当前挑选”和“增加饱和度”3个缩略图。单击“减少饱和度”缩略图可以减少图像的饱和度，单击“增加饱和度”缩略图可以增加图像的饱和度。另外，选中“显示修剪”复选框，可以警告超出了饱和度范围的最高限度。
- **精细 - 粗糙**：该选项用来控制每次进行调整的量。需要注意的是，每移动一个滑块，调整数量会双倍增加。
- **各种调整缩略图**：单击相应的缩略图，可以进行相应调整，比如单击“加上颜色”缩略图，可以应用一次加深颜色效果。

8.22 去色

Photoshop CS6

对图像使用“去色”命令可以将图像中的颜色去掉，使其成为灰度图像。打开一张图像，然后执行“图像 > 调整 > 去色”菜单命令或按 Shift+Ctrl+U 组合键，可以将其调整为灰度效果，如图 8-122 和图 8-123 所示。

图8-122

图8-123

命令实训 使用去色制作黑白照片

案例文件	案例文件\第8章\8.22\使用去色制作黑白照片.psd
视频教学	视频文件\第8章\使用去色制作黑白照片.flv
难易指数	★★★☆☆
知识掌握	去色命令、曲线调整图层

案例效果

本案例主要使用“去色”命令使画面变为黑白效果，并通过“曲线”命令强化画面黑白对比。原图与效果图分别如图 8-124 和图 8-125 所示。

图8-124

图8-125

操作步骤

1 打开本书配套光盘中的背景文件，如图 8-126 所示。执行“图像 > 调整 > 去色”命令，或按 Shift+Ctr+U 组合键，如图 8-127 所示，效果如图 8-128 所示。

图8-126

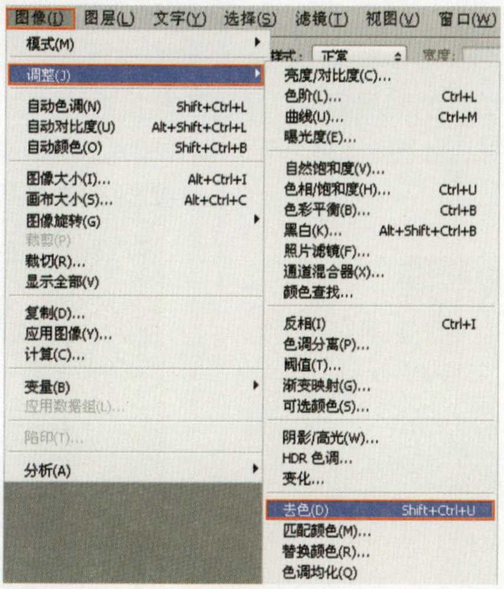

图8-127

图8-128

2 单击“图层”面板中的“调整图层”按钮，在弹出的菜单中执行“曲线”命令，如图 8-129 所示。调整曲线形状，提高画面整体的对比度，如图 8-130 所示，效果如图 8-131 所示。

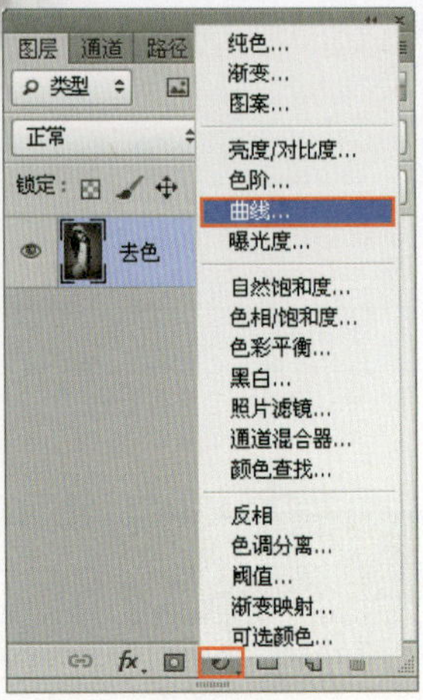

图8-129

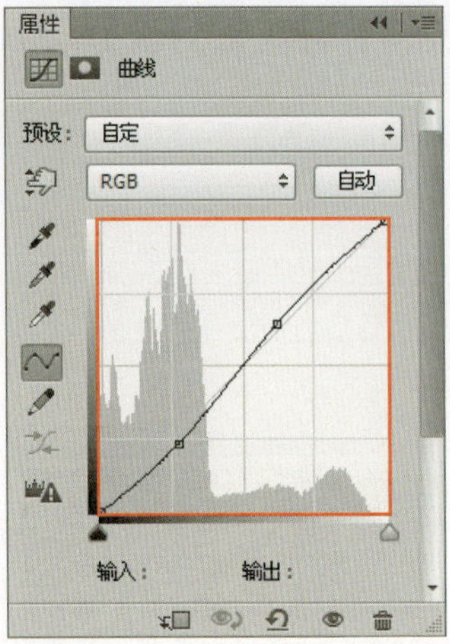

图8-130

图8-131

3 再次单击“调整图层”按钮，执行“曲线”命令，调整曲线形状，如图 8-132 所示，效果如图 8-133 所示。

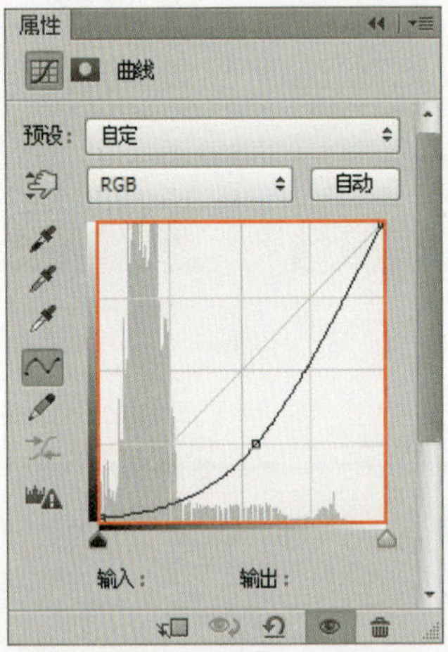

图8-132

图8-133

4 单击“图层”面板中的“曲线”的图层蒙版，单击工具箱中的“画笔工具”按钮，设置前景色为黑色，在画面中进行适当涂抹，如图 8-134 所示。制作暗角效果，最终效果如图 8-135 所示。

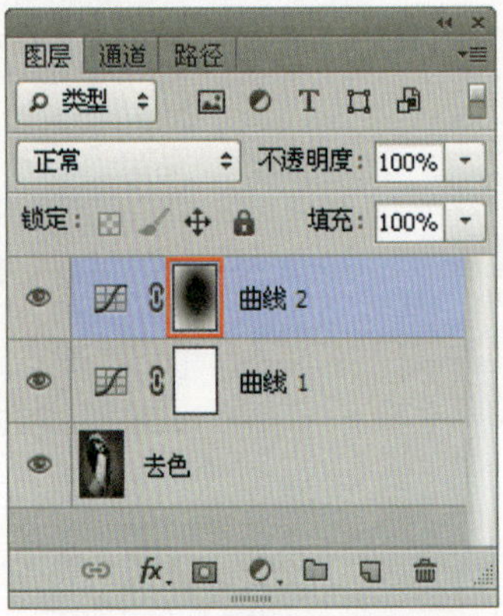

图8-134

图8-135

8.23 匹配颜色

Photoshop CS6

"匹配颜色"命令的使用原理是将一个图像作为源图像，另一个图像作为目标图像。然后以源图像的颜色与目标图像的颜色进行匹配。同时源图像和目标图像可以是两个独立的文件，也可以匹配同一个图像中不同图层之间的颜色。打开两张图像，如图 8-136 和图 8-137 所示。选中其中一个文档，执行"图像 > 调整 > 匹配颜色"菜单命令，打开"匹配颜色"对话框，如图 8-138 所示。

图8-136

图8-137

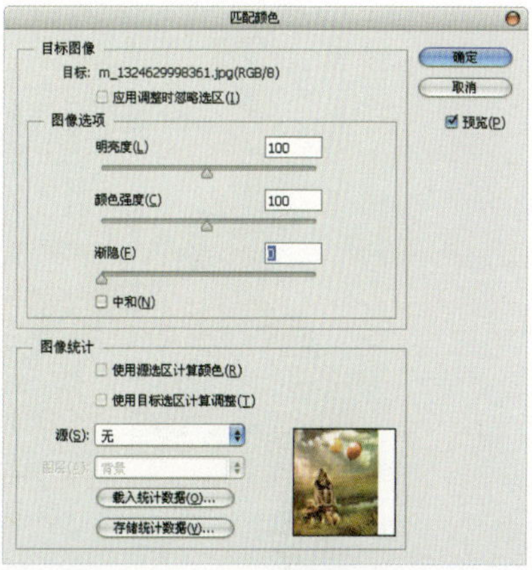

图8-138

- 目标：这里显示要修改的图像的名称及颜色模式。
- 应用调整时忽略选区：如果目标图像（即被修改的图像）中存在选区，选中该复选框，Photoshop 将忽视选区的存在，会将调整应用到整个图像；如果不选中该复选框，那么调整只针对选区内的图像。
- 明亮度：用来调整图像匹配的明亮程度。
- 颜色强度：相当于图像的饱和度，因此用来调整图像的饱和度。
- 渐隐：类似于图层蒙版，它决定了有多少源图像的颜色匹配到目标图像的颜色中。
- 中和：主要用来去除图像中的偏色现象。
- 使用源选区计算颜色：可以使用源图像中的选区图像的颜色来计算匹配颜色。
- 使用目标选区计算调整：可以使用目标图像中的选区图像的颜色来计算匹配颜色。
- 源：用来选择源图像，即将颜色匹配到目标图像的图像。
- 图层：用来选择需要用来匹配颜色的图层。
- 载入统计数据：用来载入已存储的设置。
- 存储统计数据：用来存储当前的设置。

8.24 替换颜色

Photoshop CS6

"替换颜色"命令的使用可以修改图像中选定颜色的色相、饱和度和明度，从而将选定的颜色替换为其他颜色，如图 8-139 和图 8-140 所示。执行"图像 > 调整 > 替换颜色"菜单命令，打开"替换颜色"对话框，如图 8-141 所示。

- "吸管工具"：在图像上单击，可以选中单击点处的颜色，同时在"选区"缩略图中也会显示出选中的颜色区域（白色代表选中的颜色，黑色代表未选中的颜色）。
- "添加到取样"：在图像上单击，可以将单击点处的颜色添加到选中的颜色中。
- "从取样中减去"：在图像上单击，可以将单击点处的颜色从选定的颜色中减去。

- **本地化颜色簇**：该选项主要用来在图像上选择多种颜色。
- **颜色**：显示选中的颜色。
- **颜色容差**：该选项用来控制选中颜色的范围。数值越大，选中的颜色范围越广。
- **选区 / 图像**：选择"选区"方式，可以以蒙版方式进行显示，其中白色表示选中的颜色，黑色表示未选中的颜色，灰色表示只选中了部分颜色；选择"图像"方式，则只显示图像。
- **色相 / 饱和度 / 明度**：这 3 个选项与"色相 / 饱和度"命令的 3 个选项相同，可以调整选定颜色的色相、饱和度和明度。

图8-139

图8-140

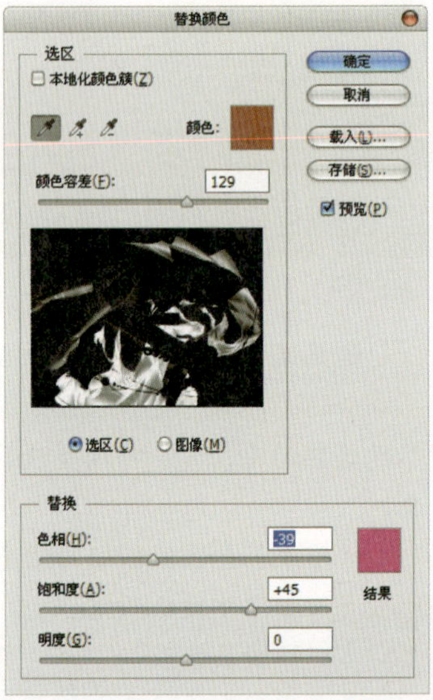

图8-141

8.25 色调均化

Photoshop CS6

"色调均化"命令的使用是将图像中像素的亮度值进行重新分布，而图像中最亮的值将变成白色，最暗的值将变成黑色，中间值将分布在整个灰度范围内，使其更均匀地呈现所有范围的亮度级，如图 8-142 和图 8-143 所示。

图8-142

图8-143

如果图像中存在选区，则在执行“色调均化”命令时就会弹出一个“色调均化”对话框。选中“仅色调均化所选区域”单选按钮则仅均化选区内的像素。选中“基于所选区域色调均化整个图像”单选按钮则可以按照选区内的像素均化整个图像，如图 8-144 所示。

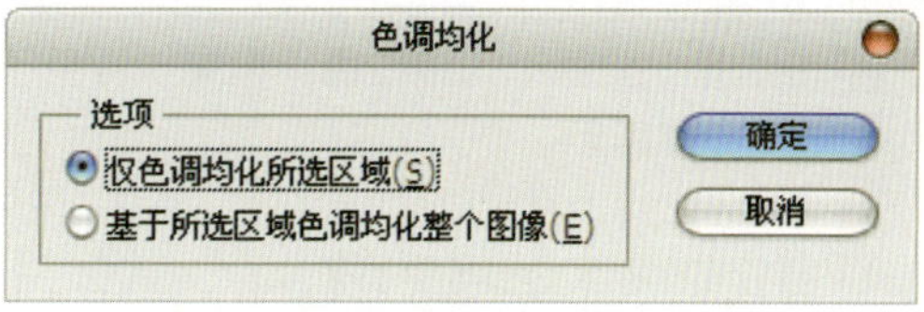

图8-144

综合演练 3 打造淡雅外景色调

案例文件	案例文件\第8章\综合演练3\打造淡雅外景色调.psd
视频教学	视频文件\第8章\打造淡雅外景色调.flv
难易指数	★★★★★
知识掌握	曲线、可选颜色、自然饱和度

案例效果

本案例主要使用“曲线”提亮画面，并使用“可选颜色”、“自然饱和度”调整画面色调，原图与效果图分别如图 8-145 和图 8-146 所示。

图8-145

图8-146

操作步骤

1 打开本书配套光盘中的背景文件，如图 8-147 所示。单击“图层”面板中的“调整图层”按钮，在弹出的菜单中执行“曲线”命令，如图 8-148 所示。

2 调整曲线形状，提高画面整体的亮度，如图 8-149 所示，效果如图 8-150 所示。

3 再次单击“调整图层”按钮，执行“可选颜色”命令，选择“颜色”为青色，设置“青色”数值为 100%，“黑色”数值为 100%；单击选择“颜色”为蓝色，“青色”数值为 100%，如图 8-151 和图 8-152 所示。

图8-147

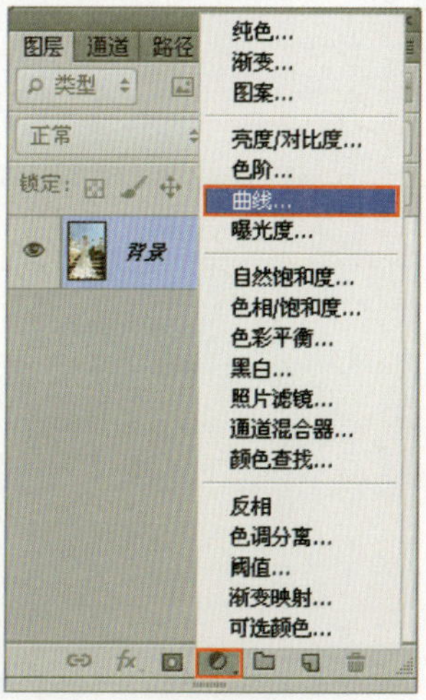

图8-148

4 单击选择“颜色”为中性色，设置“青色”数值为5%，“黑色”数值为5%，如图8-153所示，效果如图8-154所示。

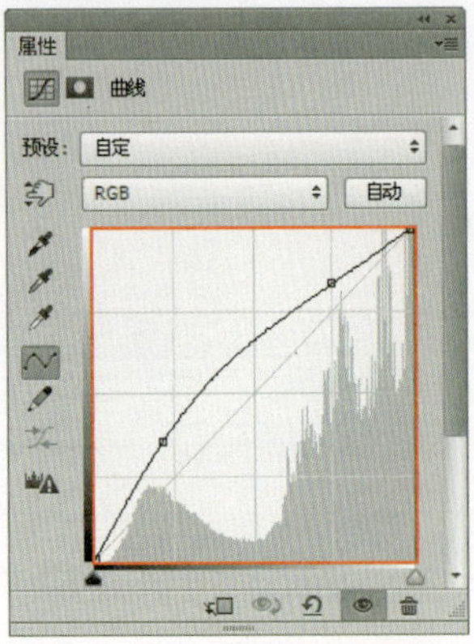

图8-149

图8-150

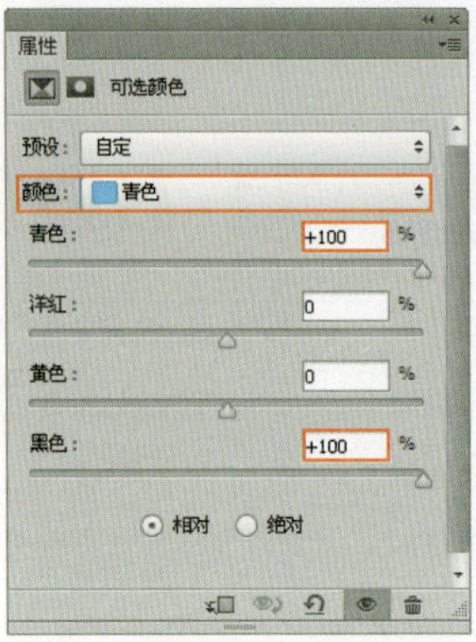

图8-151

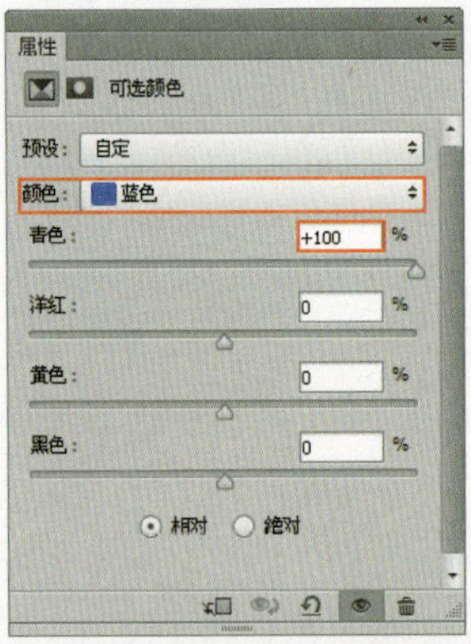

图8-152

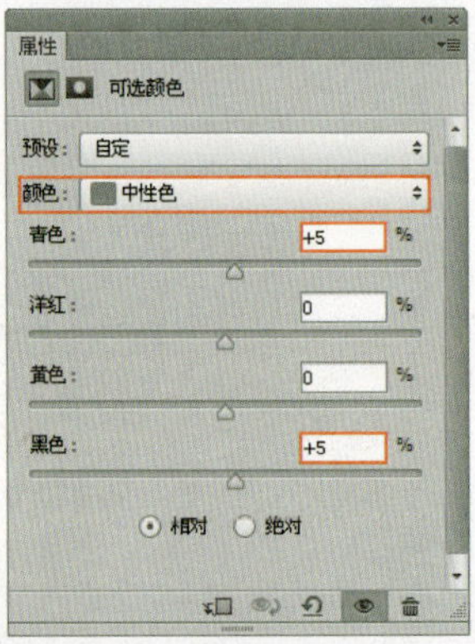

图8-153

图8-154

5 单击“调整图层”按钮，执行“自然饱和度”命令，设置“自然饱和度”数值为41，如图8-155所示，效果如图8-156所示。

6 导入艺术字素材，设置合适大小并将其放置在画面的右上角，最终效果如图8-157所示。

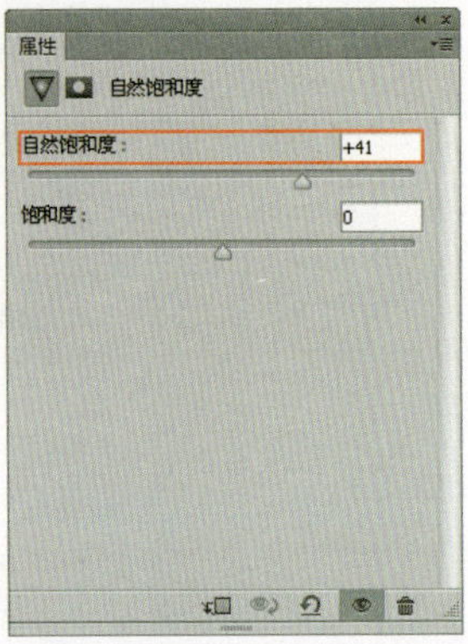

图8-155

图8-156

图8-157

综合演练 4 打造唯美奇幻色调

案例文件	案例文件\第8章\综合演练4\打造唯美奇幻色调.psd
视频教学	视频文件\第8章\打造唯美奇幻色调.flv
难易指数	★★★☆☆
知识掌握	曲线、色相/饱和度、可选颜色、自然饱和度、曝光度

案例效果

本案例主要使用“色相 / 饱和度”命令更改背景颜色，并通过“曲线”、“可选颜色”、“自然饱和度”、“曝光度”等参数的设置润饰画面效果，原图与效果图分别如图 8-158 和图 8-159 所示。

图8-158

图8-159

操作步骤

1 打开本书配套光盘中的背景文件，单击“图层”面板中的“调整图层”按钮，在弹出的菜单中执行“曲线”命令，如图 8-160 所示。

图8-160

2 调整曲线形状，提高画面整体的亮度，如图 8-161 所示，效果如图 8-162 所示。

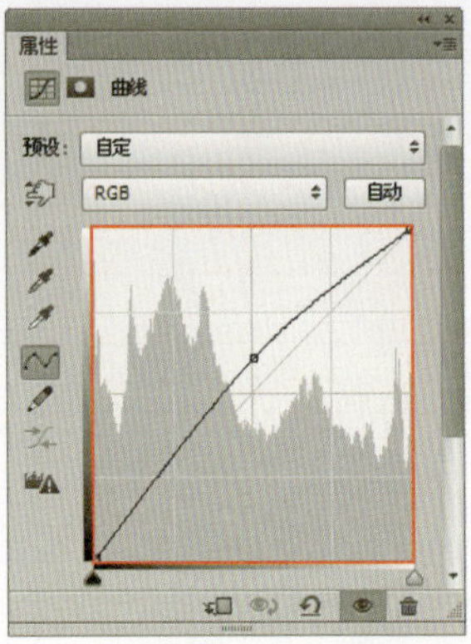

图8-161

图8-162

3 再次单击“调整图层”按钮，执行“色相 / 饱和度”命令，设置“色相”数值为 -30，“饱和度”数值为 16，如图 8-163 所示；设置通道为“黄色”，调整色相数值为 -14，如图 8-164 所示；设置通道为“绿色”，调整色相数值为 -42，如图 8-165 所示；设置通道为“青色”，调整色相数值为 -100，如图 8-166 所示；效果如图 8-167 所示。

4 单击“图层”面板中“色相 / 饱和度”的图层蒙版，单击工具箱中的“画笔工具”按钮，设置前景色为黑色，在画面中涂抹树叶以外的部分，如图 8-168 所示，隐藏调整图层对多余部分的影响，如图 8-169 所示。

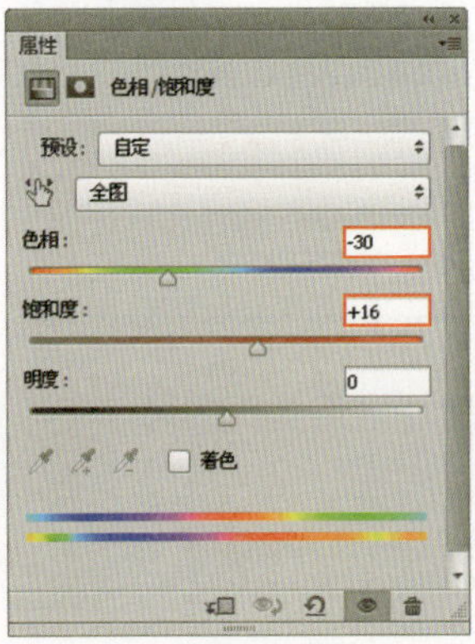

图8-163

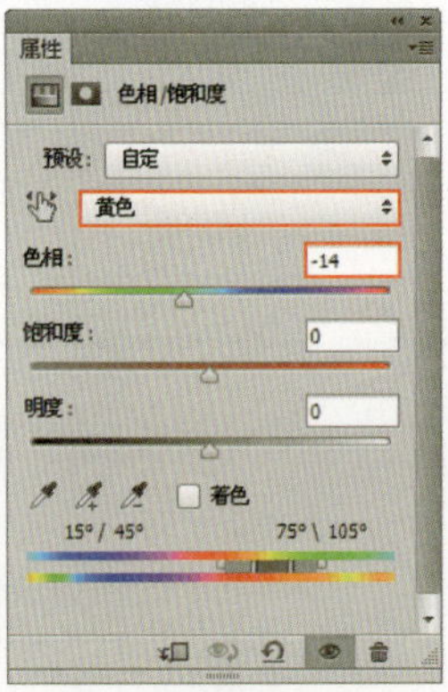

图8-164

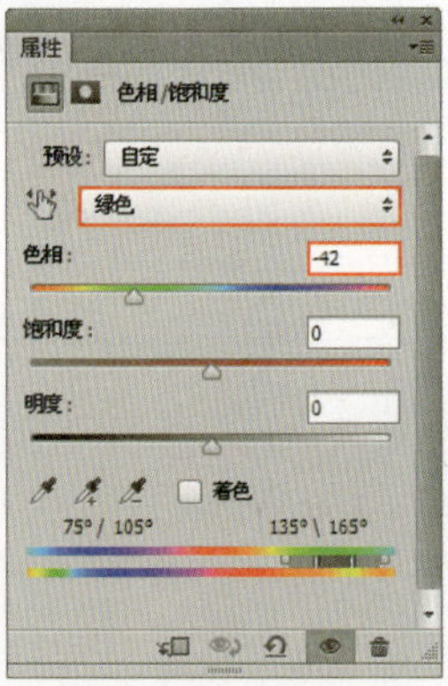

图8-165

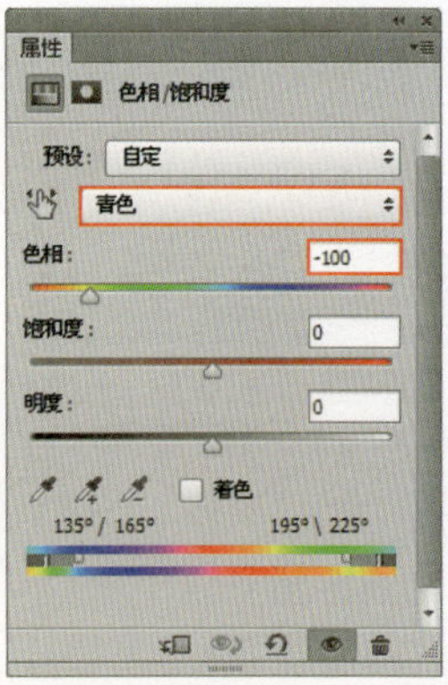

图8-166

图8-167

图8-168

图8-169

5 单击“调整图层”按钮，执行“可选颜色”命令，设置“颜色”为洋红，“洋红”数值为 -40，“黄色”数值为 -47，“黑色”数值为 -49，如图 8-170 所示，效果如图 8-171 所示。

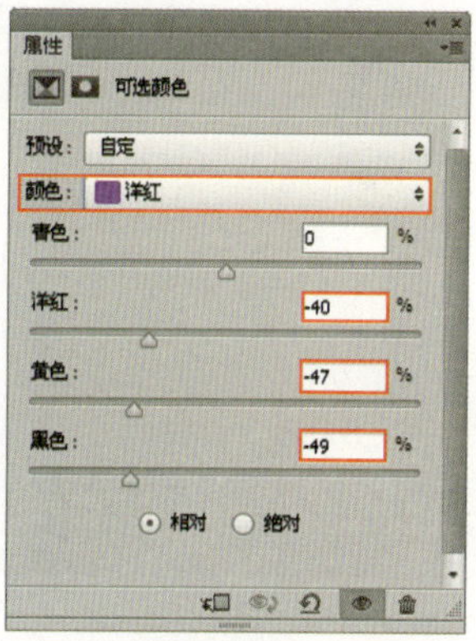

图8-170

图8-171

6 再次单击“调整图层”按钮，执行“曲线”命令，调整曲线形状，如图 8-172 所示。单击“色相 / 饱和度”的图层蒙版，使用“画笔工具”在人物皮肤以外的地方进行涂抹，隐藏调整图层对多余部分的影响，如图 8-173 所示。

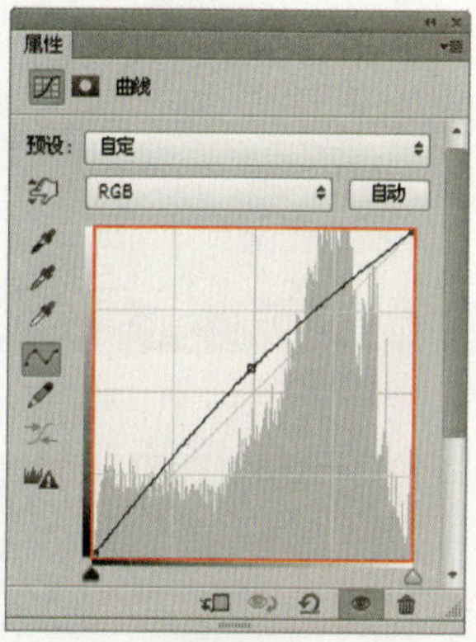

图8-172

图8-173

7 按 Shift+Ctrl+Alt+E 组合键，单击工具箱中的“颜色替换画笔”按钮，将鼠标移至画面中的黄色树叶上，按 Alt 键并单击，进行颜色的吸取，当前景色为黄色时将画笔移至树叶绿色上并进行涂抹，如图 8-174 所示。

图8-174

8 单击工具箱中的“模糊工具”按钮，在工具属性栏中设置“强度”数值为 100%，如图 8-175 所示。在画面中右上角的树上进行涂抹，营造柔化背景效果，如图 8-176 所示。

图8-175

9 单击“调整图层”按钮，执行“自然饱和度”命令，设置“自然饱和度”数值为 54，如图 8-177 所示。单击“自然饱和度”的图层蒙版，使用“画笔工具”涂抹人物皮肤，隐藏调整图层对多余部分的影响，如图 8-178 所示。

10 单击“调整图层”按钮，执行“曝光度”命令，设置“曝光度”数值为 -3.25，设置“灰度系数校正”数值为 1，如图 8-179 所示。单击“自然饱和度”的图层蒙版，使用“画笔工具”涂抹，制造暗角效果，如图 8-180 所示。

图 8-176

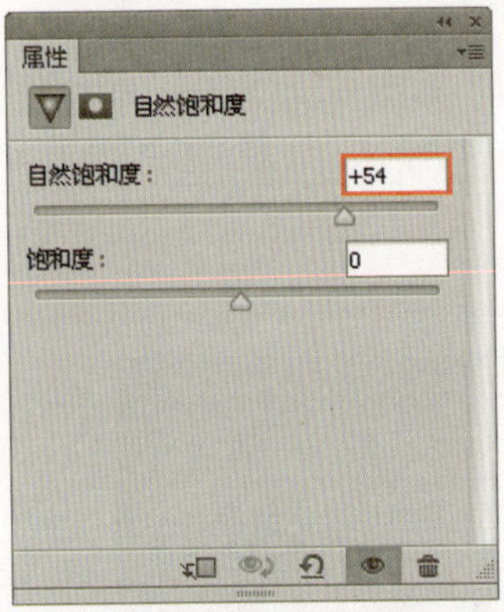

图 8-177

图 8-178

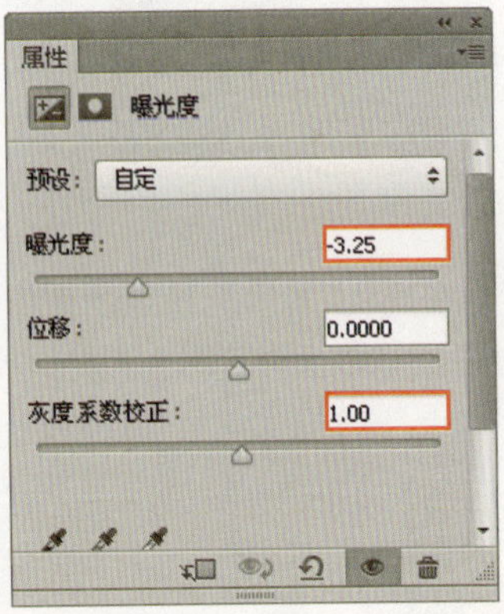

图 8-179

图 8-180

11 导入艺术字素材，设置合适大小并将其放置在画面的右侧，最终效果如图 8-181 所示。

图 8-181

第 9 章

图层操作与高级应用

本章学习要点：

- 掌握图层的基本编辑方法
- 掌握混合模式的使用方法
- 掌握图层样式的使用方法
- 了解填充图层、调整图层、智能对象的运用

“图层”这一概念的使用，使不同部分可以单独进行处理，既可以移动图层，也可以调整图层堆叠的顺序，而不会影响其他图层中的内容。并且通过图层的堆叠与混合可以制作出多种多样的效果，如图 9-1、图 9-2 和图 9-3 所示。

图9-1

图9-2

图9-3

9.1 “图层”面板

执行“窗口 > 图层”命令，打开“图层”面板。在“图层”面板中，图层名称的左侧是图层的缩览图，它显示了图层中包含的图像内容，右侧则是名称的显示，而缩览图中的棋盘格代表图像的透明区域。“图层”面板是用于创建、编辑和管理图层以及图层样式的一种直观的“控制器”。在编辑图层之前，首先需要在“图层”面板中单击该图层，将其选中，如图 9-4 所示。

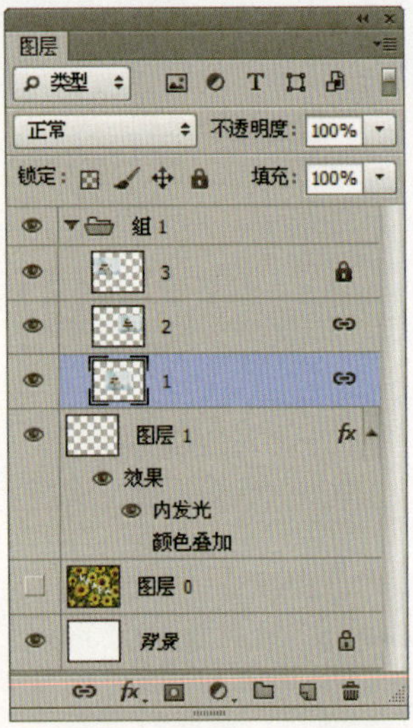

图9-4

- 类型 图层过滤：设置图层过滤器类型，可以通过“类型”、“名称”、“效果”、“模式”、“属性”、“颜色”6 种模式进行图层的过滤。
- 打开或关闭图层过滤：单击即可关闭图层过滤。
- 锁定透明像素：将编辑范围限制为只针对图层的不透明部分。
- 锁定图像像素：防止使用绘画工具修改图层的像素。
- 锁定位置：防止图层的像素被移动。
- 锁定全部：锁定透明像素、图像像素和位置，处于这种状态下的图层将不能进行任何操作。对于文字图层和形状图层，“锁定透明像素”按钮和“锁定图像像素”按钮在默认情况下处于激活状态，而且不能更改，只有将其栅格化后才能解锁。
- 正常 设置图层混合模式：用来设置当前图层的混合模式，使之与下面的图像产生混合。
- 不透明度: 100% 设置图层不透明度：用来设置当前图层的不透明度。
- 填充: 100% 设置填充不透明度：用来设置当前图层的填充不透明度。该选项与“不透明度”选项类似，但是不会影响图层样式效果。
- / 处于显示 / 隐藏状态的图层：当该图标显示为眼睛形状时表示当前图层处于可见状态，而处于空白状态时则处于不可见状态。单击该图标可以在显示与隐藏之间进行切换。
- 展开 / 折叠图层组：单击该图标可以展开或折叠图层组。
- 展开 / 折叠图层效果：单击该图标可以展开或折叠图层效果，以显示出当前图层添加的所有效果的名称。
- 图层缩略图：显示图层中所包含的图像内容。其中棋盘格区域表示图像的透明区域，非棋盘格区域表示像素区域（即具有图像的区域）。
- 链接图层：用来链接当前选择的多个图层。
- 处于链接状态的图层：当链接好两个或两个以上的图层后，图层名称的右侧就会显示出链接标志。被链接的图层可以在选中其中某一图层的情况下进行共同移动或变换等操作。
- 添加图层样式：单击该按钮，在弹出的菜单中选择一种样式，可以为当前图层添加一个图层样式。
- 添加图层蒙版：单击该按钮，可以为当前图层添加一个蒙版。在没有选区的状态下，单击该按钮为图层添加空白蒙版。在有选区的情况下单击该按钮，则选区内的部分在蒙版中显示白色，选区以外的区域则显示黑色。
- 创建新的填充或调整图层：单击该按钮，在弹出的菜单中执行相应命令即可创建填充图层或调整图层。
- 创建新组：单击该按钮可以新建一个图层组，也可以按 Ctrl+G 组合键。
- 创建新图层：单击该按钮可以新建一个图层。也可以按 Ctrl+Shift+N 组合键创建新图层。
- 删除图层：单击该按钮可以删除当前选择的图层或图层组。也可以直接在选中图层或图层组的状态下按 Delete 键进行删除。
- 处于锁定状态的图层：当图层缩略图右侧显示有该图标时，表示该图层处于锁定状态。
- 打开面板菜单：单击该图标，可以打开“图层”面板的面板菜单。

9.2 新建图层

Photoshop CS6

如果要在当前图层的下一层新建一个图层，可以按 Ctrl 键单击“创建新图层”按钮。在“图层”面板底部单击“创建新图层”按钮，即可在当前图层上一层新建一个图层，如图 9-5 所示。

执行“图层 > 新建 > 图层”菜单命令，或直接按 Shift+Ctrl+N 组合键也可以打开“新建图层”对话框，在对话框中可以分别对图层的名称、颜色、混合模式和不透明度等进行相应设置，如图 9-6 所示。或者按 Alt 键单击“创建新图层”按钮，如图 9-7 所示。

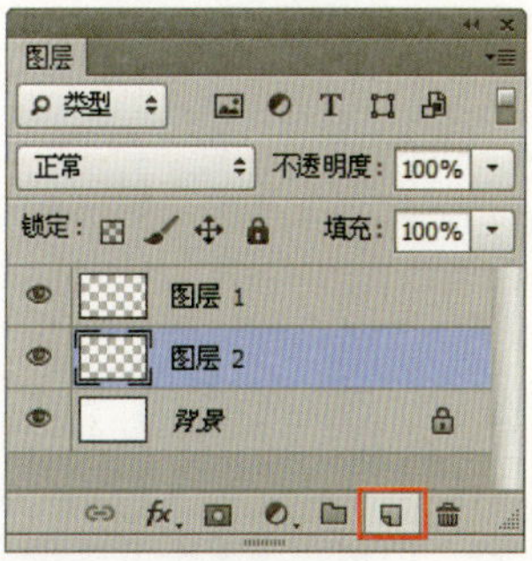

图9-5

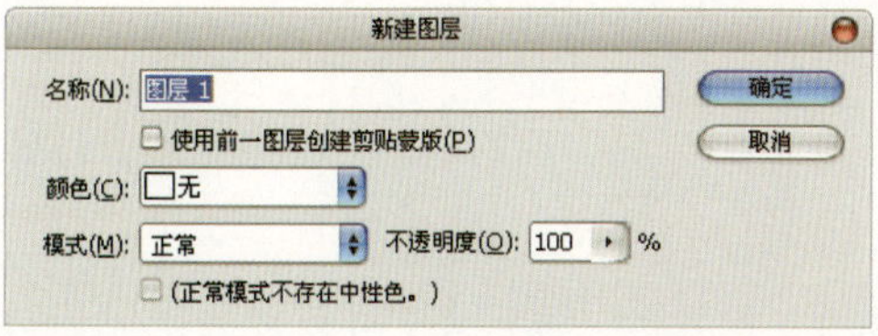

图9-6

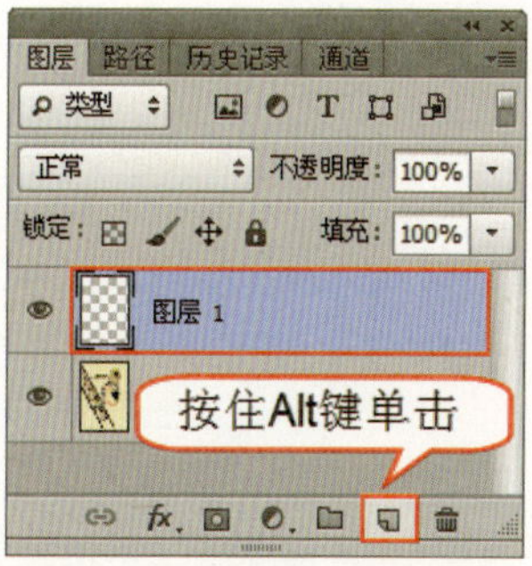

图9-7

在将图层转换为背景时，图层中的任何透明像素都会被转换为背景色，并且该图层将放置到图层堆栈的最底部。当文件中没用背景图层时，可以选择普通图层，执行“图层 > 新建 > 背景图层”菜单命令，将普通图层转换为“背景”图层，如图 9-8 所示。

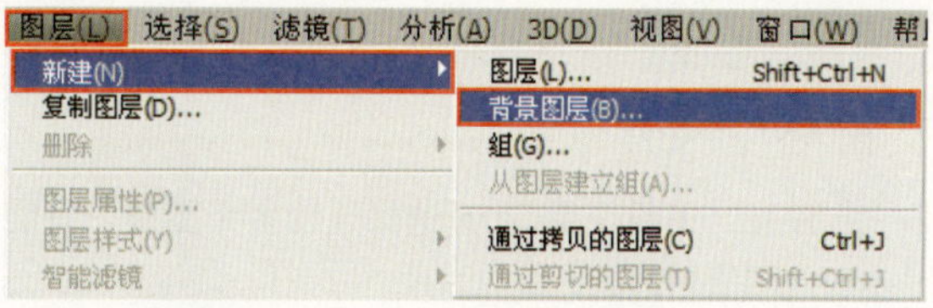

图9-8

在“背景”图层上单击鼠标右键，如图 9-9 所示（或执行“图层 > 新建 > 背景图层”菜单命令），然后在弹出的菜单中执行“背景图层”命令（如图 9-10 所示），即可将背景图层转换为普通图层，如图 9-11 所示。

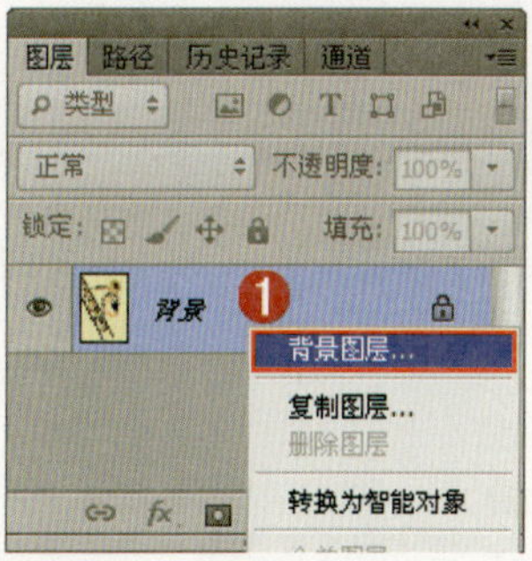

图9-9

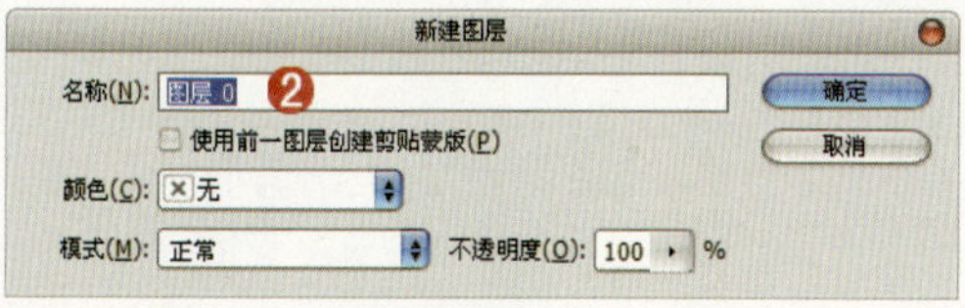

图9-10

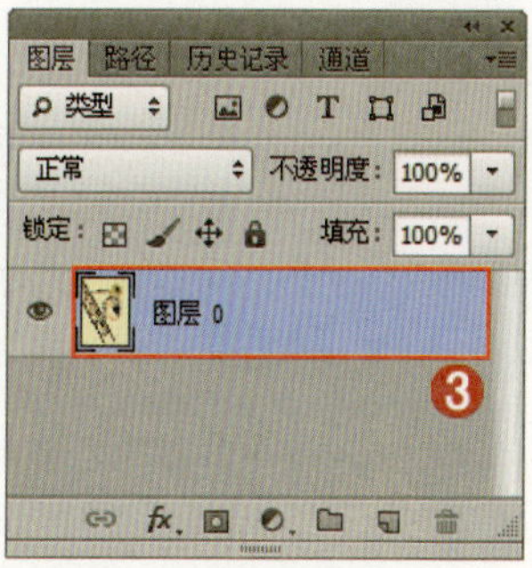

图9-11

9.3 编辑图层

Photoshop CS6

9.3.1 选择/取消选择图层

1 在 Photoshop 中，可以选择单个图层，也可以选择连续或非连续的多个图层。如果要对文档中的某个图层进行操作，就必须先选中该图层。在“图层”面板中单击该图层，即可将其选中，如图 9-12 所示。

2 选择位于连续顶端的图层，然后按 Shift 键单击位于连续底端的图层，即可选择这些连续的图层。当然也可以先选择位于连续底端的图层，如图 9-13 所示。然后按 Shift 键单击位于连续顶端的图层，同样可以选择多个连续的图层，如图 9-14 所示。

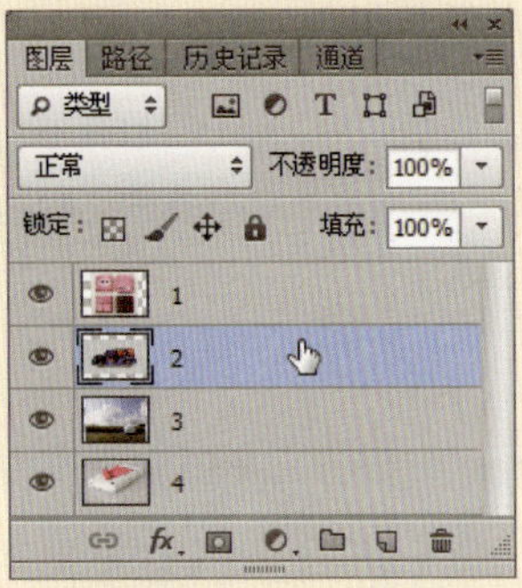

图9-12

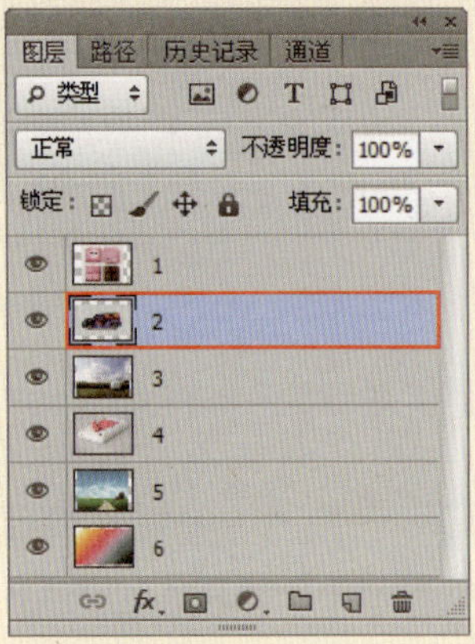

图9-13

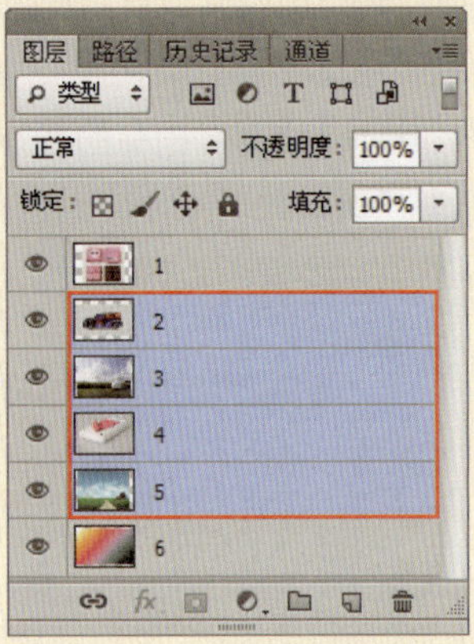

图9-14

3 先选择其中一个图层，如图 9-15 所示。然后按 Ctrl 键单击其他图层的名称，即可选择多个非连续的图层，如图 9-16 所示。

技巧提示

注意，如果使用Ctrl键选择连续多个图层，只能单击其他图层的名称，绝对不能单击图层缩略图，否则会载入图层的选区。

4 执行“选择 > 所有图层”菜单命令或按 Alt+Ctrl+A 组合键，即可选择所有图层，但是要注意的是使用该命令只能选择“背景”图层以外的图层。如果按 Ctrl 键单击“背景”图层的名称,即可选择包含“背景”图层在内的所有图层，如图 9-17 所示。

图9-15

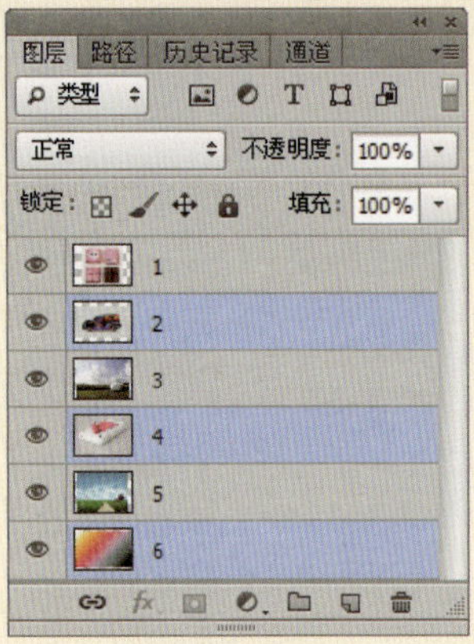

图9-16

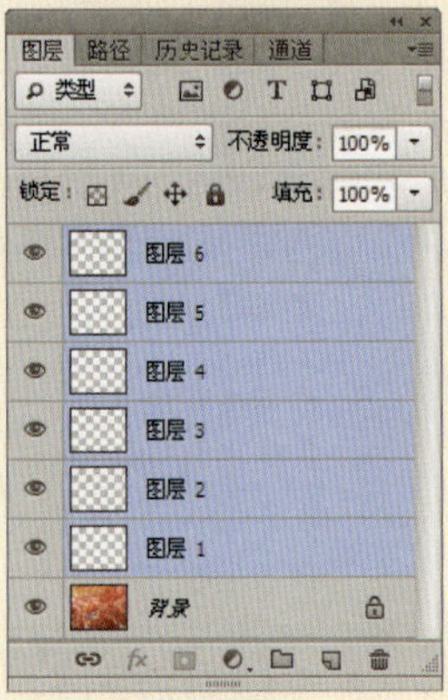

图9-17

5 先选择一个链接图层，如图 9-18 所示。然后执行“图层 > 选择链接图层”菜单命令，即可选择链接的图层，如图 9-19 所示。

6 当画布中包含很多相互重叠图层，并难以在“图层”面板中进行辨别某一图层时，可以在显示出的当前重叠图层列表中选择需要的图层，在使用“移动”工具状态下在目标图像的位置单击鼠标右键，如图 9-20 所示。

图9-18

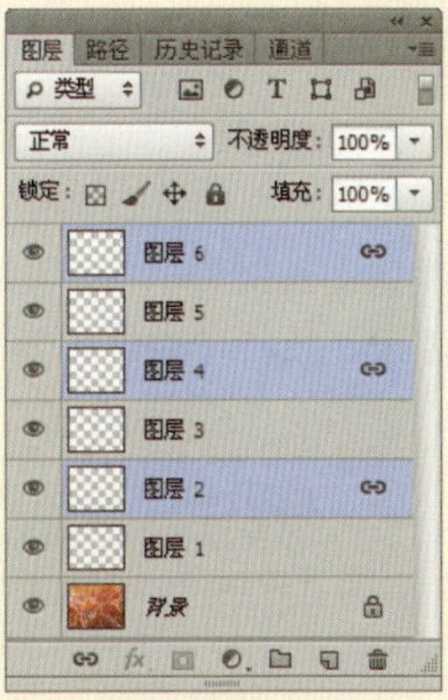

图 9-19

图9-20

技巧提示

在使用其他工具状态下，可以按Ctrl键暂时切换到“移动”工具状态，单击鼠标右键同样可以显示当前位置重叠的图层列表。

7 执行“选择>取消选择图层”菜单命令，或在“图层”面板中最下面的空白处单击鼠标左键，即可取消选择所有图层，如图 9-21 和图 9-22 所示。

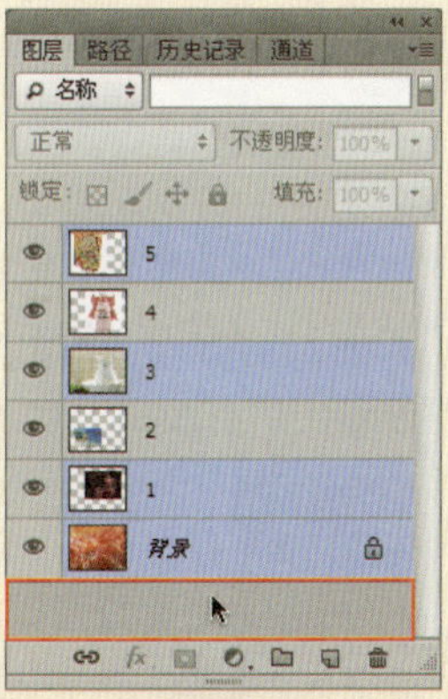

图9-21

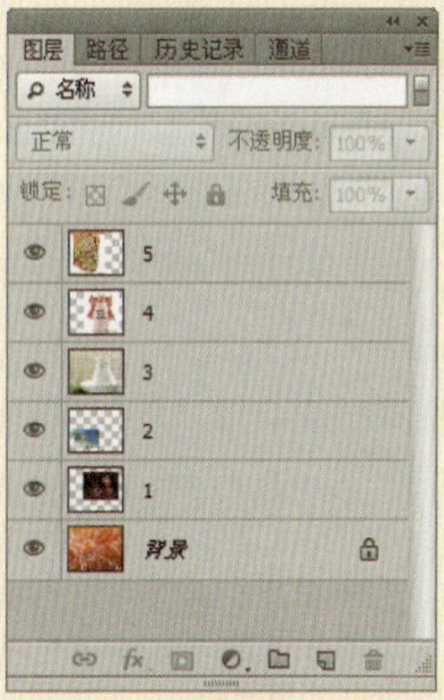

图9-22

9.3.2 修改图层的名称与颜色

修改图层名称及其颜色有助于在图层较多的文档中快速找到相应图层。在图层名称上双击鼠标左键，激活名称输入框，然后输入名称也可以修改图层名称，如图 9-23 所示。

更改图层颜色也是一种便于快速找到图层的方法，在图层上单击鼠标右键，在弹出的菜单的下半部分可以看到多种颜色名称，单击其中一种即可更改当前图层前方的色块效果，选择“无颜色”选项即可去除颜色效果，如图 9-24 所示。

图9-23

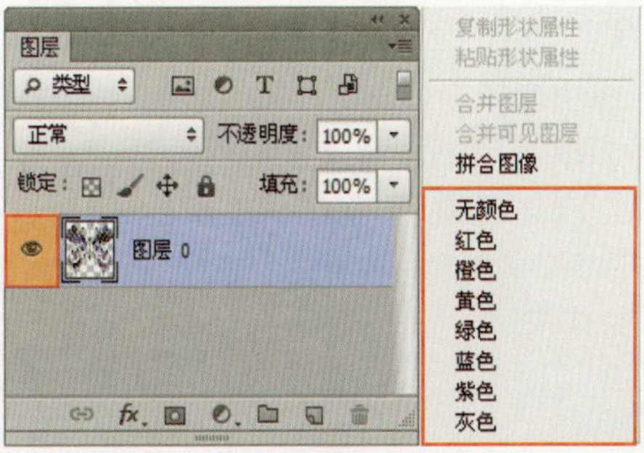

图9-24

9.3.3 显示与隐藏图层/图层组

图层缩略图左侧的方形区域中用来控制图层的可见性。图标出现时，该图层则为可见。图标出现时，该图层为隐藏。单击该方块区域可以在图层的显示与隐藏之间进行切换。如果文档中存在两个或两个以上的图层，按 Alt 键单击眼睛图标，可以快速隐藏该图层以外的所有图层，按 Alt 键再次单击眼睛图标，可以显示被隐藏的图层。如果同时选择了多个图层，执行“图层 > 隐藏图层”菜单命令，可以将这些选中的图层隐藏起来，如图 9-25 和图 9-26 所示。

图9-25

图9-26

9.3.4 图层过滤 新增功能

“图层过滤”主要通过对图层进行多种方法的分类、过滤与检索，帮助用户迅速找到复杂文件中的某个图层。在“图层”面板的顶部可以看到图层的过滤选项，单击该选项可以在下拉列表中选择“类型”、“名称”、“效果”、“模式”、“属性”、“颜色”6 种过滤方式，如图 9-27 所示。在使用某种图层过滤时，单击右侧的“打开或关闭图层过滤”按钮即可显示出所有图层，如图 9-28 所示。

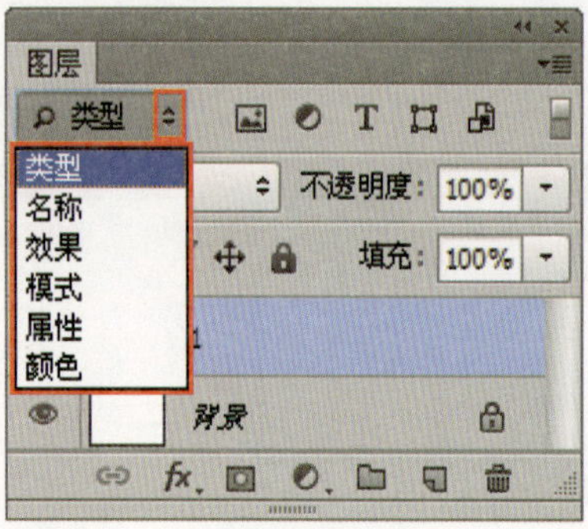

图9-27

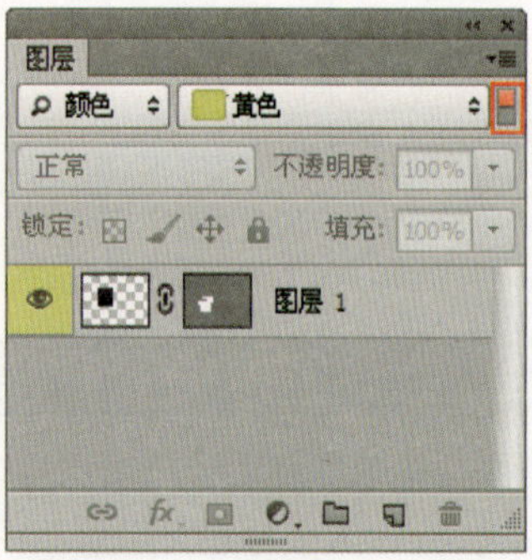

图9-28

设置过滤方式为“类型”时，可以从“像素图层滤镜”、“调整图层滤镜”、“文字图层滤镜”、“形状图层滤镜”、“智能对象滤镜”中选择一种或多种图层滤镜，可以看到“图层”面板中所选图层滤镜类型以外的图层全部被隐藏了，如图 9-29 所示。如果没有该类型的图层，则不显示任何图层，如图 9-30 所示。

图9-29

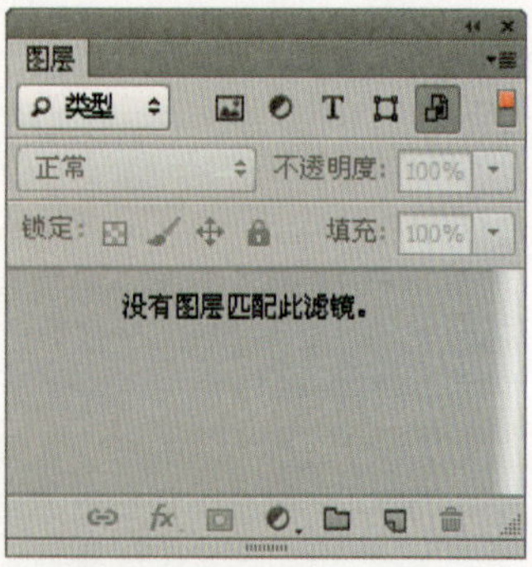

图9-30

设置过滤方式为“名称”时，可以在右侧的文本框中键入关键字，所有包含该关键字的图层都会被显示出来，如图 9-31 所示。

设置过滤方式为“效果”时，在右侧的效果下拉列表中选择某种效果，包含该效果的图层会被显示在“图层”面板中，如图 9-32 所示。

设置过滤方式为“模式”时，在右侧的效果下拉列表中选择某种模式，使用该模式的图层会被显示在“图层”面板中，如图 9-33 所示。

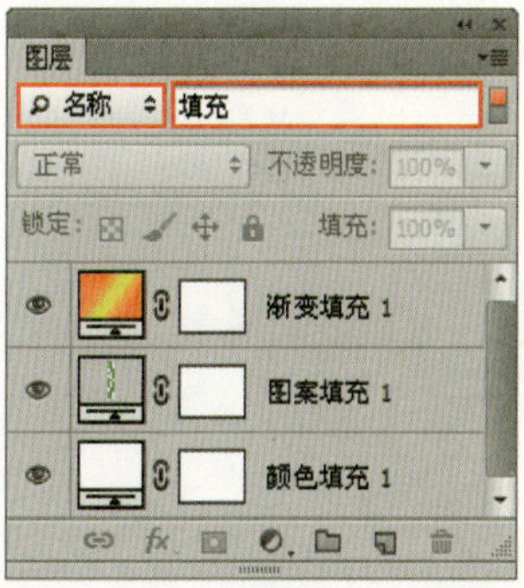

图9-31

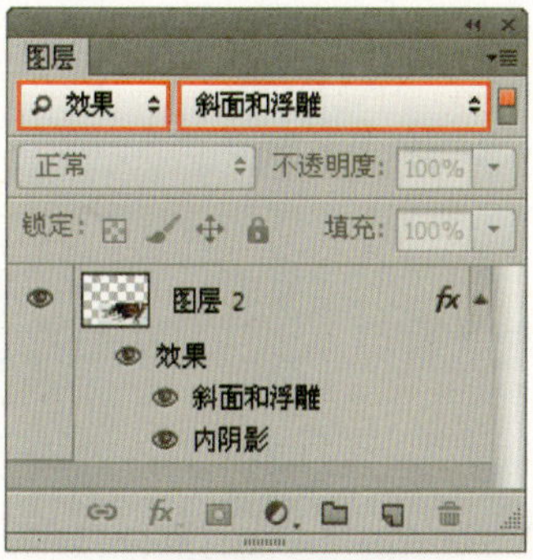

图9-32

图9-33

设置过滤方式为“属性”时，在右侧的效果下拉列表中选择某种属性（如图 9-34 所示），含有该属性的图层会被显示在“图层”面板中，如图 9-35 所示。

设置过滤方式为“颜色”时，在右侧的效果下拉列表中选择某种颜色，该颜色的图层就会被显示在“图层”面板中，如图 9-36 所示。

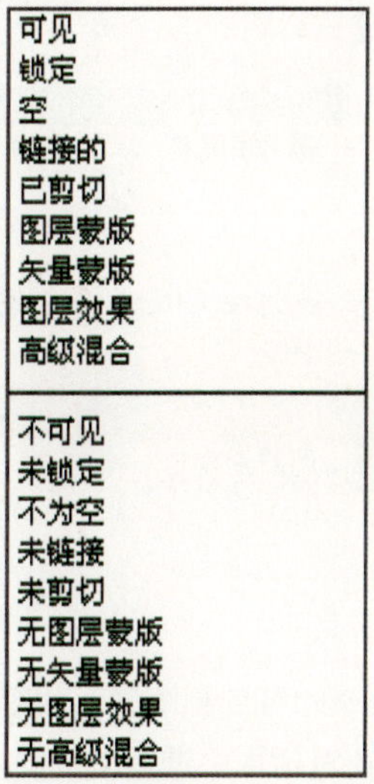

图9-34

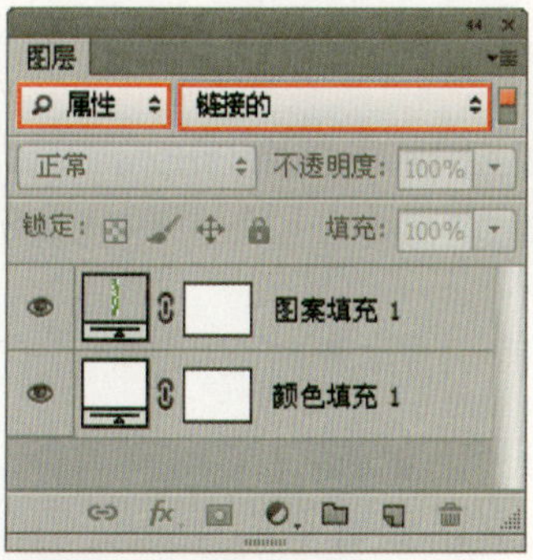

图9-35

图9-36

9.3.5 调整图层的排列顺序

在操作的过程中经常需要调整“图层”面板中图层的顺序以配合操作需要。在“图层”面板中排列着很多图层，排列位置靠上的图层优先显示，而排列在后面的图层则可能被遮盖住。

1 如果要改变图层的排列顺序，可以将该图层拖曳到另外一个图层的上面或下面，即可调整图层的排列顺序。在一个包含多个图层的文档中，可以通过改变图层在堆栈中所处的位置来改变图像的显示状况，效果如图 9-37、图 9-38、图 9-39 和图 9-40 所示。

图9-37

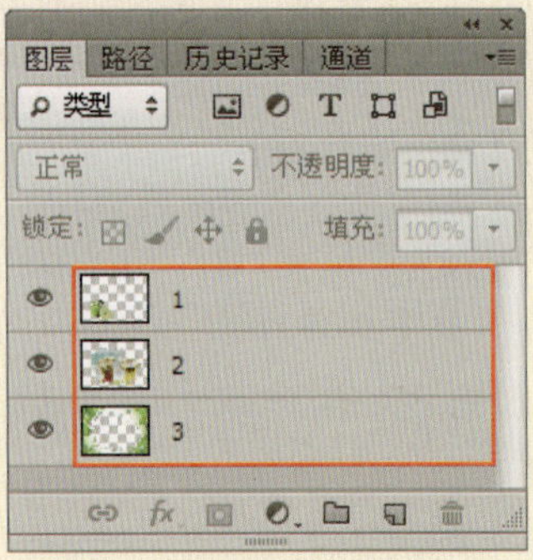

图9-38

图9-39

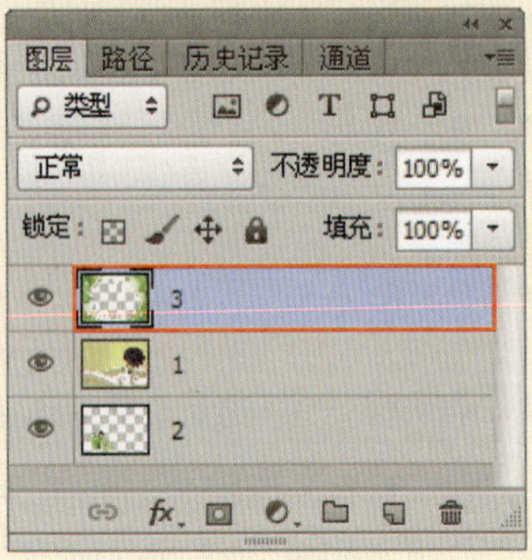

图9-40

2 也可以选择一个图层，然后执行“图层 > 排列”菜单下的子命令，同样可以调整图层的排列顺序，如图 9-41 所示。

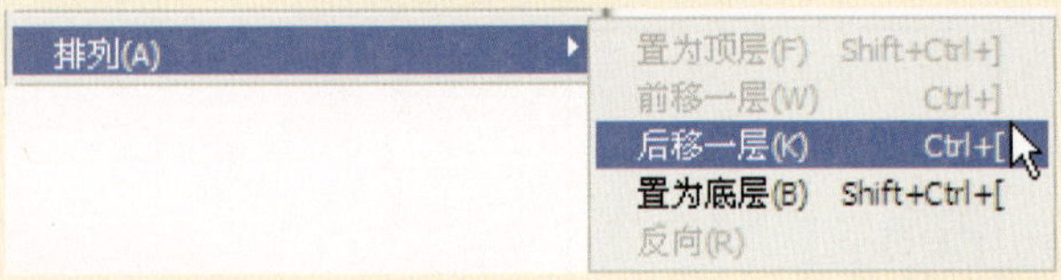

图9-41

- **置为顶层**：将所选图层调整到最顶层，可按 Shift+Ctrl+] 组合键。
- **前移一层 / 后移一层**：将所选图层向上或向下移动一个堆叠顺序，可分别按 Ctrl+] 组合键和 Ctrl+[组合键。
- **置为底层**：将所选图层调整到最底层，可按 Shift+Ctrl+[组合键。
- **反向**：在“图层”面板中选择多个图层，执行该命令可以反转所选图层的排列顺序。

9.3.6 复制图层

在其名称上单击鼠标右键，接着在弹出的快捷菜单中执行“复制图层”命令即可复制图层，如图 9-42 所示。或者通过执行“图层 > 复制图层”菜单命令，打开“复制图层”对话框，在对话框中进行参数的设置，接着单击“确定”按钮，如图 9-43 所示，同样可以复制图层。

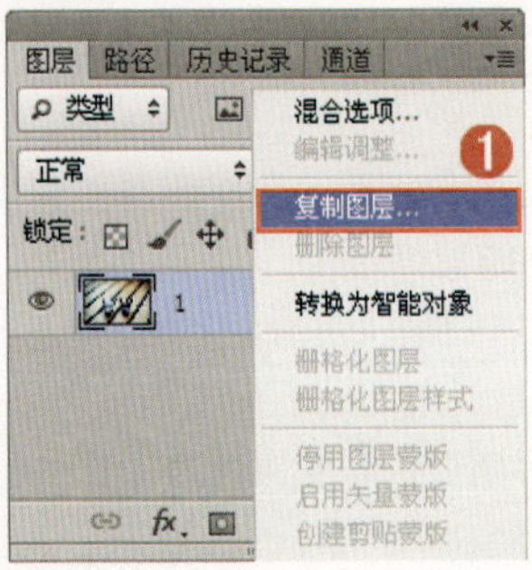

图9-42

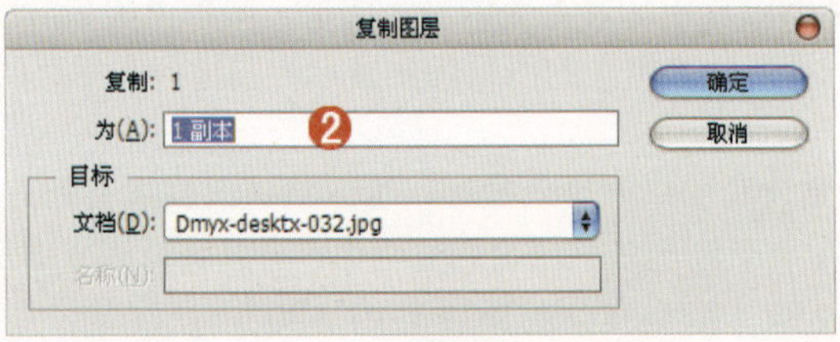

图9-43

将需要复制的图层拖曳到“创建新图层”按钮上，直接按Ctrl+J组合键，即可复制出该图层的副本，如图9-44所示。当然也可以在“图层”面板中选中某一图层，并按Alt键向其他图层交接处移动，当鼠标变为双箭头时松开即可快捷复制出所选图层，如图9-45所示。

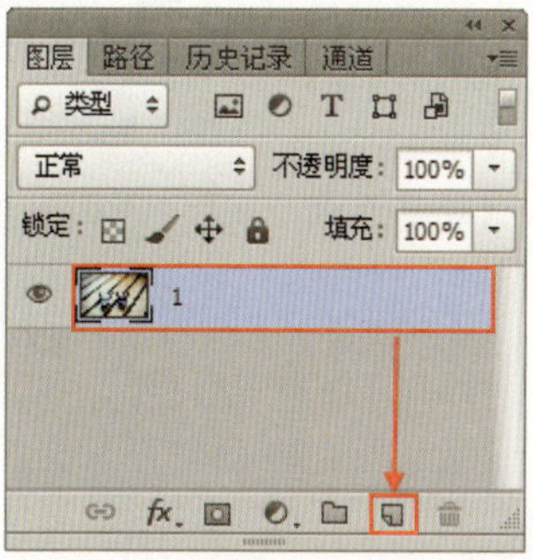

图9-44

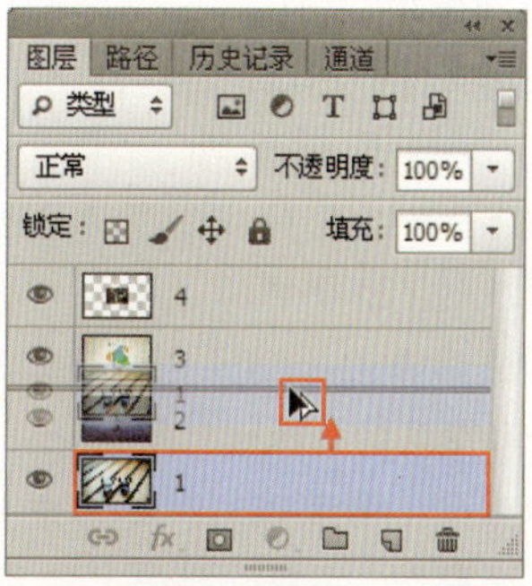

图9-45

如果当前图像中存在选区，执行“通过拷贝的图层”命令或者执行“复制”、“粘贴”命令都可以将选区中的图像复制到一个新的图层中，如图9-46和图9-47所示。

选择需要复制的图层然后执行“图层 > 复制图层”或“图层 > 复制组”菜单命令，打开“复制图层”或“复制组”对话框，接着选择好目标文档，即可在不同的文档之间复制图层，如图9-48所示。

图9-46

图9-47

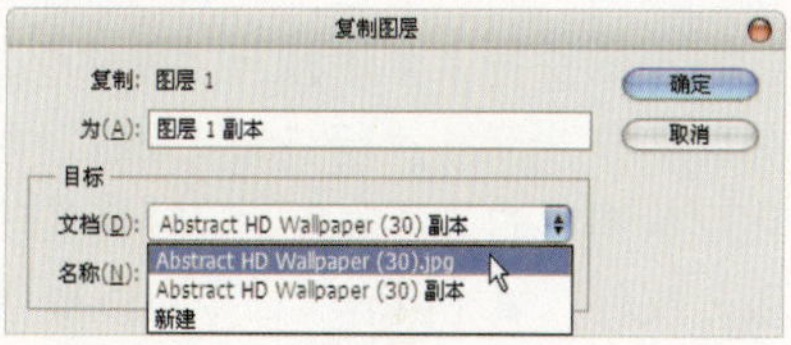

图9-48

9.3.7 链接图层

可以将一些图层“链接”在一起，这样就方便了对多个图层同时进行移动、应用变换或创建剪贴蒙版等操作。选择需要进行链接的图层（两个或多个图层），然后执行“图层 > 链接图层”菜单命令或单击“图层”面板底部的“链接图层”按钮，就可以将这些图层链接起来，如图9-49所示。若要取消全部链接图层，需要选中全部链接图层并单击“链接图层”按钮；如果要取消某一图层的链接，可以选择其中一个链接图层，然后单击“链接图层”按钮，如图9-50所示。

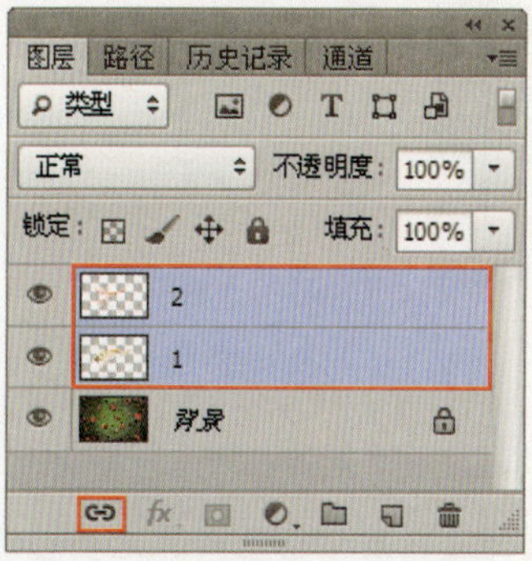

图9-49

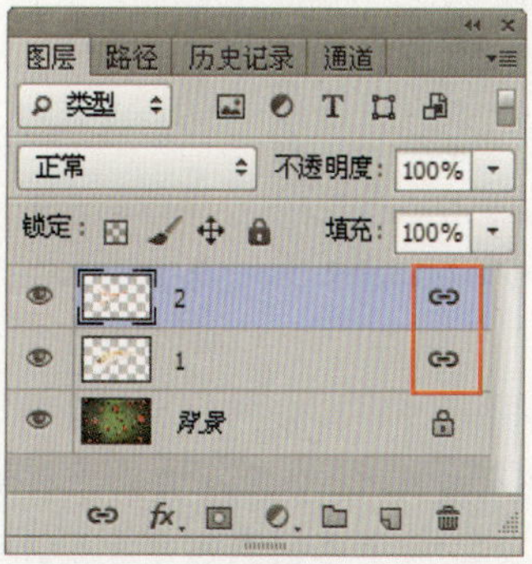

图9-50

9.3.8 锁定图层

在“图层”面板的上半部分有多个锁定按钮，单击这些按钮可以根据需要完全锁定或部分锁定图层，以免因操作失误而对图层的内容造成破坏，锁定按钮是用来保护图层透明区域、图像像素和位置的锁定功能，如图 9-51 所示。

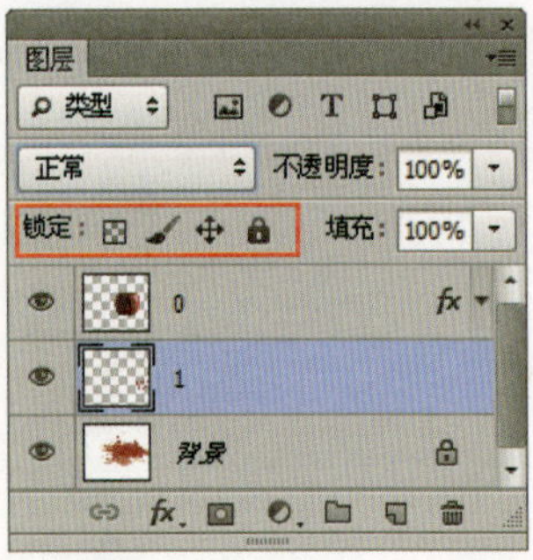

图9-51

- **锁定透明像素**：激活锁定透明像素按钮后，可以将编辑范围限定在图层的不透明区域，图层的透明区域会受到保护。锁定了图层的透明像素，使用“画笔工具”在图像上进行涂抹，只能在含有图像的区域进行绘画。
- **锁定图像像素**：激活锁定图像像素按钮后，只能对图层进行移动或变换操作，不能在图层上绘画、擦除或应用滤镜。
- **锁定位置**：激活锁定位置按钮后，图层将不能移动。这个功能对于设置了精确位置的图像非常有用。
- **锁定全部**：激活锁定全部按钮后，图层将不能进行任何操作。

9.3.9 栅格化图层内容

文字图层、形状图层、矢量蒙版图层或智能对象等包含矢量数据的图层是不能直接进行编辑的，所以需要先将其栅格化。选择需要栅格化的图层，然后执行“图层 > 栅格化”菜单下的子命令，或者在“图层”面板中选中该图层并单击鼠标右键，在弹出的快捷菜单中执行“栅格化图层”命令，如图 9-52 所示。执行“矢量蒙版”命令可以栅格化形状图层的矢量蒙版，同时将其转换为图层蒙版。执行“填充内容”命令可以栅格化形状图层的填充内容，但会保留矢量蒙版，其他命令则可以直接将图层栅格化为普通图层，如图 9-53 所示。

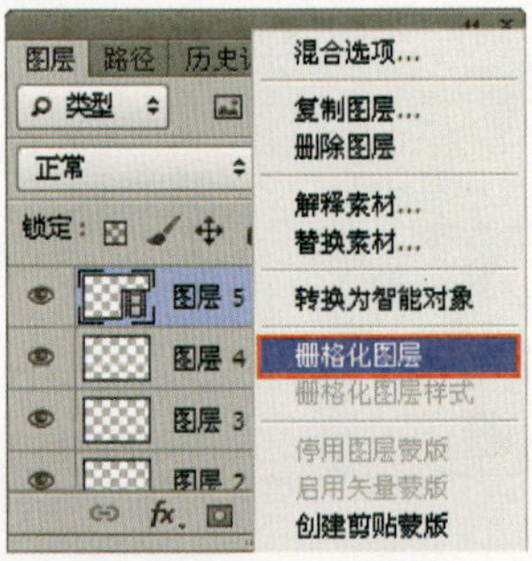

图9-52

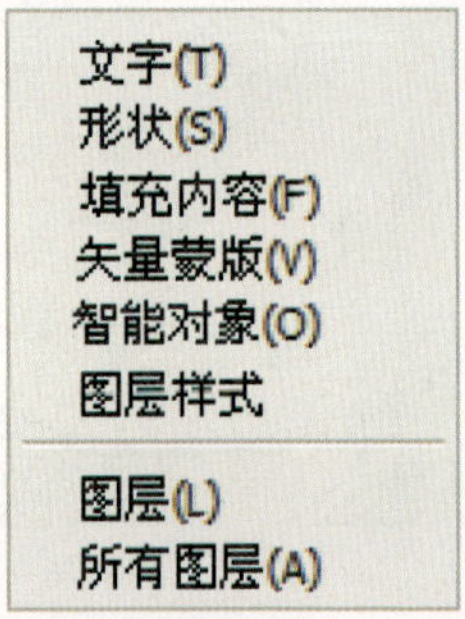

图9-53

9.3.10 清除图像的杂边

执行“图层 > 修边”菜单下的子命令，可以去除在抠图过程中，尤其是针对于人像头发部分的抠图，经常残留的一些多余的与前景颜色差异较大的多余像素，如图 9-54、图 9-55 和图 9-56 所示。

图9-54

图9-55

图9-56

- **颜色净化**：去除一些彩色杂边。
- **去边**：用包含纯色（不包含背景色的颜色）的邻近像素的颜色替换任何边缘像素的颜色。
- **移去黑色杂边**：如果将黑色背景上创建的消除锯齿的选区图像粘贴到其他颜色的背景上，可执行该命令来消除黑色杂边。

- **移去白色杂边**：如果将白色背景上创建的消除锯齿的选区图像粘贴到其他颜色的背景上，可执行该命令来消除白色杂边。

9.3.11 删除图层

如果要快速删除图层，可以将其拖曳到“删除图层”按钮上，或者选中图层单击“删除图层”按钮，在弹出的对话框中单击“是”按钮，也可以直接按Delete键。选择要删除的图层，执行“图层>删除图层>图层”菜单命令，即可将其删除。执行“图层>删除图层>隐藏图层”菜单命令，可以删除所有隐藏的图层，如图9-57所示。

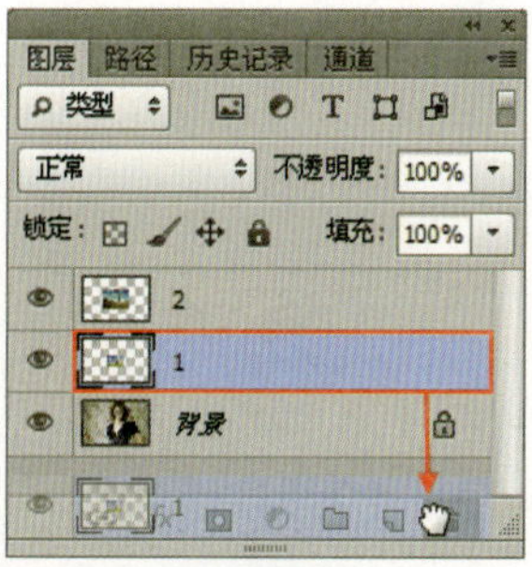

图9-57

9.4 图层的对齐与分布

Photoshop CS6

9.4.1 对齐图层

如果想要将多个图层进行对齐，可以在“图层”面板中选择多个图层，然后执行“图层>对齐”菜单下的子命令，如图9-58和图9-59所示。

图9-58

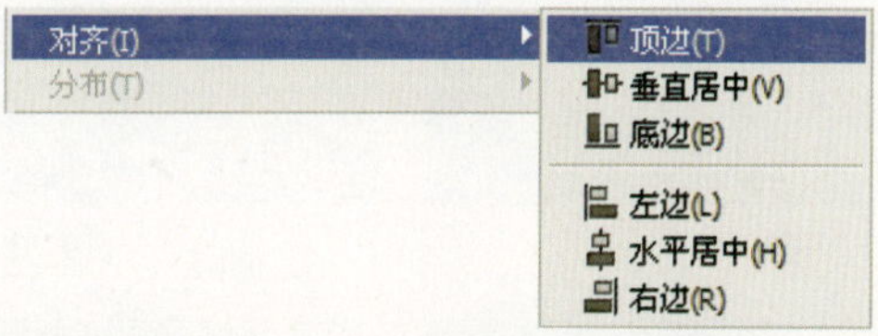

图9-59

下面分别是多种对齐方式的对比效果，如图9-60至图9-65所示。

图9-60

图9-61

图 9-62

图9-63

图9-64

图9-65

在使用“移动工具”状态下，在选项栏中有一排对齐按钮分别与“图层 > 对齐”菜单下的子命令相对应，如图 9-66 所示。

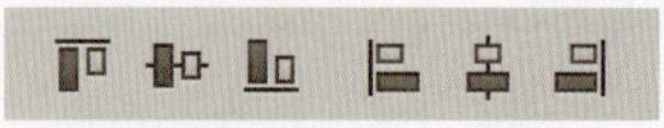
图9-66

9.4.2 分布图层

当一个文档中包含多个图层时（如图 9-67 所示），执行“图层 > 分布”菜单下的子命令将这些图层按照一定的规律均匀分布，如图 9-68 所示。

图9-67

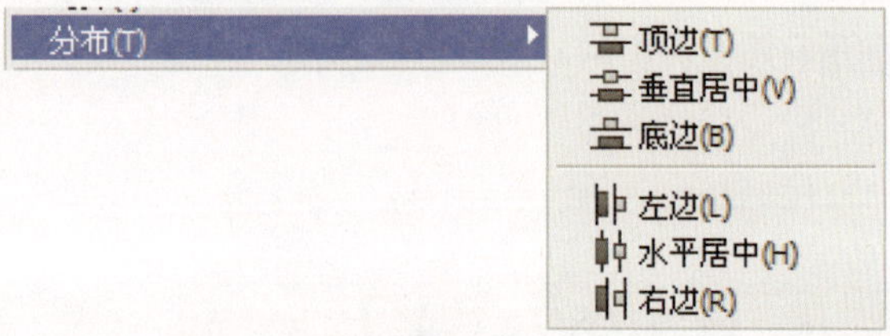

图9-68

下面所示分别为 6 种分布方式的对比效果，如图 9-69 至图 9-74 所示。

图9-69

图9-70

图9-71

图9-72

图9-73

图9-74

或者在使用“移动工具”的状态下，选项栏中有一排分布按钮分别与“图层 > 分布”菜单下的子命令相对应，如图 9-75 所示。

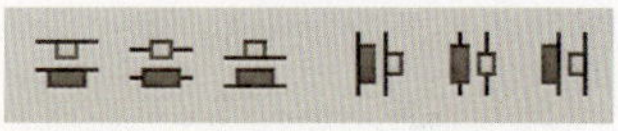
图9-75

9.5 使用图层组管理图层

Photoshop CS6

9.5.1 创建图层组

执行“图层 > 新建 > 组”命令，在弹出的“新建组”对话框中可以分别对组的名称、颜色、模式和不透明度进行相关设置，设置结束后单击“确定”按钮即可创建新组，如图9-76所示。或者单击图层面板底部的“创建新组”按钮，即可在图层面板中出现新的图层组，如图9-77所示。使用“图层组”可以方便快捷地管理图层，而且图层组还可以进行“嵌套”，也就是在图层组中继续创建图层组。

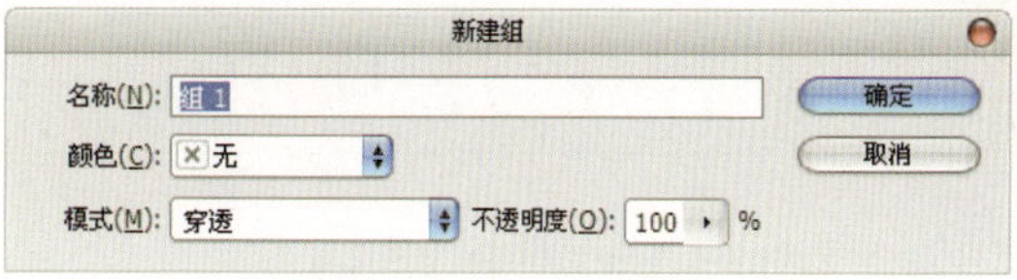

图9-76

另外，在“图层”面板中按Alt键选择需要的图层，然后单击左键拖曳至“新建组”按钮上，即可将所选图层放置在新创建的图层组中，如图9-78和图9-79所示。

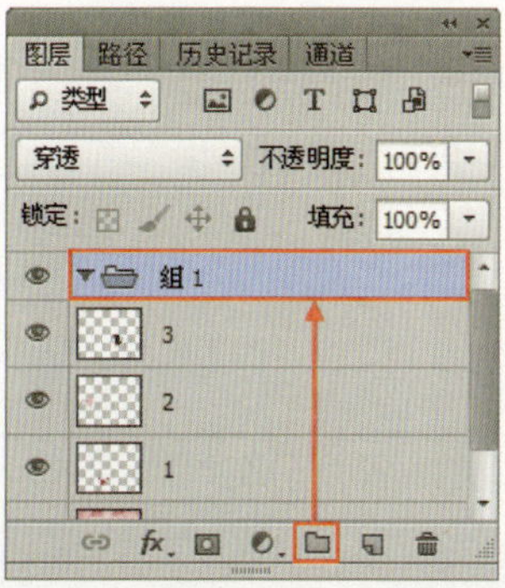

图9-77

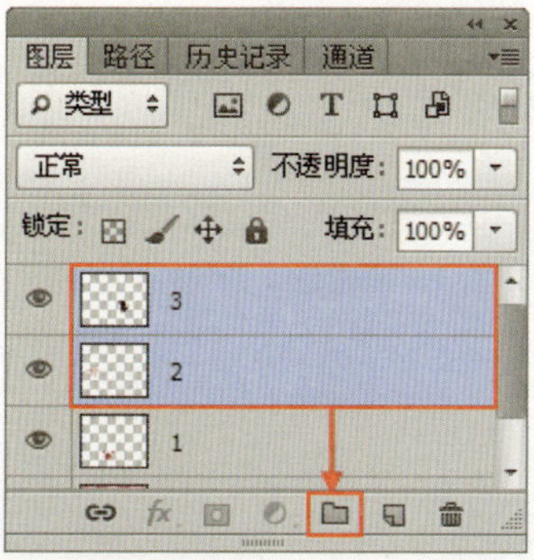

图9-78

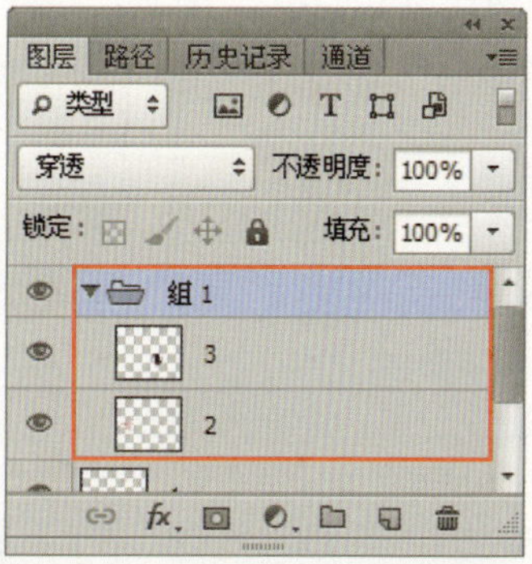

图9-79

9.5.2 移入或移出图层组

选择一个或多个图层，然后将图层组中的图层拖曳到组外，就可以将其从图层组中移出，如图9-80所示；将其拖曳到图层组内，就可以将其移入到该组中，如图9-81所示。

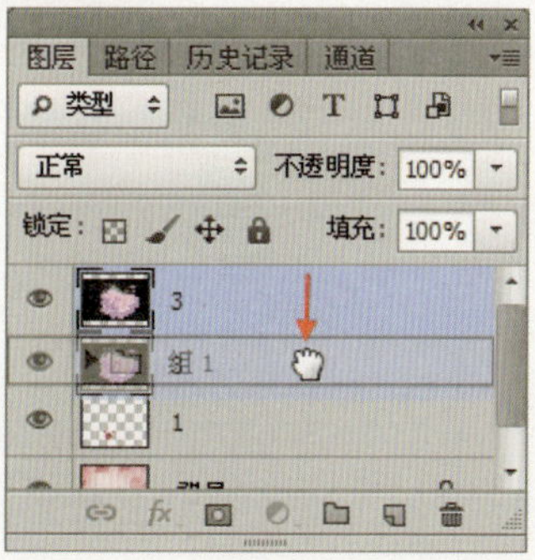

图9-80

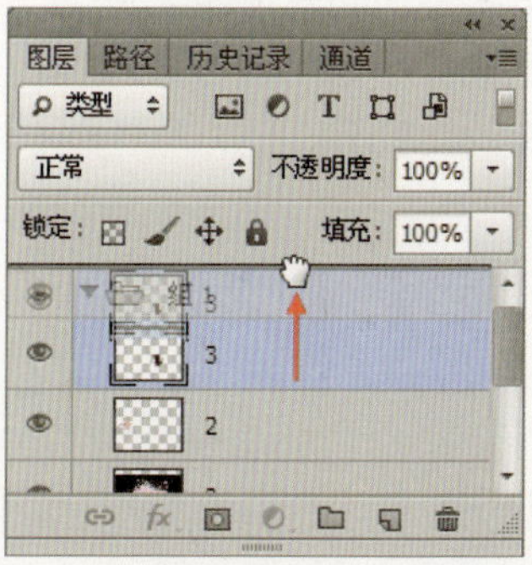

图9-81

9.5.3 取消图层编组

执行“图层 > 取消图层编组”菜单命令，或按Shift+Ctrl+G组合键，可以在创建图层组后，取消图层编组，如图9-82所示。也可以在图层组名称上单击鼠标右键，然后在弹出的快捷菜单中执行“取消图层编组”命令，如图9-83所示。

图9-82

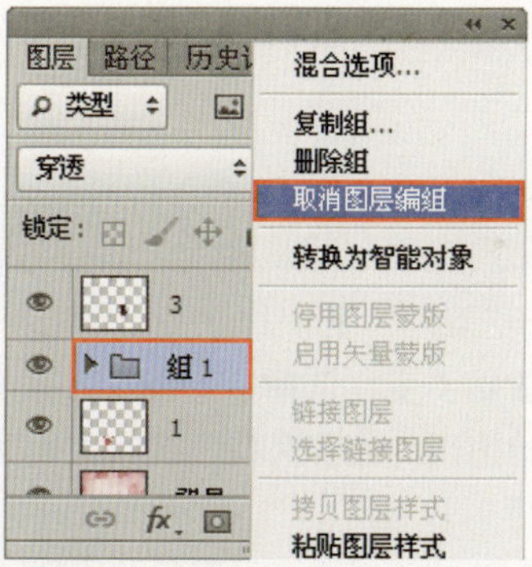

图9-83

9.6 合并与盖印图层

9.6.1 合并图层

可以在“图层”面板中选择要合并的图层,然后执行“图层 > 合并图层”菜单命令或按 Ctrl+E 组合键，即可将多个图层合并为一个图层，合并以后的图层使用上面图层的名称，如图 9-84 和图 9-85 所示。

执行“图层 > 向下合并”菜单命令或按 Ctrl+E 组合键，将一个图层与它下面的图层合并，合并以后的图层使用下面图层的名称，如图 9-86 和图 9-87 所示。

图9-84

图9-85

图9-86

图9-87

执行“图层 > 合并可见图层”菜单命令或按 Shift+Ctrl+E 组合键，将合并“图层”面板中的所有可见图层，如图 9-88 和图 9-89 所示。

图9-88

图9-89

9.6.2 拼合图像

执行“图层 > 拼合图像”菜单命令可以将所有图层都拼合到“背景”图层中。如果有隐藏的图层则会弹出一个提示对话框，提醒是否要扔掉隐藏的图层,如图 9-90 所示。

图9-90

9.6.3 盖印图层

“盖印”是一种合并图层的特殊方法，可以将多个图层的内容合并到一个新的图层中，同时保持其他图层不变。选择多个图层并按 Ctrl+Alt+E 组合键，可以将这些图层中的图像盖印到一个新的图层中，原始图层的内容保持不变。盖印图层在实际工作中经常用到，是一种很实用的图层合并方法，如图 9-91 和图 9-92 所示。

若想将所有可见图层盖印到一个新的图层中，可以按 Ctrl+Shift+Alt+E 组合键，如图 9-93 所示。

图9-91

图9-92

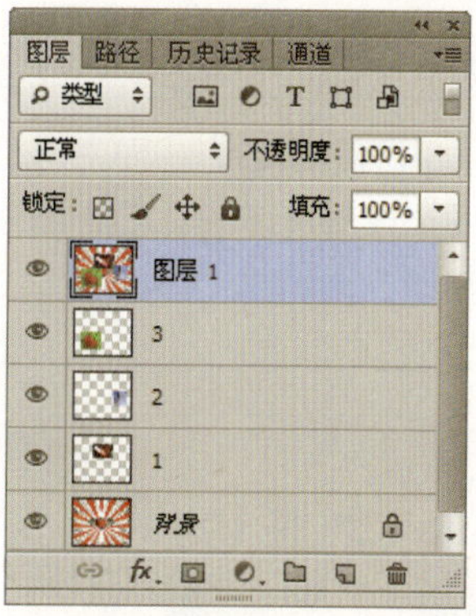

图9-93

9.7 不透明度与混合模式

Photoshop CS6

9.7.1 调整不透明度

在“图层”面板中可以对图层或图层组的不透明度与填充进行调整，即通过调整数值或者移动滑块，如图 9-94 和图 9-95 所示。

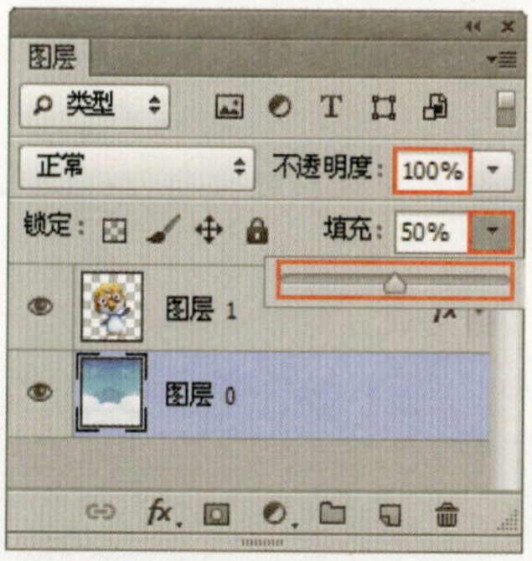

图9-94

图9-95

“不透明度”选项控制着整个图层的透明属性，包括图层中的形状、像素以及图层样式，而“填充”选项只影响图层中绘制的像素和形状的不透明度。图 9-96 和图 9-97 所示为调整“不透明度”和“填充”的对比效果。

图9-96

图9-97

9.7.2 调整图层的混合模式

单击面板顶部的⇕下拉按钮，在弹出的下拉列表中可以选择一种混合模式，所谓图层混合模式就是指一个图层或图层组与其下图层或图层组的色彩叠加方式，在“图层”面板中选择一个图层或图层组，如图9-98 所示。图层的“混合模式”共有 27 种，图 9-99 所示分别为这些混合模式的对比效果。

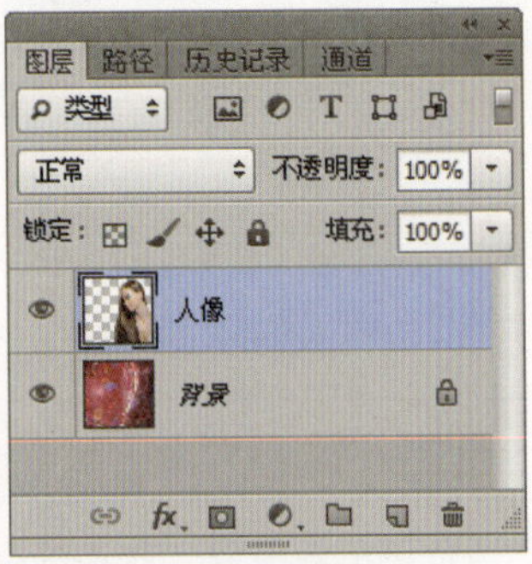

图9-98

图9-99

- **正常**：这种模式是 Photoshop 默认的模式。在正常情况下（“不透明度”为 100%），上层图像将完全遮盖住下层图像，只有降低“不透明度”数值后才能与下层图像混合。
- **溶解**：在“不透明度”和“填充”数值为 100% 时，该模式不会与下层图像相混合，只有这两个数值中的任何一个低于 100% 时才能产生效果，使透明度区域上的像素离散。
- **变暗**：比较每个通道中的颜色信息，并选择基色或混合色中较暗的颜色作为结果色，同时替换比混合色亮的像素，而比混合色暗的像素保持不变。
- **正片叠底**：任何颜色与黑色混合都产生黑色，任何颜色与白色混合都保持不变。
- **颜色加深**：通过增加上下层图像之间的对比度来使像素变暗，与白色混合后不产生变化。
- **线性加深**：通过减小亮度使像素变暗，与白色混合不产生变化。
- **深色**：通过比较两个图像的所有通道数值的总和，然后显示数值较小的颜色。
- **变亮**：比较每个通道中的颜色信息，并选择基色或混合色中较亮的颜色作为结果色，同时替换比混合色暗的像素，而比混合色亮的像素保持不变。
- **滤色**：与黑色混合时颜色保持不变，与白色混合时产生白色。
- **颜色减淡**：通过减小上下层图像之间的对比度来提亮底层图像的像素。
- **线性减淡（添加）**：与“线性加深”模式产生的效果相反，可以通过提高亮度来减淡颜色。
- **浅色**：通过比较两个图像所有通道的数值总和，然后显示数值较大的颜色。
- **叠加**：对颜色进行过滤并提亮上层图像，具体取决于底层颜色，同时保留底层图像的明暗对比。
- **柔光**：使颜色变暗或变亮，具体取决于当前图像的颜色。如果上层图像比 50% 灰色亮，则图像变亮；如果上层图像比 50% 灰色暗，则图像变暗。
- **强光**：对颜色进行过滤，具体取决于当前图像的颜色。如果上层图像比 50% 灰色亮，则图像变亮；如果上层图像比 50% 灰色暗，则图像变暗。
- **亮光**：通过增加或减小对比度来加深或减淡颜色，具体取决于上层图像的颜色。如果上层图像比 50% 灰色亮，则图像变亮；如果上层图像比 50% 灰色暗，则图像变暗。
- **线性光**：通过减小或增加亮度来加深或减淡颜色，具体取决于上层图像的颜色。如果上层图像比 50% 灰色亮，则图像变亮；如果上层图像比 50% 灰色暗，则图像变暗。

- **点光**：根据上层图像的颜色来替换颜色。如果上层图像比 50% 灰色亮，则替换比较暗的像素；如果上层图像比 50% 灰色暗，则替换较亮的像素。
- **实色混合**：将上层图像的 RGB 通道值添加到底层图像。如果上层图像比 50% 灰色亮，则使底层图像变亮；如果上层图像比 50% 灰色暗，则使底层图像变暗。
- **差值**：上层图像与白色混合将反转底层图像的颜色，与黑色混合则不产生变化。
- **排除**：创建一种与“差值”模式相似，但对比度更低的混合效果。
- **减去**：从目标通道中相应的像素上减去源通道中的像素值。
- **划分**：比较每个通道中的颜色信息，然后从底层图像中划分上层图像。
- **色相**：用底层图像的明亮度和饱和度以及上层图像的色相来创建结果色。
- **饱和度**：用底层图像的明亮度和色相以及上层图像的饱和度来创建结果色，在饱和度为 0 的灰度区域应用该模式不会产生任何变化。
- **颜色**：用底层图像的明亮度以及上层图像的色相和饱和度来创建结果色，这样可以保留图像中的灰阶，对于为单色图像上色或给彩色图像着色非常有用。
- **明度**：用底层图像的色相和饱和度以及上层图像的明亮度来创建结果色。

命令实训 使用混合模式命令制作甜梦女孩

案例文件	案例文件\第9章\9.7.2\使用混合模式命令制作甜梦女孩.psd
视频教学	视频文件\第9章\使用混合模式命令制作甜梦女孩.flv
难易指数	★★★★★
知识掌握	混合模式

案例效果

本案例主要使用“混合模式”来制作绚丽多彩的效果，如图 9-100 所示。

图9-100

操作步骤

1 打开本书配套光盘中的背景文件，如图 9-101 所示。在编辑图层上方新建图层，单击工具箱中的“渐变工具”按钮，在打开的选项栏中单击设置渐变类型为“线性”，打开渐变编辑器，选择一种编辑七彩渐变，在画面中拖曳光标填充渐变，如图 9-102 所示。

2 在“图层”面板中设置混合模式为柔光，并为其添加蒙版，使用黑色柔角画笔，调低画笔流量以及透明度，在蒙版中绘制出人物主体部分，如图 9-103 和图 9-104 所示。

3 导入前景素材，最终制作效果如图 9-105 所示。

图9-101

图9-102

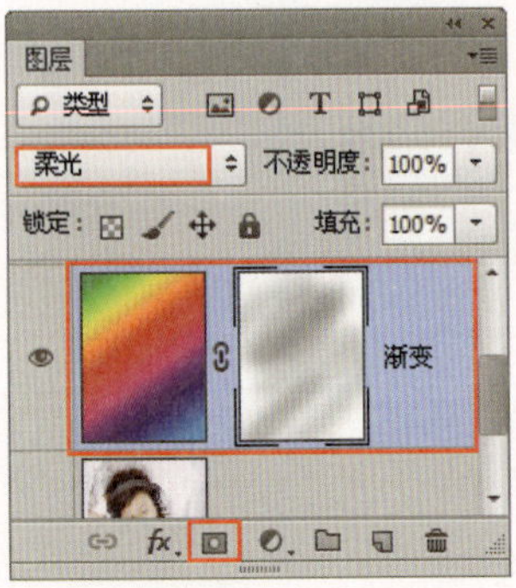

图9-103

图9-104

图9-105

综合演练 1 利用混合模式命令制作炫彩嘴唇

案例文件	案例文件\第9章\综合演练1\利用混合模式命令制作炫彩嘴唇.psd
视频教学	视频文件\第9章\利用混合模式命令制作炫彩嘴唇.flv
难易指数	★★★☆☆
知识掌握	混合模式、自由变换

案例效果

本案例主要通过使用“混合模式”命令来绘制人像嘴唇的炫彩效果，如图 9-106 所示。

图9-106

操作步骤

1 打开本书配套光盘中的背景文件“1.jpg”，如图 9-107 所示。导入花纹素材“2.png”，调整合适大小及位置，如图 9-108 所示。

2 复制花纹素材，按 Ctrl+T 组合键，单击鼠标右键，在弹出的快捷菜单中执行“垂直翻转”命令，再次单击鼠标右键，在弹出的快捷菜单中执行“水平翻转”命令，适当放大花纹素材并将其放置在合适位置，如图 9-109 所示。

图9-107

图9-108

图9-109

3 在“图层”面板中设置该图层的“混合模式”为正片叠底，设置“不透明度”数值为 52%，单击“添加矢量蒙版”按钮，如图 9-110 所示。单击工具箱中的“画笔工具”按钮，设置前景色为黑色，在蒙版中适当涂抹，隐藏多余部分，如图 9-111 所示。

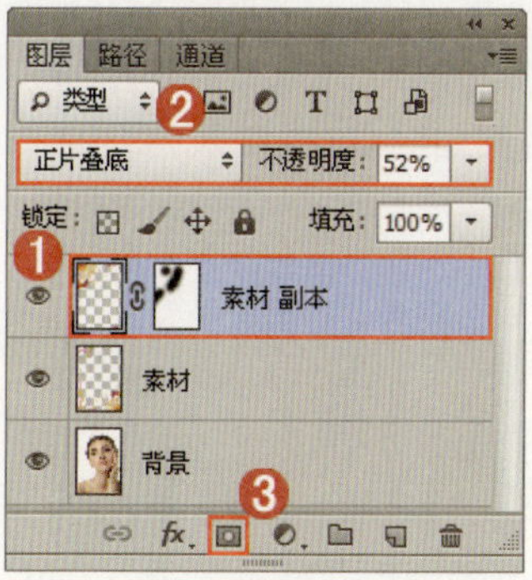

图9-110

图9-111

4 新建图层，单击工具箱中的“矩形选框工具”按钮，在画面中绘制合适大小的矩形框，将其填充为蓝色，如图 9-112 所示。用同样方法在该图层中依次绘制黄色和洋红矩形，如图 9-113 所示。

5 按 Ctrl+T 组合键，将彩色矩形旋转至合适角度，并将其放置在嘴唇上，如图 9-114 所示。

6 执行“滤镜 > 模糊 > 高斯模糊”命令，如图 9-115 所示。在弹出的对话框中设置“半径”数值为 18，单击“确定”按钮结束操作，如图 9-116 所示，效果如图 9-117 所示。

图9-112

图9-113

图9-114

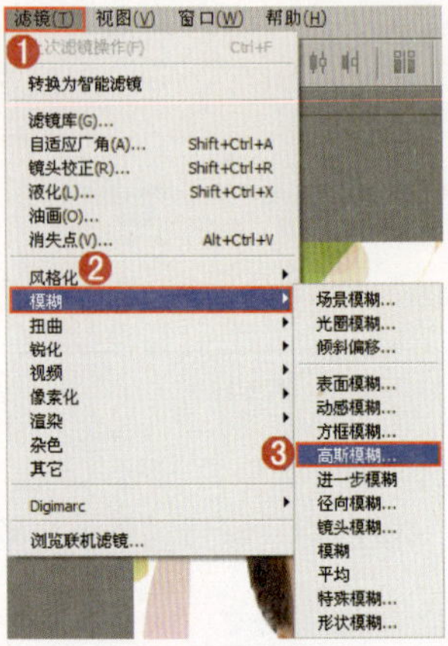

图9-115

图9-116

图9-117

7 在“图层”面板中设置“混合模式”为柔光，如图 9-118 所示。单击“添加矢量蒙版”按钮为其添加蒙版，设置前景色为黑色，使用“画笔工具”在蒙版上进行涂抹，隐藏嘴唇以外的区域，如图 9-119 所示。

8 导入文字素材“3.png”，调整合适位置及大小，最终效果如图 9-120 所示。

图9-118

图9-119

图9-120

9.8 图层样式

Photoshop CS6

图层样式是应用于一个图层或图层组的一种或多种效果。选中一个非背景的图层或图层组，执行“图层 > 图层样式”命令，或者单击“图层”面板底部的“添加图层样式”按钮fx，在子菜单中选择需要添加的样式，如图 9-121 所示。打开“图层样式”对话框，在其左侧列出了 10 种样式。样式名称前面的复选框内有☑标记，表示在图层中添加了该样式。单击一个样式的名称，可以为选中图层添加该样式，同时切换到该样式的设置面板。再次单击样式名称前面的复选框☑标记即可取消当前样式，如图 9-122 所示。

在“图层样式”对话框中设置好样式参数后，单击“确定”按钮即可为图层添加样式，添加了样式的图层的右侧会出现一个fx图标，如图 9-123 所示。再次对图层执行“图层 > 图层样式”命令即可对参数进行修改。

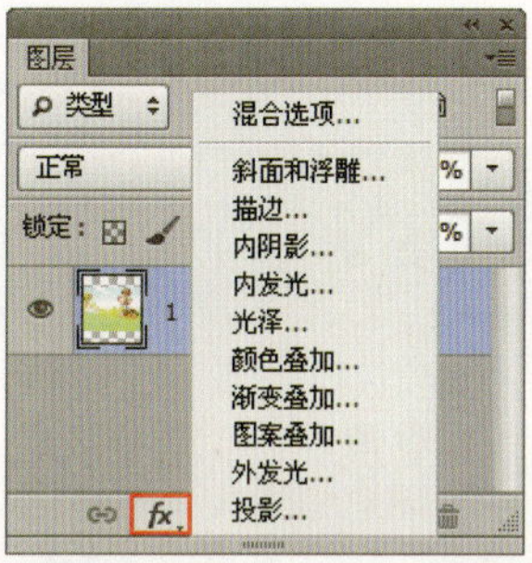

图9-121

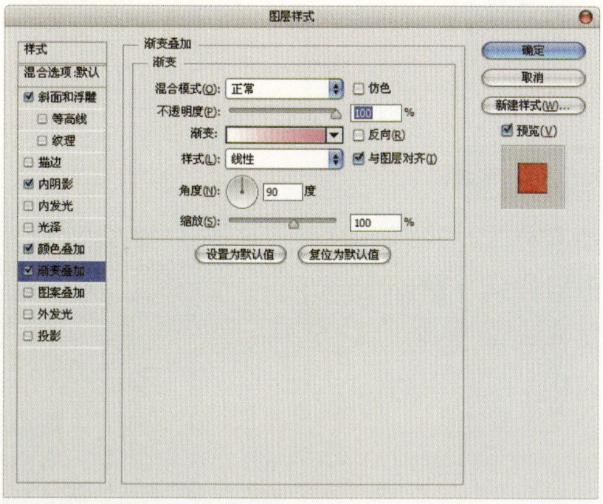

图9-122

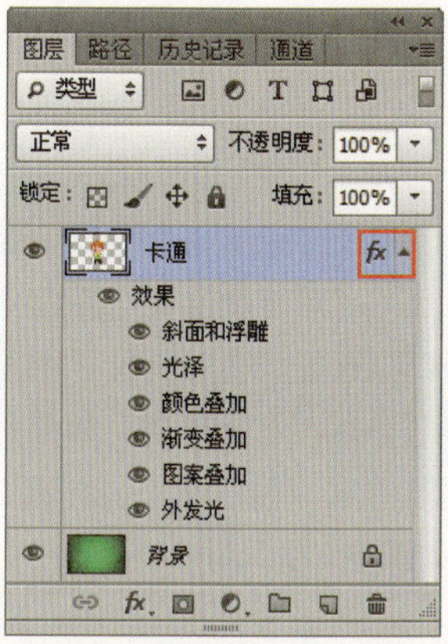

图9-123

9.8.1 显示与隐藏图层样式

执行“图层 > 图层样式 > 隐藏所有效果”菜单命令可以隐藏整个文档中图层的图层样式。在展开的图层样式堆栈中单击该样式前面的眼睛图标，可以隐藏或显示某一个样式，如图 9-124 所示。单击“效果”前面的眼睛图标，可以隐藏或显示图层的所有样式，如图 9-125 所示。

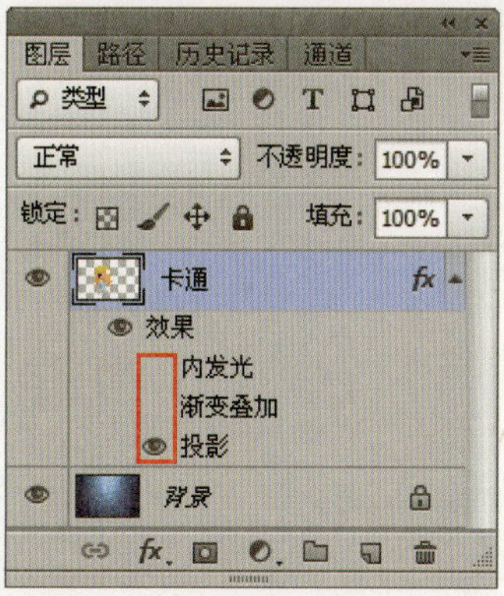

图9-124

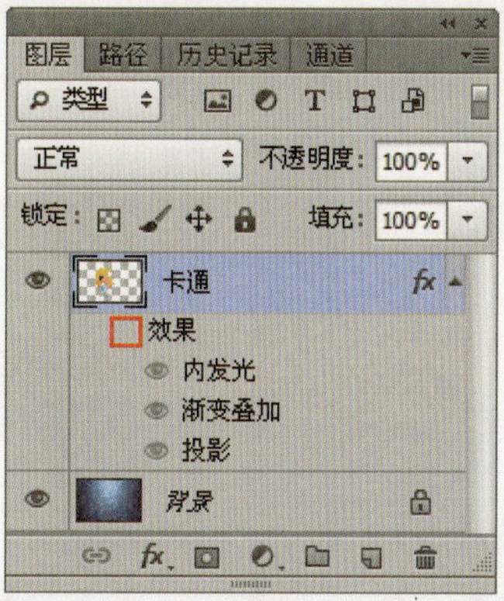

图9-125

9.8.2 拷贝图层样式

当文档中有多个需要使用同样样式的图层时，选择该图层，然后执行“图层 > 图层样式 > 拷贝图层样式”命令，或者在图层名称上单击鼠标右键，在弹出的快捷菜单中执行“拷贝图层样式”命令，接着选择目标图层，如图 9-126 所示。再执行“图层 > 图层样式 > 粘贴图层样式”菜单命令，或者在目标图层的名称上单击鼠标右键，在弹出的快捷菜单中执行“粘贴图层样式”命令，如图 9-127 所示，这样就可以进行图层样式的粘贴。

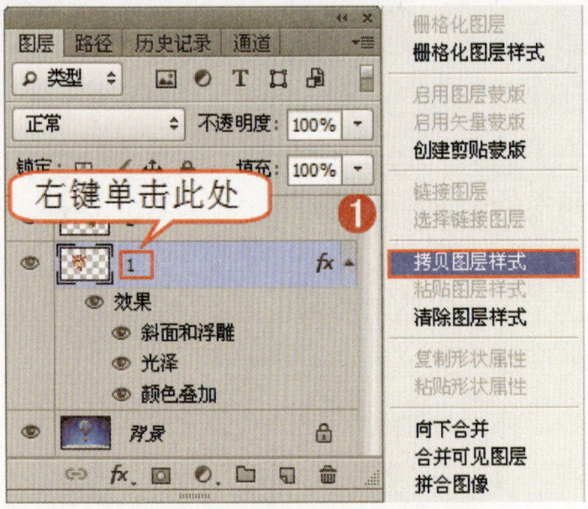

图9-126

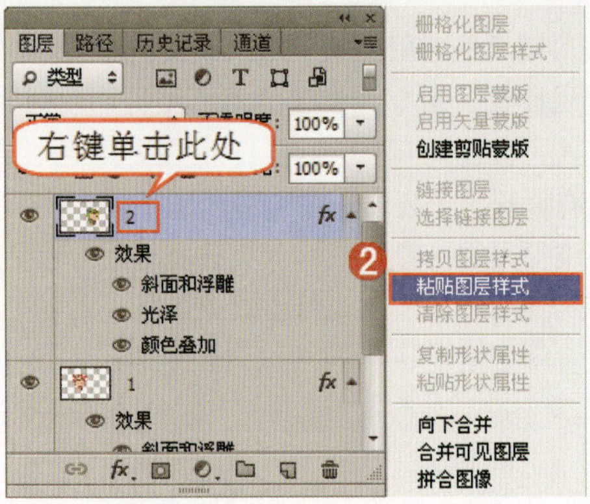

图9-127

9.8.3 清除图层样式

如果要删除某个图层中的所有样式，可以选择该图层，然后执行“图层 > 图层样式 > 清除图层样式”菜单命令。如果将图层样式拖曳到“删除图层”按钮上，就可以删除图层的某一样式，如图 9-128 所示。

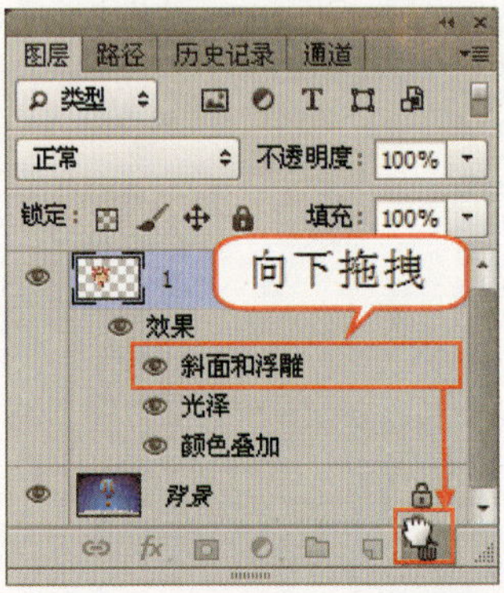

图9-128

9.8.4 栅格化图层样式

若想将当前图层的图层样式栅格化到当前图层中，可以执行“图层 > 栅格化 > 图层样式”命令，栅格化的样式部分可以像普通图层的其他部分一样进行编辑处理，但是不再具有可以调整图层参数的功能，如图 9-129、图 9-130 和图 9-131 所示。

图9-129

图9-130

图9-131

9.8.5 图层样式详解

在 Photoshop 中包含了斜面和浮雕、描边、内阴影、内发光、光泽、颜色叠加、渐变叠加、图案叠加、外发光、投影效果这 10 种图层样式。图 9-132 和图 9-133 所示分别为原图和图层样式的对比效果。

图9-132

图9-133

1. 斜面和浮雕

图 9-134、图 9-135 和图 9-136 所示为原始图像、添加了斜面和浮雕样式以后的图像效果和“斜面和浮雕”调整面板。“斜面和浮雕”样式可以为图层添加高光与阴影，使图像产生立体的浮雕效果，常用于立体文字的模拟。

图9-134

图9-135

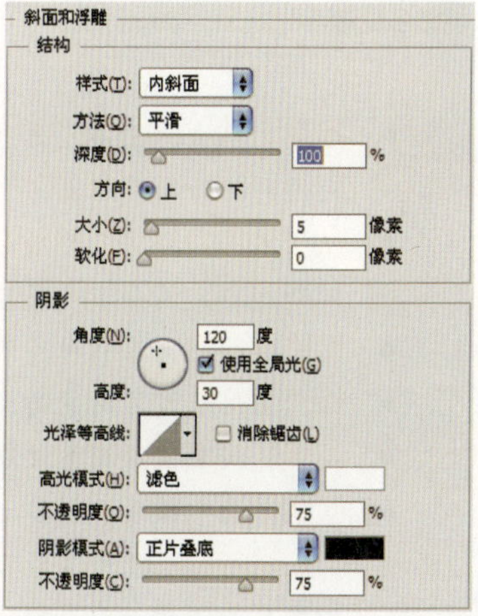

图9-136

- **样式**：选择斜面和浮雕的样式。
- **方法**：用来选择创建浮雕的方法。选择“平滑”，可以得到比较柔和的边缘；选择“雕刻清晰”，可以得到最精确的浮雕边缘；选择“雕刻柔和”，可以得到中等水平的浮雕效果。
- **深度**：用来设置浮雕斜面的应用深度，该值越高，浮雕的立体感越强。
- **方向**：用来设置高光和阴影的位置，该选项与光源的角度有关。
- **大小**：该选项表示斜面和浮雕阴影面积的大小。
- **软化**：用来设置斜面和浮雕的平滑程度。
- **角度 / 高度**：“角度”选项用来设置光源的发光角度；“高度”选项用来设置光源的高度。
- **使用全局光**：如果选中该复选框，那么所有浮雕样式的光照角度都将保持在同一个方向。
- **光泽等高线**：选择不同的等高线样式，可以为斜面和浮雕的表面添加不同的光泽质感，也可以自己编辑等高线样式。
- **消除锯齿**：当设置了光泽等高线时，斜面边缘可能会产生锯齿，选中该复选框可以消除锯齿。
- **高光模式 / 不透明度**：这两个选项用来设置高光的混合模式和不透明度，后面的色块用于设置高光的颜色。
- **阴影模式 / 不透明度**：这两个选项用来设置阴影的混合模式和不透明度，后面的色块用于设置阴影的颜色。

使用“等高线”可以在浮雕中创建凹凸起伏的效果。单击“斜面和浮雕”样式下面的“等高线”选项，切换到“等高线”设置面板，如图 9-137 所示。

单击“等高线”选项下面的“纹理”选项，切换到“纹理”设置面板，如图 9-138、图 9-139 和图 9-140 所示。

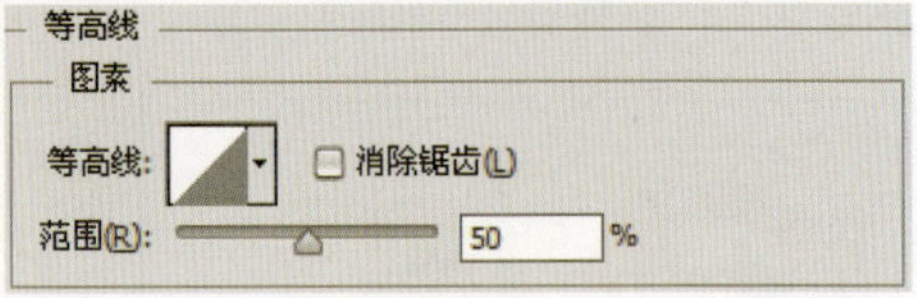

图9-137

图9-138

图9-139

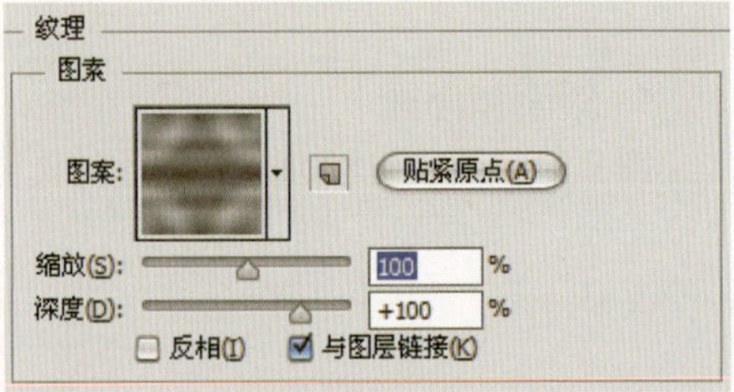

图9-140

- **图案**：单击“图案”选项右侧的▾图标，可以在弹出的“图案”拾色器中选择一个图案，并将其应用到斜面和浮雕上。
- **从当前图案创建新的预设**：单击该按钮，可以将当前设置的图案创建为一个新的预设图案，同时新图案会保存在“图案”拾色器中。
- **贴紧原点**：将原点对齐图层或文档的左上角。
- **缩放**：用来设置图案的大小。
- **深度**：用来设置图案纹理的使用程度。
- **反相**：选中该复选框后，可以反转图案纹理的凹凸方向。
- **与图层链接**：选中该复选框后，可以将图案和图层链接在一起，这样在对图层进行变换等操作时，图案也会跟着一同变换。

2. 描边

图 9-141、图 9-142 和图 9-143 所示为颜色描边、渐变描边和图案描边效果。“描边”样式可以使用颜色、渐变以及图案来描绘图像的轮廓边缘，如图 9-144 所示。

图9-141

图9-142

图9-143

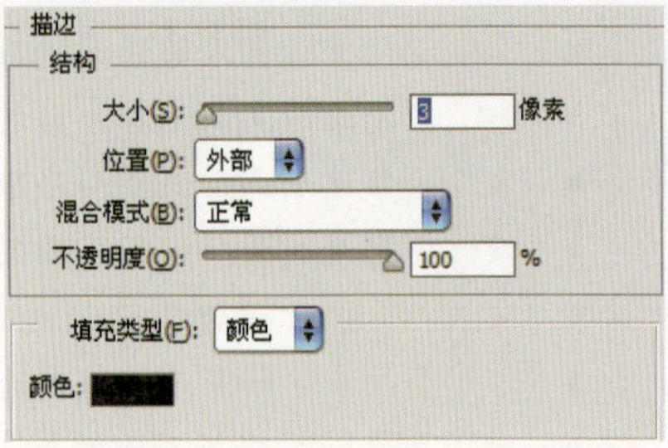

图9-144

3. 内阴影

图 9-145 和图 9-146 所示为原始图像、添加了“内阴影”样式以后的图像以及“内阴影”面板。“内阴影”样式可以在紧靠图层内容的边缘内添加阴影，使图层内容产生凹陷效果，如图 9-147 所示。

- **混合模式**：用来设置内阴影与下面图层的混合方式，默认设置为“正片叠底”模式。
- **阴影颜色**：单击“混合模式”选项右侧的颜色块，可以设置内阴影的颜色。

- **不透明度**：设置内阴影的不透明度。数值越低，投影越淡。
- **角度**：用来设置内阴影应用于图层时的光照角度，指针方向为光源方向，相反方向为投影方向。
- **使用全局光**：当选中该复选框时，可以保持所有光照的角度一致；取消选中时，可以为不同的图层分别设置光照角度。
- **距离**：用来设置投影偏移图层内容的距离。
- **阻塞**：该选项用来在模糊之前收缩内阴影的杂边边界。
- **大小**：用来设置投影的模糊范围，该值越高，模糊范围越广，反之投影越清晰。
- **等高线**：以调整曲线的形状来控制投影的形状，可以手动调整曲线形状也可以选择内置的等高线预设。
- **消除锯齿**：混合等高线边缘的像素，使投影更加平滑。该选项对于尺寸较小且具有复杂等高线的投影比较实用。
- **杂色**：用来在内阴影中添加颗粒杂色的效果，数值越大，颗粒感越强。

图9-145

图9-146

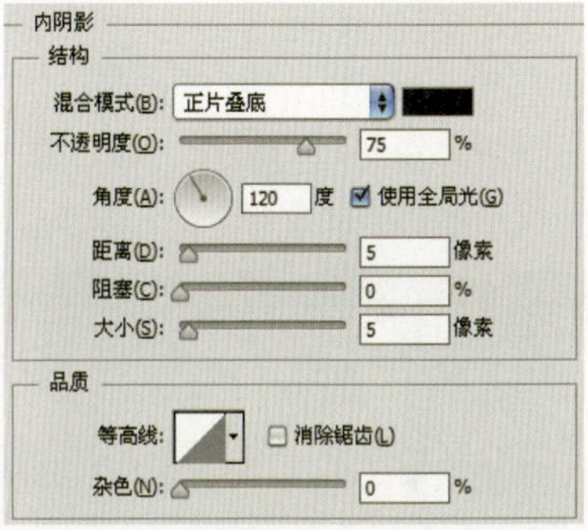

图9-147

4. 内发光

图 9-148 和图 9-149 所示分别为原始图像、添加了“内发光”样式以后的图像效果。“内发光”效果可以沿图层内容的边缘向内创建发光效果。内发光的参数选项中有很多与“内阴影”相同，不同的是“方法”用来设置发光的方式。选择“柔和”方法，发光效果比较柔和；选择“精确”选项，可以得到精确的发光边缘。“源”选项用来控制光源的位置。“范围”用于控制发光范围。“抖动”用于控制发光抖动数量，如图 9-150 所示。

图9-148

图9-149

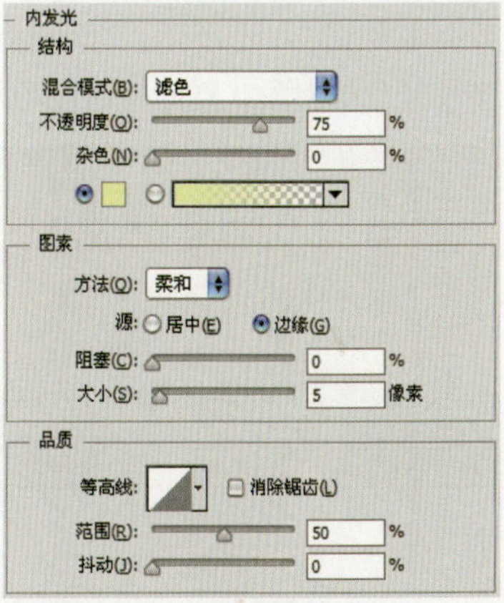

图9-150

5. 光泽

图 9-151 和图 9-152 所示分别为原始图像、添加了“光泽”样式以后的图像效果，“光泽”参数面板如图 9-153 所

示。“光泽”样式可以为图像添加光滑的具有光泽的内部阴影，通常用来制作具有光泽质感的按钮和金属。

图9-151

图9-152

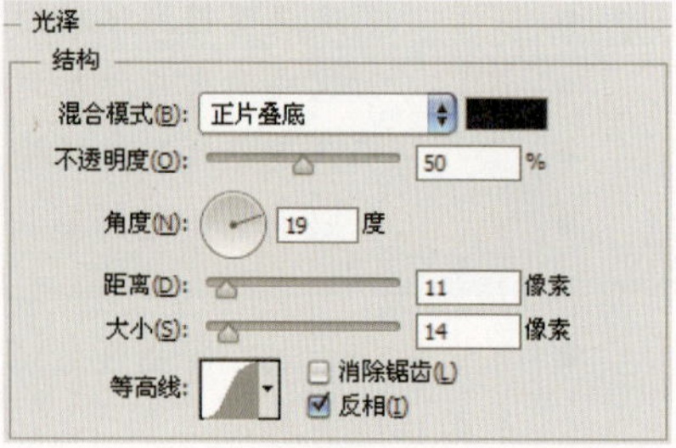

图9-153

6. 颜色叠加

图 9-154 和图 9-155 所示分别为原始图像、添加了“颜色添加”样式以后的图像效果，“颜色叠加”参数面板如图 9-156 所示。“颜色叠加”样式可以在图像上叠加设置的颜色，并且可以通过模式的修改调整图像与颜色的混合效果。

图9-154

图9-155

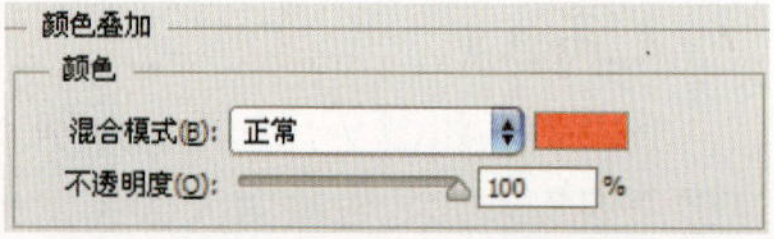

图9-156

7. 渐变叠加

图 9-157 和图 9-158 所示分别为原始图像、添加了“渐变叠加”样式以后的图像效果，“渐变叠加”参数面板如图 9-159 所示。“渐变叠加”样式可以在图层上叠加指定的渐变色，渐变叠加不仅能够制作带有多种颜色的对象，更能够通过巧妙的渐变颜色设置制作突起、凹陷等三维效果以及带有反光的质感效果。

图9-157

图9-158

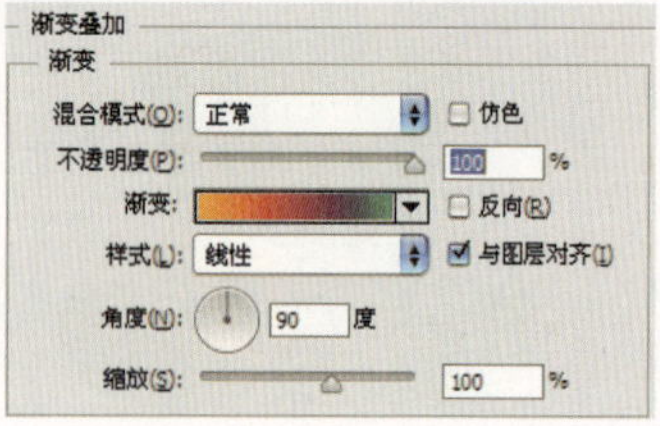

图9-159

8. 图案叠加

图 9-160 和图 9-161 所示分别为原始图像、添加了“图案叠加”样式以后的图像效果，“图案叠加”参数面板如图 9-162 所示。“图案叠加”样式可以在图像上叠加图案，与“颜色叠加”、“渐变叠加”相同，也可以通过混合模式的设置使叠加的“图案”与原图像进行混合。

图9-160

图9-161

图9-162

9. 外发光

图 9-163 和图 9-164 所示分别为原始图像、添加了“外发光”样式以后的图像效果，“外发光参数”面板如图 9-165 所示。“外发光”样式与“内发光”样式相同，都可以模拟发光效果，参数选项也基本相同，但是“外发光”样式可以沿图层内容的边缘向外创建发光效果，可用于制作自发光效果以及人像或者其他对象梦幻般的光晕效果。

图9-163

图9-164

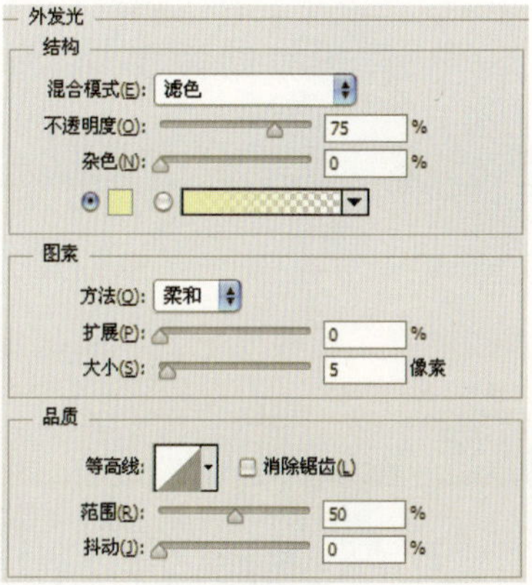

图9-165

10. 投影

“投影”与“内阴影”的参数设置基本相同，只不过“内阴影”是通过“阻塞”选项来控制的，而“投影”是用“扩展”选项来控制投影边缘的柔化程度。使用“投影”样式可以为图层模拟出向后的投影效果，可增强某部分层次感以及立体感，平面设计中常用于需要突显的文字中。图 9-166 和图 9-167 所示为添加“投影”样式前后对比。“图层挖空投影”则是用来控制半透明图层中投影的可见性。选中该复选框后，如果当前图层的“填充”数值小于 100%，则半透明图层中的投影不可见。图 9-168 所示为“投影”样式的参数面板。

图9-166

图9-167

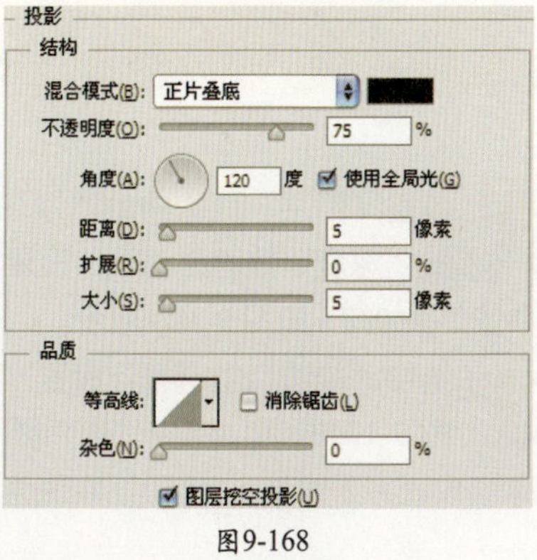

图9-168

综合演练 2 使用样式面板制作可爱糖果文字

案例文件	案例文件\第9章\综合演练2\使用样式面板制作可爱糖果文字.psd
视频教学	视频文件\第9章\使用样式面板制作可爱糖果文字.flv
难易指数	★★★★★
知识掌握	斜面和浮雕、描边、内阴影、内发光等、文字工具

案例效果

本案例主要通过使用“图层样式”命令和“文字工具”来制作糖果般可爱的文字效果，如图 9-169 所示。

图9-169

操作步骤

1 打开本书配套光盘中的背景文件“1.jpg”，如图 9-170 所示。单击工具箱中的“文字工具”按钮T，设置合适字体及大小，在画面中键入单词，如图 9-171 所示。

图9-170

图9-171

2 单击“图层”面板中的“添加图层样式”按钮fx，执行“斜面和浮雕”命令，如图 9-172 所示。设置“深度”数值为 72%，设置“大小”数值为 29 像素，设置“阴影模式”为紫色，设置“不透明度”数值为 100%，如图 9-173 所示。

3 选中“描边”复选框，设置“大小”数值为 2 像素，“填充类型”为渐变，设置一种粉色系渐变，如图 9-174 所示。选中“内阴影”复选框，设置“不透明度”数值为 90%，“角度”数值为 172 度，“距离”数值为 5 像素，“大小”数值为 5 像素，如图 9-175 所示。

图9-172

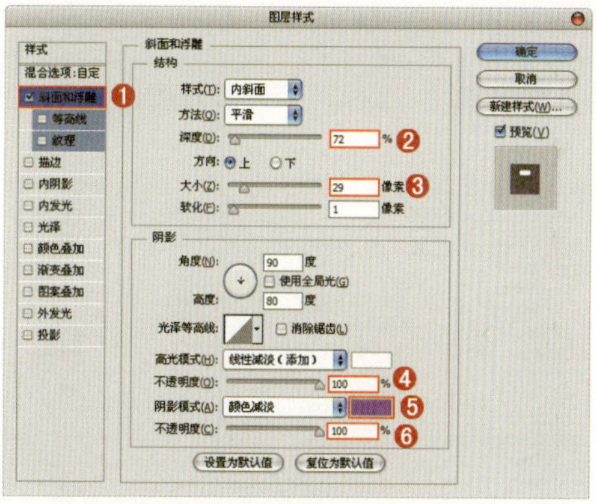

图9-173

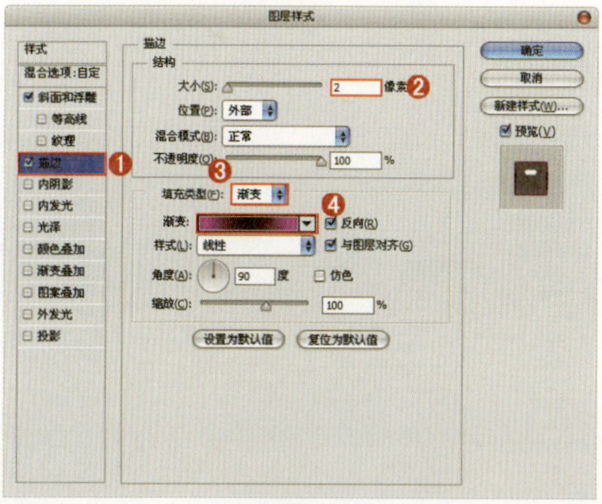

图9-174

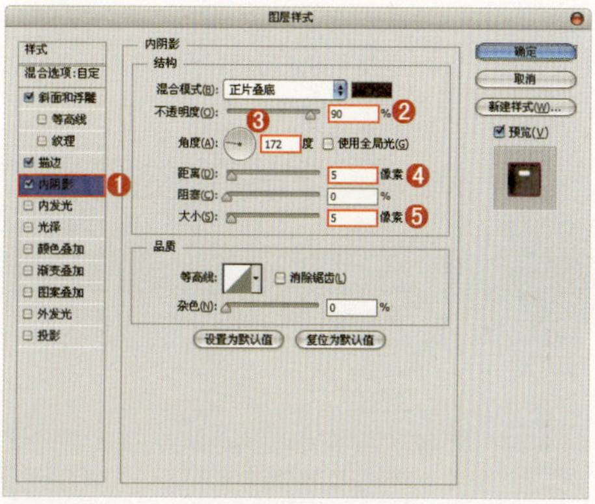

图9-175

4 选中“内发光”复选框，设置“混合模式”为颜色减淡，设置“不透明度”数值为31%，“颜色”为黄色，“大小”数值为35像素，等高线为[等高线图标]，如图9-176所示。选中“颜色叠加”复选框，设置“混合模式”为色相，设置“颜色”为洋红，设置“不透明度”数值为100%，如图9-177所示。

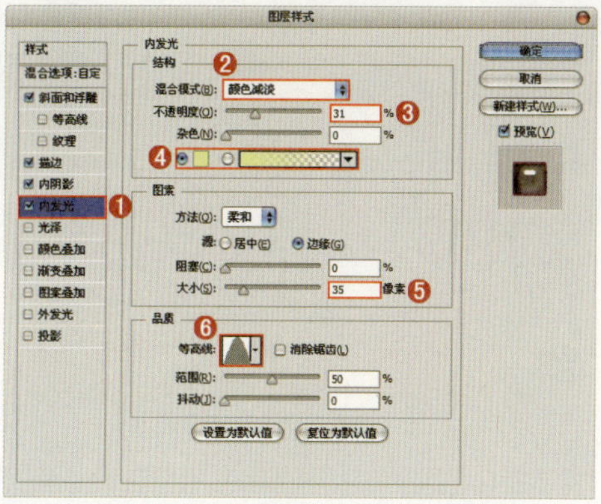

图9-176

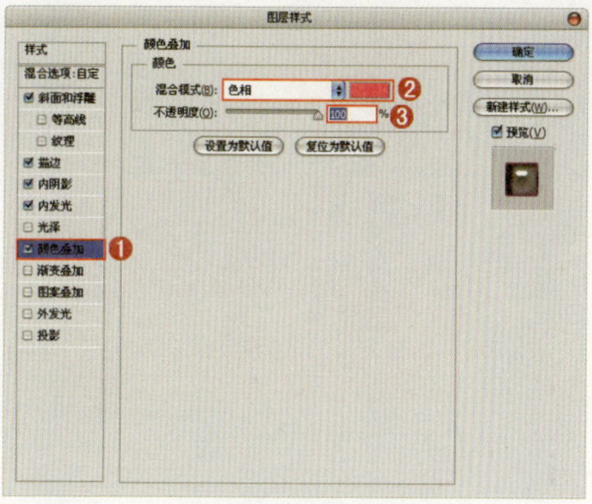

图9-177

5 选中“渐变叠加”复选框，设置“混合模式”为深色，设置“渐变”颜色为黄色系渐变，如图9-178所示。选中“图案叠加”复选框，设置“图案”为一直条纹图案，设置“缩放”数值为369%，如图9-179所示。

6 选中“外发光”复选框，设置“混合模式”为正常，设置“不透明度”数值为100%，设置“颜色”为棕色，“大小”数值为5像素，“范围”数值为4%，如图9-180所示。选中“投影”复选框，设置“混合颜色”为棕色，“距离”数值为20像素，“大小”数值为29像素，单击“确定”按钮结束操作，如图 9-181 所示，文字效果如图 9-182 所示。

7 导入前景素材“2.png”，设置合适位置及大小，最终效果如图 9-183 所示。

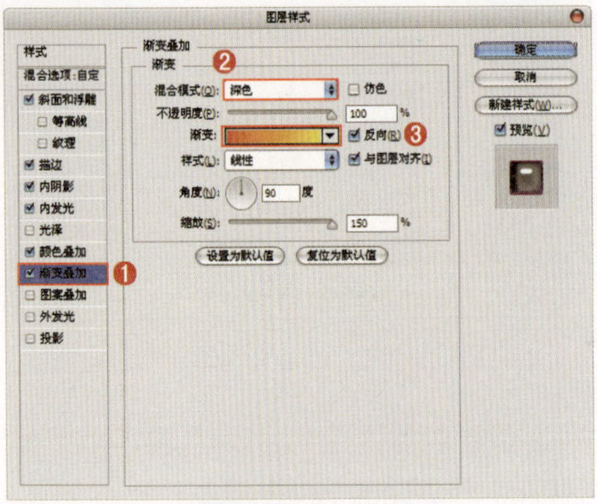

图9-178

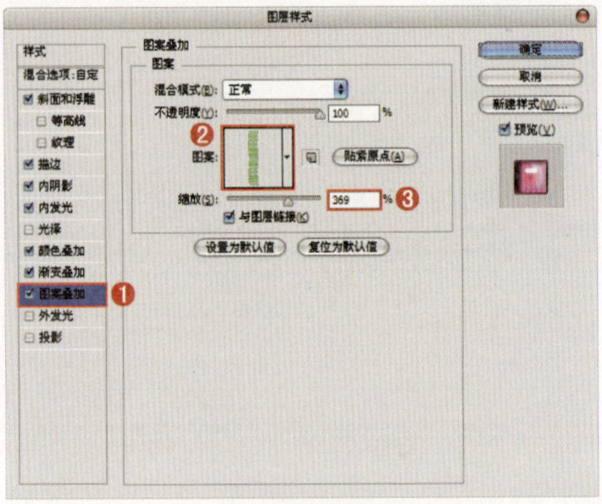

图9-179

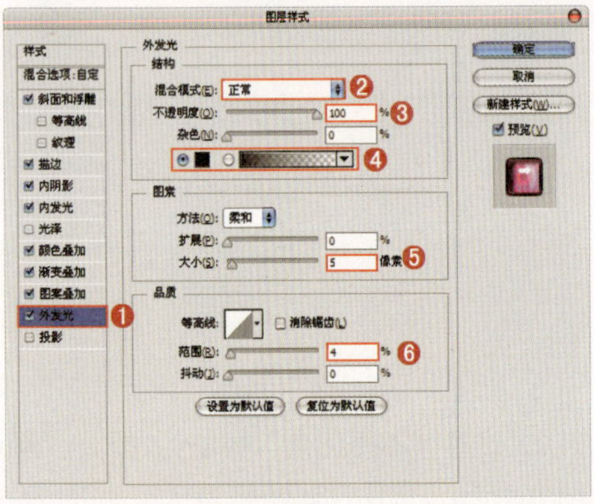

图9-180

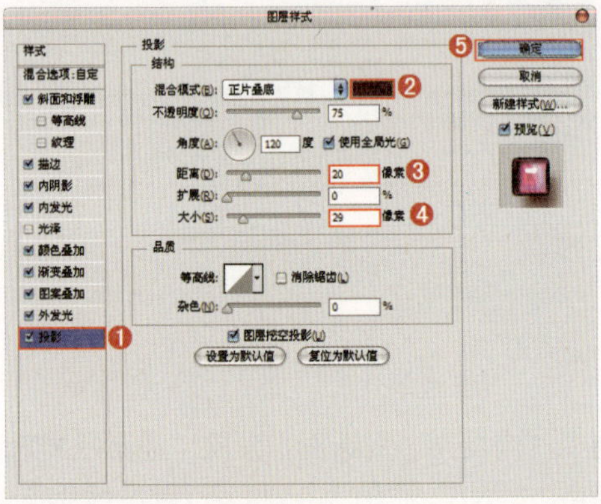

图9-181

图9-182

图9-183

综合演练 3 使用图层样式命令制作质感立体文字

案例文件	案例文件\第9章\综合演练3\使用图层样式制作质感立体文字.psd
视频教学	视频文件\第9章\使用图层样式制作质感立体文字.flv
难易指数	★★★★★
知识掌握	描边、内发光、光泽、渐变叠加等、文字工具

案例效果

本案例主要通过使用“图层样式”命令和“文字工具”来制作具有质感的立体文字效果，如图 9-184 所示。

图9-184

操作步骤

1 打开本书配套光盘中的背景文件“1.jpg”，如图 9-185 所示。单击“图层”面板中的“创建新组”命令，并将其命名为“E”，如图 9-186 所示。单击工具箱中的“文字工具”按钮T，设置合适字体及大小，设置任意颜色，在画面中的左侧单击并键入字母，如图 9-187 所示。

图9-185

图9-186

图9-187

2 单击“图层”面板中的“添加图层样式”按钮fx，执行“描边”命令，如图 9-188 所示。设置“大小”数值为 4 像素，设置“填充类型”为渐变，设置一种红色系渐变，设置“角度”数值为 180，如图 9-189 所示。

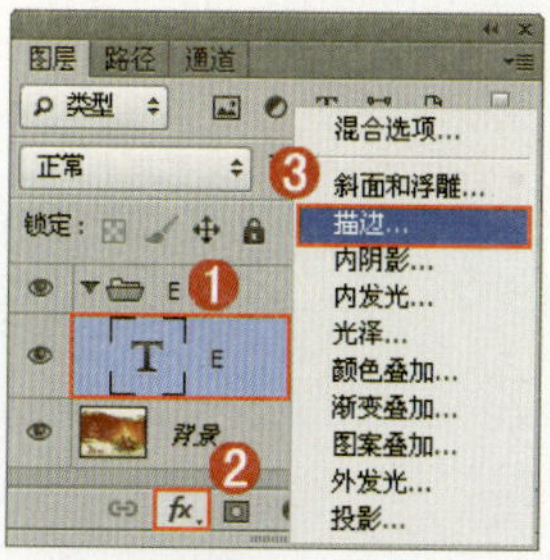

图9-188

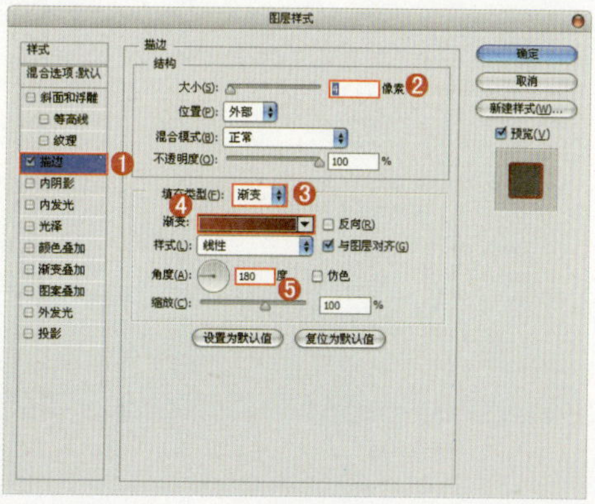

图9-189

3 选中“内发光”复选框，设置“颜色”为橙红色，设置“大小”数值为 40 像素，如图 9-190 所示。选中“光泽”复选框，设置“颜色”为白色，“不透明度”数值为 30%，“角度”数值为 19 度，“距离”

数值为 26 像素，“大小”数值为 24 像素，如图 9-191 所示。

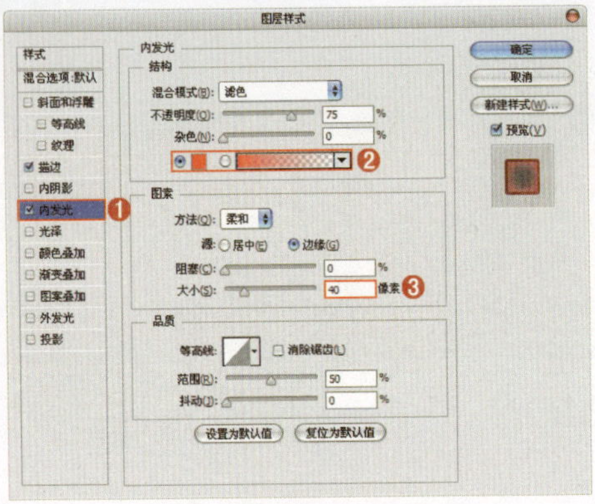

图9-190

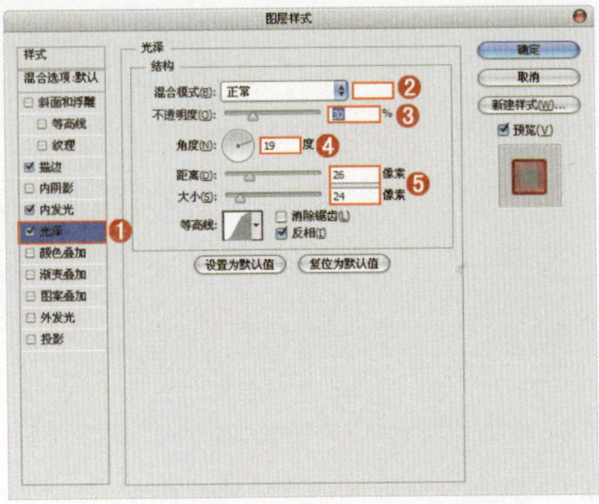

图9-191

4 选中“渐变叠加”复选框，单击“渐变”并设置一种暖色系的渐变颜色，如图 9-192 和图 9-193 所示。

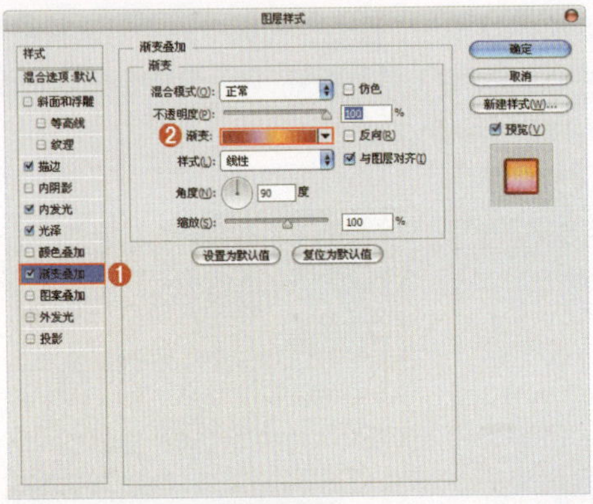

图9-192

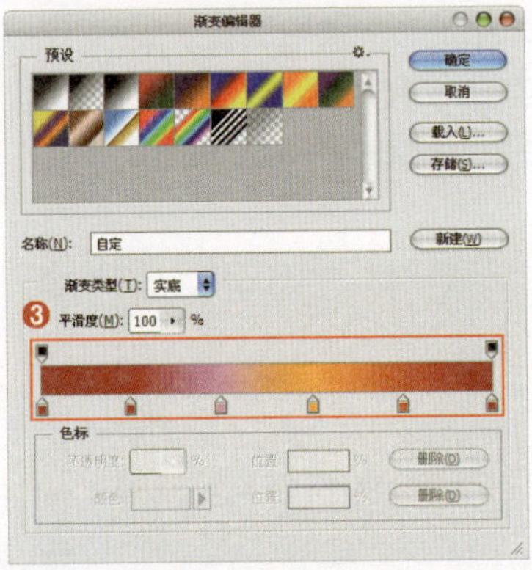

图9-193

5 选中“外发光”复选框，设置“混合模式”为正常，设置“颜色”为棕红色，“大小”数值为 13 像素，单击“确定”按钮结束操作，如图 9-194 所示，文字效果如图 9-195 所示。

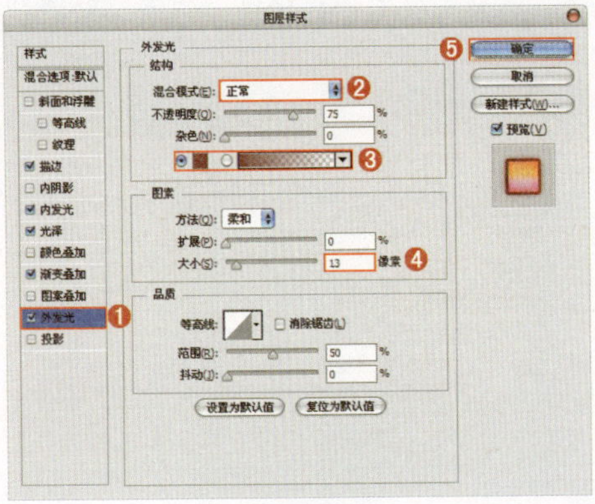

图9-194

图9-195

6 单击“文字工具”在完成的“字母”图层下键入同样的字母，设置为任意颜色，将字母适当地向下移动，如图 9-196 所示。单击“添加图层样式”按钮，选中“渐变叠加”复选框，设置“渐变”为一种红色系渐变，设置“角度”数值为 1 度，如图 9-197 所示。

图9-196

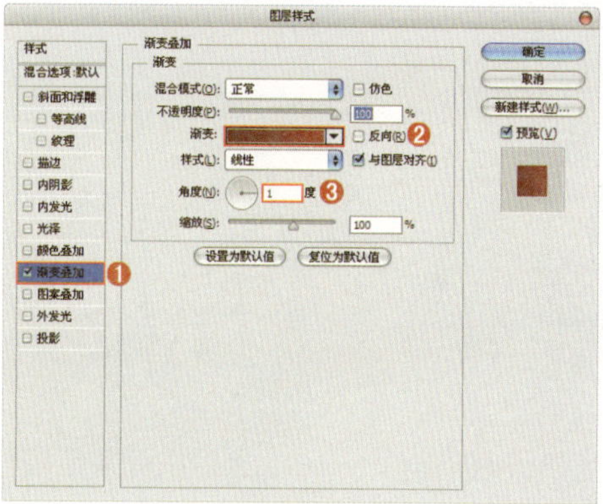

图9-197

7 选中“投影”复选框，设置“角度”数值为 30 度，“距离”数值为 6 像素，“大小”数值为 13 像素，单击“确定”按钮结束操作，如图 9-198 所示，文字效果如图 9-199 所示。

8 新建图层，单击工具箱中的“椭圆选框工具”按钮，在字母上方按住左键并拖曳，绘制合适大小的椭圆形选区，如图 9-200 所示。单击工具箱中的“渐变工具”按钮，设置一种由白色到透明的渐变，在“椭圆形选区”内进行拖曳，如图 9-201 所示。

9 单击“图层”面板中的“添加矢量蒙版”按钮，为椭圆形添加蒙版，如图 9-202 所示。按 Ctrl 键并单击“文字”图层，载入文字选区，在画面中单击鼠标右键，在弹出的快捷菜单中执行“选择反向”命令，将蒙版填充为黑色，隐藏文字以外的渐变椭圆，如图 9-203 所示。

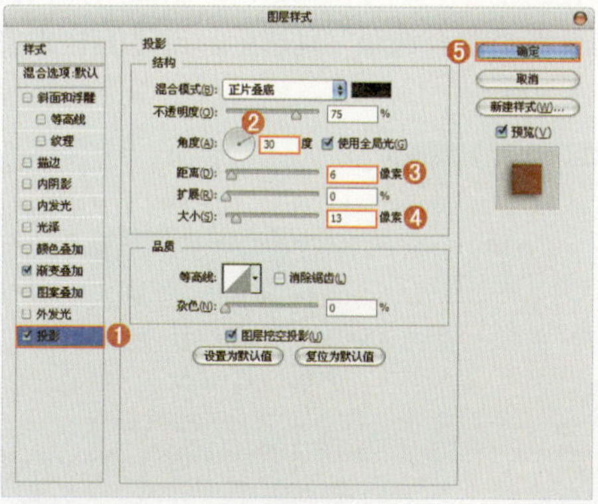

图9-198

图9-199

图9-200

图9-201

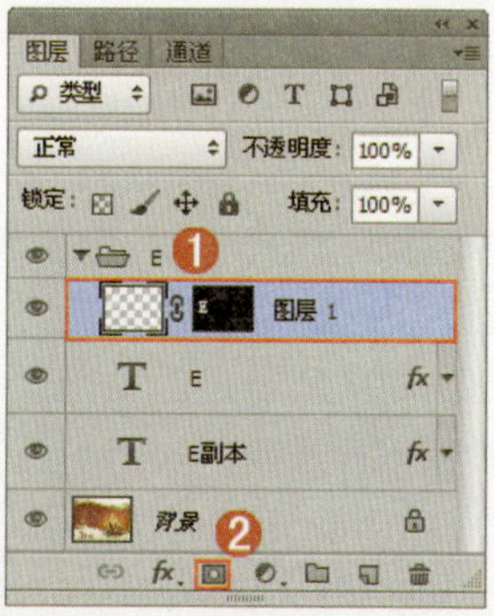

图9-202

图9-203

10 用同样方法分别制作出其他字母，并放置在合适位置，如图 9-204 所示。最后导入前景素材“2.png”，设置合适大小及位置，最终效果如图 9-205 所示。

图9-204

图9-205

9.8.6 使用“样式”面板

执行“窗口 > 样式”菜单命令，打开“样式”面板，从中可以快速地为图层添加样式，也可以新建和删除样式，如图 9-206 所示。在 Photoshop 中可以对创建好的图层样式进行存储，即可以将其存储为一个独立的文件，便于调用和传输。同样，图层样式也可以进行载入、删除、重命名等操作。

然后在“样式”面板下单击“创建新样式”按钮，这样就可以将图层的效果定义为新的样式，以便调用。接着在弹出的“新建样式”对话框中为样式设置一个名称，单击“确定”按钮后，新建的样式会保存在“样式”面板的末尾，在“新建样式”对话框中选中“包含图层混合选项”复选框，创建的样式将具有图层中的混合模式，如图 9-207 所示。

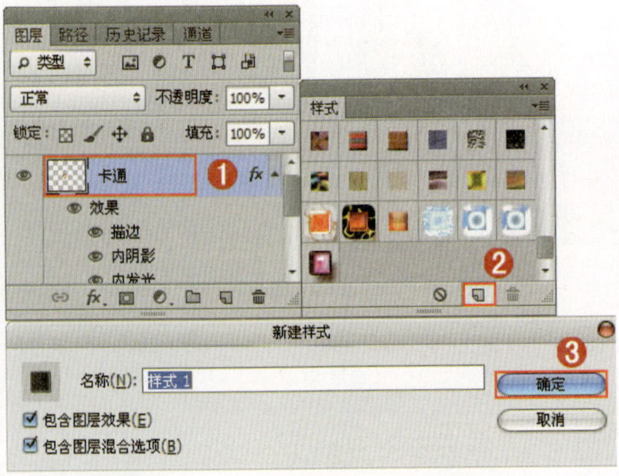

图9-206

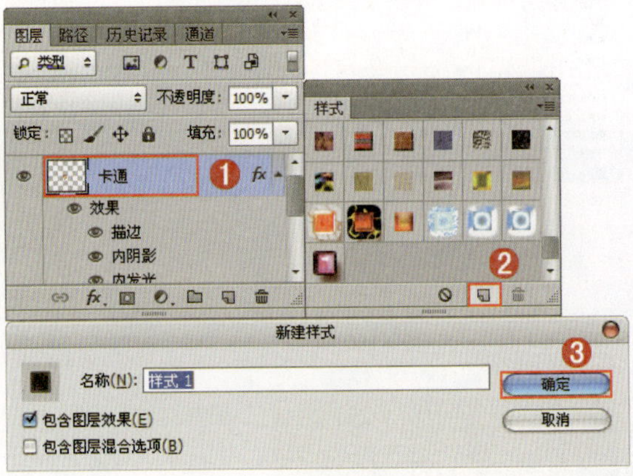

图9-207

将需要删除的样式拖曳到“样式”面板下面的“删除样式”按钮上，也可以在“样式”面板中按 Alt 键，当鼠标变为“剪刀形状”时，单击需要删除的样式即可删除，如图 9-208 所示。

在“样式”面板菜单的下半部分提供了多种预设样式库，如果需要使用其他样式，可以从中选择一种样式库，系统会弹出一个提示对话框。如果单击“确定”按钮，可以载入样式库并替换掉“样式”面板中的所有样式；如果单击“追加”按钮（如图 9-209 所示），则该样式库会添加到原有样式的后面，如图 9-210 所示。

图9-208

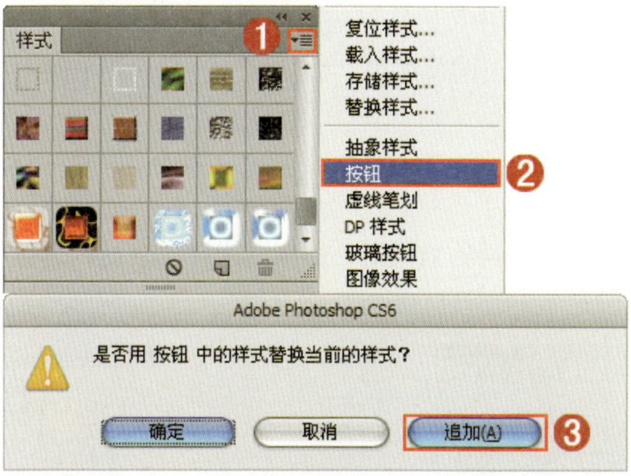

图9-209

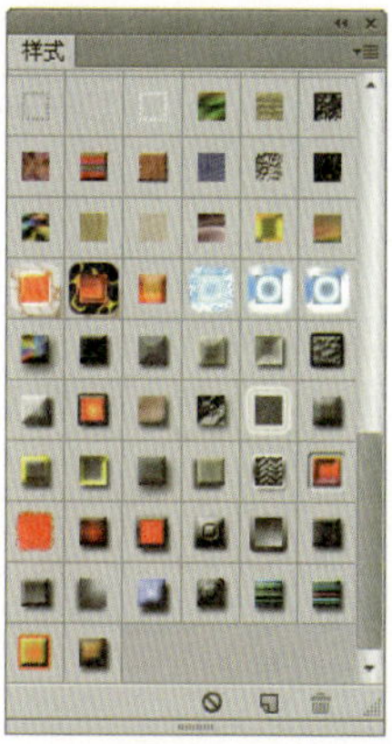

图9-210

在“样式”面板菜单中执行“存储样式”命令（如图 9-211 所示），打开“存储”对话框，然后为其设置一个名称，将其保存为一个单独的样式库，这样便可以将样式以文件的形式保存和传输，如图 9-212 所示。在菜单中执行“载入样式”命令即可载入外置的样式文件。

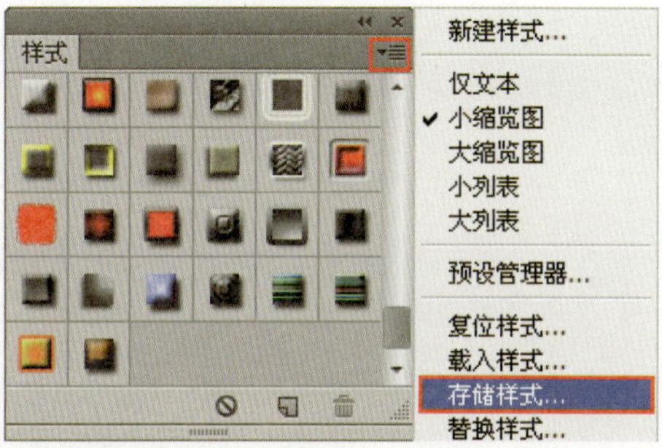

图9-211

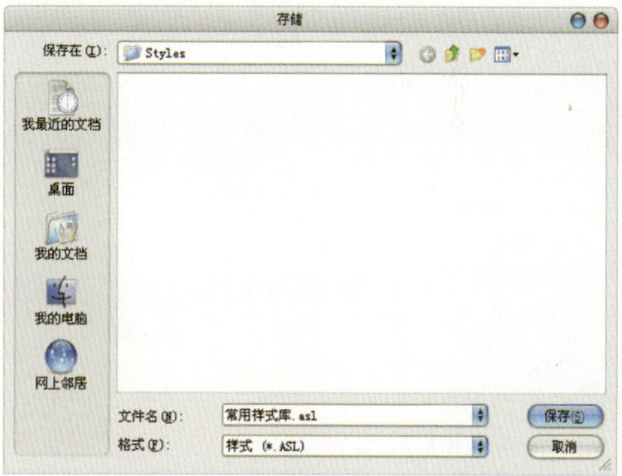

图9-212

9.9 填充图层

Photoshop CS6

填充图层是一种比较特殊的图层，它可以使用纯色、渐变或图案填充。与普通图层相同，填充图层也可以设置混合模式、不透明度、图层样式以及编辑蒙版等操作，如图 9-213、图 9-214 和图 9-215 所示。

图9-213

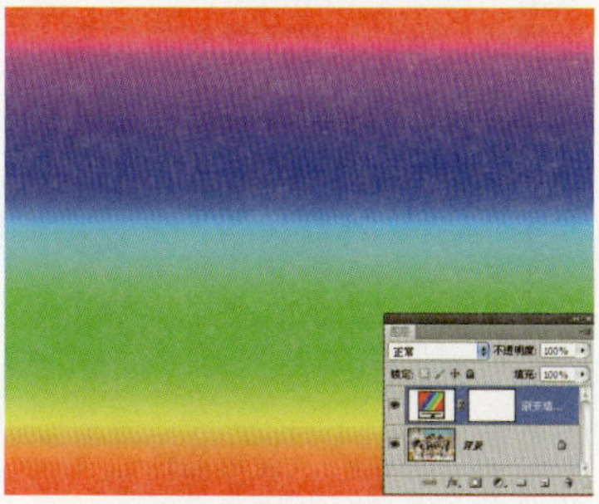

图9-214

图9-215

- 纯色填充图层可以用一种颜色填充图层，并带有一个图层蒙版。
- 渐变填充图层可以用一种渐变色填充图层，并带有一个图层蒙版。
- 图案填充图层可以用一种图案填充图层，并带有一个图层蒙版。

执行“图层 > 新建填充图层”菜单命令，在子菜单中可以选择需要创建的填充图层类型，如图 9-216 所示。也可以单击“图层”面板下面的“创建新的填充或调整图层”按钮，在弹出的菜单中执行相应的命令，如图 9-217 所示。

然后在弹出的对话框中进行填充内容的设置，图 9-218 所示为纯色填充；图 9-219 所示为渐变填充；图 9-220 所示为图案填充。

创建完成之后如需编辑填充内容，可以双击填充图层的缩览图，即可再次弹出填充内容设置窗口，如图 9-221 所示。

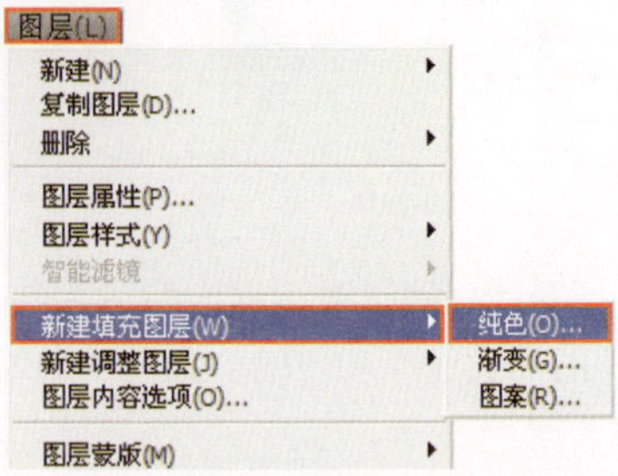

图9-216

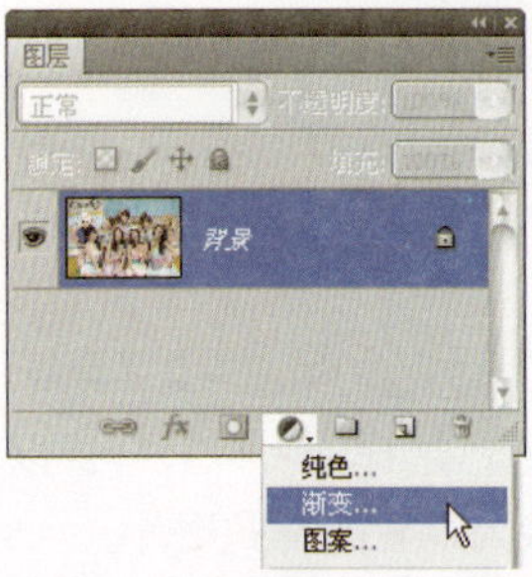

图9-217

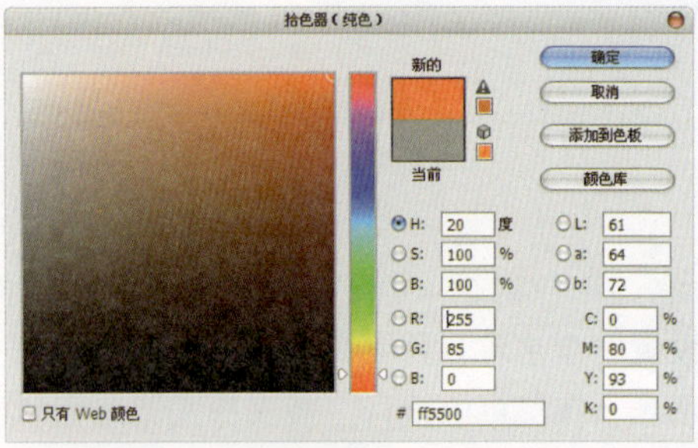

图9-218

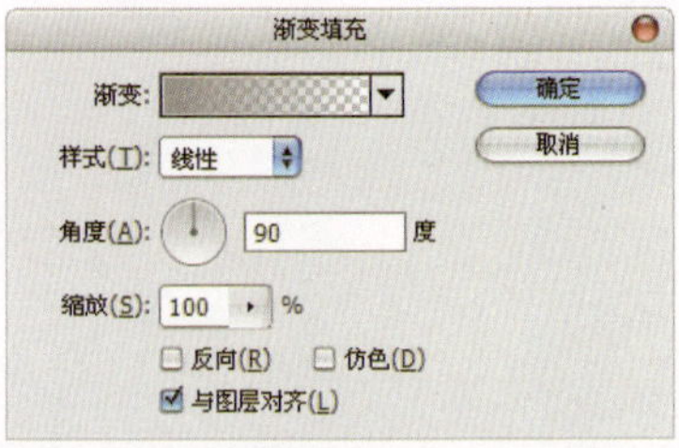

图9-219

图9-220

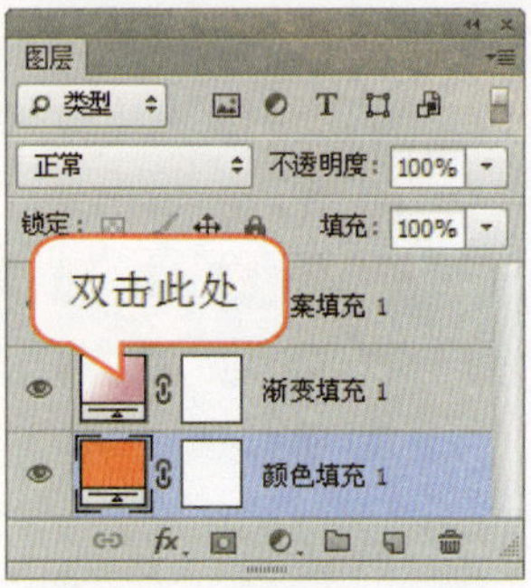

图9-221

9.10 使用调整图层 新增功能

Photoshop CS6

调整图层与调整命令相似，都可以对图像进行颜色的调整。不同的是调整命令每次只能对一个图层进行操作，而调整图层则会影响在该图层下方所有图层的效果，可以重复修改参数并且不会破坏原图层。调整图层作为“图层”还具备图层的一些属性，例如可以像普通图层一样进行删除、切换显示隐藏、调整不透明度、混合模式，创建图层蒙版，剪切蒙版等操作。执行“窗口 > 调整”菜单命令打开“调整”面板，在“调整”面板中提供了 16 种调整工具，如图 9-222 所示。

在“调整”面板中单击一个调整图层图标，即可创建一个相应的调整图层，如图 9-223 所示。并且在弹出的“属性”面板中可以对调整图层的参数选项进行设置，单击右上角的“自动”按钮即可实现对图像的自动调整，如图 9-224 所示。在“图层”面板中单击“创建新的填充或调整图层”按钮，或执行“图层 > 新建调整图层”菜单下的调整命令也可以创建调整图层。

- **蒙版**：单击即可进入该调整图层蒙版的设置状态。
- **此调整影响下面的所有图层**：单击可剪切到图层。
- **切换图层可见性**：单击该按钮，可以隐藏或显示调整图层。
- **查看上一状态**：单击该按钮，可以在文档窗口中查看图像的上一个调整效果，以比较两种不同的调整效果。

- **复位到调整默认值**：单击该按钮，可以将调整参数恢复到默认值。
- **删除此调整图层**：单击该按钮，可以删除当前调整图层。

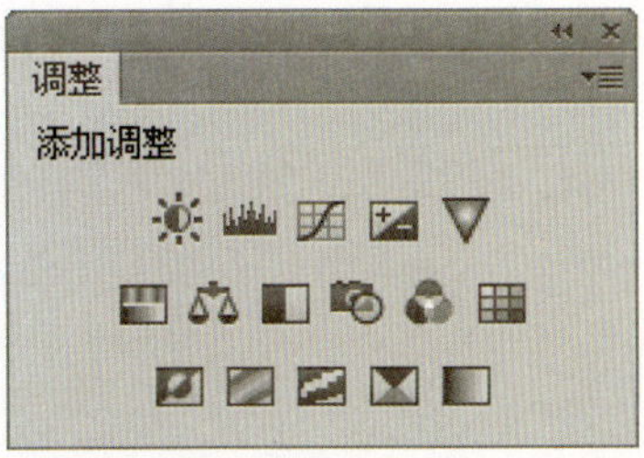

图9-222

图9-223

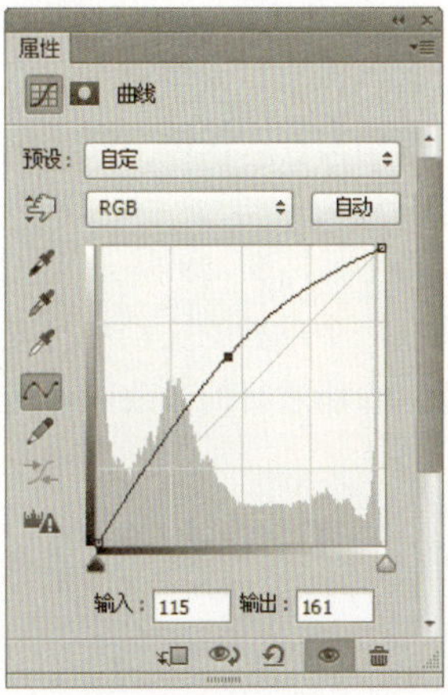

图9-224

9.11 智能对象图层

Photoshop CS6

9.11.1 创建智能对象

智能对象是嵌入当前文件的一个独立文件，在编辑过程中不会破坏智能对象的原始数据，因此对智能对象图层所执行的操作都是非破坏性操作。而且它可以包含位图，也可以包含 Illustrator 中创建的矢量图形。

执行“文件 > 打开为智能对象”菜单命令，可以选择一个文件作为智能对象打开，如图 9-225 所示。在已有的文档中执行“文件 > 置入”菜单命令，可以选择一个图像作为智能对象置入到当前文档中。打开以后，在“图层”面板中的智能对象图层的缩略图右下角会出现一个智能对象图标，如图 9-226 所示。

如果需要将某个已有的普通图层转换为“智能对象”，需要对该图层执行“图层 > 智能对象 > 转换为智能对象”菜单命令，如图 9-227 所示。或者在该图层上单击鼠标右键，在弹出的快捷菜单中执行“转换为智能对象”命令，如图 9-228 所示。

图9-225

图9-226

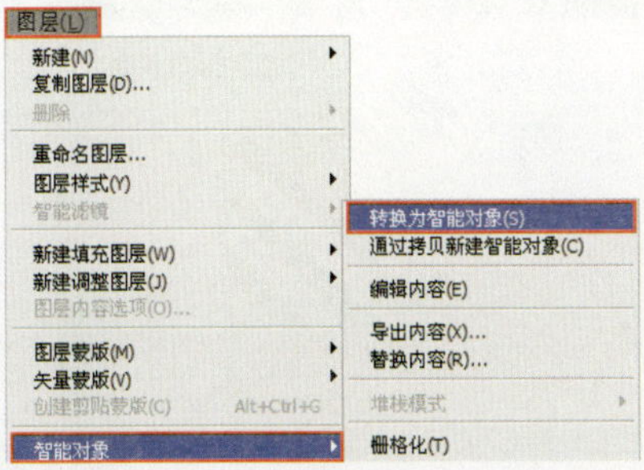

图9-227

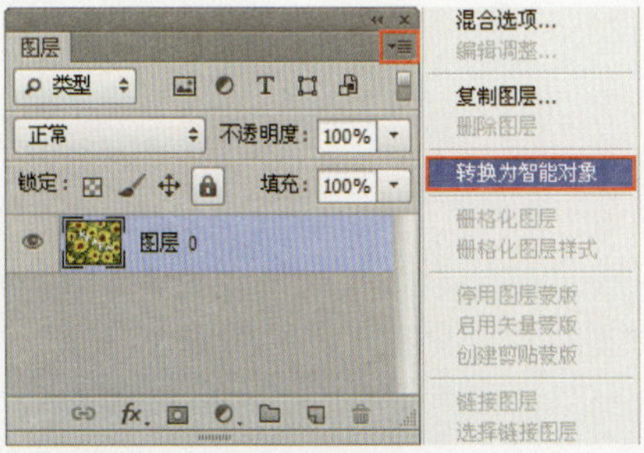

图9-228

9.11.2 编辑智能对象

创建智能对象后，如果想要替换“智能对象”，需要选择“智能对象”图层，然后执行“图层 > 智能对象 > 替换内容”菜单命令，在打开的“置入”对话框中选择其他文件即可替换。替换智能对象后，图层名称以及图层样式保持不变。执行“图层 > 智能对象 > 栅格化”菜单命令可以将智能对象转换为普通图层。

如果需要编辑智能对象的内容效果，则需要选择“智能对象”图层，执行“图层 > 智能对象 > 编辑内容”菜单命令（如图 9-229 所示），Photoshop 会弹出一个对话框，单击“确定”按钮，如图 9-230 所示。智能对象将在一个单独的文档中打开，编辑完成后关闭文件，然后在弹出的提示对话框中单击“是”按钮保存对智能对象所进行的修改即可返回之前文档，如图 9-231 所示。

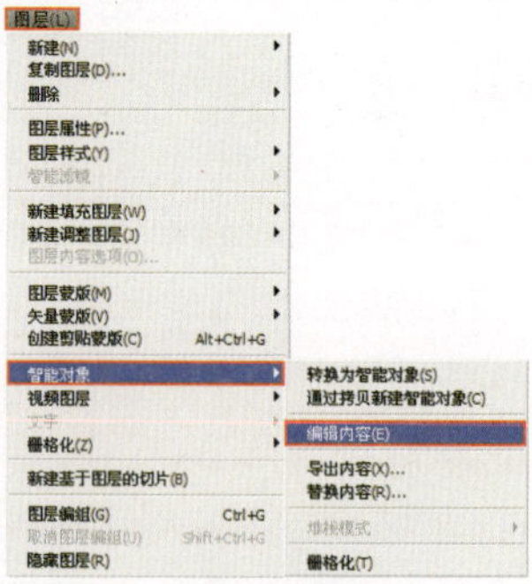

图9-229

图9-230

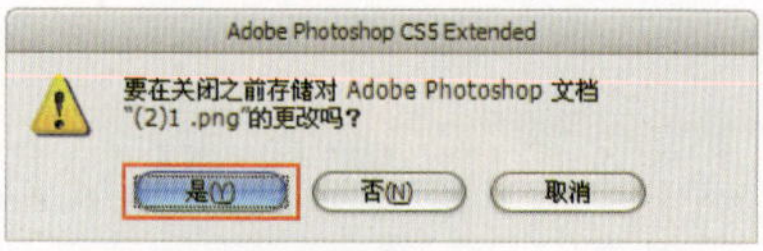

图9-231

综合演练 4 使用图层样式制作绿色清爽文字海报

案例文件	案例文件\第9章\综合演练4\使用图层样式制作绿色清爽文字海报.psd
视频教学	视频文件\第9章\使用图层样式制作绿色清爽文字海报.flv
难易指数	★★★☆☆
知识掌握	描边、内阴影、投影、渐变叠加

案例效果

本案例通过对文字图层添加“图层样式”的方法制作出绚丽的文字效果，如图 9-232 所示。

图9-232

操作步骤

1 打开本书配套光盘中的背景文件“1jpg”，如图 9-233 所示，复制背景图层，使用“横排文字工具”设置前景色为绿色，设置合适的字号以及字体，在画面合适的位置键入文字，如图 9-234 所示。

2 执行“图层 > 图层样式 > 描边”命令，在弹出的对话框中设置“大小”为 8，“填充类型”为渐变，“样式”为线性，设置为绿色的渐变，如图 9-235 所示。

图9-233

图9-234

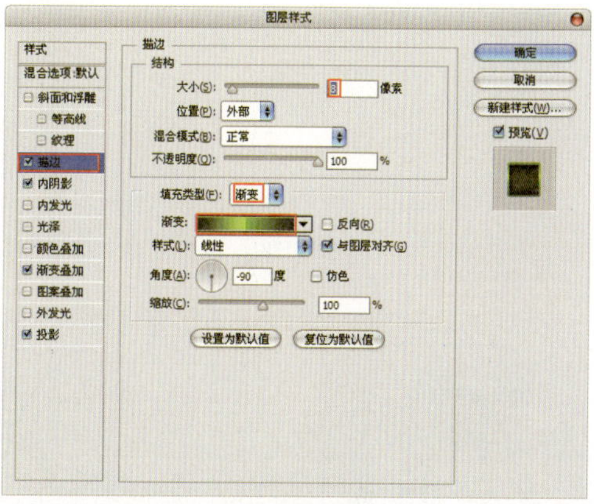

图9-235

3 选中“内阴影”复选框，设置“混合模式”为正片叠底，“角度”为 130 度，“距离”为 21，“大小”为 8，如图 9-236 所示。

4 选中“渐变叠加”复选框，设置“混合模式”为线性加深，如图 9-237 所示。

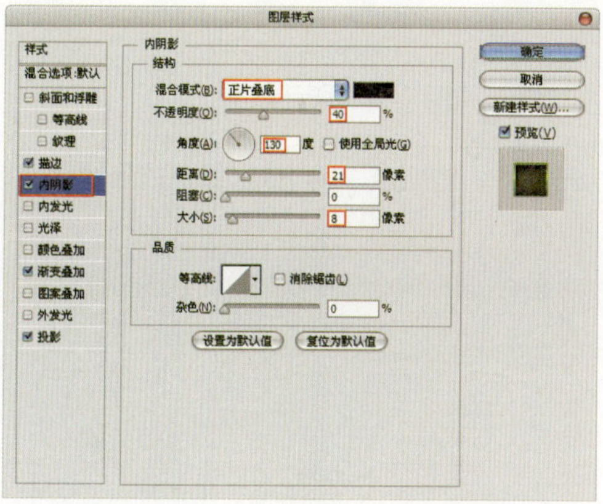

图9-236

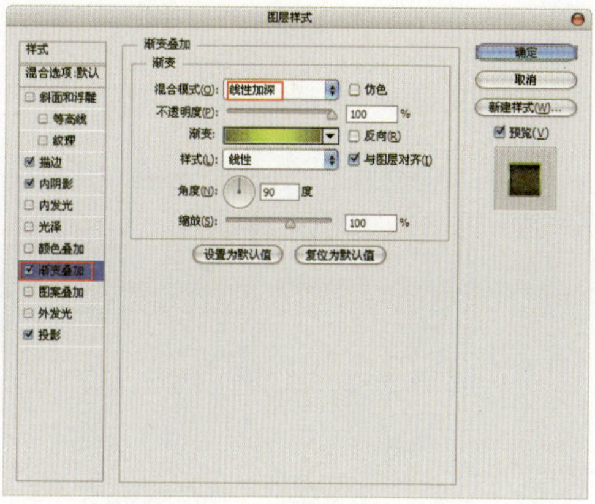

图9-237

5 选中“投影”复选框，设置“不透明度”为 20，“距离”为 8，“扩展”为 100，“大小”为 17，单击“确定”按钮，如图 9-238 所示，效果如图 9-239 所示。

6 再次使用“横排文字工具”，在合适的位置键入文字，如图 9-240 所示。

7 执行“图层 > 图层样式 > 斜面与浮雕”命令，在弹出的对话框中设置“样式”为内斜面，“深度”为 320，“方向”为上，“大小”为 21，“软化”为 0，“高度”为 20 度，“高光模式”为线性减淡，“不透明度”为 65%，“阴影模式”为叠加，如图 9-241 所示。

8 选中“描边”复选框，设置“大小”为 8，绿色系的渐变色，“样式”为线性，“角度”为 -90 度，如图 9-242 所示。

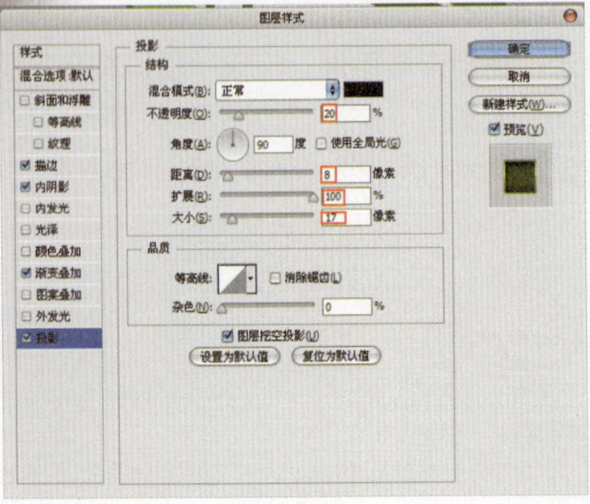

图9-238

图9-239

图9-240

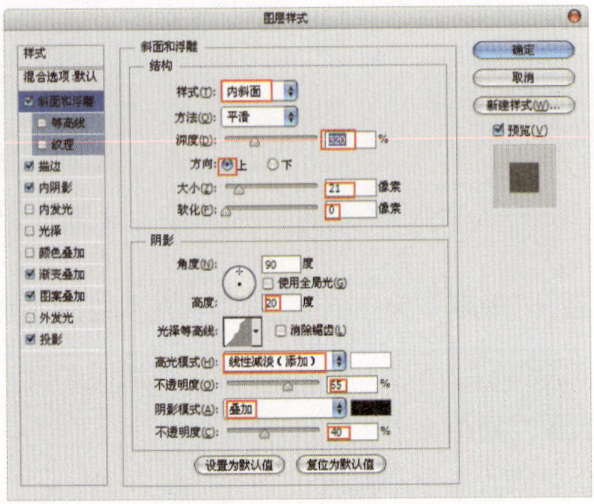

图9-241

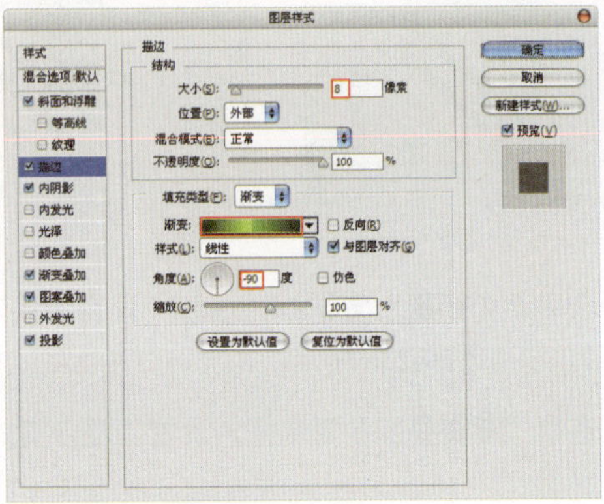

图9-242

9 选中“渐变叠加”复选框，设置“混合模式”为线性加深，如图9-243所示。

10 选中“图案叠加”复选框，设置“混合模式”为正常，“不透明度”为100，绿色的条纹图案，“缩放”为417，如图9-244所示。

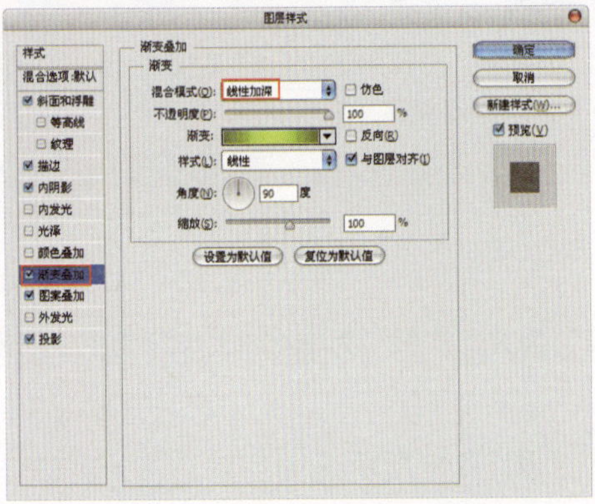

图9-243

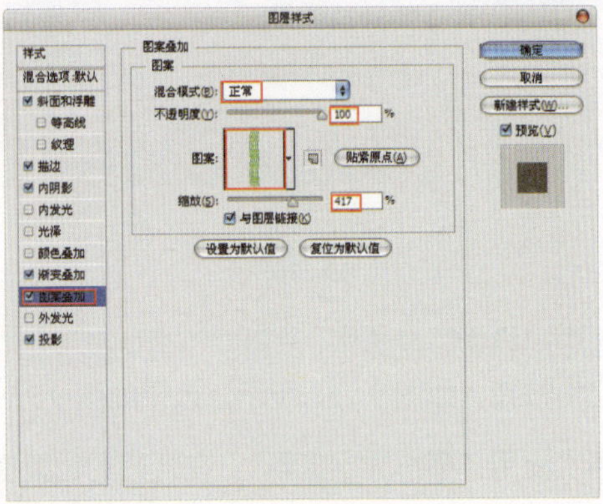

图9-244

11 选中“投影”复选框，参数设置与上文中的“投影”参数设置相同，设置完成后单击“确定”按钮，如图9-245所示，效果如图9-246所示。

12 再次使用“横排文字工具”，设置合适的字号以及字体，在画面左下角键入文字，如图9-247所示。

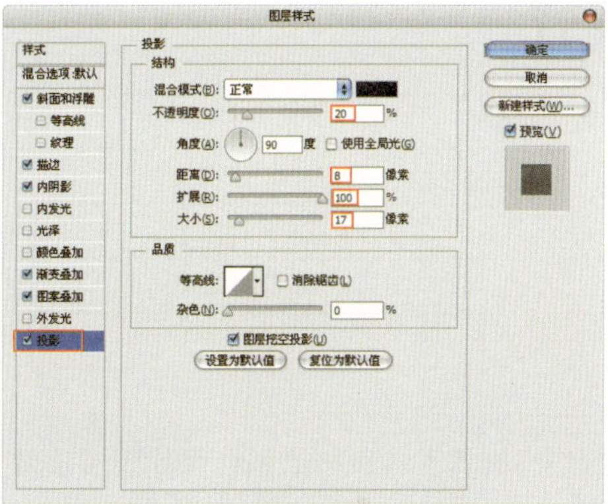

图9-245

图9-246

图9-247

13 在“文字”图层下方新建图层，使用“矩形选框工具”在左下文字下方绘制一个合适的矩形，并为其填充白色，如图9-248所示。选中左下“文字”图层，按Ctrl键，左键单击“图层”面板中白色矩形的图层缩览图，将左下文字载入选区，如图9-249所示，效果如图9-250所示。

图9-248

图9-249

图9-250

14 选择白色矩形图层，单击“图层”面板中的蒙版按钮，为其添加图层蒙版，按Ctrl+I组合键，对蒙版进行反色操作，隐藏左下“文字”图层，效果如图9-251所示。

15 用同样方法在大标题文字右下方制作绿色文字栏，最终制作效果如图9-252所示。

图9-251

图9-252

综合演练5 古典风格婚纱照片版式

案例文件	案例文件\第9章\综合演练5\古典风格婚纱照片版式.psd
视频教学	视频文件\第9章\古典风格婚纱照片版式.flv
难易指数	★★★☆☆
知识掌握	混合模式、蒙版

案例效果

本案例通过对"混合模式"和"蒙版"命令的应用，制作出极具古典风格的婚纱照片版式效果，如图9-253所示。

图9-253

操作步骤

1 新建合适大小文件，为背景图层填充淡黄色，导入本书配套光盘中的素材"1.jpg"，放于合适位置，如图9-254所示。

2 导入毛笔字素材"2.png"，如图9-255所示。为其添加蒙版，使用黑色柔角画笔在蒙版右上角绘制一个圆形（如图9-256所示），使这部分变为透明效果，效果如图9-257所示。

图9-254

图9-255

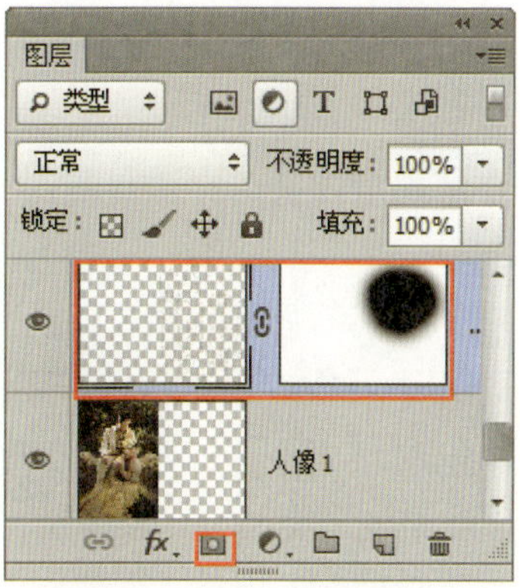

图9-256

图9-257

3 导入墨迹素材“3.png”，设置混合模式为颜色加深，如图 9-258 所示，效果如图 9-259 所示。

4 导入人像素材“4.jpg”，为其添加蒙版，使用黑色柔角画笔在蒙版中涂抹去除多余部分，保留墨迹以内的区域，如图 9-260 所示。效果如图 9-261 所示。

5 为了加强画面效果，复制一层“墨迹”图层，置于蒙版人物上方，如图 9-262 所示，效果如图 9-263 所示。

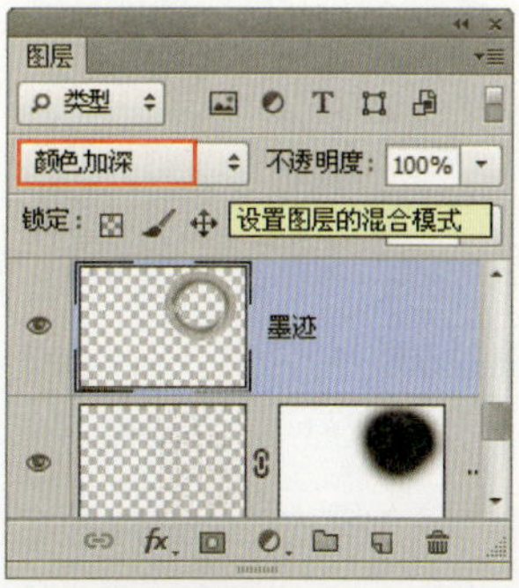

图9-258

图9-259

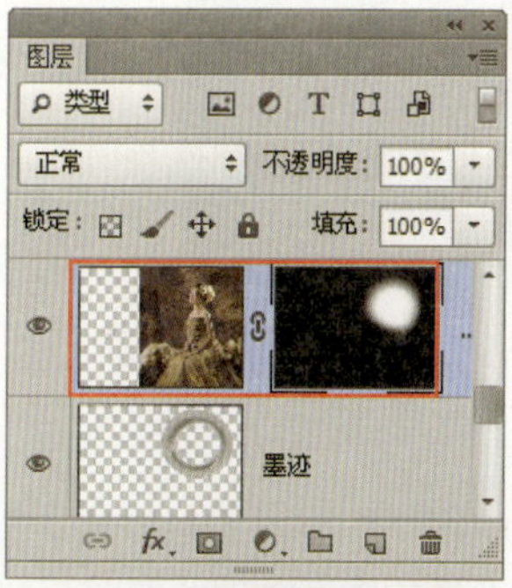

图9-260

图9-261

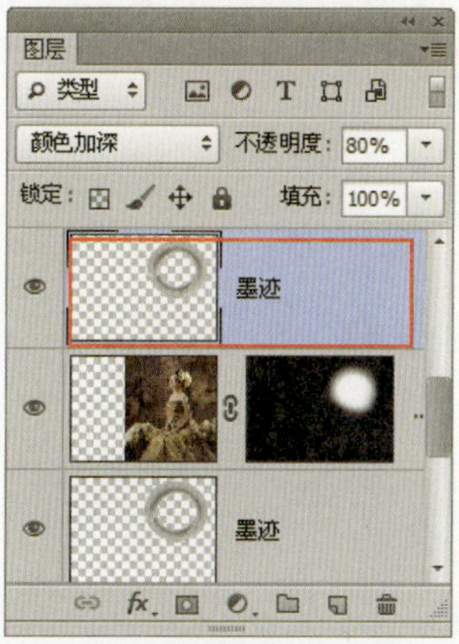

图9-262

图9-263

6 分别导入竹鱼素材“5.png”，设置其混合模式为正片叠底，接着导入文字素材“6.png”，如图 9-264 所示，效果如图 9-265 所示。

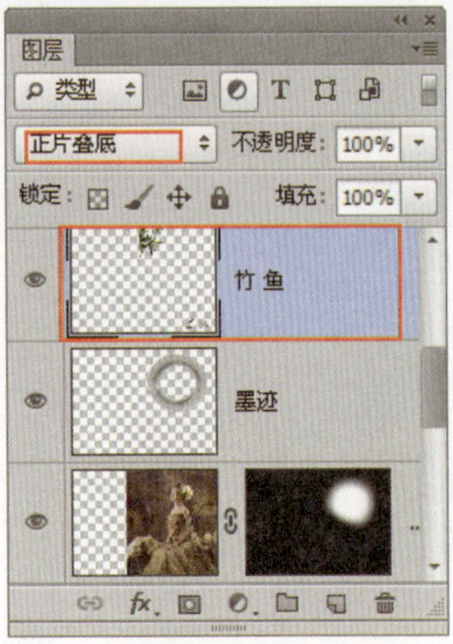

图9-264

图9-265

7 在图层最顶端新建图层，使用“矩形选框工具”绘制合适大小框选，按 Ctrl+Shift+I 组合键进行反选（如图 9-266 所示），为其填充颜色，效果如图 9-267 所示。

图9-266

图9-267

8 执行“图层 > 图层样式 > 图案叠加”命令，在弹出的对话框中设置“混合模式”为正片叠底，选择合适的图案纹理，如图 9-268 所示。

9 选中“外发光”复选框，设置“混合模式”为正片叠底，“扩展”数值为 0，“大小”数值为 16，单击“确定”按钮，如图 9-269 所示，最终的制作效果如图 9-270 所示。

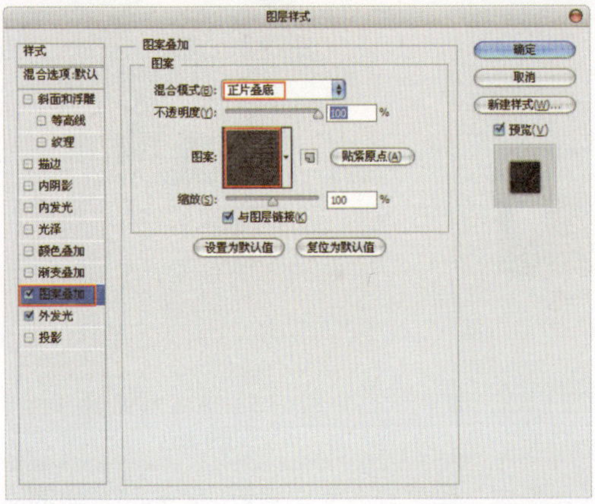

图9-268

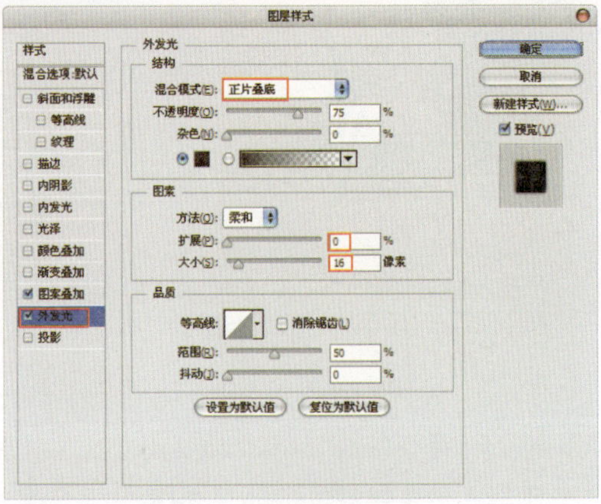

图9-269

图9-270

综合演练6　玫瑰情人

案例文件	案例文件\第9章\综合演练6\玫瑰情人.psd
视频教学	视频文件\第9章\玫瑰情人.flv
难易指数	★★★☆☆
知识掌握	自由变换、图层蒙版

案例效果

本例主要是针对“自由变换”和“图层蒙版”等工具的用法进行练习，完成玫瑰情人的海报制作，效果如图 9-271 所示。

图9-271

操作步骤

1 打开配套素材文件“1jpg”，如图 9-272 所示。导入人像素材“2jpg”，并调整大小及位置，如图 9-273 所示。

2 单击工具箱中的“魔棒工具”按钮，单击选择人像背景区域，按 Delete 键删除所选区域得到完整的人像，如图 9-274 所示。

图9-272

图9-273

图9-274

3 执行“图层 > 新建调整图层 > 可选颜色”命令，设置“颜色”为中性色，调整“洋红”数值为 7，“黄色”数值为 14，如图 9-275 所示。单击鼠标右键，在弹出的快捷菜单中执行“建立剪切蒙版”命令，使该调整图层只对人像起作用，如图 9-276 所示。

4 执行“图层 > 新建调整图层 > 色相饱和度”命令，调整“饱和度”数值为 28，如图 9-277 所示。单击鼠标右键，在弹出的快捷菜单中执行“建立剪切蒙版”命令，如图 9-278 所示。

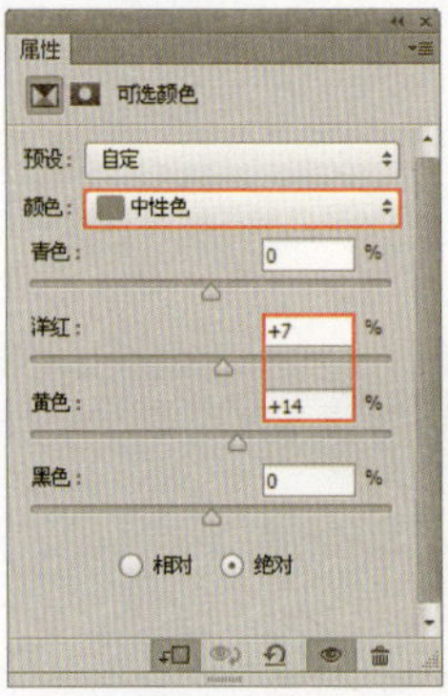

图9-275

图9-276

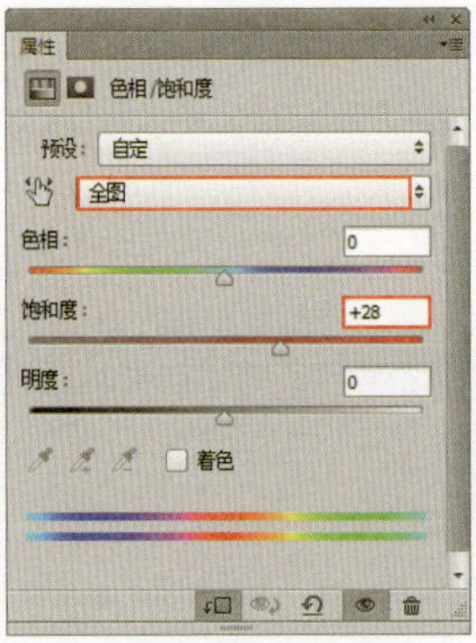

图9-277

图9-278

5 执行“图层 > 新建调整图层 > 色相饱和度”命令，调整“色相”数值为 -5，“饱和度”数值为 19，如图 9-279 所示。并将蒙版填充为黑色，使用白色画笔绘制出人像嘴唇的形状，使该图层只对人像嘴唇起作用，单击鼠标右键，在弹出的快捷菜单中执行“建立剪切蒙版”命令，如图 9-280 所示。

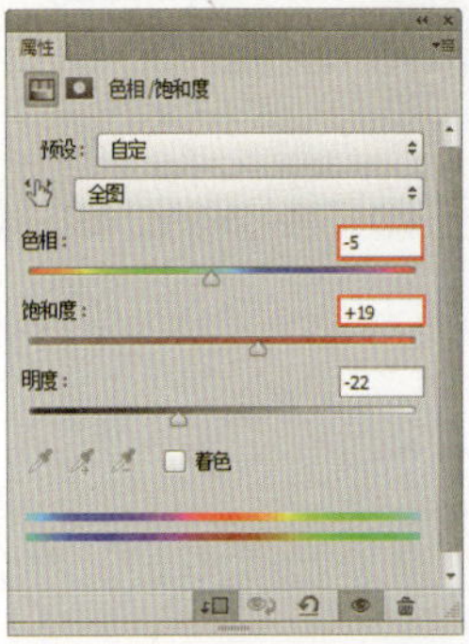

图9-279

图9-280

6 将所有人像图层置于同一组中，命名为“人”。在人组下方新建图层，为了便于观察暂时隐藏人像组，使用白色柔角画笔绘制出白色的圆形，用于提亮背景，如图 9-281 所示。

7 导入印记素材“3png”置于画面中合适的位置，如图 9-282 所示。导入玫瑰素材“4png”，复制出多个后变换到合适的大小摆放在画面中合适的位置，如图 9-283 所示。

图9-281

图9-282

图9-283

8 导入珠宝素材“5png”置于画面中合适的位置，如图 9-284 所示。选中“珠宝”图层，执行“图层 > 图层样式 > 颜色叠加”命令，设置“混合模式”为颜色加深，颜色为橙黄色，“不透明度”为 100%，如图 9-285 和图 9-286 所示。

图9-284

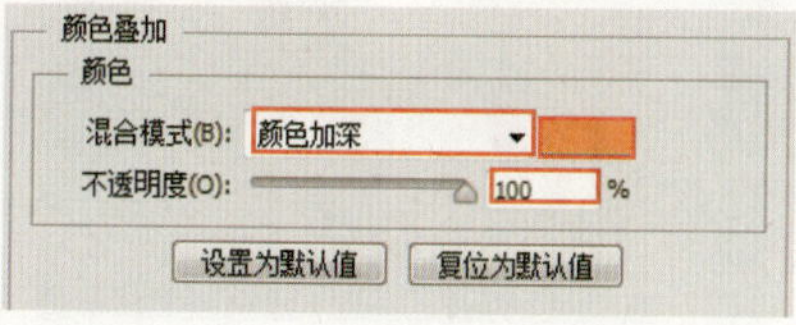

图9-285

图9-286

9 将所有装饰素材置于同一图层组中，命名为“玫瑰”，如图 9-287 所示。

10 导入花瓣素材“6png”置于人像上方，多次复制变换到合适大小，适当降低图层的不透明度，制作出多层次的丰富效果，将多余花瓣置于同一图层组中并命名为“花瓣”置于“人”图层上方，如图 9-288 所示。

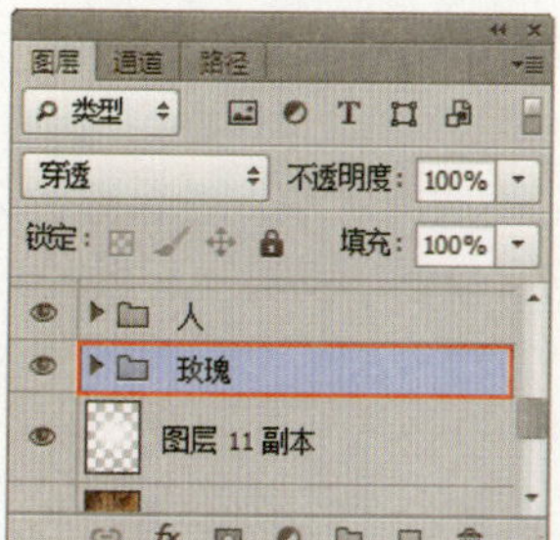

图9-287

图9-288

11 单击“花瓣”图层组按 Alt 键拖曳复制出“花瓣副本”层，如图 9-289 和图 9-290 所示。合并“花瓣副本”图层组，如图 9-291 所示。变换到合适大小，将其放置在人像右侧手臂位置上，如图 9-292 所示。

12 使用白色柔角画笔在人像肩部绘制出白色的亮光，如图 9-293 所示。

13 再次导入花朵素材，多次复制后摆放在画面中合适的位置，如图 9-294 所示。

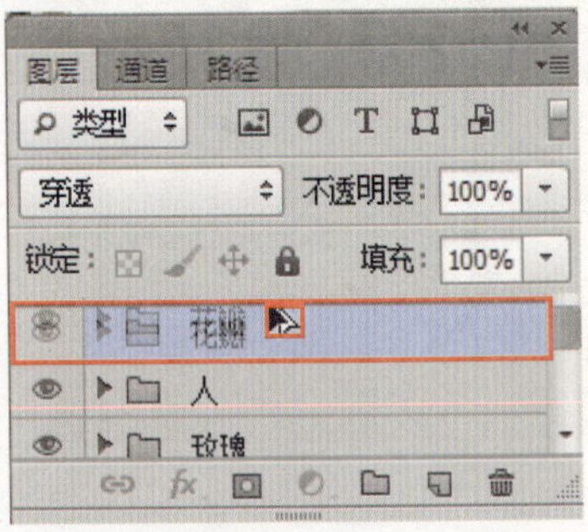

图9-289

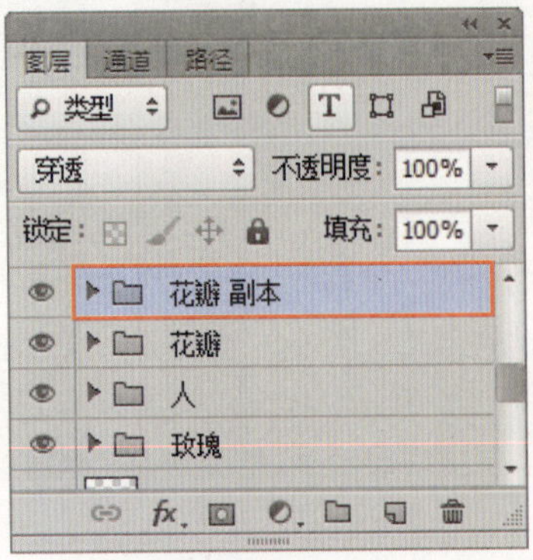

图9-290

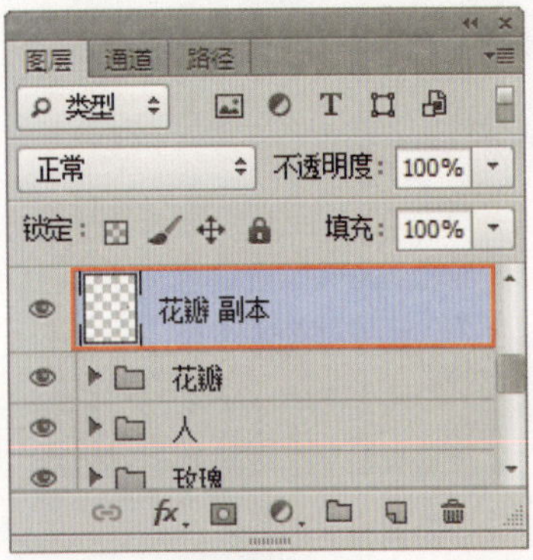

图9-291

图9-292

图9-293

图9-294

14 单击工具箱中的“文字工具”按钮，设置合适的前景色、合适的字号及字体，在画面中依次键入不同的文字，如图 9-295 所示。

15 在“文字”图层的下方新建图层，单击工具箱中的“圆角矩形工具”按钮，设置绘制模式为像素，在画面中的合适位置绘制适当大小的白色圆角矩形。用同样方法在画面底部绘制合适的黑色矩形，如图 9-296 所示。

16 按 Ctrl 键，单击“文字”图层缩览图，载入标题文字选区，按 Shift+Ctrl+I 组合键执行“反向”命令，选择白色矩形图层，单击“图层”面板底部的“添加图层蒙版”按钮，为其添加图层蒙版，隐藏文字图层，效果如图 9-297 所示。

17 新建图层，设置前景色为白色，单击工具箱中的“自定义形状工具”按钮，选择工具模式为像素，如图 9-298 所示。设置合适的形状，如图 9-299 所示。在画面的合适位置依次绘制形状作为商标，如图 9-300 所示。

图9-295

图9-296

图9-297

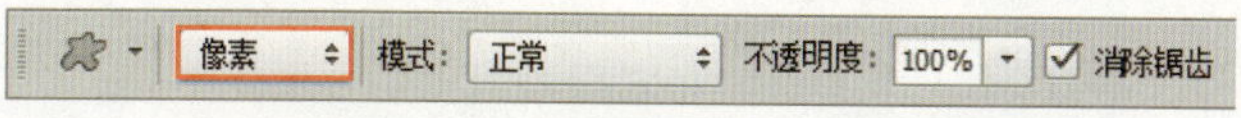

图9-298

图9-299

图9-300

18 最后在“图层”面板顶部新建图层，填充为黑色，并为其添加图层蒙版，使用黑色柔角画笔在蒙版中涂抹画面中心区域，如图 9-301 所示。制作的暗角效果如图 9-302 所示。

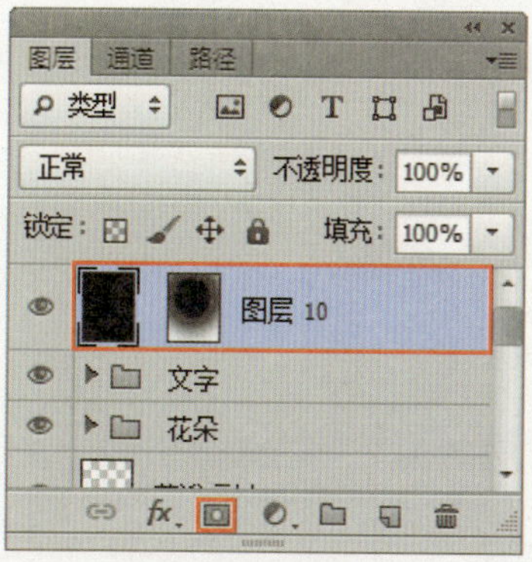

图9-301

图9-302

第10章

蒙版与合成

本章学习要点：

- 熟练掌握图层蒙版的使用
- 熟练掌握剪贴蒙版的使用
- 掌握多种蒙版在合成中的使用方法

蒙版是一种隐藏而非删除的编辑方式，这种非破坏性编辑方式不仅用于遮盖图像的部分区域，更多的时候则是用于图像的合成。Photoshop 中包含快速蒙版、剪贴蒙版、矢量蒙版和图层蒙版四种。图 10-1 和图 10-2 所示为可以使用到蒙版进行制作的作品。

图10-1

图10-2

10.1 快速蒙版

Photoshop CS6

快速蒙版是一种功能实用、可调性强的用于创建和编辑选区的工具。在快速蒙版状态下，“通道”面板中出现一个临时的快速蒙版通道。可以使用大部分绘制工具或滤镜来修改蒙版，如图 10-3 所示。编辑完成后再次单击该按钮退出快速蒙版状态，蒙版效果就会转换为选区，如图 10-4 所示。

图10-3

图10-4

双击“工具箱”中的“以快速蒙版模式编辑”按钮，打开“快速蒙版选项”对话框，如图 10-5 所示。

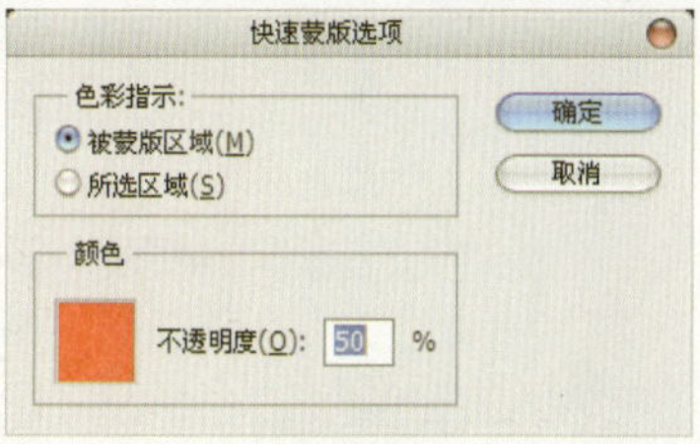

图10-5

- **色彩指示**：当选中“被蒙版区域”单选按钮时，选中的区域将显示为原始图像，而未选中的区域将会被覆盖蒙版颜色；当选中“所选区域”单选按钮时，选中的区域将会被覆盖蒙版颜色。
- **颜色**：单击颜色色块，可以在弹出的“拾色器”对话框中设置蒙版的颜色。如果对象的颜色与蒙版颜色非常接近，可以适当修改蒙版颜色加以区别。“不透明度”选项主要用来设置蒙版颜色的不透明度。

10.1.1 创建快速蒙版

在“工具箱”中单击“以快速蒙版模式编辑”按钮或按 Q 键，可以进入快速蒙版编辑模式，此时在“通道”面板中可以观察到一个快速蒙版通道，如图 10-6 和图 10-7 所示。

图10-6

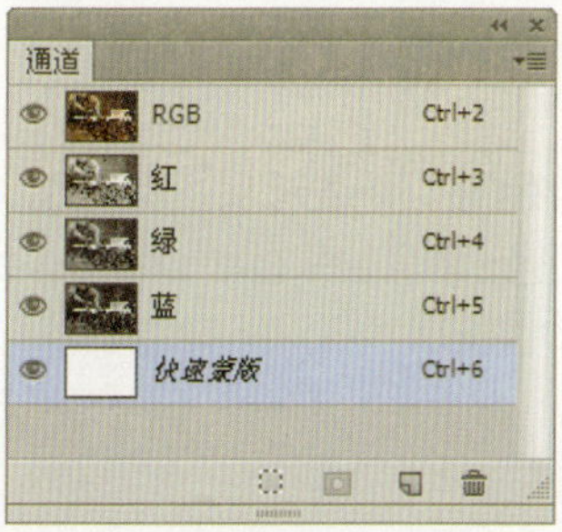

图10-7

当文件中包含选区时（如图 10-8 所示）在“工具箱”中单击“以快速蒙版模式编辑”按钮，此时选区会自动转换为蒙版，默认情况下选区以外的区域被覆盖上半透明的红色效果，如图 10-9 所示。再次单击“以快速蒙版模式编辑”按钮或按 Q 键可以退出快速蒙版状态。

图10-8

图10-9

10.1.2 编辑快速蒙版

使用“画笔工具”绘制蒙版的时候，只有设置前景色为黑色才能进行绘制；如果设置前景色为白色，就相当于擦除蒙版。进入快速蒙版编辑模式以后，可以使用如“画笔工具”等的绘画工具在图像上进行绘制，绘制区域将以红色显示出来，如图 10-10 所示。红色表示未选中的区域，非红色表示选中的区域。

图 10-11 所示是对快速蒙版应用“拼贴”滤镜以后的效果，也就是说在快速蒙版模式下，还可以使用滤镜来编辑蒙版。按 Q 键退出快速蒙版编辑模式后，可以得到具有拼贴效果的选区，如图 10-12 所示。

图10-10

图10-11

图10-12

综合演练 1 使用快速蒙版制作版式

案例文件	案例文件\第10章\综合演练1\使用快速蒙版制作版式.psd
视频教学	视频文件\第10章\使用快速蒙版制作版式.flv
难易指数	
知识掌握	快速蒙版、彩色半调、图层蒙版

案例效果

本案例主要通过使用“快速蒙版”命令来完成特殊效果的制作，如图 10-13 所示。

图10-13

操作步骤

1 打开本书配套光盘中的背景文件“1.jpg”，如图 10-14 所示。再次导入人物素材文件“2.jpg”，调整合适大小及位置，如图 10-15 所示。

图10-14

图10-15

2 单击工具箱中的“快速蒙版”按钮，进入快速蒙版状态，单击工具箱中的“画笔工具”按钮，设置一种柔角边画笔，如图 10-16 所示。设置合适大小，在画面中涂抹出一定大小的区域，如图 10-17 所示。

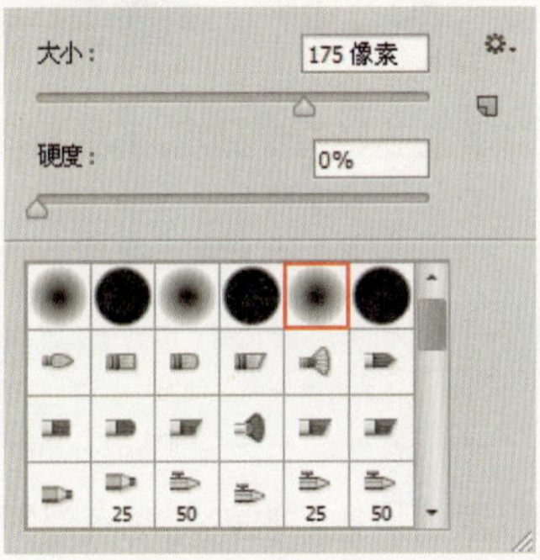

图10-16

图10-17

3 执行“滤镜 > 像素化 > 彩色半调”命令，如图 10-18 所示。在弹出的面板中设置“最大半径”数值为 50 像素，单击“确定”按钮结束操作，如图 10-19 所示，效果如图 10-20 所示。

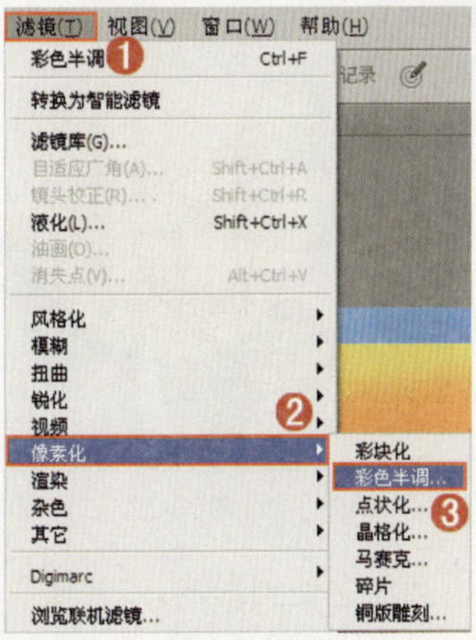

图10-18

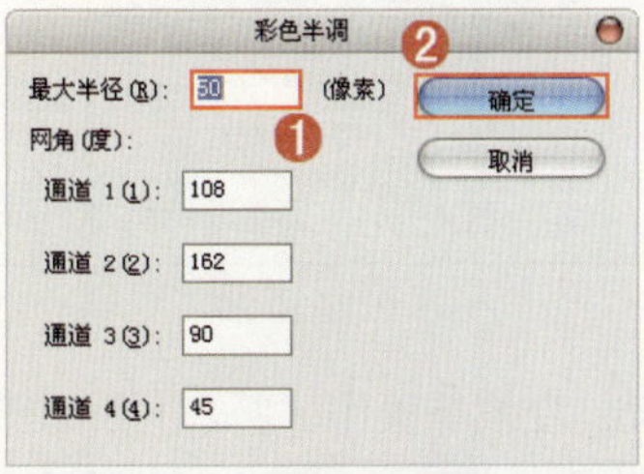

图10-19

图10-20

4 再次单击工具箱中的“快速蒙版”按钮，退出快速蒙版状态，得到选区，如图 10-21 所示。单击“图层”面板中的“添加图层蒙版”按钮，如图 10-22 所示，使当前选区以外的部分被隐藏，如图 10-23 所示。

5 导入前景素材“3.png”，设置合适位置及大小，最终效果如图 10-24 所示。

图10-21

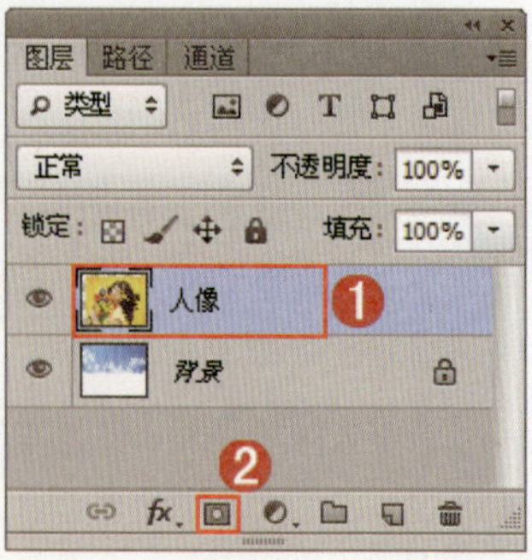

图10-22

图10-23

图10-24

10.2 剪贴蒙版

Photoshop CS6

剪贴蒙版是通过使用处于下方图层的形状来限制上方图层的显示状态，也就是说底部的图层用于限定最终图像的形状，而上方图层则用于限定最终图像显示的颜色图案。剪贴蒙板是由两个部分组成的：基底图层和内容图层，如图 10-25 所示。最底部的下方图层即为“基底”图层，上方的图层为“内容”图层，如图 10-26 所示。构成剪贴蒙版的两个部分如图 10-27 所示。

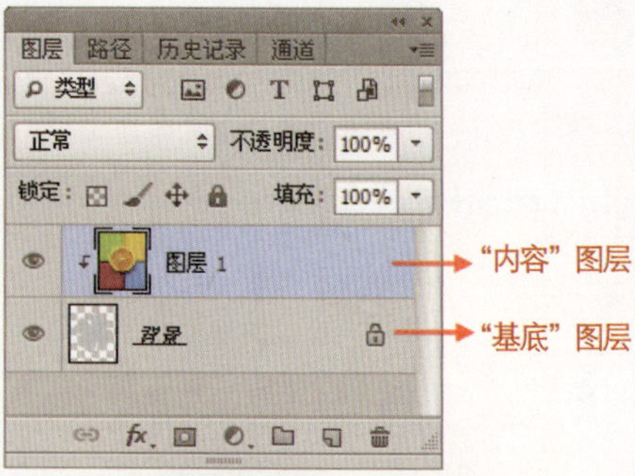

图10-25

图10-26

图10-27

“基底”图层：如果对此图层进行移动、变换等操作，那么上面的图像也会随之受到影响。“基底”图层只有一个，它决定了位于其上面的图像的显示范围，如图 10-28 所示。

“内容”图层：剪贴蒙版的“内容”图层不仅可以是普通的像素图层，还可以是“调整”图层、“形状”图层、“填充”图层等类型图层。“内容”图层可以是一个或多个。对“内容”图层的操作不会影响基底图层，但是对其进行移动、变换等操作时，其显示范围也会随之改变。需要注意的是剪贴蒙版虽然可以应用在多个图层中，但是这些图层不能是隔开的，必须是相邻的图层，如图 10-29 和图 10-30 所示。

图10-28

图10-29

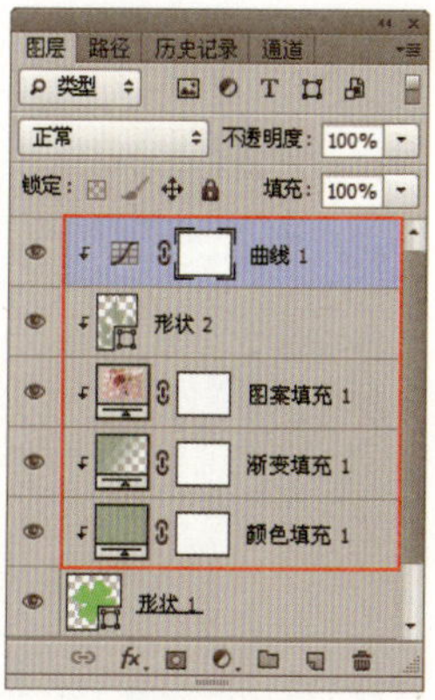

图10-30

10.2.1 创建剪贴蒙版

把作为“基底”的图层放在“内容”图层的下方，在“人像”图层的名称上单击鼠标右键，然后在弹出的快捷菜单中执行“创建剪贴蒙版”命令，如图 10-31 所示。或执行“图层 > 创建剪贴蒙版”菜单命令，都可将“内容”图层和“基底”图层创建为一个剪贴蒙版。创建剪贴蒙版以后，“内容”图层就只显示“基底”图层的区域，如图 10-32 所示。

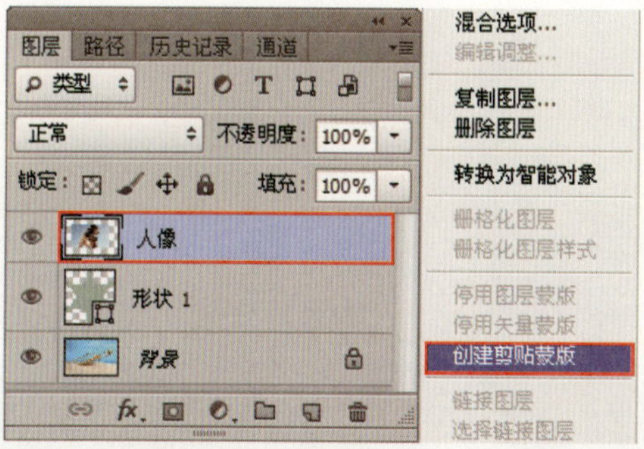

图10-31

图10-32

在已有剪贴蒙版的情况下，将一个图层拖动到基底图层上方，即可将其加入到剪贴蒙版组中，如图 10-33 和图 10-34 所示。

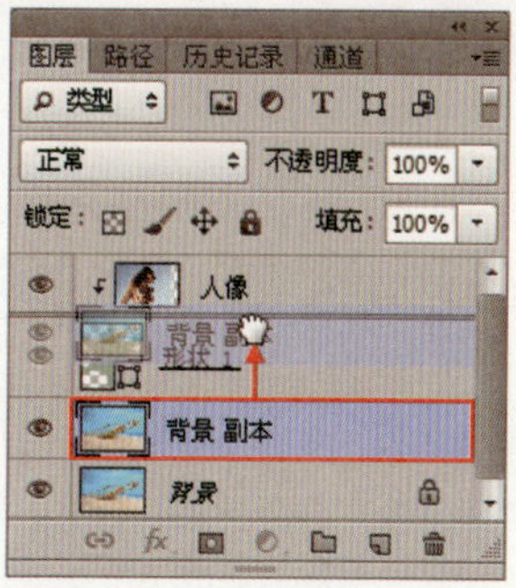

图10-33

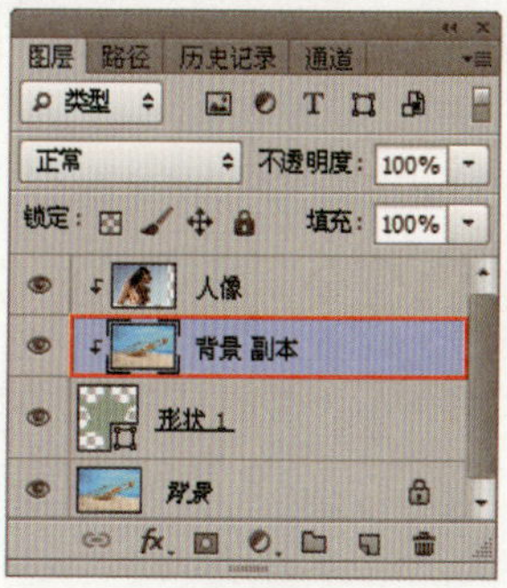

图10-34

10.2.2 释放剪贴蒙版

释放剪贴蒙版以后，“内容”图层就不再受“形状”图层的控制。选择剪贴蒙版，在图层的名称上单击鼠标右键，然后在弹出的快捷菜单中执行“释放剪贴蒙版”命令，如图 10-35 所示。或执行“图层 > 释放剪贴蒙版”菜单命令也可释放剪贴蒙版。

将“内容”图层移到“基底”图层的下方就相当于移出剪贴蒙版组，如图 10-36 和图 10-37 所示。

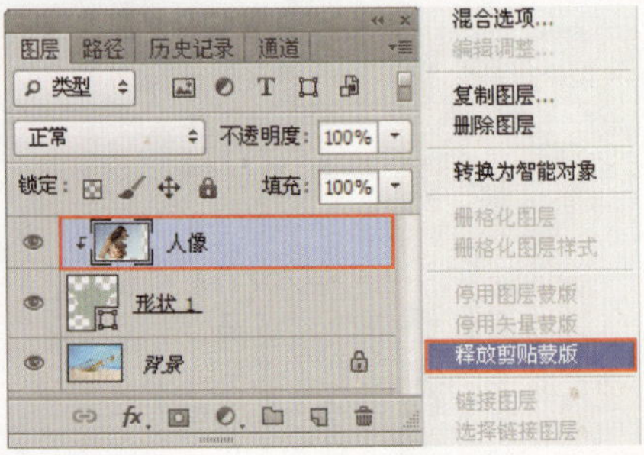

图10-35

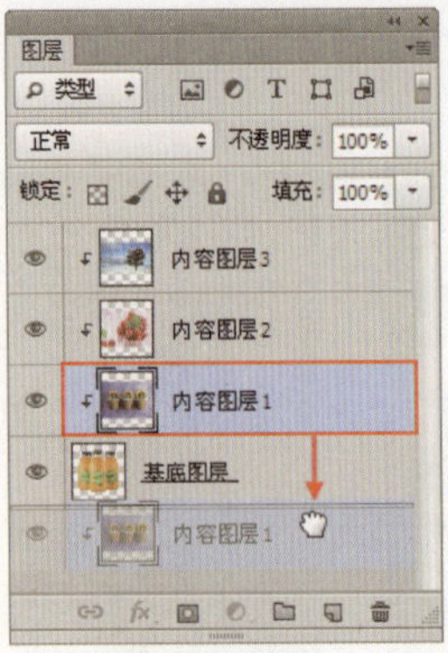

图10-36

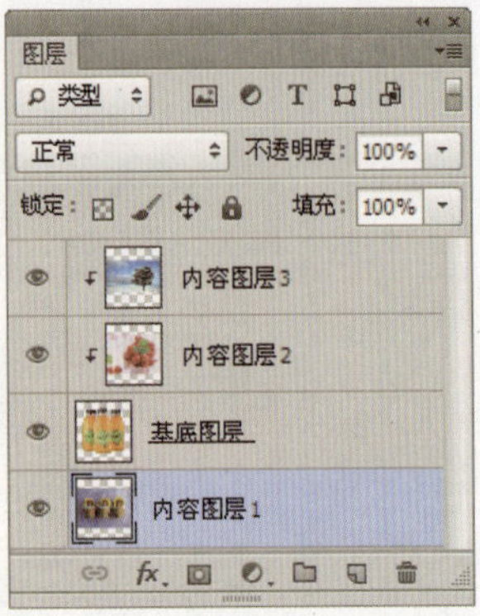

图10-37

10.2.3 编辑剪贴蒙版

当对“内容”图层的“不透明度”和“混合模式”进行调整时，只有“基底”图层混合效果发生变化，但不会影响到剪贴蒙版中的其他图层，如图 10-38 所示。

当对“基底”图层的“不透明度”和“混合模式”调整时，整个剪贴蒙版中的所有图层都会以设置不透明度数值以及混合模式进行进行混合，如图 10-39 所示。

若要为剪贴蒙版添加图层样式需要在“基底”图层上添加，如图 10-40 和图 10-41 所示。

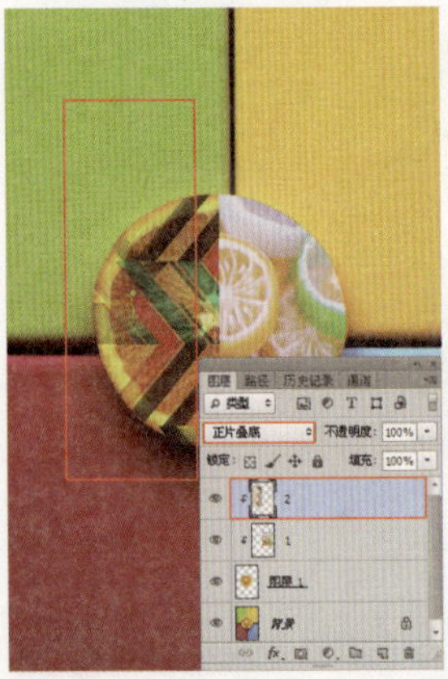

图10-38

图10-39

图10-40

图10-41

综合演练 2 使用剪贴蒙版制作创意标志

案例文件	案例文件\第10章\综合演练2\使用剪贴蒙版制作创意标志.psd
视频教学	视频文件\第10章\使用剪贴蒙版制作创意标志.flv
难易指数	★★★★★
知识掌握	剪贴蒙版、椭圆选框工具、图层混合模式

案例效果

本案例主要通过使用“剪贴蒙版”和“椭圆选框工具”等来制作极具创意性的标志，效果如图 10-42 所示。

图10-42

操作步骤

1 执行“文件 > 新建”命令，设置“宽度”为 3000 像素，“高度”为 2500 像素，单击“确定”按钮结束操作，如图 10-43 所示。

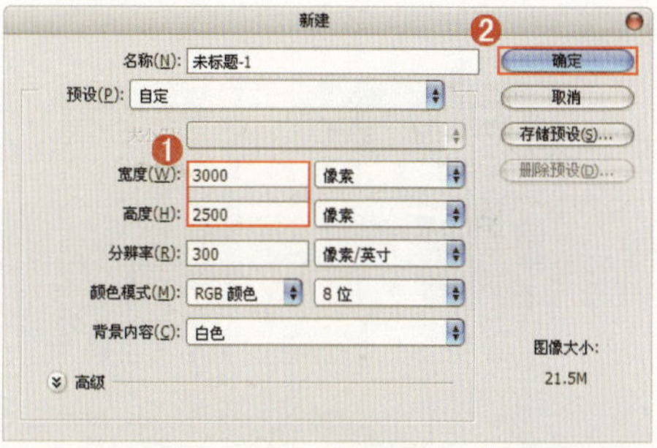

图10-43

2 单击工具箱中的“渐变填充”按钮，单击颜色渐变，设置一种灰白色的渐变，再单击“线性渐变”按钮，如图 10-44 和图 10-45 所示。在背景上由左下角到右上角进行拖曳，如图 10-46 所示。

图10-44

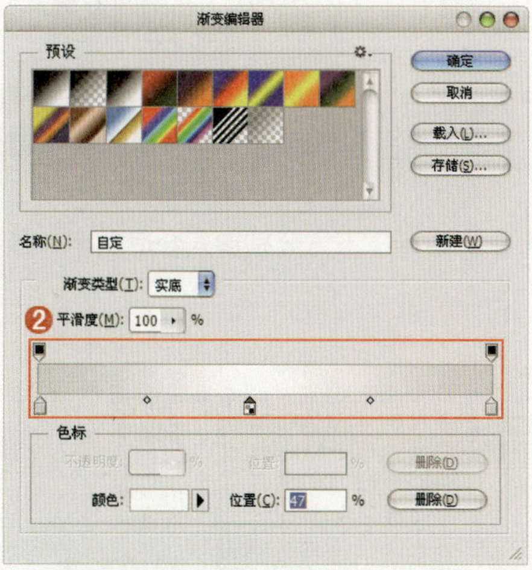

图10-45

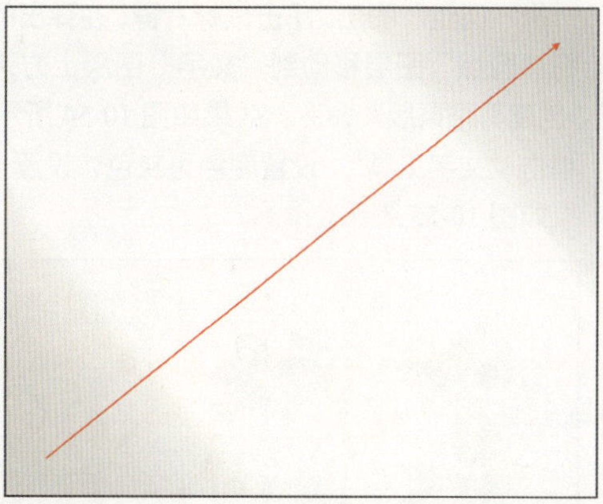

图10-46

3 单击“图层”面板中的“创建新组”按钮，将其命名为“圆组”，如图 10-47 所示。新建图层，单击工具箱中的“椭圆选框工具”按钮，按 Shift 键并进行拖曳，绘制一只合适大小的正圆，并将其填充为红色，如图 10-48 所示。

4 再次新建图层并绘制粉色圆形，如图 10-49 所示。在“图层”面板中设置其“混合模式”为正片叠底，如图 10-50 所示。

5 多次新建并绘制不同颜色及大小的圆，并设置不同的混合模式，制作不同效果的叠加圆，如图 10-51 所示。

图 10-47

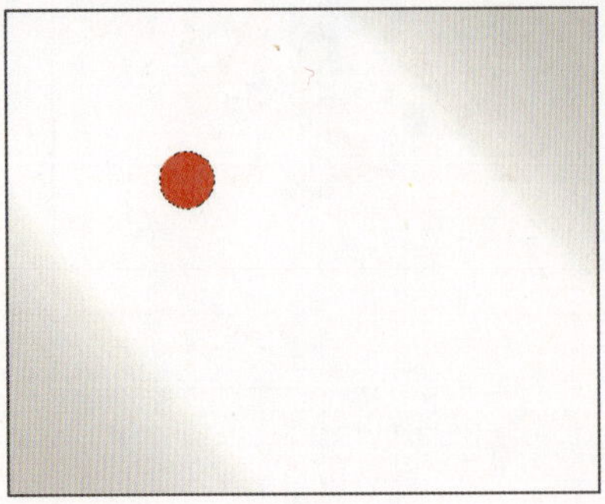

图 10-48

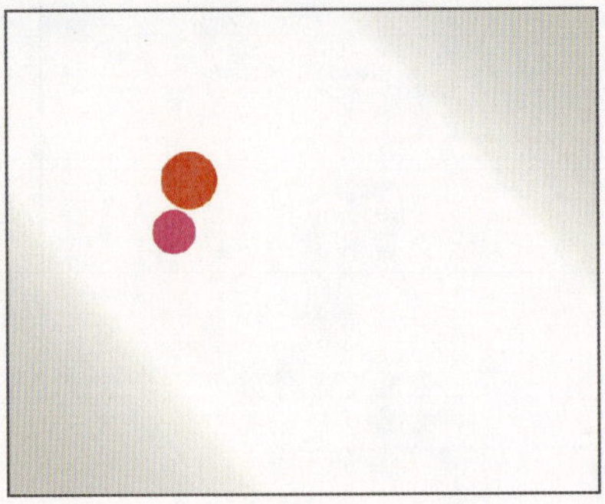

图 10-49

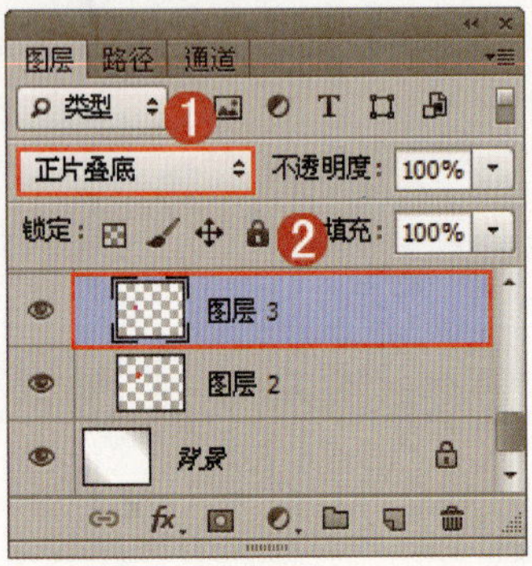

图 10-50

图 10-51

6 单击工具箱中的“文字工具”按钮T，设置颜色为白色，设置合适字体及大小，在画面中键入文字，如图 10-52 所示。

7 选择“圆组”图层，单击鼠标右键，在弹出的快捷菜单中执行“合并组”命令，使之合并为一个图层，将“圆组”图层移动到“文字”图层上方，如图 10-53 所示。单击鼠标右键，在弹出的快捷菜单中执行“创建剪贴蒙版”命令，效果如图 10-54 所示。

8 单击“文字工具”，设置颜色为灰色，设置合适字体及大小，在标志下方分别键入合适文字，最终效果如图 10-55 所示。

图 10-52

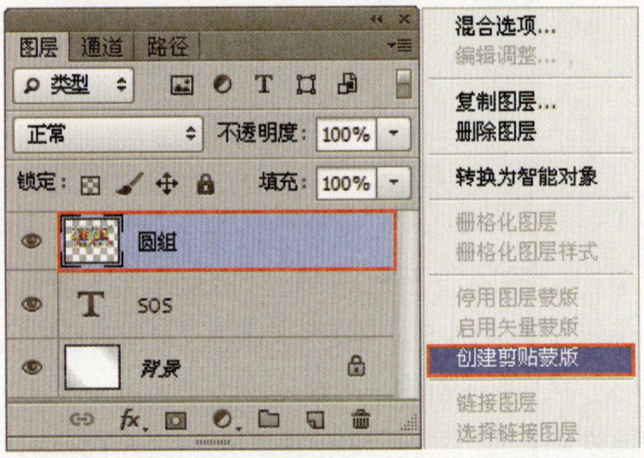

图 10-53

图10-54

图10-55

综合演练 3　剪贴蒙版制作黑金属质感文字

案例文件	案例文件\第10章\综合演练3\剪贴蒙版制作黑金属质感文字.psd
视频教学	视频文件\第10章\剪贴蒙版制作黑金属质感文字.flv
难易指数	★★★☆☆
知识掌握	剪贴蒙版、图层样式

案例效果

本案例主要通过使用“剪贴蒙版”和“图层样式”等命令来制作极具黑金属质感的文字，效果如图 10-56 所示。

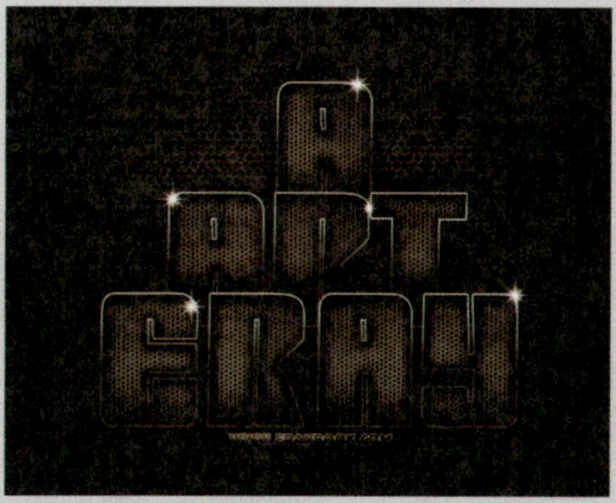

图10-56

操作步骤

1 打开本书配套光盘中的文件“1.jpg”，如图 10-57 所示。

2 为观察效果暂时隐藏背景素材，单击工具栏中的“横排文字工具”，设置合适的字体以及字号，并键入文字，如图 10-58 所示。

图10-57

图10-58

3 选中小字图层，执行“图层 > 图层样式 > 内阴影”命令，在弹出的对话框中设置“混合模式”为正片叠底，“不透明度”为 62%，“角度”为 120 度，“距离”为 3 像素，“阻塞”为 35%，“大小”为 14 像素，选中“使用全局光”复选框，如图 10-59 所示。

4 选中“斜面和浮雕”复选框，设置“样式”为内斜面，“方法”为平滑，“深度”为 1000%，“方向”为上，“大小”为 122 像素，“软化”为 0 像素，“角度”为 -45 度，“高度”为 16 度，“高光模式”为滤色，“不透明度”为 27%，“阴影模式”为正片叠底，“不透明度”为 75%，如图 10-60 所示。选中“等高线”复选框，调整等高线形状，设置“范围”为 70%，如图 10-61 所示。

5 选中“渐变叠加”复选框，设置“混合模式”为正常，“不透明度”为 100%，渐变色为黑色到灰色的渐变，“样式”为线性，选中“与图层对齐”复选框，设置“角度”为 90 度，“缩放”值为 31%，如图 10-62 所示。

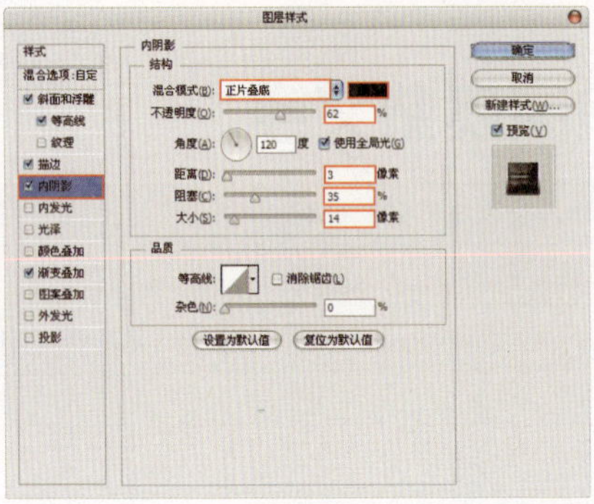

图10-59

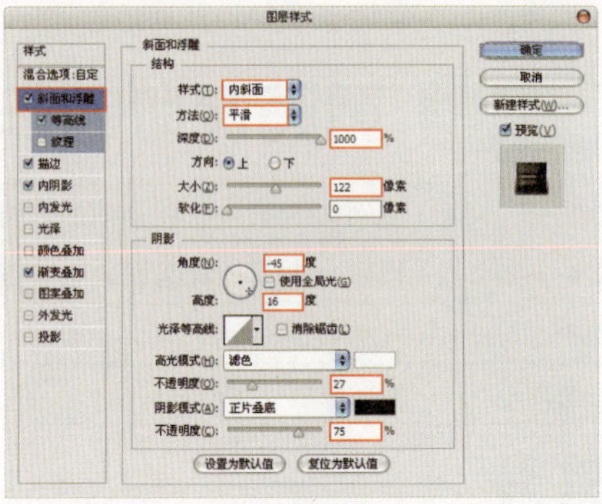

图10-60

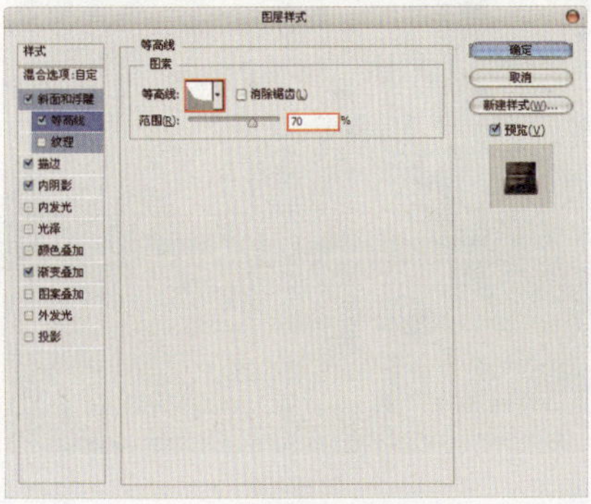

图10-61

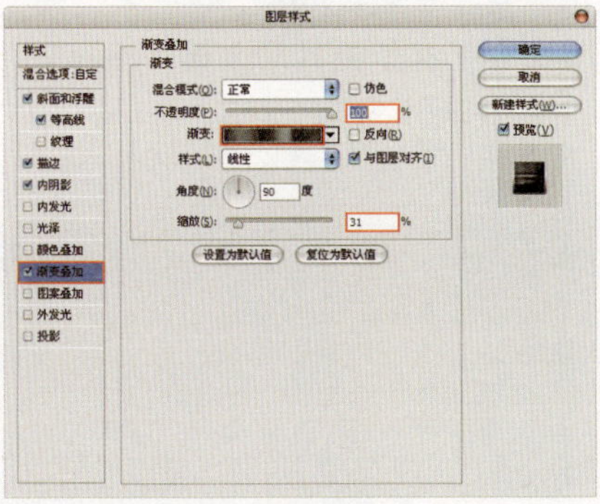

图10-62

6 选中“描边”复选框，设置“大小”为 2 像素，“位置”为外部，“混合模式”为正常，“不透明度”为 100%，“填充类型”为渐变，从灰色到浅灰色的渐变，“样式”为线性，“角度”为 90 度，“缩放”值为 100%，如图 10-63 所示，效果如图 10-64 所示。

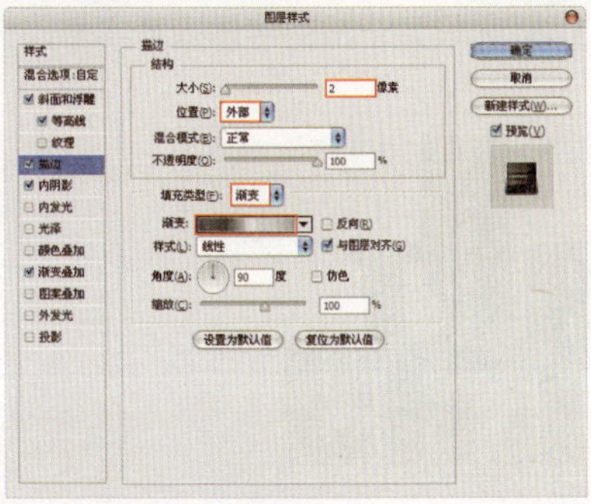

图10-63

图10-64

7 展开小字图层的图层样式，在描边样式上按 Alt 键单击左键并向图层“A”上拖动，将该样式复制到图层“A”上，如图 10-65 所示。用同样的方法复制“内阴影”样式，如图 10-66 所示，效果如图 10-67 所示。

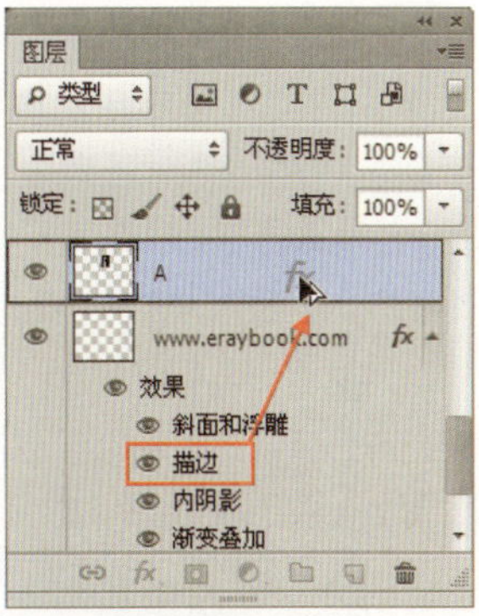

图10-65

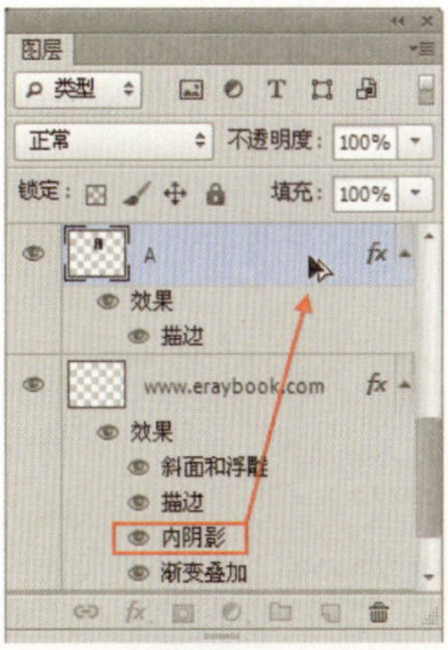

图10-66

图10-67

8 导入黑色金属素材“2.jpg”，放在字母“A”图层的上方，单击鼠标右键，在弹出的快捷菜单中执行“创建剪切蒙版”命令，如图 10-68 所示，效果如图 10-69 所示。

9 使用黑色柔角画笔在文字下半部分涂抹黑色阴影，如图 10-70 所示。在此图层单击鼠标右键，在弹出的对话框中执行“创建剪贴蒙版”命令，为字母添加立体感，如图 10-71 所示，效果如图 10-72 所示。

10 使用相同的方法制作其他字母的样式，导入一张星光素材“3.png”，最终效果如图 10-73 所示。

图10-68

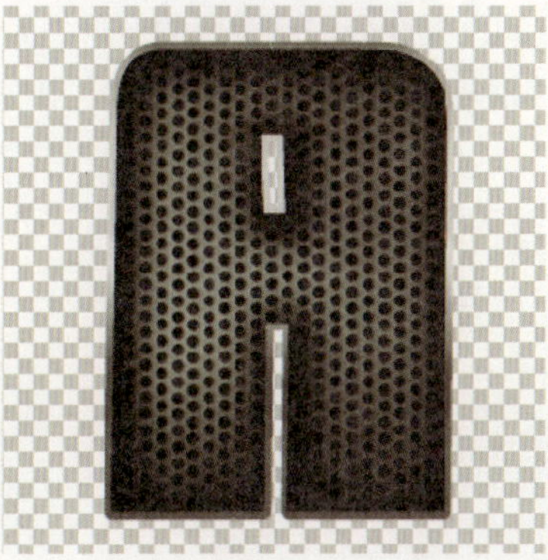

图10-69

图10-70

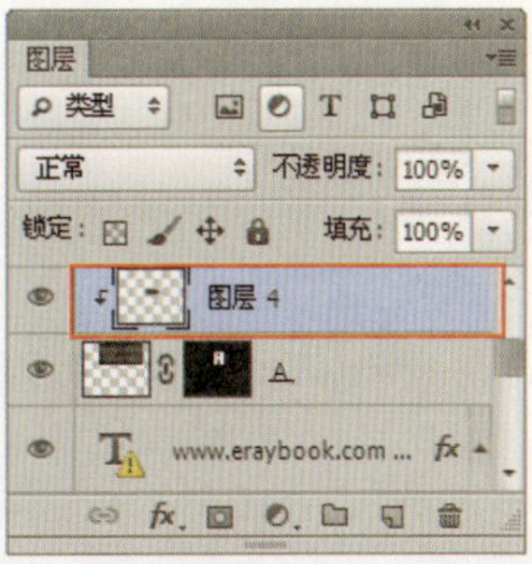

图10-71

图10-72

图10-73

10.3 矢量蒙版

10.3.1 创建矢量蒙版

在矢量蒙版中可以通过调整路径节点，从而制作出精确的蒙版区域。矢量蒙版通过路径和矢量形状控制图像的显示区域。首先绘制路径，如图 10-74 所示。在“图层”面板选中图层，然后执行“图层 > 矢量蒙版 > 当前路径”菜单命令，如图 10-75 所示。可以基于当前路径为图层创建一个矢量蒙版，如图 10-76 所示。

图10-74

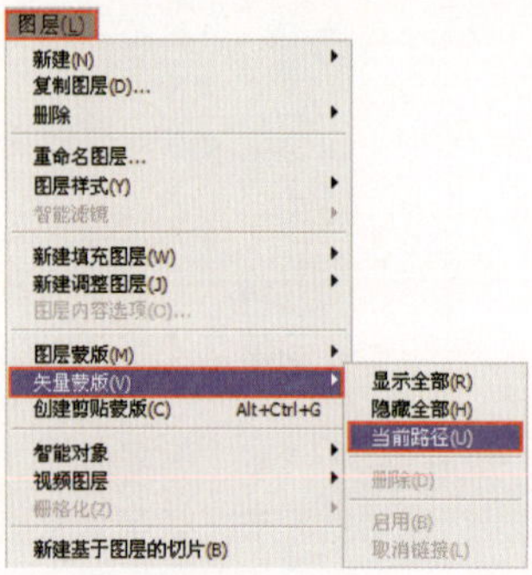

图10-75

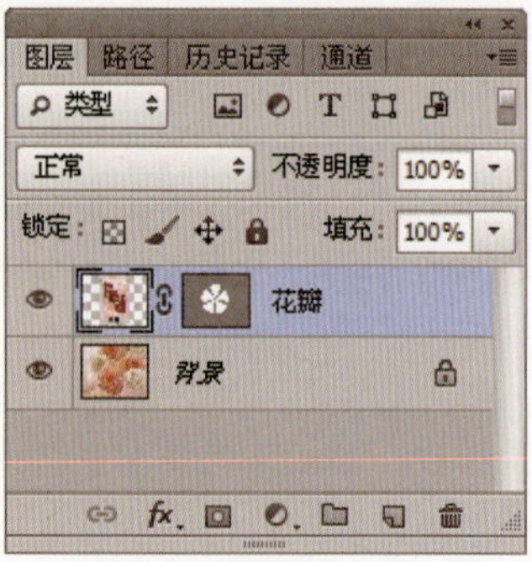

图10-76

还可以绘制出路径后，按 Ctrl 键在“图层”面板下单击“添加图层蒙版”按钮，也可以为图层添加矢量蒙版，如图 10-77 所示。

针对矢量蒙版的编辑主要是对矢量蒙版中路径的编辑，可以使用“钢笔工具”、“形状工具”在矢量蒙版中绘制形状，还可以通过调整路径锚点的位置改变矢量蒙版的外形，或者通过变换路径调整其角度大小等。创建矢量蒙版以后，可以继续使用“钢笔工具”或“形状工具”在矢量蒙版中绘制形状，如图 10-78 和图 10-79 所示。

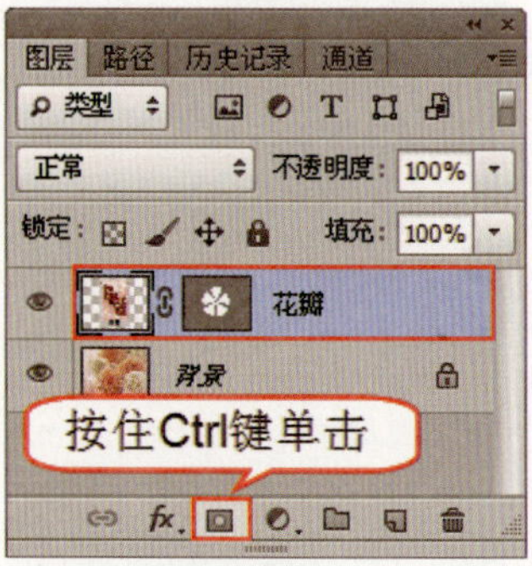

图10-77

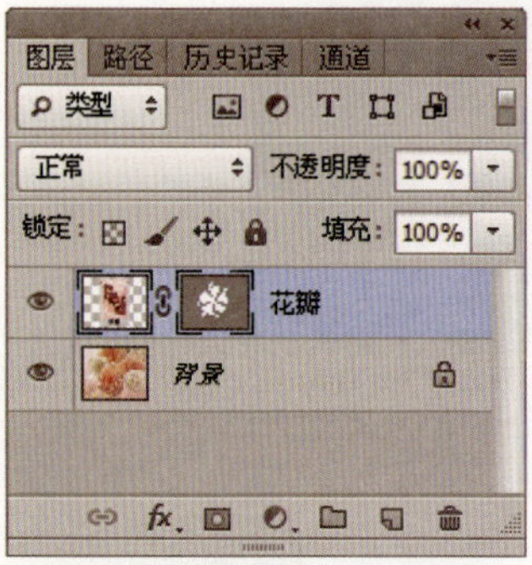

图10-78

图10-79

矢量蒙版可以像普通图层一样添加图层样式，如图 10-80 和图 10-81 所示。

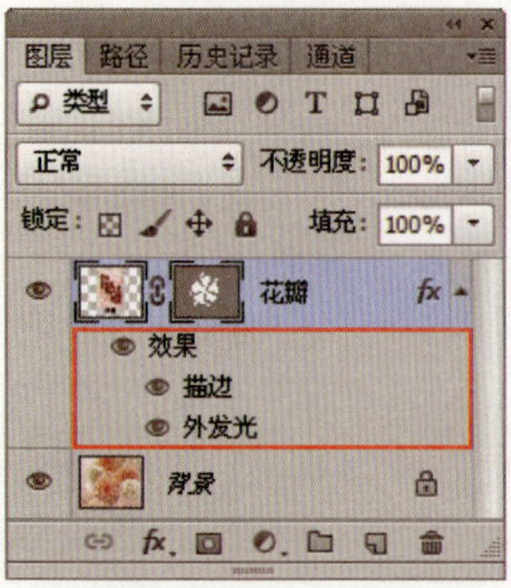

图10-80

图10-81

10.3.2 链接/取消链接矢量蒙版

如果不想变换图层或矢量蒙版时影响对方，可以单击链接图标取消链接。在默认状态下，图层与矢量蒙版是链接在一起的（链接处有一个图标），当移动、变换图层时，矢量蒙版也会跟着发生变化。如果要恢复链接，可以在取消链接的地方单击鼠标左键，或者执行“图层 > 矢量蒙版 > 链接”菜单命令，如图 10-82 和图 10-83 所示。

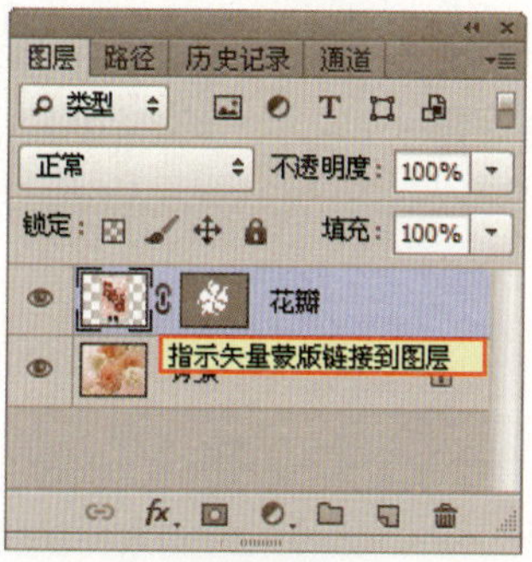

图10-82

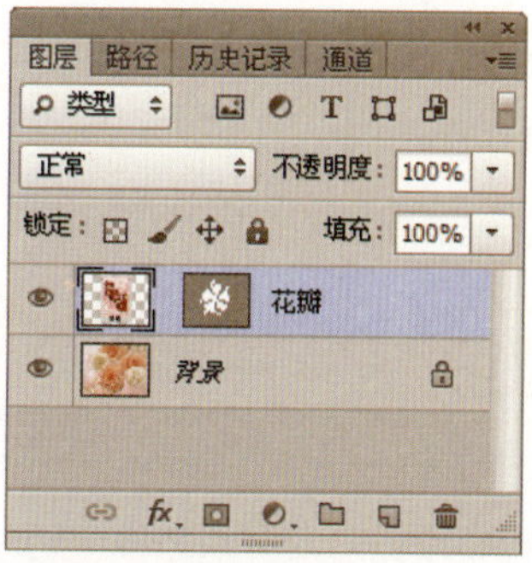

图10-83

10.3.3 删除与栅格化矢量蒙版

在蒙版缩略图上单击鼠标右键，然后在弹出的快捷菜单中执行“删除矢量蒙版”命令即可删除矢量蒙版，如图 10-84 所示。

在蒙版缩略图上单击鼠标右键，然后在弹出的快捷菜单中执行“栅格化矢量蒙版”命令，如图 10-85 所示。栅格化矢量蒙版以后，蒙版就会转换为图层蒙版，不再有矢量形状存在，如图 10-86 所示。

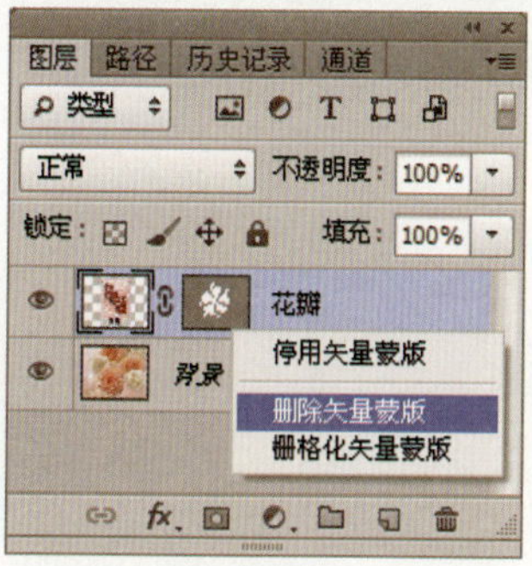

图10-84

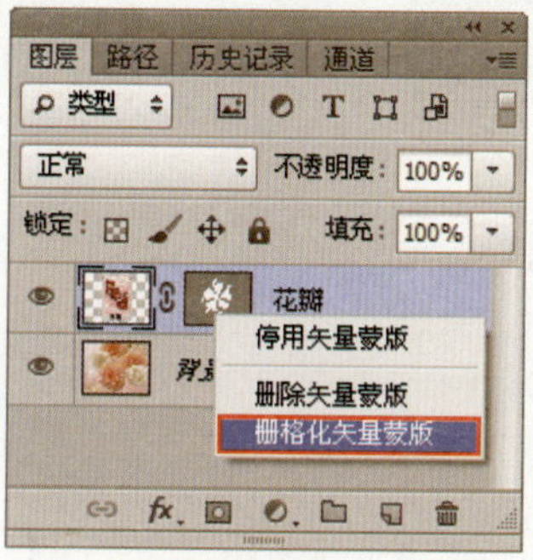

图10-85

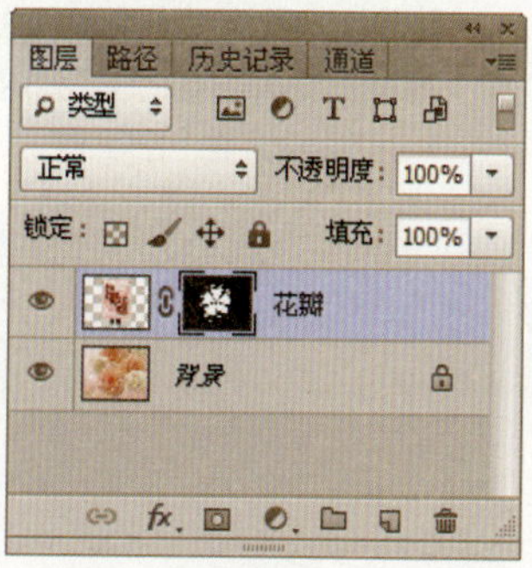

图10-86

技巧提示

也可以先选择图层，然后执行“图层>栅格化>矢量蒙版”菜单命令将矢量蒙版转换为图层蒙版。

综合演练 4 创建矢量蒙版并添加图层样式

案例文件	案例文件\第10章\综合演练4\创建矢量蒙版并添加图层样式.psd
视频教学	视频文件\第10章\创建矢量蒙版并添加图层样式.flv
难易指数	★★★☆☆
知识掌握	矢量蒙版、描边、渐变叠加

案例效果

本案例主要通过使用“矢量蒙版”和“图层样式”制作照片边框效果，如图 10-87 所示。

图10-87

操作步骤

1 打开本书配套光盘中的背景文件“1.jpg”，如图 10-88 所示。再次导入人物素材文件“2.jpg”，调整合适大小及位置，如图 10-89 所示。

图10-88

图10-89

2 单击工具箱中的“多边型工具”按钮，在打开的选项栏中设置绘制模式为“路径”，“边”为 6，如图 10-90 所示。在人像上绘制一个合适大小的六边形，如图 10-91 所示。

图10-90

图10-91

3 单击选项栏中的“蒙版”按钮（如图 10-92 所示），为人像添加一个六边形的矢量蒙版，如图 10-93 所示。

图10-92

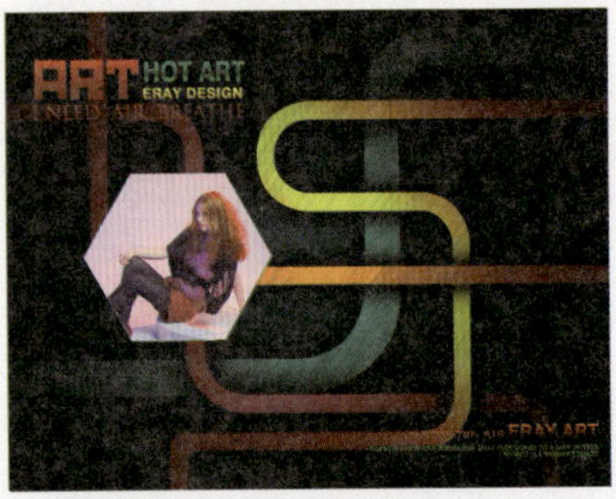

图10-93

4 单击“图层”面板中的“添加图层样式”按钮 fx，在弹出菜单中执行“描边”命令，如图 10-94 所示。设置“大小”数值为 33 像素，“不透明度”数值为 100%，“填充类型”为渐变，并设置一种红色系渐变，如图 10-95 所示。

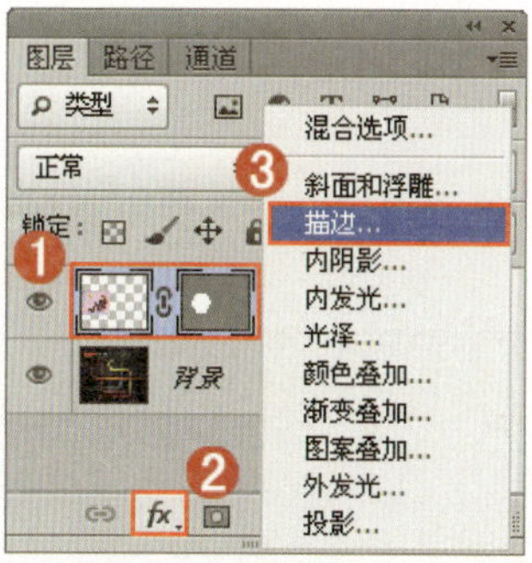

图10-94

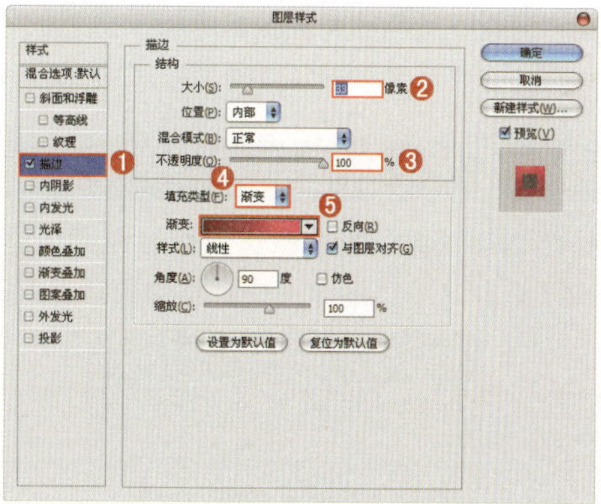

图10-95

5 选中“渐变叠加”命令，设置“不透明度”数值为 30%，“渐变”颜色为一种黑白的渐变，单击“确定”按钮结束操作，如图 10-96 所示，效果如图 10-97 所示。

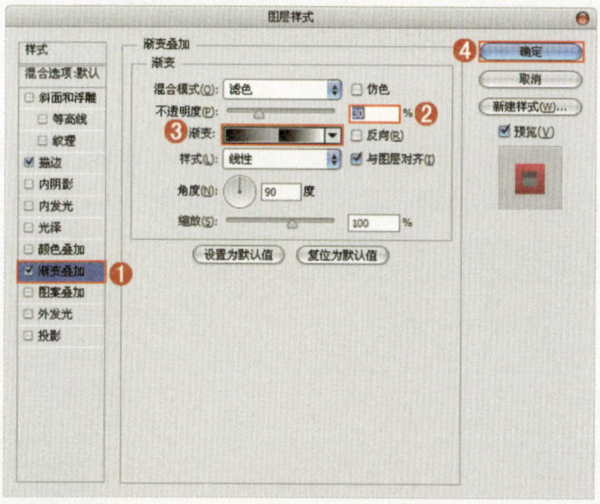

图10-96

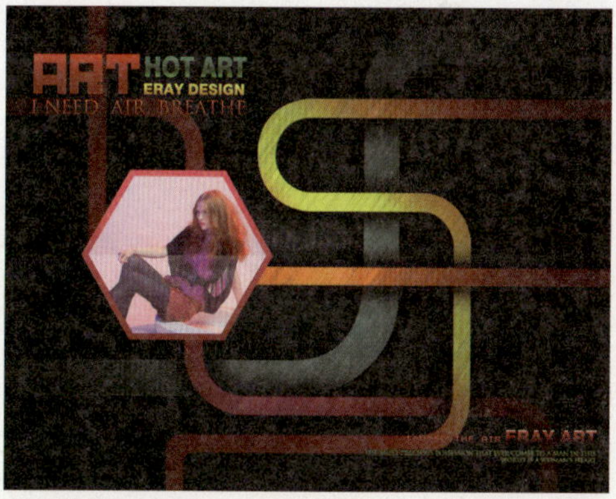

图10-97

6 分别导入其他的人像素材并设置合适大小及位置。用同样方法为其添加效果，并设置不同颜色的描边效果，如图 10-98 所示。

7 导入前景素材“6.png”，设置合适位置及大小，最终效果如图 10-99 所示。

图10-98

图10-99

10.4 图层蒙版

为图层创建图层蒙版，默认状态下蒙版为白色，如果以半透明方式来显示当前图像，可以用灰色填充图层蒙版。蒙版中黑色的区域表示透明，白色的区域表示不透明，通过黑白关系控制图像的显示隐藏；通过蒙版中的灰度信息来控制图像的显示区域。

10.4.1 创建与编辑图层蒙版

选择要添加图层蒙版的图层，然后在“图层”面板下单击“添加图层蒙版”按钮，如图 10-100 所示，可以为当前图层添加一个图层蒙版，如图 10-101 所示。

图10-100

图10-101

如果当前图像中存在选区（如图 10-102 所示），单击“图层”面板下的“添加图层蒙版”按钮，可以基于当前选区为图层添加图层蒙版，选区以外的图像将被蒙版隐藏，如图 10-103 和图 10-104 所示。

图10-102

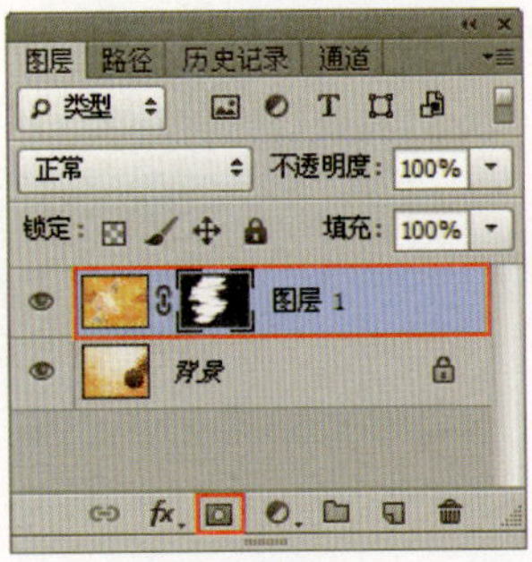

图10-103

图10-104

还可以将一张图像作为某个图层的图层蒙版。全选某一图像并进行复制，然后选择另一图层的蒙版，按 Alt 键单击蒙版缩略图，将图层蒙版在文档窗口中显示出来，此时图层蒙版为空白状态，如图 10-105 所示。按 Ctrl+V 组合键将刚才复制的图像内容以灰度图像的方式粘贴到当前图层的蒙版中，如图 10-106 所示。单击图层缩略图即可显示图像效果，如图 10-107 所示。

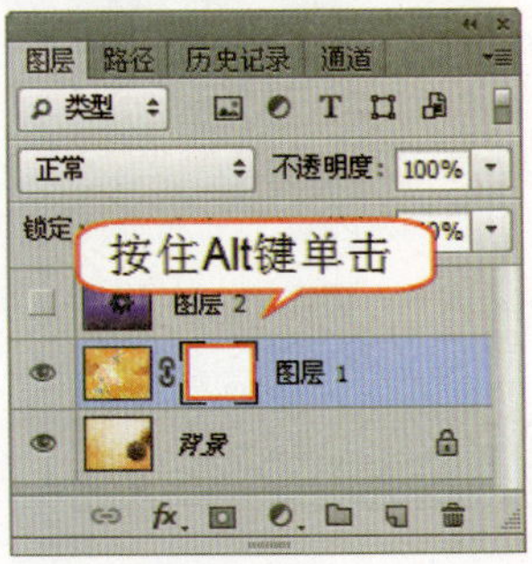

图10-105

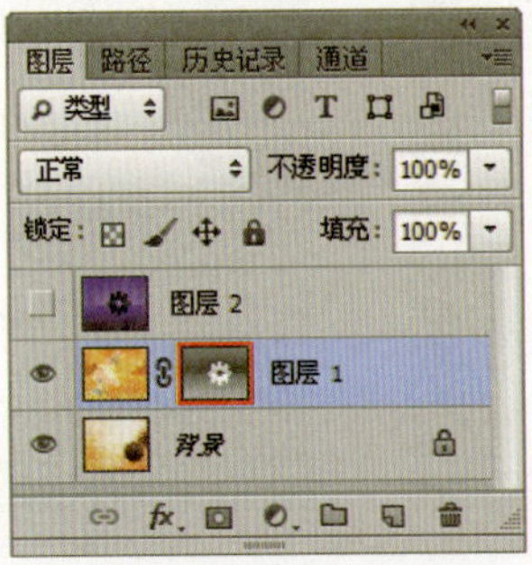

图10-106

图10-107

除了可以在图层蒙版中填充颜色以外，还可以在图层蒙版中填充渐变。使用不同的“画笔工具”来编辑蒙版，还可以在图层蒙版中应用各种滤镜。需要注意的是，在对蒙版操作之前必须在“图层”面板中单击选中该蒙版，否则操作可能被应用在图像中，如图 10-108 所示。

图 10-108

技巧提示

按Ctrl键单击蒙版的缩略图可以载入蒙版的选区。

10.4.2 应用图层蒙版

应用图层蒙版会将蒙版效果应用到图像上，并删除图层蒙版。在图层蒙版缩略图上单击鼠标右键，在弹出的快捷菜单中执行“应用图层蒙版”命令，可以将蒙版应用在当前图层中，如图 10-109 所示。其原理是将图像对应蒙版中的黑色区域删除，白色区域保留下来，而灰色区域将呈透明效果，如图 10-110 所示。

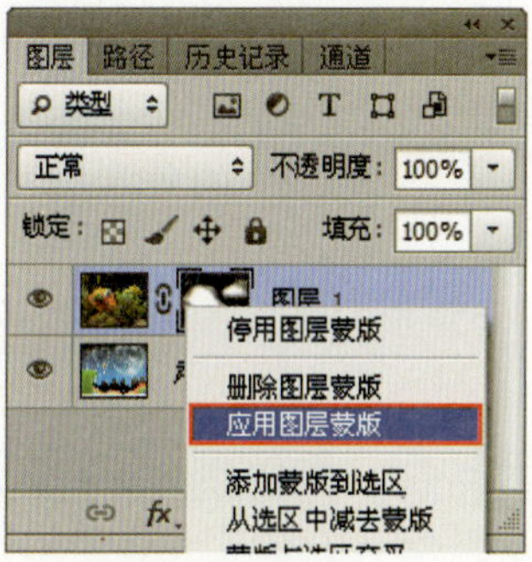

图 10-109

图 10-110

10.4.3 停用/启用/删除图层蒙版

执行“图层 > 图层蒙版 > 停用”菜单命令，或在图层蒙版缩略图上单击鼠标右键，然后在弹出的快捷菜单中执行“停用图层蒙版”命令，可以停用图层蒙版，如图 10-111 所示。停用蒙版后，在“属性”面板的缩览图和“图层”面板中的蒙版缩略图中都会出现一个红色的线，如图 10-112 所示。或者选择图层蒙版，然后在“属性”面板下单击“停用 / 启用蒙版”按钮，如图 10-113 所示。

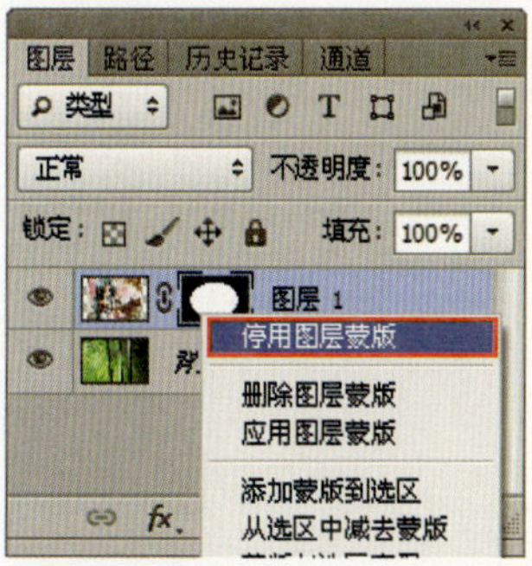

图 10-111

图 10-112

图 10-113

执行“图层 > 图层蒙版 > 启用”菜单命令，或在蒙版缩略图上单击鼠标右键，然后在弹出的快捷菜单中执行“启用图层蒙版”命令，可以在停用图层蒙版以后，重新启用图层蒙版，如图 10-114 和图 10-115 所示。

如果要删除图层蒙版，可以选中图层，执行“图层 > 图层蒙版 > 删除”菜单命令，或者直接在“属性”面板中单击“删除蒙版”按钮，如图 10-116 所示。或者直接在蒙版缩略图上单击鼠标右键，然后在弹出的快捷菜单中执行“删除图层蒙版”命令，如图 10-117 所示。

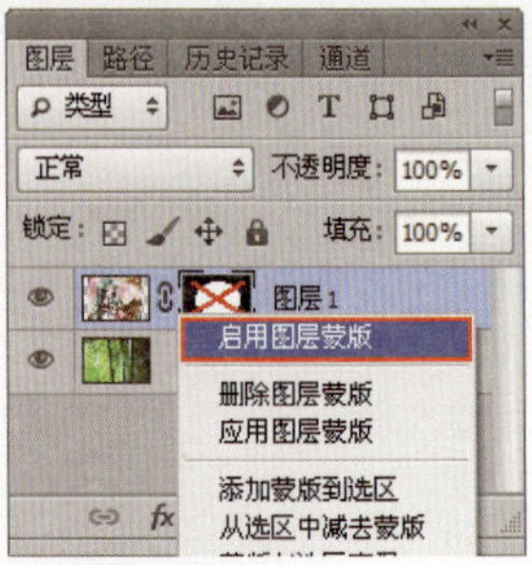

图10-114

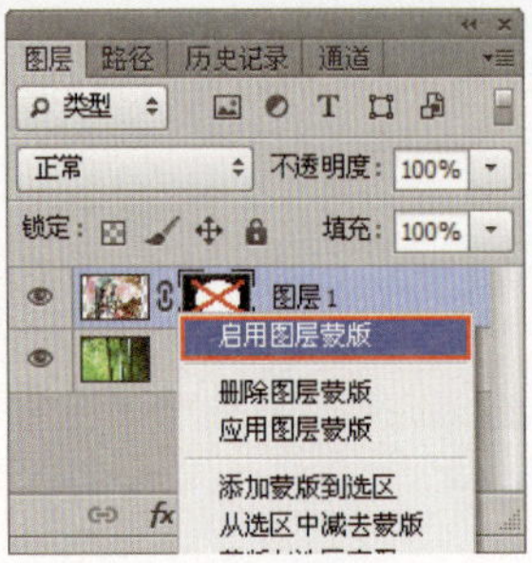

图10-115

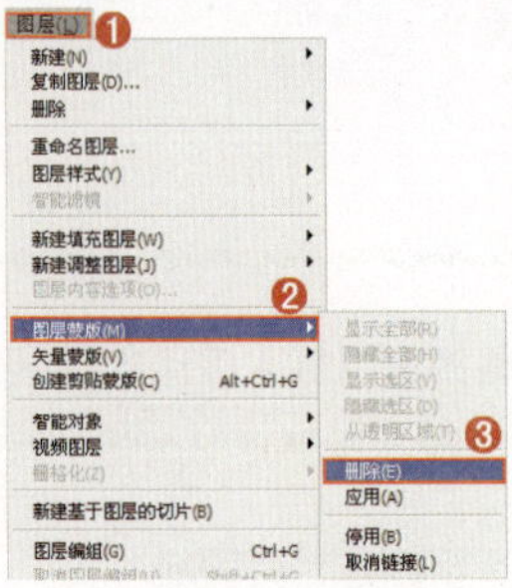

图10-116

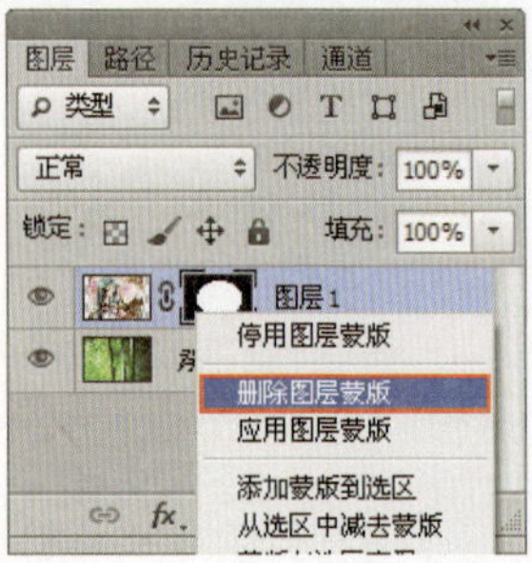

图10-117

10.4.4 转移/替换/复制图层蒙版

如果想要将图层的蒙版转移到其他图层上，可以单击选中要转移的图层蒙版缩略图并将蒙版拖曳到其他图层上即可，如图 10-118 和图 10-119 所示。

如果将该图层的蒙版缩略图拖曳到另外一个图层的蒙版缩略图上（如图 10-120 所示），然后在弹出的对话框中单击“是”按钮（如图 10-121 所示），替换图层蒙版以后，“图层 1”的蒙版将被删除，同时“图层 0”图层的蒙版会被换成“图层 1”的蒙版，如图 10-122 所示。

按 Alt 键将蒙版缩略图拖曳到另外一个图层上，可以将一个图层的蒙版复制到另外一个图层上，如图 10-123 和图 10-124 所示。

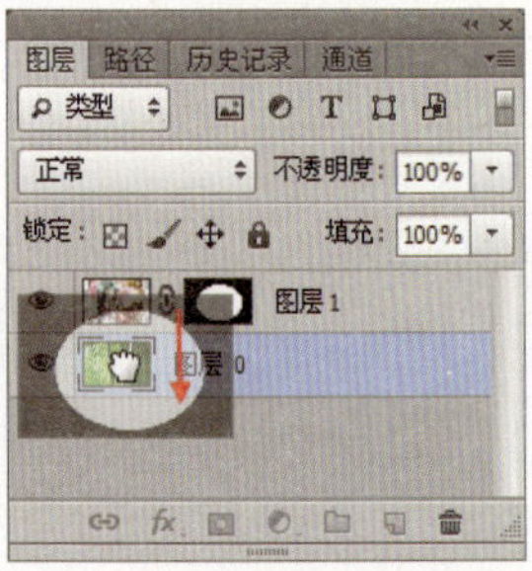
图10-118

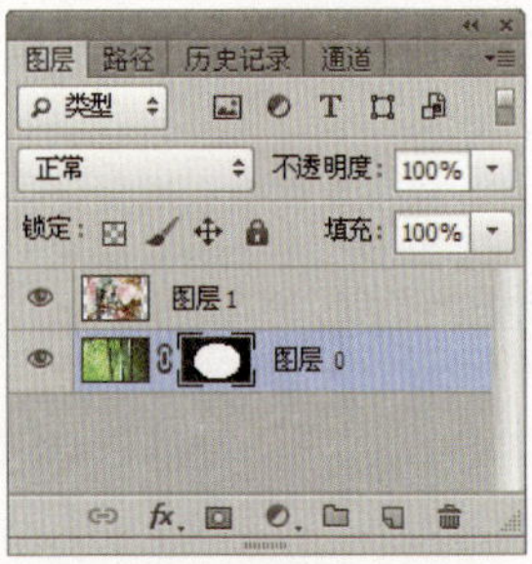
图10-119

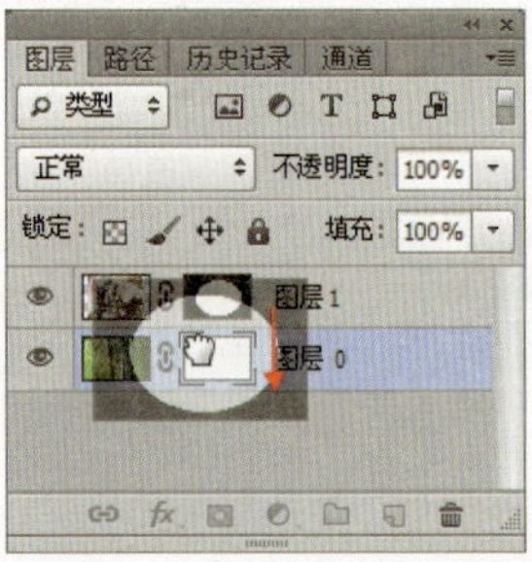
图10-120

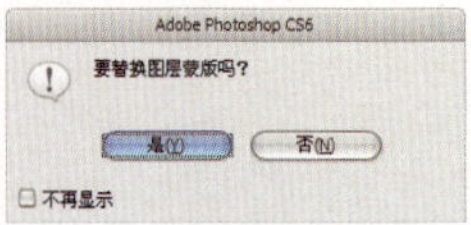

图10-121

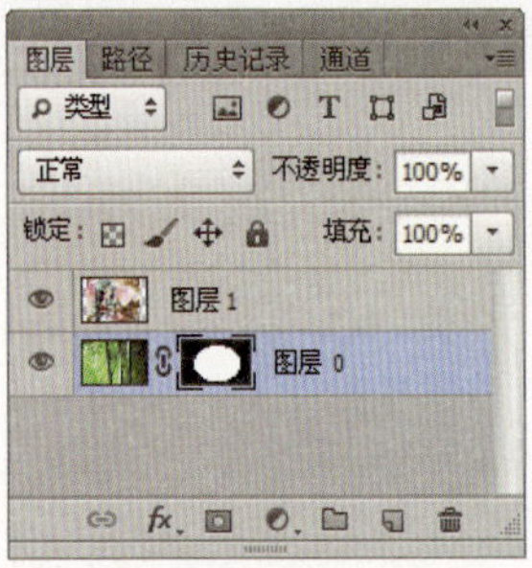
图10-122

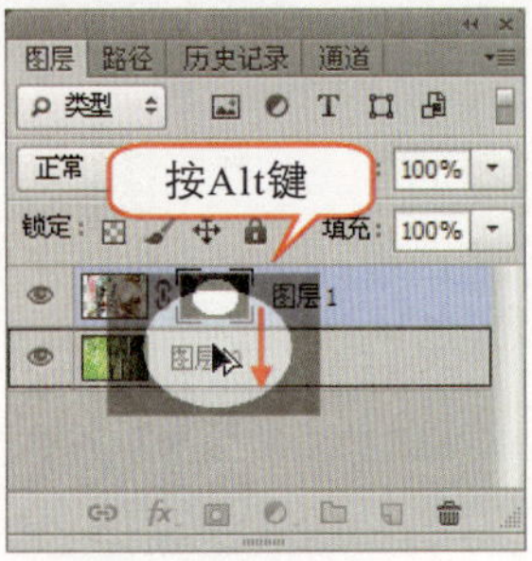

图10-123

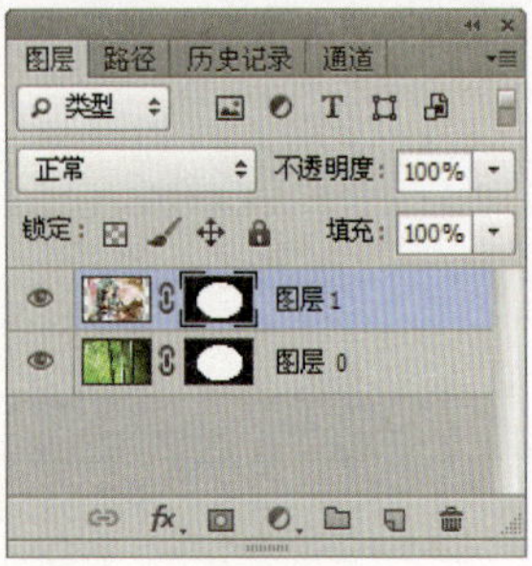
图10-124

10.4.5 蒙版与选区的运算

在图层蒙版缩略图上单击鼠标右键，在弹出的快捷菜单中可以看到 3 个关于蒙版与选区运算的命令，如图 10-125 所示。

- **添加蒙版到选区**：如果当前图像中存在选区，执行该命令，可以将蒙版的选区添加到当前选区中。
- **从选区中减去蒙版**：如果当前图像中存在选区，执行该命令，可以从当前选区中减去蒙版的选区。
- **蒙版与选区交叉**：如果当前图像中存在选区，执行该命令，可以得到当前选区与蒙版选区的交叉区域。

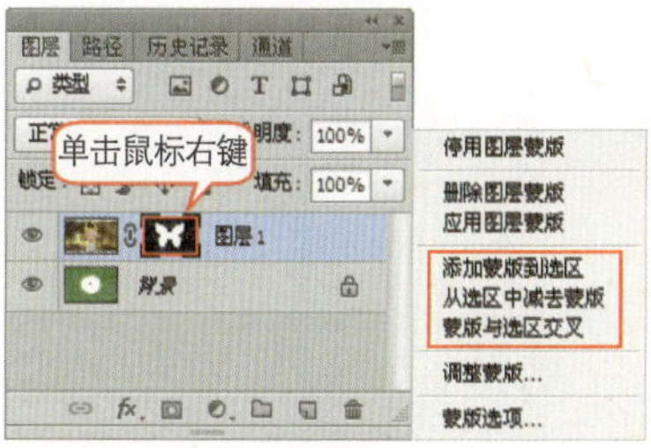

图10-125

综合演练 5 使用图层蒙版合成多重曝光效果

案例文件	案例文件\第10章\综合演练5\使用图层蒙版合成多重曝光效果.psd
视频教学	视频文件\第10章\使用图层蒙版合成多重曝光效果.flv
难易指数	
知识掌握	图层蒙版、混合模式

案例效果

本案例主要通过使用“图层蒙版”和“混合模式”制作具有多重曝光效果的画面，效果如图10-126所示。

图10-126

操作步骤

1 执行“文件>新建”命令，设置“宽度”为1600像素，“高度”为1200像素，单击“确定”按钮结束操作，如图10-127所示。

2 导入森林素材“1.jpg”，设置合适大小，如图10-128所示。在“图层”面板中设置“不透明度”数值为80%，如图10-129和图10-130所示。

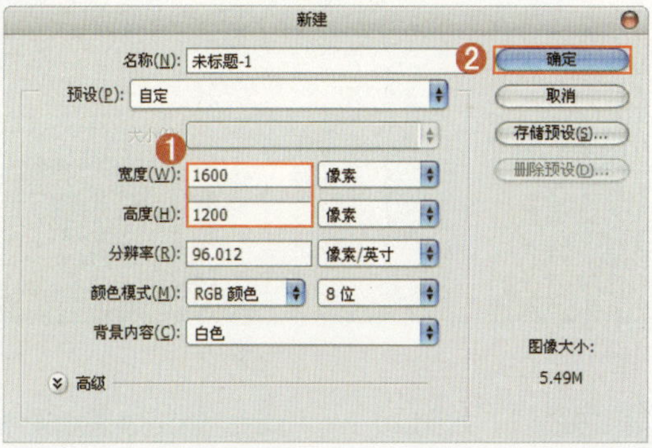

图10-127

图10-128

图10-129

图10-130

3 导入动物素材“2.jpg”，将其调整为与画面同样大小。单击工具箱中的“钢笔工具”按钮，绘制出动物轮廓的闭合路径，如图10-131所示。

4 单击鼠标右键，在弹出的快捷菜单中执行“建立选区”命令，如图10-132所示。单击“图层”面板中的“图层蒙版”按钮，隐藏多余部分，如图10-133和图10-134所示。

5 复制森林图层，放在“图层”面板顶部，按Ctrl键并单击动物蒙版，载入动物选区，为顶部的森林图层添加图层蒙版，使森林素材保留动物形状，如图10-135所示。

图10-131

图10-132

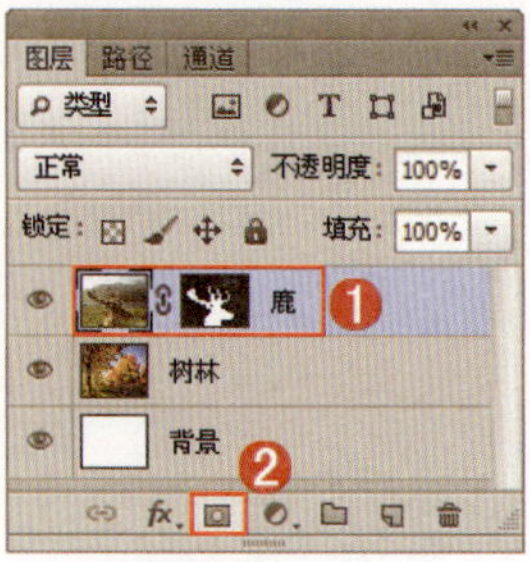

图10-133

图10-134

图10-135

6 在“图层”面板中设置森林素材图层混合模式为“叠加”，如图10-136所示，最终效果如图10-137所示。

图10-136

图10-137

10.5 使用“属性”面板调整蒙版

新增功能 Photoshop CS6

“属性”面板将显示蒙版的参数设置。这里可以分别对所选图层的图层蒙版以及矢量蒙版的不透明度和羽化进行相关调整。当所选图层包含图层蒙版或矢量蒙版时，执行“窗口 > 属性”命令打开“属性”面板，如图 10-138 所示。

图10-138

- **添加像素蒙版 / 添加矢量蒙版**：单击“添加像素蒙版”按钮，可以为当前图层添加一个像素蒙版；单击“添加矢量蒙版”按钮，可以为当前图层添加一个矢量蒙版。
- **浓度**：该选项类似于图层的“不透明度”，用来控制蒙版的不透明度，也就是蒙版遮盖图像的强度。
- **羽化**：用来控制蒙版边缘的柔化程度。数值越大，蒙版边缘越柔和；数值越小，蒙版边缘越生硬。
- **蒙版边缘**：单击该按钮，可以打开“调整蒙版”对话框。在该对话框中，可以修改蒙版边缘，也可以使用不同的背景来查看蒙版，其使用方法与“调整边缘”对话框的相同。
- **颜色范围**：单击该按钮，可以打开“色彩范围”对话框。在该对话框中可以通过修改“颜色容差”来修改蒙版的边缘范围。
- **反相**：单击该按钮，可以反转蒙版的遮盖区域，即蒙版中的黑色部分会变成白色，而白色部分会变成黑色，未遮盖的图像将边调整为负片。
- **从蒙版中载入选区**：单击该按钮，可以从蒙版中生成选区。另外，按 Ctrl 键单击蒙版的缩略图，也可以载入蒙版的选区。
- **应用蒙版**：单击该按钮可将蒙版应用到图像中，同时删除蒙版以及被蒙版遮盖的区域。
- **停用 / 启用蒙版**：单击该按钮，可以停用或重新启用蒙版。停用蒙版后，在“属性”面板的缩览图和“图层”面板的蒙版缩略图中都会出现一个红色的交叉线 ×。
- **删除蒙版**：单击该按钮，可以删除当前选择的蒙版。

综合演练 6 制作青春写真版式

案例文件	案例文件\第10章\综合演练6\制作青春写真版式.psd
视频教学	视频文件\第10章\制作青春写真版式.flv
难易指数	★★★☆☆
知识掌握	图层蒙版、矩形选框工具

案例效果

本案例主要通过使用“图层蒙版”和“矩形选框工具”等制作青春写真版式，效果如图 10-139 所示。

图10-139

操作步骤

1 执行“文件 > 新建”命令，设置“宽度”为 2500 像素，设置“高度”为 2900 像素，单击“确定”按钮结束操作，如图 10-140 所示。

2 导入素材“1.jpg”，设置合适位置及大小，如图 10-141 所示。导入素材“2.jpg”，如图 10-142 所示。

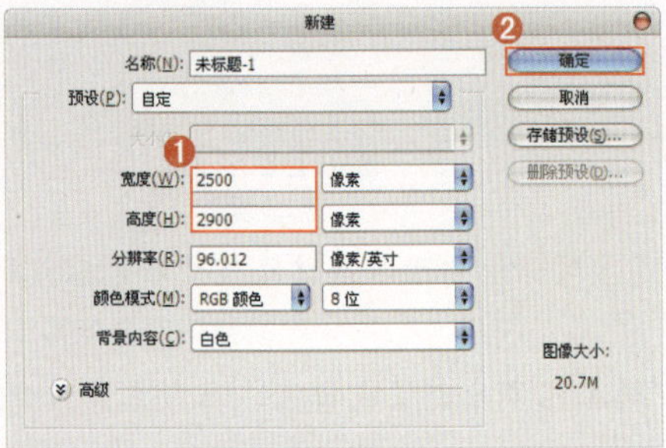

图10-140

图10-141

图10-142

3 单击工具箱中的“矩形选框工具”按钮，在人像上绘制合适大小的矩形，如图 10-143 所示。单击“图层”面板中的“图层蒙版”按钮，以当前选区创建图层蒙版，隐藏多余的部分，如图 10-144 所示，效果如图 10-145 所示。

4 导入素材“3.jpg”，调整合适大小及位置，如图 10-146 所示。同样使用“矩形选框工具”绘制选区，并创建图层蒙版隐藏多余的部分，如图 10-147 所示。

图10-143

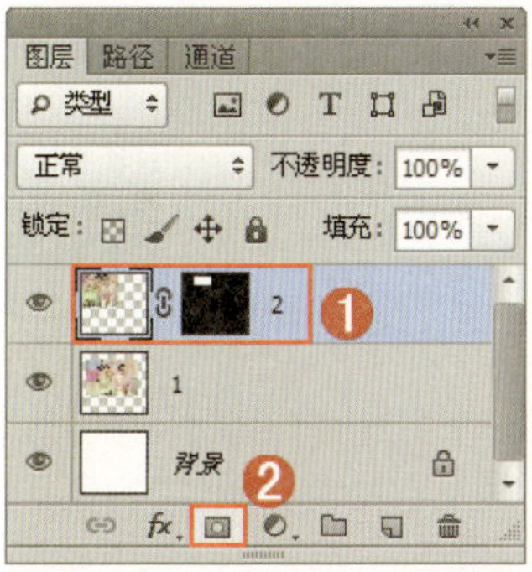

图10-144

图10-145

图10-146

图10-147

5 导入素材“4.png”，设置合适大小及位置，如图 10-148 所示。新建图层，单击“矩形选框工具”在画面中绘制合适大小的矩形，将其填充为粉色，如图 10-149 所示。

图10-148

图10-149

6 选中粉色矩形图层，单击“添加图层蒙版”按钮，为其添加图层蒙版。单击“矩形选框工具”，在打开的选项栏中单击“添加到选区”按钮，如图 10-150 所示。在画面中连续绘制矩形选框，在图层蒙版中填充黑色，如图 10-151 和图 10-152 所示。

7 新建图层，单击工具箱中的“画笔工具”按钮，设置前景色为淡粉色，设置合适大小的画笔，在画面中进行单击，绘制光斑效果，如图 10-153 所示。单击“图层蒙版”按钮，载入粉色图层蒙版中的选区，为光斑添加图层蒙版，去除光斑对人像部分的影响，如图 10-154 所示。

图10-150

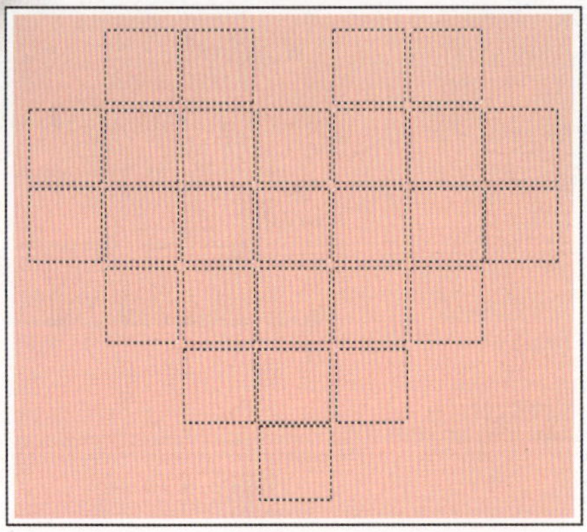

图10-151

图10-152

图10-153

图10-154

8 新建图层，设置前景色为白色，单击“画笔工具”，设置合适大小，在画面四周单击绘制边框效果，如图 10-155 所示。

9 单击“图层”面板中的“添加图层样式”按钮 fx，在打开的菜单中执行“内阴影”命令，如图 10-156 所示。设置“混合模式”为正片叠底，颜色为黄色，“角度”数值为 -58%，“距离”数值为 5 像素，“大小”数值为 5 像素，如图 10-157 所示。

图10-155

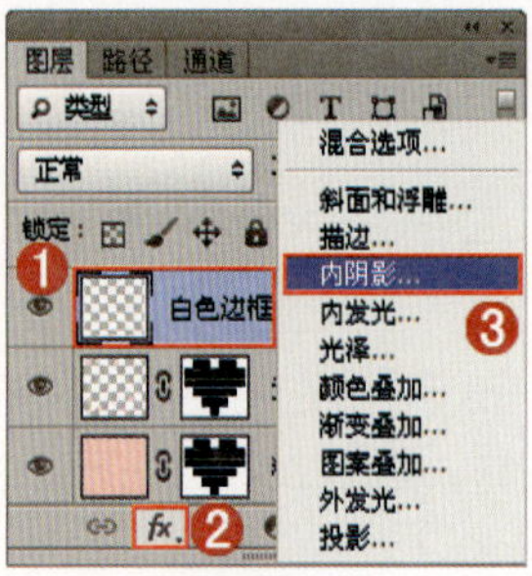

图10-156

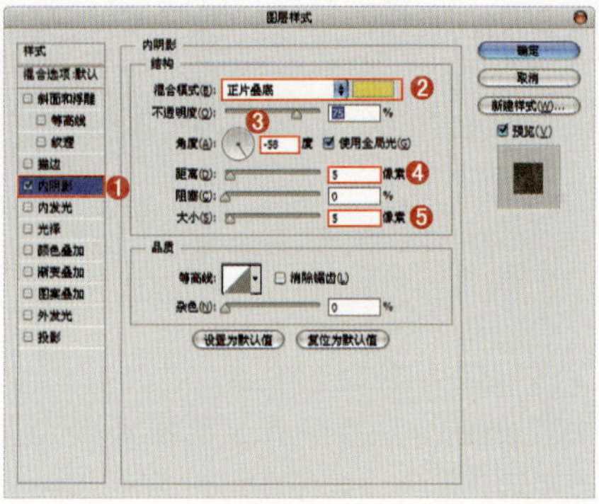

图10-157

10 选中“投影”复选框，设置“角度”数值为 -58%，“距离”数值为 4 像素，“大小”数值为 5 像素，单击“确定”按钮结束操作，如图 10-158 和图 10-159 所示。

11 导入文字素材“5.png”，设置合适大小并将其放置在右下角，最终效果如图 10-160 所示。

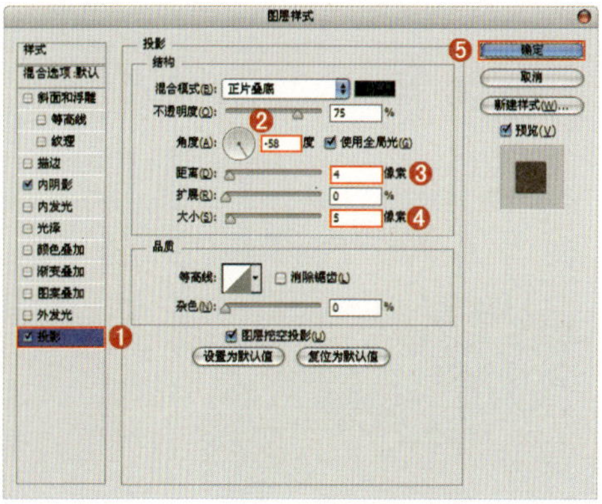

图10-158

图10-159

图10-160

综合演练 7 使用蒙版合成混合插画

案例文件	案例文件\第10章\综合演练7\使用蒙版合成混合插画.psd
视频教学	视频文件\第10章\使用蒙版合成混合插画.flv
难易指数	★★★☆☆
知识掌握	图层蒙版、调整图层、剪贴蒙版

案例效果

本案例主要通过使用“图层蒙版”和“调整图层”来制作合成混合插画的效果，如图 10-161 所示。

图10-161

操作步骤

1 打开本书配套光盘中的背景文件“1.jpg”，如图 10-162 所示。再次导入键盘素材文件“2.png”，调整合适大小及位置，如图 10-163 所示。

图10-162

图10-163

2 执行“图层 > 新建调整图层 > 黑白”命令，在打开的面板中选中“色调”复选框，设置颜色为米黄色，如图 10-164 所示。在“图层”面板中的该图层单击鼠标右键，在弹出的快捷菜单中执行“创建剪贴蒙板”命令，如图 10-165 所示，键盘效果如图 10-166 所示。

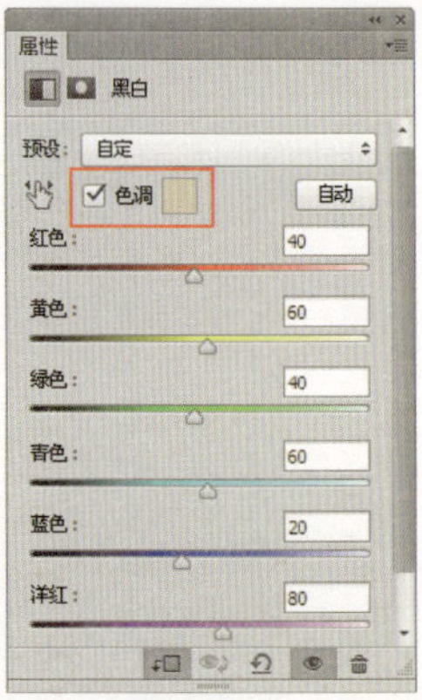

图10-164

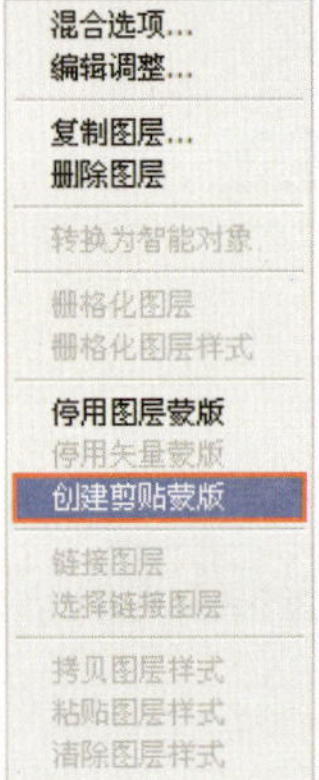

图10-165

图10-166

3 导入墨迹素材文件“3.png”，如图 10-167 所示。执行“图层 > 新建调整图层 > 曲线”命令，将曲线压低，如图 10-168 所示。同样在该图层上单击鼠标右键，在弹出的快捷菜单中执行“创建剪贴蒙版”命令，效果如图 10-169 所示。

图10-167

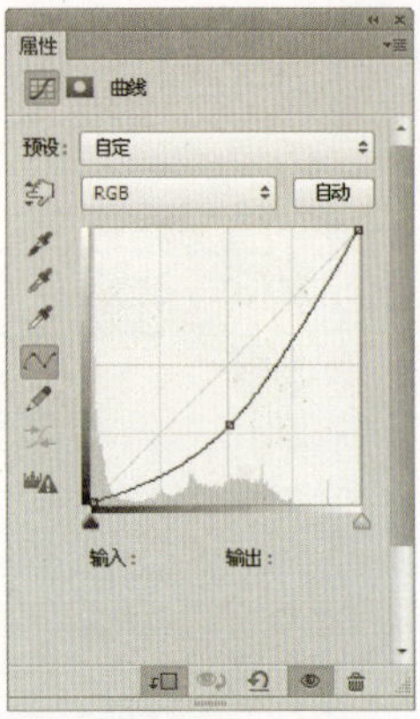

图10-168

图10-169

4 导入花朵素材文件“4.png”，如图10-170所示。单击工具箱中的“添加图层蒙版”按钮（如图10-171所示），为图层蒙版填充黑色，设置前景色为白色，单击工具箱中的“画笔工具”按钮，在蒙版中进行涂抹，花朵效果如图10-172所示。

图10-170

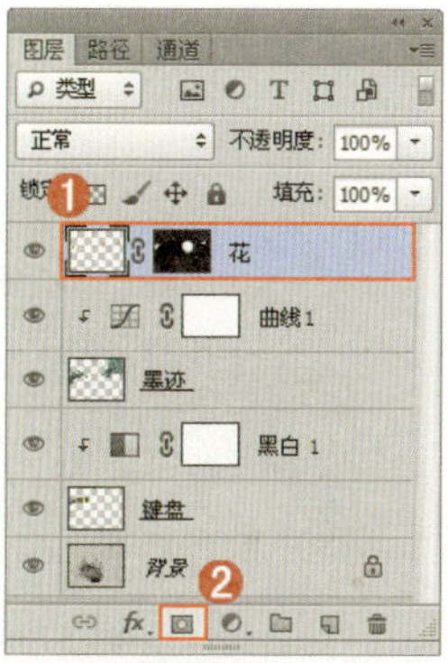

图10-171

图10-172

5 再次执行“图层 > 新建调整图层 > 可选颜色”命令，设置“颜色”为洋红，“黑色”数值为 -2，如图10-173所示。设置“颜色”为中性色，“青色”数值为 -18，“洋红”数值为 -15，“黄色”数值为 24，“黑色”数值为 -5，如图10-174所示。

6 设置“颜色”为黑色，“黑色”数值为100，如图10-175所示，效果如图10-176所示。

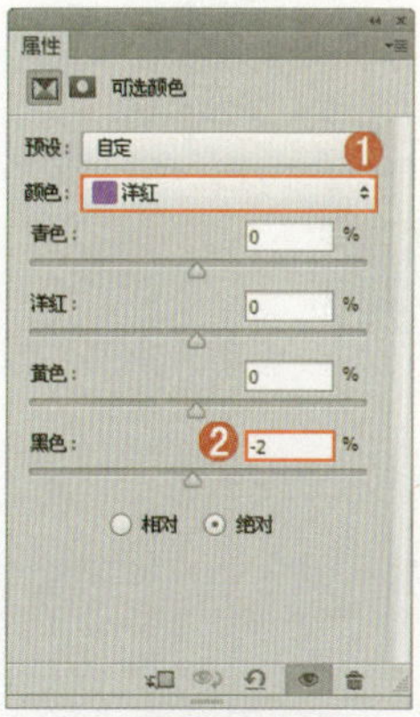

图10-173

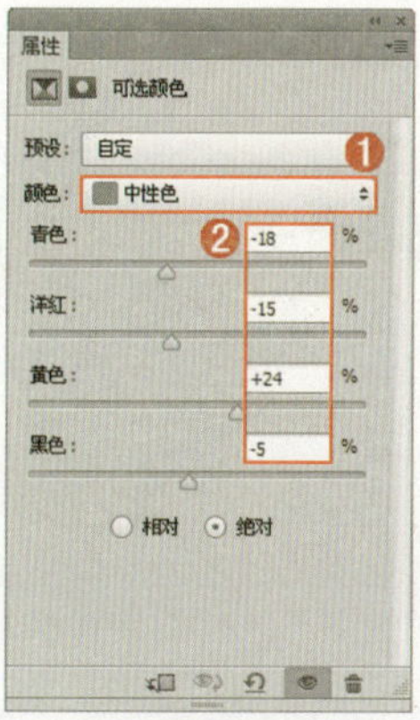

图10-174

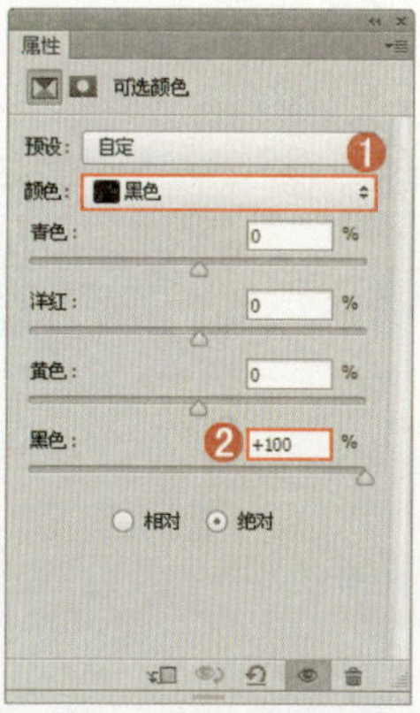

图10-175

图10-176

7 导入人像素材“5.jpg”，将其旋转为合适角度，如图10-177所示。使用“钢笔工具”绘制人像轮廓，转换为选区后为其添加图层蒙版，使多余部分隐藏，如图10-178所示。

图10-177

图10-178

8 执行“图层 > 新建调整图层 > 曲线”命令，调整曲线提高亮度，如图 10-179 所示。单击工具箱中的“渐变填充”按钮，在打开的选项栏中设置一种由黑色到白色的渐变，单击“径向渐变”按钮（如图 10-180 所示），在曲线蒙版中进行拖曳，画面效果如图 10-181 所示。

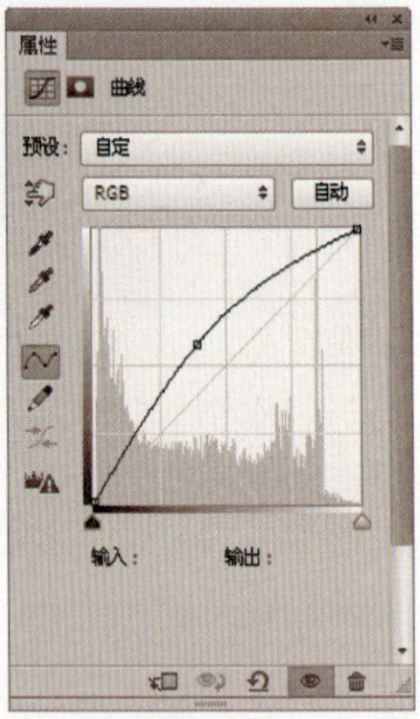

图10-179

图10-180

图10-181

9 导入翅膀素材“6.png”，设置合适大小及位置，如图 10-182 所示。单击“添加图层蒙版”按钮，设置前景色为黑色，使用“画笔工具”进行涂抹，隐藏多余部分，如图 10-183 所示。

图10-182

图10-183

10 导入喷溅素材“7.png”，设置合适大小及位置，如图 10-184 所示。在“图层”面板中设置“混合模式”为变亮，“不透明度”数值为 54%，如图 10-185 所示，最终效果如图 10-186 所示。

图10-184

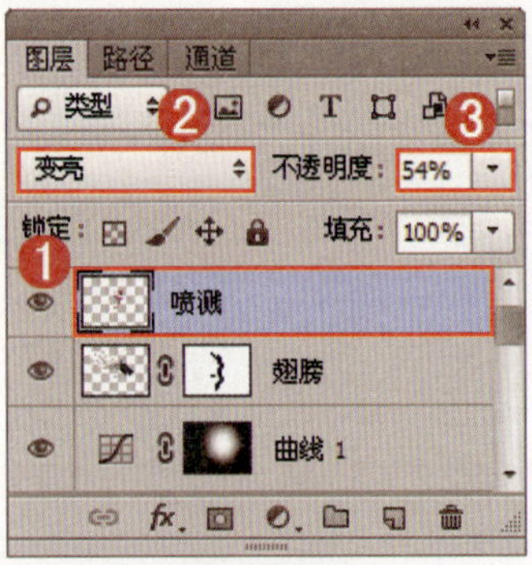

图10-185

图10-186

综合演练 8 天空神秘岛

案例文件	案例文件\第10章\综合演练8\天空神秘岛.psd
视频教学	视频文件\第10章\天空神秘岛.flv
难易指数	★★★☆☆
知识掌握	图层蒙版、文字工具、3D工具

案例效果

本例主要是通过对“文字工具”、“3D 工具”、“画笔工具”和“图层蒙版工具”等的应用，制作天空神秘岛的海报效果，如图 10-187 所示。

图10-187

操作步骤

1 执行“文件 > 新建”命令，设置“宽度”数值为 3500 像素，“高度”数值为 2046 像素，如图 10-188 所示。

2 单击工具箱中的“渐变填充工具”按钮，设置一种浅蓝色系的渐变，单击“径向渐变”按钮（如图 10-189 所示），在画面中拖曳并进行填充，制作背景，如图 10-190 所示。

3 导入云朵素材“1.png”，调整大小及位置，如图 10-191 所示。

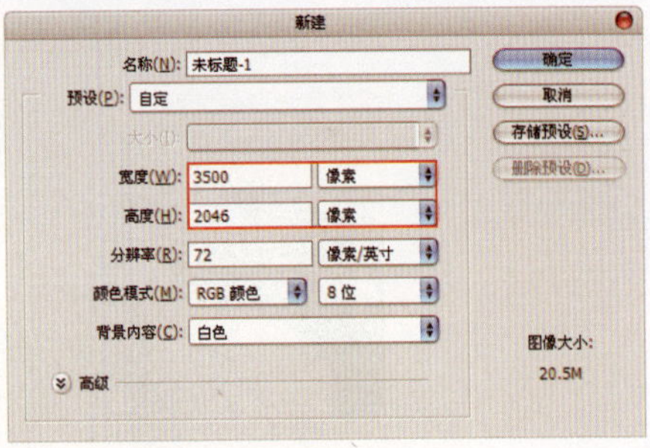

图 10-188

图 10-189

图 10-190

图 10-191

4 单击工具箱中的“自定形状工具”按钮，在打开的选项栏中选择工具模式为形状，选择一种合适的形状，如图 10-192 所示。在画面右侧绘制一个白色的图形，如图 10-193 所示。

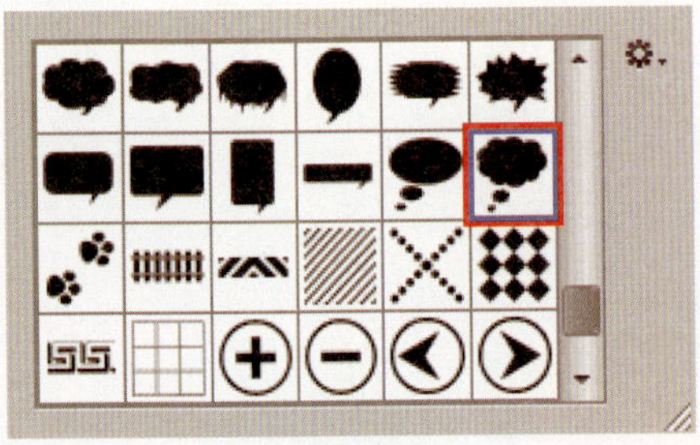
图 10-192

图 10-193

5 执行“图层 > 图层样式 > 内发光”命令，设置颜色为一种浅蓝色，调整“大小”数值为 30 像素，如图 10-194 和图 10-195 所示。

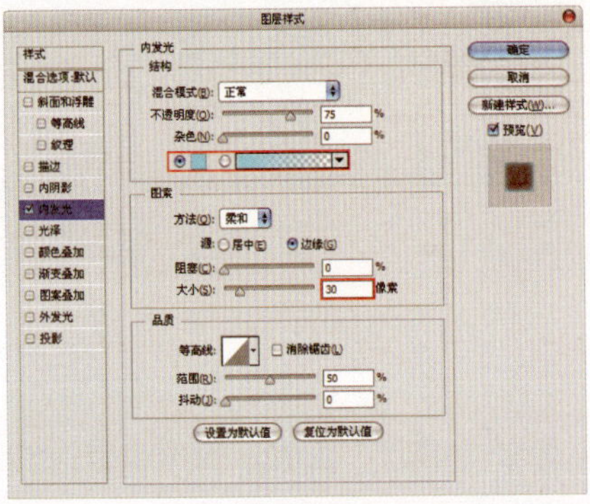

图 10-194

图 10-195

6 单击工具箱中的“文字工具”按钮T，设置合适字体及大小，在刚绘制的图形上键入棕色的文字，如图 10-196 所示。

7 再次使用“文字工具”在画面中心位置键入文字，如图 10-197 所示。执行“图层 > 图层样式 > 渐变叠加”命令，设置“混合模式”为正常，“不透明度”数值为 100%，“渐变”为一种黄色系渐变，如图 10-198 和图 10-199 所示。

图10-196

图10-197

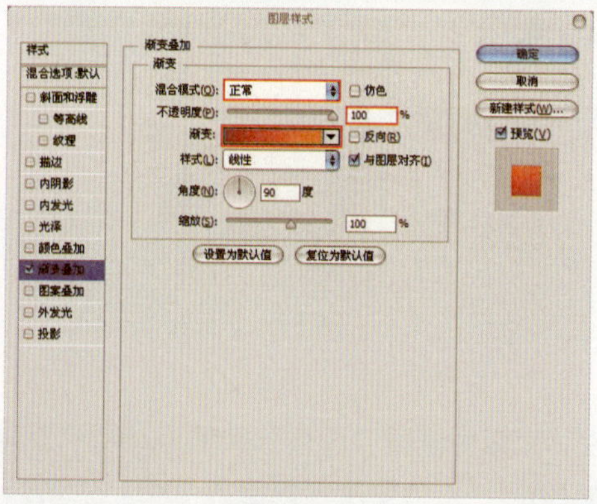

图10-198

图10-199

8 单击“文字工具”选项栏中的“变形文字”按钮，设置“样式”为扇形，选中“水平”单选按钮，设置“弯曲”数值为 -9%，如图 10-200 和 10-201 所示。用同样方法制作出另一组渐变文字，如图 10-202 所示。

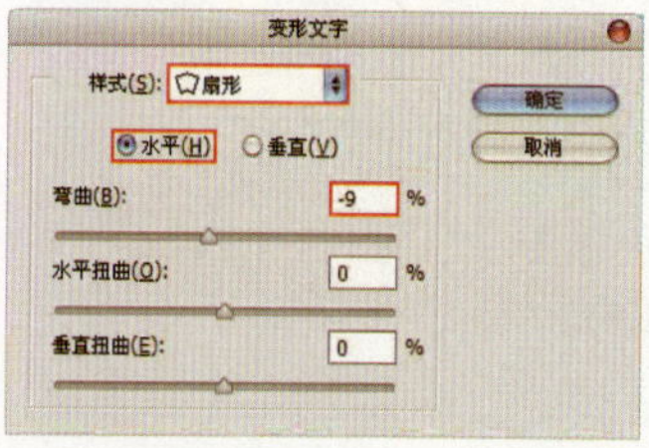

图10-200

图10-201

图10-202

9 合并渐变文字图层，并进行复制。执行“3D> 从所选图层新建 3D 凸出”命令，如图 10-203 所示。执行“窗口 >3D”命令，打开“3D”面板，单击“HOLIDAY 副本 4”，如图 10-204 所示。

图 10-203

图 10-204

10 执行“窗口 > 属性”命令，打开“属性”面板。在“属性“面板中设置“凸出深度”数值为 -2500，如图 10-205 所示。调整 3D 文字的大小，如图 10-206 所示。

图 10-205

图 10-206

11 单击中间的材质层，如图 10-207 所示。在“属性“面板中设置“闪亮”数值为 0%，“反射”数值为 0%，“粗糙度”数值为 0%，“凹凸”数值为 10%，“不透明度”数值为 100%（如图 10-208 所示），文字立体部分有所变化，如图 10-209 所示。

图 10-207

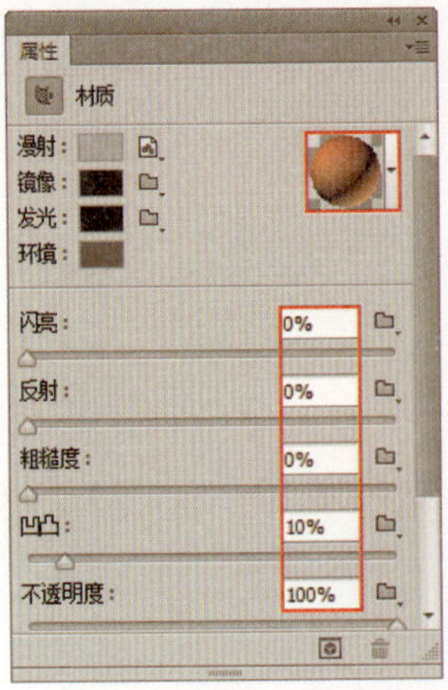

图 10-208

图 10-209

12 单击“无限光 1”（如图 10-210 所示）调整灯光角度，如图 10-211 所示。单击面板中的“新建按钮”，执行“新建无限光”命令，如图 10-212 所示。

图10-210

图10-211

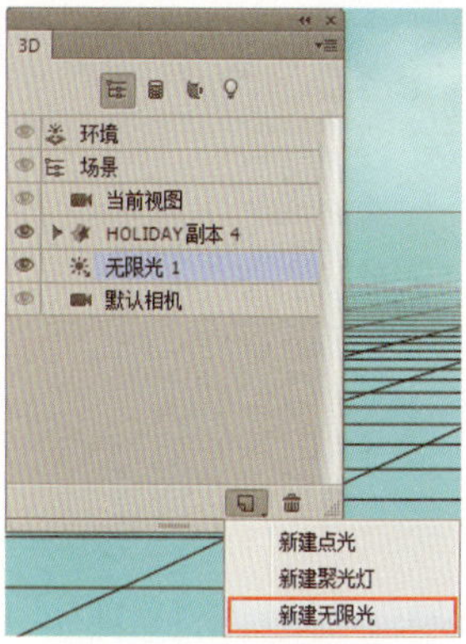

图10-212

13 调整“无限光 2”的灯光角度，如图 10-213 所示。用同样方法创建“无限光 3”，如图 10-214 所示。

图10-213

图10-214

14 单击工具箱中的“魔棒工具”按钮，在打开的选项栏上单击“添加到选区”按钮，依次单击选择文字灰色部分，如图 10-215 所示。新建图层，为选区填充阴影部分的棕色，如图 10-216 所示。

图10-215

图10-216

15 选择没有进行 3D 突出的文字图层，执行“图层 > 图层样式 > 描边”命令，设置“大小”数值为 4 像素，调整描边颜色为白色，如图 10-217 所示。选中“内发光”复选框，设置颜色为蓝色，调整“大小”数值为 8 像素，如图 10-218 所示。

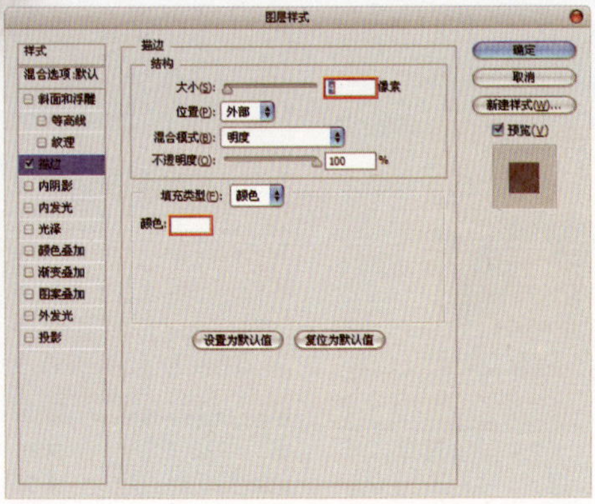

图10-217

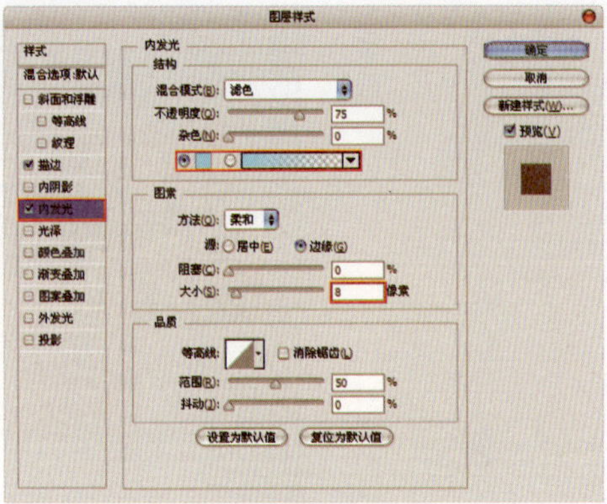

图10-218

16 选中“渐变叠加”复选框，设置一种黄色系渐变，如图 10-219 所示。选中“图案叠加”复选框，设置一种星星的图案，调整“缩放”数值为 8%，如图 10-220 所示。

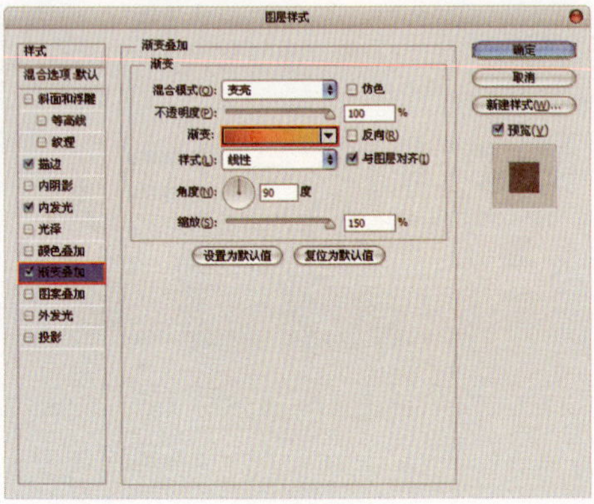

图10-219

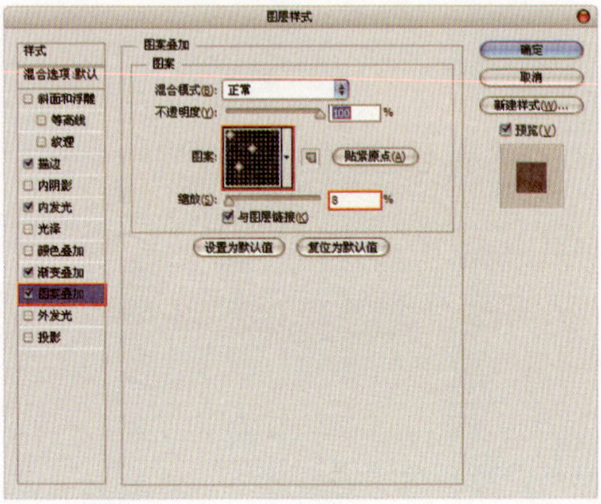

图10-220

17 选中“外发光”复选框，设置“混合模式”为强光，调整颜色为橙色，“扩展”数值为 7%，“大小”数值为 54 像素，如图 10-221 所示。选中“投影”复选框，设置“混合模式”的颜色为橙色，“角度”数值为 96 度，“距离”数值为 3 像素，“大小”数值为 21 像素，设置一种“等高线”为，如图 10-222 所示。3D 文字制作完成的效果如图 10-223 所示。

18 导入石块素材“2.png”，调整合适位置及大小，如图 10-224 所示。单击“图层”面板中的“图层蒙版”按钮，单击工具箱中的“画笔工具”按钮，设置前景色为黑色，在石块上进行适当涂抹，隐藏多余部分，如图 10-225 所示。

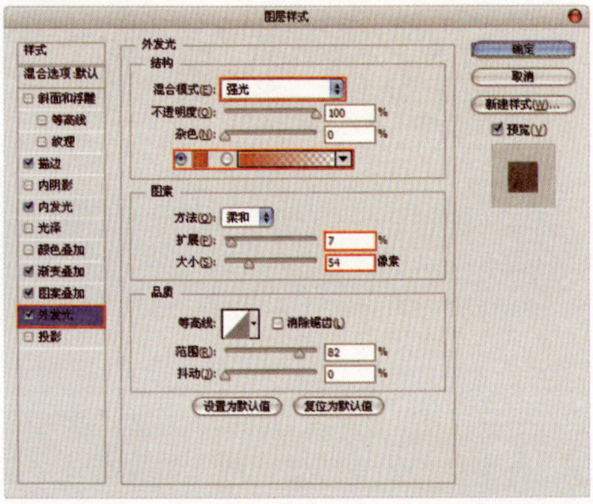

图10-221

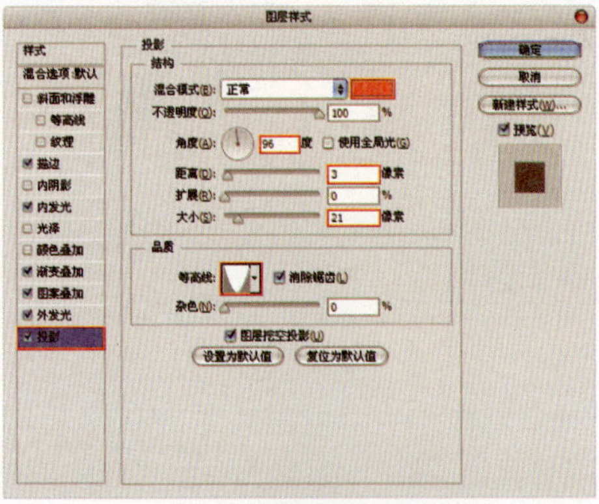

图10-222

图10-223

图10-224

图10-225

19 导入草地素材文件“3.jpg”，按Ctrl+T组合键调整合适大小、角度及位置，如图10-226所示。同样为其添加图层蒙版，使用黑色“画笔工具”进行适当涂抹，隐藏多余部分，如图10-227所示。

图10-226

图10-227

20 在草地图层下新建图层，单击“画笔工具”，选择一种圆角画笔，设置前景色为黑色，绘制出草地的阴影部分，如图10-228所示。在草地图层上新建图层，使用“画笔工具”绘制出草地上的暗影效果，如图10-229所示。

图10-228

图10-229

21 设置暗影图层的“不透明度”数值为50%，使效果更加真实，如图10-230所示。设置画笔颜色为绿色，在小岛边缘进行绘制，如图10-231所示。设置“不透明度”数值为60%，“混合模式”为正片叠底，如图10-232所示。添加图层蒙版，隐藏草地外的多余部分，如图10-233所示。

图10-230

图10-231

图10-232

图10-233

22 导入水素材文件“4.jpg”并调整合适大小，放置在小岛右侧，如图10-234所示。为其添加图层蒙版，隐藏多余的部分，设置“不透明度”数值为85%，如图10-235所示。

图10-234

图10-235

23 使用“画笔工具”，设置颜色为深绿色，在水素材左侧进行绘制，制作湖水暗影效果，如图10-236所示。

24 执行“图像 > 调整 > 曲线”命令，在面板中调整曲线形状。使用“画笔工具”在调整图层蒙版中进行涂抹，隐藏调整面板对小岛石块以外的影响，如图10-237所示，效果如图10-238所示。

图10-236

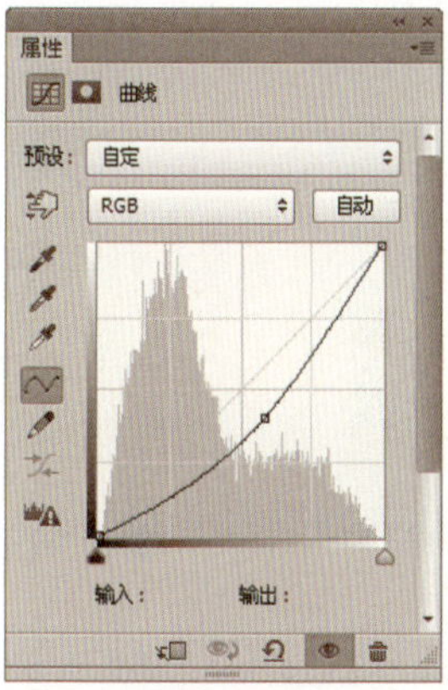

图10-237

图10-238

25 执行“图像 > 调整 > 自然饱和度”，设置“自然饱和度”数值为 100，“饱和度”数值为 -97，如图 10-239 所示。使用“画笔工具”在调整图层蒙版中进行涂抹，隐藏调整面板对小岛石块以外的影响，如图 10-240 所示。

图10-239

图10-240

26 导入素材文件“5.png”，调整合适大小，将其放置在小岛左侧，如图 10-241 所示。导入素材文件“6.png”，调整合适大小及位置，如图 10-242 所示。

图10-241

图10-242

27 添加图层蒙版，使用“画笔工具”隐藏多余部分，如图 10-243 所示。复制素材文件“5.png”，将其放置在合适位置，使用图层蒙版隐藏多余部分，如图 10-244 所示。

28 再次复制“5.png”，调整合适位置，隐藏多余部分，如图 10-245 所示。导入风车素材文件“7.jpg”，调整合适大小及位置，如图 10-246 所示。

图10-243

图10-244

图10-245

图10-246

29 使用“钢笔工具”绘制风车路径并建立选区，为其添加图层蒙版，隐藏风车以外多余的部分，如图 10-247 所示。小岛部分制作完成，新建图层组并将小岛所有图层放置在图层组中，命名为“悬空小岛”，复制该图层组，缩放至合适大小放置在画面左侧，如图 10-248 所示。

图10-247

图10-248

30 设置复制出小岛的“不透明度”数值为 20%，如图 10-249 所示。单击工具箱中的“钢笔工具”按钮，在小岛右侧绘制一个闭合路径，如图 10-250 所示。

图10-249

图10-250

31 单击鼠标右键，在弹出的快捷菜单中执行“建立选区”命令，如图 10-251 所示。单击“渐变填充”工具，设置一种橙色系渐变，新建图层并进行填充，如图 10-252 所示。

图10-251

图10-252

32 执行“图层 > 图层样式 > 内发光”命令，设置“混合模式”为滤色，“不透明度”数值为 70%，颜色为黄色，“大小”数值为 5 像素，如图 10-253 和图 10-254 所示。

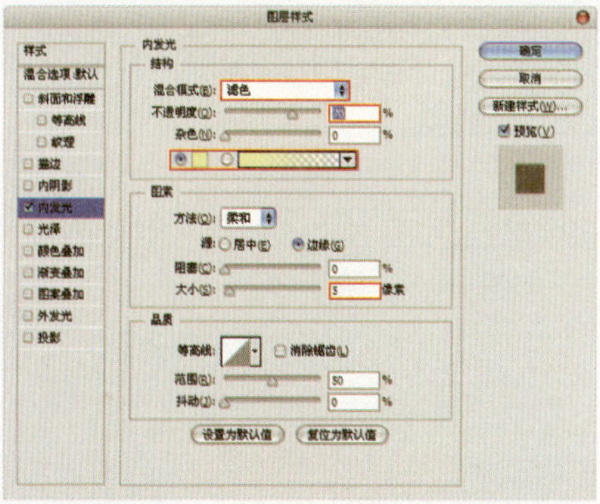
图10-253

图10-254

33 使用“文字工具”，设置合适字体及大小，在渐变图形上键入合适文字，如图 10-255 所示。设置颜色为红色，“角度”数值为 120 度，“距离”数值为 1 像素，“大小”数值为 1 像素，如图 10-256 和图 10-257 所示。

图10-255

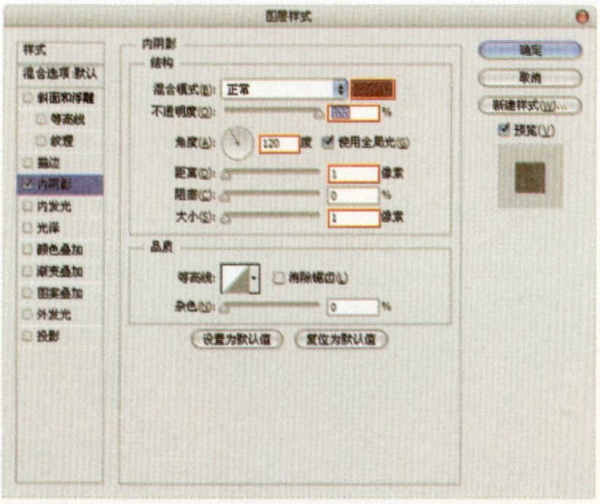
图10-256

图10-257

34 导入素材文件“8.png”，设置合适位置及大小，如图 10-258 所示。添加图层蒙版，隐藏多余部分，如图 10-259 所示。

图10-258

图10-259

35 复制草地素材“8.png”，适量擦出多余部分，如图 10-260 所示。导入素材文件“9.png”，调整合适大小，将其放置在小岛左下方，如图 10-261 所示。

图10-260

图10-261

36 设置“不透明度”数值为 60%，添加图层蒙版，隐藏多余部分，如图 10-262 所示。复制素材“9.png”，调整大小，将其放置在小岛右下角，隐藏多余部分，如图 10-263 所示。

图10-262

图10-263

37 导入素材文件“10.png”，调整大小并将其放置在 3D 文字右上角，如图 10-264 所示。设置“混合模式”为滤色，“不透明度”数值为 75%，如图 10-265 所示。

图10-264

图10-265

38 复制素材“10.png”，将其放置在3D文字左侧，设置“混合模式”为滤色，“不透明度”数值为50%，如图10-266所示。导入素材文件“11.png”，调整合适大小及位置，如图10-267所示。

图10-266

图10-267

39 导入素材文件“12.jpg”，调整合适大小，放置在小岛左侧，如图10-268所示。使用图层蒙版隐藏人像背景部分，如图10-269所示。

图10-268

图10-269

40 在人像图像下新建图层，使用“画笔工具”在人像下方绘制出阴影部分，如图10-270所示。设置该阴影“不透明度”数值为24%，最终效果如图10-271所示。

图10-270

图10-271

第11章

通道的应用

本章学习要点：

- 熟悉三种通道
- 掌握“通道”面板的使用方法
- 掌握通道调色思路与技巧
- 熟练掌握通道抠图法

通道是用于存储图像颜色信息和选区信息等不同类型信息的灰度图像。但是，在实际操作中通道的功能不仅限于存储颜色和选区信息，在调色、抠图以及多种特殊效果的制作中都会用到。在Photoshop中包含三种类型的通道，分别是：颜色通道、Alpha通道和专色通道。图11-1和图11-2所示为在制作过程中可以用到通道的作品。

图11-1

图11-2

11.1 认识通道

Photoshop CS6

11.1.1 认识颜色通道

颜色通道是将构成整体图像的颜色信息整理并表现为单色图像的工具。在“通道”面板中单击即可选中某一通道，在每个通道后面有对应的 Ctrl+ 数字组合键，比如在图中“红”通道后面有 Ctrl+3 组合键，这就表示按 Ctrl+3 组合键可以单独选择“红”通道，如图 11-3 所示。

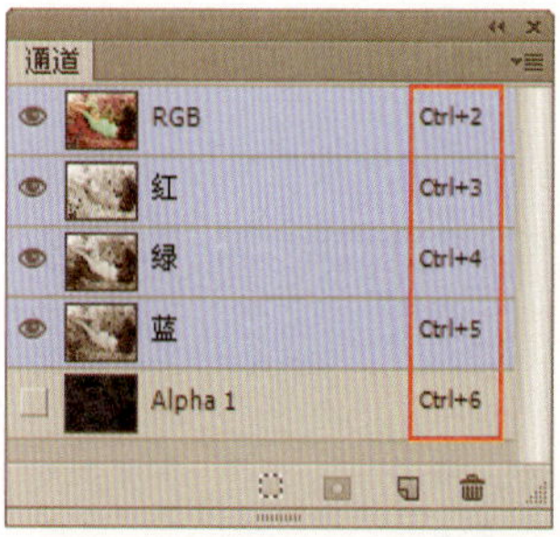

图 11-3

技巧提示

因图像颜色模式不同，颜色通道的数量也不同。例如，RGB模式的图像有RGB、红、绿、蓝4个通道，如图11-4所示；CMYK颜色模式的图像有CMYK、青色、洋红、黄色、黑色共5个通道，如图11-5所示；Lab颜色模式的图像有Lab、明度、a、b共4个通道，如图11-6所示；而位图和索引颜色模式的图像只有一个位图通道和一个索引通道，如图11-7和图11-8所示。

图 11-4

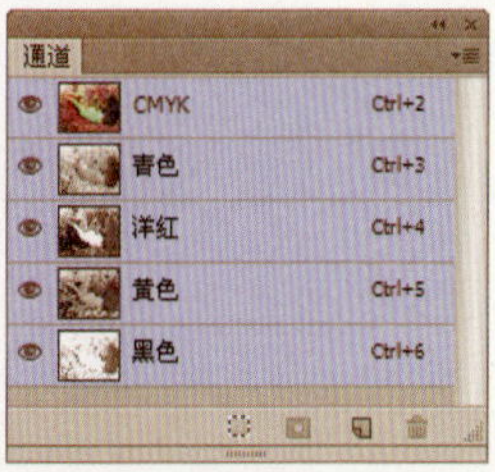

图 11-5

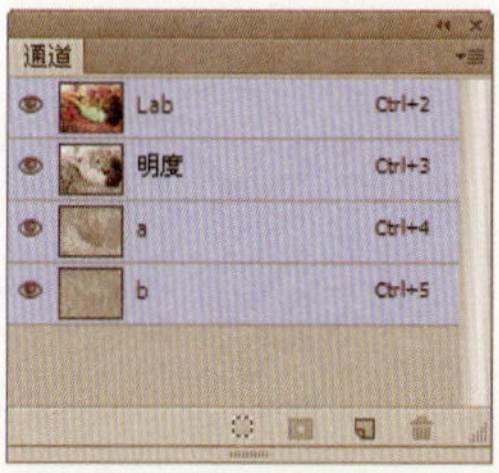

图 11-6

图 11-7

图 11-8

11.1.2 创建与使用Alpha通道

Alpha 通道是一个 8 位的灰度通道，该通道用 256 级灰度来记录图像中的透明度信息，定义透明、不透明和半透明区域，用于选区的存储编辑与调用。将通道转换为选区后，之前黑色处于未选中的状态，白色处于完全选择状态，灰色则表示部分被选择状态（即羽化区域），如图 11-9 和图 11-10 所示。

图 11-9

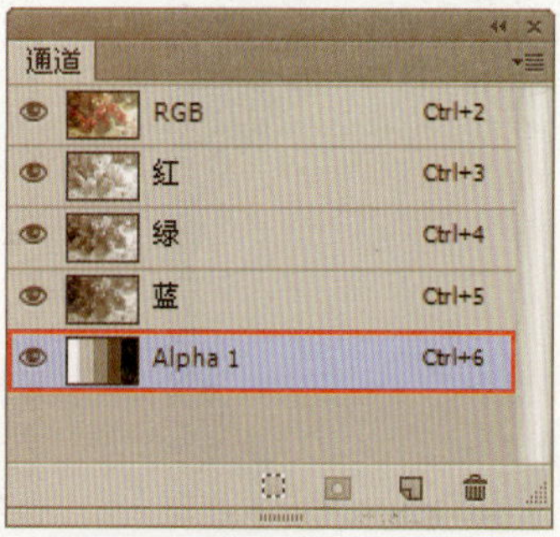

图 11-10

如果要保存 Alpha 通道，可以将文件存储为 PDF、TIFF、PSB 或 Raw 格式。为了能够更精确地编辑 Alpha 通道，可以将复合通道显示出来。默认情况下编辑 Alpha 通道时文档窗口中只显示通道中的图像。单击“通道”面板底部的“创建新通道”按钮，可以新建一个 Alpha 通道，如图 11-11 所示。在复合通道前单击使图标显示出来，此时蒙版的白色区域将变为透明，黑色区域为半透明的红色，类似于快速蒙版的状态，如图 11-12 和图 11-13 所示。

图11-11

图11-12

图11-13

在图层中包含选区的情况下，单击“通道”面板下的“将选区存储为通道”按钮，选区中的部分被填充为白色，选区以外的部分则被填充为黑色，可以以当前选区创建一个新的 Alpha 通道，如图 11-14 和图 11-15 所示。

图11-14

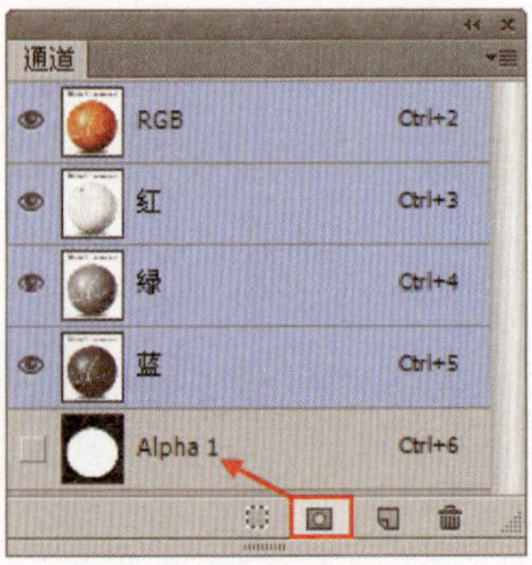

图11-15

将选区转化为 Alpha 通道后，选中 Alpha 通道，然后可以对 Alpha 通道进行类似于对灰度图像进行的明暗度的调整、滤镜操作、绘制操作、变形操作等相关操作，从而达到编辑选区的目的，如图 11-16 和图 11-17 所示。

按 Ctrl 键单击 Alpha 通道缩略图，或者在“通道”面板下单击“将通道作为选区载入”按钮，即可载入之前存储的 Alpha 通道的选区，如图 11-18 所示。

图11-16

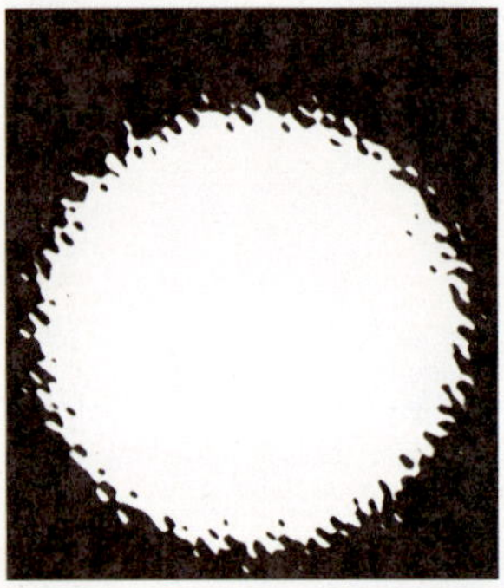

图11-17

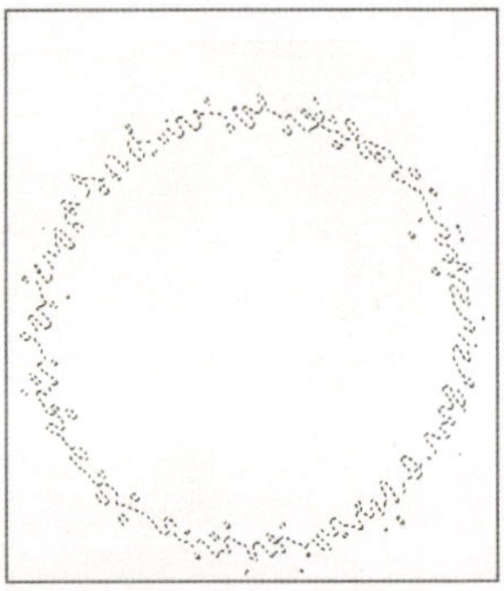

图11-18

也可以将图像粘贴到通道中作为Alpha通道。在其中一个素材的文档窗口中按Ctrl+A组合键全选图像，然后按Ctrl+C组合键复制图像，如图11-19所示。切换到另外一个素材的文档窗口（如图11-20所示），在“通道”面板创建新的Alpha通道，如图11-21所示。接着按Ctrl+V组合键将复制的图像粘贴到通道中即可，如图11-22所示。

图11-19

图11-20

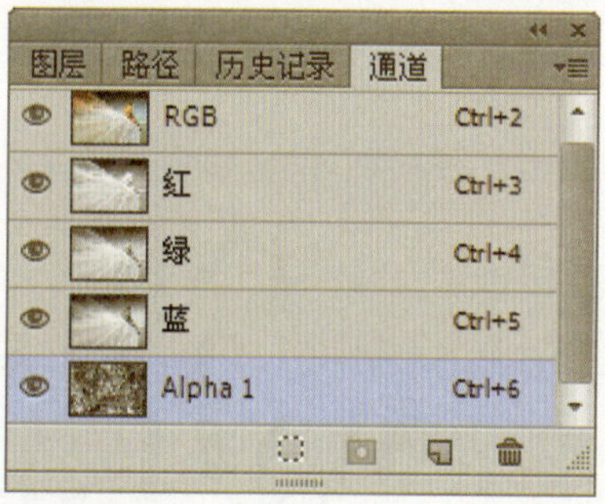

图11-21

图11-22

11.1.3 认识专色通道

专色通道主要用来指定用于专色油墨印刷的附加印版。包装印刷中经常采用专色印刷工艺印刷大面积底色。专色印刷是指采用黄、品红、青和黑墨四色墨以外的其他色油墨来复制原稿颜色的印刷工艺。它可以保存专色信息，同时也具有Alpha通道的特点。每个专色通道只能存储一种专色信息，而且是以灰度形式来存储的。如果要保存专色通道，可以将文件存储为DCS 2.0格式。除了位图模式以外，其余所有色彩模式图像都可以建立专色通道。

命令实训 创建专色通道

案例文件	案例文件\第11章\11.1\创建专色通道.psd
视频教学	视频文件\第11章\创建专色通道.flv
难易指数	★★☆☆☆
知识掌握	专色通道

案例效果

本案例主要通过在“通道”面板中创建专色通道以改变不规则选区颜色，效果如图 11-23 所示。

图11-23

操作步骤

1 打开素材文件“1.jpg”，如图 11-24 所示。在本案例中需要将图像中大面积的黑色背景部分采用专色印刷，所以首先需要进入“通道”面板，选择红通道载入选区，如图 11-25 所示。单击鼠标右键，在弹出的快捷菜单中执行“选择反向”命令，得到黑色部分的选区，如图 11-26 所示。

图11-24

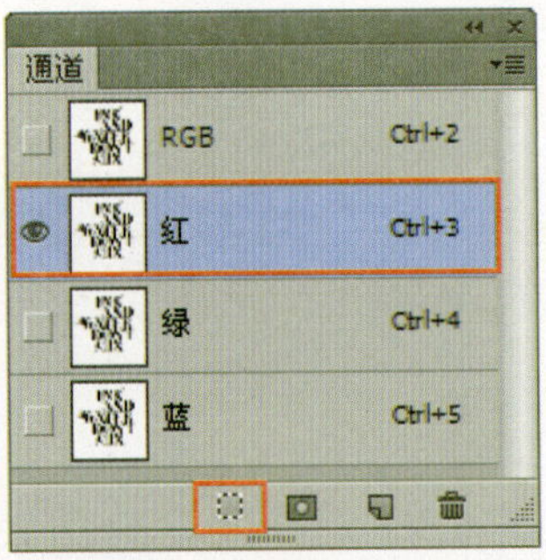

图11-25

图11-26

2 在“通道”面板的菜单中执行“新建专色通道”命令，如图 11-27 所示。在弹出的“新建专色通道”窗口中首先设置密度为 100%，如图 11-28 所示。

3 此时在通道最底部出现新建的专色通道，并且当前图像中的黑色部分被刚才所选的红色专色填充，如图 11-29 所示。创建专色通道后，也可以通过使用绘画或编辑工具在图像中绘画的方式编辑专色。使用黑色绘制

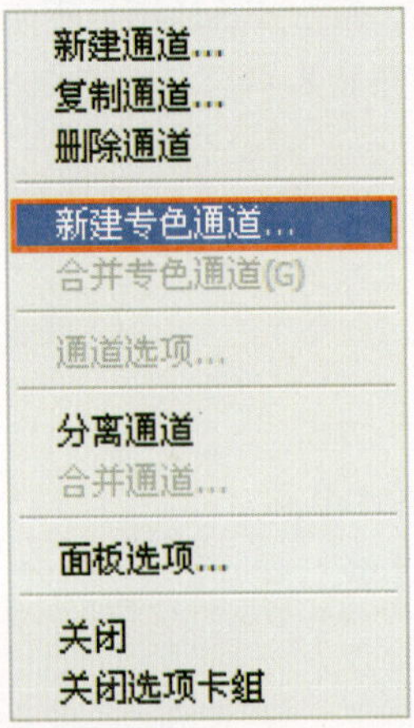

图11-27

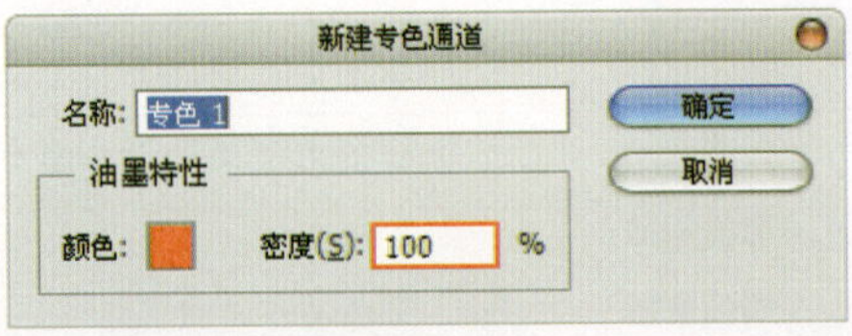

图11-28

的为有专色的区域；用白色涂抹的区域无专色；用灰色绘画可添加不透明度较低的专色；绘制时该工具的“不透明度”选项决定了用于打印输出的实际油墨浓度。如果要修改专色设置，双击专色通道的缩览图即可重新打开“专色通道选项”对话框并从中进行修改，如图 11-30 所示。

图11-29

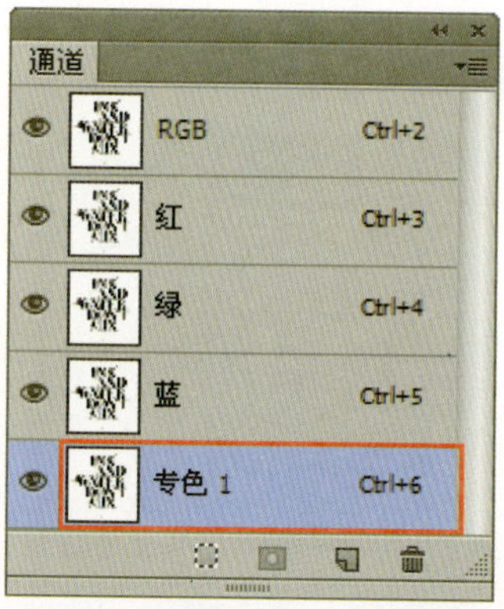

图11-30

11.2 通道的基本操作

Photoshop CS6

11.2.1 认识“通道面板”

“通道”面板主要用于创建、存储、编辑和管理通道，执行“窗口 > 通道”菜单命令可以打开“通道”面板。在“通道”面板中，默认的颜色通道顺序以及名称不能进行调整，但是其他专色通道或 Alpha 通道则可以像图层一样调整排列位置以及名称，如图 11-31 所示。

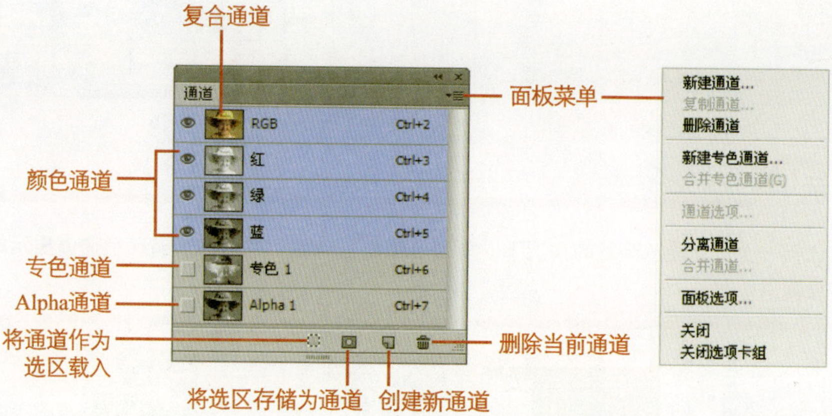

图11-31

- **颜色通道**：用来记录图像颜色信息。
- **复合通道**：用来记录图像的所有颜色信息。
- **Alpha 通道**：用来保存选区和灰度图像的通道。
- **将通道作为选区载入**：单击该按钮，可以载入所选通道图像的选区。
- **将选区存储为通道**：如果图像中有选区，单击该按钮，可以将选区中的内容存储到通道中。

- **创建新通道**：单击该按钮，可以新建一个 Alpha 通道。
- **删除当前通道**：将通道拖曳到该按钮上，可以删除选择的通道。

技巧提示

如果删除的是红、绿、蓝通道中的一个，那么RGB通道也会被删除，画面整体颜色可能会发生变化，如图11-32和图11-33所示；如果删除的是RGB通道，那么将删除Alpha通道和专色通道以外的所有通道，如图11-34所示。

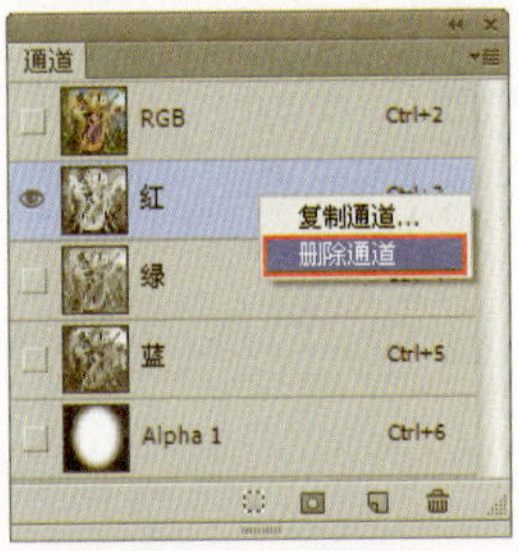

图11-32

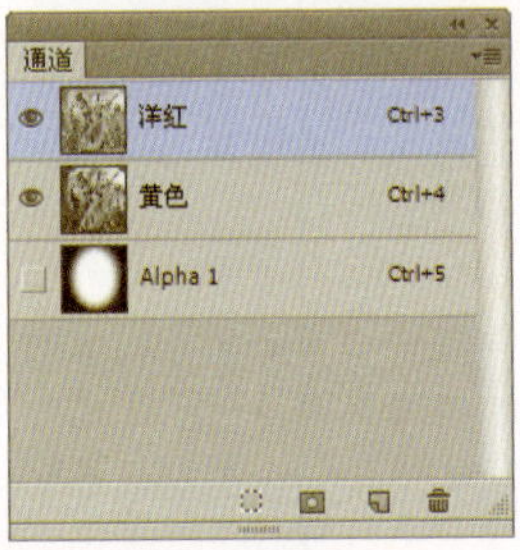

图11-33

图11-34

11.2.2 改变通道显示方式

每个通道的左侧都有用于控制显示隐藏的 / 图标。在通道上单击该图标，可以切换该通道的显示或隐藏状态，如图 11-35 和图 11-36 所示。

图11-35

图11-36

技巧提示

注意，在任何一个颜色通道隐藏的情况下，复合通道都被隐藏。并且在所有颜色通道显示的情况下，复合通道不能被单独被隐藏。

如果需要更改通道缩略图的大小，可以在"通道"面板下面的空白处单击鼠标右键，然后在弹出的快捷菜单中执行相应命令，如图 11-37 和图 11-38 所示。

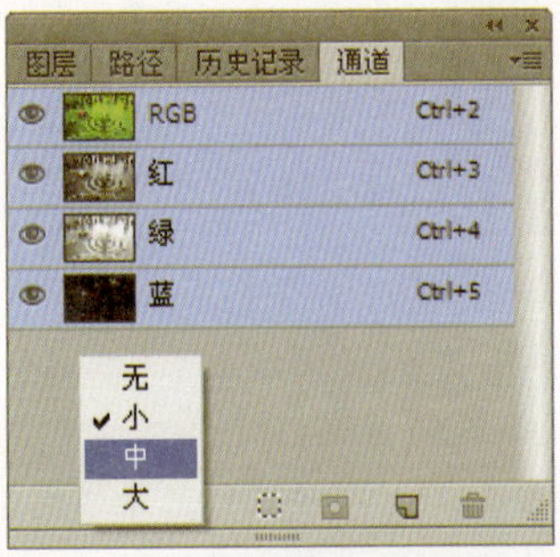

图11-37

图11-38

11.2.3 复制通道

想要复制通道可以在通道上单击鼠标右键（如图 11-39 所示），或在面板菜单中执行“复制通道”命令，然后在弹出的菜单中执行“复制通道”命令，如图 11-40 所示。或者直接将通道拖曳到“创建新通道”按钮上，都可以将当前通道复制出一个副本，如图 11-41 所示。

图11-39

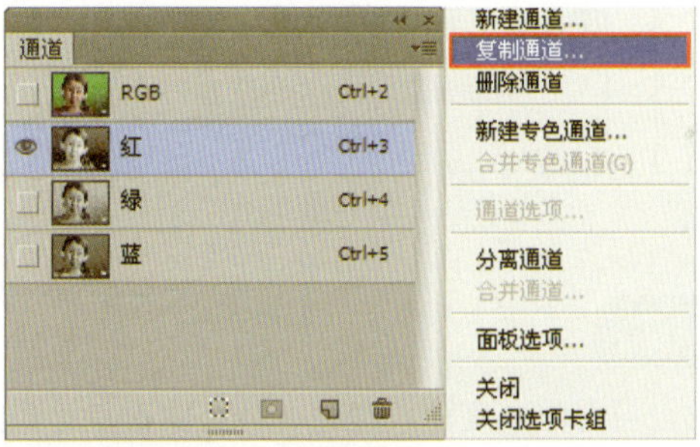

图11-40

图11-41

11.2.4 将通道粘贴到图像中

在“通道”面板中选择某一通道，画面中会显示该通道的灰度图像，如图 11-42 所示。按 Ctrl+A 组合键全选，按 Ctrl+C 组合键复制，就可以将通道中的内容粘贴到图像中，如图 11-43 所示。

单击 RGB 复合通道显示彩色的图像，并回到“图层”面板，按 Ctrl+V 组合键可以将复制的通道粘贴到一个新的图层中，如图 11-44 所示。

图11-42

图11-43

图11-44

11.2.5 分离通道

打开一张 RGB 颜色模式的图像，如图 11-45 所示。在“通道”面板的菜单中执行“分离通道”命令，如图 11-46 所示。可以将红、绿、蓝 3 个通道单独分离成 3 张灰度图像并关闭彩色图像，同时每个图像的灰度都与之前的通道灰度相同。图 11-47、图 11-48 和图 11-49 所示分别为红、绿和蓝的通道图像。

图11-45

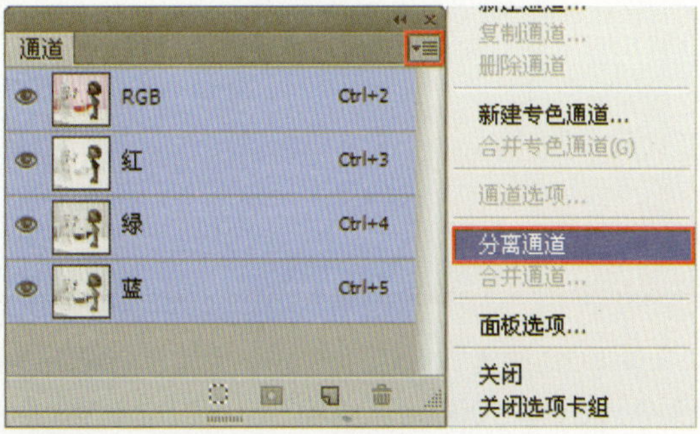

图11-46

图11-47

图11-48

图11-49

11.2.6 合并通道

要合并的图像必须为打开的已拼合的灰度模式图像，并且像素尺寸相同。可以将多个灰度图像合并为一个图像的通道。不满足以上条件的情况下，“合并通道”命令将不可用。

在其中一张图像的“通道”面板菜单中执行“合并通道”命令，如图11-50所示。打开“合并通道”对话框，设置合适的“模式”，如图11-51所示。打开多张像素大小相同的灰度素材文件，已打开的灰度图像的数量决定了合并通道时可用的颜色模式。比如，4张图像可以合并为一个RGB图像、CMYK图像、Lab图像或多通道图像。而打开3张图像则不能够合并出CMYK模式图像。

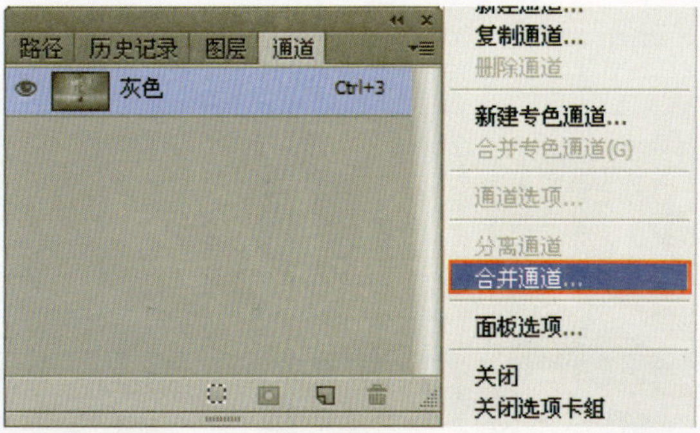

图11-50

图11-51

技巧提示

执行“图像>模式>灰度”菜单命令，可以转换为灰度图像，如图11-52所示。

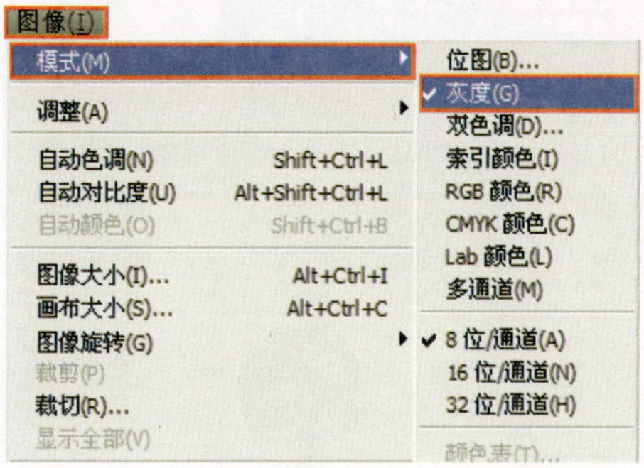

图11-52

在“合并RGB通道”对话框中可以指定各个通道，如图11-53所示。选择好通道图像后单击“确定”按钮，此时在“通道”面板中会出现一个RGB颜色模式的图像，如图11-54所示。

图11-53

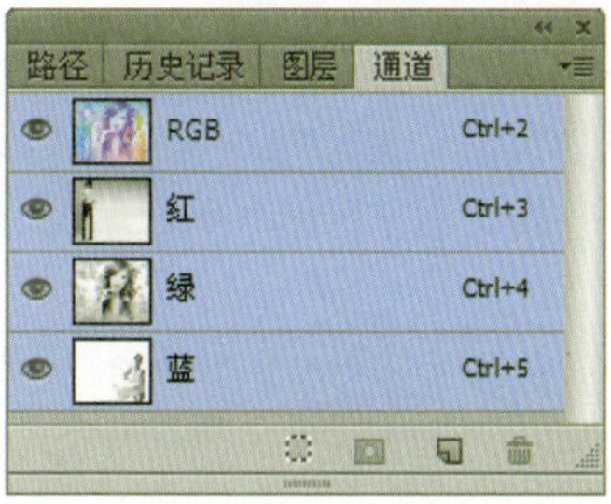

图11-54

综合演练 1 制作 3D 电影效果

案例文件	案例文件\第11章\综合演练1\制作3D电影效果.psd
视频教学	视频文件\第11章\制作3D电影效果.flv
难易指数	★★☆☆☆
知识掌握	选择通道、移动通道

案例效果

本案例主要通过移动颜色通道模拟 3D 电影效果，原图与效果图分别如图 11-55 和图 11-56 所示。

图11-55

图11-56

操作步骤

1 打开素材文件“1.jpg”，进入“通道”面板，选择红通道，为了便于观察将 RGB 通道显示出来，如图 11-57 和图 11-58 所示。

图11-57

图11-58

2 按 Ctrl+A 组合键，全选当前图像，使用“移动工具”将红通道向右移动，此时可以看到图像上出现由于通道错位而造成的 3D 电影的效果，如图 11-59 所示。

3 单击工具箱中的“矩形选区工具”，在顶部和底部绘制两个矩形选框，如图 11-60 所示。

图11-59

图11-60

4 为其填充黑色并使用“文字工具”在底部键入文字即可，最终效果如图 11-61 所示。

图11-61

综合演练 2 通道调色制作梦幻色调

案例文件	案例文件\第11章\综合演练2\通道调色制作梦幻色调.psd
视频教学	视频文件\第11章\通道调色制作梦幻色调.flv
难易指数	★★★★★
知识掌握	转换颜色模式、通道的使用

案例效果

本案例通过将 RGB 颜色模式图像转换为 Lab，并对各个通道的明度进行调整，改变画面颜色，原图与效果图分别如图 11-62 和图 11-63 所示。

图11-62

图11-63

操作步骤

1 打开素材“1.jpg”，执行“图像 > 模式 >Lab 颜色”命令，将当前图像转换为 Lab 模式，如图 11-64 所示。

2 在“通道”面板选择“明度”通道，并显示出 RGB 复合通道，如图 11-65 所示。按 Ctrl+M 组合键执行“曲线”命令，在弹出的“曲线”调整面板中调整曲线形状，单击“确定”按钮结束操作，如图 11-66 所示，效果如图 11-67 所示。

3 再次选择“a”通道，同样按 Ctrl+M 组合键执行“曲线”命令，在弹出的“曲线”调整面板中调整曲线形状，单击“确定”按钮结束操作，如图 11-68 所示，效果如图 11-69 所示。

图 11-64

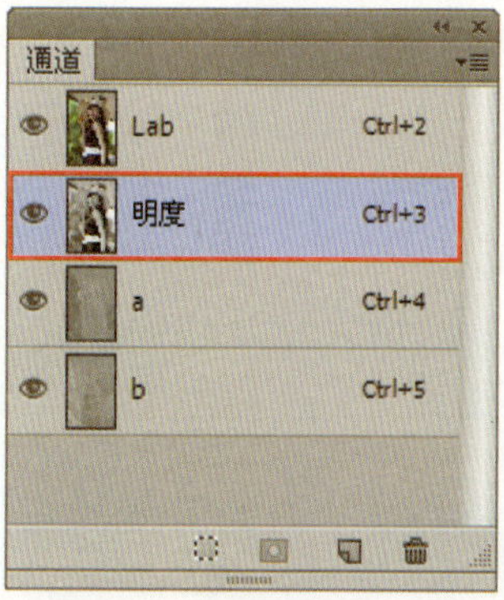

图 11-65

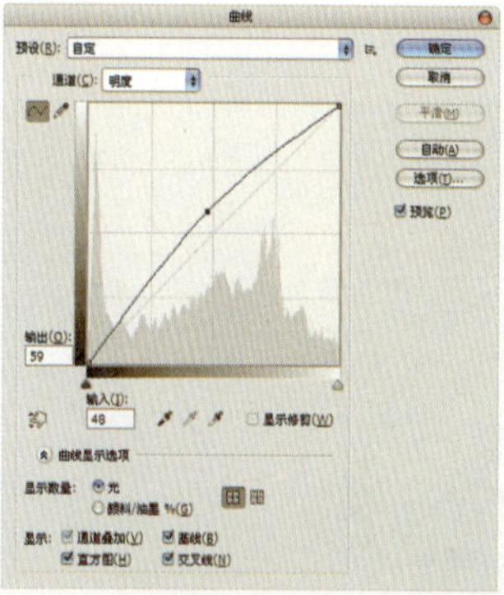

图 11-66

图 11-67

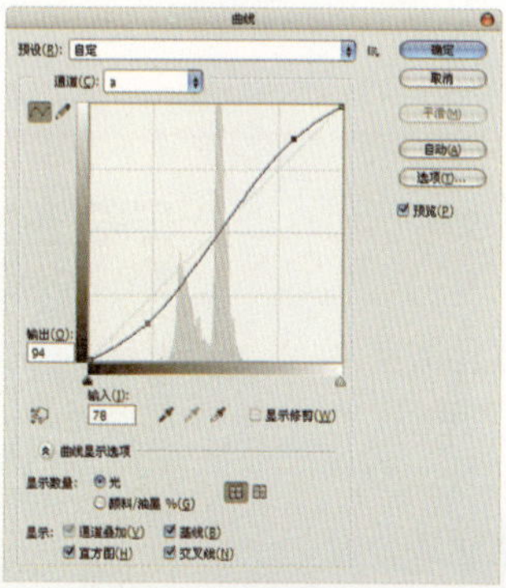

图 11-68

图 11-69

4 再次选择“b”通道，按 Ctrl+M 组合键执行“曲线”命令，在弹出的“曲线”调整面板中调整曲线形状，单击“确定”按钮结束操作，如图 11-70 和图 11-71 所示。

5 导入前景素材“2.psd”，最终效果如图 11-72 所示。

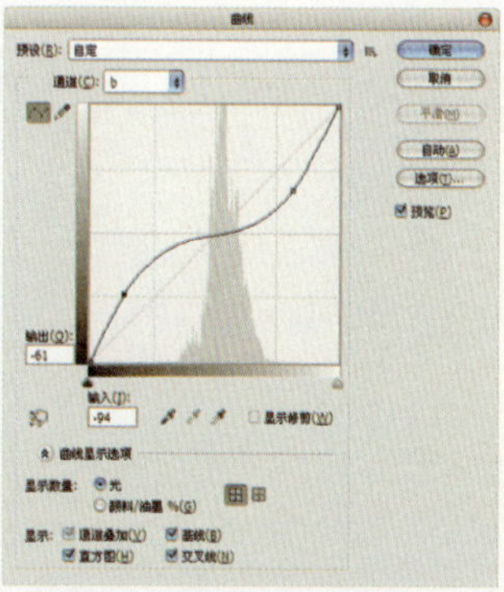

图 11-70

图 11-71

图 11-72

综合演练 3 通道抠图美化天空

案例文件	案例文件\第11章\综合演练3\通道抠图美化天空.psd
视频教学	视频文件\第11章\通道抠图美化天空.flv
难易指数	★★★★★
知识掌握	掌握“通道”的使用方法

案例效果

本案例主要通过使用通道为沙滩换天空背景，如图 11-73 和图 11-74 所示。

图11-73

图11-74

操作步骤

1 打开本书配套光盘中的“1.jpg”文件，如图 11-75 所示。

2 由于图像中的天空偏灰，那么首先需要对天空的颜色进行调整。创建新的“色相 / 饱和度”调整图层，选择青色通道，设置“饱和度”为 +25，如图 11-76 所示；再选择蓝色通道，设置“饱和度”为 +92，如图 11-77 所示，效果如图 11-78 所示。

图11-75

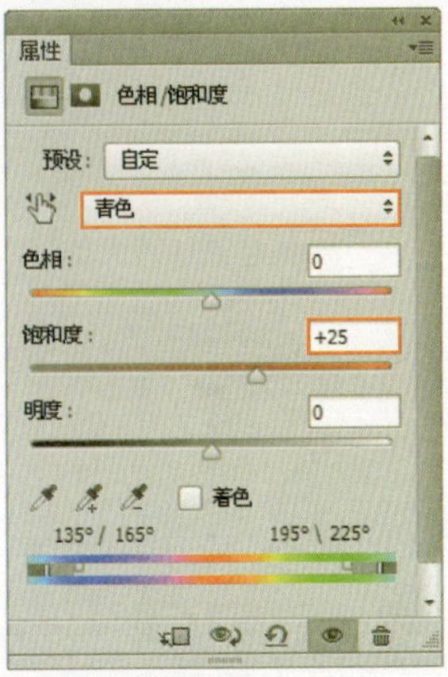

图11-76

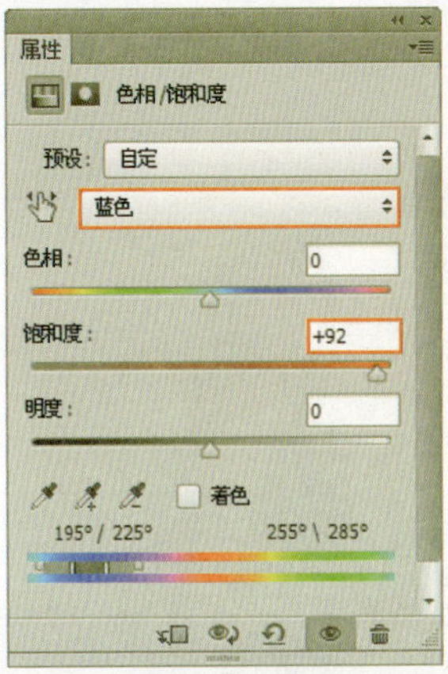

图11-77

图11-78

3 导入天空素材“2.jpg”到画布中，然后使用“矩形选框工具”框选底部海的部分，按 Delete 键删除海的部分，如图 11-79 所示，效果如图 11-80 所示。

图11-79

图11-80

4 隐藏其他图层，然后进入“通道”面板，可以看出红通道中的云与背景颜色差异最大，把红色通道复制一层，如图 11-81 所示。然后对红色副本通道操作，为了选出云部分的选区，就需要尽量增大该通道中前景色与背景色的差距，执行“图像 > 调整 > 曲线”命令，制作出黑白差距较大的效果，如图 11-82，效果如图 11-83 所示。

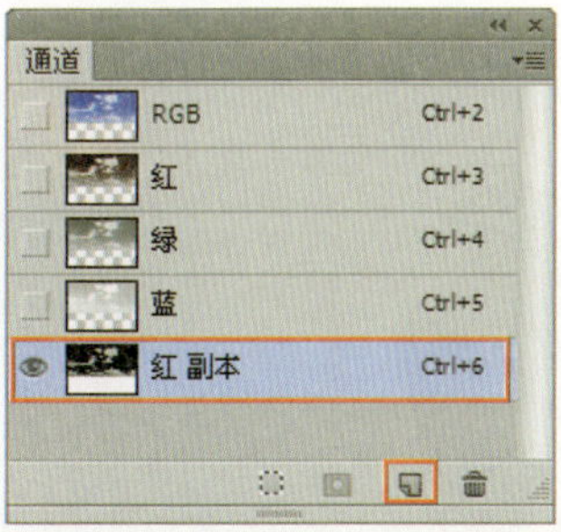

图11-81

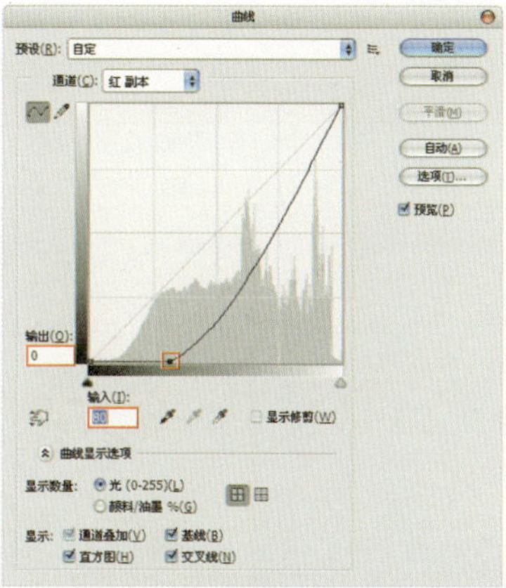

图11-82

图11-83

5 按 Ctrl 键并在红通道副本单击鼠标左键，则会出现云部分的选区，如图 11-84 所示。回到“图层”面板，单击鼠标右键，在弹出的快捷菜单中执行“选择反向”命令，得到背景部分的选区，然后按 Delete 键删除背景部分，如图 11-85 所示。

图11-84

图11-85

6 现在将隐藏的图像打开，并为“云”图层添加一个图层蒙版，在图层蒙版中使用黑色画笔绘制涂抹多余区域，如图 11-86 所示，效果如图 11-87 所示。

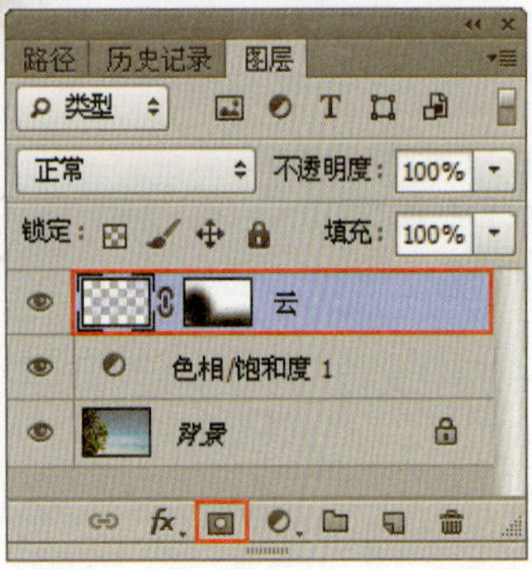

图11-86

图11-87

综合演练 4 使用通道抠图换背景

案例文件	案例文件\第11章\综合演练4\使用通道抠图换背景.psd
视频教学	视频文件\第11章\使用通道抠图换背景.flv
难易指数	★★★☆☆
知识掌握	通道抠图

案例效果

本案例通过使用“曲线”命令与“加深/减淡工具”强化人像与背景的黑白对比，以达到提取选区的目的，案例效果如图11-88所示。

图11-88

操作步骤

1 打开人像素材，如图11-89所示。按Alt键双击背景图层将其转换为普通图层。进入“通道”面板，复制蓝通道，如图11-89所示。

2 执行“图像>调整>曲线”命令，在弹出的“曲线”调整面板中调整曲线形状，使暗的部分更暗，亮的部分更亮，如图11-90所示，效果如图11-91所示。

3 使用工具箱中的“加深”和“减淡”工具，将背景部分涂抹为白色，将人像部分变为了黑色，强化前景背景对比，如图11-92所示。

图11-88

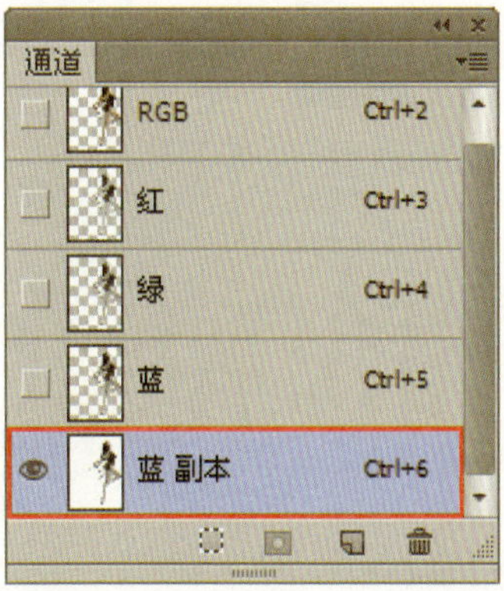

图11-89

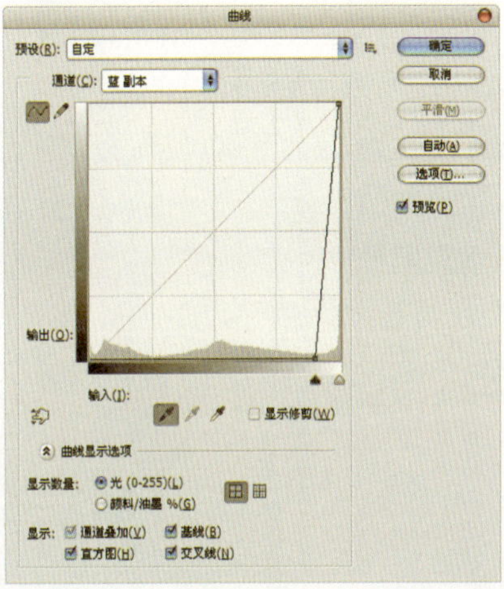

图11-90

图11-91

图11-92

4 按Ctrl键单击“蓝副本”通道缩略图载入选区，或单击“将通道作为选区载入”按钮，回到“图层”面板中按Delete键删除背景，如图11-93所示，效果如图11-94所示。

5 导入背景素材“2.jpg”放在“图层”面板的底部，导入前景素材“3.jpg”放在“图层”面板的顶部，最终效果如图11-95所示。

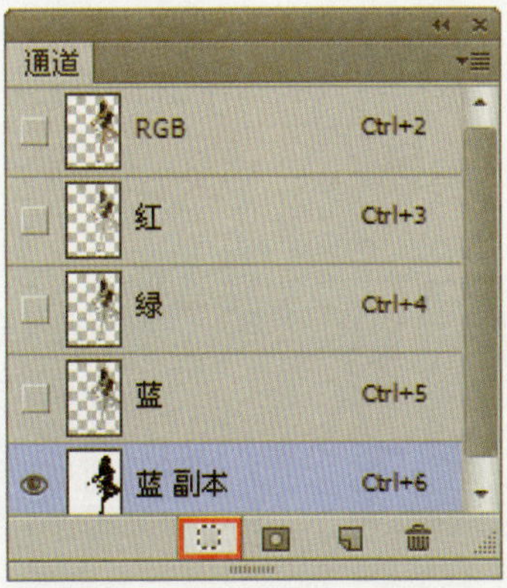

图11-93

图11-94

图11-95

第 12 章

缤纷的滤镜世界

本章学习要点：

- 掌握滤镜库的使用方法
- 熟练掌握“液化”滤镜的使用
- 熟练掌握“模糊”滤镜组的使用方法
- 熟练掌握“锐化”滤镜组的使用方法

滤镜本身是一种摄影器材，安装在相机上可用于改变光源的色温，以及制作特殊的效果。在 Photoshop CS6 中，滤镜的功能非常强大，不仅可以矫正拍摄时造成的畸变，还可以制作丰富多彩的特殊效果，如图 12-1、图 12-2 和图 12-3 所示。

图12-1

图12-2

图12-3

12.1 滤镜的使用

Photoshop CS6

滤镜常用于制作特殊效果,在 Photoshop CS6 中包含多个滤镜组,每个滤镜组中又包含多个独立的滤镜。滤镜主要分为特殊滤镜、滤镜组以及外挂滤镜。其中特殊滤镜主要包括滤镜库、自适应广角、镜头矫正、液化、油画以及消失点滤镜 6 种命令。而外挂滤镜则是由第 3 方开发商开发的滤镜，可以作为增效工具使用，在安装外挂滤镜后，这些增效工具滤镜将出现在“滤镜”菜单的底部。

12.1.1 认识滤镜库

执行“滤镜 > 滤镜库”命令,打开滤镜库。在滤镜库中包含了“风格化”、“画笔描边”、“素描”、“纹理”、“艺术效果”滤镜组。在滤镜库中,展开滤镜组即可显示该组中的滤镜效果缩览图,单击即可为图像添加滤镜效果,并且在滤镜库中可以对一张图像应用一个或多个滤镜，或对同一图像多次应用同一滤镜，如图 12-4 所示。

图12-4

- **缩放预览窗口**：单击按钮，可以缩小显示比例；单击按钮，可以放大预览窗口的显示比例。另外，还可以在缩放列表中选择预设的缩放比例。
- **显示 / 隐藏滤镜缩略图**：单击该按钮，可以隐藏滤镜缩略图，以增大预览窗口。
- **新建效果图层**：单击该按钮，可以新建一个效果图层，在该图层中可以应用一个滤镜。
- **删除效果图层**：选择一个效果图层后，单击该按钮可以将其删除。
- **隐藏的滤镜**：单击效果图层前面的图标，可以隐藏滤镜效果。

12.1.2 应用滤镜

滤镜不仅可以处理普通的可见图层，也可以处理图层蒙版、快速蒙版和通道。如果图像中存在选区，则滤镜效果只应用在选区内，否则滤镜效果将应用于整个图像。这里需要注意的是滤镜效果以像素为单位进行计算，所以为尺寸不同的图像使用统一参数的滤镜也会得到不同的效果。

1 选择需要操作的对象，执行“滤镜 > 像素化 > 晶格化”菜单命令，如图 12-5 和图 12-6 所示。

图12-5

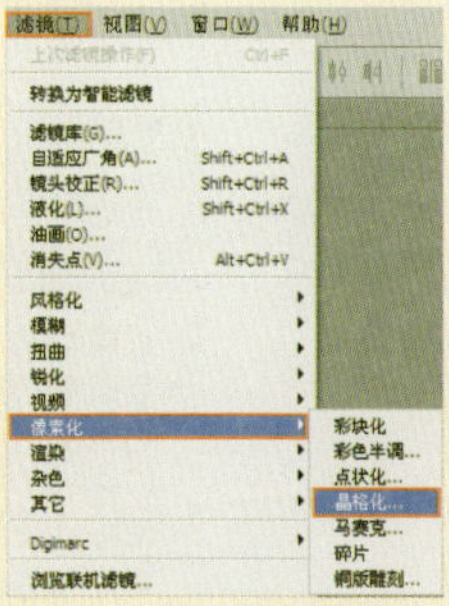

图12-6

2 此时可以弹出滤镜窗口，这里可以对参数进行设置，在图像的某个点上单击，在预览窗口中就会显示出该区域的效果，或拖曳图像并预览滤镜效果，单击-按钮或+按钮可以缩放图像的显示比例，如图 12-7 和图 12-8 所示。

图12-7

图12-8

3 单击“复位”按钮，可以将滤镜参数恢复到默认设置。可以在滤镜窗口中按 Alt 键，“取消”按钮就会变成“复位”按钮，如图 12-9 所示。

4 按 Alt+Ctrl+F 组合键可以打开“滤镜”的对话框，从中对滤镜参数进行重新设置。另外，应用完一个滤镜后，“滤镜”菜单下的首行会出现该滤镜的名称。执行该命令或按 Ctrl+F 组合键，可以按照上一次应用该滤镜的参数配置再次对图像应用该滤镜，如图 12-10 所示。

图12-9

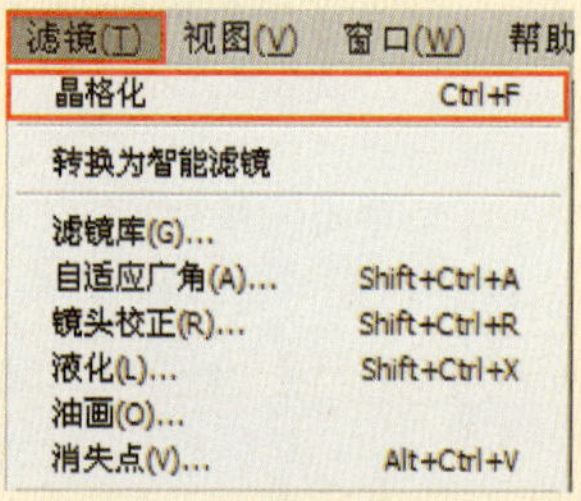

图12-10

12.1.3 使用智能滤镜

要使用智能滤镜，需要执行“滤镜 > 转换为智能滤镜”命令，或者在普通图层的缩略图上单击鼠标右键，在弹出的快捷菜单中执行“转换为智能对象”命令，即可将普通图层转换为智能对象。智能滤镜是应用于智能对象的“非破坏性滤镜”，其参数以及应用范围在应用滤镜之后仍可以调整，如图 12-11 和图 12-12 所示。

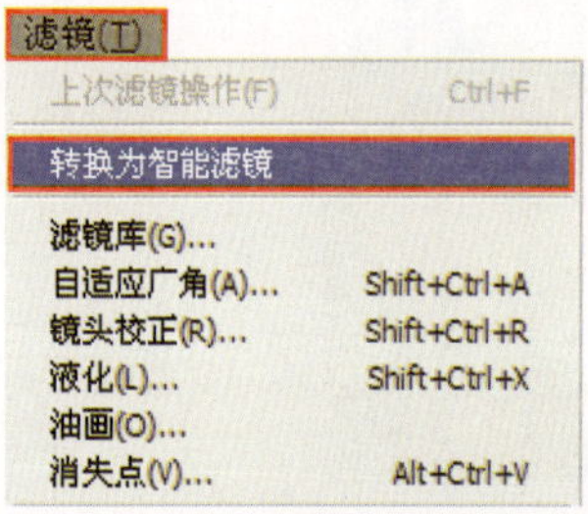

图12-11

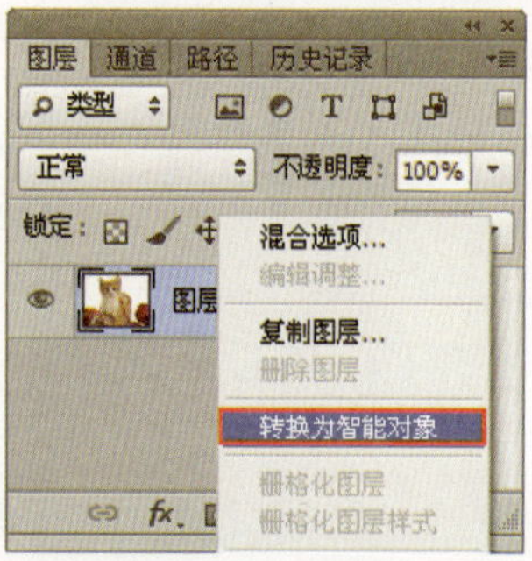

图12-12

智能滤镜可以设置智能滤镜与图像的混合模式，双击滤镜名称右侧的图标，可以在弹出的“混合选项”对话框中调节滤镜的“模式”和“不透明度”。另外，智能滤镜还包含一个类似于图层样式的列表，因此可以隐藏、停用和删除滤镜，如图 12-13 和图 12-14 所示。

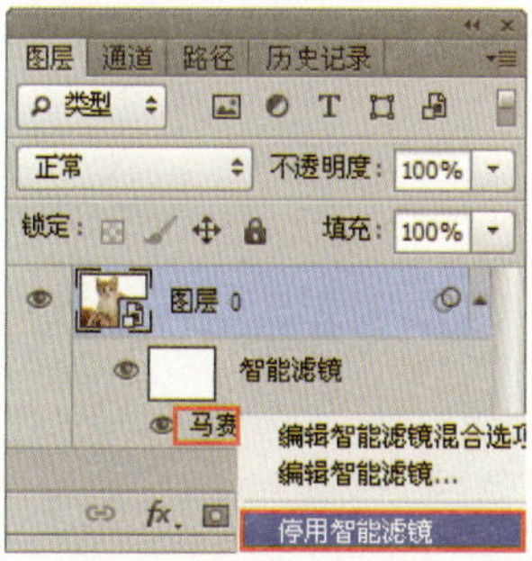

图12-13

图12-14

12.1.4 渐隐滤镜效果

“渐隐”命令不仅可以应用在色彩调整上，也可以用于更改应用过的滤镜效果的不透明度和混合模式。在执行“渐隐”命令时需要注意必须是在进行编辑操作之后立即执行，如果这中间又进行其他操作，则该命令会发生相应的变化，如图 12-15 和图 12-16 所示。

图12-15

图12-16

12.2 特殊滤镜

Photoshop CS6

12.2.1 自适应广角 新增功能

执行“滤镜 > 自适应广角”命令，打开“滤镜”对话框。“自适应广角”滤镜可以对广角、超广角及鱼眼效果进行变形校正。在“校正”下拉列表中可以选择校正的类型，如鱼眼、透视、自动、完整球面，如图 12-17 所示。

- **约束工具**：将鼠标指针放在空间上可获得帮助。
- **多边形约束工具**：单击图像或拖动端点可添加或编辑约束。按 Shift 键单击可添加水平 / 垂直约束。按 Alt 键单击可删除约束。

图12-17

- **移动工具**：拖动以在画布中移动内容。
- **抓手工具**：放大窗口的显示比例后，可以使用该工具移动画面。
- **缩放工具**：单击即可放大窗口的显示比例，按 Alt 键单击即可缩小显示比例。

12.2.2 镜头校正

使用数码相机拍摄照片时经常会出现例如桶形失真、枕形失真、晕影和色差等问题，“镜头校正”滤镜可以快速修复常见的镜头瑕疵，也可以用来旋转图像，或修复由于相机在垂直或水平方向上倾斜而导致的图像透视错误现象（该滤镜只能处理 8 位 / 通道和 16 位 / 通道的图像）。执行“滤镜 > 镜头校正”菜单命令，打开“镜头校正”对话框。单击面板中的“自定”按钮，可以在“自定”页面中进行更为详尽地进行参数选项设置，如图 12-18 所示。

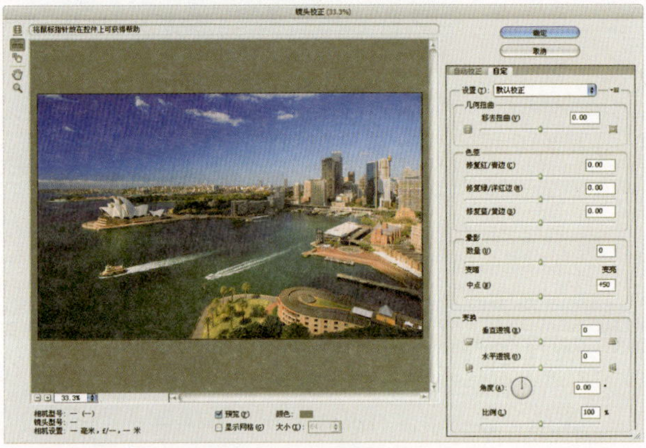
图12-18

- **移去扭曲工具**：使用该工具可以校正镜头桶形失真或枕形失真。
- **拉直工具**：绘制一条直线，以将图像拉直到新的横轴或纵轴。
- **移动网格工具**：使用该工具可以移动网格，以将其与图像对齐。
- **抓手工具 / 缩放工具**：这两个工具的使用方法与“工具箱”中的相应工具完全相同。
- **几何扭曲**：“移去扭曲”选项主要用来校正镜头桶形失真或枕形失真。数值为正时，图像将向外扭曲；数值为负时，图像将向中心扭曲。
- **色差**：用于校正色边。在进行校正时，放大预览窗口的图像，可以清楚地查看色边校正情况。
- **晕影**：校正由于镜头缺陷或镜头遮光处理不当而导致边缘较暗的图像。“数量”选项用于设置沿图像边缘变亮或变暗的程度。“中点”选项用来指定受“数量”数值影响的区域的宽度。
- **变换**：“垂直透视”选项用于校正由于相机向上或向下倾斜而导致的图像透视错误。“角度”选项用于旋转图像，以针对相机歪斜加以校正。“比例”选项用来控制镜头校正的比例。

12.2.3 液化

“液化”滤镜是修饰图像和创建艺术效果的强大工具，常用于数码照片的修饰，例如人像身型调整，面部结构调整等。“液化”命令的使用方法比较简单，但功能相当强大，可以创建推、拉、旋转、扭曲和收缩等变形效果。执行“滤镜 > 液化”菜单命令，打开“液化”对话框，默认情况下“液化”窗口以简洁的基础模式显示，很多功能处于隐藏状态，如图 12-19 所示。选中右侧面板中的“高级模式”复选框可以显示出完整的功能，如图 12-20 所示。

1. 液化工具

在“液化”滤镜对话框的左侧排列着多种工具，其中包括变形工具、蒙版工具、视图平移缩放工具。

- **向前变形工具**：可以向前推动像素。
- **重建工具**：用于恢复变形的图像。在变形区域单击或拖曳鼠标进行涂抹时，可以使变形区域的图像恢复到原来的效果。
- **顺时针旋转扭曲工具**：拖曳鼠标可以顺时针旋转像素。如果按 Alt 键进行操作，则可以逆时针旋转像素。
- **褶皱工具**：可以使像素向画笔区域的中心移动，使图像产生内缩效果。
- **膨胀工具**：可以使像素向画笔区域中心以外的方向移动，使图像产生向外膨胀的效果。

- **左推工具**：当向上拖曳鼠标时，像素会向左移动；当向下拖曳鼠标时，像素会向右移动；按Alt键向上拖曳鼠标时，像素会向右移动；按Alt键向下拖曳鼠标时，像素会向左移动。
- **冻结蒙版工具**：如果需要对某个区域进行处理，并且不希望操作影响到其他区域，可以使用该工具绘制出冻结区域，该区域将受到保护而不会发生变形。
- **解冻蒙版工具**：使用该工具在冻结区域涂抹，可以将其解冻。
- **抓手工具/缩放工具**：这两个工具的使用方法与“工具箱”中的相应工具完全相同。

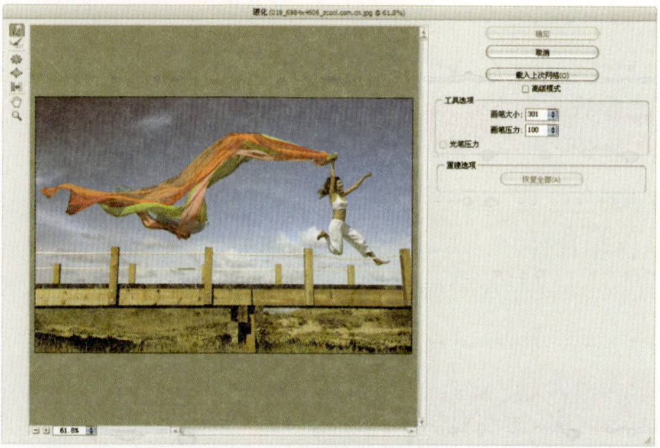
图12-19

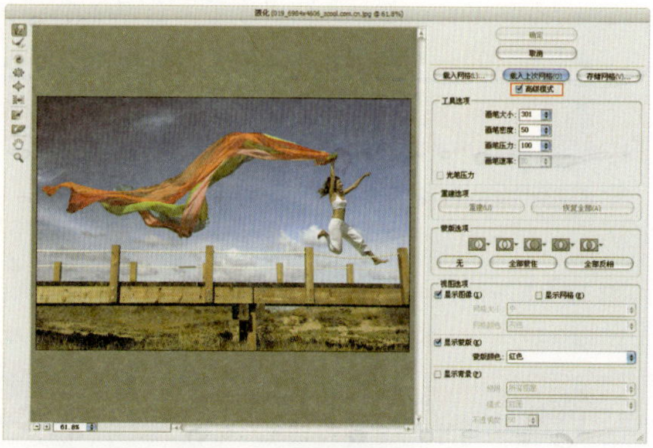
图12-20

2. 工具选项

在“工具选项”选项组下，可以设置当前使用的工具的各种属性，如图12-21所示。

- **画笔大小**：用来设置扭曲图像的画笔的大小。
- **画笔密度**：控制画笔边缘的羽化范围。画笔中心产生的效果最强，边缘处最弱。
- **画笔压力**：控制画笔在图像上产生扭曲的速度。
- **画笔速率**：设置在使工具（例如“旋转扭曲工具”）在预览图像中保持静止时扭曲所用的速度。
- **光笔压力**：当计算机配有压感笔或数位板时，选中该复选框可以通过压感笔的压力来控制工具。

3. 重建选项

“重建选项”选项组下的参数可以用来设置重建方式，以及如何撤销所执行的操作，如图12-22所示。

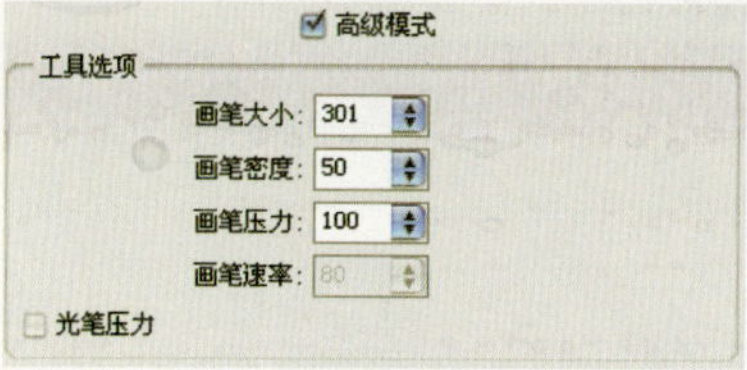

图12-21

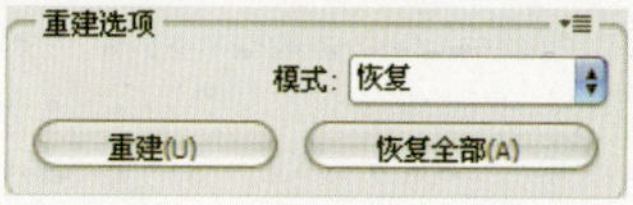

图12-22

- **模式**：设置重建的模式。选择“刚性”选项时，表示在冻结区域和未冻结区域之间边缘处的像素网格中保持直角，可以恢复未冻结的区域，使之近似于原始外观；选择“生硬”选项时，表示在冻结区域和未冻结区域之间的边缘处未冻结区域将采用冻结区域内的扭曲，扭曲将随着与冻结区域距离的增加而逐渐减弱；选择“平滑”选项时，表示在冻结区域和未冻结区域之间创建平滑连续的扭曲；选择“松散”选项时，产生的效果类似于“平滑”选项产生的效果，但冻结区域和未冻结区域的扭曲之间的连续性更大；选择“恢复”选项时，表示均匀地消除扭曲，不进行任何平滑处理。
- **重建**：单击该按钮，可以应用重建效果。
- **恢复全部**：单击该按钮，可以取消所有扭曲效果。

4. 蒙版选项

如果图像中包含有选区或蒙版，可以通过“蒙版选项”选项组来设置蒙版的保留方式，如图12-23所示。

- **替换选区**：显示原始图像中的选区、蒙版或透明度。
- **添加到选区**：显示原始图像中的蒙版，以便可以使用“冻结蒙版工具”添加到选区。
- **从选区中减去**：从当前的冻结区域中减去通道中的像素。
- **与选区交叉**：只使用当前处于冻结状态的选定像素。
- **反相选区**：使用选定像素使当前的冻结区域反相。
- **无**：单击该按钮，可以使图像全部解冻。
- **全部蒙住**：单击该按钮，可以使图像全部冻结。
- **全部反相**：单击该按钮，可以使冻结区域和解冻区域反相。

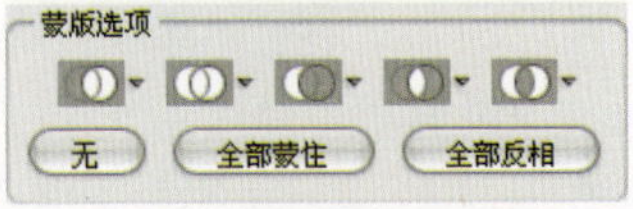

图12-23

5. 视图选项

“视图选项”选项组可以设置网格大小和颜色、蒙版颜色、背景模式和不透明度。另外还可以用来显示或隐藏图像、网格和背景，如图 12-24 所示。

- **显示图像**：控制是否在预览窗口中显示图像。
- **显示网格**：选中该复选框可以在预览窗口中显示网格，通过网格可以更好地查看扭曲。启用“显示网格”选项后，下面的“网格大小”选项和“网格颜色”选项才可以使用，这两个选项主要用来设置网格的密度和颜色。
- **显示蒙版**：控制是否显示蒙版。可以在下面的“蒙版颜色”选项中修改蒙版的颜色。
- **显示背景**：如果当前文档中包含多个图层，可以在“使用”下拉列表中选择其他图层来作为查看背景；“模式”选项主要用来设置背景的查看方式；“不透明度”选项主要用来设置背景的不透明度。

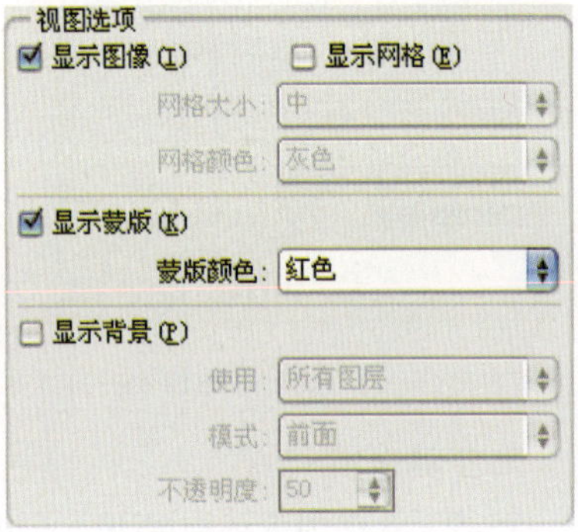

图12-24

命令实训 使用液化滤镜调整人像身形

案例文件	案例文件\第12章\12.2.3\使用液化滤镜调整人像身形.psd
视频教学	视频文件\第12章\使用液化滤镜调整人像身形.flv
难易指数	★★★☆☆
知识掌握	液化滤镜

案例效果

使用“液化”滤镜中的工具对画面进行变形从而达到为人像瘦身的目的，原图与效果图分别如图 12-25 和图 12-26 所示。

图12-25

图12-26

操作步骤

1 打开本书配套光盘中的背景文件“1.jpg”，如图 12-27 所示。

2 复制一层背景，并对其执行“滤镜 > 液化”命令，选中“高级模式”复选框，使用冻结蒙版工具，设置“画笔大小”数值为 151，绘制出画面中的右侧建筑部分，在后面的编辑中将不被破坏，如图 12-28 所示。

图12-27

图12-28

3 使用“向前变形工具”，可以向前推动像素，设置“画笔大小”数值为 900，由外向内地涂抹为人物瘦身，如图 12-29 所示。

4 使用“重建工具”，设置“画笔大小”数值为 300，用于恢复左侧变形的图像，如图 12-30 所示。

图12-29

图12-30

5 使用“冻结蒙版工具”，保护人脸部分，使用“使用向前变形工具”，设置“画笔大小”数值为 150，为人物身形细节部分进行进一步瘦身，如图 12-31 所示。

6 由于人物两腿距离较近，所以使用同样方法为人物两条腿分别进行瘦身，如图 12-32 所示。

7 使用褶皱工具设置“画笔大小”数值为 500，单击人物头部，使像素向画笔中心移动，使图像产生内缩效果，如图 12-33 所示。

8 最后使用“重建工具”，设置“画笔大小”数值为 30，调整图像上方，如图 12-34 所示。最终效果如图 12-35 所示。

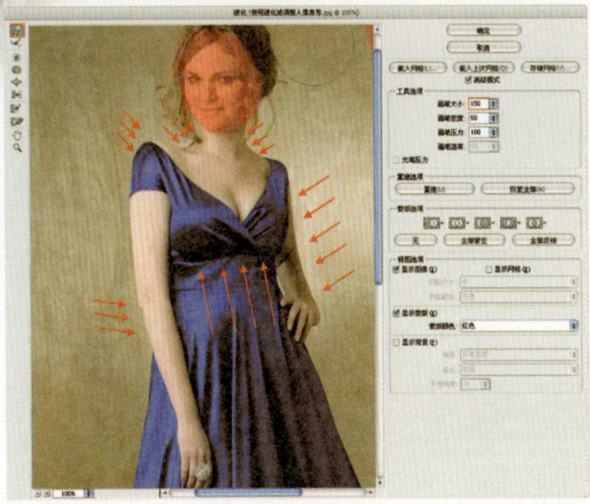

图12-31

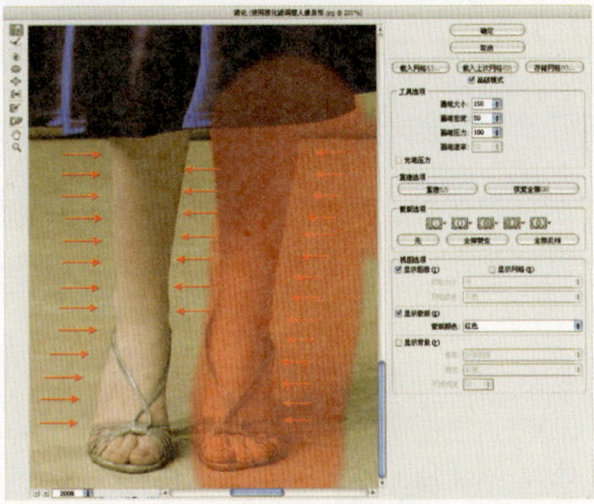

图12-32

图12-33

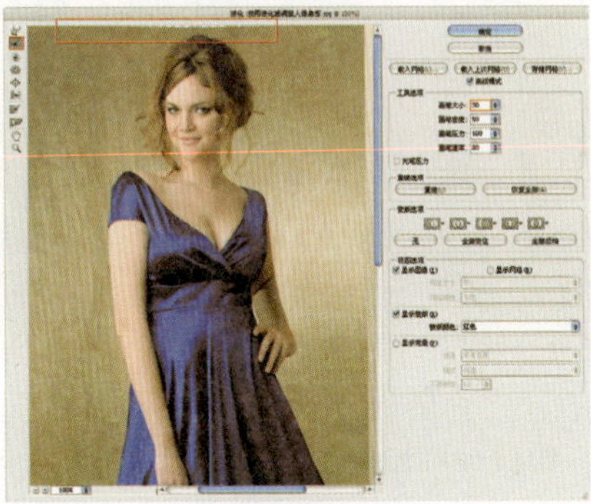

图12-34

图12-35

12.2.4 油画

新增功能

执行“滤镜 > 油画”命令，打开“油画”对话框，如图 12-36 所示。通过“油画”滤镜命令的使用可以为普通照片添加油画效果。“油画”滤镜最大的特点就是笔触鲜明，整体感觉厚重，有质感。

图12-36

命令实训 使用油画滤镜制作手绘效果

案例文件	案例文件\第12章\12.2.4\使用油画滤镜制作手绘效果.psd
视频教学	视频文件\第12章\使用油画滤镜制作手绘效果.flv
难易指数	★★★☆☆
知识掌握	油画滤镜

案例效果

本案例主要通过使用“油画”滤镜模拟手绘感效果，原图与效果图分别如图 12-37 和图 12-38 所示。

图12-37

图12-38

操作步骤

1 打开本书配套光盘中的背景文件“1.jpg”，如图 12-39 所示。复制一层背景，并对其执行“滤镜 > 油画”命令，设置“样式化”数值为 10，“清洁度”数值为 10，“缩放”数值为 3，“硬毛刷细节”数值为 10，“角方向”数值为 360，“闪亮”数值为 3，如图 12-40 所示。

图12-39

图12-40

2 复制一层背景图层，放置在所有图层顶部，并对其执行“滤镜 > 模糊 > 动感模糊”命令。在打开的对话框中设置“角度”数值为 51 度，“距离”数值为 252 像素，如图 12-41 和图 12-42 所示。

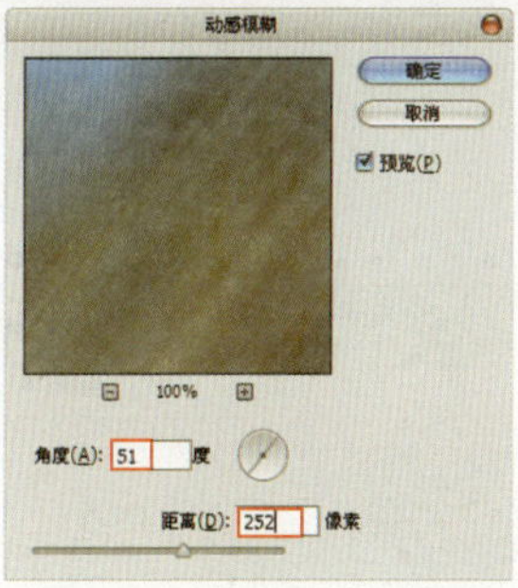

图12-41

图12-42

3 在“图层”面板中设置该图层混合模式为“线性光”，不透明度为 50%，并为“动感模糊”图层添加蒙版，使用黑色画笔工具绘制出建筑部分，如图 12-43 所示。效果如图 12-44 所示。

4 新建图层，使用“径向渐变工具”填充渐变，为其添加蒙版，在蒙版中绘制黑色区域，压暗四角，如图 12-45 和图 12-46 所示。

5 新建“自然饱和度”图层，设置“自然饱和度”数值为 100，如图 12-47 所示。导入素材文件“2.png”，设置混合模式为滤色。最终制作效果如图 12-48 所示。

图12-43

图12-44

图12-45

图12-46

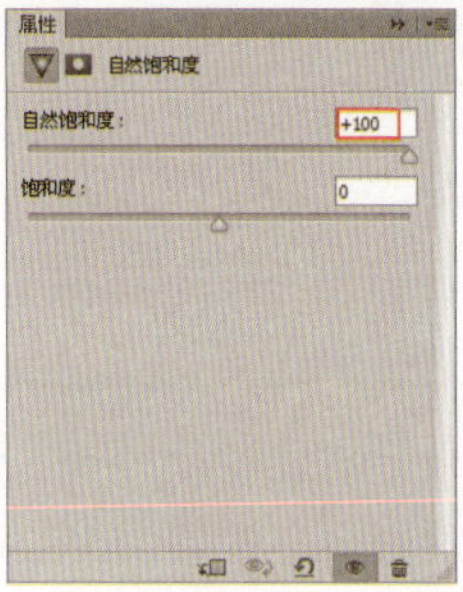

图12-47

图12-48

12.2.5 消失点

执行“滤镜>消失点”菜单命令，打开“消失点”对话框。“消失点”滤镜可以在包含透视平面（如建筑物的侧面、墙壁、地面或任何矩形对象）的图像中进行透视校正操作。在修饰、仿制、复制、粘贴或移去图像内容时，Photoshop 可以准确确定这些操作的方向，如图 12-49 所示。

图12-49

- **编辑平面工具**：用于选择、编辑、移动平面的节点以及调整平面的大小。图 12-50 所示为一个创建的透视平面，图 12-51 所示是使用该工具修改过后的透视平面。

图12-50

图12-51

- **创建平面工具**：用于定义透视平面的 4 个角节点，如图 12-52 所示。创建好 4 个角节点后，可以使用该工具对节点进行移动、缩放等操作。如果按 Ctrl 键拖曳边节点，可以拉出一个垂直平面，如图 12-53 所示。另外，如果节点的位置不正确，可以按 BackSpace 键删除该节点。

图12-52

图12-53

技巧提示

注意，如果要结束对角节点的创建，不能按Esc键，否则会直接关闭“消失点”对话框，这样所做的一切操作都将丢失。另外，删除节点也不能按Delete键（不起任何作用），只能按BackSpace键。

- **选框工具**：使用该工具可以在创建好的透视平面上绘制选区，以选中平面上的某个区域，如图 12-54 所示。建立选区以后，将光标放置在选区内，按 Alt 键拖曳选区，可以复制图像，如图 12-55 所示。如果按 Ctrl 键拖曳选区，则可以用源图像填充该区域。

图12-54

图12-55

- **图章工具**：使用该工具时，按 Alt 键在透视平面内单击，可以设置取样点，然后在其他区域拖曳鼠标即可进行仿制操作。

技巧提示

选择“图章工具”后，在对话框的顶部可以设置该工具修复图像的“模式”。如果要绘画的区域不需要与周围的颜色、光照和阴影混合，可以选择“关”选项；如果要绘画的区域需要与周围的光照混合，同时又需要保留样本像素的颜色，可以选择“明亮度”选项；如果要绘画的区域需要保留样本像素的纹理，同时又要与周围像素的颜色、光照和阴影混合，可以选择“开”选项。

- **画笔工具**：该工具主要用来在透视平面上绘制选定的颜色。
- **变换工具**：该工具主要用来变换选区，其作用相当于执行“编辑 > 自由变换”菜单命令。
- **吸管工具**：可以使用该工具在图像上拾取颜色，以用作“画笔工具”的绘画颜色。
- **测量工具**：使用该工具可以在透视平面中测量项目的距离和角度。
- **抓手工具/缩放工具**：这两个工具的使用方法与“工具箱”中的相应工具完全相同。

12.3 “风格化”滤镜组

Photoshop CS6

12.3.1 查找边缘

使用“查找边缘”滤镜可以将高反差区变亮，低反差区变暗，而其他区域则介于两者之间，同时硬边会变成线条，柔边会变粗，从而形成一个清晰的轮廓，执行“滤镜 > 风格化 > 查找边缘”滤镜命令会自动查找图像像素对比度变换强烈的边界。图 12-56 和图 12-57 所示为原始图像与使用滤镜后的效果。

图12-56

图12-57

12.3.2 等高线

“等高线”滤镜用于查找主要亮度区域，并为每个颜色通道勾勒主要亮度区域，以获得与等高线图中的线条类似的效果。执行“滤镜 > 风格化 > 等高线”命令可激活该滤镜。图 12-58、图 12-59 和图 12-60 所示分别为原始图像、应用该滤镜效果以及“等高线”对话框。

图12-58

图12-59

图12-60

- **色阶**：用来设置区分图像边缘亮度的级别。
- **边缘**：用来设置处理图像边缘的位置，以及便捷的产生方法。选中“较低”单选按钮时，可以在基准亮度等级以下的轮廓上生成等高线；选中“较高”单选按钮时，可以在基准亮度等级以上生成等高线。

12.3.3 风

执行“滤镜 > 风格化 > 风”命令，在图像中放置一些细小的水平线条来模拟风吹效果。图 12-61、图 12-62 和图 12-63 所示分别为原始图像、应用“风”滤镜后的效果以及“风”对话框。

图12-61

图12-62

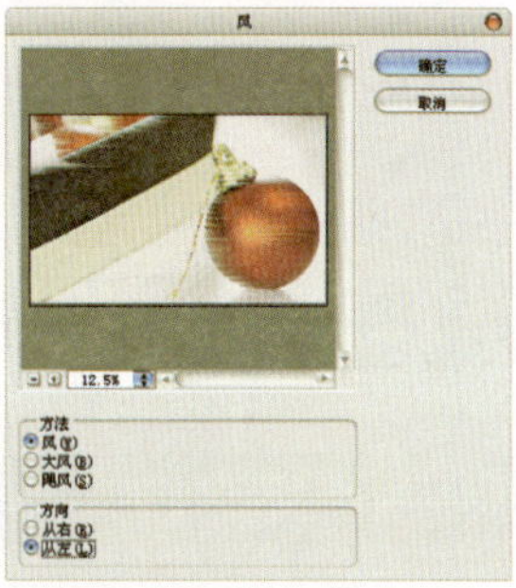

图12-63

- **方法**：包含“风”、“大风”和“飓风”3种等级。
- **方向**：用来设置风源的方向，包含“从右”和“从左”两种。

12.3.4 浮雕效果

执行“滤镜 > 风格化 > 浮雕效果”命令，“浮雕效果”滤镜可以通过勾勒图像或选区的轮廓和降低周围颜色值来生成凹陷或凸起的浮雕效果。图 12-64、图 12-65 和图 12-66 所示分别为原始图像、应用“浮雕效果”滤镜以后的效果和“浮雕效果”对话框。

图12-64

图12-65

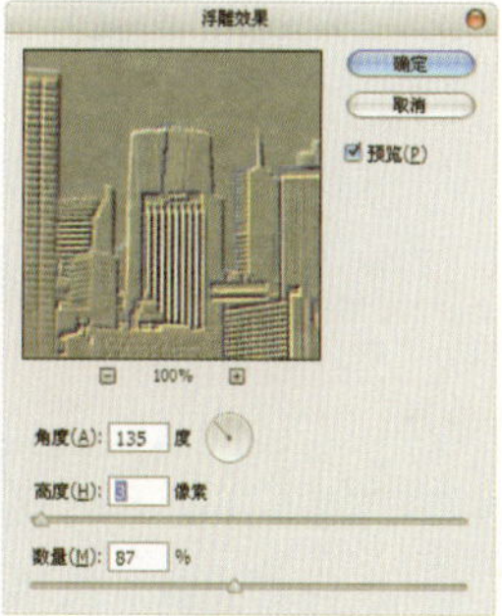

图12-66

- **角度**：用于设置浮雕效果的光线方向。光线方向会影响浮雕的凸起位置。
- **高度**：用于设置浮雕效果的凸起高度。
- **数量**：用于设置“浮雕”滤镜的作用范围。数值越高，边界越清晰（小于40%时，图像会变灰）。

12.3.5 扩散

执行“滤镜 > 风格化 > 扩散”命令可激活该滤镜。图 12-67、图 12-68 和图 12-69 所示分别为原始图像、应用滤镜以后的效果和“扩散”对话框。“扩散”滤镜可以通过使图像中相邻的像素按指定的方式有机移动，让图像形成一种类似于透过磨砂玻璃观察物体时的分离模糊效果。

图12-67

图12-68

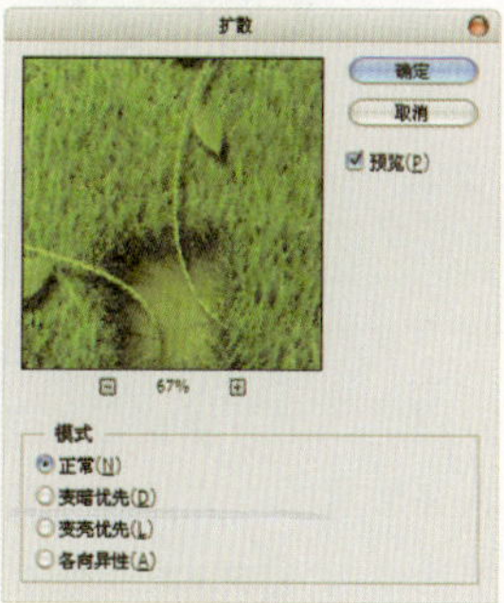

图12-69

- **正常**：使图像的所有区域都进行扩散处理，与图像的颜色值没有任何关系。
- **变暗优先**：用较暗的像素替换亮部区域的像素，并且只有暗部像素产生扩散。
- **变亮优先**：用较亮的像素替换暗部区域的像素，并且只有亮部像素产生扩散。
- **各向异性**：使用图像中较暗和较亮的像素产生扩散效果，即在颜色变化最小的方向上搅乱像素。

12.3.6 拼贴

执行“滤镜 > 风格化 > 拼贴”命令可激活该滤镜。图 12-70、图 12-71 和图 12-72 所示分别为原始图像、应用“拼贴”滤镜以后的效果和“拼贴”对话框。“拼贴”滤镜可以将图像分解为一系列块状，并使其偏离其原来的位置，以产生不规则拼砖的图像效果。

图12-70

图12-71

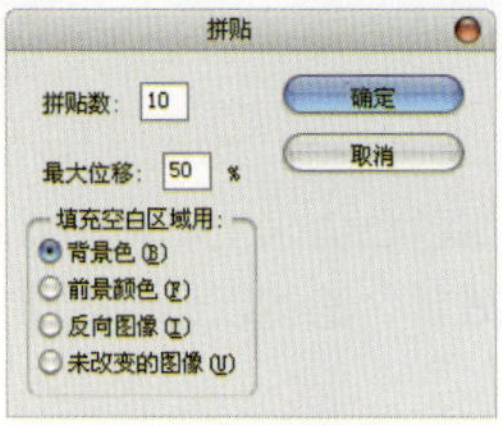

图12-72

- **拼贴数**：用来设置在图像每行和每列中要显示的贴块数。
- **最大位移**：用来设置拼贴偏移原始位置的最大距离。
- **填充空白区域用**：用来设置填充空白区域的使用方法。

12.3.7 曝光过度

执行“滤镜 > 风格化 > 曝光过度”命令可激活该滤镜。图 12-73 和图 12-74 所示分别为原始图像及应用“曝光过度”滤镜以后的效果。“曝光过度”滤镜可以混合负片和正片图像，类似于显影过程中将摄影照片短暂曝光的效果。

图12-73

图12-74

12.3.8 凸出

执行“滤镜 > 风格化 > 凸出”命令可激活该滤镜。图 12-75、图 12-76 和图 12-77 所示分别为原始图像、应用“凸出”滤镜以后的效果和“凸出”对话框。“凸出”滤镜可以将图像分解成一系列大小相同且有机重叠放置的立方体或椎体，以生成特殊的 3D 效果。

图12-75

图12-76

- **类型**：用来设置三维方块的形状，包含“块”和“金字塔”两种。
- **大小**：用来设置立方体或金字塔底面的大小。

- **深度**：用来设置凸出对象的深度。“随机”选项表示为每个块或金字塔设置一个随机的任意深度；“基于色阶”选项表示使每个对象的深度与其亮度相对应，亮度越高，图像越凸出。
- **立方体正面**：选中该复选框以后，将失去图像的整体轮廓，生成的立方体上只显示单一的颜色。
- **蒙版不完整块**：使所有图像都包含在凸出的范围之内。

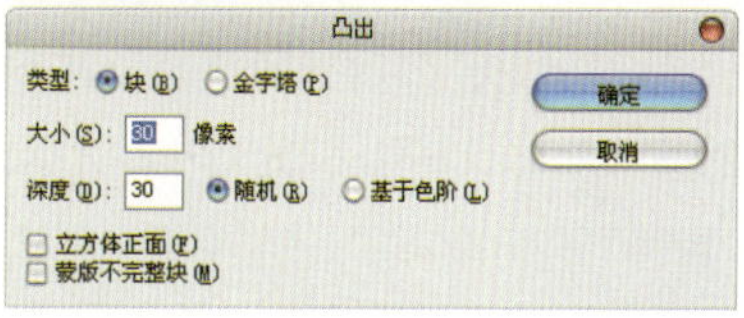

图12-77

12.4 “模糊”滤镜组

Photoshop CS6

12.4.1 场景模糊 新增功能

使用“场景模糊”滤镜可以使画面呈现出不同区域不同模糊程度的效果。执行“滤镜>模糊>场景模糊”命令，在画面中单击放置多个“图钉”，选中每个图钉并通过调整模糊数值即可使画面产生渐变的模糊效果。“模糊”属性调整完成后，在“模糊效果”面板中还可以针对模糊区域的“光源散景”、“散景颜色”和“光照范围”进行调整，如图12-78所示。

- **光源散景**：用于控制光照亮度，数值越大高光区域的亮度就越高。
- **散景颜色**：通过调整数值控制散景区域颜色的程度。
- **光照范围**：通过调整滑块用色阶来控制散景的范围。

图12-78

12.4.2 光圈模糊 新增功能

使用“光圈模糊”命令可将一个或多个焦点添加到图像中，可以根据不同的要求对焦点的大小与形状、图像其余部分的模糊数量以及清晰区域与模糊区域之间的过渡效果进行相应设置。执行“滤镜>模糊>光圈模糊”命令，在“模糊工具”面板中可以对“光圈模糊”的数值进行设置，数值越大模糊程度也越大。在“模糊效果”面板中还可以针对模糊区域的“光源散景”、“散景颜色”和“光照范围”进行调整，如图12-79所示。也可以将光标定位到控制框上，调整控制框的大小以及圆度。调整完成后单击选项栏中的“确定”按钮即可，如图12-80所示。

图12-79

图12-80

12.4.3 倾斜偏移 新增功能

移轴摄影，即移轴镜摄影，泛指利用移轴镜头创作的作品，所拍摄的照片效果就像缩微模型一样，非常特别，如图 12-81 和图 12-82 所示。

图12-81

图12-82

对于没有昂贵移轴镜头的摄影爱好者来说，如果要实现移轴效果的照片，可以使用“倾斜偏移”滤镜轻松地模拟“移轴摄影”滤镜。执行“滤镜 > 模糊 > 倾斜偏移”命令，通过调整中心点的位置可以调整清晰区域的位置，调整控制框可以调整清晰区域的大小，如图 12-83 所示。

图12-83

12.4.4 表面模糊

执行“滤镜 > 模糊 > 表面模糊”命令可激活该滤镜。图 12-84、图 12-85 和图 12-86 所示分别为原始图像、应用“表面模糊”滤镜以后的效果和“表面模糊”对话框。“表面模糊”滤镜可以在保留边缘的同时模糊图像，可以用该滤镜创建特殊效果并消除杂色或粒度。

图12-84

图12-85

图12-86

- **半径**：用于设置模糊取样区域的大小。
- **阈值**：控制相邻像素色调值与中心像素值相差多大时才能成为模糊的一部分。色调值差小于阈值的像素将被排除在模糊之外。

12.4.5 动感模糊

执行“滤镜>模糊>动感模糊”命令可激活该滤镜。图12-87、图12-88和图12-89所示分别为原始图、应用“动感模糊”滤镜以后的效果和“动感模糊”对话框。“动感模糊”滤镜可以沿指定的方向（-360°～360°），以指定的距离（1~999）进行模糊，所产生的效果类似于在固定曝光时间拍摄一个高速运动的对象。

图12-87

图12-88

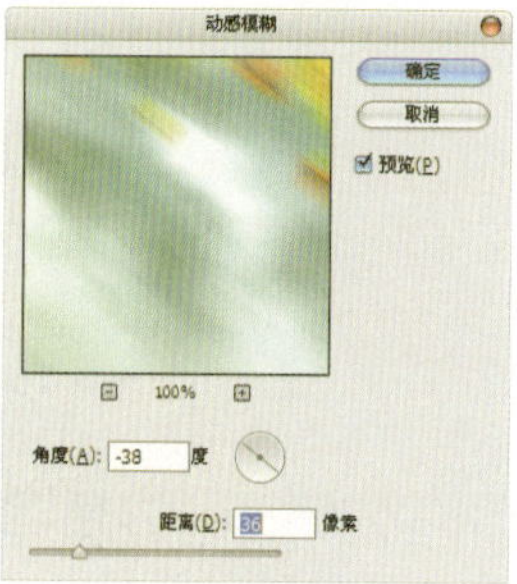

图12-89

- **角度**：用来设置模糊的方向。
- **距离**：用来设置像素模糊的程度。

12.4.6 方框模糊

执行“滤镜 > 模糊 > 方框模糊”命令可激活该滤镜。图 12-90、图 12-91 和图 12-92 所示分别为原始图像、应用“方框模糊”滤镜以后的效果和“方框模糊”对话框。“方框模糊”滤镜可以基于相邻像素的平均颜色值来模糊图像，生成的模糊效果类似于方块模糊。

图12-90

图12-91

图12-92

- **半径**：调整用于计算指定像素平均值的区域大小。数值越大，产生的模糊效果越好。

12.4.7 高斯模糊

执行“滤镜 > 模糊 > 高斯模糊”命令可激活该滤镜。图 12-93、图 12-94 和图 12-95 所示分别为原始图像、应用“高斯模糊”滤镜以后的效果和“高斯模糊”对话框。“高斯模糊”滤镜可以向图像中添加低频细节，使图像产生一种朦胧的模糊效果。

图12-93

图12-94

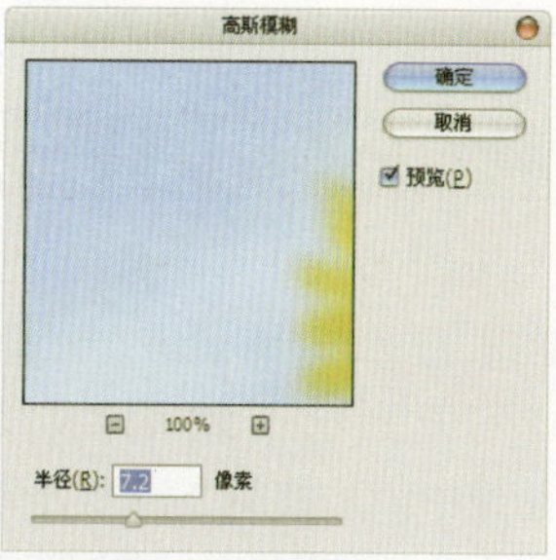

图12-95

- **半径**：调整用于计算指定像素平均值的区域大小。数值越大，产生的模糊效果越好。

12.4.8 进一步模糊

执行“滤镜 > 模糊 > 进一步模糊”命令可激活该滤镜。“进一步模糊”滤镜可以平衡已定义的线条和遮蔽区域的清晰边缘旁边的像素，使变化显得柔和（该滤镜属于轻微模糊滤镜，并且没有参数设置对话框），如图 12-96 和图 12-97 所示。

图12-96

图12-97

12.4.9 径向模糊

执行“滤镜 > 模糊 > 径向模糊”命令可激活该滤镜。图 12-98、图 12-99 和图 12-100 所示分别为原始图像、应用“径向模糊”滤镜以后的效果和“径向模糊”对话框。“径向模糊”滤镜用于模拟缩放或旋转相机时所产生的模糊，产生的是一种柔化的模糊效果。

图12-98

图12-99

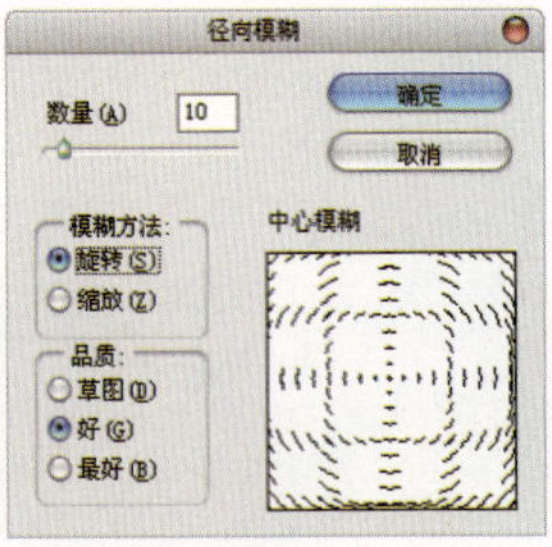

图12-100

- **数量**：用于设置模糊的强度。数值越高，模糊效果越明显。
- **模糊方法**：选中“旋转”单选按钮时，图像可以沿同心圆环线产生旋转的模糊效果；选中“缩放”复选框时，可以从中心向外产生反射模糊效果。
- **中心模糊**：将光标放置在设置框中，使用鼠标左键拖曳可以定位模糊的原点，原点位置不同，模糊中心也不同。
- **品质**：用来设置模糊效果的质量。“草图”的处理速度较快，但会产生颗粒效果；“好”和“最好”的处理速度较慢，但是生成的效果比较平滑。

12.4.10 镜头模糊

下图 12-101 是一张没有景深效果的普通动物照片，如果要模糊背景区域，就可以将这个区域存储为选区蒙版或 Alpha 通道。这样在应用“镜头模糊”滤镜时，将“源”设置为“图层蒙版”或 Alpha1 通道（如图 12-102 所示），就可以模糊选区中的图像，即模糊背景区域，如图 12-103 所示。“镜头模糊”滤镜可以向图像中添加模糊，模糊效果取决于模糊的“源”设置。如果图像中存在 Alpha 通道或图层蒙版，则可以为图像中的特定对象创建景深效果，使这个对象在焦点内，而使另外的区域变得模糊。

图12-101

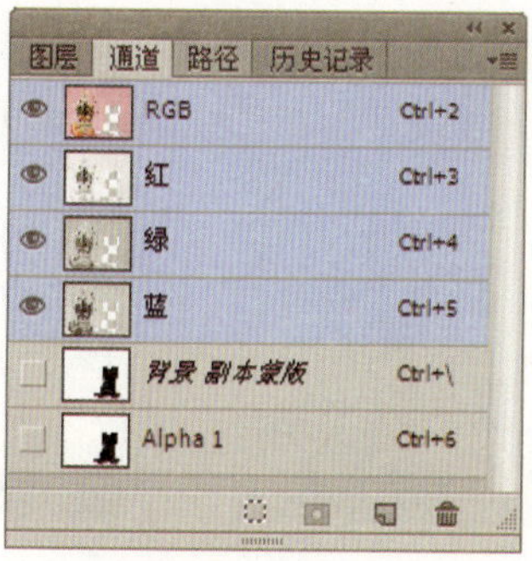

图12-102

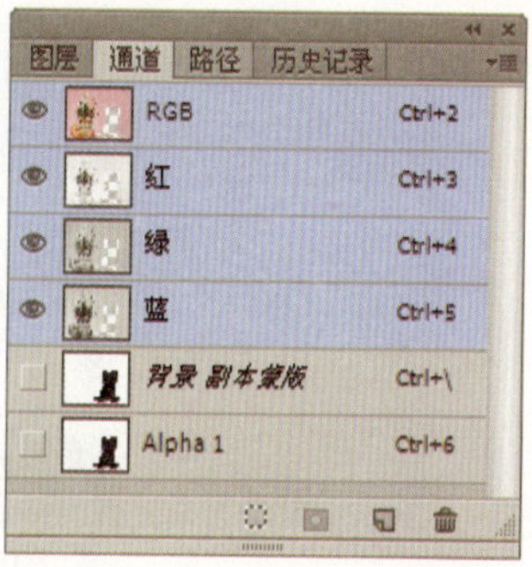

图12-103

执行“滤镜 > 模糊 > 镜头模糊”菜单命令，打开“镜头模糊”对话框，如图 12-104、图 12-105 和图 12-106 所示。

图12-104

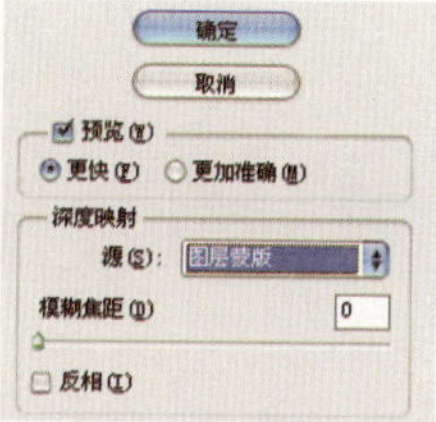

图12-105

图12-106

- **预览**：用来设置预览模糊效果的方式。选中“更快”单选按钮，可以提高预览速度；选中“更加准确”单选按钮，可以查看模糊的最终效果，但生成的预览时间更长。
- **深度映射**：从“源”下拉列表中可以选择使用 Alpha 通道或图层蒙版来创建景深效果（前提是图像中存在 Alpha 通道或图层蒙版），其中通道或蒙版中的白色区域将被模糊，而黑色区域则保持原样；“模糊焦距”选项用来设置位于角点内的像素的深度；“反相”选项用来反转 Alpha 通道或图层蒙版。
- **光圈**：该选项组用来设置模糊的显示方式。“形状”选项用来选择光圈的形状；“半径”选项用来设置模糊的数量；“叶片弯度”选项用来设置设置对光圈边缘进行平滑处理的程度；“旋转”选项用来旋转光圈。
- **镜面高光**：该选项组用来设置镜面高光的范围。“亮度”选项用来设置高光的亮度；“阈值”选项用来设置亮度的停止点，比停止点值亮的所有像素都被视为镜面高光。
- **杂色**：“数量”选项用来在图像中添加或减少杂色；“分布”选项用来设置杂色的分布方式，包含“平均分布”和“高斯分布”两种；如果选中“单色”复选框，则添加的杂色为单一颜色。

12.4.11 模糊

执行“滤镜 > 模糊 > 模糊”命令激活该滤镜。图 12-107 和图 12-108 所示分别为原始图像和应用“模糊”滤镜以后的效果。“模糊”滤镜用于在图像中有显著颜色变化的地方消除杂色，它可以通过平衡已定义的线条和遮蔽区域的清晰边缘旁边的像素来使图像变得柔和（该滤镜没有参数设置对话框）。

技巧提示

“模糊”滤镜与“进一步模糊”滤镜都属于轻微模糊滤镜。而“进一步模糊”滤镜的模糊效果要比“模糊”滤镜的高3~4倍左右。

图12-107

图12-108

12.4.12 平均

执行“滤镜 > 模糊 > 平均”命令激活该滤镜。图 12-109 和图 12-110 所示分别为原始图像和应用“平均”滤镜以后的效果。使用“平均”滤镜可以查找图像或选区的平均颜色，再用该颜色填充图像或选区，以创建平滑的外观效果。

图12-109

图12-110

12.4.13 特殊模糊

执行“滤镜 > 模糊 > 特殊模糊”命令激活该滤镜。图 12-111、图 12-112 和图 12-113 所示分别为原始图像、应用“特殊模糊”滤镜以后的效果和“特殊模糊”对话框。使用“特殊模糊”滤镜可以精确地模糊图像。

图12-111

图12-112

图12-113

- **半径**：用来设置要应用模糊的范围。
- **阈值**：用来设置像素具有多大差异后才会被模糊处理。
- **品质**：设置模糊效果的质量，包含“低”、“中”和“高”3 种。
- **模式**：选择“正常”选项，不会在图像中添加任何特殊效果；选择“仅限边缘”选项，将以黑色显示图像，以白色描绘出图像边缘像素亮度值变化强烈的区域；选择“叠加边缘”选项，将以白色描绘出图像边缘像素亮度值变化强烈的区域。

12.4.14 形状模糊

执行“滤镜>模糊>形状模糊”命令激活该滤镜。图12-114、图12-115和图12-116所示分别为原始图像、应用“形状模糊”滤镜以后的效果和“形状模糊”对话框。使用“形状模糊”滤镜可以用设置的形状来创建特殊的模糊效果。

图12-114

图12-115

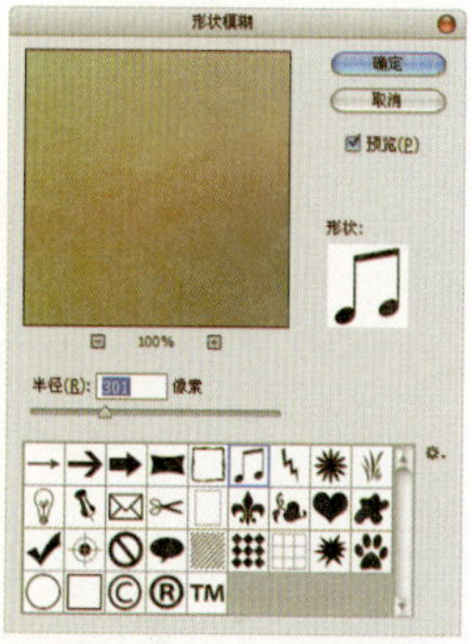

图12-116

- **半径**：用来调整形状的大小。数值越大，模糊效果越好。
- **形状列表**：在形状列表中选择一种形状，可以使用该形状来模糊图像。单击形状列表右侧的三角形图标，可以载入预设的形状或外部形状。

12.5 “扭曲”滤镜组

Photoshop CS6

12.5.1 波浪

“波浪”滤镜命令的使用可以在图像上创建类似于波浪起伏的效果。执行“滤镜>扭曲>波浪”命令可激活该滤镜。图12-117、图12-118和图12-119所示分别为原始图像、应用“波浪”滤镜以后的效果和波浪对话框。

图12-117

图12-118

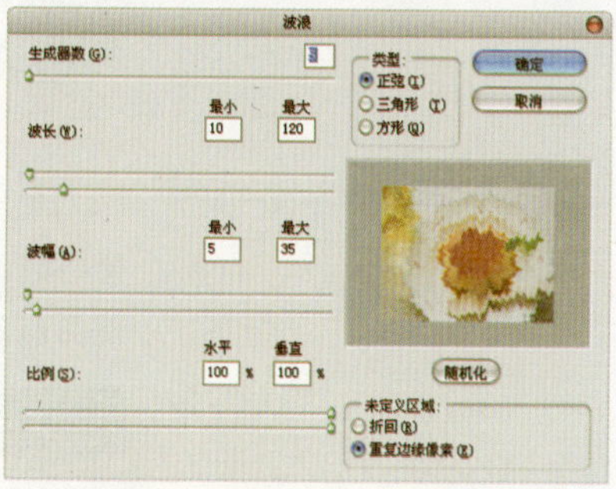

图12-119

- **生成器数**：用来设置波浪的强度。
- **波长**：用来设置相邻两个波峰之间的水平距离，包含“最小”和“最大”两个选项，其中“最小”数值不能超过“最大”数值。
- **波幅**：设置波浪的最小和最大。
- **比例**：设置波浪在水平方向和垂直方向上的波动幅度。

- **类型**：选择波浪的形态，包括“正弦”、“三角形”和“方形”3 种形态。
- **随机化**：如果对波浪效果不满意，可以单击该按钮，以重新生成波浪效果。
- **未定义区域**：用来设置空白区域的填充方式。选中“折回”单选按钮，可以在空白区域填充溢出的内容；选中“重复边缘像素”单选按钮，可以填充扭曲边缘的像素颜色。

12.5.2 波纹

执行“滤镜 > 扭曲 > 波纹”命令激活该滤镜。图 12-120、图 12-121 和图 12-122 所示分别为原始图像、应用“波纹”滤镜以后的效果和“波纹”对话框。“波纹”滤镜与“波浪”滤镜类似，但只能控制波纹的数量和大小。

图12-120

图12-121

图12-122

- **数量**：用于设置产生波纹的数量。
- **大小**：选择所产生的波纹的大小。

12.5.3 极坐标

执行“滤镜 > 扭曲 > 极坐标”命令激活该滤镜。图 12-123 和图 12-124 所示分别为原始图像以及“极坐标”对话框。使用“极坐标”滤镜可以将图像从平面坐标转换到极坐标，或从极坐标转换到平面坐标。

图12-123

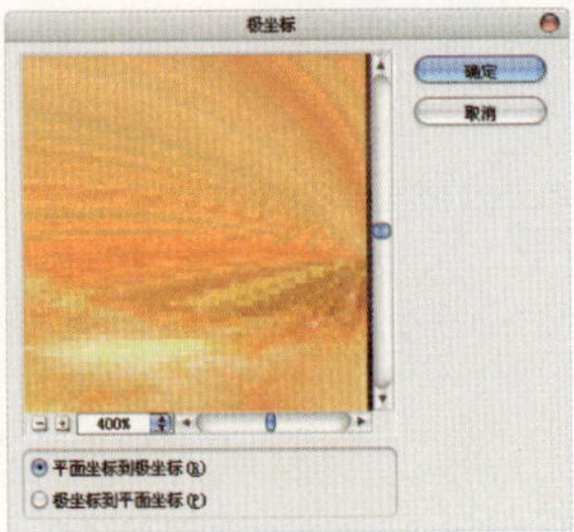

图12-124

- **平面坐标到极坐标**：使矩形图像变为圆形图像，如图 12-125 所示。
- **极坐标到平面坐标**：使圆形图像变为矩形图像，如图 12-126 所示。

图12-125

图12-126

12.5.4 挤压

执行“滤镜 > 扭曲 > 挤压”命令激活该滤镜。图 12-127、图 12-128 和图 12-129 所示分别为原始图像、“挤压”对话框和挤压效果图。使用“挤压”滤镜可以将选区内的图像或整个图像向外或向内挤压。

图12-127

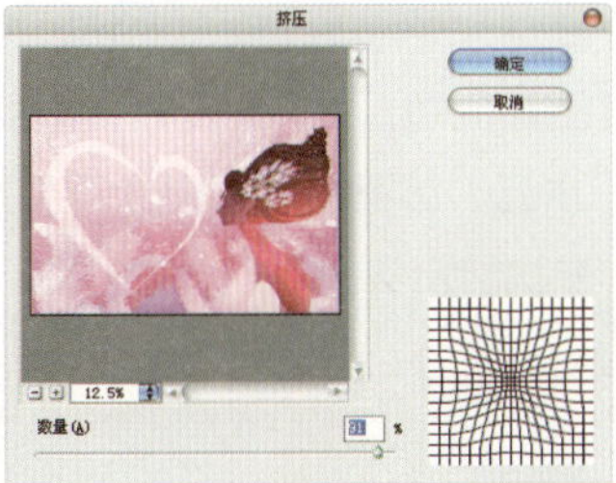
图12-128

图12-129

- **数量**：用来控制挤压图像的程度。当数值为负值时，图像会向外挤压；当数值为正值时，图像会向内挤压。

12.5.5 切变

执行“滤镜 > 扭曲 > 切变”命令激活该滤镜。图 12-130、图 12-131 和图 12-132 所示分别为原始图像、“切变”对话框和切变效果图。使用“切变”滤镜可以沿一条曲线扭曲图像，通过拖曳调整框中的曲线可以应用相应的扭曲效果。

图12-130

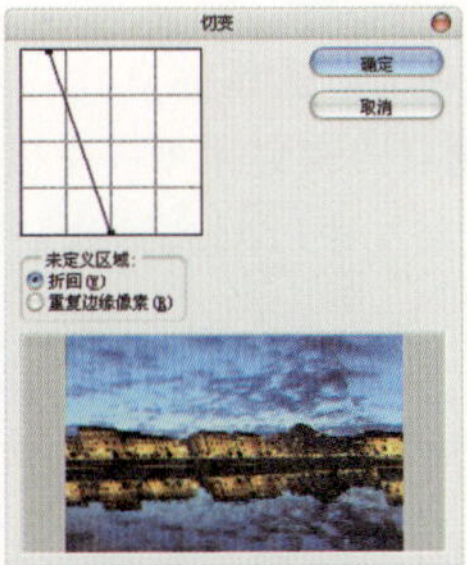
图12-131

图12-132

- **曲线调整框**：可以通过控制曲线的弧度来控制图像的变形效果。
- **折回**：在图像的空白区域中填充溢出图像之外的图像内容。
- **重复边缘像素**：在图像边界不完整的空白区域填充扭曲边缘的像素颜色。

12.5.6 球面化

执行“滤镜 > 扭曲 > 球面化”命令激活该滤镜。图 12-133、图 12-134 和图 12-135 所示分别为原始图像、球面化效果和“球面化”对话框。使用“球面化”滤镜可以将选区内的图像或整个图像扭曲为球形。

图12-133

图12-134

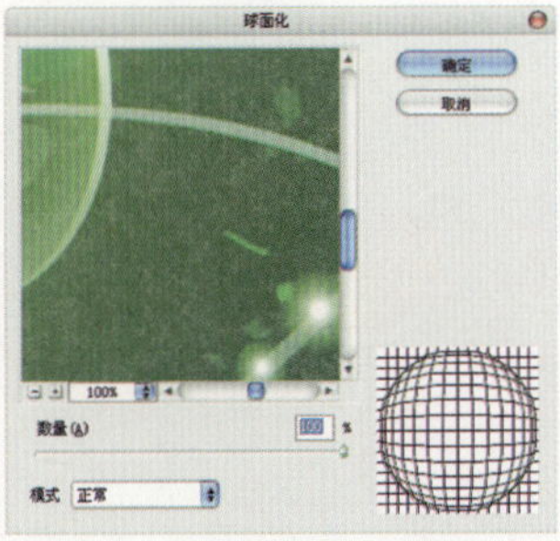
图12-135

- **数量**：用来设置图像球面化的程度。当设置为正值时，图像会向外凸起；当设置为负值时，图像会向内收缩。
- **模式**：用来选择图像的挤压方式，包含“正常”、“水平优先”和“垂直优先”3 种方式。

12.5.7 水波

执行“滤镜 > 扭曲 > 水波”命令激活该滤镜。图 12-136 和图 12-137 所示分别为原始图像（创建了一个椭圆选区）和使用“水波”对话框。“水波”滤镜可以使图像产生真实的水波波纹效果。

图12-136

图12-137

- **数量**：用来设置波纹的数量。当设置为负值时，将产生下凹的波纹；当设置为正值时，将产生上凸的波纹。
- **起伏**：用来设置波纹的数量。数值越大，波纹越多。
- **样式**：用来选择生成波纹的方式。选择“围绕中心”选项时，可以围绕图像或选区的中心产生波纹；选择“从中心向外”选项时，波纹将从中心向外扩散；选择“水池波纹”选项时，可以产生同心圆形状的波纹。

12.5.8 旋转扭曲

执行“滤镜 > 扭曲 > 旋转扭曲”命令激活该滤镜。图 12-138 和图 12-139 所示分别为原始图像以及“旋转扭曲”对话框。使用“旋转扭曲”滤镜可以顺时针或逆时针旋转图像，旋转会围绕图像的中心进行处理。

- **角度**：用来设置旋转扭曲方向。当设置为正值时，会沿顺时针方向进行扭曲，如图 12-140 所示；当设置为负值时，会沿逆时针方向进行扭曲，如图 12-141 所示。

图12-138

图12-139

图12-140

图12-141

12.5.9 置换

打开一张素材文件，如图 12-142 所示。打开一张格式为 PSD 的用于作为置换图像的素材，如图 12-143 所示。执行“滤镜 > 扭曲 > 置换”命令，打开“置换”对话框，如图 12-144 所示。“置换”滤镜可以用另外一张图像（必须为 PSD 文件）的亮度值使当前图像的像素重新排列，并产生位移效果，如图 12-145 所示。

图12-142

图12-143

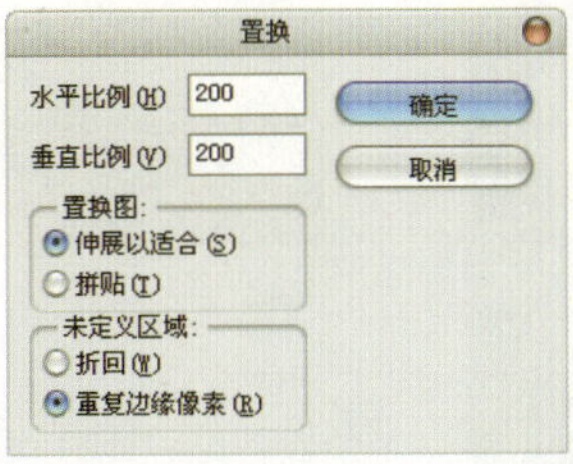

图12-144

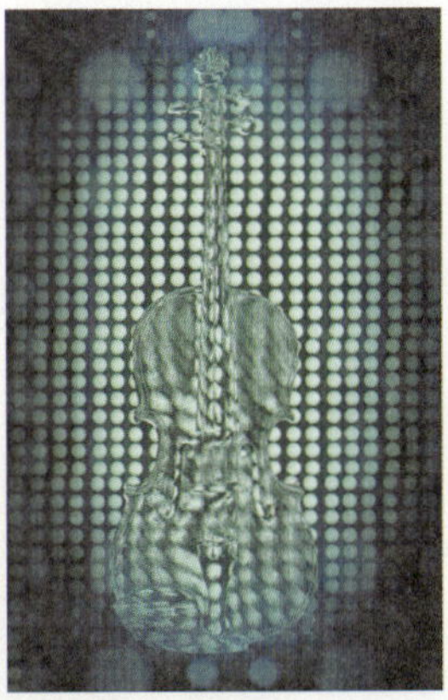

图12-145

- **水平 / 垂直比例**：可以用来设置水平方向和垂直方向所移动的距离。单击“确定”按钮可以载入 PSD 文件，然后用该文件扭曲图像。
- **置换图**：用来设置置换图像的方式，包括“伸展以适合”和“拼贴”两种。

命令实训 使用水波滤镜制作水中女神

案例文件	案例文件\第12章\12.5.7\使用水波滤镜制作水中女神.psd
视频教学	视频文件\第12章\使用水波滤镜制作水中女神.flv
难易指数	★★★☆☆
知识掌握	水波滤镜

案例效果

本案例主要通过使用“水波”滤镜，使人像边缘发生变形，模拟出处于水中的效果，原图与对比图分别如图 12-146 和图 12-147 所示。

图12-146

图12-147

操作步骤

1 打开本书配套光盘中的背景文件“1.jpg”，如图 12-148 所示。

2 复制一层背景，并对其执行“滤镜 > 扭曲 > 水波”命令，设置“数量”数值为 20，“起伏”数值为 15，如图 12-149 所示。连续 3 次按 Ctrl+F 组合键，多次执行上一次滤镜命令，如图 12-150 所示。

图12-148

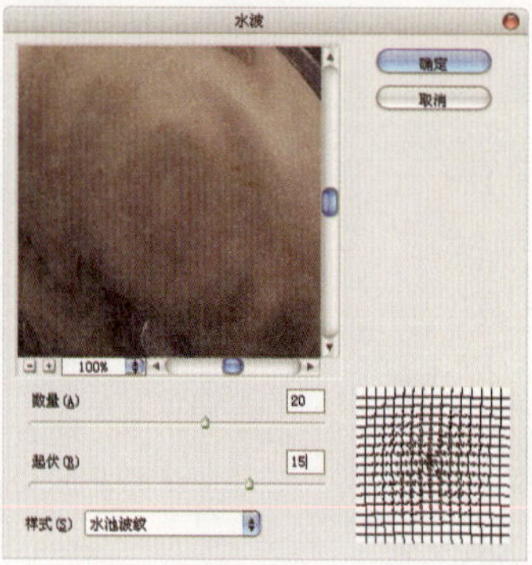

图12-149

图12-150

3 复制背景图层，放在“图层”面板顶部，为其添加蒙版，如图 12-151 所示。设置前景色为黑色，使用“画笔工具”在人像以外部分绘制，如图 12-152 所示。

4 新建曲线调整图层，调节曲线的形状，如图 12-153 所示。使用黑色画笔工具在蒙版中皮肤之外区域涂抹，提亮肤色，如图 12-154 所示。

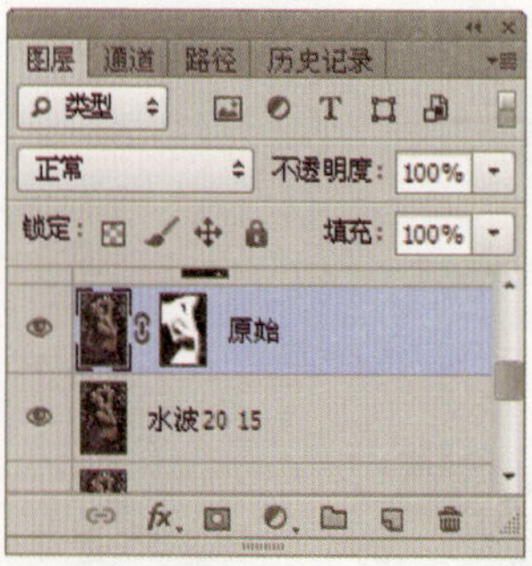

图12-151

图12-152

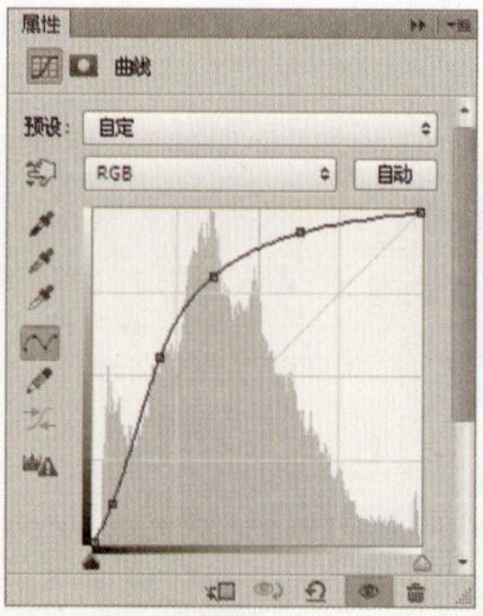

图12-153

图12-154

5 新建曲线调整图层，调节曲线的形状，如图 12-155 所示。为蒙版填充为黑色，使用白色画笔工具绘制出人物服饰区域，提亮服饰，如图 12-156 所示。

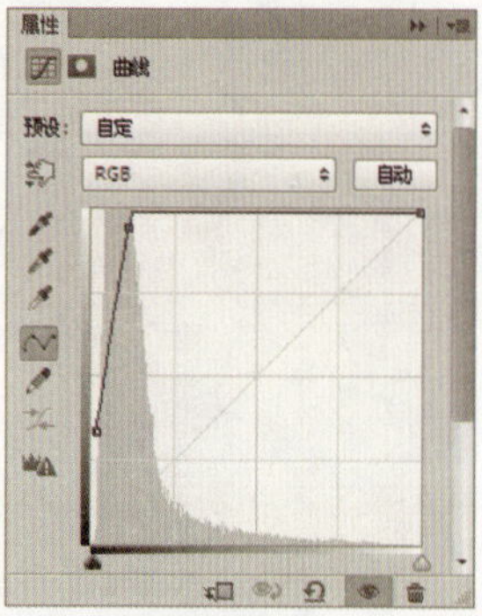

图12-155

图12-156

6 导入前景水的素材“2.png”，放置在画面的合适位置，如图 12-157 所示。

7 导入光效素材“3.jpg”，设置混合模式为滤色，为光效素材添加图层蒙版，在蒙版中适当擦去人像部分光效，最终效果如图 12-158 所示。

图12-157

图12-158

12.6 “锐化”滤镜组

Photoshop CS6

12.6.1 USM锐化

执行“滤镜 > 锐化 >USM 锐化”命令激活该滤镜。图 12-159、图 12-160 和图 12-161 所示分别为原始图像、应用“USM 锐化”滤镜以后的效果以及“USM 锐化”对话框。使用“USM 锐化”滤镜可以查找图像颜色发生明显变化的区域，然后将其锐化。

图12-159

图12-160

图12-161

- **数量**：用来设置锐化效果的精细程度。
- **半径**：用来设置图像锐化的半径范围大小。
- **阈值**：只有相邻像素之间的差值达到所设置的“阈值”数值时才会被锐化。该值越高，被锐化的像素就越少。

12.6.2 进一步锐化

执行“滤镜 > 锐化 > 进一步锐化”命令激活该滤镜。图 12-162 和图 12-163 所示分别为原始图像与应用两次“进一步锐化”滤镜以后的效果。使用“进一步锐化”滤镜可以通过增加像素之间的对比度使图像变得清晰，但锐化效果不是很明显（该滤镜没有参数设置对话框）。

图12-162

图12-163

12.6.3 锐化

执行“滤镜 > 锐化 > 锐化”命令，可以自动进行锐化。“锐化”滤镜与“进一步锐化”滤镜一样（该滤镜没有参数设置对话框），都可以通过增加像素之间的对比度来使图像变得清晰，但是其锐化效果没有“进一步锐化”滤镜的锐化效果明显，应用一次“进一步锐化”滤镜，相当于应用了3次“锐化”滤镜。

12.6.4 锐化边缘

执行“滤镜 > 锐化 > 锐化边缘”命令可激活该滤镜。图12-164和图12-165所示分别为原始图像及应用“锐化边缘”滤镜以后的效果。使用“锐化边缘”滤镜只锐化图像的边缘，同时会保留图像整体的平滑度（该滤镜没有参数设置对话框）。

图12-164

图12-165

12.6.5 智能锐化

执行“滤镜 > 锐化 > 智能锐化”命令可激活该滤镜。图12-166、图12-167和图12-168所示分别为原始图像、智能锐化的效果和“智能锐化”对话框。“智能锐化”滤镜的功能比较强大，它具有独特的锐化选项，可以设置锐化算法、控制阴影和高光区域的锐化量。

图12-166

图12-167

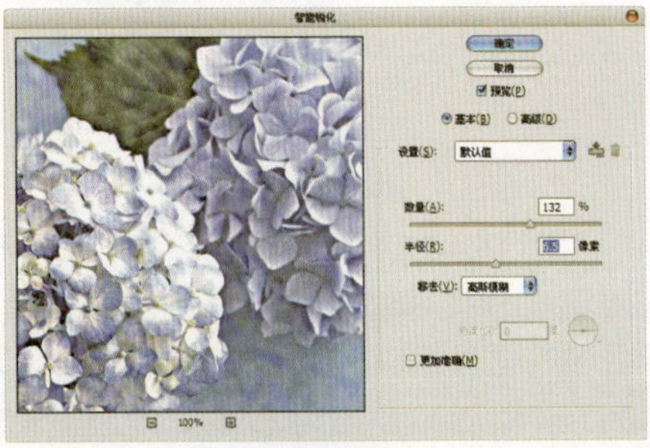

图12-168

1. 设置基本选项

在“智能锐化”对话框中选中“基本”单选按钮，可以设置“智能锐化”滤镜的基本锐化功能。

- **设置：**单击“存储当前设置的拷贝”按钮，可以将当前设置的锐化参数存储为预设参数；单击“删除当前设置”按钮，可以删除当前选择的自定义锐化配置。
- **数量：**用来设置锐化的精细程度。数值越高，越能强化边缘之间的对比度。图 12-169 和图 12-170 所示分别是设置“数量”为 100% 和 500% 时的锐化效果。

图12-169

图12-170

- **半径：**用来设置受锐化影响的边缘像素的数量。数值越高，受影响的边缘就越宽，锐化的效果也就越明显。图 12-171 和图 12-172 所示分别是设置“半径”为 3 像素和 6 像素时的锐化效果。

图12-171

图12-172

- **移去：**选择锐化图像的算法。选择“高斯模糊”选项，可以使用“USM 锐化”滤镜的方法锐化图像；选择“镜头模糊”选项，可以查找图像中的边缘和细节，并对细节进行更加精细的锐化，以减少锐化的光晕；选择“动感模糊”选项，可以激活下面的“角度”选项，通过设置“角度”值可以减少由于相机或对象移动而产生的模糊效果。
- **更加准确：**选中该复选框，可以使锐化效果更加精确。

2. 设置高级选项

在“智能锐化”对话框中选择“高级”选项，可以设置“智能锐化”滤镜的高级锐化功能。高级锐化功能包含“锐化”、“阴影”和“高光”3 个选项卡，如图 12-173、图 12-174 和图 12-175 所示，其中“锐化”选项卡中的参数与基本锐化选项完全相同。

图12-173

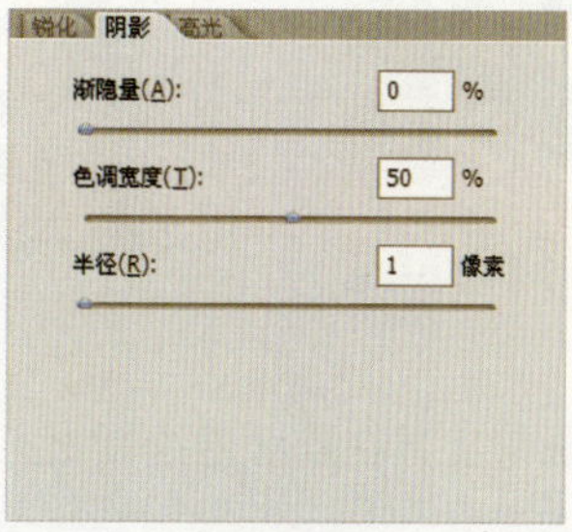

图12-174

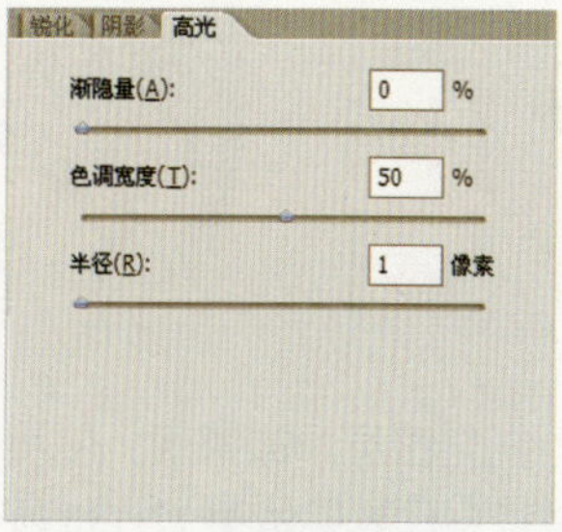

图12-175

- **渐隐量**：用于设置阴影或高光中的锐化程度。
- **色调宽度**：用于设置阴影和高光中色调的修改范围。
- **半径**：用于设置每个像素周围的区域大小。

命令实训 使用锐化滤镜锐化图像

案例文件	案例文件\第12章\12.6\使用锐化滤镜锐化图像.psd
视频教学	视频文件\第12章\使用锐化滤镜锐化图像.flv
难易指数	★★★★★
知识掌握	智能锐化滤镜

案例效果

使用“智能锐化”滤镜可以使模糊图像变清晰，对于人像进行锐化可能会产生皮肤噪点增多的情况，所以需要使用图层蒙版进行处理。图 12-176 和图 12-177 所示分别为原图与效果图。

图12-176

图12-177

操作步骤

1 打开本书配套光盘中的背景文件素材“1.jpg”，如图 12-178 所示。

2 复制一层背景，并对其执行“滤镜 > 锐化 > 智能锐化”命令，设置“数量”数值为 400%，“半径”数值为 1 像素，如图 12-179 所示。

图12-178

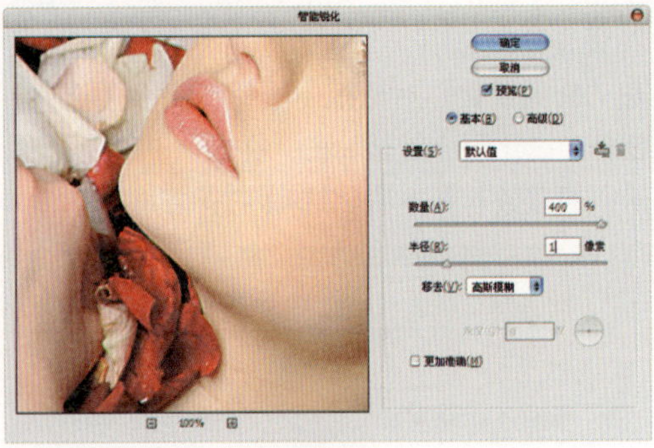

图12-179

3 为锐化图层添加蒙版，使用黑色画笔工具在蒙版中绘制出人物的皮肤部分。使皮肤还原柔和状态，最终制作效果如图 12-180 所示。

图12-180

12.7 “视频”滤镜组

Photoshop CS6

12.7.1 NTSC颜色

执行“滤镜 > 视频 >NTSC 颜色”命令激活该滤镜。使用“NTSC 颜色”滤镜可以将色域限制在电视机重现可接受的范围内，以防止过饱和颜色渗到电视扫描行中。

12.7.2 逐行

执行“滤镜 > 视频 > 逐行”命令激活该滤镜。使用“逐行”滤镜可以移去视频图像中的奇数或偶数隔行线，使在视频上捕捉的运动图像变得平滑。图 12-181 所示是“逐行”对话框。

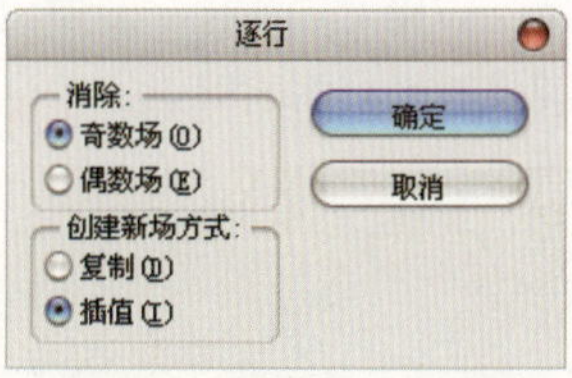

图12-181

- **消除：**用来控制消除逐行的方式，包括“奇数场”和“偶数场”两种。
- **创建新场方式：**用来设置消除场后用何种方式来填充空白区域。选中“复制”单选按钮，可以复制被删除部分周围的像素来填充空白区域；选中“插值”单选按钮，可以利用被删除部分周围的像素，通过插值的方法进行填充。

12.8 “像素化”滤镜组

Photoshop CS6

12.8.1 彩块化

执行“滤镜 > 像素化 > 彩块化”命令激活该滤镜。图 12-182 和图 12-183 所示分别为原始图像，以及应用“彩块化”滤镜后的效果。使用“彩块化”滤镜可以将纯色或相近色的像素结成相近颜色的像素块（该滤镜没有参数设置对话框），常用来制作手绘图像、抽象派绘画等艺术效果。

图12-182

图12-183

12.8.2 彩色半调

执行“滤镜 > 像素化 > 彩色半调”命令激活该滤镜。图 12-184、图 12-185 和图 12-186 所示分别为原始图像、应用“彩色半调”滤镜以后的效果以及“彩色半调”对话框。使用“彩色半调”滤镜可以模拟在图像的每个通道上使用放大的半调网屏的效果。

图12-184

图12-185

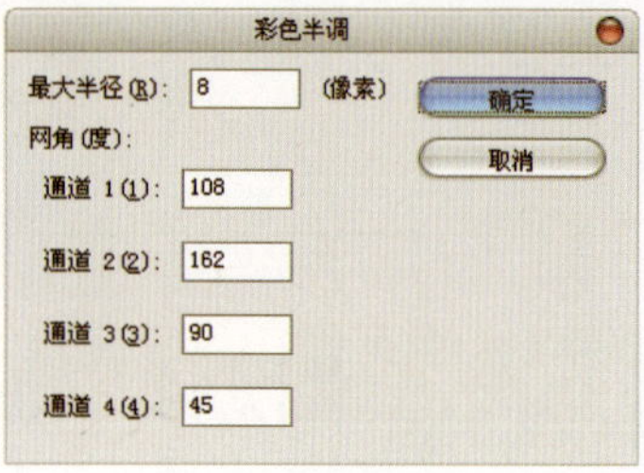

图12-186

- **最大半径**：用来设置生成的最大网点的半径。
- **网角（度）**：用来设置图像各个原色通道的网点角度。

12.8.3 点状化

执行“滤镜 > 像素化 > 点状化”命令激活该滤镜。图 12-187、图 12-188 和图 12-189 所示分别为原始图像、应用“点状化”滤镜以后的效果以及“点状化”对话框。使用“点状化”滤镜可以将图像中的颜色分解成随机分布的网点，并使用背景色作为网点之间的画布区域。

图12-187

图12-188

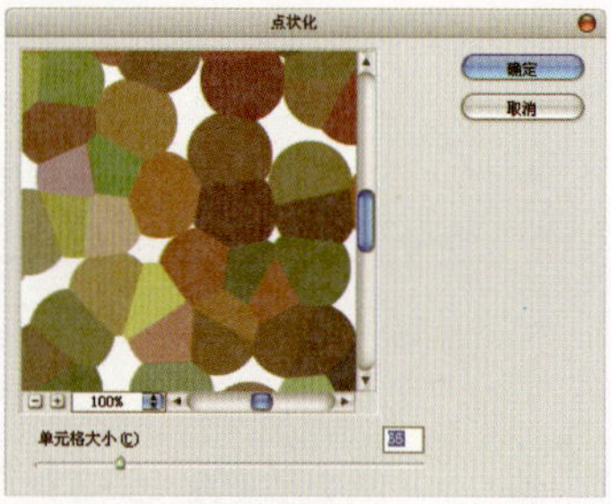

图12-189

- **单元格大小**：用来设置每个多边形色块的大小。

12.8.4 晶格化

执行“滤镜 > 像素化 > 晶格化”命令激活该滤镜。图 12-190、图 12-191 和图 12-192 所示分别为原始图像、应用“晶格化”滤镜以后的效果以及“晶格化”对话框。使用“晶格化”滤镜可以使图像中颜色相近的像素结块形成多边形纯色。

图12-190

图12-191

图12-192

- **单元格大小**：用来设置每个多边形色块的大小。

12.8.5 马赛克

执行“滤镜 > 像素化 > 马赛克”命令激活该滤镜。图 12-193、图 12-194 和图 12-195 所示分别为原始图像、应用“马赛克”滤镜以后的效果以及“马赛克”对话框。使用“马赛克”滤镜可以使像素结为方形色块，创建出类似于马赛克的效果。

图12-193

图12-194

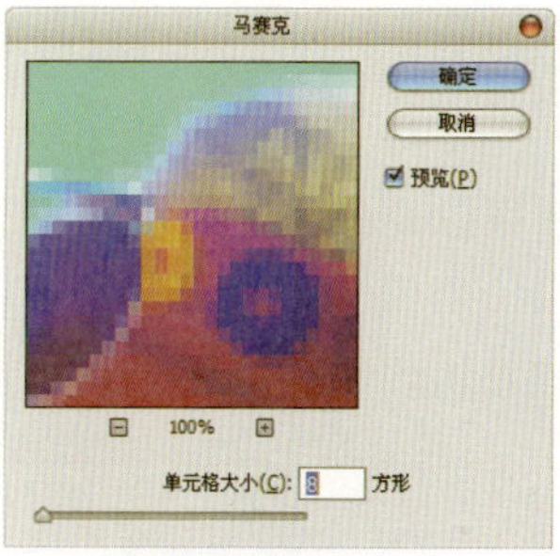

图12-195

- **单元格大小**：用来设置每个多边形色块的大小。

12.8.6 碎片

执行“滤镜 > 像素化 > 碎片”命令激活该滤镜。图 12-196 和图 12-197 所示分别为原始图像和应用“碎片”滤镜以后的效果。使用“碎片”滤镜可以将图像中的像素复制 4 次，然后将复制的像素平均分布，并使其相互偏移（该滤镜没有参数设置对话框）。

图12-196

图12-197

12.8.7 铜板雕刻

执行“滤镜 > 像素化 > 铜板雕刻”命令激活该滤镜。图 12-198 和图 12-199 所示分别为原始图像以及“铜板雕刻”对话框。使用“铜板雕刻”滤镜可以将图像转换为黑白区域的随机图案或彩色图像中完全饱和颜色的随机图案。

图12-198

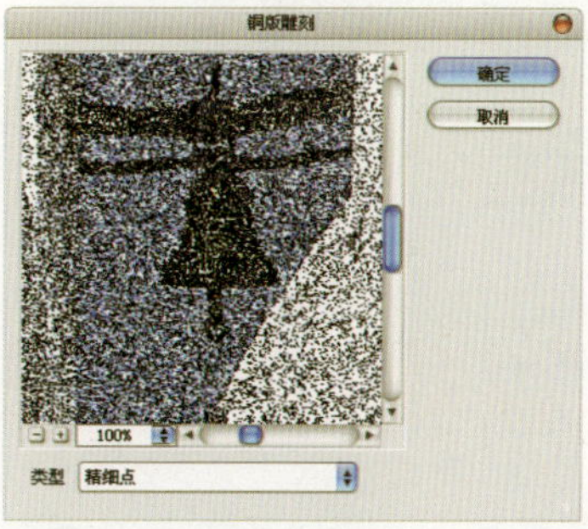

图12-199

- **类型**：选择铜板雕刻的类型，包含“精细点”、“中等点”、“粒状点”、“粗网点”、“短直线”、“中长直线”、“长直线”、“短描边”、“中长描边”和“长描边”10种类型。

12.9 渲染滤镜组

Photoshop CS6

12.9.1 分层云彩

执行“滤镜>渲染>分层云彩”命令激活该滤镜。图12-200和图12-201所示分别为原始图像以及使用“分层云彩”命令后的效果。使用“分层云彩”滤镜可以将云彩数据与现有的像素以“差值”方式进行混合（该滤镜没有参数设置对话框）。首次应用该滤镜时，图像的某些部分会被反相成云彩图案。

图12-200

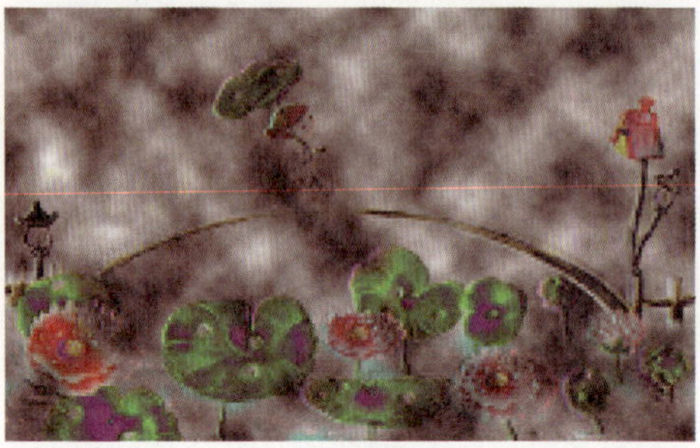
图12-201

12.9.2 光照效果 新增功能

“光照效果”滤镜的功能相当强大，不仅可以在RGB图像上产生多种光照效果。也可以使用灰度文件的凹凸纹理图产生类似3D的效果，并存储为自定样式以在其他图像中使用。执行“滤镜>渲染>光照效果”命令，打开“光照效果”窗口，如图12-202所示。

在选项栏中的“预设”下拉列表中包含多种预设的光照效果，选中某一项即可更改当前画面效果，如图12-203所示。

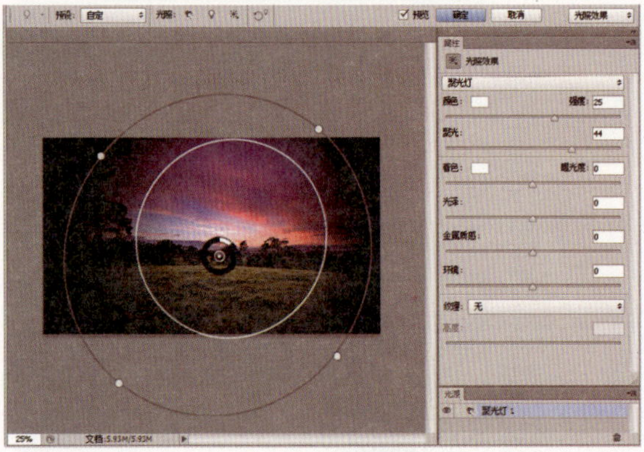
图12-202

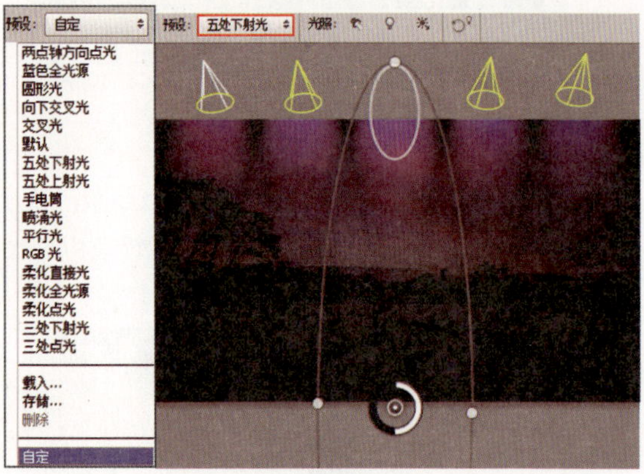

图12-203

- **两点钟方向点光**：即具有中等强度和宽焦点的黄色点光。
- **蓝色全光源**：即具有全强度和没有焦点的高处蓝色全光源。
- **圆形光**：即四个点光。“白色”为全强度和集中焦点的点光。“黄色”为强强度和集中焦点的点光。“红色”为中等强度和集中焦点的点光。“蓝色”为全强度和中等焦点的点光。

- **向下交叉光**：即具有中等强度和宽焦点的两种白色点光。
- **交叉光**：即具有中等强度和宽焦点的白色点光。
- **默认**：即具有中等强度和宽焦点的白色点光。
- **五处下射光 / 五处上射光**：即具有全强度和宽焦点的下射或上射的五个白色点光。
- **手电筒**：即具有中等强度的黄色全光源。
- **喷涌光**：即具有中等强度和宽焦点的白色点光。
- **平行光**：即具有全强度和没有焦点的蓝色平行光。
- **RGB 光**：即产生中等强度和宽焦点的红色、蓝色与绿色光。
- **柔化直接光**：即两种不聚焦的白色和蓝色平行光。其中白色光为柔和强度，而蓝色光为中等强度。
- **柔化全光源**：即中等强度的柔和全光源。
- **柔化点光**：即具有全强度和宽焦点的白色点光。
- **三点下射光**：即具有柔和强度和宽焦点的右边中间白色点光。
- **三处点光**：即具有轻微强度和宽焦点的三个点光。
- **存储**：若要存储预设，需要单击下拉列表中的“存储”，在弹出的窗口中选择存储位置并命名该样式，然后单击“确定”按钮。存储的预设包含每种光照的所有设置，并且无论何时打开图像，存储的预设都会出现在“样式”菜单中。
- **载入**：若要载入预设，需要单击下拉列表中的“载入”，在弹出的窗口中选择文件并单击“确定”按钮即可。
- **删除**：若要删除预设，需要选择该预设并单击下拉列表中的“删除”。图 12-203 所示为使用“五点下射光”的效果。
- **自定**：若要创建光照预设，需要从“预设”下拉列表中选择“自定”，然后单击“光照”图标以添加点光、点测光和无限光类型。按需要重复，最多可获得 16 种光照。

在选项栏中单击“光源”右侧的按钮即可快速在画面中添加光源，单击“重置当前光照”按钮即可对当前光源进行重置。图 12-204、图 12-205 和图 12-206 所示分别为三种光源的对比效果。

图12-204

图12-205

图12-206

- **聚光灯**：投射一束椭圆形的光柱。预览窗口中的线条定义光照方向和角度，而手柄定义椭圆边缘。若要移动光源需要在外部椭圆内拖动光源。若要旋转光源需要在外部椭圆外拖动光源。若要更改聚光角度需要拖动内部椭圆的边缘。若要扩展或收缩椭圆需要拖动四个外部手柄中的一个。按 Shift 键并拖动，可使角度保持不变而只更改椭圆的大小。按 Ctrl 键并拖动可保持大小不变并更改点光的角度或方向。若要更改椭圆中光源填充的强度，请拖动中心部位强度环的白色部分。
- **点光**：像灯泡一样使光在图像正上方向的各个方向照射。若要移动光源，需要将光源拖动到画布上的任何地方。若要更改光的分布（通过移动光源使其更近或更远来反射光），需要拖动中心部位强度环的白色部分。

- **无限光**：像太阳一样使光照射在整个平面上。若要更改方向需要拖动线段末端的手柄。若要更改亮度需要拖动光照控件中心部位强度环的白色部分。

创建光源后，在“属性”面板中即可对该光源进行参数的设置，在灯光类型下拉列表中对光源类型进行更改，如图 12-207 所示。

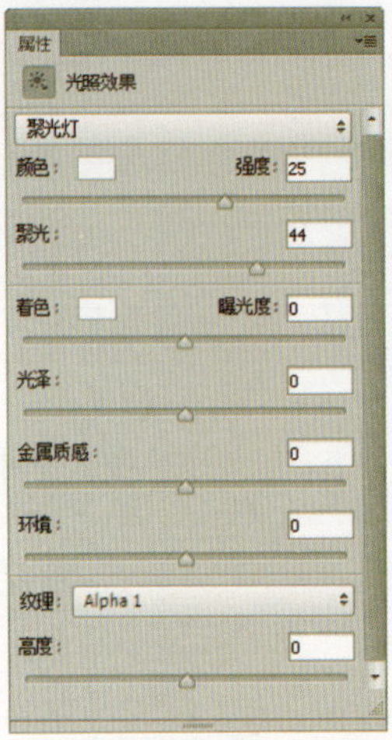

图12-207

- **强度**：用来设置灯光的光照大小。
- **颜色**：单击后面的颜色图标，可以在弹出的“选择光照颜色”对话框中设置灯光的颜色。
- **聚光**：用来控制灯光的光照范围。该选项只能用于聚光灯。
- **着色**：单击以填充整体光照。
- **曝光度**：用来控制光照的曝光效果。数值为负时，可以减少光照；数值为正时，可以增加光照。
- **光泽**：用来设置灯光的反射强度。
- **金属质感**：用来控制光照或光照投射到的对象哪个反射率更高。
- **环境**：漫射光，使该光照如同室内的其他光照（如日光或荧光）相结合一样。选取数值 100 表示只使用此光源，或者选取数值 -100 表示移去此光源。
- **纹理**：在下拉列表中选择通道，为图像应用纹理通道。
- **高度**：启用“纹理”后，该选项便可用。它可以控制应用纹理后凸起的高度，拖动“高度”滑块将纹理从“平滑”(0) 改变为“凸起”(100)。

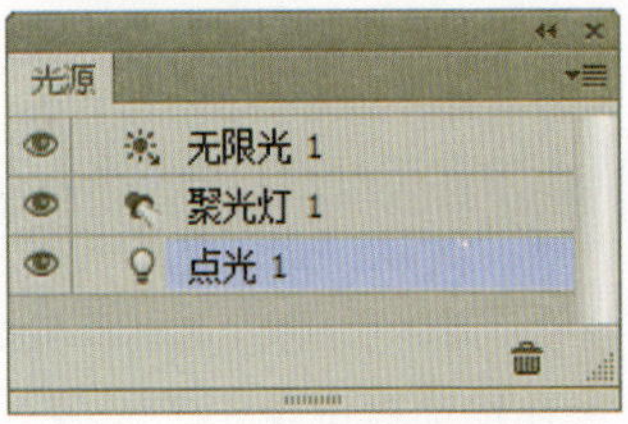

图12-208

在“光源”面板中显示了当前场景中包含的光源，如果需要删除某个灯光，则单击“光源”面板右下角的“回收站”图标，如图 12-208 所示。

在“光照效果”工作区中，使用“纹理通道”可以将 Alpha 通道添加到图像中（称作凹凸图）来控制光照效果。在“光照效果”工作区中，向图像中添加 Alpha 通道，如图 12-209 所示。从“属性”面板的“纹理”下拉列表中选择一种通道，拖动“高度”滑块即可观察到画面将以纹理所选通道的黑白关系发生从“平滑”(0) 到“凸起”(100) 的变化，如图 12-210 所示，效果如图 12-211 所示。

图12-209

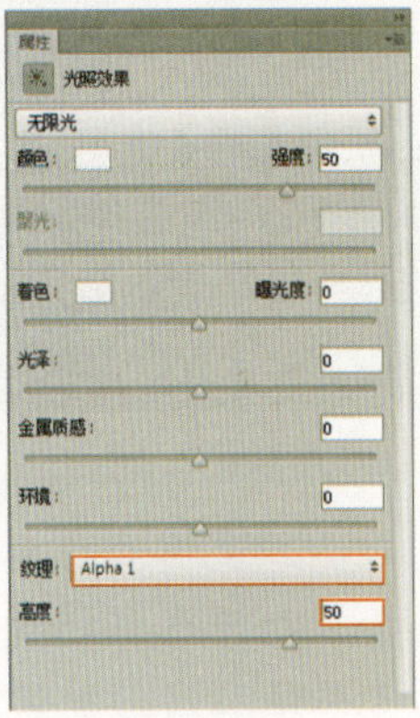

图12-210

图12-211

12.9.3 镜头光晕

执行“滤镜 > 渲染 > 镜头光晕”命令，打开“镜头光晕”对话框，如图 12-212 所示。使用“镜头光晕”滤镜可以模拟亮光照射到相机镜头所产生的折射效果。图 12-213 和图 12-214 所示分别为原图与效果图。

图12-212

图12-213

图12-214

- **预览窗口**：在该窗口中可以通过拖曳十字线来调节光晕的位置，如图 12-215 所示。
- **亮度**：用来控制镜头光晕的亮度，其取值范围为 10%~300%。图 12-216 和图 12-217 所示分别是设置“亮度”值为 100% 和 200% 时的效果。

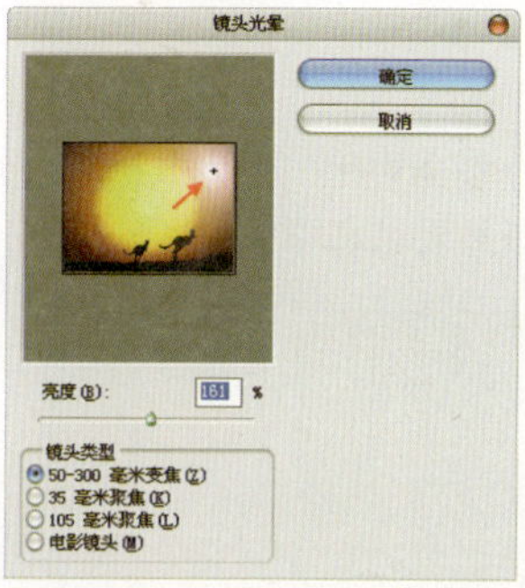

图12-215

图12-216

图12-217

- **镜头类型**：用来选择镜头光晕的类型，包括“50-300 毫米变焦”、“35 毫米聚焦”、“105 毫米聚焦”和“电影镜头”4 种类型，如图 12-218、图 12-219、图 12-220 和图 12-221 所示。

图12-218

图12-219

图12-220

图12-221

12.9.4 纤维

执行“滤镜 > 渲染 > 纤维”命令激活该滤镜。图 12-222 和图 12-223 所示分别为应用“纤维”滤镜以后的效果以及“纤维”对话框。使用“纤维”滤镜可以根据前景色和背景色来创建类似编织的纤维效果。

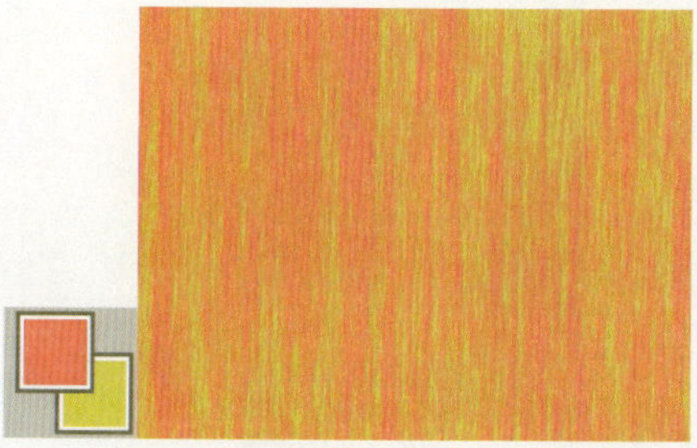
图12-222

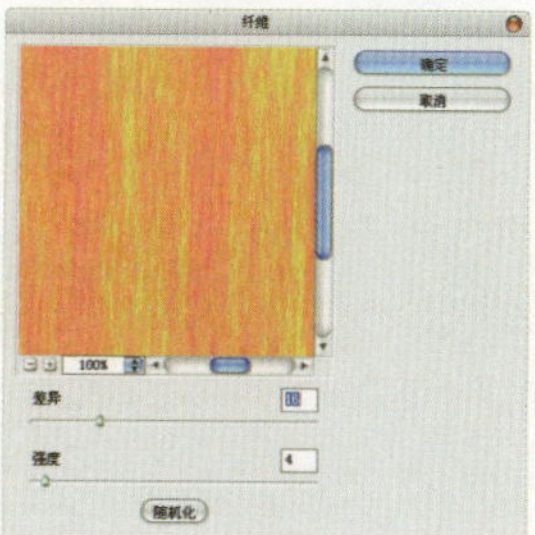

图12-223

- **差异**：用来设置颜色变化的方式。较低的数值可以生成较长的颜色条纹，如图 12-224 所示；较高的数值可以生成较短且颜色分布变化更大的纤维，如图 12-225 所示。

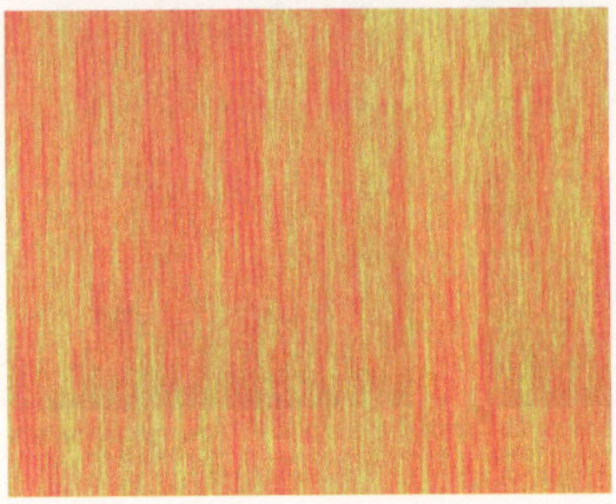

图12-224

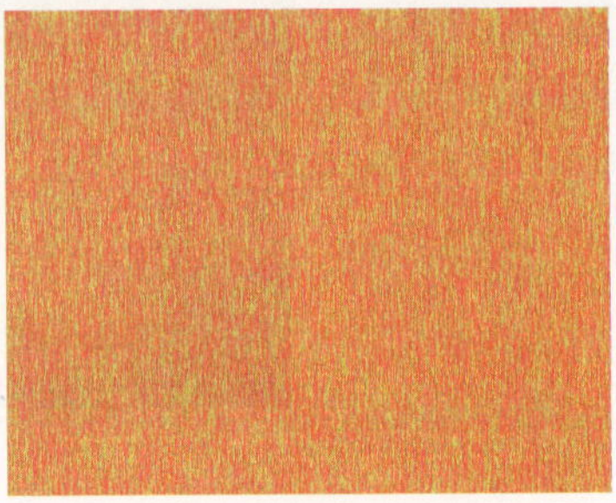

图12-225

- **强度**：用来设置纤维外观的明显程度。
- **随机化**：单击该按钮，可以随机生成新的纤维。

12.9.5 云彩

执行“滤镜 > 渲染 > 云彩”命令激活该滤镜。图 12-226 和图 12-227 所示分别为应用“云彩”滤镜以后的效果。使用“云彩”滤镜可以根据前景色和背景色随机生成云彩图案（该滤镜没有参数设置对话框）。

图12-226

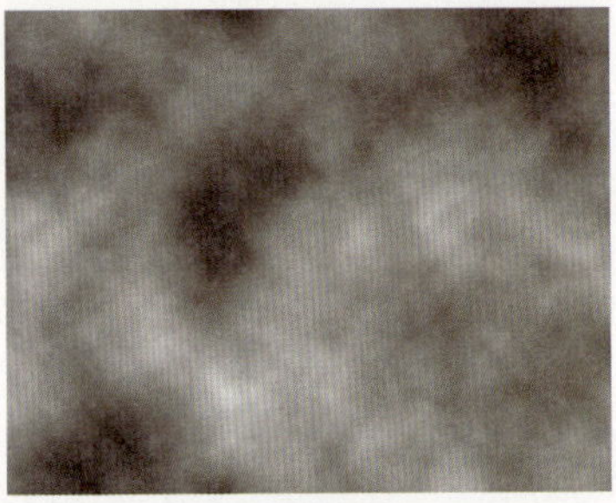

图12-227

命令实训 使用光照效果与镜头光晕滤镜

案例文件	案例文件\第12章\12.9\使用光照效果与镜头光晕滤镜.psd
视频教学	视频文件\第12章\使用光照效果与镜头光晕滤镜.flv
难易指数	★★★★★
知识掌握	光照效果、镜头光晕滤镜

案例效果

本案例主要通过使用“光照效果”滤镜与“镜头光晕”滤镜模拟受光的照片。图 12-228 和图 12-229 所示分别为原图与效果图。

图12-228

图12-229

操作步骤

1 打开本书配套光盘中的背景文件素材“1.jpg”，如图 12-230 所示。

2 复制一层背景，并对其执行“滤镜 > 渲染 > 光照效果”命令，设置“类型”为点光，“强度”数值为 20，“环境”数值为 60，如图 12-231 所示。

图12-230

图12-231

3 新建图层，为其填充黑色，执行“滤镜 > 渲染 > 镜头光晕”，设置“亮度”数值为 150%，如图 12-232 所示。在“图层”面板中设置混合模式为滤色，如图 12-233 和图 12-234 所示。

4 导入前景素材文件“2.png”，最终效果如图 12-235 所示。

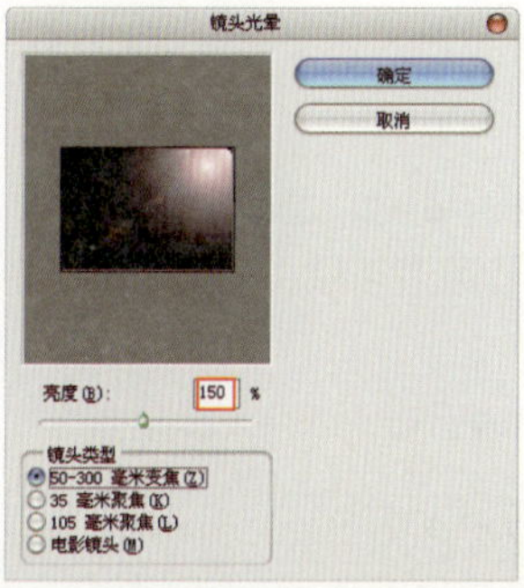

图12-232

图12-233

图12-234

图12-235

12.10 “杂色”滤镜组

Photoshop CS6

12.10.1 减少杂色

执行“滤镜 > 杂色 > 减少杂色”命令激活该滤镜。图 12-236、图 12-237 和图 12-238 所示分别为原始图像、应用“减少杂色”滤镜以后的效果和“减少杂色”对话框。使用“减少杂色”滤镜命令可以基于影响整个图像或各个通道的参数设置来保留边缘并减少图像中的杂色。

图12-236

图12-237

图12-238

1. 设置基本选项

在“减少杂色”对话框中选中“基本”单选按钮，可以设置“减少杂色”滤镜的基本参数。

- **强度**：用来设置应用于所有图像通道的明亮度杂色的减少量。
- **保留细节**：用来控制保留图像的边缘和细节（如头发）的程度。数值为 100% 时，可以保留图像的大部分细节，但是会将明亮度杂色减到最低。
- **减少杂色**：移去随机的颜色像素。数值越大，减少的颜色杂色越多。
- **锐化细节**：用来设置移去图像杂色时锐化图像的程度。
- **移除 JPEG 不自然感**：选中该复选框后，可以移去因 JPEG 压缩而产生的不自然块。

2. 设置高级选项

在“减少杂色”对话框中选中“高级”单选按钮，可以设置“减少杂色”滤镜的高级参数。其中“整体”选项卡与基本参数完全相同。“每通道”选项卡可以基于红、绿、蓝通道来减少通道中的杂色，如图 12-239 和图 12-240 所示。

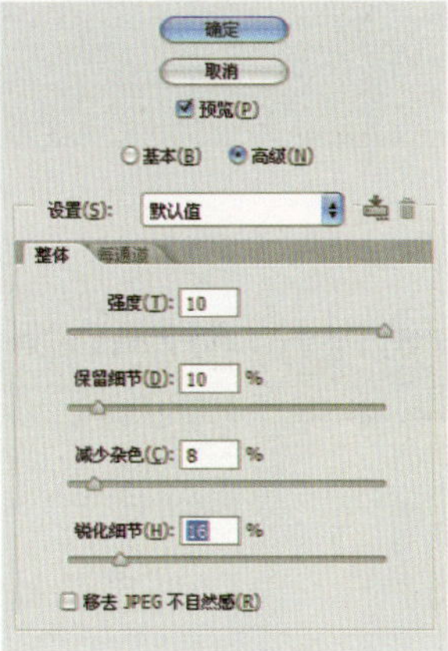

图12-239

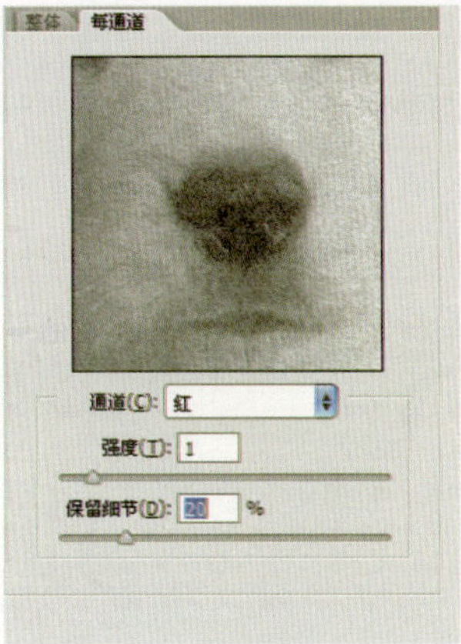

图12-240

12.10.2 蒙尘与划痕

执行“滤镜 > 杂色 > 蒙尘与划痕”命令激活该滤镜。图 12-241、图 12-242 和图 12-243 所示分别为原始图像、应用“蒙尘与划痕”滤镜以后的效果和“蒙尘与划痕”对话框。使用“蒙尘与划痕”滤镜命令可以通过修改具有差异化的像素来减少杂色，以便有效地去除图像中的杂点和划痕。

- **半径**：用来设置柔化图像边缘的范围。
- **阈值**：用来定义像素的差异有多大才被视为杂点。数值越高，消除杂点的能力越弱。

图12-241

图12-242

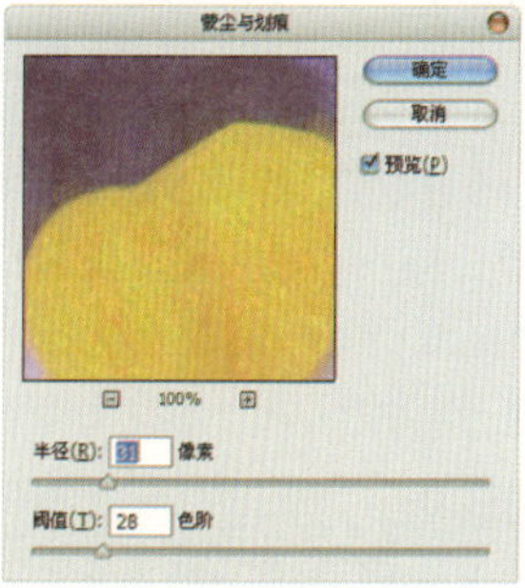

图12-243

12.10.3 去斑

执行“滤镜 > 杂色 > 祛斑”命令激活该滤镜。图 12-244 和图 12-245 所示分别为原始图像以及应用“去斑”滤镜以后的效果。使用“去斑”滤镜命令可以检测图像的边缘（发生显著颜色变化的区域），并模糊那些边缘外的所有区域，同时保留图像的细节（该滤镜没有参数设置对话框）。

图12-244

图12-245

12.10.4 添加杂色

执行“滤镜 > 杂色 > 添加杂色”命令激活该滤镜。图 12-246、图 12-247 和图 12-248 所示分别为原始图像、应用“添加杂色”滤镜以后的效果和“添加杂色”对话框。使用“添加杂色”滤镜可以在图像中添加随机像素，也可以用来修缮图像中经过重大编辑过的区域。

图12-246

图12-247

图12-248

- **数量**：用来设置添加到图像中的杂点的数量。
- **分布**：选中“平均分布”单选按钮，可以随机向图像中添加杂点，杂点效果比较柔和；选中“高斯分布”单选按钮，可以沿一条钟形曲线分布杂色的颜色值，以获得斑点状的杂点效果。
- **单色**：选中该复选框后，杂点只影响原有像素的亮度，并且像素的颜色不会发生改变。

12.10.5 中间值

执行“滤镜 > 杂色 > 中间值”命令激活该滤镜。图 12-249、图 12-250 和图 12-251 所示分别为原始图像、应用“中间值”滤镜以后的效果和“中间值”对话框。该滤镜会搜索像素选区的半径范围以查找亮度相近的像素，并且会扔掉与相邻像素差异太大的像素，然后用搜索到的像素的中间亮度值来替换中心像素。使用“中间值”滤镜命令可以混合选区中像素的亮度来减少图像的杂色。

图12-249

图12-250

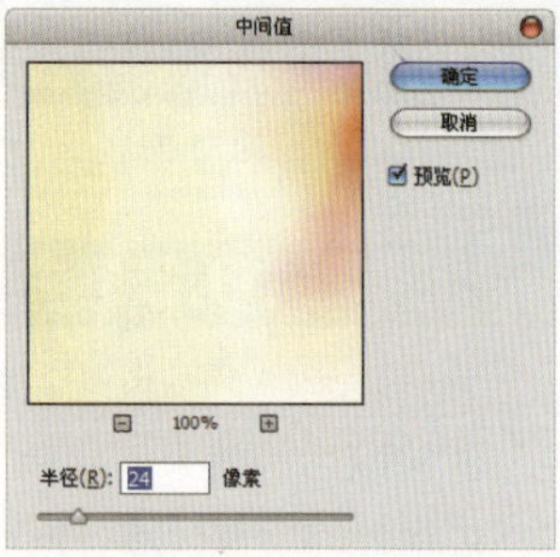

图12-251

- **半径**：用于设置搜索像素选区的半径范围。

命令实训 使用蒙尘与划痕磨皮

案例文件	案例文件\第12章\12.10.2\使用蒙尘与划痕磨皮.psd
视频教学	视频文件\第12章\使用蒙尘与划痕磨皮.flv
难易指数	★★★★★
知识掌握	蒙尘与划痕滤镜

案例效果

使用“蒙尘与划痕”滤镜可以去除图像中的细节，所以可以应用在人像的磨皮上。图 12-252 和图 12-253 所示分别为原图与效果图。

图12-252

图12-253

操作步骤

1 打开本书配套光盘中的背景文件“1.jpg”，如图 12-254 所示。

2 复制一层背景，对其执行“滤镜 > 转换为智能滤镜”命令，再对其执行“滤镜 > 杂色 > 蒙尘与划痕”命令，设置“半径”数值为 7 像素，“阈值”数值为 0 色阶，如图 12-255 所示。

3 为图层添加蒙版，为蒙版填充黑色，使用白色画笔工具绘制人物皮肤部分，如图 12-256 所示。

图12-254

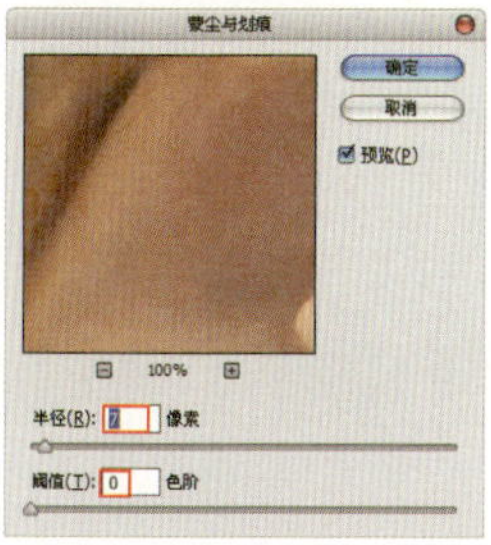

图12-255

图12-256

4 新建曲线调整图层，调整曲线形状，如图 12-257 所示。使用黑色画笔工具在蒙版中绘制人物头发及半径部分，如图 12-258 所示。

5 新建可选颜色调整图层，选中“相对”单选按钮，设置“红色”中“黑色”数值为 -33，设置“黄色”中“黄色”数值为 -73，“黑色”数值为 -70。按 Alt 键将曲线调整图层的蒙版拖入本图层中，如图 12-259 和图 12-260 所示。

6 新建自然饱和度图层，设置“自然饱和度”数值为 96，如图 12-261 所示。使用黑色画笔工具在蒙版中涂抹出人物的头发以及背景五官，最终效果如图 12-262 所示。

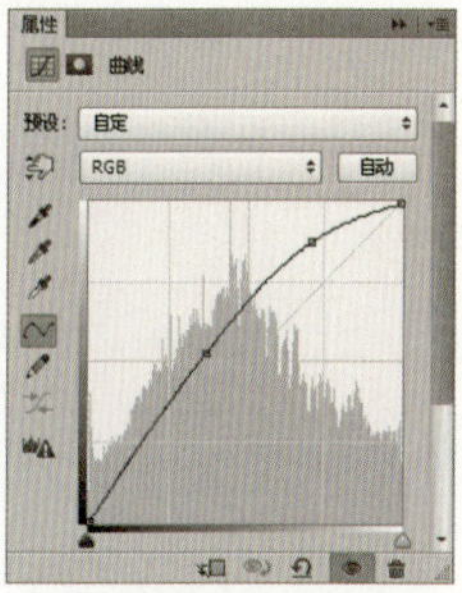

图12-257

图12-258

图12-259

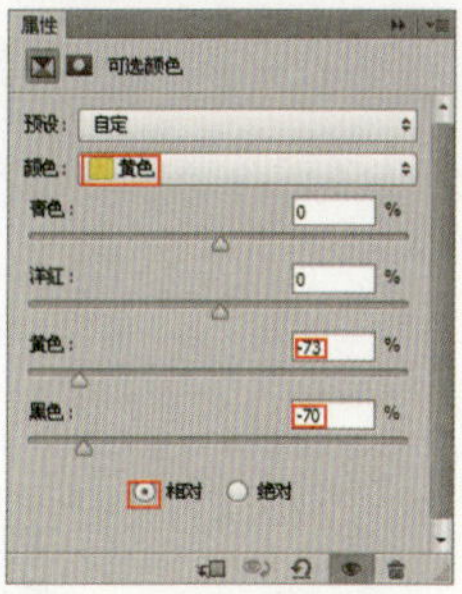

图12-260

图12-261

图12-262

12.11 其他滤镜组

Photoshop CS6

12.11.1 高反差保留

执行“滤镜 > 其他 > 高反差保留”命令激活该滤镜。图 12-263、图 12-264 和图 12-265 所示分别为原始图像、应用“高反差保留”滤镜以后的效果和“高反差保留”对话框。使用“高反差保留”滤镜命令可以在具有强烈颜色变化的地方按指定的半径来保留边缘细节，并且不显示图像的其余部分。

图12-263

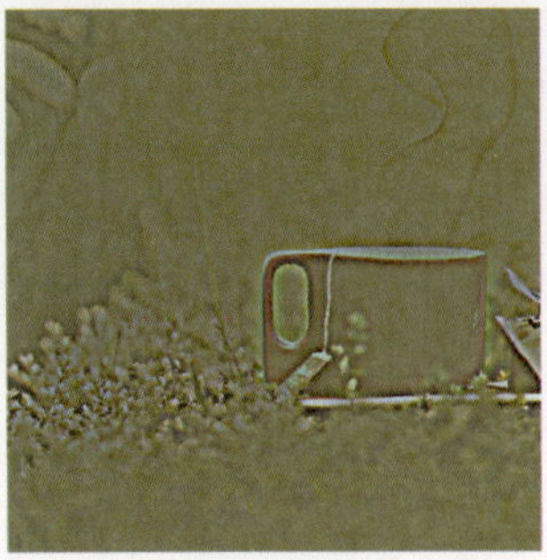

图12-264

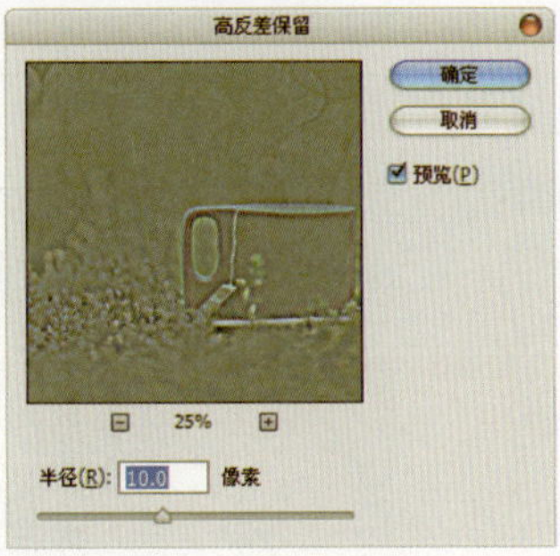

图12-265

- **半径**：用来设置滤镜分析处理图像像素的范围。数值越大，所保留的原始像素就越多；当数值为0.1像素时，仅保留图像边缘的像素。

12.11.2 位移

执行“滤镜 > 其他 > 位移”命令激活该滤镜。图12-266、图12-267和图12-268所示分别为原始图像、移动完成的图像和“位移”对话框。使用“位移”滤镜命令可以在水平或垂直方向上偏移图像。

图12-266

图12-267

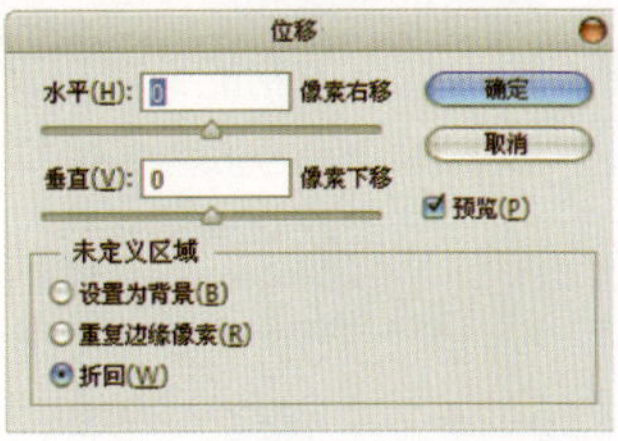

图12-268

- **水平**：用来设置图像像素在水平方向上的偏移距离。数值为正时，图像会向右偏移，同时左侧会出现空缺。
- **垂直**：用来设置图像像素在垂直方向上的偏移距离。数值为正时，图像会向下偏移，同时上方会出现空缺。
- **未定义区域**：用来选择图像发生偏移后填充空白区域的方式。选中“设置为背景”单选按钮时，可以用背景色填充空缺区域；选中“重复边缘像素”单选按钮时，可以在空缺区域填充扭曲边缘的像素颜色；选中“折回”单选按钮时，可以在空缺区域填充溢出图像之外的图像内容。

12.11.3 自定

执行“滤镜 > 其他 > 自定”命令激活该滤镜。图12-269所示是“自定”对话框。使用“自定”滤镜命令可以设计用户自己的滤镜效果。该滤镜可以根据预定义的“卷积”数学运算来更改图像中每个像素的亮度值。

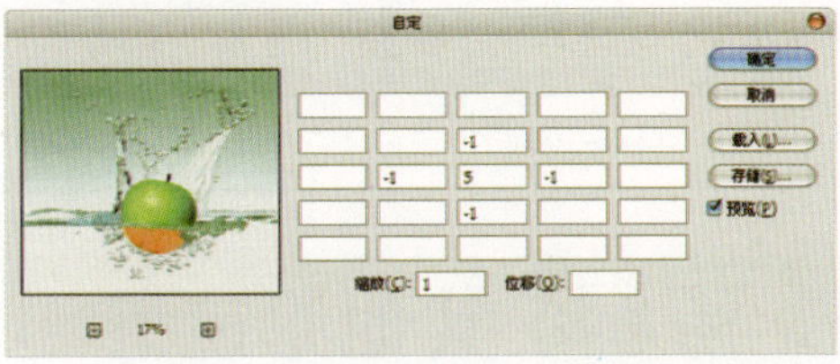

图12-269

12.11.4 最大值

执行“滤镜 > 其他 > 最大值”命令激活该滤镜。图12-270、图12-271和图12-272所示分别为原始图像、应用“最大值”滤镜以后的效果和“最大值”对话框。“最大值”滤镜具有阻塞功能，可以展开白色区域，而阻塞黑色区域。该滤镜可以在指定的半径范围内，用周围像素的最高亮度值替换当前像素的亮度值。“最大值”滤镜对于修改蒙版非常有用。

图12-270

图12-271

图12-272

- **半径**：设置用周围像素的最高亮度值来替换当前像素的亮度值的范围。

12.11.5 最小值

执行“滤镜 > 其他 > 最小值”命令激活该滤镜。图 12-273、图 12-274 和图 12-275 所示分别为原始图像、应用“最小值”滤镜以后的效果和“最小值”对话框。“最小值”滤镜对于修改蒙版非常有用。该滤镜具有伸展功能，可以扩展黑色区域，收缩白色区域。

图12-273

图12-274

图12-275

- **半径**：设置滤镜扩展黑色区域、收缩白色区域的范围。

综合演练 使用滤镜制作水墨画

案例文件	案例文件\第12章\综合演练\使用滤镜制作水墨画.psd
视频教学	视频教学\第12章\使用滤镜制作水墨画.flv
难易指数	★★★★☆
知识掌握	特殊模糊滤镜、高斯模糊滤镜、查找边缘滤镜

案例效果

本例主要是使用多种模糊滤镜与“查找边缘”滤镜将风景照片转换为水墨绘画效果，如图 12-276 所示。

图12-276

操作步骤

1 打开本书配套光盘中的素材“1.jpg”文件，如图 12-277 所示。

2 新建图层，为其填充白色，为其添加图层蒙版，使用黑色柔角画笔绘制画面中合适的部分，如图 12-278 所示。

3 复制风景素材图层置于图层面板的顶层，执行“图像 > 调整 > 去色”命令，如图 12-279 所示。

图 12-277

图 12-278

图 12-279

4 执行“图层 > 新建调整图层 > 亮度 / 对比度”命令，创建“亮度 / 对比度”调整图层，设置亮度数值为 0，对比度数值为 100，如图 12-280 所示。效果如图 12-281 所示。

5 继续创建“亮度 / 对比度”调整图层，设置亮度数值为 0，对比度数值为 97，如图 12-282 所示。效果如图 12-283 所示。

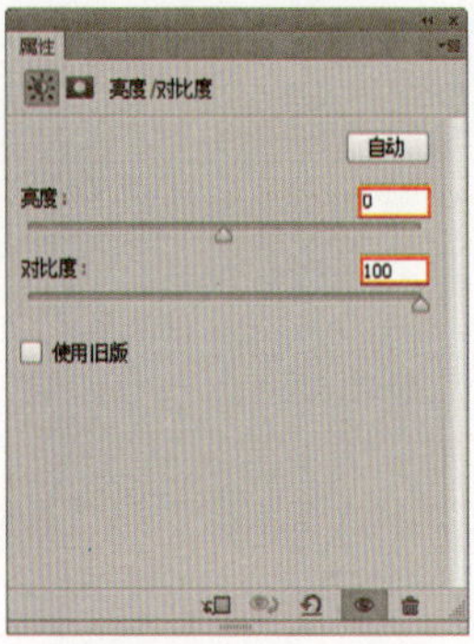

图 12-280

图 12-281

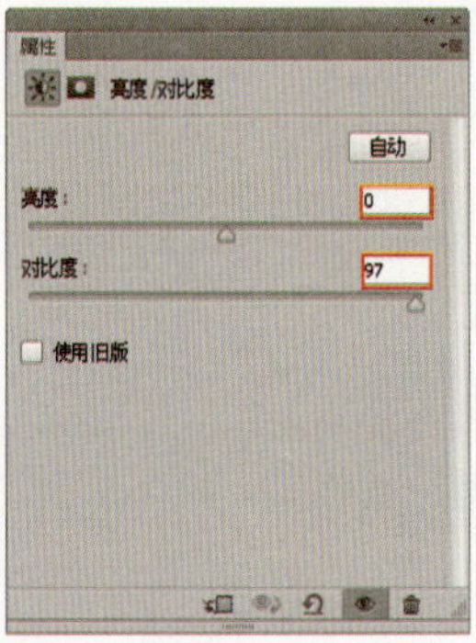

图 12-282

图 12-283

6 按 Ctrl+Alt+Shift+E 组合键盖印图层，并对其执行“滤镜 > 模糊 > 特殊模糊”命令，设置数值半径数值为 28，阈值数值为 80，效果如图 12-284 所示。

7 继续盖印图层，执行“滤镜 > 模糊 > 高斯模糊”命令，设置半径数值为 4.8，如图 12-285 所示。

8 为该图层创建图层蒙版，使用黑色柔角画笔工具在蒙版中合适位置绘制涂抹。隐藏除背景以及白色“图层 1”以外的图层，如图 12-286 所示。效果如图 12-287 所示。

图12-284

图12-285

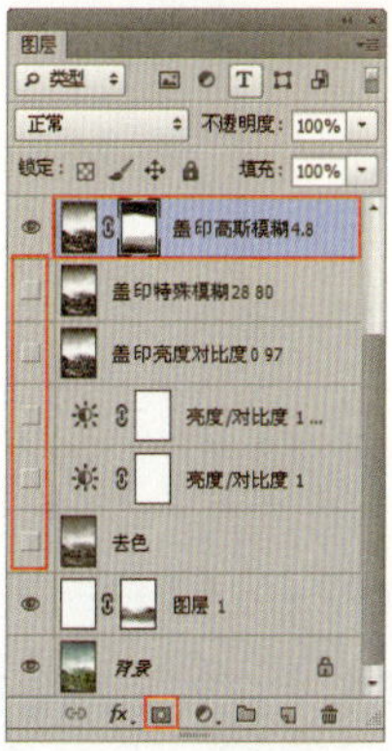

图12-286

图12-287

9 继续盖印所有图层，执行“滤镜 > 风格化 > 查找边缘”命令，如图 12-288 所示。

10 创建“曲线”调整图层，调整曲线弯曲程度，如图 12-289 所示。提亮画面，如图 12-290 所示。

11 创建“亮度 / 对比度”调整图层，设置“亮度”数值为 0，“对比度”数值为 97，如图 12-291 所示。效果如图 12-292 所示。

12 将查找边缘图层与上方的调整图层合并为同一图层，对此图层执行“高斯模糊”命令，设置数值为 3.5。为其添加图层蒙版，使用黑色柔角画笔在蒙版中合适位置涂抹，如图 12-293 所示。效果如图 12-294 所示。

13 最后导入文字素材“2.png”置于画面中合适位置，如图 12-295 所示。

图12-288

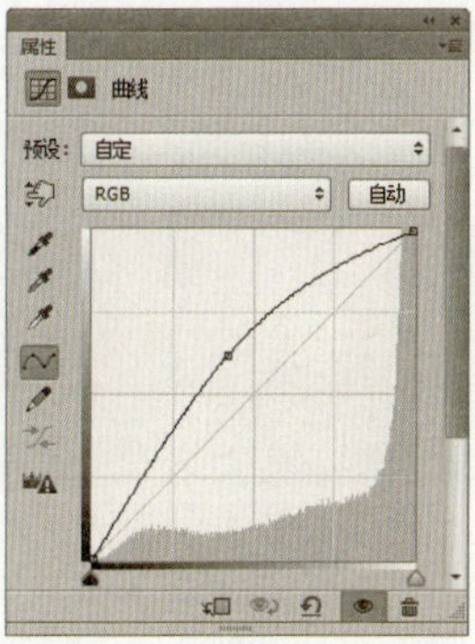

图12-289

图12-290

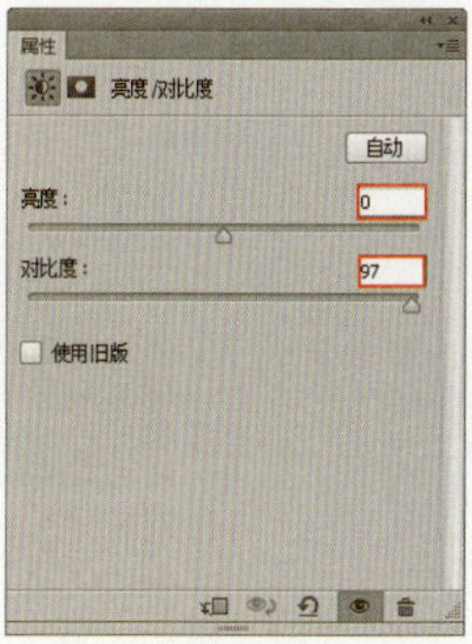

图12-291

图12-292

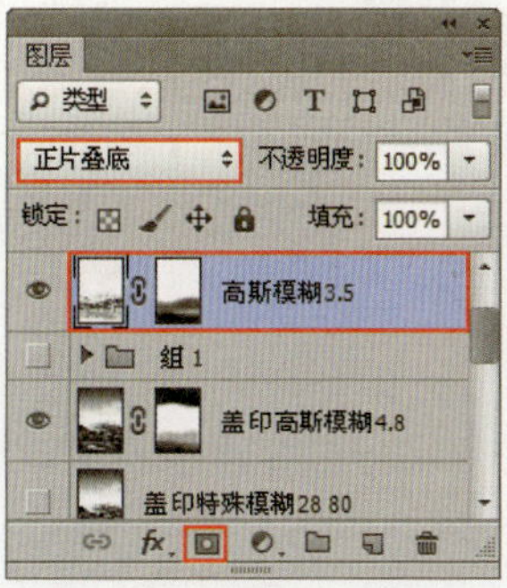

图12-293

图12-294

图12-295

第13章

动态视频文件处理

本章学习要点：

- 掌握视频文件的编辑与输出
- 掌握帧动画的创建方法

Photoshop CS6 Extended（扩展版）在旧版本原有的动态文件处理中强化了视频文件编辑的性能，在功能上添加类似 Adobe Premiere 等的“非编”软件的功能，极大方便了媒体工作人员。需要注意的是视频文件处理是 Photoshop CS6 Extended（扩展版）特有的功能之一，所以本章节中的部分内容在 Photoshop CS6（标准版）中可能出现无法使用的情况，如图 13-1 所示。

图13-1

13.1 认识动画面板

Photoshop CS6

动态视频文件或图像序列文件在 Photoshop“图层”面板中体现为图层缩略图右下角带有图标的视频图层。当然视频图层也具有部分普通图层的属性，例如可以调整不透明度、混合模式或在视频图层上创建选区或应用蒙版等，如图 13-2、图 13-3 和图 13-4 所示。

图13-2

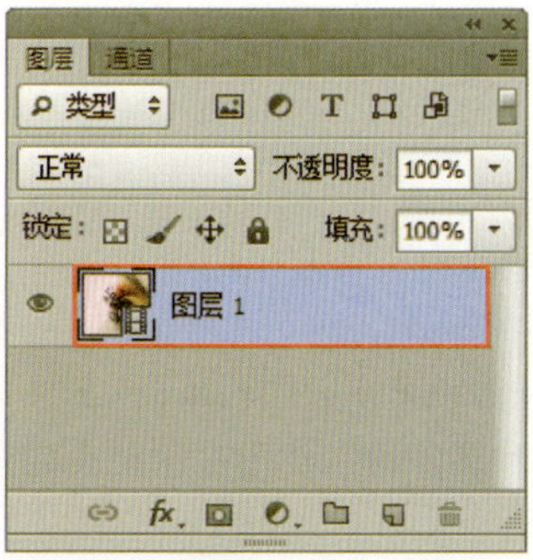

图13-3

图13-4

13.1.1 “时间轴动画”面板

新增功能

在 Photoshop CS6 Extended 默认情况下显示的是“时间轴动画”面板。执行“窗口 > 时间轴”菜单命令，打开“动画”面板。时间轴模式下的“动画”面板显示了文档图层的帧持续时间和动画属性。如果当前“动画”面板是帧模式“动画”面板，可以单击“转换为时间轴动画”按钮切换到时间轴“动画”面板，如图 13-5 所示。

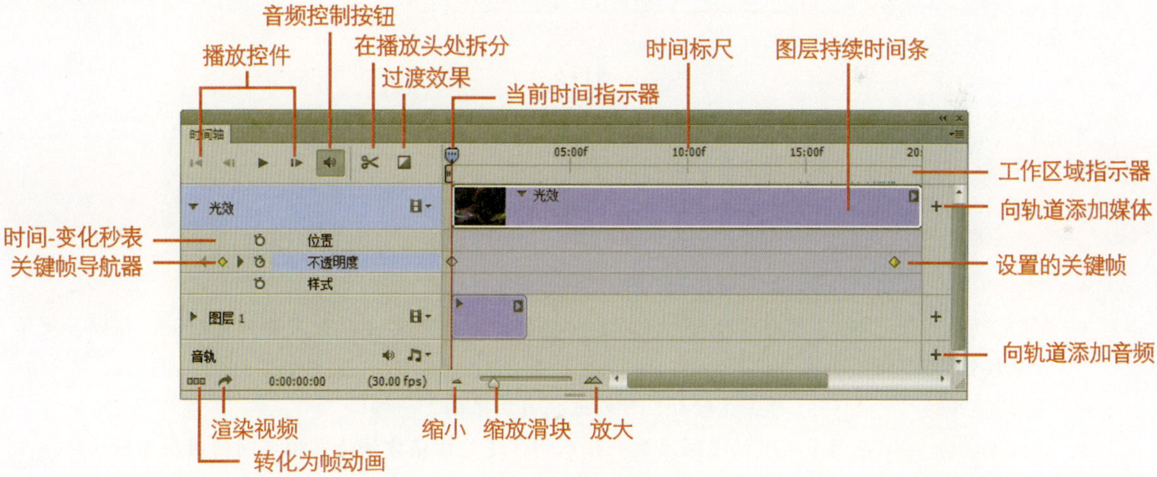

图13-5

- **播放控件**：其中包括转到第一帧、转到上一帧、播放和转到下一帧，是用于控制视频播放的按钮。
- **时间 - 变化秒表**：启用或停用图层属性的关键帧设置。
- **关键帧导航器**：轨道标签左侧的箭头按钮用于将当前时间指示器从当前位置移动到上一个或下一个关键帧。单击中间的按钮可添加或删除当前时间的关键帧。
- **音频控制按钮**：该按钮的使用可以关闭或启用音频的播放。
- **在播放头处拆分**：该按钮的使用可以在时间指示器所在位置拆分视频或音频。
- **过渡效果**：单击该按钮并执行下拉菜单中的相应命令，可以为视频添加过渡效果，创建专业的淡化和交叉淡化效果。

- 当前时间指示器：拖曳当前时间指示器可以浏览帧或更改当前时间或帧。
- 时间标尺：根据当前文档的持续时间和帧速率，水平测量持续时间或帧计数。
- 图层持续时间条：指定图层在视频或动画中的时间位置。
- 工作区域指示器：拖曳位于顶部轨道任一端的蓝色标签，可以标记要预览或导出的动画或视频的特定部分。
- 向轨道添加媒体 / 音频：单击该按钮，可以打开一个对话框将视频或音频添加到轨道中。
- "转换为帧动画"按钮：单击该按钮，可以将"动画"面板切换到帧动画模式。

13.1.2 "帧动画"面板

帧是影像动画中最小单位的单幅影像画面，例如电影胶片中的每一格镜头。一帧就是一幅静止的画面，连续的帧就形成了动态的视频动画。在帧动画面板中显示了动画中的每个帧的缩览图。使用面板底部的工具可浏览各个帧，设置循环选项，添加和删除帧以及预览动画，如图 13-6 所示。

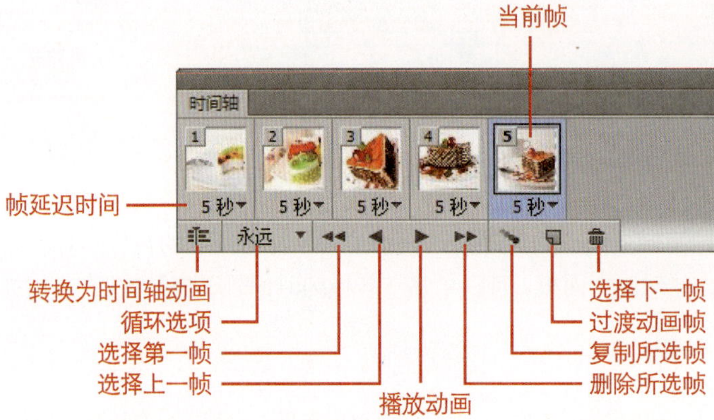

图13-6

- 当前帧：当前选择的帧。
- 帧延迟时间：设置帧在回放过程中的持续时间。
- 循环选项：设置动画在作为动画 GIF 文件导出时的播放次数。
- "选择第一帧"按钮：单击该按钮，可以选择序列中的第 1 帧作为当前帧。
- "选择上一帧"按钮：单击该按钮，可以选择当前帧的前一帧。
- "播放动画"按钮：单击该按钮，可以在文档窗口中播放动画。如果要停止播放，可以再次单击该按钮。
- "选择下一帧"按钮：单击该按钮，可以选择当前帧的下一帧。
- 过渡动画帧：在两个现有帧之间添加一系列帧，通过插值方法使新帧之间的图层属性均匀。
- 复制所选帧：通过复制"动画"面板中的选定帧向动画添加帧。
- 删除所选帧：将所选择的帧删除。
- 转换为时间轴动画：将帧模式"动画"面板切换到时间轴模式"动画"面板。

13.2 视频文件的打开、新建与导入

Photoshop CS6

13.2.1 打开视频文件

在 Photoshop CS6 Extended 中打开视频文件非常容易，通常情况下，这个软件可以打开多种

QuickTime 视频格式的视频文件和图像序列，例如 MPEG-1（.mpg 或 .mpeg）、MPEG-4（.mp4 或 .m4v）、MOV、AVI 等。如果计算机中安装了 MPEG-2 编码器，还支持 MPEG-2 格式，与打开图片文件相同，执行“文件 > 打开”命令，选择一个 Photoshop 支持的视频文件即可，打开的文件将以一个视频图层的形式出现在 Photoshop 中，如图 13-7 和图 13-8 所示。需要注意的是，在 QuickTime 版本过低或者没有安装 QuickTime 的情况下会出现视频文件无法打开的现象。

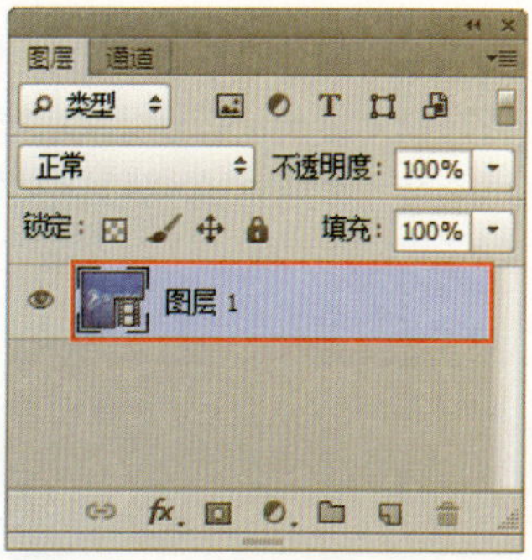

图13-7

图13-8

13.2.2 新建视频文档

在 Photoshop 中可以创建适合于视频文件的文档，执行“文件 > 新建”命令，打开“新建”对话框，在“预设”下拉列表中选择“胶片和视频”选项，如图 13-9 所示。新建的文档带有非打印参考线，可以划分出图像的动作安全区域和标题安全区域，如图 13-10 所示。

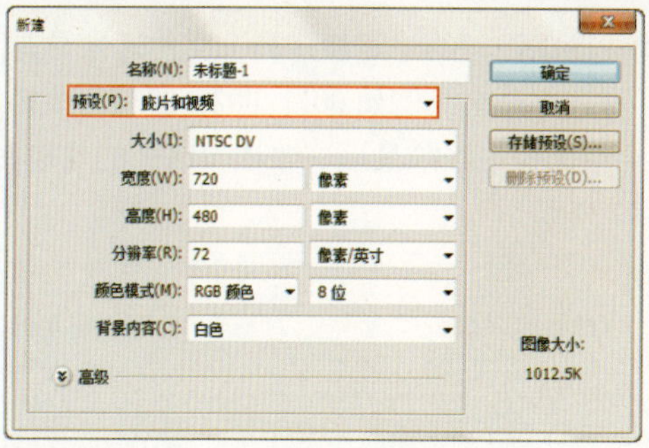

图13-9

图13-10

创建“胶片和视频”类型文档时，可在“大小”预设的下拉列表中选择合适的特定视频预设大小，比如 NTSC、PAL、HDTV，如图 13-11 所示。

在 Photoshop 中可以创建空白的视频图层，也可以类似导入的方式将其他视频文件作为现有文件的视频图层。执行“图层 > 视频图层 > 新建空白视频图层”菜单命令，可以新建一个空白的视频图层，如图 13-12 所示。执行“图层 > 视频图层 > 从文件新建视频图层”菜单命令，可以将视频文件或图像序列以视频图层的形式导入到打开的文档中，如图 13-13 所示。

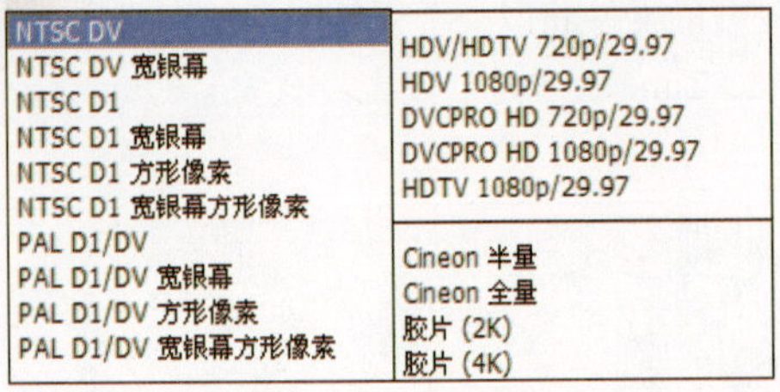

图13-11

图13-12

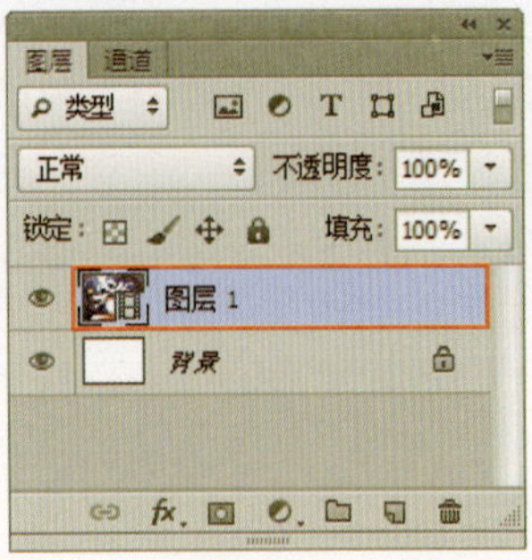

图13-13

13.2.3 导入视频文件

将视频文件导入到已有文件中需要执行“文件 > 导入 > 视频帧到图层”命令，然后在弹出的“打开”对话框中选择动态视频素材，如图 13-14 所示。单击“载入”按钮，此时 Photoshop 会弹出“将视频导入图层”对话框，如果要导入所有的视频帧，可以选中“从开始到结束”单选按钮，如图 13-15 所示。

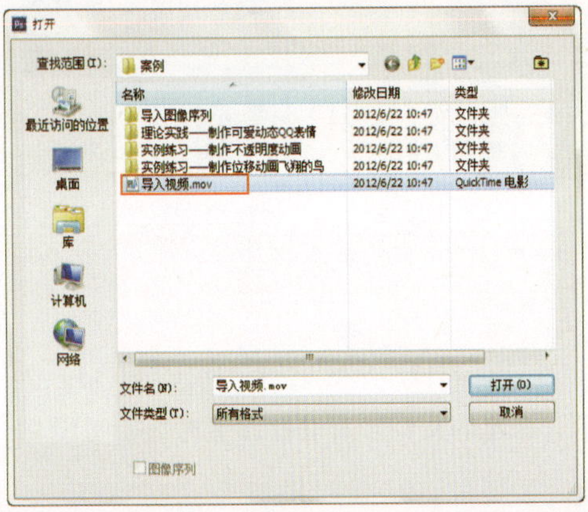

图13-14

图13-15

在“将视频导入图层”对话框中选中“仅限所选范围”单选按钮可以导入部分视频帧。按 Shift 键的同时拖曳时间滑块，设置导入的帧范围，如图 13-16 所示。

“图像序列”也是动态素材的一种常见的存在形式。构成动态视频的“图像序列”文件通常具有以下特点：位于一个文件夹中，具有相同的像素尺寸及格式，并按顺序命名（例如 001、002、003）。执行“文件 > 打开”命令打开序列文件所在文件夹，接着在该文件夹中选择一张除最后一张图像以外的其他图像，并选中“图像序列”复选框，单击“打开”按钮，如图 13-17 所示。

图13-16

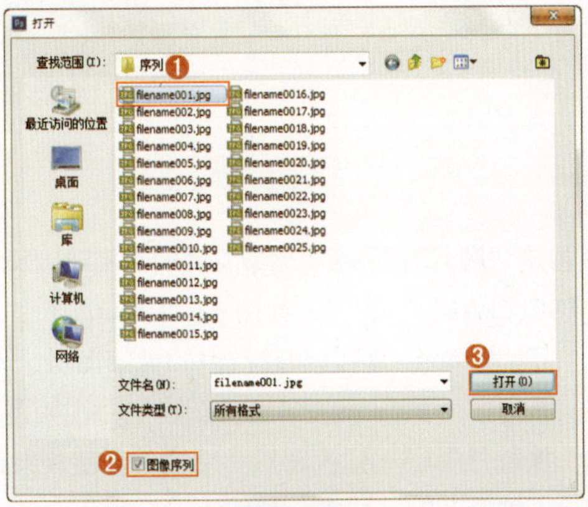

图13-17

接着在弹出的“帧速率”对话框中设置动画的帧速率。帧速率是指每秒钟刷新的图片的帧数，也可以理解为图形处理器每秒钟能够刷新几次。要生成平滑连贯的动画效果，帧速率一般不小于8。单击“确定”按钮完成操作，如图13-18所示。

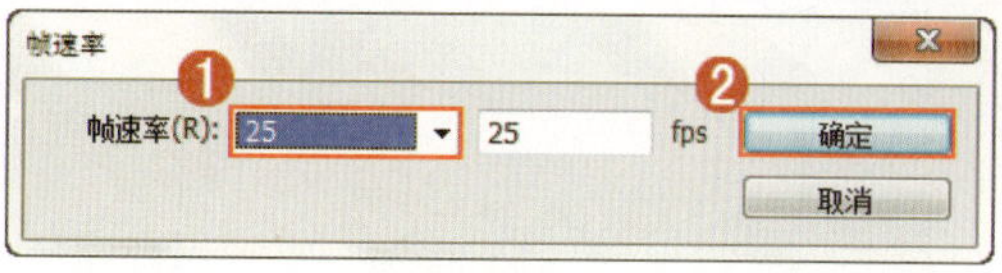

图13-18

13.3 编辑视频图层

Photoshop CS6

在Photoshop CS6 Extended中不仅可以对打开的视频文件进行位置、不透明度、样式等的调整，还可以通过调整这些属性的数值来制作关键帧动画。当然也可以对视频文件应用滤镜、蒙版、变换、图层样式和混合模式等。需要注意的是有些操作虽然可以对打开的视频文件起作用，但是很多时候只针对当前帧而不是整个视频，如图13-19所示。

图13-19

13.3.1 插入、复制和删除空白视频帧

在“动画”面板中选择空白视频图层，然后将当前时间指示器拖曳到所需帧位置。执行“图层>视频图层”菜单下的“插入空白帧”、“删除帧”、“复制帧”命令，可以分别在当前时间位置插入一个空白帧、删除当前时间处的视频帧、添加一个处于当前时间的视频帧的副本，如图13-20所示。

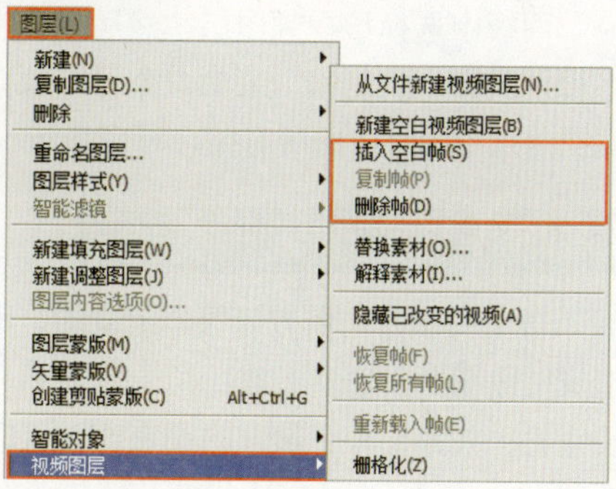

图13-20

13.3.2 替换素材

如需要替换视频图层的内容，可以选中该图层，如图13-21所示。然后执行“图层>视频图层>替换素材”菜单命令，如图13-22所示。然后选择相应的视频或图像序列文件即可，如图13-23所示。

技巧提示

如果文件中的视频素材由于某种原因断开，“图层”面板中的图层上会出现警告⚠图标。要重新建立视频图层与源文件之间的链接，也可以执行“替换素材”命令。

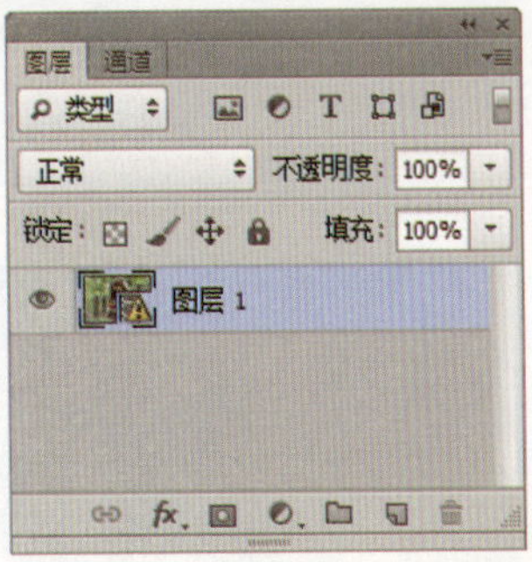

图13-21

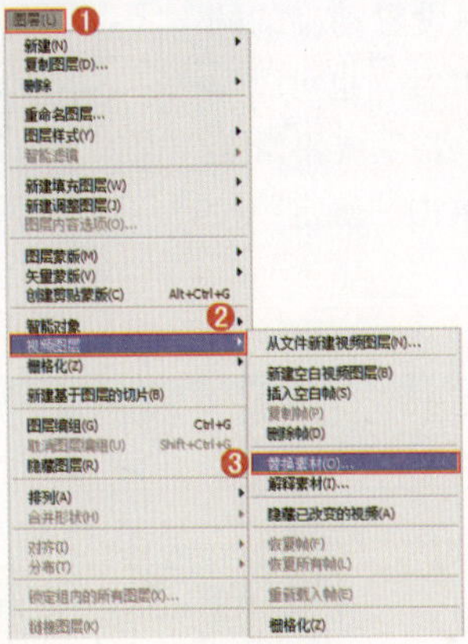

图13-22

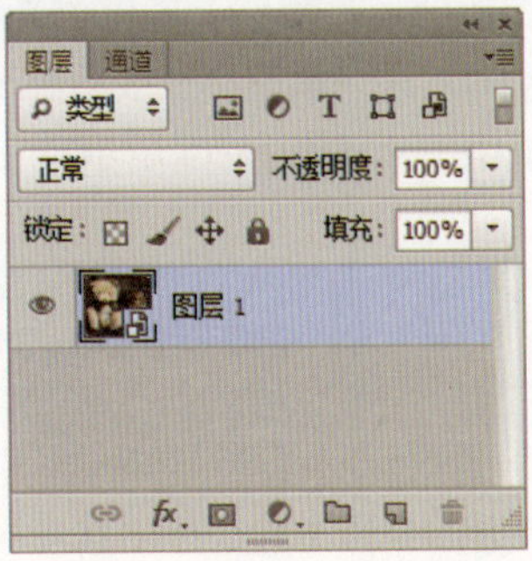

图13-23

13.3.3 解释素材

如果使用了包含 Alpha 通道的视频，则需要在 Photoshop CS6 Extended 中指定如何解释视频中的 Alpha 通道和帧速率。在“时间轴”面板或“图层”面板中选择视频图层，执行“图层 > 视频图层 > 解释素材”命令，在弹出的对话框中进行设置，如图 13-24 所示。

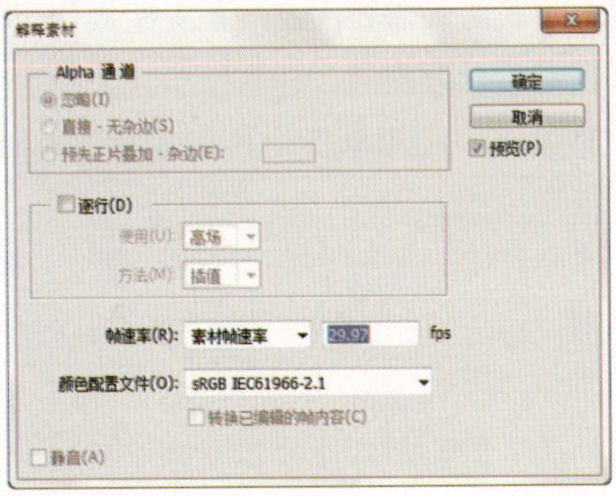

图13-24

13.3.4 恢复视频帧

在“动画”面板中选择该视频图层，然后将“当前时间指示器”拖曳到该视频帧的特定帧上，接着执行“图层 > 视频图层 > 恢复帧”菜单命令可以放弃对帧视频图层和空白视频图层所做的编辑。如果要恢复视频图层或空白视频图层中的所有帧，可以执行“图层 > 视频图层 > 恢复所有帧”菜单命令。

13.3.5 校正像素长宽比

计算机显示器上的图像是由方形像素组成的，而视频编码设备是由非方形像素组成的，这就会导致在交换图像时造成图像扭曲。像素长宽比用于描述帧中单一像素的宽度与高度的比例，不同的视频标准使用不同的像素长宽比。如果要校正像素的长宽比，可以执行“视图 > 像素长宽比校正”菜单命令，这样就可以在显示器上准确地查看 DV 和 D1 视频格式的文件。图 13-25 和图 13-26 所示分别为发生扭曲的图像和校正像素长宽比的图像。

图13-25

图13-26

13.4 创建与编辑帧动画

Photoshop CS6

每个帧表示一个图层配置，在“帧动画”面板中单击即可选中一个帧，按 Ctrl 键可以选择任意多个帧，按 Shift 键可以选择连续的帧，如图 13-27 所示。在面板菜单中可以执行“新建帧”、“删除单帧”、“删除动画”、“拷贝 / 粘贴单帧”、“反向帧”等命令，如图 13-28 所示。

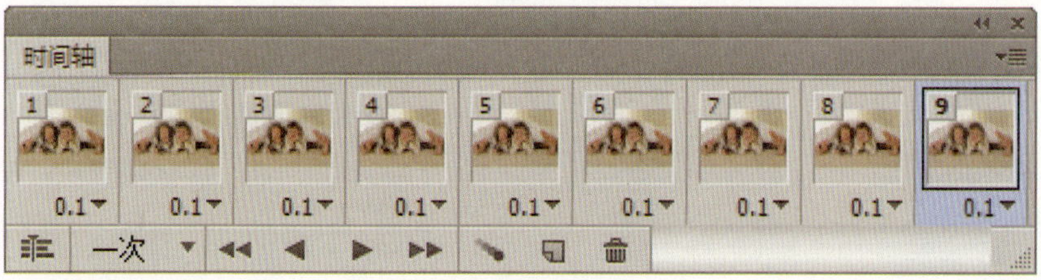

图13-27

图13-28

- **新建帧**：创建新的帧，功能与 按钮相同。
- **删除单帧 / 删除多帧**：删除当前所选的一帧，如果当前选择的是多帧，则此命令为“删除多帧”。
- **删除动画**：删除全部动画帧。
- **拷贝单帧 / 拷贝多帧**：复制当前所选的一帧，如果当前选择的是多帧，则此命令为“拷贝多帧”。拷贝帧与拷贝图层不同，可以理解为具有给定图层配置的图像副本。在拷贝帧时，拷贝的是图层的配置（包括每一图层的可见性设置、位置和其他属性）。
- **粘贴单帧 / 粘贴多帧**：之前复制的是单个帧，此处显示粘贴单帧；之前复制的是多个帧，此处则显示粘贴多帧。粘贴帧就是将之前拷贝的图层的配置应用到目标帧。单击此命令后弹出粘贴帧窗口，在这里可以对粘贴方式进行设置。
- **选择全部帧**：执行该命令可一次性选中所有帧。
- **转到**：快速转到下一帧 / 上一帧 / 第一帧 / 最后一帧。
- **过渡**：在两个现有帧之间添加一系列帧，通过插值方法使新帧之间的图层属性均匀。选中需要过渡的帧，单击“过渡”按钮 或执行“过渡”命令，设置合适的参数。
- **反向帧**：将当前所有帧的播放顺序翻转。
- **优化动画**：完成动画后，应优化动画以便快速下载到 Web 浏览器。选择“外框”将每一帧裁剪到相对于上一帧发生了变化的区域。使用该选项创建的动画文件比较小，但是与不支持该选项的 GIF 编辑器不兼容。选择“去除多余像素”使帧中与前一帧保持相同的所有像素变为透明的。
- **从图层建立帧**：在包含多个图层并且只有一帧的文件中，执行该命令可以创建与图层数量相等的帧，并且每一帧所显示的内容均为单一图层效果。
- **将帧拼合到图层**：使用该命令会以当前视频图层中的每个帧的效果创建单一图层。在需要将视频帧作为单独的图像文件导出时，或在图像堆栈中需要使用静态对象时都可以使用该命令。
- **跨帧匹配图层**：在多个帧之间匹配各个图层的位置、可视性、图层样式等属性，这些帧之间既可以是相邻的，也可以是不相邻（即跨帧）的。
- **为每个新帧创建新图层**：每次创建帧时使用该命令自动将新图层添加到图像中。新图层在新帧中是可见的，但在其他帧中是隐藏的。如果创建的动画要求将新的可视图片添加到每一帧，可使用该选项以节省时间。
- **新建在所有帧中可见的图层**：选择该选项后，新建图层自动在所有帧上显示；取消该选项，新建图层只在当前帧显示。

- **转换为时间轴**：单击即可转换为时间轴动画面板。
- **面板选项**：单击打开面板选项对话框，在面板选项中可以对动画帧面板的缩览图显示方式进行设置。
- **关闭**：关闭动画帧面板。
- **关闭选项卡组**：关闭动画帧面板所在选项卡组。

打开"帧动画"面板后，"图层"面板发生了一些变化，出现了"统一"按钮以及"传播帧 1"选项，从在"图层"面板菜单中执行"动画选项"命令，在这里可以对"统一"按钮和"传播帧 1"选项的显示 / 隐藏进行控制。选择"自动"在"帧动画"面板打开时显示统一图层按钮。选择"总是显示"无论是在打开还是关闭"动画"面板时都显示统一图层按钮。选择"总是隐藏"无论是在打开还是关闭"动画"面板时都隐藏统一图层按钮，如图 13-29 所示。

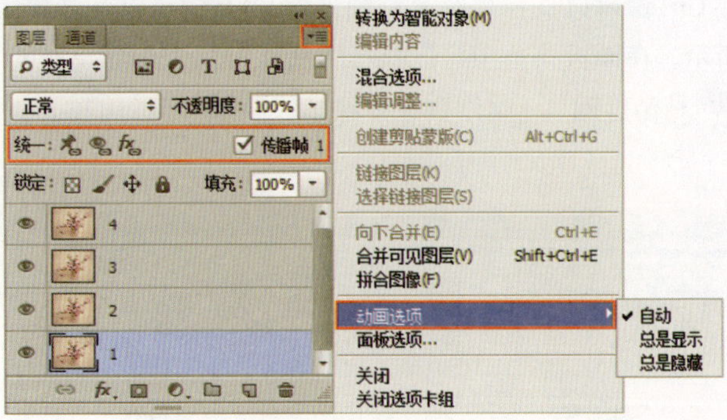

图13-29

- 统一：：包括"统一图层位置"、"统一图层可见性"和"统一图层样式"。使用这些按钮决定如何将对现用动画帧中的属性所做的更改应用于同一图层中的其他帧。当选择某个统一按钮时，将在现用图层的所有帧中更改该属性；当取消选择该按钮时，更改将仅应用于现用帧。
- 传播帧 1：用于控制是否将第一帧中属性的更改应用于同一图层中的其他帧。选择该选项后，以更改第一帧中的属性，现用图层中的所有后续帧都会发生与第一帧相关的更改，并保留已创建的动画。

综合演练 1 制作蝴蝶动画

案例文件	案例文件\第13章\综合演练1\制作蝴蝶动画.psd
视频教学	视频文件\第13章\制作蝴蝶动画.flv
难易指数	★★★★★
知识掌握	掌握帧动画的制作方法

实例介绍

本例主要针对帧动画的制作方法进行练习，如图 13-30 所示。

图13-30

操作步骤

1 打开本书配套光盘中的"1.jpg"文件，如图 13-31 所示。

2 打开本书配套光盘中的"2.psd"文件，然后将其中四个蝴蝶图层全部拖曳到当前操作界面中，如图 13-32 和图 13-33 所示。

图13-31

图13-32

图13-33

3 隐藏图层“1”、“2”、“3”、“4”，在“时间轴”面板中设置帧延迟时间为0.5秒，如图13-34所示。然后设置循环次数为“永远”，如图13-35所示。

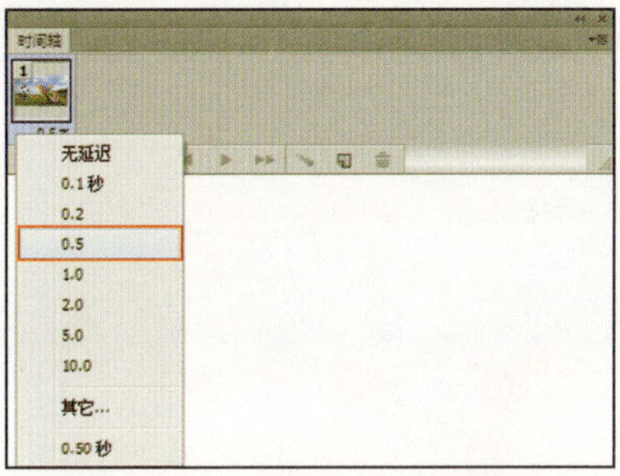

图13-34

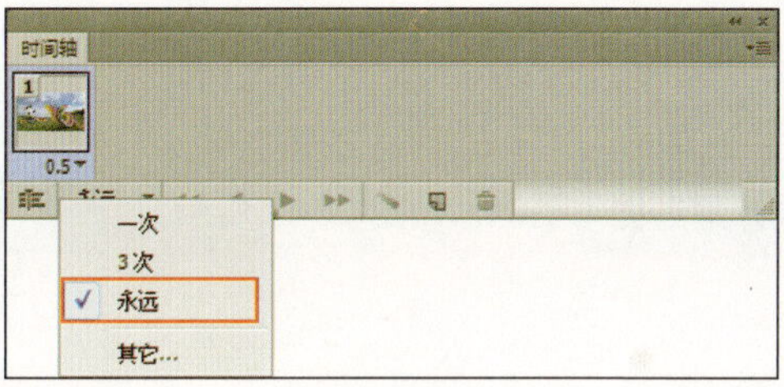

图13-35

4 单击“复制所选帧”按钮，复制一个动画帧，如图13-36所示。然后在“图层”面板中显示出图层“1”，如图13-37所示，效果如图13-38所示。

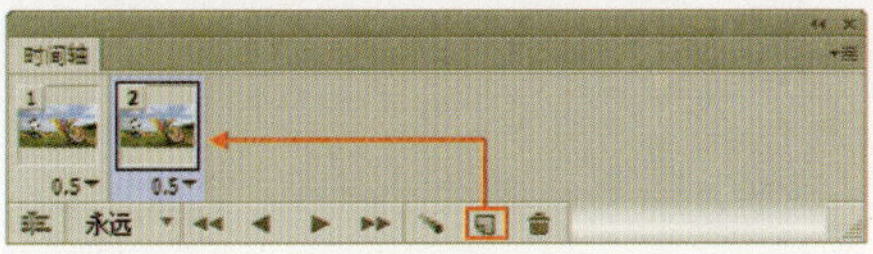

图13-36

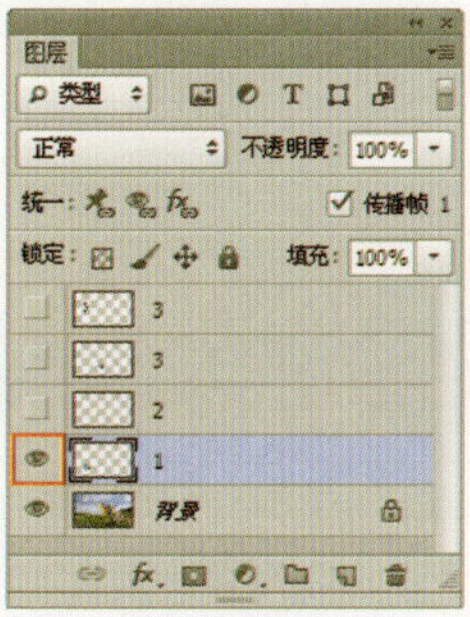

图13-37

图13-38

5 再次单击“复制所选帧”按钮，复制一个动画帧。并显示出图层“2”，如图13-39和图13-40所示。

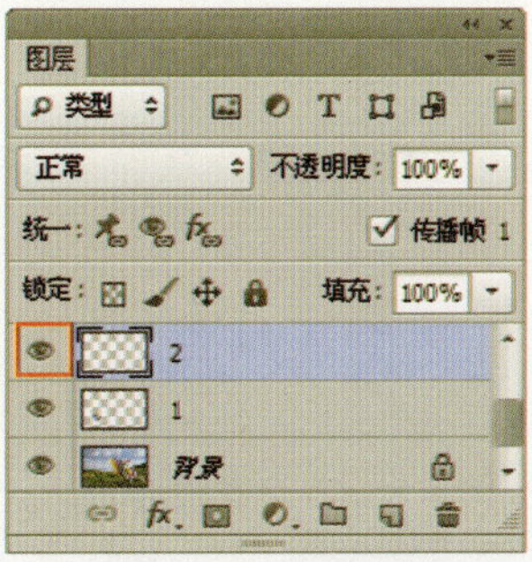

图13-39

图13-40

6 同样的方法再次创建出另外两个帧，并依次显示出另外两个图层，如图 13-41 所示。单击“播放动画”按钮▶，预览动画，效果如图 13-42 所示。

图13-41

图13-42

7 执行“文件 > 存储为 Web 和设备所用格式”菜单命令，然后将动画存储为 GIF 格式并适当优化图像，如图 13-43 所示。

图13-43

13.5 动态文件的预览与输出

Photoshop CS6

动态文件制作完成后，不能像静态文件一样直观地看到完整的效果，需要通过预览视频才能观察到，如图 13-44 所示。

图13-44

13.5.1 预览视频

在“时间轴动画”面板或“帧动画”面板中单击“播放”按钮▶即可在文档窗口中预览视频或动画，按 Space 键（即空格键）可以播放或停止播放视频。在 Photoshop CS6 Extended 中，可以在播放帧或拖曳“当前时间指示器”预览帧时进行高速缓存，以便在下一次播放时能够更快地回放，如图 13-45 和图 13-46 所示。

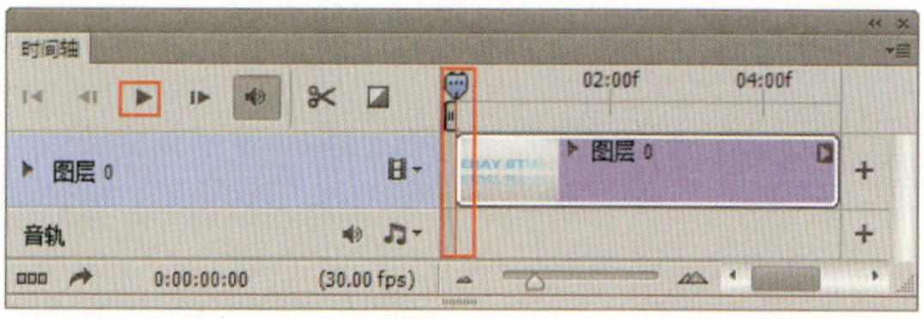

图13-45

图13-46

执行“文件 > 存储为 Web 所用格式”命令，在打开的对话框中单击左下角的“预览”按钮可以在 Web 浏览器中准确地查看并预览该动画，如图 13-47 和图 13-48 所示。

图13-47

图13-48

13.5.2 渲染输出

在 Photoshop CS6 Extended 中，执行“文件 > 导出 > 渲染视频”菜单命令，可以将时间轴动画与视频图层一起导出为 QuickTime 影片或图像序列，如图 13-49 所示。

图13-49

- **位置**：在其选项组下可以设置文件的名称和位置。
- **文件选项**：在“渲染选项”选项组中可以对渲染的类型进行设置，在下拉列表中选择“Adobe Media Encoder”可以将文件输出为动态影片，选择“Photoshop 图像序列”则可以将文件输出为图像序列。选择任何一种类型的输出模式都可以进行相应尺寸、质量等参数的调整。
- **范围**：在其选项组下可以设置要渲染的帧范围，包含“所有帧”和“当前所选帧”两种方式。
- **渲染选项**：在其选项组下可以设置 Alpha 通道的渲染方式以及视频的帧速率。

综合演练 2 制作动态宣传广告

案例文件	案例文件\第13章\综合演练2\制作动态宣传广告.psd
视频教学	视频教学\第13章\制作动态宣传广告.flv
难易指数	★★★☆☆
知识掌握	位移动画、透明度动画的制作

案例效果

本例通过动画面板的使用制作动态宣传广告，效果如图 13-50 所示。

图13-50

操作步骤

1 打开背景素材“1.jpg”，并分别导入花纹“2.png”、文字“3.png”、人物“4.png”和前景素材“5.png”，如图 13-51 所示。

图13-51

2 使用“移动工具”将“文字”拖曳到画面左侧的位置，隐藏起来，分别设置“花纹”和“人物”的“不透明度”数值为 0%，如图 13-52 所示。打开“时间轴动画”面板，将鼠标移至图层持续时间条的右侧，按住左键并拖拽，将时间条拖拽为 0:00:02:00，并调整前景图层的持续时间，如图 13-53 所示。

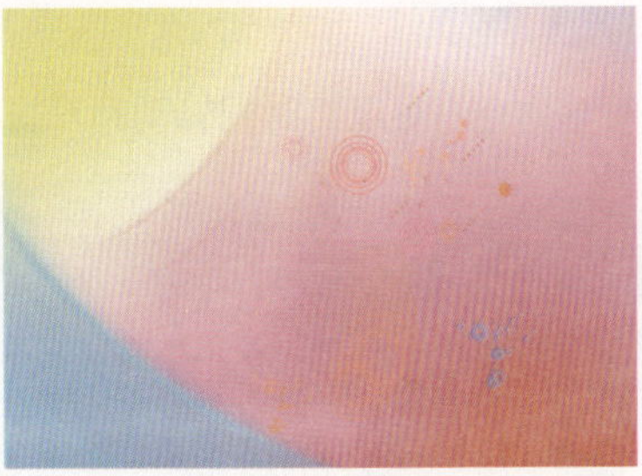

图13-52

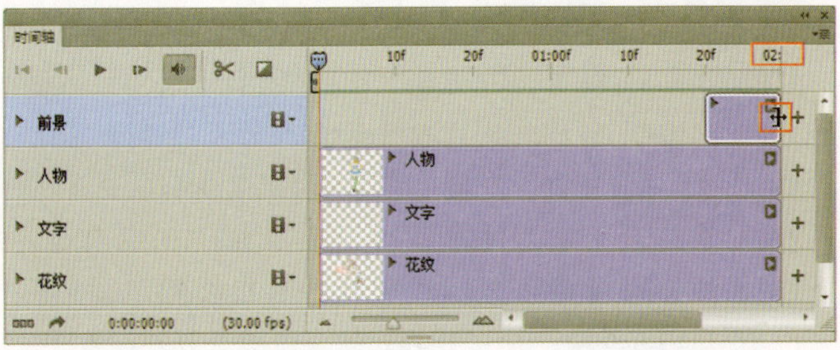

图13-53

3 此时在“时间轴动画”面板中可以看到动画持续时间变为 2 秒。在“时间轴”面板中展开“人物”和“文字”图层的属性，然后将“当前时间指示器”拖曳到 0:00:00:00 的位置，接着单击两个图层的“不透明度”和“位置”属性前面的“时间 - 变化秒表”图标，为其设置一个关键帧，如图 13-54 所示。

4 在“时间轴”面板中展开“花纹”图层的属性，将“当前时间指示器”拖曳到 0:00:00:20 的位置，单击“不透明度”属性前面的“时间 - 变化秒表”图标，标记第 2 个位置的关键帧，如图 13-55 所示。

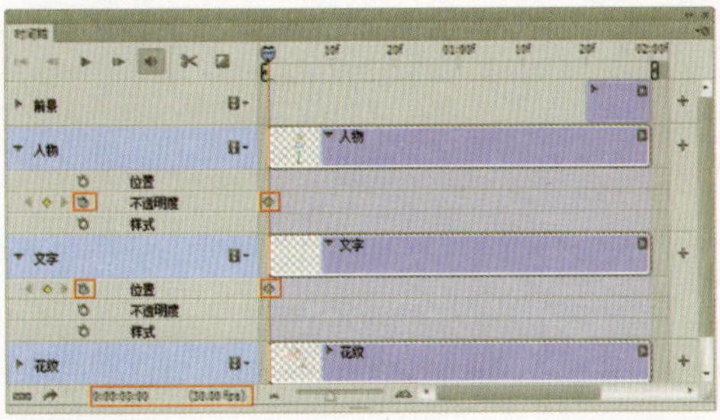

图13-54

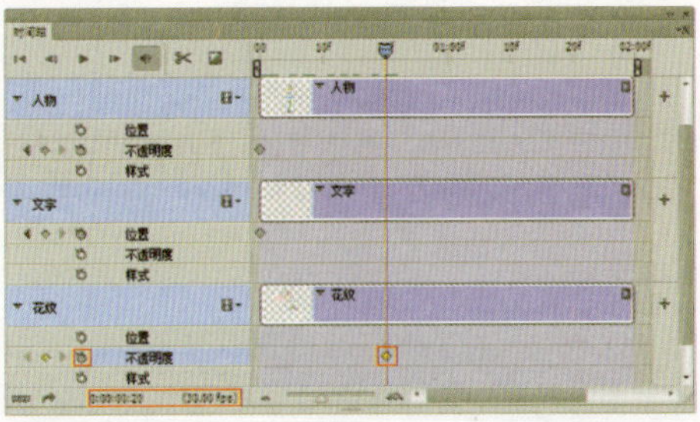

图13-55

5 将“当前时间指示器”拖曳到0:00:01:00的位置，设置“人物”图层的“不透明度”数值为100%，如图13-56所示。此时在“时间轴”面板中会生成新的关键帧，如图13-57所示。

图13-56

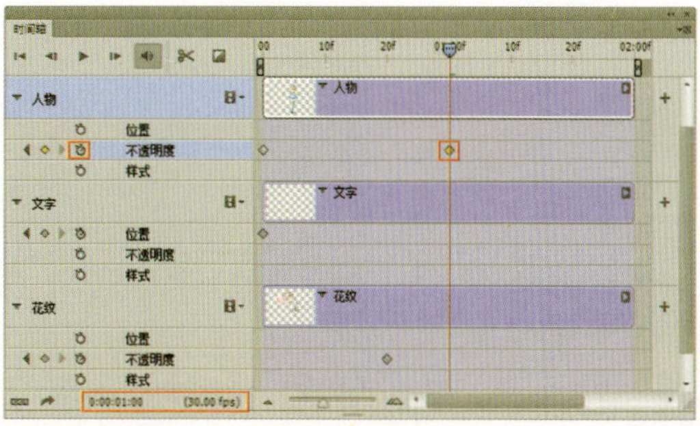

图13-57

6 将“当前时间指示器”拖曳到第0:00:01:10帧位置，然后将“文字”图层拖曳到合适位置，如图13-58所示。单击“位置”属性前面的“时间-变化秒表”图标，此时在“动画”面板中会生成新的位置关键帧，如图13-59所示。

图13-58

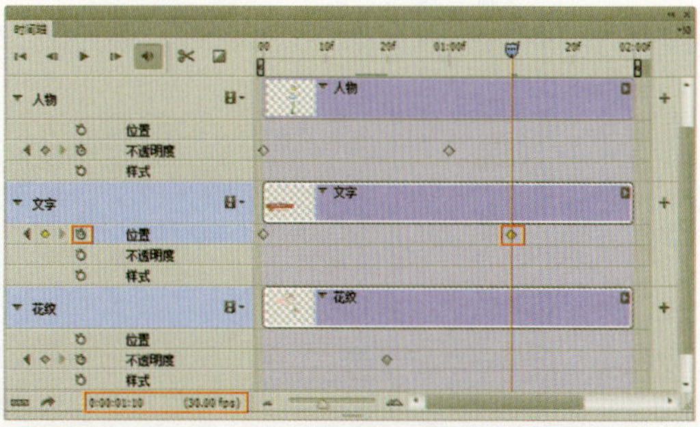

图13-59

7 将“当前时间指示器”拖曳到0:00:01:18位置，设置“花纹”图层的“不透明度”数值为100%，如图13-60所示。然后单击“不透明度”属性前面的“时间-变化秒表”图标，为其设置一个关键帧，如图13-61所示。

图13-60

图13-61

8 单击“播放”按钮▶，观察动画，效果如图13-62所示。

图13-62

9 执行“文件>导出>渲染视频”命令，在“渲染视频”对话框中设置“名称”，选择文件储存路径和相关数值，如图13-63所示。

10 设置完成，单击“确定”按钮完成操作，导出视频文件，最终效果如图13-64所示。

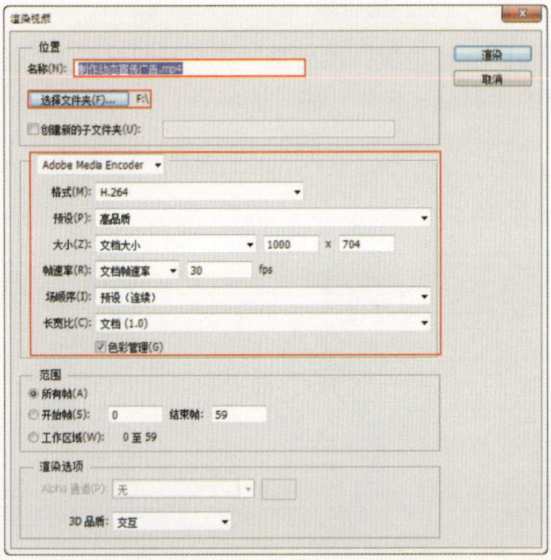

图13-63

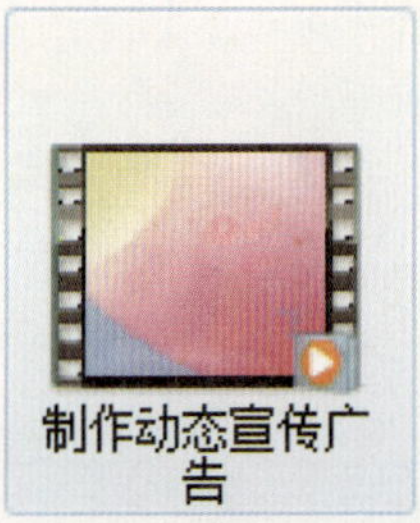

图13-64

第14章

3D功能的应用

本章学习要点：

- 了解 3D 工具与面板的使用方法
- 掌握如何创建 3D 对象
- 掌握纹理与灯光的编辑方法

在 Photoshop CS6 Extended 中不仅可以打开 3D 文件，还可以通过移动 3D 模型，或对其制作动画、更改渲染模式、编辑或添加光照。3D 功能是 Photoshop CS6 Extended（扩展版）特有的功能之一，所以本章节中的内容在 Photoshop CS6（标准版）中可能出现无法使用的情况，如图 14-1、图 14-2 和图 14-3 所示。

图14-1

图14-2

图14-3

14.1 熟悉3D工具

14.1.1 认识3D轴 新增功能

Photoshop CS6 Extended 中导入或创建 3D 模型后，都会在“图层”面板出现相应的 3D 图层，如图 14-4 所示。 通过 3D 轴可以快捷地控制选定对象，将光标放置在任意轴的锥尖上，单击并向相应方向拖动即可沿 X/Y/Z 轴移动对象；单击轴间内弯曲的旋转线框，在出现的旋转平面的黄色圆环上单击并拖动即可旋转对象；单击并向上或向下拖动 3D 轴中央的立方块即可等比例调整对象大小，如图 14-5 所示。

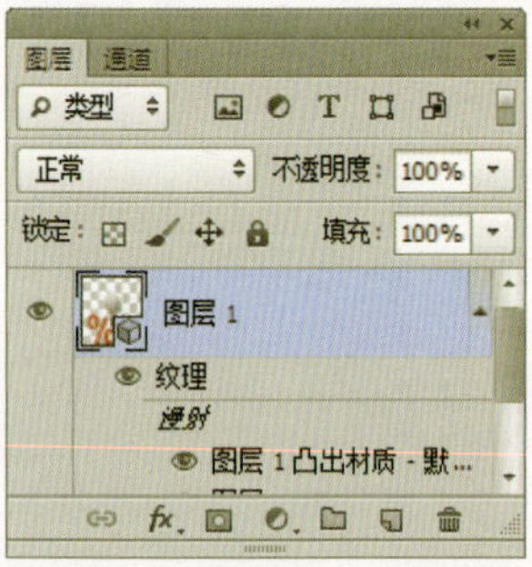

图14-4

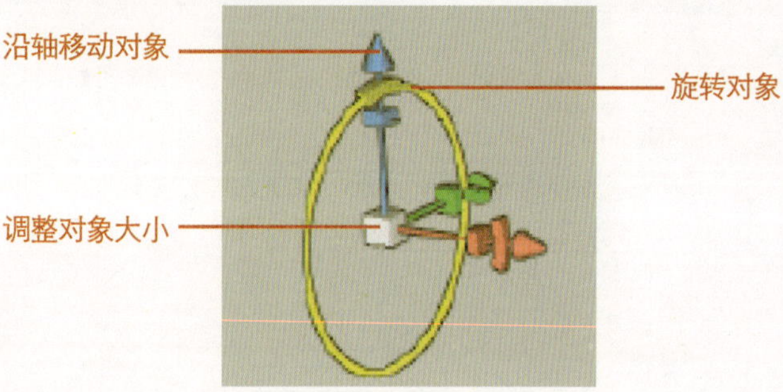

图14-5

14.1.2 熟悉3D对象工具

选中 3D 对象时，选项栏中会显示出 3D 对象工具：“旋转 3D 对象工具”、“滚动 3D 对象工具”、“平移 3D 对象工具”、“滑动 3D 对象工具”、“缩放 3D 对象工具”，如图 14-6 所示。使用这些工具对 3D 模型进行调整时，发生改变的只有模型本身，场景不会发生变化。导入 3D 模型文件，单击选项栏中的 3D 对象工具，如图 14-7 所示。

图14-6

- 旋转 3D 对象工具：使用它上下拖曳光标，可以围绕 X 轴旋转模型；在两侧拖曳光标，可以围绕 Y 轴旋转模型；如果按 Alt 键的同时拖曳光标，可以滚动模型。图 14-8 和图 14-9 所示分别为围绕 X 轴旋转及围绕 Y 轴旋转的效果。

图14-7

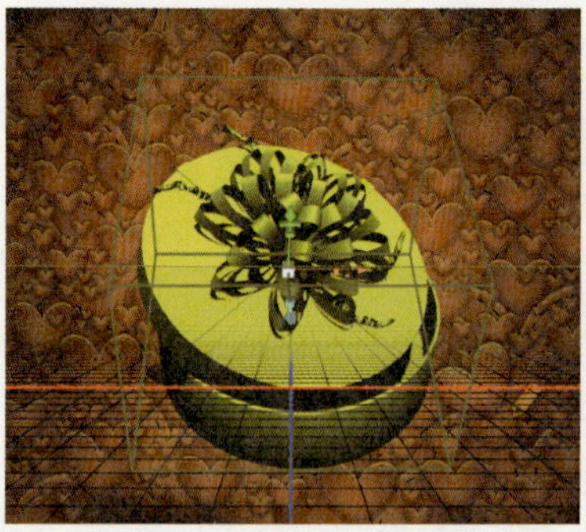

图14-8

图14-9

- 滚动 3D 对象工具：使用它在两侧拖曳光标，可以围绕 Z 轴旋转模型，如图 14-10 所示。
- 平移 3D 对象工具：使用它在两侧拖曳光标，可以在水平方向上移动模型；上下拖曳光标，可以在垂直方向上移动模型；如果按 Alt 键的同时拖曳光标，可以沿 X/Z 方向移动模型。图 14-11 和图 14-12 所示为在水平方向上移动与在垂直方向上移动的效果。

图14-10

图14-11

图14-12

技巧提示

移动3D对象以后，执行“3D>将对象紧贴地面”菜单命令，可以使其紧贴到3D地面上。

- **滑动 3D 对象工具**：使用它在两侧拖曳光标，可以在水平方移动模型；上下拖曳光标，可以将模型移近或移远；如果按 Alt 键的同时拖曳光标，可以沿 X/Y 方向移动模型，如图 14-13 和图 14-14 所示。
- **缩放 3D 对象工具**：使用它上下拖曳光标，可以放大或缩小模型；如果按 Alt 键的同时拖曳光标，可以沿 Z 轴方向缩放模型，图 14-15 和图 14-16 所示为等比例缩放与沿 Z 轴缩放的效果。

图14-13

图14-14

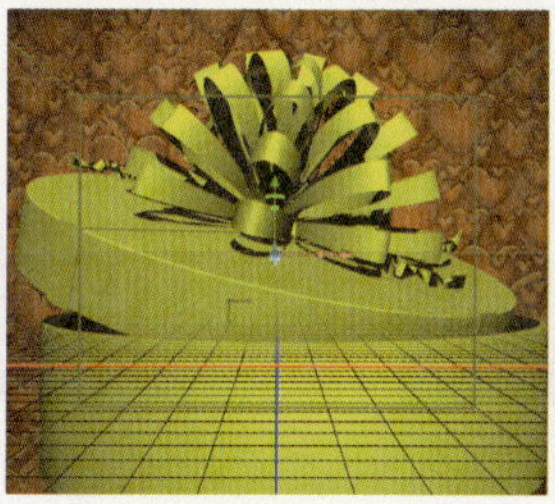

图14-15

图14-16

14.1.3 认识3D相机工具

使用 3D 相机工具可以改变视图效果，在“3D”面板中选择“当前视图”时（如图 14-17 所示），选项栏中会显示出 3D 相机工具，如图 14-18 所示。使用 3D 相机工具操作 3D 视图时，3D 对象的位置保持固定不变，如图 14-19 所示。

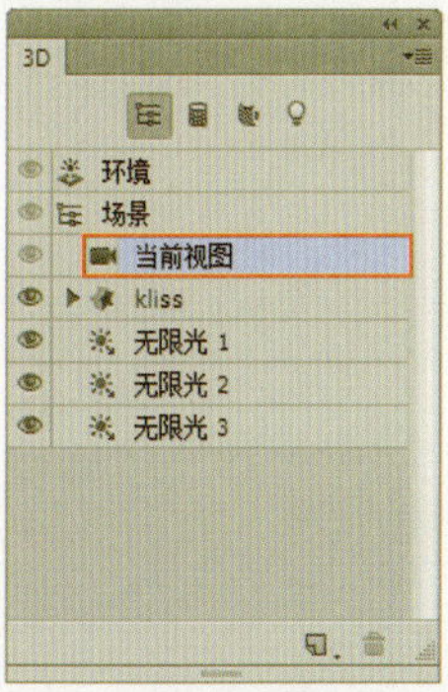

图14-17

图14-18

图14-19

- **旋转**：使用“旋转 3D 对象工具”拖曳光标，可以沿 X 或 Y 轴方向环绕移动相机。如果按 Alt 键的同时拖曳光标，可以滚动相机，如图 14-20 和图 14-21 所示。
- **滚动**：使用“滚动 3D 对象工具”拖曳光标，可以滚动相机，如图 14-22 所示。

图14-20

图14-21

图14-22

- **平移**：使用"平移3D对象工具"拖曳光标，可以沿X或Y方向平移相机。如果按Alt键的同时拖曳光标，可以沿X或Z方向平移相机，如图14-23和图14-24所示。
- **移动**：使用"移动3D对象工具"拖曳光标，可以步进相机（Z轴转换和Y轴旋转）。如果按Alt键的同时拖曳光标，可以沿Z/X方向步览（Z轴平移和X轴旋转），如图14-25和图14-26所示。
- **缩放**：使用"缩放3D对象工具"拖曳光标，可以更改3D相机的视角（最大视角为180度），如图14-27和图14-28所示。

图14-23

图14-24

图14-25

图14-26

图14-27

图14-28

14.2 认识"3D"面板

Photoshop CS6

执行"视图>3D"命令，打开"3D"面板。在"图层"面板中选择"3D"图层后"3D"面板会显示与之关联的组件。在"3D"面板的顶部可以切换"场景"、"网格"、"材质"和"光源"组建的显示，如图14-29所示。

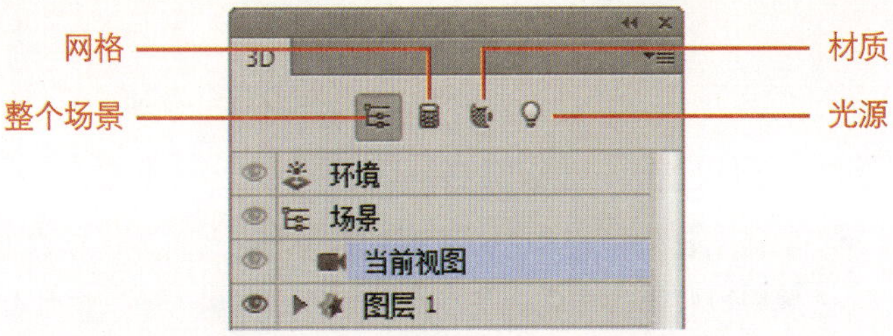

图14-29

技巧提示

使用3D功能时经常会用到“属性”面板，执行“窗口>属性”命令可以打开“属性”面板。

14.2.1 设置3D场景

单击“整个场景”按钮即可切换到“3D 场景”面板，使用 3D 场景设置可以更改渲染模式、选择要在其上绘制的纹理或创建横截面等。单击选择“条目”中的选项，可以在“属性”面板中进行相关的设置。单击创建新光照按钮，在弹出的下拉菜单中执行相关命令，即可创建相应的光照。选择光照选项，单击删除光照按钮，即可将选中的光照删除，如图 14-30 所示。

单击“3D”面板中的“当前视图”，如图 14-31 所示。调整 3D 相机时，在“属性”面板中单击“视图”下拉菜单，如图 14-32 所示。执行相关命令，可以以不同的视角来观察模型。图 14-33 所示是不同角度的对比图。

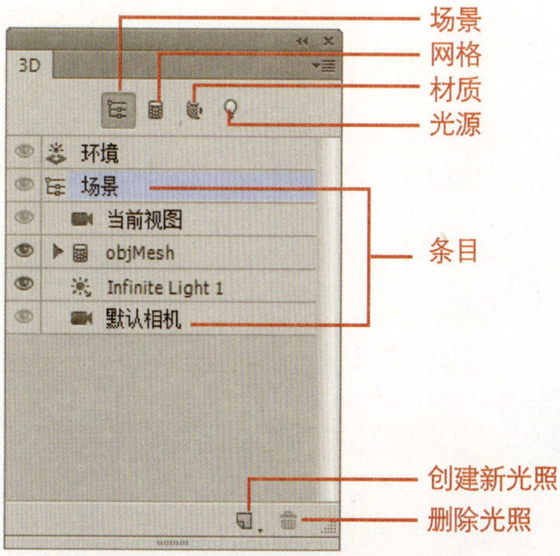

图14-30

图14-31

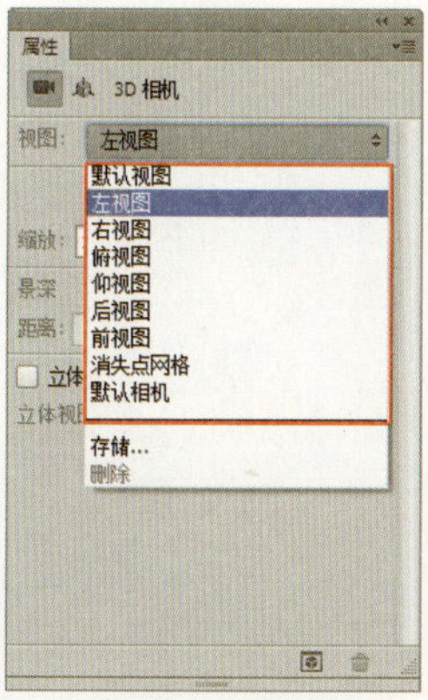

图14-32

图14-33

单击“属性”面板中的“透视”按钮，即可对“景深”参数进行调整，如图 14-34 所示。通过对景深的设置可以使一部分对象处于焦点范围内，从而变得清晰。其他对象处于焦点范围外，从而变得模糊。对比效果如图 14-35 和图 14-36 所示。

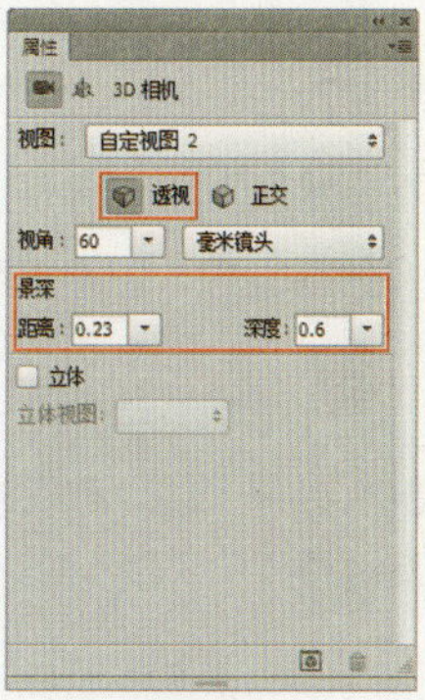

图14-34

图14-35

图14-36

单击“属性”面板中的“正交”按钮，调整“缩放”参数，如图 14-37 所示。可以调整模型，使其远离或靠近用户，对比效果如图 14-38 和图 14-39 所示。

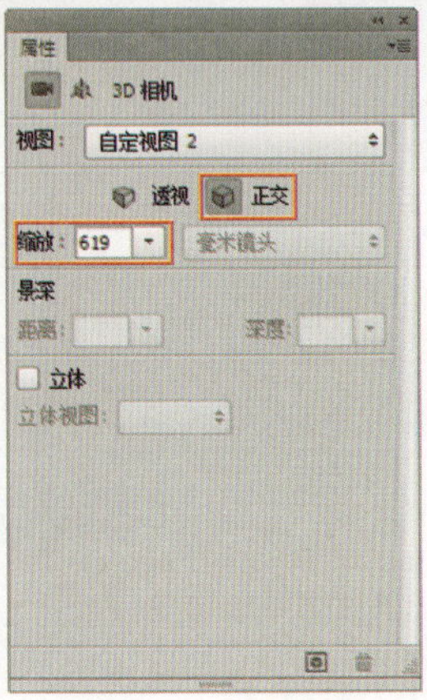

图14-37

图14-38

图14-39

14.2.2 设置3D网格

单击 3D 面板顶部的“网格”按钮（如图 14-40 所示），可以切换到“3D 网格”面板，选中某个网格，在“属性”面板中即可进行相关设置，如图 14-41 所示。

- **捕捉阴影**：控制选定的网格是否在其表面上显示其他网格所产生的阴影。
- **投影**：控制选定的网格是否投影到其他网格表面上。
- **不可见**：选中该复选框以后，可以隐藏网格，但是会显示其表面的所有阴影。

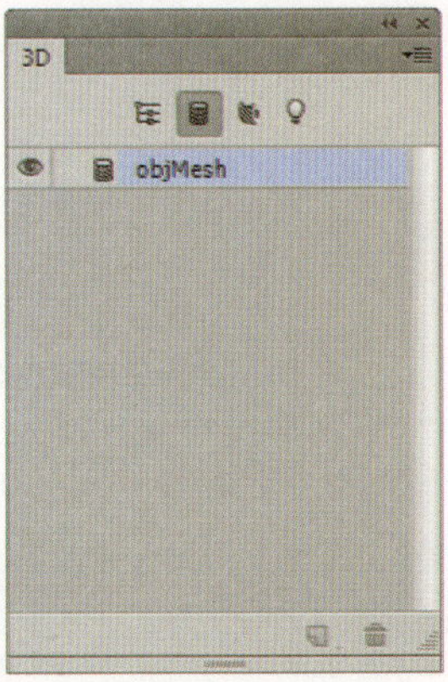

图14-40

图14-41

14.2.3 设置3D材质

单击“3D”面板顶部的“材质”按钮，可以切换到“3D 材质”面板，在材质面板中列出了当前 3D 文件中使用的材质，如图 14-42 所示。选择某一个材质即可在“属性”面板中进行详细设置，在“属性”面板中可以通过单击材质缩览图的下拉图标打开预设的材质类型。也可以通过更改“漫射”、“镜像”、“发光”等相关属性制作其他材质效果，如图 14-43 所示。

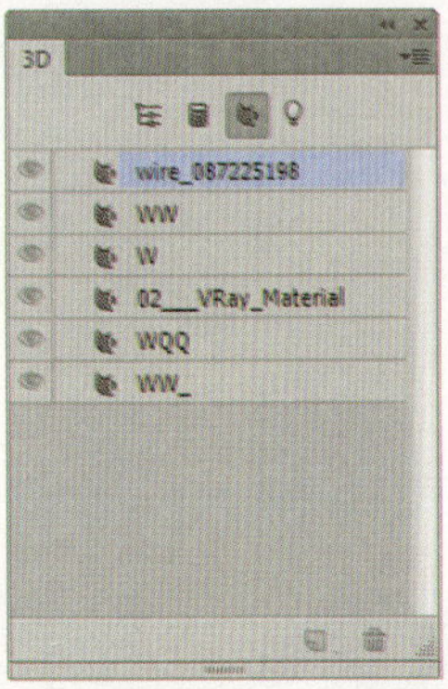

图14-42

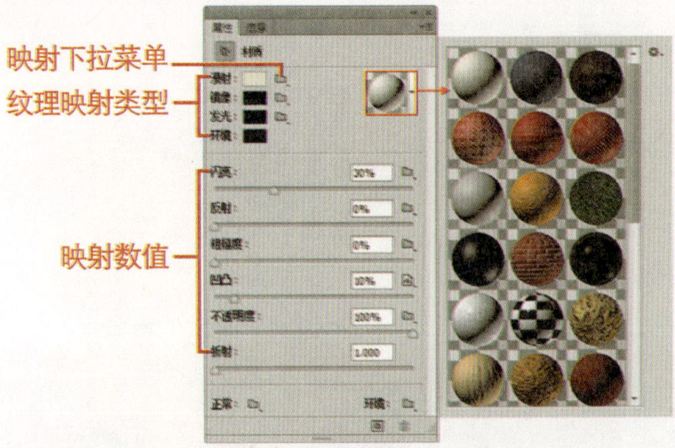

图14-43

- **纹理映射下拉菜单**：单击该按钮，可以弹出一个下拉菜单，在该菜单中可以创建、载入、打开、移去以及编辑纹理映射的相关属性。
- **漫射**：设置材质的颜色，可以是实色，也可以是任意 2D 内容。
- **镜像**：设置镜面高光的颜色。
- **发光**：设置不依赖于光照即可显示的颜色，即创建从内部照亮 3D 对象的效果。
- **环境**：设置在反射表面上可见的环境光的颜色。该颜色与用于整个场景的全局环境色相互作用。
- **闪亮**：定义“光泽”设置所产生的反射光的散射。低反光度（高散射）可以产生更明显的光照，而焦点不足；高反光度（低散射）可以产生不明显、更亮、更耀眼的高光。
- **反射**：增加 3D 场景、环境映射和材质表面上的其他对象的反射效果。
- **粗糙度**：设置材质表面的粗糙程度。
- **凹凸**：通过灰度图像在材质表面创建凹凸效果，而并不修改网格。凹凸映射是一种灰度图像，其中较亮的值可以创建比较突出的表面区域，较暗的值可以创建平坦的表面区域。
- **不透明度**：用来设置材质的不透明度。
- **折射**：可以增加 3D 场景、环境映射和材质表面上其他对象的反射效果。
- **正常**：与凹凸映射纹理一样，正常映射会增加模型表面的细节。
- **环境**：存储 3D 模型周围环境的图像。环境映射会作为球面全景来应用。

14.2.4 设置3D光源

3D 功能中的光源设置与现实中灯光非常接近，可以通过颜色、强度、阴影等参数的调整控制灯光效果。单击“3D”面板顶部的“光源”按钮，可以切换到“3D 光源”面板，在这里可以选择、新建或删除光源，如图 14-44 所示。选中一个光源后，在“属性”面板中可以进行相关设置，如图 14-45 所示。

- **预设**：包含多种内置光照效果，切换即可观察到预览效果。
- **类型**：设置光照的类型，包括“点光”、“聚光灯”、“无限光”和“基于图像”4 种。
- **强度**：用来设置光照的强度。数值越大，灯光越亮。
- **颜色**：用来设置光源的颜色。单击“颜色”选项右侧的色块可以打开“选择光照颜色”对话框，在该对话框中可以自定义光照的颜色。
- **阴影**：选中该复选框以后，可以从前景表面到背景表面、从单一网格到其自身或从一个网格到另一个网格产生投影。
- **柔和度**：对阴影边缘进行模糊，使其产生衰减效果。

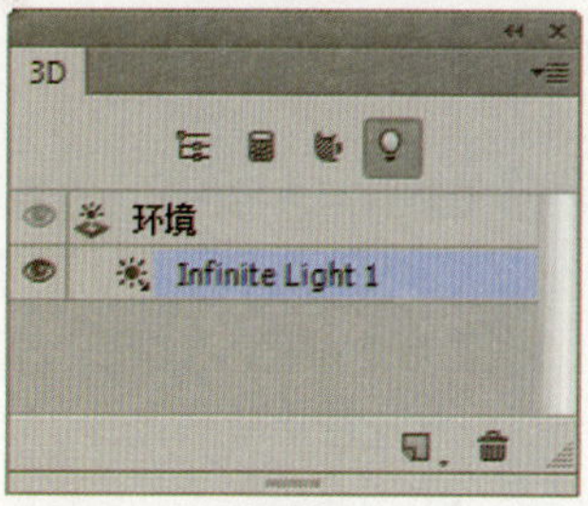

图14-44

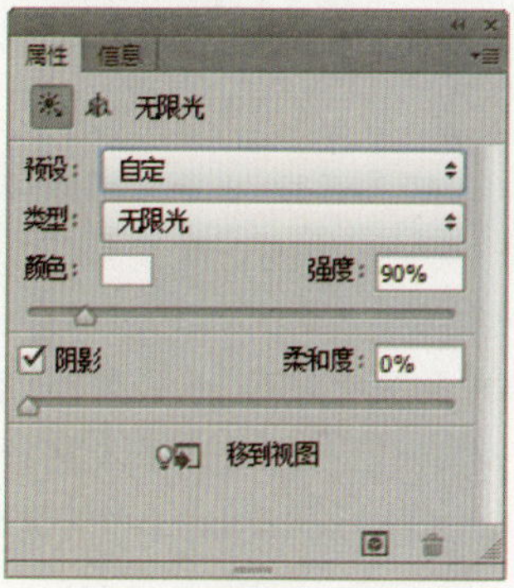

图14-45

14.3 创建3D对象

Photoshop CS6

14.3.1 从3D文件新建图层

执行“3D> 从 3D 文件新建图层”命令，在弹出的“打开”对话框中的下拉菜单中选择要打开的文件即可，如图 14-46 所示。打开的 3D 文件作为“3D”图层出现在“图层”面板中，如图 14-47 所示。执行“文

件 > 打开”命令或将 3D 文件拖曳到 Photoshop 中也可以作为 3D 对象打开，如图 14-48 所示。

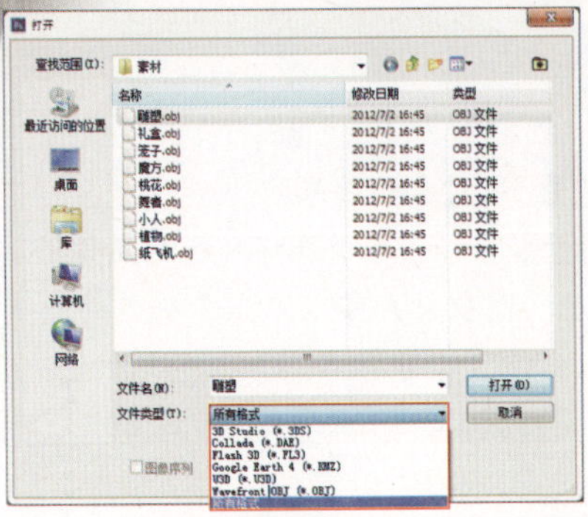

图14-46

图14-47

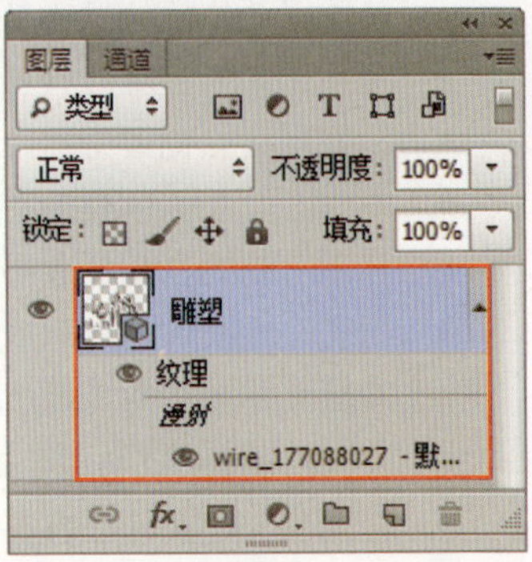

图14-48

14.3.2 从所选图层新建3D凸出 新增功能

执行“从所选图层新建 3D 凸出”命令能够快速将普通图层、智能对象图层、文字图层、形状图层、填充图册转换为 3D 凸出。选中某个图层（如图 14-49 所示），执行“3D> 从所选图层新建 3D 凸出”命令，此时所选图层出现 3D 凸出效果，如图 14-50 所示。

图14-49

图14-50

在“属性”面板中可以对其参数进行调整。单击“网格”属性面板按钮，可以在“形状预设”中选择一种凸出效果，并设置变形轴，修改“凸出深度”数值等，单击“编辑源”按钮，还可以将凸出之前的对象以独立文件的形式打开并进行编辑，如图 14-51 所示。在“变形”属性面板中可以对凸出深度、扭转以及锥度数值进行设置，从而调整凸出的效果，如图 14-52 所示。

在“盖子”属性面板中可以对 3D 图形的前面、背面进行设置，如图 14-53 所示。在“坐标”属性面板中可以对 3D 图形的位置以及缩放程度进行设置，如图 14-54 所示。

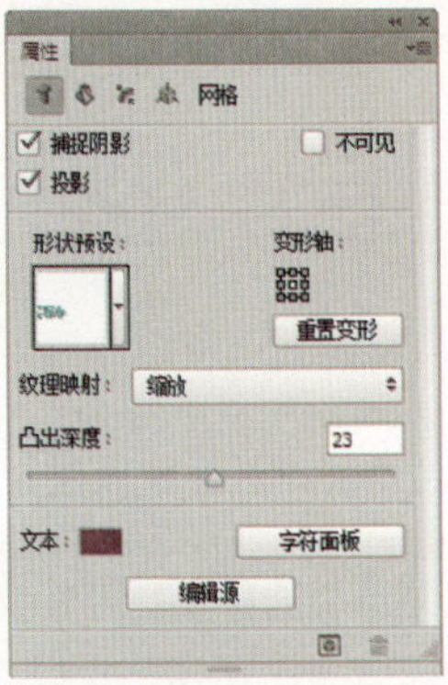

图14-51

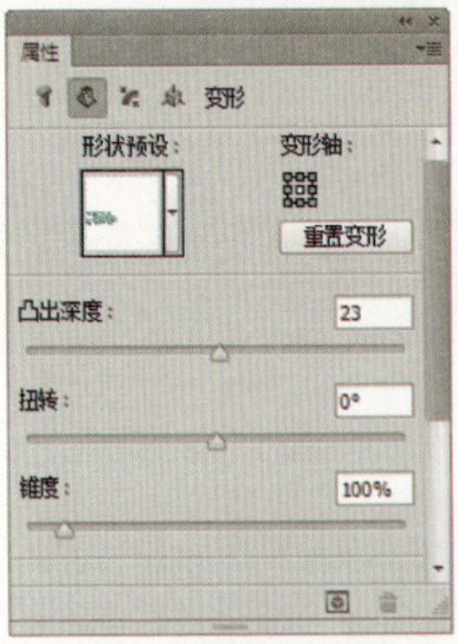

图14-52

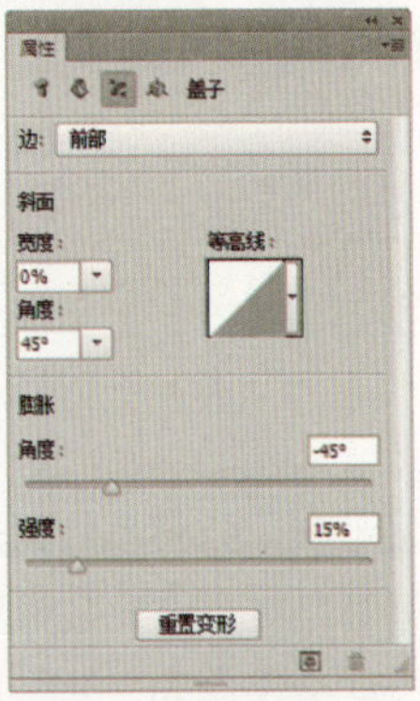

图14-53

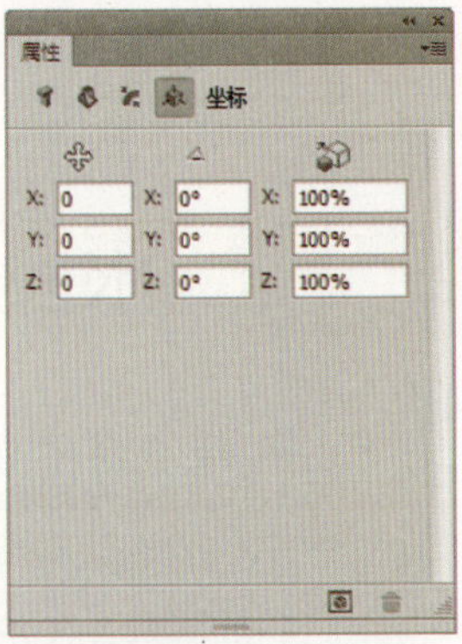

图14-54

14.3.3 从所选路径新建3D凸出 新增功能

当文档中包含路径时，执行“3D> 从所选路径新建 3D 凸出”命令即可以当前所选路径创建 3D 凸出，如图 14-55 和图 14-56 所示。

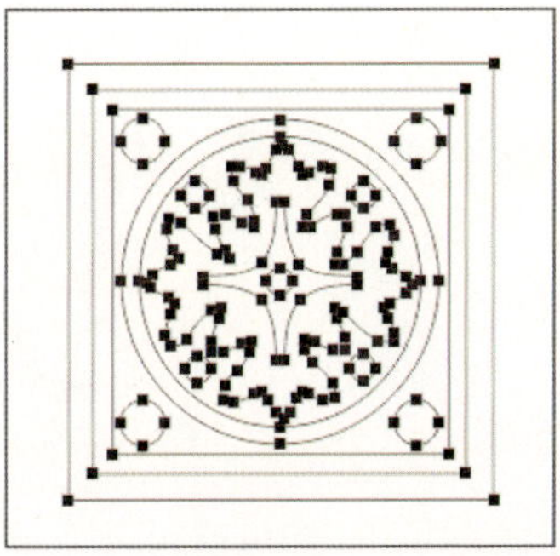

图14-55

图14-56

14.3.4 从当前选区新建3D凸出 新增功能

在 Photoshop 中，“从当前选区新建 3D 凸出”命令可以将 2D 对象转换到 3D 网格中，在 3D 空间中可以精确地进行凸出、膨胀和调整操作。创建一个像素选区（如图 14-57 所示），然后执行“3D> 从当前选区新建 3D 凸出”命令，如图 14-58 所示。此时可以看到选区以外的部分被隐藏，选区以内的部分出现 3D 凸出效果，如图 14-59 所示。单击相关的选项，在“属性”面板上进行相应设置，如图 14-60 所示。

图14-57

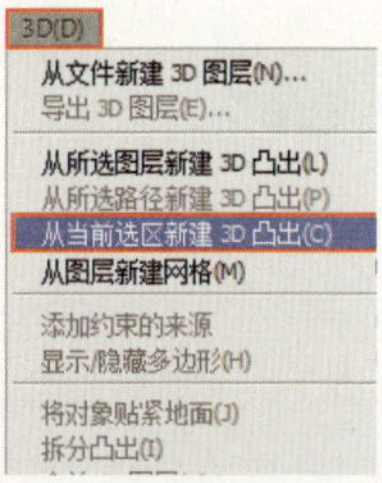

图14-58

图14-59

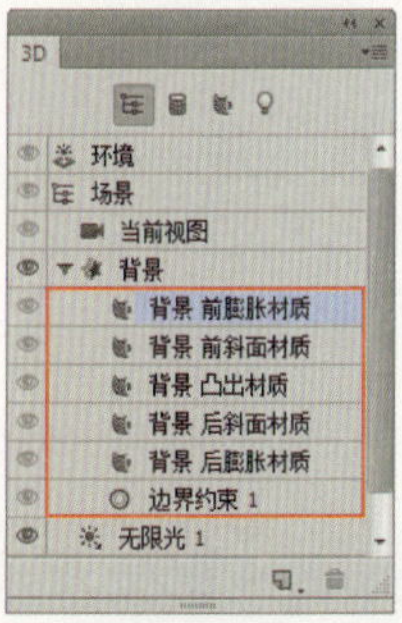

图14-60

14.3.5 创建3D明信片

在这里“3D 明信片”是指将一张 2D 图像转换为 3D 对象，并可以以三维的模式对该图像进行调整。执行“3D> 从图层新建网格 > 明信片”菜单命令，将一张普通图像创建 3D 明信片，如图 14-61 所示。创建 3D 明信片以后，原始的 2D 图层会作为 3D 明信片对象的“漫射”纹理映射在“图层”面板中。另外，使用选项栏中的“旋转 3D 对象”工具可以对 3D 明信片进行旋转操作，以观察不同的角度，如图 14-62 所示。

图14-61

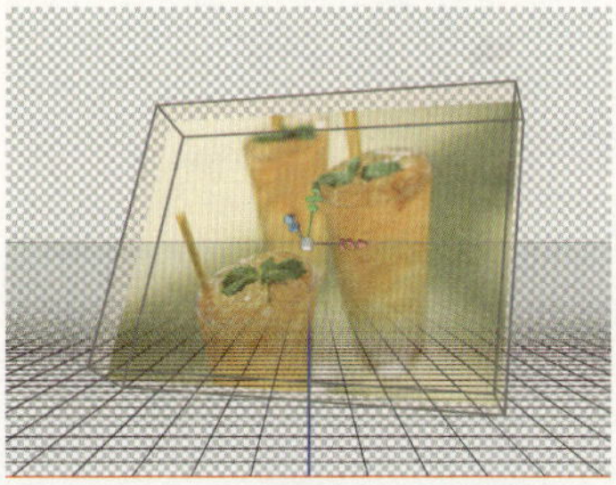

图14-62

14.3.6 创建内置3D形状

打开一张素材图像，如图 14-63 所示。执行“3D>从图层新建网格 > 网格预设”菜单命令选择一个形状后，2D 图像转换为 3D 图层并且得到一个 3D 模型，如图 14-64 所示。该模型可以包含一个或多个网格，菜单命令中的模型效果如图 14-65 所示。

图14-63

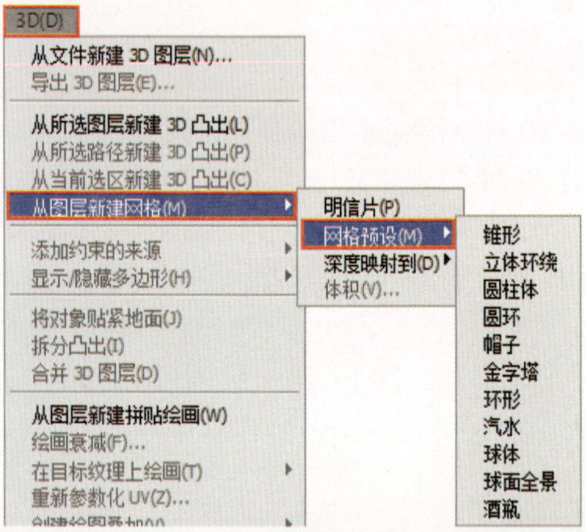

图14-64

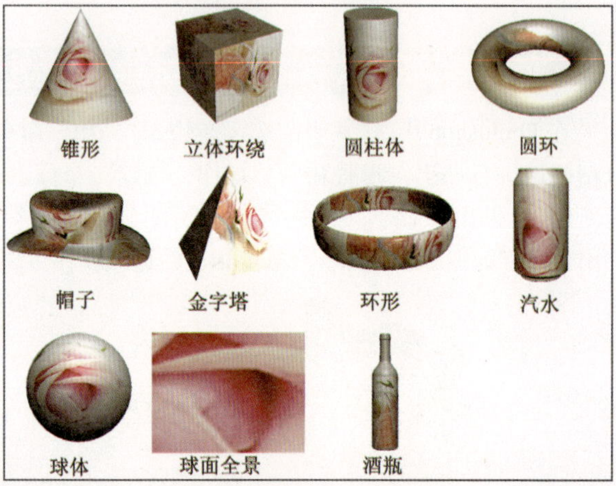

图14-65

14.3.7 创建深度映射3D网格

“深度映射到”命令是将原有图像的灰度转换为深度映射，将明度值转换为较亮的值将生成表面上凸起的区域，较暗的值将生成凹下的区域，从而制作出深浅不一的表面。打开一张素材图像，如图 14-66 所示。执行“3D> 从图层新建网格 > 深度映射到”菜单下的命令，如图 14-67 所示。图 14-68 所示是这些 3D 网格效果。

图14-66

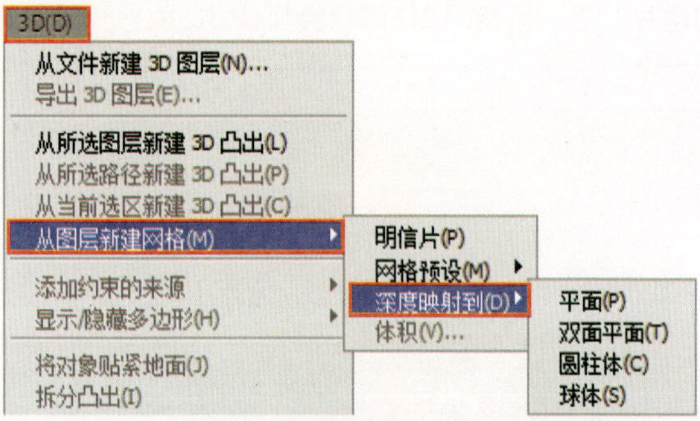

图14-67

平面　　双面平面　　圆柱体　　球体

图14-68

14.3.8 创建3D体积

Photoshop CS6 Extended 可以对医学使用的 DICOM 图像（.dc3、.dcm、.dic 或无扩展名）文件进行处理。打开 DICOM 文件，Photoshop 会读取文件中的所有帧，并将其转换为图层。对其执行“3D> 从图层新建网格 > 体积”命令，即可创建 DICOM 帧的 3D 体积。

14.4 3D对象的编辑

Photoshop CS6

14.4.1 合并3D对象

在 Photoshop 中可以将多个 3D 图层合并为一个图层进行编辑，合并后每个 3D 文件的所有网格和材质都包含在合并后的图层。选择多个 3D 图层，如图 14-69 和图 14-70 所示。执行“3D> 合并 3D 图层”菜单命令即可，如图 14-71 所示。3D 对象合并后可能会出现位置移动的情况，合并后的每部分都显示在“3D”面板网格中，可以使用其中的 3D 工具选择并重新调整各个网格的位置，如图 14-72 所示。

图14-69

图14-70

图14-71

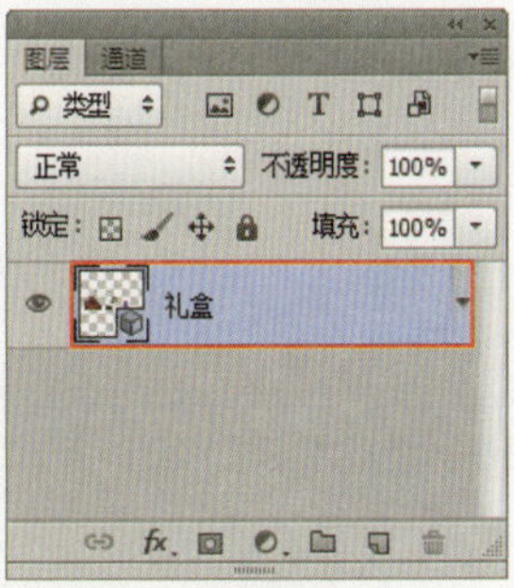

图14-72

14.4.2 拆分3D对象 新增功能

执行“3D> 拆分凸出”命令可以将 3D 对象拆分为多个独立的部分，非常便于从图层、路径或选区创建的 3D 对象的单独编辑。图 14-73 所示为一组 3D 文字对象，在“3D”面板中可以看到五个字母为一个整体，如图 14-74 所示。

图14-73

图14-74

执行“3D> 拆分凸出”命令后，五个字母被拆分为独立的个体，在“3D”面板中可以隐藏其中某些部分，选中某个对象即可对其进行独立编辑，如图 14-75 和如 14-76 所示。

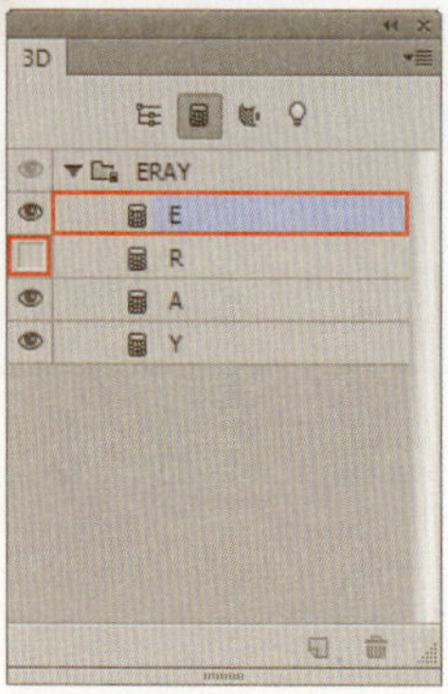

图14-75

图14-76

14.4.3 从“3D”图层生成工作路径

选择“3D”图层，如图 14-77 和图 14-78 所示。执行“3D> 从图层生成工作路径”命令，即可以当前对象生成工作路径，如图 14-79 所示。

图14-77

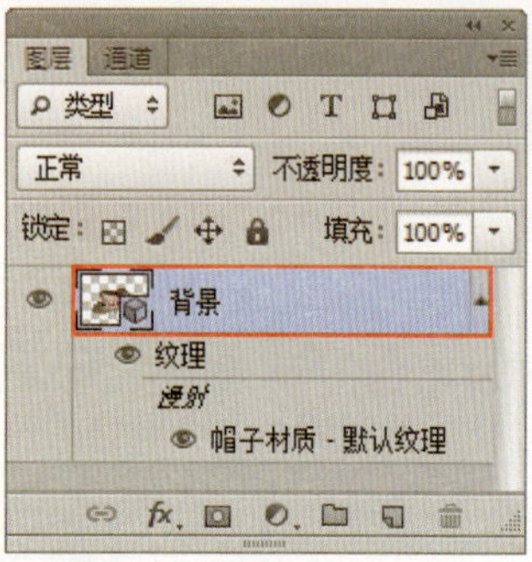

图14-78

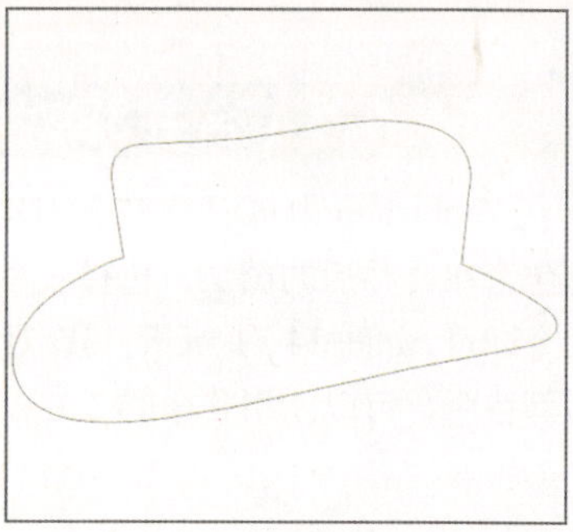
图14-79

14.4.4 转换“3D”图层

选择一个“3D”图层以后，在其图层名称上单击鼠标右键，然后在弹出的快捷菜单中执行“栅格化3D”命令，如图 14-80 所示，可以将 3D 内容在当前状态下进行栅格化使之转换为普通图层，如图 14-81 所示。

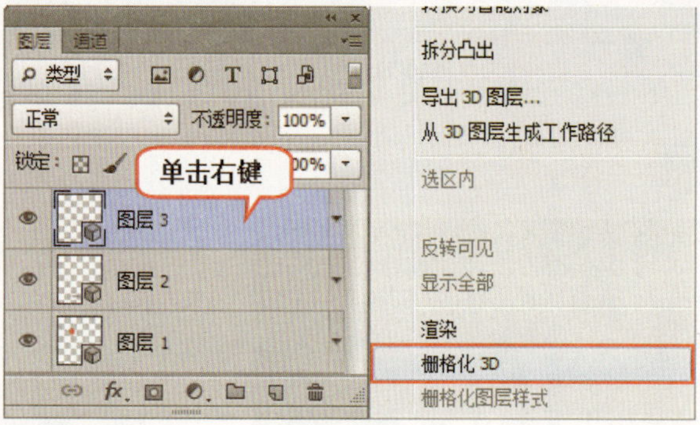

图14-80

图14-81

技巧提示

将“3D”图层转换为“2D”图层以后，就不能够再次编辑3D模型的位置、渲染模式、纹理以及光源。栅格化的图像会保留3D场景的外观，但格式会变成平面化的 2D 格式的普通图层。

也可以将“3D”图层转换为智能对象，转换后即可将变换或智能滤镜等其他调整应用于该图层。并且双击图层缩略图，可以重新打开智能对象图层以编辑原始 3D 场景。在“3D”图层上单击鼠标右键，然后在弹出的快捷菜单中执行“转换为智能对象”命令，如图 14-82 所示。可以将“3D”图层转换为智能对象，这样可以保留包含在“3D”图层中的 3D 信息，如图 14-83 所示。

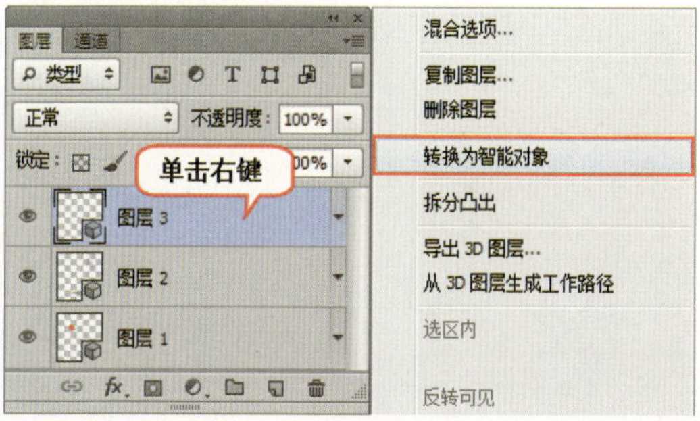

图14-82

图14-83

14.4.5 导出3D文件

制作完成的 3D 文件可以像普通文件一样进行存储，也可以将“3D”图层导出为特定格式的 3D 文件。如果要导出“3D”图层，可以在“图层”面板中选择相应的“3D”图层，然后执行“3D>导出 3D 图层”菜单命令，打开“存储为”对话框，在“格式”下拉列表中可以选择将“3D”图层导出为 Collada、Flash 3D、Google Earth 4 、U3D 或 Wavefront 格式的文件即可，如图 14-84 所示。

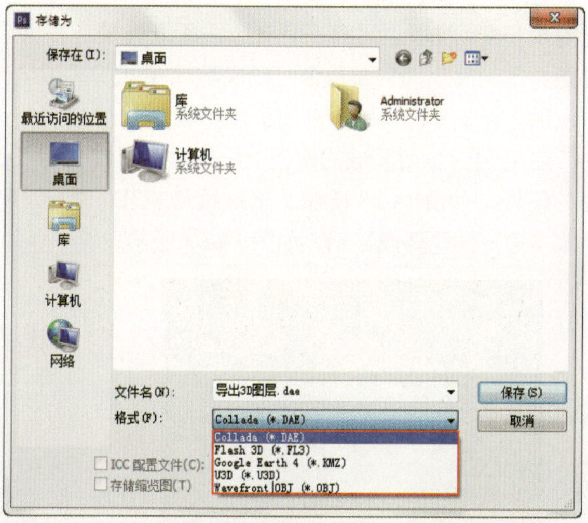

图14-84

14.5 纹理绘制与编辑

Photoshop CS6

使用 Photoshop 中打开 3D 文件时，纹理将作为 2D 文件与 3D 模型一起导入到 Photoshop 中。这些纹理会显示在“3D”图层的下方，并按照漫射、凹凸和光泽度等类型编组显示。也可以使用绘画工具和调整工具对纹理进行编辑，或者创建新的纹理。

14.5.1 编辑2D格式的纹理

在“属性”面板中选择包含纹理的材质，然后单击“漫射”选项后面的“编辑漫射纹理”按钮，如图 14-85 所示。在弹出的菜单中执行“编辑纹理”命令，纹理可以作为智能对象在独立的文档窗口中打开，这样就可以在纹理上绘画或进行编辑，如图 14-86 所示。

在“图层”面板中双击纹理也可以快速将纹理作为智能对象在独立的文档窗口中打开，如图 14-87 所示。

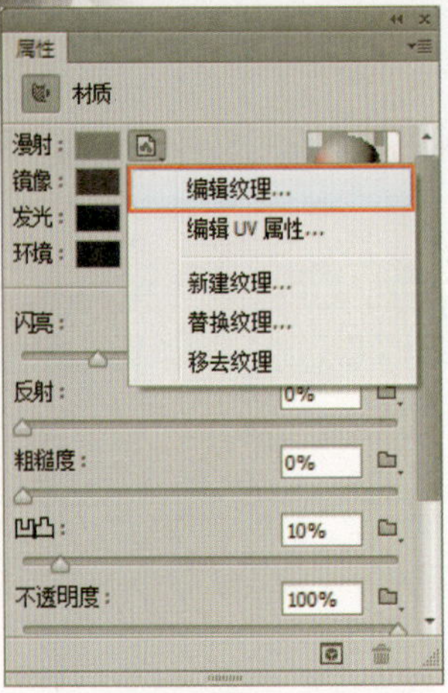

图14-85

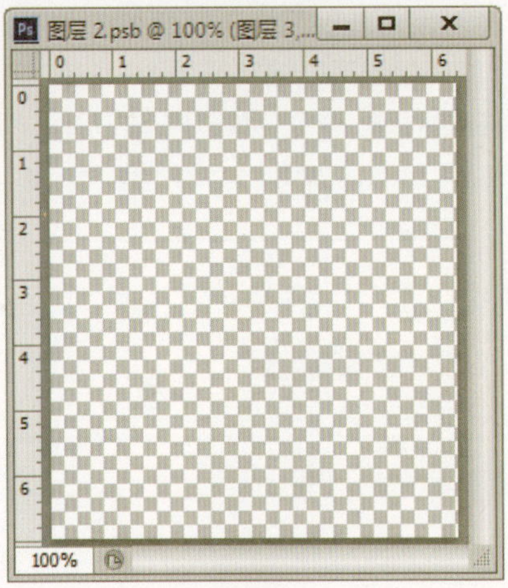

图14-86

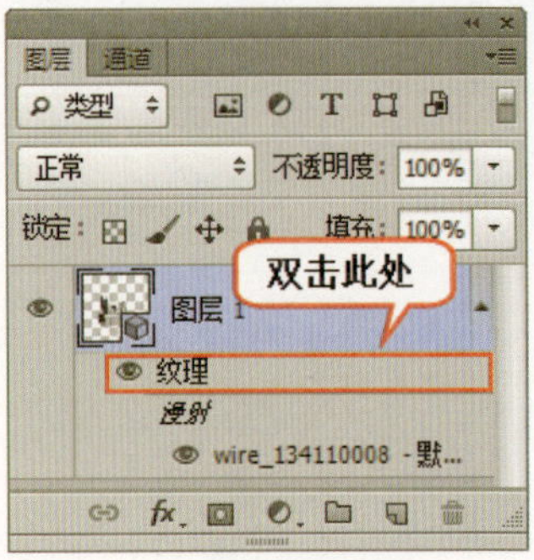

图14-87

14.5.2 在3D模型上绘制纹理

在 Photoshop CS6 Extended 中可以在 3D 模型上直接进行绘画或在某个选区内绘制。因为模型视图不能提供与 2D 纹理之间的一一对应，所以直接在模型上绘画与直接在 2D 纹理映射上绘画是不同的，这就可能导致无法明确判断是否可以成功地在某些区域绘画。执行“3D> 显示 / 隐藏多边形”菜单命令，即可方便地选择模型上可以绘画的最佳区域。

在对包含隐藏区域的模型上绘画时，可以使用“选区工具”在 3D 模型上制作一个选区，以限定要绘画的区域，如图 14-88 所示。然后执行“3D> 显示 / 隐藏多边形”命令，在子菜单中下执行相应的命令，控制多边形的隐藏或显示，如图 14-89 所示。

图14-88

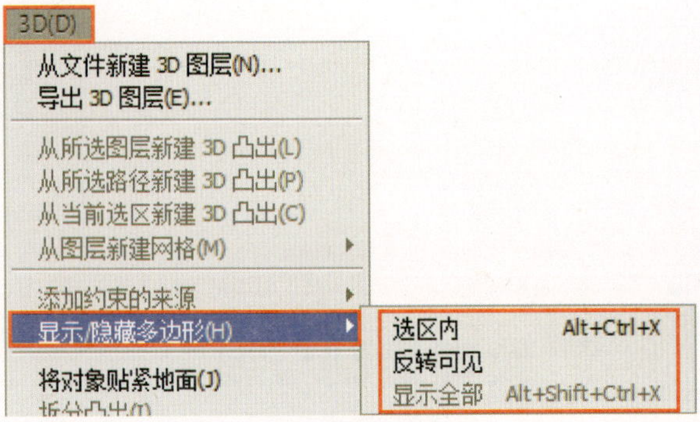

图14-89

- **选区内**：选择该命令后，只影响完全包含在选区内的图形。取消选择该命令后，将隐藏选区所接触到的所有多边形。
- **反转可见**：使当前可见表面不可见，而使不可见表面可见。
- **显示全部**：使所有隐藏的表面都可见。

在模型上绘画时，绘画衰减角度控制着表面在偏离正面视图弯曲时的油彩使用量。衰减角度是根据正常或根据朝向用户的模型表面突出部分的直线来计算的。执行“3D> 绘画衰减”菜单命令，打开“3D 绘画衰减”对话框，如图 14-90 所示。在“最小角度”中可以设置绘画随着接近最大衰减角度而渐隐的范围。在“最大角度”中可以设置的最大绘画衰减角度在 0° ~90° 之间。设置为 0° 时，绘画仅应用于正对前方的表面，没有减弱角度。设置为 90° 时，绘画可以沿着弯曲的表面（如球面）延伸至其可见边缘。在 45° 角设置时，绘画区域限制在未弯曲到大于 45° 的球面区域，如图 14-91 所示。

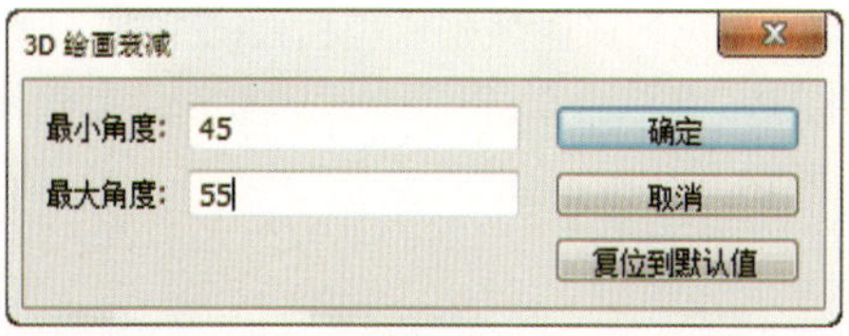

图14-90

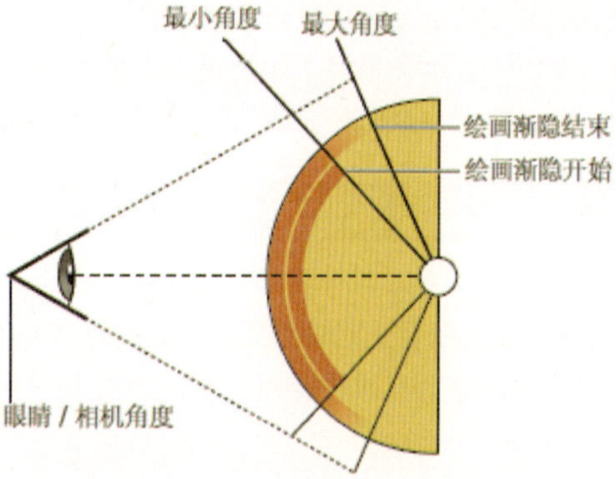

图14-91

14.5.3 显示或隐藏纹理

在“图层”面板中单击“纹理”左侧的图标，可以控制纹理的显示与隐藏，如图 14-92 和图 14-93 所示。

图14-92

图14-93

14.5.4 创建绘图叠加

“UV 叠加”是指将 2D 纹理映射中的坐标与 3D 模型上的特定坐标相匹配，使 2D 纹理正确地绘制在 3D 模型上。双击“图层”面板中的纹理条目，如图 14-94 所示。可以在单独的文档窗口中打开纹理文件。执行“3D>创建 UV 叠加”菜单下的命令，UV 叠加将作为附加图层添加到纹理的“图层”面板中，如图 14-95 所示。

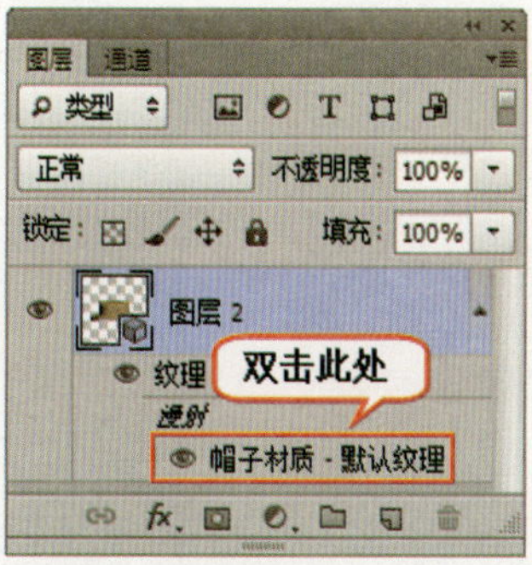

图14-94

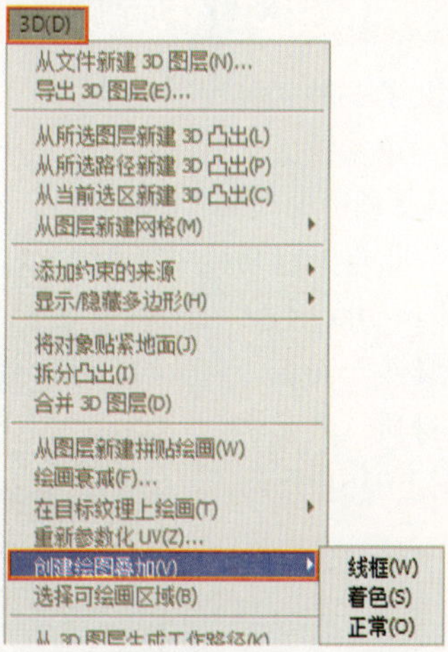

图14-95

- **线框**：显示 UV 映射的边缘数据。
- **着色**：显示使用实色渲染模式的模型区域。
- **正常映射**：显示转换为 RGB 值的几何常值。

14.5.5 重新参数化纹理映射

打开 3D 文件时如果出现模型表面纹理产生多余的接缝、图案拉伸或区域挤压等扭曲的情况，这是因为 3D 文件的纹理没有正确映射到网格。执行“3D> 重新参数化 UV”菜单命令，可以将纹理重新映射到模型，以校正扭曲并创建更有效的表面覆盖，如图 14-96 和图 14-97 所示。

图 14-96

图 14-97

执行“重新参数化”命令后，任何现有的纹理的应用方式都将被改变，如图 14-98 所示。

单击“确定”按钮后会再次弹出对话框，单击“低扭曲度”按钮可以使纹理图案保持不变，但是会在模型表面产生较多接缝；单击“较少接缝”按钮，可以使模型上出现的接缝数量最小化，但是会产生更多的纹理拉伸或挤压，如图 14-99 所示。

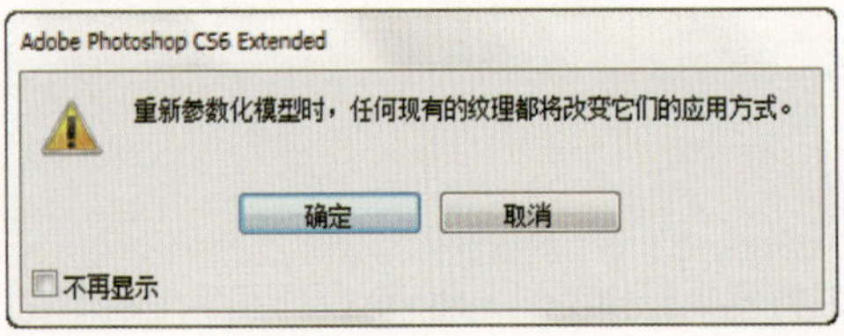

图 14-98

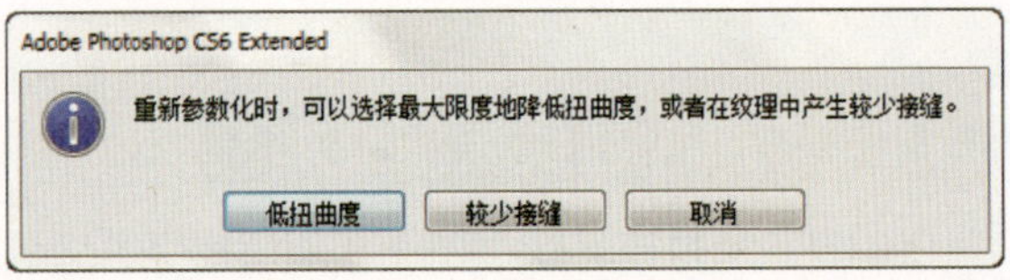

图 14-99

14.5.6 使用3D材质吸管工具 新增功能

工具箱中提供了一种“材质吸管工具”，单击该工具按钮，将光标移至文档中的 3D 图形上单击左键，即可对材质进行取样，如图 14-100 所示。取样完成后在“属性”面板上可以显示出所选材质，从而进行相关编辑，如图 14-101 所示。

图 14-100

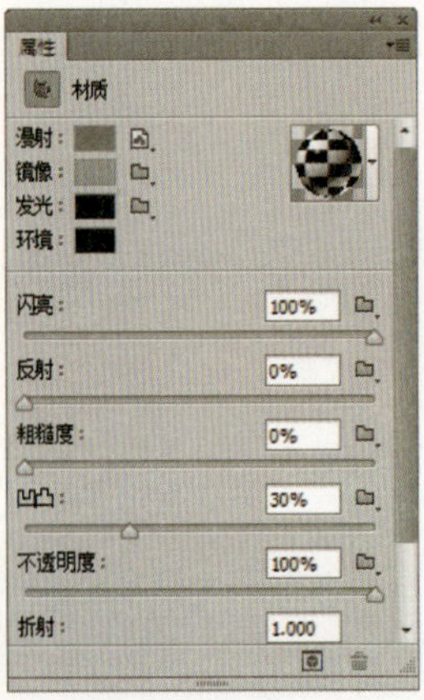

图 14-101

14.5.7 使用3D材质拖放工具 新增功能

单击工具箱中的“材质拖放工具”按钮，在选项栏中的材质下拉列表中选择一种材质，如图 14-102 所示。将光标移至模型上，如图 14-103 所示。单击鼠标，即可将选中的材质应用到模型中，如图 14-104 所示。

图14-102

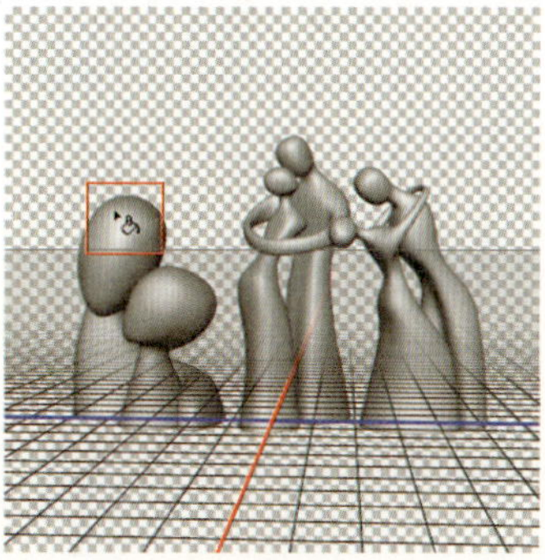
图14-103

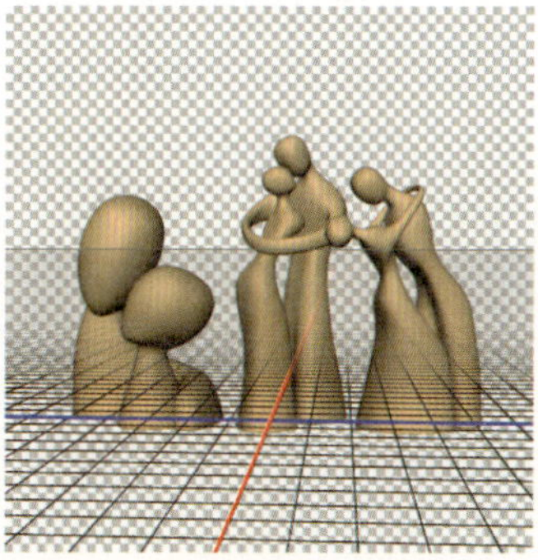
图14-104

14.6 3D对象的渲染

Photoshop CS6

“渲染”是完成模型、光照、材质设置后的最后一个步骤，对 3D 模型进行渲染以得到最终精细的 2D 图像。在画面不包含任何选区状态下执行“3D> 渲染”菜单命令，或按 Alt+Shift+Ctrl+R 组合键进行渲染可以渲染整个画面。很多时候在进行最终效果渲染之前只需渲染场景中的一小部分即可判断整个模型的最终渲染效果。这时可以使用选区工具在模型上制作一个选区即可渲染选中的区域。在渲染 3D 选区或整个模型时，如果进行了其他操作，Photoshop 会终止渲染操作，这时可以执行“3D> 恢复渲染”菜单命令来重新渲染 3D 模型，如图 14-105 和图 14-106 所示。

图14-105

图14-106

在“属性”面板中可以进行渲染方式的设置。单击“3D”面板中的“场景”按钮，选择“场景”条目，如图 14-107 所示。在“属性”面板中可以看到相应渲染选项的设置，还可以从“预设”下拉列表中选择一种内置的渲染预设，也可以通过修改“横截面”选项、“表面”选项、“线条”选项和“点”选项进行自定义的渲染设置，如图 14-108 所示。

图14-107

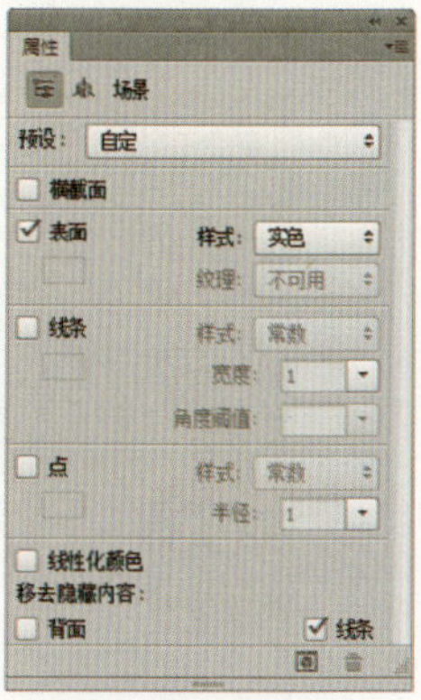

图14-108

- **预设**：在下拉列表中包括多种渲染方式，默认的渲染预设为“实色”，即显示模型的可见表面，而“线框”和“顶点”预设只显示底层结构。

- **横截面**：可以创建角度与模型相交的平面截面，方便切入到模型内部进行内容的查看。
- **表面**：选中“属性”面板中的“表面”复选框，可以通过改变“样式”从而设置模型表面的显示方式。
- **线条**：选中“属性”面板中的“线条”复选框，可以在“样式”的下拉列表中选择显示方式，并且可以对“颜色”、“宽度”和“角度阈值”进行调整。
- **点**：选中“属性”面板中的“点”复选框，可以在“样式”的下拉列表中选择显示方式，并且可以对“颜色”和“半径”进行调整。

综合演练 制作3D怀旧文字

案例文件	案例文件\第14章\综合演练\制作3D怀旧文字.psd
视频教学	视频文件\第14章\制作3D怀旧文字.flv
难易指数	★★★☆☆
知识掌握	3D凸出、文字工具、曲线调整

案例效果

本案例效果如图14-109所示。

图14-109

操作步骤

1 打开本书配套光盘中的背景素材文件“1.png”，如图14-110所示。

2 创建新组，命名为“3d”。单击工具箱中的“文字工具”按钮T，在选项栏中选择一种合适字体，设置合适的字号，在画面中键入文字，如图14-111所示。

图14-110

图14-111

3 执行“3D> 从所选图层新建 3D 凸出”命令，如图 14-112 所示。执行“窗口 >3D”命令，在“3D”面板中单击文字条目，如图 14-113 所示。执行“窗口 > 属性”命令，在“属性”面板中单击“变形”按钮，设置“凸出深度”数值为 -1185，“锥度”数值为 100%，如图 14-114 和图 14-115 所示。

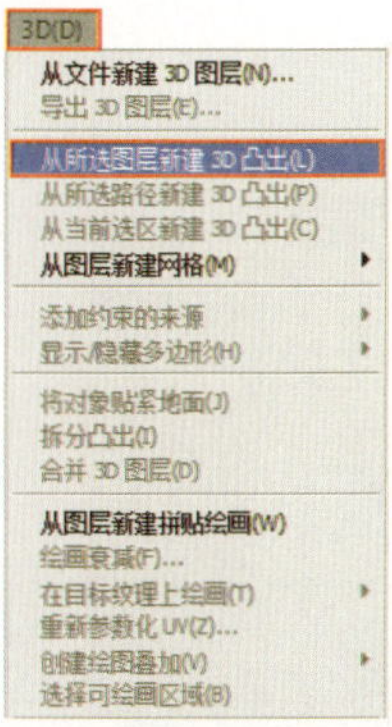

图14-112

图14-113

图14-114

图14-115

4 单击选项栏中的“旋转 3D 对象”按钮，将文字旋转至合适角度，如图 14-116 所示。

5 在“3D”面板中单击“Smile 前膨胀材质”条目，如图 14-117 所示。在“属性”面板中单击“漫射”的映射下拉菜单按钮，执行“新建纹理”命令，如图 14-118 所示。

图14-116

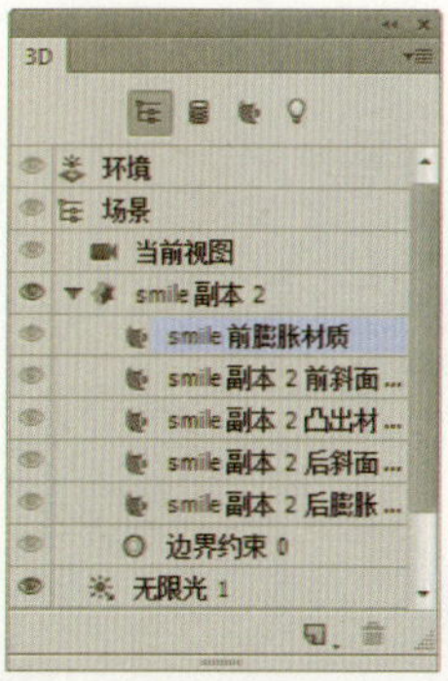

图14-117

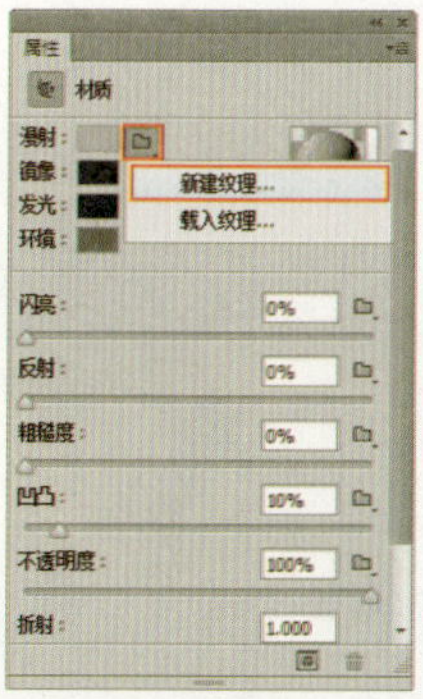

图14-118

6 在弹出的“新建”面板中设置“宽度”为 3000 像素，“高度”为 2000 像素。进入新文档，导入纸张素材文件“2.jpg”，调整大小，如图 14-119 所示。再回到“3D”图层，文字正面自动生成纸张效果，如图 14-120 所示。

图14-119

图14-120

7 在“3D”面板中单击“Smile 凸出材质”条目，如图 14-121 所示。在“属性”面板中单击“漫射”映射下拉菜单按钮，执行“新建纹理”命令，如图 14-122 所示。

8 在弹出的“新建”面板中设置“宽度”为 1024 像素，“高度”为 1024 像素。进入新文档，导入纸张素材文件“3.jpg”，调整大小，如图 14-123 所示。再回到“3D”图层，文字侧面自动生成纸张做旧效果，如图 14-124 所示。

9 用同样方法制作另外两组文字，调整合适大小及位置，如图 14-125 所示。

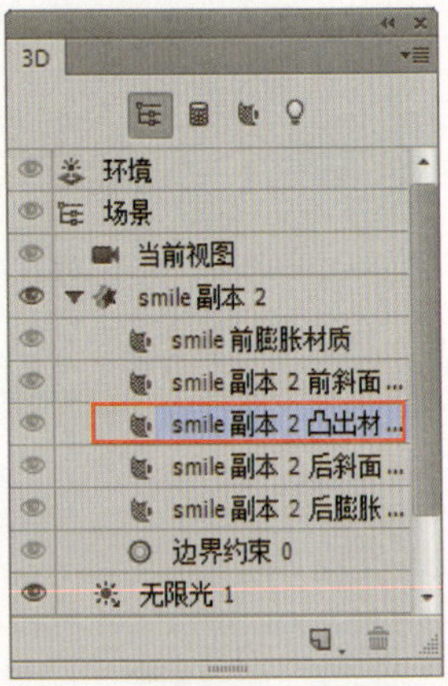

图14-121

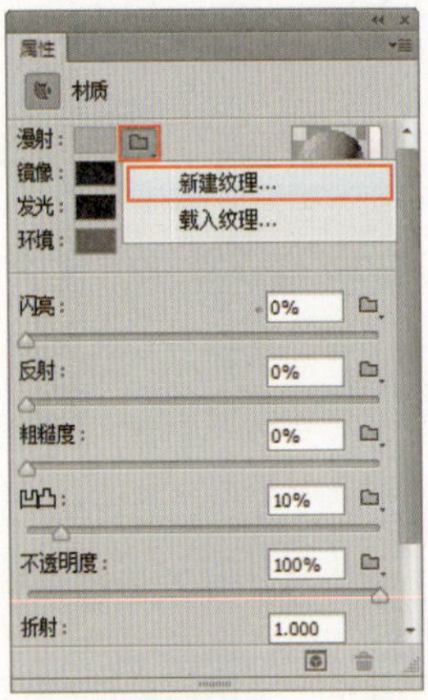

图14-122

图14-123

图14-124

图14-125

10 在 3D 文字下新建图层，单击工具箱中的“画笔工具”按钮，设置一种柔角边画笔，在文字下绘制黑色阴影效果，如图 14-126 所示。设置该图层的“不透明度”数值为 62%，如图 14-127 所示。

图14-126

图14-127

11 复制3D文字表面，设置“混合模式”为浅色，如图14-128所示。执行“图层 > 图层样式 > 描边”命令，设置“大小”数值为5像素，“位置”为内部，“颜色”为棕色，如图14-129和图14-130所示。

图14-128

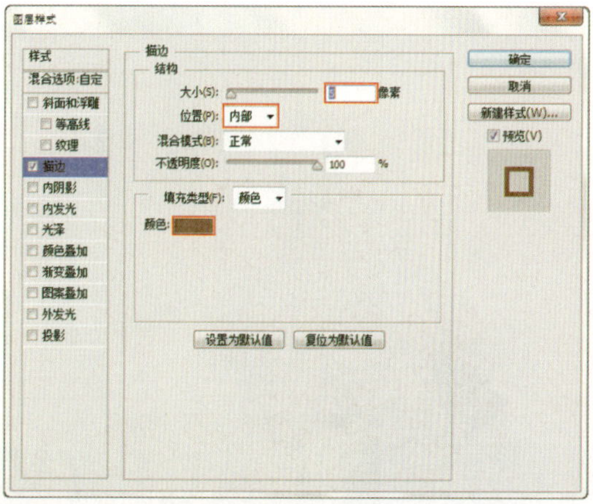

图14-129

图14-130

12 新建图层，使用“画笔工具”在文字侧面绘制出暗面效果，如图14-131所示。导入素材文件“4.png”，调整合适大小及位置，如图14-132所示。

图14-131

图14-132

13 在“图层”面板中单击“新建调整图层”按钮，执行“曲线”命令，调整曲线形状，如图14-133所示。使用“画笔工具”在调整图层蒙板上进行绘制，隐藏调整图层对画面左上角的影响，如图14-134和图14-135所示。

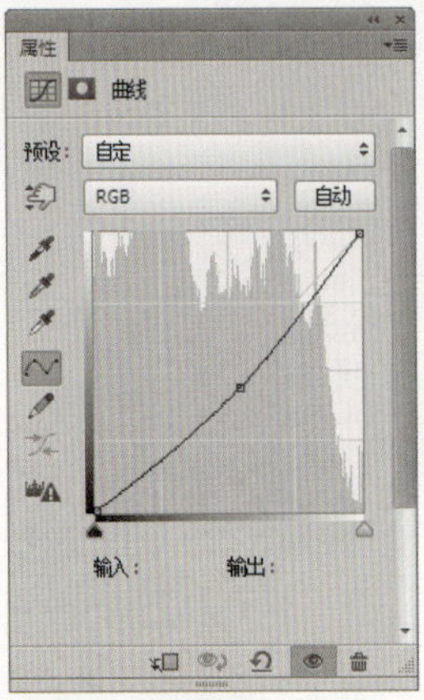

图14-133

图14-134

图14-135

14 再次创建“曲线”调整图层，调整曲线形状，如图 14-136 所示。使用“画笔工具”在调整图层蒙板上进行绘制，隐藏调整图层对画面右下角的影响，最终效果如图 14-137 所示。

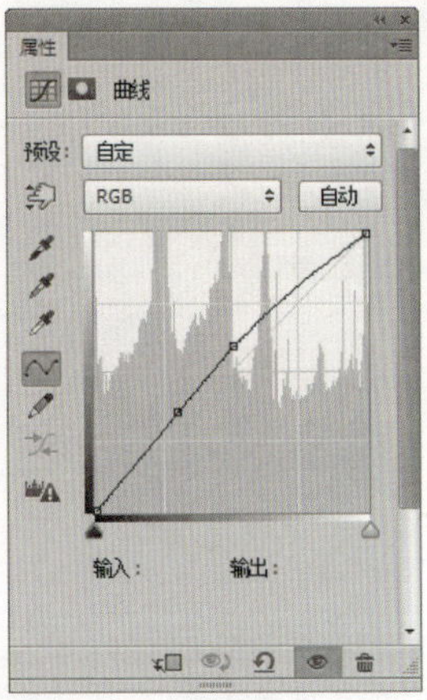

图14-136

图14-137

第15章

Web图形处理与打印输出

本章学习要点：

- 掌握创建、编辑切片的方法
- Web 图形的优化和输出
- 实现自动化操作
- 掌握打印的基本设置

Photoshop 不仅可以用于编修照片、设计海报，在网页制作中，通过 Photoshop 的 Web 工具进行设计和优化 Web 图形或页面元素也是必不可少的。图 15-1、图 15-2 和图 15-3 所示为优秀网页作品。

图15-1

图15-2

图15-3

15.1 切片的创建与编辑

在网页制作中往往不会直接使用整张大尺寸的图像。一般情况下可以将整张图像“分割”为多个部分使网页浏览流畅，这就需要用到“切片技术”将一整张图切割成若干小块，并以表格的形式加以定位和保存。

在 Photoshop 中有“基于图层的切片”和“用户切片”两种。“基于图层的切片”是通过图层创建的切片；而“用户切片”是使用“切片工具”创建的切片。用户切片和基于图层切片由实线定义，而自动切片则由虚线定义，如图 15-4 所示。如果切片处于隐藏状态，则执行“视图 > 显示 > 切片”菜单命令可以显示切片，如图 15-5 所示。

图15-4

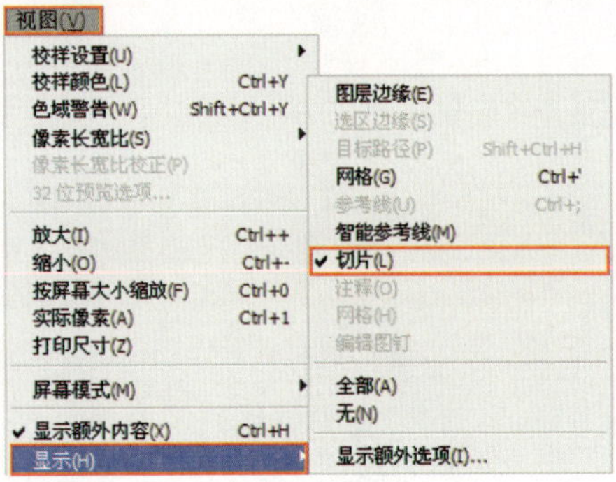

图15-5

15.1.1 使用切片工具

使用“切片工具”创建切片时会生成附加的自动切片来占据图像的区域，自动切片可以填充图像中用户切片或基于图层的切片未定义的空间。可以在其选项栏中设置切片的创建样式，如图 15-6、图 15-7 和图 15-8 所示。

图15-6

图15-7

图15-8

- **正常**：可以通过拖曳鼠标来确定切片的大小。
- **固定长宽比**：可以在后面“宽度”和“高度”输入框中设置切片的宽高比。
- **固定大小**：可以在后面“宽度”和“高度”输入框中设置切片的固定大小。
- **基于参考线的切片**：创建参考线以后，单击该按钮可以从参考线创建切片。

15.1.2 创建切片

创建切片的方法有三种，可以使用“切片工具”直接创建切片，另外还可以基于参考线或者图层创建切片。打开素材文件，使用“切片工具”在图像中单击左键并拖曳鼠标创建一个矩形选框，释放鼠标左键以后就可以创建一个用户切片，而用户切片以外的部分将生成自动切片。图 15-9 和图 15-10 所示分别为创建用户切片和完成创建用户切片的效果图。

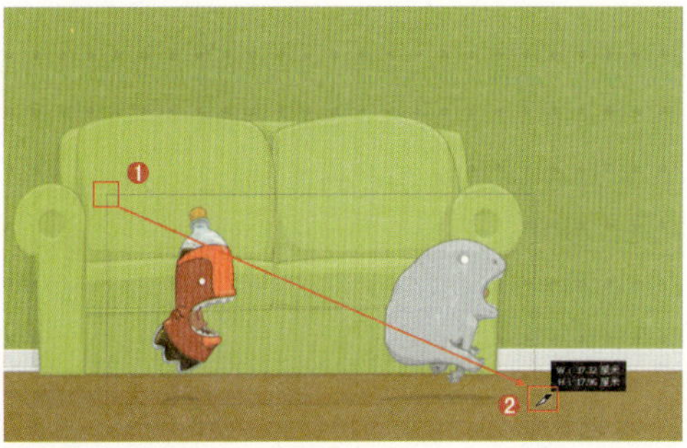

图15-9

图15-10

在包含参考线的文件中可以创建基于参考线的切片，按 Ctrl+R 组合键调出参考线，拖曳出参考线，然后单击工具箱中的“切片工具”按钮，在选项栏中单击“基于参考线的切片”按钮 基于参考线的切片 ，即可以基于参考线的划分方式创建出切片，如图 15-11 所示。效果如图 15-12 所示。

图15-11

图15-12

创建基于图层创建切片可以选择“图层 1”，执行“图层 > 新建基于图层的切片”菜单命令，这样就能创建包含该图层所有像素的切片，如图 15-13 所示。基于图层创建切片以后，当对图层进行移动、缩放、变形等操作时，切片会跟随该图层进行自动调整，图 15-14 所示为移动和缩放图层后切片的变化效果。

图15-13

图15-14

15.1.3 选择和移动切片

单击工具箱中的“切片选择工具”按钮，通过“切片选择工具”可以对切片进行选择、调整堆叠顺序、对齐与分布等进行相关的操作。单击工具箱中的“切片选择工具”按钮，在图像中单击选中一个切片。按 Shift 键的同时单击其他切片进行加选。如果要复制切片，可以按 Alt 键的同时拖曳切片进行复制。如果要移动切片，可以先选择切片，然后拖曳鼠标即可。如果要调整切片的大小，可以拖曳切片定界点进行调整，其选项栏如图 15-15 所示。

图15-15

- **调整切片堆叠顺序**：创建切片以后，最后创建的切片处于堆叠顺序中的最顶层。如果要调整切片的堆叠顺序，可以单击“置为顶层”按钮、“前移一层”按钮、“后移一层”按钮和“置为底层”按钮来完成。
- **提升**：单击该按钮，可以将所选的自动切片或图层切片提升为用户切片。
- **划分**：单击该按钮，可以打开“划分切片”对话框，在该对话框中可以对所选切片进行划分。
- **对齐与分布切片**：选择多个切片后，可以单击相应的按钮来对齐或分布切片。
- **隐藏自动切片**：单击该按钮，可以隐藏自动切片。
- **为当前切片设置选项**：单击该按钮，可在弹出的“切片选项”对话框中设置切片的名称、类型、指定 URL 地址等。

15.1.4 删除和锁定切片

选择切片以后，单击鼠标右键，在弹出的快捷菜单中执行“删除切片”命令可以删除切片。或者执行“视图 > 清除切片”命令也可以删除所有用户切片和基于图层的切片。若要删除单个或多个切片可以使用“切片选择工具”选择一个或多个切片以后，按 Delete 键或 Backspace 键删除切片。

执行“视图 > 锁定切片”菜单命令，可以锁定所有的用户切片和基于图层的切片。锁定切片后，将无法对切片进行移动、缩放或其他更改。再次执行“视图 > 锁定切片”命令即可取消锁定。

15.1.5 转换为用户切片

要为自动切片设置不同的优化设置，则必须将其转换为用户切片。使用“切片选择工具”选择需要转换的自动切片，然后单击选项栏中的“提升”按钮即可将其转换为用户切片，如图 15-16 和图 15-17 所示。

图15-16

图15-17

15.1.6 划分切片

不论原始切片是用户切片还是自动切片，划分后的切片总是用户切片。划分切片命令可以沿水平方向、垂直方向或同时沿这两个方向划分切片。在“切片选择工具”的选项栏中单击“划分”按钮，打开“划分切片”对话框，如图 15-18 所示。

- **水平划分为**：选中该复选框后，可以在水平方向上划分切片。
- **垂直划分为**：选中该复选框后，可以在垂直方向上划分切片。

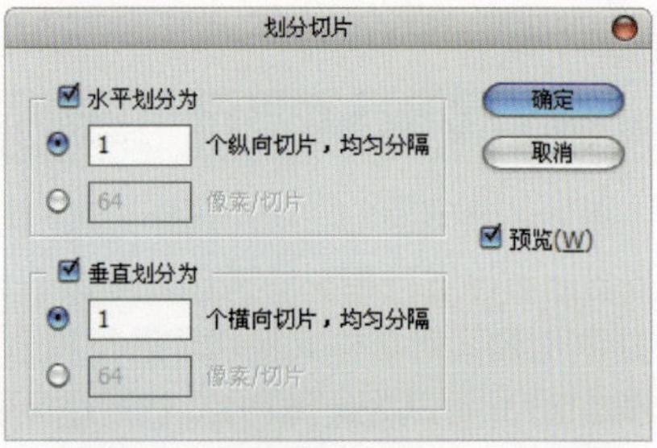

图15-18

- **预览**：在画面中预览切片的划分结果。

15.1.7 设置切片选项

在使用切片工具状态下双击某一切片或选择某一切片并在选项栏中单击“为当前切片设置选项”按钮，可以打开“切片选项”对话框。切片选项主要包括对切片名称、尺寸、URL、目标等属性的设置，如图15-19所示。

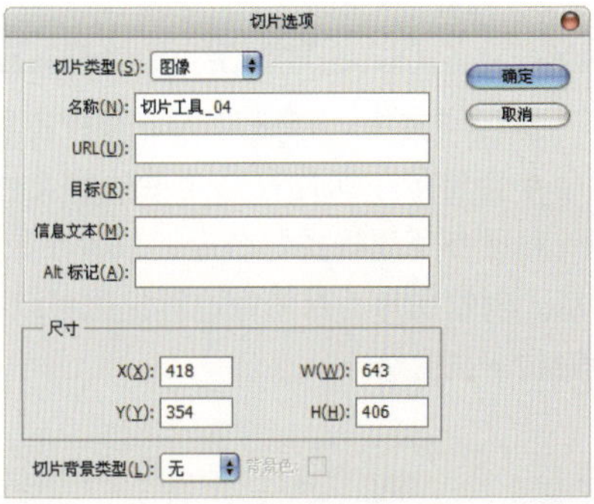

图15-19

- **切片类型**：设置切片输出的类型，即在与HTML文件一起导出时，切片数据在Web中的显示方式。选择“图像”选项时，切片包含图像数据；选择“无图像”选项时，可以在切片中输入HTML文本，但无法导出图像，也无法在Web中浏览；选择“表”选项时，切片导出时将作为嵌套表写入到HTML文件中。
- **名称**：用来设置切片的名称。
- **URL**：设置切片链接的Web地址（只能用于“图像”切片），在浏览器中单击切片图像时，即可链接到这里设置的网址和目标框架。
- **目标**：设置目标框架的名称。
- **信息文本**：设置哪些信息出现在浏览器中。
- **Alt标记**：设置选定切片的Alt标记。Alt文本在图像下载过程中取代图像，并在某些浏览器中作为工具提示出现。
- **尺寸**：X、Y选项用于设置切片的位置，W、H选项用于设置切片的大小。
- **切片背景类型**：选择一种背景色来填充透明区域（用于“图像”切片）或整个区域（用于“无图像”切片）。

15.1.8 组合切片

使用“切片选择工具”选择多个切片，单击鼠标右键，然后在弹出的快捷菜单中执行“组合切片”命令，所选的切片即可组合为一个切片。在Photoshop中执行“组合切片”命令，会通过连接组合切片的外边缘创建的矩形来确定所生成切片的尺寸和位置，将多个切片组合成一个单独的切片，如图15-20和图15-21所示。

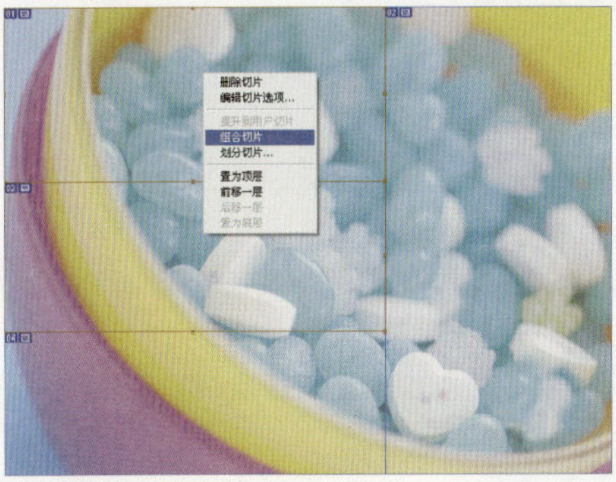

图15-20

图15-21

技巧提示

组合切片时，如果组合切片不相邻，或者比例、对齐方式不同，则新组合的切片可能会与其他切片重叠。组合切片将采用选定的切片系列中的第1个切片的优化设置，并且始终为用户切片，而与原始切片是否包含自动切片无关。

15.2 Web图形输出

15.2.1 存储为Web和设备所用格式

执行“文件 > 存储为 Web 和设备所用格式”菜单命令，打开“存储为 Web 和设备所用格式”对话框，该命令会将每个切片存储为单独的文件并生成显示切片所需的 HTML 或 CSS 代码。执行“文件 > 存储为 Web 和设备所用格式”命令，设置参数并单击“存储”按钮，选择存储位置及类型，如图 15-22 和图 15-23 所示。创建切片后对图像进行优化可以减小图像的大小，而较小的图像可以使 Web 服务器更加高效地存储、传输和下载图像。

图15-22

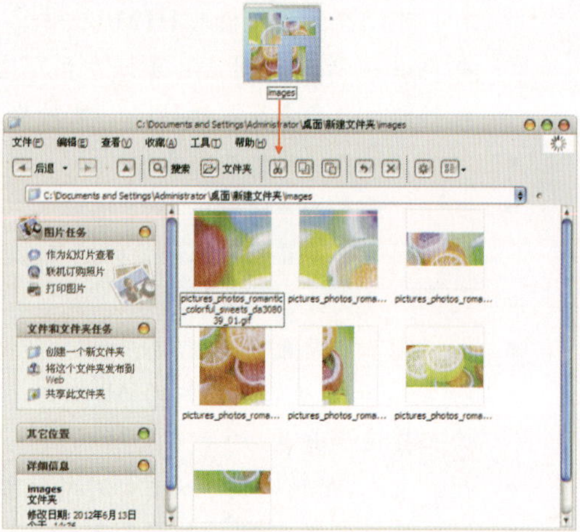

图15-23

- 抓手工具：可以移动查看图像。
- 切片选择工具：当一张图像上包含多个切片时，可以使用该工具选择相应的切片，以进行优化。
- 缩放工具：可以放大图像窗口，按 Alt 键单击窗口则会缩小显示比例。
- 吸管工具 / 吸管颜色：使用它在图像上单击，可以拾取单击处的颜色，并显示在“吸管颜色”图标中。
- 切换切片可见性：激活该按钮，在窗口中才能显示出切片。

15.2.2 Web图形优化格式

可供选择的 Web 图形的优化格式包括 GIF 格式、JPEG 格式、PNG-8 格式、PNG-24 和 WBMP 格式。不同格式的图像文件其质量与大小也不同，合理选择优化格式，可以有效地控制图形的质量。

- 优化为 GIF 格式：GIF 是用于压缩具有单调颜色和清晰细节的图像的标准格式，它是一种无损的压缩格式，支持 8 位颜色，因此它可以显示多达 256 种颜色。
- 优化为 PNG-8 格式：PNG-8 格式与 GIF 格式一样，可以有效地压缩纯色区域，同时保留清晰的细节。PNG-8 格式也支持 8 位颜色，因此它可以显示多达 256 种颜色。
- 优化为 JPEG 格式：是用于压缩连续色调图像的标准格式。将图像优化为 JPEG 格式的过程中，会丢失图像的一些数据。
- 优化为 PNG-24 格式：可以在图像中保留多达 256 个透明度级别，适合于压缩连续色调图像，但它所生成的文件比 JPEG 格式生成的文件要大得多。
- 优化为 WBMP 格式：用于优化移动设备图像的标准格式，只支持 1 位颜色，即 WBMP 图像只包含黑色和白色像素。

15.2.3 Web图形输出设置

在“存储为 Web 和设备所用格式”对话框右上角的优化菜单中执行“编辑输出设置”命令，如图 15-24 所示。可以打开“输出设置”对话框，在这里可以对 Web 图形进行输出设置。直接在“输出设置”对话框中单击“确定”按钮即可使用默认的输出设置，也可以选择其他预设进行输出，如图 15-25 所示。

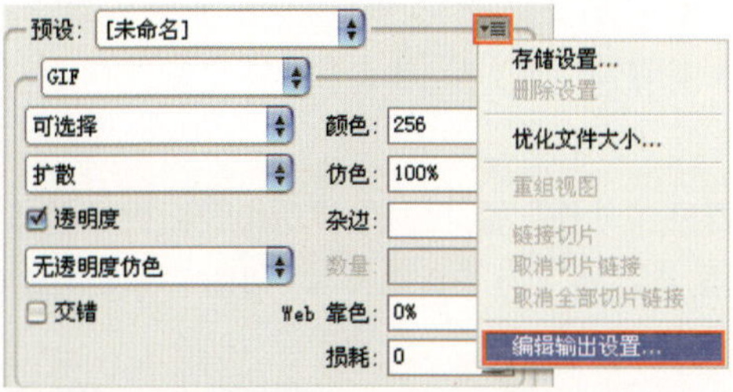

图 15-24

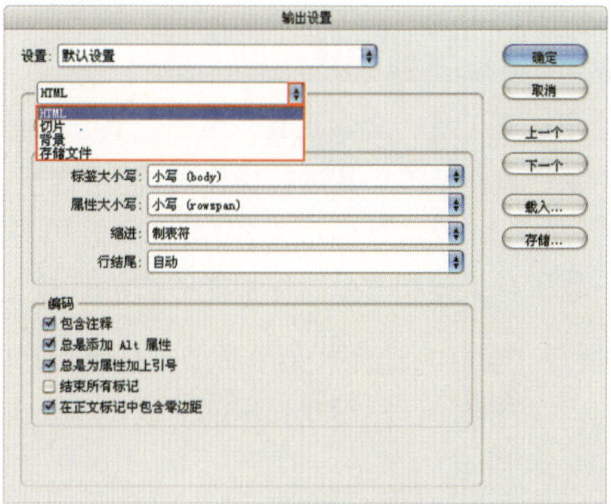

图 15-25

15.3 使用“动作面板”

Photoshop CS6

执行“窗口 > 动作”菜单命令或按 Alt+F9 组合键，打开“动作”面板，它是进行文件自动化处理的核心工具之一。在“动作”面板中可以进行“动作”的记录、播放、编辑、删除、管理等操作，如图 15-26 所示。Photoshop 中的“动作”用于对一个或多个文件执行一系列命令的操作。使用其相关功能可以记录下使用过的操作，然后快速地对某个文件进行指定操作或者对一批文件进行同样处理。使用“动作”进行自动化处理不仅确保了操作结果的一致性，而且避免了重复的操作步骤，从而节省了处理大量文件的时间。

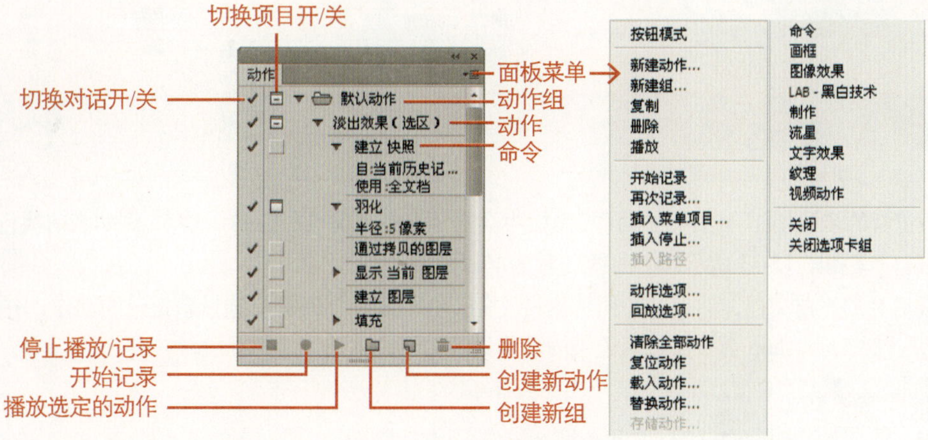

图 15-26

- **切换项目开 / 关**：如果动作组、动作和命令前显示有该图标，代表该动作组、动作和命令可以执行；如果没有该图标，代表不可以被执行。
- **切换对话开 / 关**：如果命令前显示该图标，表示动作执行到该命令时会暂停，并打开相应命令的对话框，此时可以修改命令的参数，单击“确定”按钮可以继续执行后面的动作；如果动作组和动作前出现该图标，并显示为红色，则表示该动作中有部分命令设置了暂停。
- **“停止播放 / 记录”按钮**：用来停止播放动作和停止记录动作。

- “开始记录”按钮：单击该按钮，可以开始录制动作。
- “播放选定的动作”按钮：选择一个动作后，单击该按钮可以播放该动作。
- “创建新组”按钮：单击该按钮，可以创建一个新的动作组，以保存新建的动作。
- “创建新动作”按钮：单击该按钮，可以创建一个新的动作。
- “删除”按钮：选择动作组、动作和命令后单击该按钮，可以将其删除。

15.3.1 记录动作

使用选框工具、套索工具、魔棒工具、裁剪、切片、魔术橡皮擦、渐变、油漆桶、文字、形状、注释、吸管和颜色取样器等工具进行操作时，都将这些操作记录下来。“历史记录”面板、“色板”面板、“颜色”面板、“路径”面板、“通道”面板、“图层”面板和“样式”面板中的操作也可以记录为动作。当然在 Photoshop 中并不是所有工具和命令操作都能够被被直接记录下来。

1 执行“窗口 > 动作”菜单命令或按 Alt+F9 组合键，打开“动作”面板。在“动作”面板中单击“创建新组”按钮，然后在弹出的“新建组”对话框中设置“名称”为“新动作”，如图 15-27、图 15-28 和图 15-29 所示。

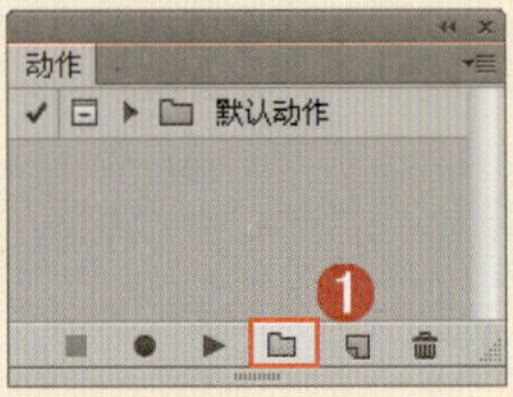

图15-27

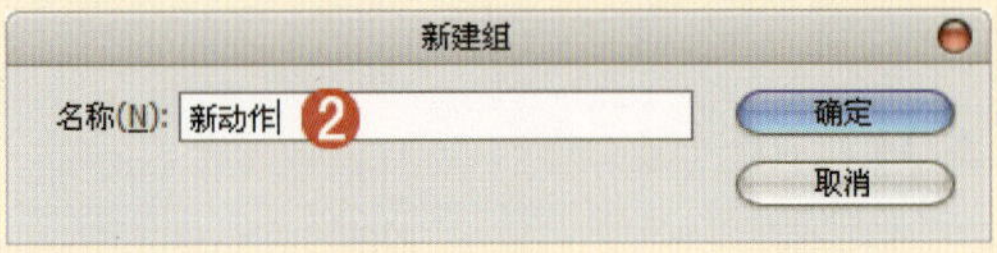

图15-28

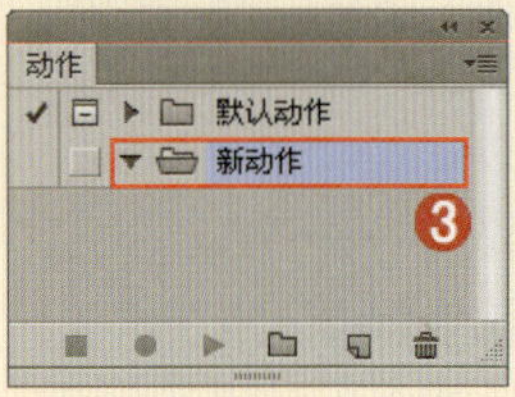

图15-29

2 在“动作”面板中单击“创建新动作”按钮，然后在弹出的“新建动作”对话框设置“名称”为“曲线调整”，为了便于查找可以将“颜色”设置为“蓝色”，最后单击“记录”按钮，开始记录操作，如图 15-30 和图 15-31 所示。

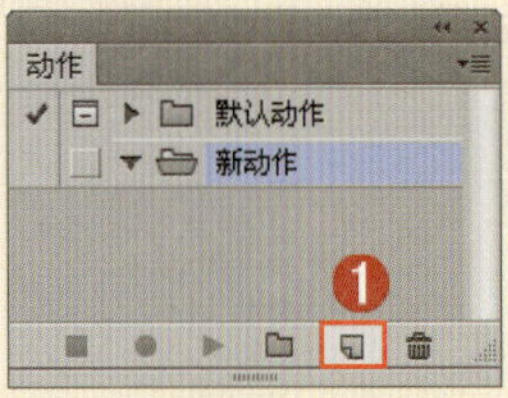

图15-30

图15-31

3 开始进行正常的步骤操作，此时在“动作”面板中会自动记录当前进行的操作动作，例如当前执行“曲线”命令，图 15-32 和图 15-33 所示为“曲线”对话框和调整后的动作面板。

4 记录完成后关闭当前文档，然后打开照片素材文件。在“动作”面板中选择新记录的动作，并单击播放按钮，此时 Photoshop 会按照前面记录的动作处理图像，如图 15-34 所示。

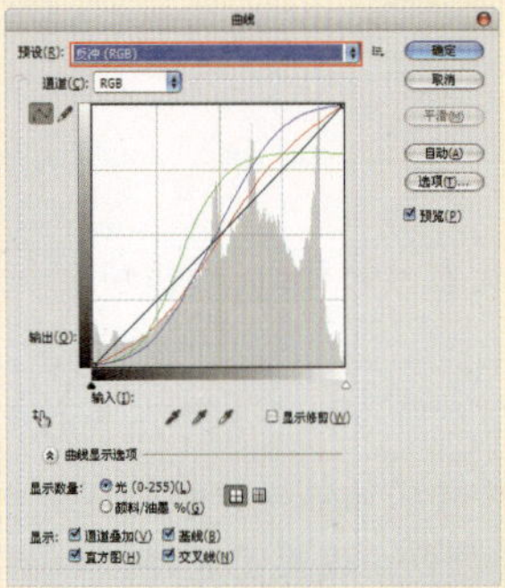

图15-32

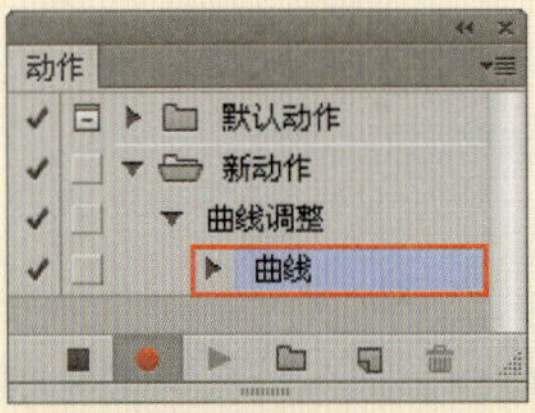

图15-33

图15-34

15.3.2 在动作中插入项目

可以向动作中插入菜单项目、停止和路径。插入菜单项目是指在动作中插入菜单中的命令，这样可以将很多不能录制的命令插入到动作中。也就是说记录完成的动作也是可以进行调整的。

1 比如要在“曲线”命令后面插入“曝光度”命令，可以选择该命令然后在面板菜单中执行“插入菜单项目”命令，如图 15-35 所示。打开“插入菜单项目”对话框，接着执行菜单命令，最后在“插入菜单项目”对话框中单击“确定”按钮，如图 15-36 所示。这样就可以将命令操作插入到相应命令的后面。

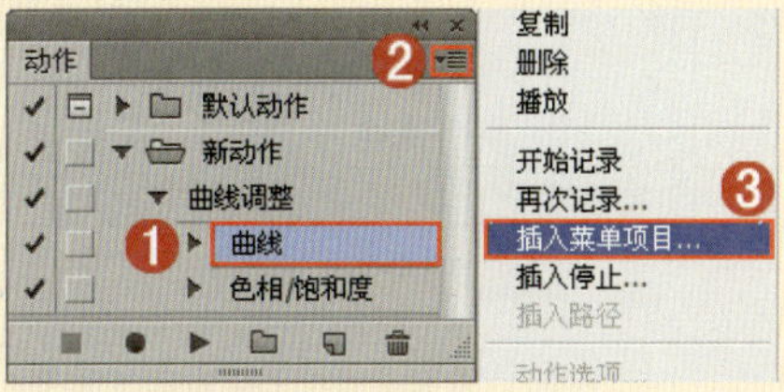

图15-35

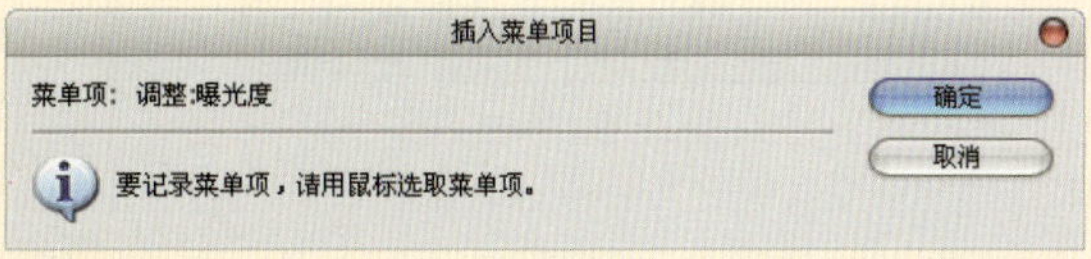

图15-36

2 添加新的菜单命令之后可以通过在动作面板中双击新添加的菜单命令，并设置弹出窗口中的参数即可，如图 15-37 所示。

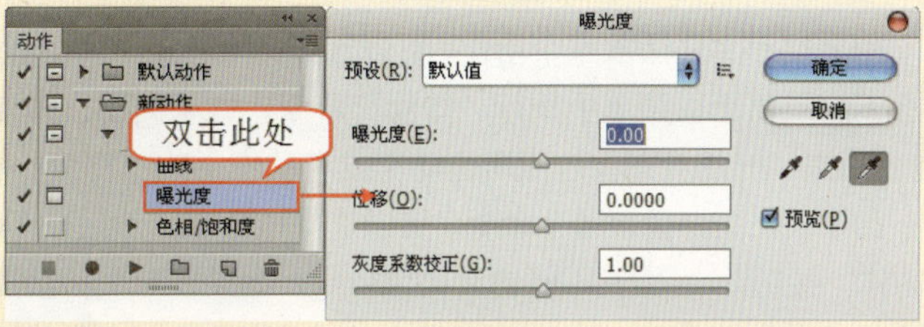

图15-37

3 插入停止是指让动作播放到某一个步骤时自动停止，并弹出提示。执行一个命令，然后在面板菜单中执行“插入停止”命令，如图 15-38 所示。接着在弹出的“记录停止”对话框中输入提示信息，并选中“允许继续”复选框，单击“确定”按钮，如图 15-39 所示。这样就可以手动执行无法记录为动作的操作，例如使用“画笔工具”绘制或者使用加深减淡、锐化模糊等工具。

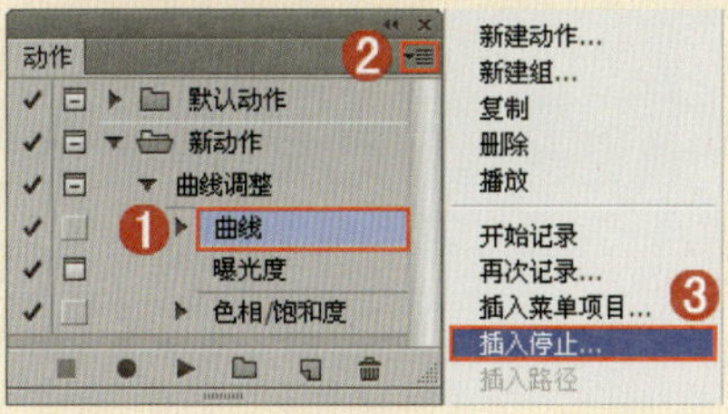

图15-38

图15-39

4 此时“停止”动作就会插入到“动作”面板中，如图 15-40 所示。在“动作”面板中播放选定的动作后播放到“停止”动作时 Photoshop 会弹出一个“信息”对话框：如果单击“继续”按钮，则不会停止，并继续播放后面的动作；单击“停止”按钮则会停止播放当前动作，如图 15-41 所示。

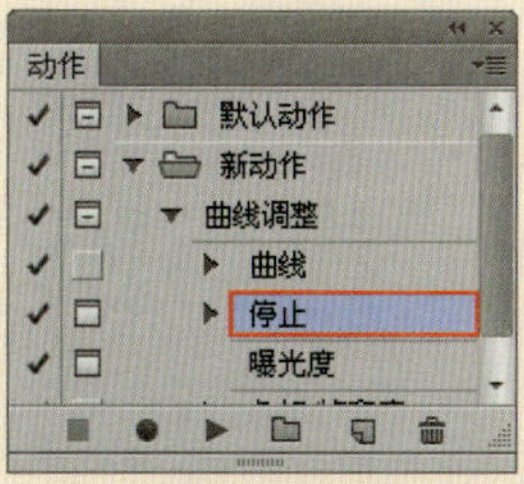

图15-40

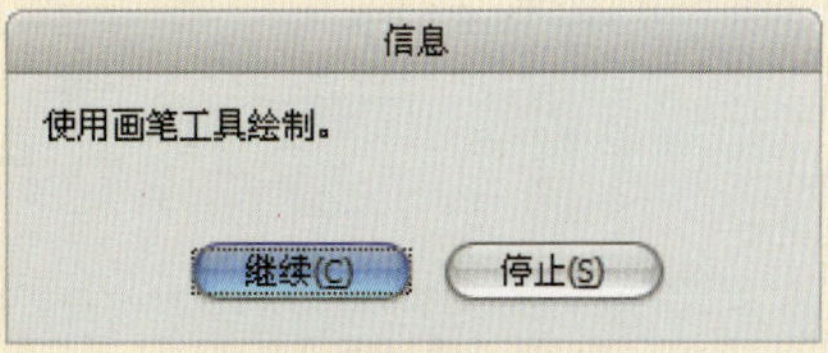

图15-41

5 插入的路径可以是钢笔和形状工具创建的路径，也可以是从 Illustrator 中粘贴的路径。首先在文件中绘制需要使用的路径，然后在“动作面板”中执行“插入路径”命令，如图 15-42 所示。在“动作”面板中出现“设置工作路径”命令，在对文件执行动作时会自动添加该路径，如图 15-43 所示。由于在自动记录时，路径形状是不能够被记录的，而使用“插入路径”可以将路径作为动作的一部分包含在动作中。

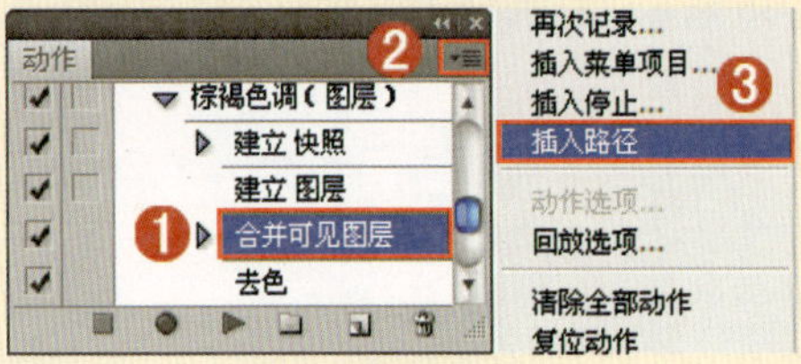

图15-42

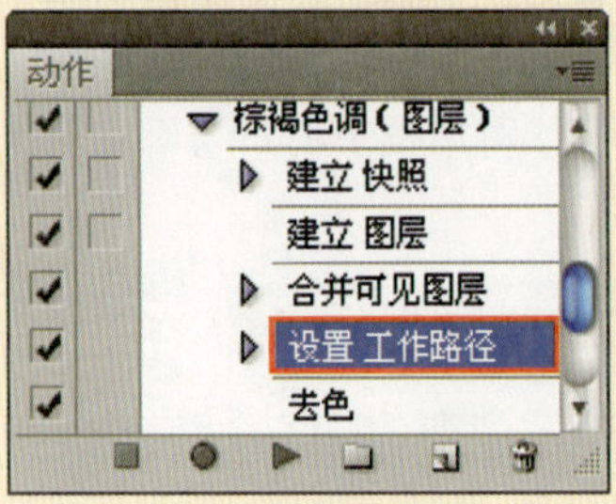

图15-43

15.3.3 播放动作

如果要对文件播放整个动作，可以选择该动作的名称，然后在“动作”面板中单击“播放选定的动作”按钮▶，或从面板菜单中执行“播放”命令。如果为动作指定了快捷键，则可以按该快捷键自动播放动作。“播放动作”就是对图像应用所选动作或者动作中的一部分，如图 15-44 所示。

如果要对文件播放单个命令，可以选择该命令，然后按 Ctrl 键的同时在“动作”面板中单击“播放选定的动作”按钮▶，或按 Ctrl 键双击该命令。如果要对文件播放动作的一部分，可以选择要开始播放的命令，然后在“动作”面板中单击“播放选定的动作”按钮▶，或从面板菜单中执行“播放”命令，如图 15-45 所示。

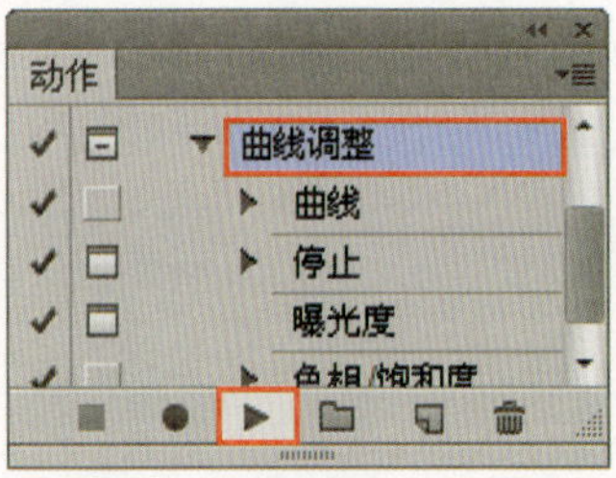

图15-44

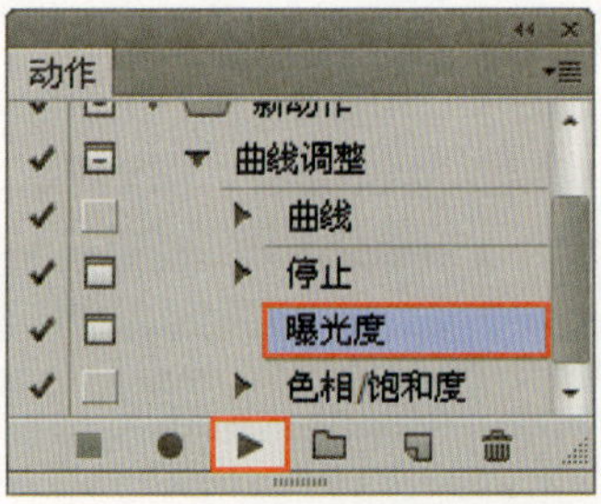

图15-45

15.3.4 存储与载入动作组

在面板菜单中执行“存储动作”命令，可以将记录的动作存储起来，然后将动作组存储为 ATN 格式的文件，如图 15-46 所示。

在网站上下载相应的动作库，下载完毕后需要将其载入到 Photoshop 中。在面板菜单中执行“载入动作”命令，然后选择硬盘中的动作组文件即可，这样就可以快速地制作某些特殊效果，如图 15-47 所示。

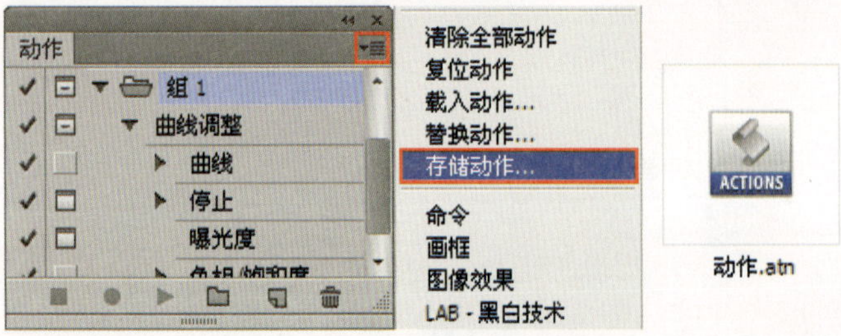

图15-46

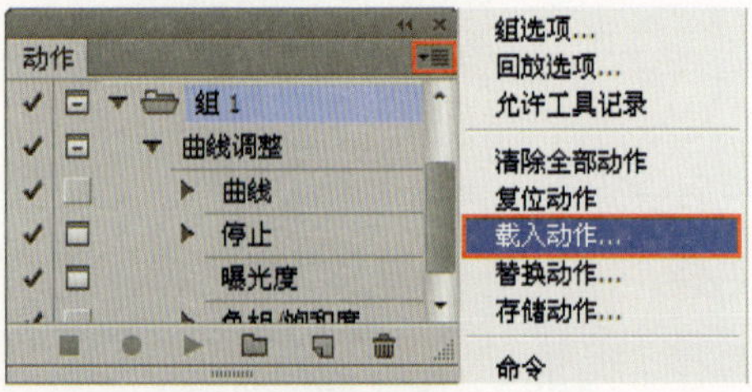

图15-47

15.4 自动化处理大量文件

Photoshop CS6

执行“文件 > 自动 > 批处理”菜单命令，打开“批处理”对话框，“播放”组用于选择要用来处理文件的动作。“源”组用于选择要处理的文件。“目标”组用于设置完成批处理以后文件的保存位置，如图15-48和图15-49所示。可以通过使用Photoshop中的批处理功能来完成大量重复的操作，提高工作效率并实现图像处理的自动化。因为在实际操作中，很多时候需要对大量的图像进行同样的处理，例如：调整多张数码照片的尺寸、统一调整色调、制作大量的证件照等。“批处理”命令可以对一个文件夹中的所有文件运行动作，比如可以执行“批处理”命令处理一个文件夹下的所有照片的大小和分辨率。

图15-48

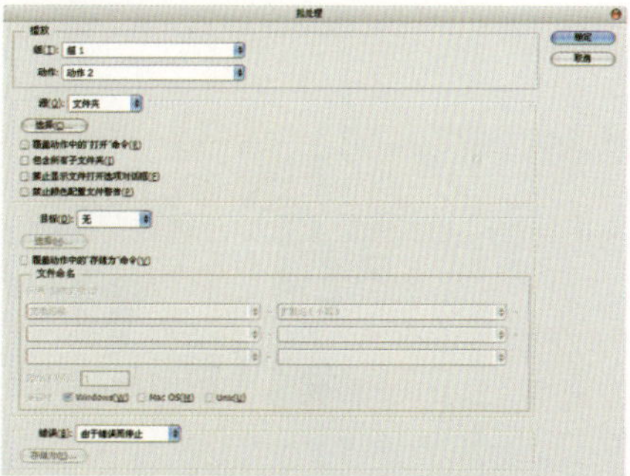
图15-49

对多个图像文件进行批处理首先需要创建或载入相关“动作”，在“动作”面板的菜单中执行“载入动作”命令，然后在弹出的“载入”对话框中选择已有的动作素材文件，如图15-50和图15-51所示。

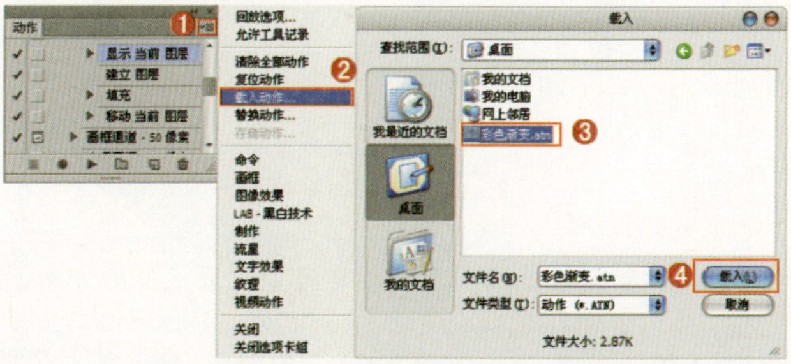
图15-50

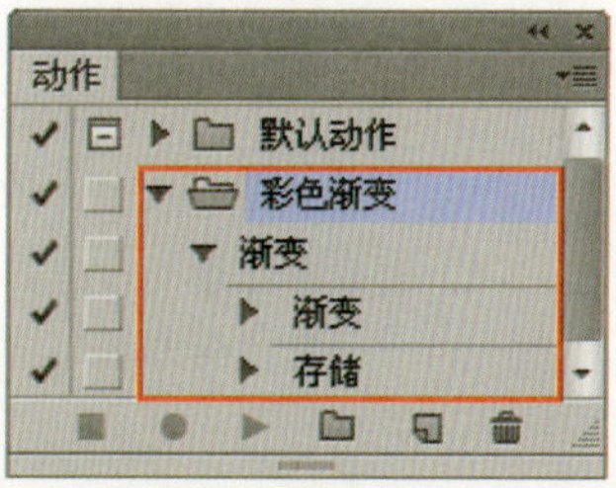

图15-51

执行“文件 > 自动 > 批处理”菜单命令，打开“批处理”对话框，然后在“播放”选项组下选择上一步载入的“彩色渐变”动作，并设置“源”为“文件夹”，单击面板中的“选择”按钮 选择(C)... ，在弹出的对话框中选择需要处理的图像所在的文件夹，如图15-52所示。

设置“目标”为“文件夹”，单击“选择”按钮 选择(C)... ，接着设置好文件的保存路径，最后选中“覆盖动作中的存储为命令”复选框，如图15-53所示。

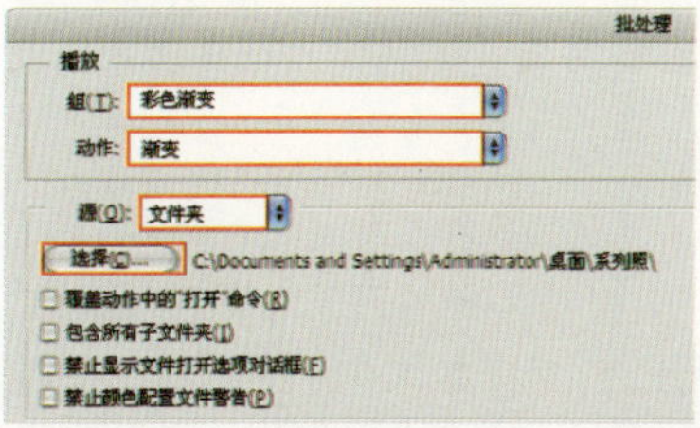

图15-52

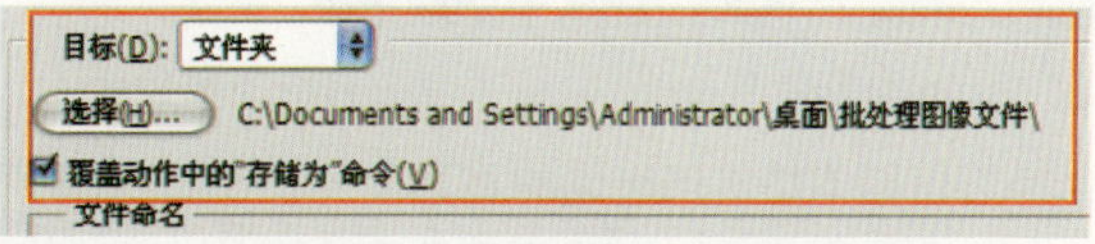

图15-53

在“批处理”对话框中单击“确定”按钮 确定 ，Photoshop会自动处理文件夹中的图像，并将其保存到设置好的文件夹中。

15.5 图像的打印输出

15.5.1 设置打印基本选项

执行“文件 > 打印”菜单命令，文件在打印之前可以在打开“打印”对话框中对印刷参数进行设置。同时也可以在“打印”面板中预览打印作业的效果，并且可以分别对打印机、打印份数、输出选项和色彩管理等进行相关设置，如图 15-54 所示。

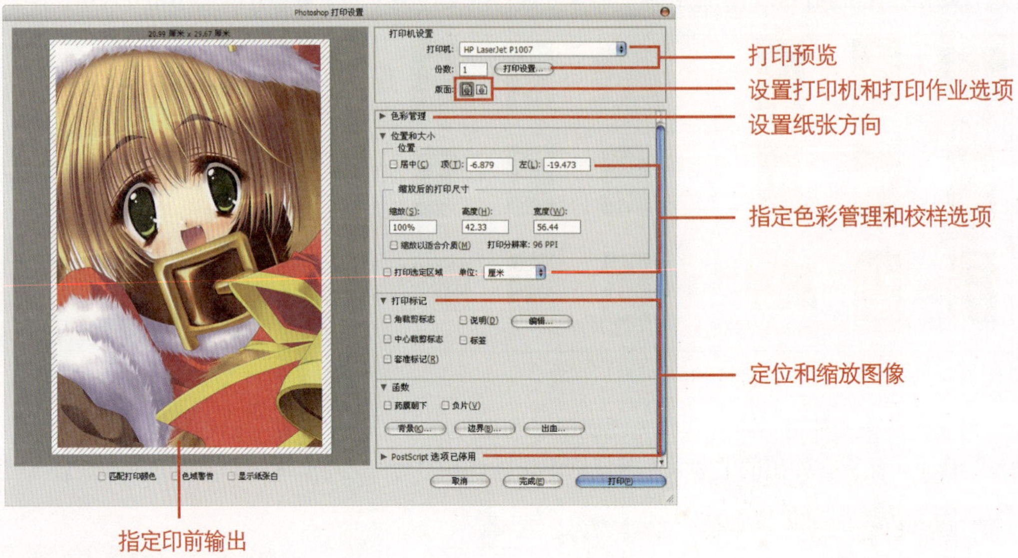

图15-54

- **打印机**：在下拉列表中可以选择打印机。
- **份数**：设置要打印的份数。
- **打印设置**：单击该按钮，可以打开一个属性对话框。在该对话框中可以设置纸张的方向、页面的打印顺序和打印页数。
- **版面**：单击“横向打印纸张”按钮或“纵向打印纸张”按钮可将纸张方向设置为纵向或横向。
- **位置**：选中“居中”复选框，可以将图像定位于可打印区域的中心；取消选中“居中”复选框，可以在“顶”和“左”输入框中输入数值来定位图像，也可以在预览区域中移动图像进行自由定位，从而打印部分图像。
- **缩放后的打印尺寸**：如果选中“缩放以适合介质”复选框，可以自动缩放图像到适合纸张的可打印区域；如果取消选中“缩放以适合介质”复选框，可以在“缩放”选项中输入图像的缩放比例，或在“高度”和“宽度”选项中设置图像的尺寸。
- **打印选定区域**：选中该复选框，可以启用对话框中的裁剪控制功能，调整定界框移动或缩放图像。

15.5.2 创建颜色陷印

执行“图像 > 陷印”菜单命令，可以打开“陷印”对话框。“陷印”又称“扩缩”或“补漏白”，主要是为了弥补因印刷不精确而造成的相邻的不同颜色之间留下的无色空隙，如图 15-55 所示。图像是否需要陷印一般由印刷商决定，如果需要陷印，印刷商会告诉用户在“陷印”对话框中输入的数值。图像的颜色为 CMYK 颜色模式时，“陷印”命令才可用。其中“宽度”选项表示印刷时颜色向外扩张的距离，如图 15-56 所示。

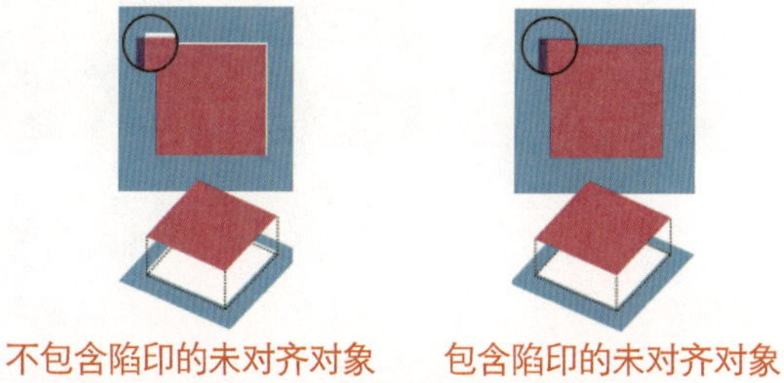

图15-55

图15-56

15.5.3 色彩管理

“色彩管理”面板可以对打印颜色进行设置。在“打印”对话框右侧选择“色彩管理”选项，可以切换到“色彩管理”面板。由此可见，在“打印”对话框中，不仅可以对打印参数进行设置，还可以对打印图像的色彩以及对输出的打印标记和函数进行设置，如图 15-57 所示。

图15-57

- **颜色处理**：设置是否使用色彩管理。如果使用色彩管理，则需要确定将其应用到程序中还是打印设备中。
- **打印机配置文件**：选择适用于打印机和将要使用的纸张类型的配置文件。
- **渲染方法**：指定颜色从图像色彩空间转换到打印机色彩空间的方式，共有“可感知”、“饱和度”、“相对比色”、“绝对比色”4 个选项。可感知渲染将尝试保留颜色之间的视觉关系，色域外颜色转变为可重现颜色时，色域内的颜色可能会发生变化。因此，如果图像的色域外颜色较多，可感知渲染是最理想的选择。使用“相对比色”渲染可以保留较多的原始颜色，是色域外颜色较少时的最理想选择。

技巧提示

在一般情况下，打印机的色彩空间要小于图像的色彩空间。因此，通常会造成某些颜色无法重现，而所选的渲染方法将尝试补偿这些色域外的颜色。

15.5.4 指定印前输出

可以在“打印”对话框的“输出”选项中可以指定页面标记和其他输出内容，如图 15-58 所示。

- **角裁剪标志**：在要裁剪页面的位置打印裁剪标记。
- **说明**：打印在“文件简介”对话框中输入的任何说明文本（最多约 300 个字符）。
- **中心裁剪标志**：在要裁剪页面的位置打印裁切标记。可以在每条边的中心打印裁切标记。
- **标签**：在图像上方打印文件名。如果打印分色，则将分色名称作为标签的一部分进行打印。
- **套准标记**：在图像上打印套准标记（包括靶心和星形靶）。这些标记主要用于对齐 PostScript 打印机上的分色。
- **药膜朝下**：使文字在药膜朝下（即胶片或像纸上的感光层背对）时可读。在正常情况下，打印在纸上的图像是药膜朝上打印的，感光层正对时文字可读。打印在胶片上的图像通常采用药膜朝下的方式打印。
- **负片**：打印整个输出（包括所有蒙版和任何背景色）的反相版本。
- **背景**：选择要在页面上的图像区域外打印的背景色。
- **边界**：在图像周围打印一个黑色边框。
- **出血**：在图像内而不是在图像外打印裁剪标记。

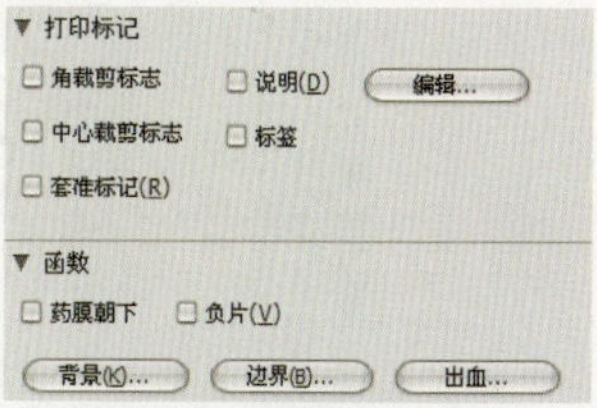

图15-58

第16章

精通平面设计

RAINBOW
ENJOY YOUR LIFE

接天莲叶无穷碧
映日荷花别样红

Soda
Soda
Soda
Soda

PASSION
FANTASTIC
My heart is with you

16.1 古韵水墨风招贴

Photoshop CS6

案例文件	案例文件\第16章\16.1\古韵水墨风招贴.psd
视频教学	视频文件\第16章\16.1古韵水墨风招贴.flv
难易指数	★★★★★
知识掌握	混合模式、曲线、色相/饱和度、画笔工具、图层蒙版

案例效果

本案例主要通过使用“调整”图层、“画笔工具”和“图层蒙版”命令来制作具有古韵效果的水墨画，如图16-1所示。

图16-1

操作步骤

1 打开本书配套光盘中的素材文件“1.jpg”文件，如图16-2所示。

2 执行“窗口>调整”命令，在“调整”面板中单击“曲线”按钮，将曲线适当地向上调整。单击工具箱中的“画笔工具”按钮，设置一种“柔角边”画笔，设置前景色为黑色，在曲线调整蒙版中进行适当涂抹，使调整图层只对画面中心部分有影响，如图16-3和图16-4所示。

图16-2

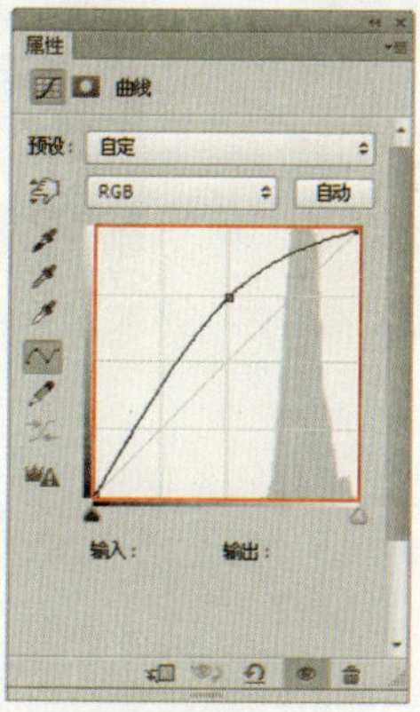

图16-3

图16-4

3 导入素材文件“2.png”，调整合适大小及位置，如图16-5所示。导入古镇素材文件“3.jpg”，将其放置在左下方，如图16-6所示。

4 在“图层”面板中单击“图层蒙版”按钮，为古镇素材添加一个蒙版，如图16-7所示。单击工具箱中的“画笔工具”按钮，设置前景色为黑色，调整一种柔角边画笔，在蒙版中进行适当涂抹，只留下古镇建筑部分，如图16-8所示。

图16-5

图16-6

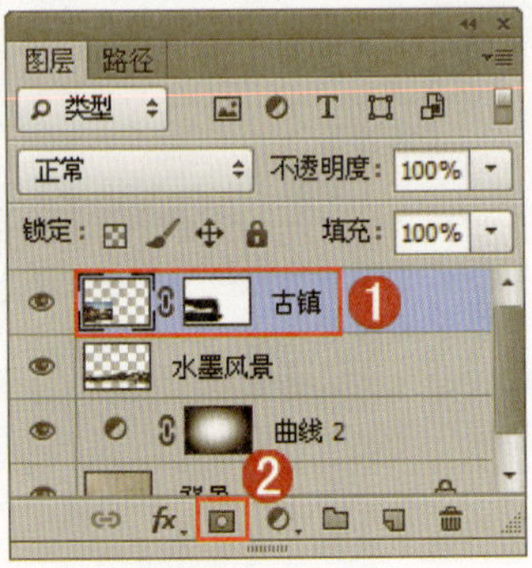

图16-7

图16-8

5 在“图层”面板中设置古镇图层的“混合模式”为明度，使古镇与背景图看起来更加融合，如图16-9所示。导入树素材文件“4.png”，调整合适大小，将其放置在古镇左侧，如图16-10所示。

图16-9

图16-10

6 单击“图层蒙版”按钮为树素材添加图层蒙版，使用“画笔工具”在树的下方进行适当涂抹，如图16-11所示。单击“画笔工具”，设置一种“柔角边”画笔，调整合适大小，新建图层，设置前景色为淡绿色，绘制出树的大概形状，如图16-12所示。

7 设置该图层的“混合模式”为正片叠底，完成水墨效果的制作，如图16-13所示。导入素材文件“5.png”，调整合适大小，将其放置在画面的右上方，如图16-14所示。

8 在“图层”面板中设置“混合模式”为颜色加深，如图16-15所示。设置“不透明度”数值为40%，如图16-16所示。

9 导入素材文件“6.jpg”，调整与画面同样大小，在“图层”面板中设置“混合模式”为正片叠底，如图 16-17 所示。

图16-11

图16-12

图16-13

图16-14

图16-15

图16-16

图16-17

10 导入人像素材“7.png”，调整合适大小及位置，单击工具箱中的“钢笔工具”按钮，沿着人物的外轮廓绘制出人像的闭合路径，如图 16-18 所示。

11 单击鼠标右键，在弹出的快捷菜单中执行“建立选区”命令，在弹出的对话框中设置“羽化半径”数值为 0，单击“确定”按钮完成操作，如图 16-19 所示。为图层添加蒙版，完成人像抠图的操作，如图 16-20 所示。

图16-18

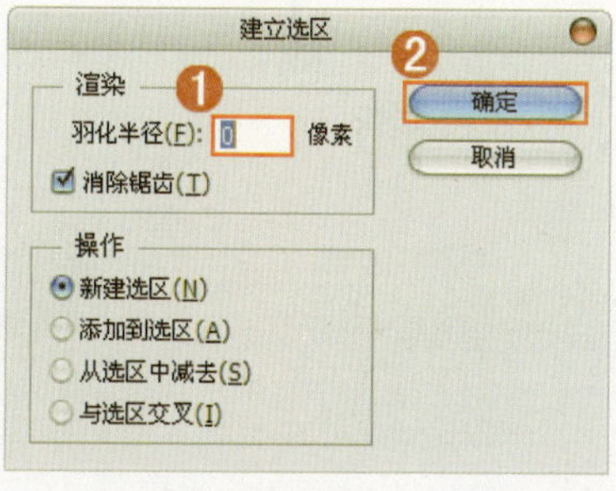

图16-19

图16-20

12 执行“滤镜 > 模糊 > 表面模糊”命令，在弹出的对话框中设置“半径”数值为 4 像素，“阈值”数值为 5 色阶，进行人像磨皮，如图 16-21 所示。执行“滤镜 > 液化”命令，适当调整人像面部轮廓，使人像看起来更完美，如图 16-22 所示。

图16-21

图16-22

13 执行“窗口 > 调整”命令，在“调整”面板中单击“曲线”按钮，适当向下调整曲线，如图 16-23 所示。在“图层”面板中单击鼠标右键，在弹出的对话框中执行“剪贴蒙版”命令，使调整图层只对人像起作用，如图 16-24 所示。

14 使用“画笔工具”，设置前景色为黑色，在调整图层蒙版上进行涂抹，使调整图层只对人像头发产生影响，如图 16-25 所示。

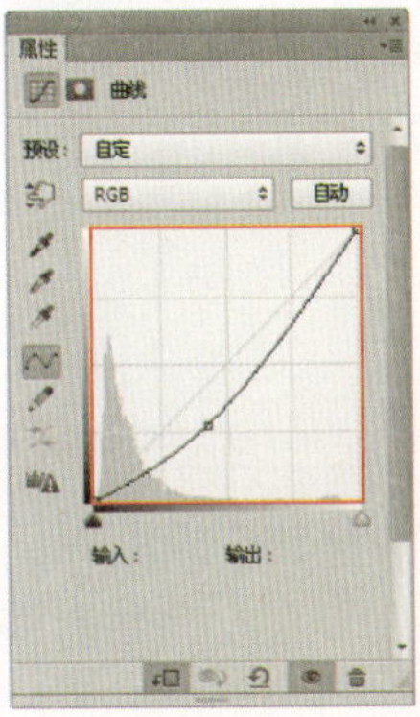

图16-23

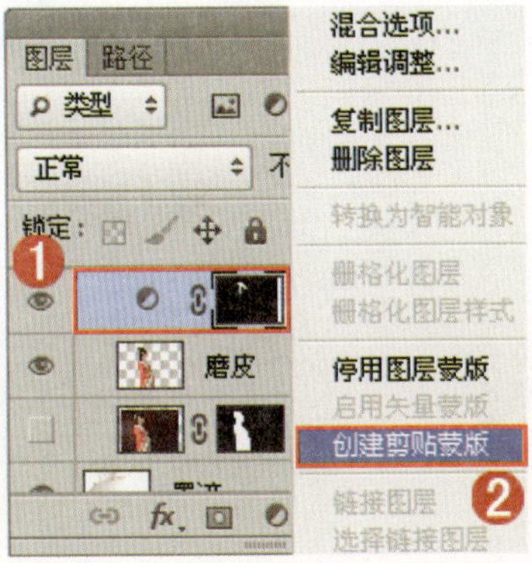

图16-24

图16-25

15 再次创建“曲线”调整图层，适当向上调整曲线，如图 16-26 所示。单击鼠标右键，在弹出的对话框中执行“创建剪贴蒙版”命令，如图 16-27 所示。

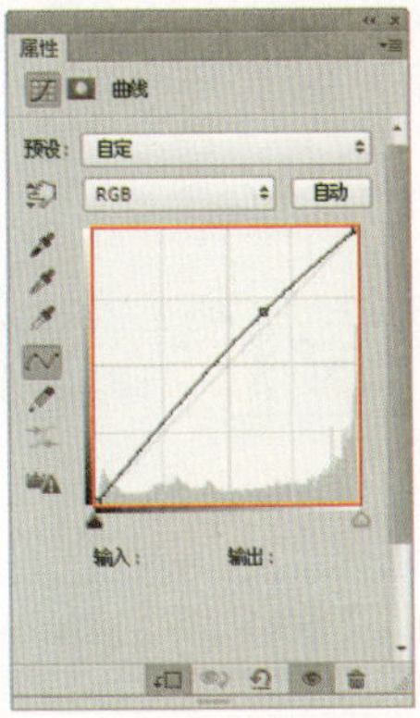

图16-26

图16-27

16 单击“调整”面板中的“色相 / 饱和度”按钮，调整为“全图”，设置“色相”数值为 4，“饱和度”数值为 -43，单击鼠标右键，在弹出的快捷菜单中执行“创建剪贴蒙版”命令，如图 16-28 所示。使用“画笔工具”，适当调整画笔的不透明度，在蒙版中进行涂抹，减弱调整图层对人物衣服部分的影响，如图 16-29 所示。

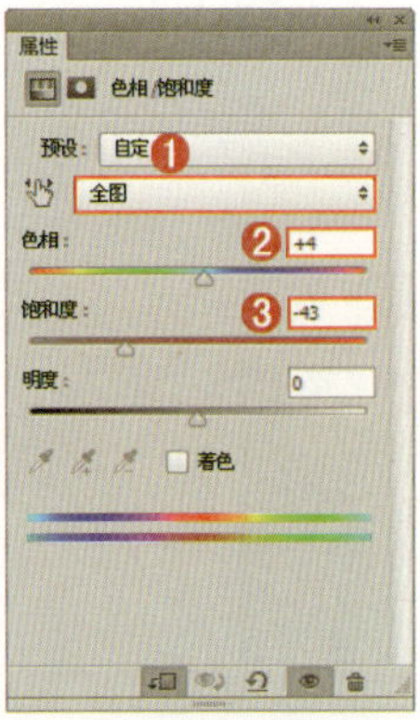

图16-28

图16-29

17 导入素材文件“8.png”，设置合适大小，将其放置在人像眼睛上，制作人像的眼妆效果，如图 16-30 所示。设置前景色为黑色，载入头发画笔素材文件“9.abr”，单击“画笔工具”按钮，选择载入的头发画笔，新建图层单击绘制，如图 16-31 所示。

图16-30

图16-31

18 按 Ctrl+T 组合键自由变换，调整合适大小的形态，将头发旋转并移至合适的角度及位置，如图 16-32 所示。为头发图层添加蒙版，隐藏多余部分，如图 16-33 所示。

图16-32

图16-33

19 用同样方法制作出其他的头发部分。导入前景荷花素材文件“10.png”，设置合适大小，并将其放置在画面下方，最终效果如图 16-34 所示。

图16-34

16.2 活力旅行网站设计

Photoshop CS6

案例文件	案例文件\第16章\16.2\活力旅行网站设计.psd
视频教学	视频文件\第16章\16.2活力旅行网站设计.flv
难易指数	★★★☆☆
知识掌握	圆角矩形工具、钢笔工具、文字工具、描边

案例效果

本案例主要通过矢量工具的使用以及“文字工具”和“描边”命令来制作极具活力感的网页设计，如图 16-35 所示。

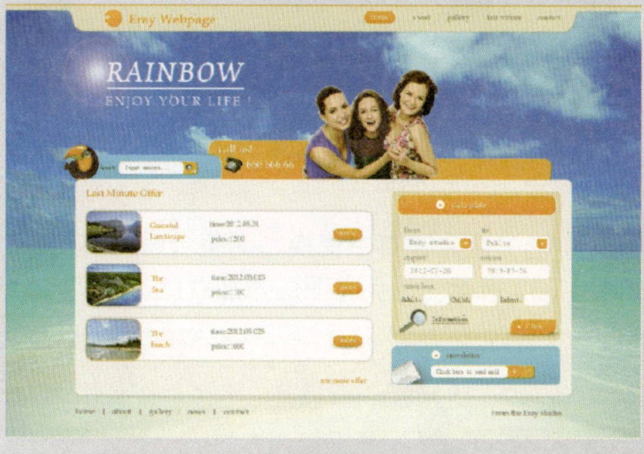

图16-35

操作步骤

1 打开本书配套光盘中的素材文件“1.jpg”文件，如图 16-36 所示。

2 新建图层，将其填充为黑色，执行“滤镜 > 渲染 > 镜头光晕”命令，在面板中设置光晕角度，如图 16-37 所示。按 Ctrl+T 组合键自由变换，将光晕图层调整合适大小及角度，并将其放置在左上角，如图 16-38 所示。

图16-36

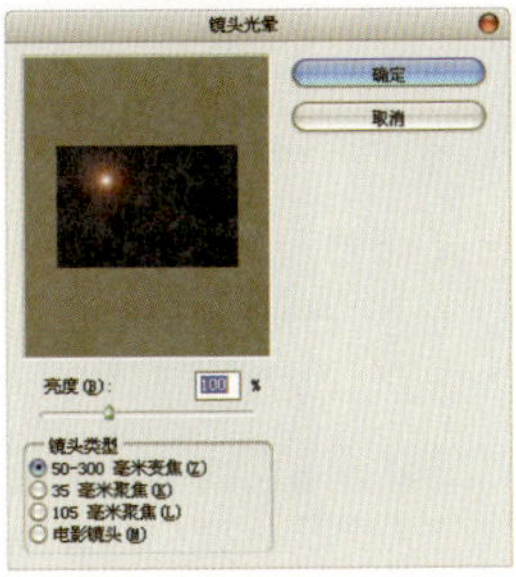

图16-37

图16-38

3 在“图层”面板上设置“混合模式”为滤色，“不透明度”数值为 90%，如图 16-39 和图 16-40 所示。

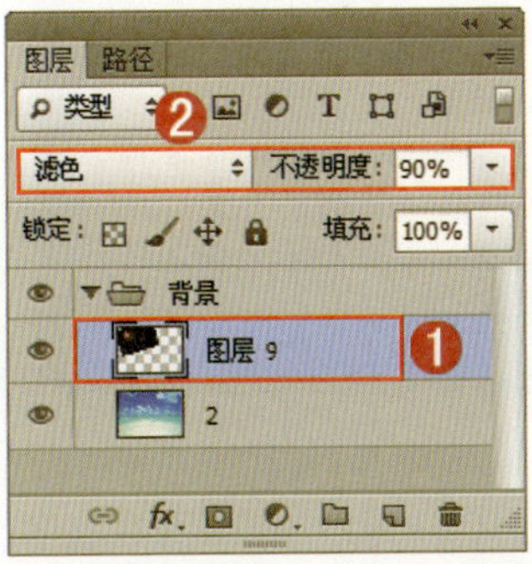

图16-39

图16-40

4 单击工具箱中的“钢笔工具”按钮，在选项栏中设置绘制类型为“形状”，“填充”为黄色，如图 16-41 所示。在画面中绘制一个合适大小的形状，如图 16-42 所示。

5 复制圆角矩形并向左移动，执行“图层 > 图层样式 > 渐变叠加”命令，设置“不透明度”数值为 100%，“渐变”颜色为黄色系渐变，如图 16-43 和图 16-44 所示。

图16-41

图16-42

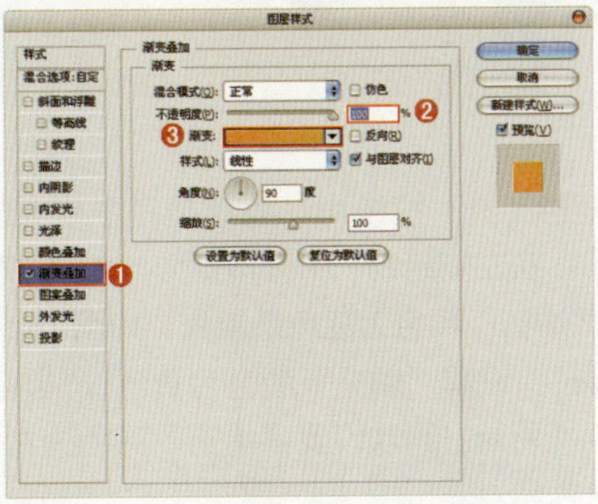

图16-43

图16-44

6 在带有样式的圆角矩形图层下新建图层，单击工具箱中的“画笔工具”按钮，设置一种“柔角边”画笔，绘制出圆角矩形的阴影效果，如图 16-45 所示。单击工具箱中的“椭圆选框工具”按钮绘制一个合适大小的椭圆选区，新建图层填充为橘黄色，调整合适角度，如图 16-46 所示。

7 按 Ctrl 键单击圆角矩形，载入选区，如图 16-47 所示。单击“图层”面板中的“添加图层样式”按钮，为椭圆形添加一个蒙版，隐藏不需要的地方，如图 16-48 所示。

图16-45

图16-46

图16-47

图16-48

8 导入素材“2.png”，调整合适大小及位置，如图 16-49 所示。单击工具箱中的“文字工具”按钮，设置合适字体及大小，在圆角矩形左上方键入黑色文字，如图 16-50 所示。

图16-49

图16-50

9 复制文字，设置文字颜色为白色，将白色文字向上移动，如图 16-51 所示。设置黑色文字“不透明度”数值为 30%，制作文字阴影效果，如图 16-52 所示。

10 用同样方法在电话素材右侧键入数字，如图 16-53 所示。

图16-51

图16-52

图16-53

11 单击工具箱中的“圆角矩形工具”按钮，在选项栏中单击选择“形状”，设置“半径”数值为 35 像素，如图 16-54 所示。在左侧绘制一个圆角矩形，执行“图层 > 图层样式 > 渐变叠加”命令，设置“不透明度”数值为 100%，“渐变”颜色为蓝色系渐变，如图 16-55 和图 16-56 所示。

12 再次单击“圆角矩形工具”，设置“填充”颜色为黄色，“半径”数值为 10 像素，在蓝色圆角矩形上进行绘制，如图 16-57 所示。再次设置“填充”颜色为白色，在黄色圆角矩形上绘制一个小一点的白色圆角矩形，如图 16-58 所示。

13 单击“文字工具”，设置合适的字体及大小，在圆角矩形上键入文字，如图 16-59 所示。分别导入卡通鸟 0 素材文件“3.png”和放大镜素材文件“4.png”，调整合适大小及位置，如图 16-60 所示。

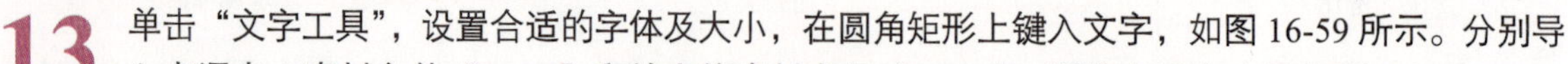

图16-54

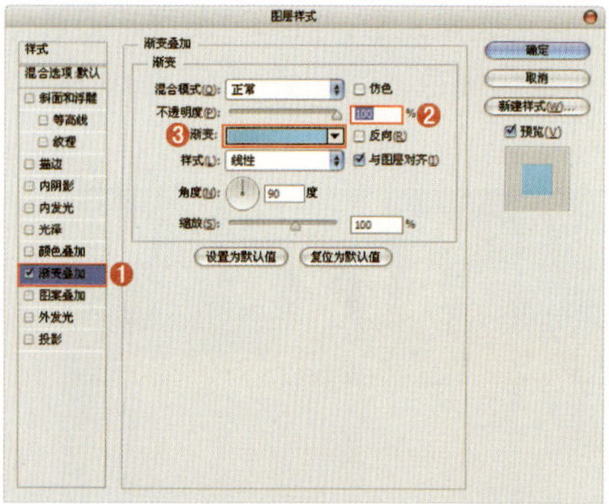

图16-55

图16-56

图16-57

图16-58

图16-59

图16-60

14 再次使用“圆角矩形工具”在画面中心位置绘制一个较大的浅灰圆角矩形，如图16-61所示。在浅灰圆角矩形图层下新建图层，使用“画笔工具”在浅灰矩形下绘制出黑色阴影，设置图层“不透明度”数值为10%，如图16-62所示。

图16-61

图16-62

15 导入素材文件“5.jpg”，设置合适大小及位置，如图16-63所示。使用“魔棒工具”选择背景部分选区，选择反向后为其添加“图层蒙版”，只保留部分人像，如图16-64所示。

图16-63

图16-64

16 使用“圆角矩形工具”在浅灰矩形左侧绘制一个合适大小的白色圆角矩形，执行“图层 > 图层样式 > 外发光”命令，设置“不透明度”数值为 15%，调整颜色为黑色，“大小”数值为 10 像素，如图 16-65 和图 16-66 所示。

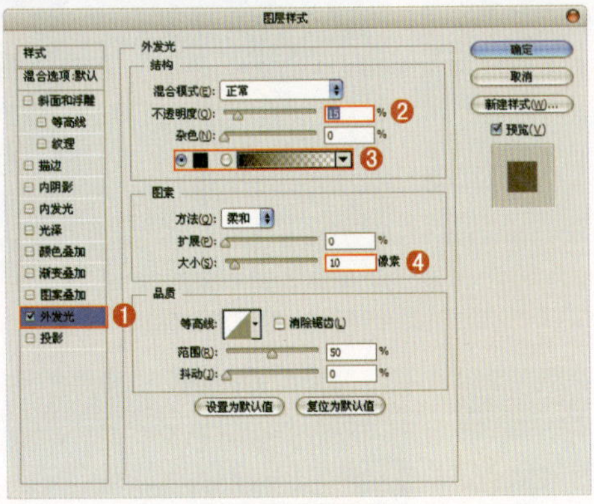

图16-65

图16-66

17 在白色圆角矩形右侧绘制一个小一点的圆角矩形，执行“图层 > 图层样式 > 渐变叠加”命令，设置“不透明度”数值为 100%，“渐变”颜色为黄色系渐变，如图 16-67 和图 16-68 所示。

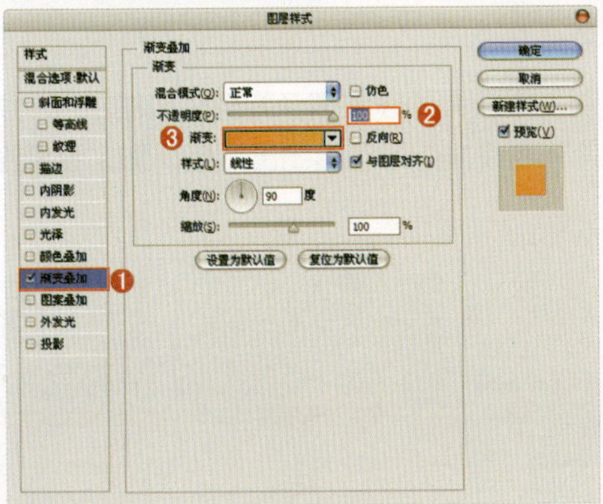

图16-67

图16-68

18 在小圆角矩形图层下新建图层，使用“画笔工具”在该图层绘制小圆角矩形的阴影效果，设置“不透明度”数值为 45%，如图 16-69 所示。在白色圆角矩形左侧绘制一个合适大小的圆角矩形，设置任意颜色，如图 16-70 所示。

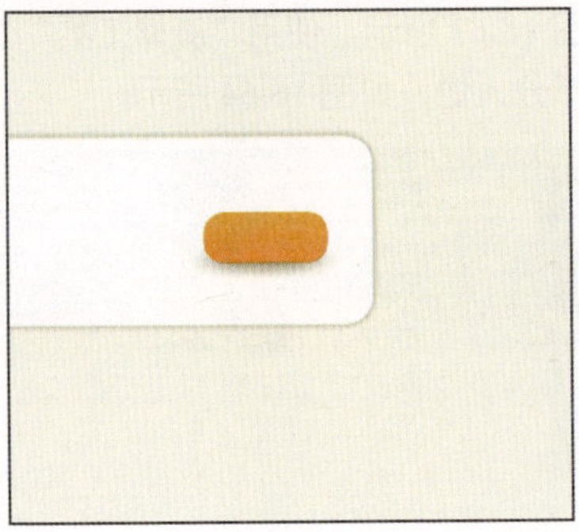

图16-69

图16-70

19 执行“图层 > 图层样式 > 描边”命令，设置“大小”数值为 2 像素，设置“颜色”为黄色，如图 16-71 所示。在“图层”面板中设置“填充”数值为 0%，如图 16-72 和图 16-73 所示。

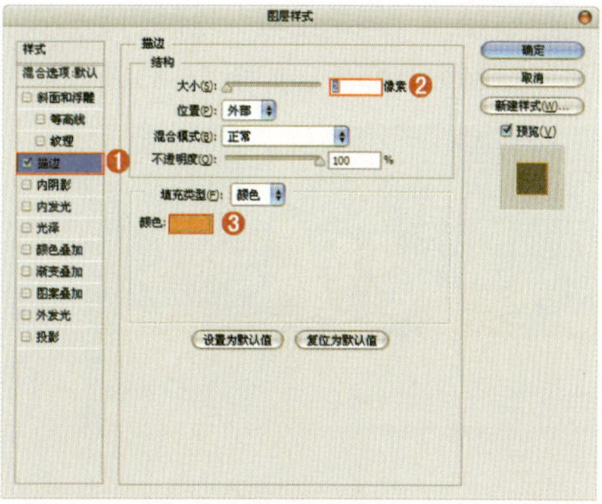

图16-71

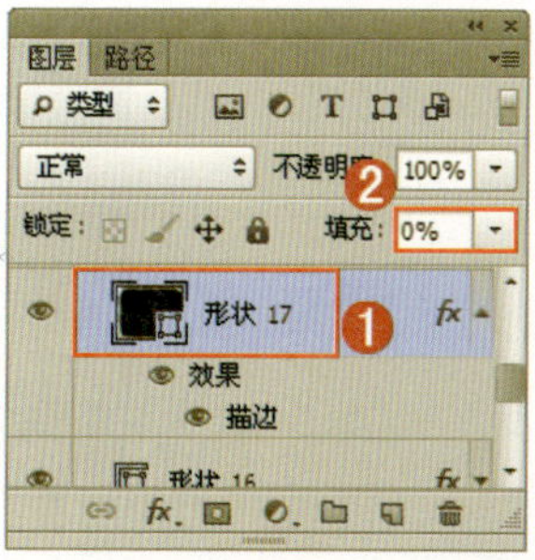

图16-72

图16-73

20 导入素材文件“6.ipg”，调整合适大小及位置，如图 16-74 所示。按 Ctrl 键单击描边圆角矩形图层，载入选区，单击“添加图层蒙版”按钮，隐藏风景素材的多余部分，如图 16-75 所示。

图16-74

图16-75

21 分别导入素材文件“7.jpg”和文件“8.jpg”，用同样方法制作出另外两个圆角矩形框，如图 16-76 所示。单击“文字工具”，设置合适字体及大小，分别在相应位置键入文字，如图 16-77 所示。

图16-76

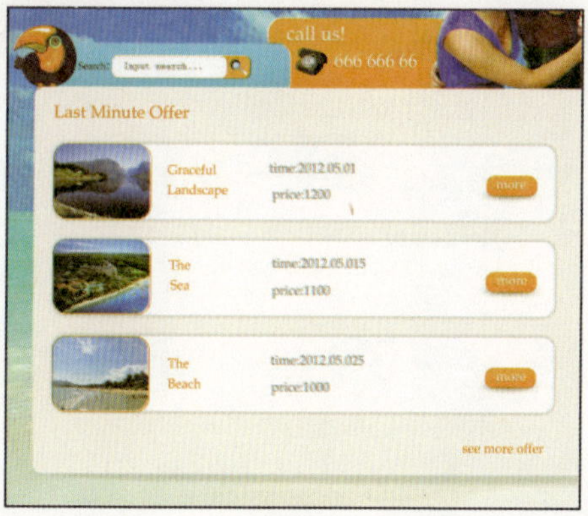

图16-77

22 使用“圆角矩形工具”在右侧绘制一个浅淡的黄色圆角矩形，执行“图层 > 图层样式 > 内发光”命令，设置颜色比圆角矩形深一点的黄色，调整“阻塞”大小数值为 45%，“大小”数值为 65 像素，如图 16-78 和图 16-79 所示。

23 在内发光圆角矩形上绘制一个黄色系渐变的圆角矩形，如图 16-80 所示。多次使用“圆角矩形工具”分别绘制不同大小的白色圆角矩形，如图 16-81 所示。

24 单击“钢笔工具”在右下角绘制一个图形，为其添加黄色系渐变，使用“画笔工具”绘制阴影效果，如图 16-82 所示。多次使用“圆角矩形工具”和“钢笔工具”绘制细节部分，如图 16-83 所示。

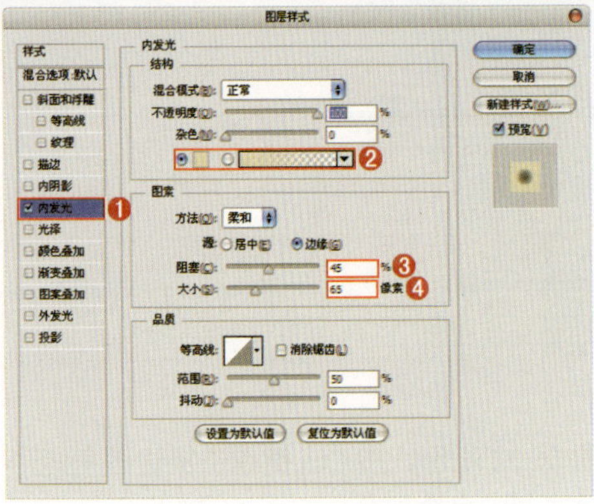

图16-78

图16-79

图16-80

图16-81

图16-82

图16-83

25 导入素材文件“4.png”，调整合适位置及大小，使用“文字工具”，设置合适字体及大小，在相应位置键入文字，如图 16-84 所示。用同样方法导入素材“9.png”，制作蓝色圆角矩形部分，如图 16-85 所示。

图16-84

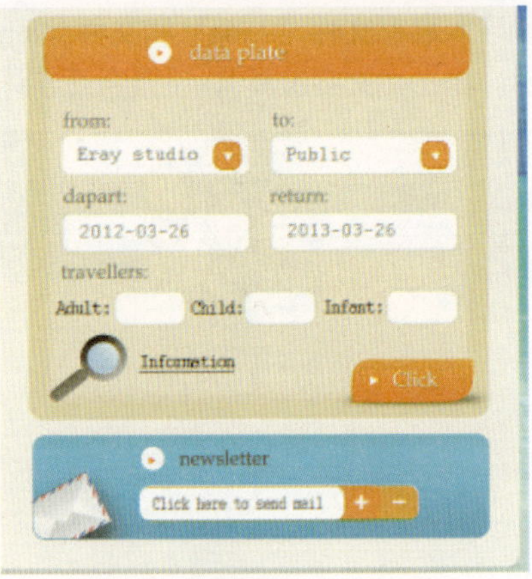

图16-85

26 使用“钢笔工具”在画面上方绘制一个顶栏轮廓，将其填充为浅黄色，执行“图层 > 图层样式 > 投影”命令，设置颜色为深一点的黄色，设置“扩展”数值为 54%，“大小”数值为 6 像素，如图 16-86 和图 16-87 所示。

27 设置前景色为黄色，使用“画笔工具”在顶层绘制一条黄色线条，如图 16-88 所示。在顶层左侧键入文字，执行“图层 > 图层样式 > 渐变叠加”命令，为其添加黄色系渐变，如图 16-89 所示。

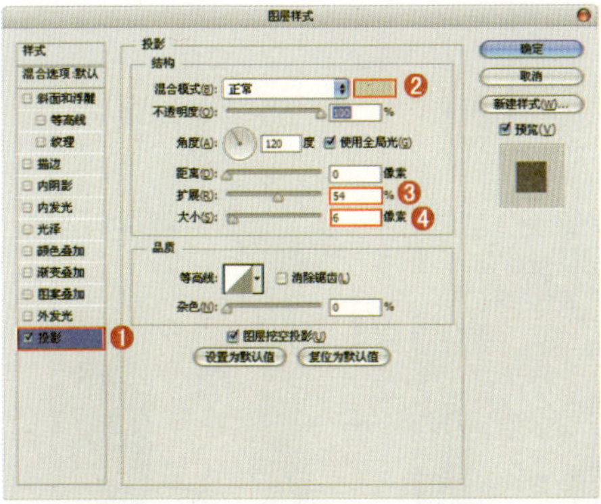

图16-86

图16-87

图16-88

图16-89

28 导入素材文件“3.png”，调整合适位置及大小，同样为其添加“渐变叠加”样式，设置黄色系渐变，在右侧制作一个同样颜色渐变的圆角矩形，如图 16-90 所示。

29 单击“文字工具”按钮，设置不同颜色及大小，分别在顶层和背景上键入相应的文字，最终效果如图 16-91 所示。

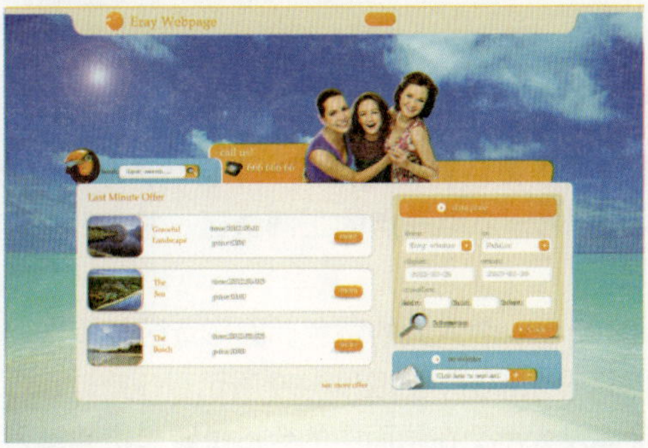

图16-90

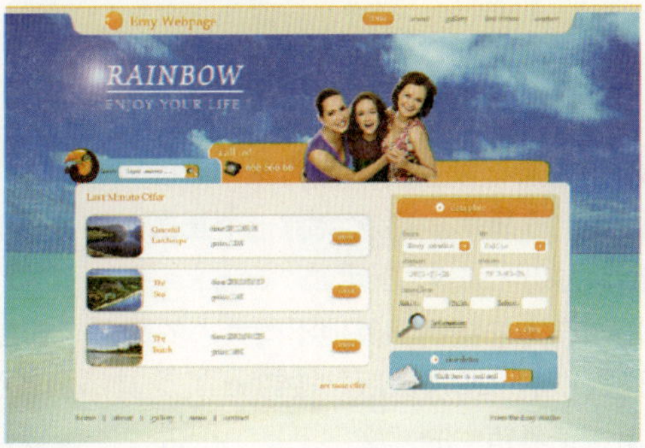

图16-91

16.3 果味饮料包装设计

Photoshop CS6

案例文件	案例文件\第16章\16.3\果味饮料包装设计.psd
视频教学	视频文件\第16章\16.3果味饮料包装设计.flv
难易指数	★★★☆☆
知识掌握	椭圆形选框工具、文字工具、渐变叠加、投影

案例效果

本案例主要通过使用“椭圆选框工具”和“文字工具”等命令来制作瓶装饮料的外包装效果，效果如图16-92所示。

图16-92

操作步骤

1 新建文件，单击工具箱中的“椭圆形工具”按钮，新建图层，在画面中绘制合适大小的椭圆形选区，将其填充为黄色，如图16-93所示。

2 载入椭圆形选区，新建图层并填充白色，单击工具箱中的“矩形选区工具”按钮，在白色的椭圆上方绘制合适大小的矩形选框，如图16-94所示。按Delete键删除多余部分，如图16-95所示。

图16-93

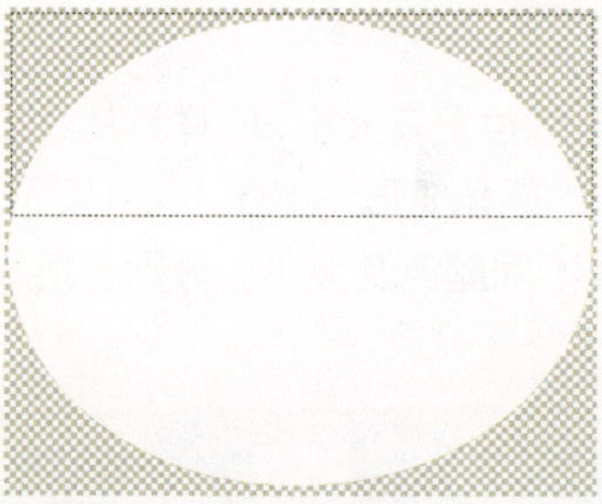

图16-94

图16-95

3 新建图层，设置前景色为深一点的黄色，按Shift键在浅黄色椭圆上绘制一个合适大小的正圆，如图16-96所示。再次绘制一个正圆，在正圆内再次绘制一个小一点的正圆选区，按Delete键删除多余部分，如图16-97所示。

4 用同样方法绘制出其他不同大小的圆形，如图16-98所示。载入大的黄色椭圆形选区，单击“图层”面板中的“图层蒙版”按钮，为其添加蒙版，隐藏多余部分，如图16-99所示。

5 单击工具箱中的“文字工具”按钮，设置合适字体及大小，在画面中的合适位置单击并键入字母，如图16-100所示。单击工具箱中的“添加图层样式”按钮，选择“描边”选项，如图16-101所示。

图16-96

图16-97

图16-98

图16-99

图16-100

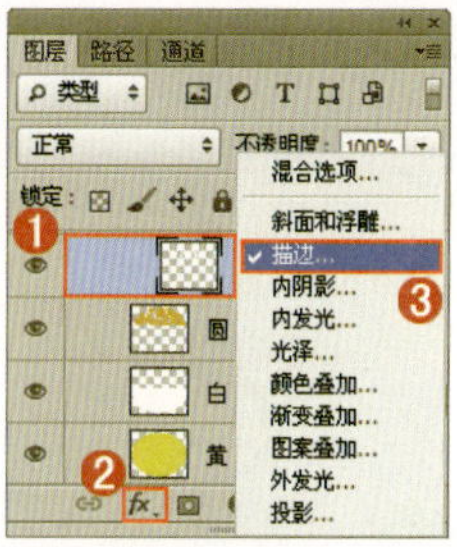

图16-101

6 设置“大小”数值为15像素，设置“颜色”为白色，单击“确定”按钮结束操作，如图16-102所示，效果如图16-103所示。

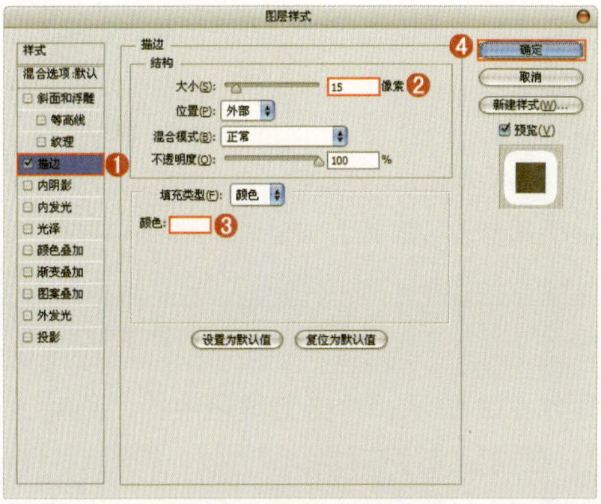

图16-102

图16-103

7 复制文字图层，将其设置为深一点的黄色，制作阴影效果，如图16-104所示。导入卡通人像素材“1.png”，调整合适大小及位置，如图16-105所示。

8 单击工具箱中的“套索工具”按钮，分别绘制卡通人物头部及耳朵的选区将其进行复制，并放置在文字上，如图16-106所示。

图16-104

图16-105

图16-106

9 新建图层，在标志左下角绘制一个正圆，填充任意颜色，如图16-107所示。单击“图层样式”，执行“渐变叠加”命令，设置“混合模式”为正常，“不透明度”数值为100%，“渐变”为一种绿色系渐变，“角度”数值为-63度，“缩放”数值为52%，如图16-108所示。

10 选中“投影”复选框，设置“不透明度”数值为100%，“角度”数值为120度，“距离”数值为12像素，单击“确定”按钮结束操作，如图16-109和图16-110所示。

11 单击“文字工具”，设置合适字体及大小，设置文字颜色为白色，在绿色圆形上键入合适的文字，如图16-111所示。单击工具箱中的“移动工具”按钮，将文字旋转至合适角度，如图16-112所示。

图16-107

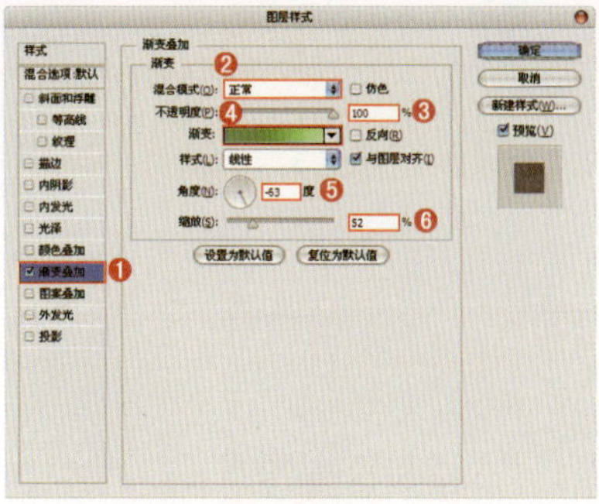

图16-108

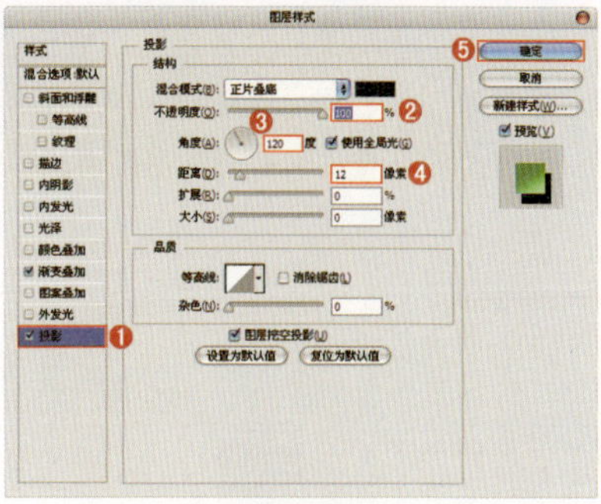

图16-109

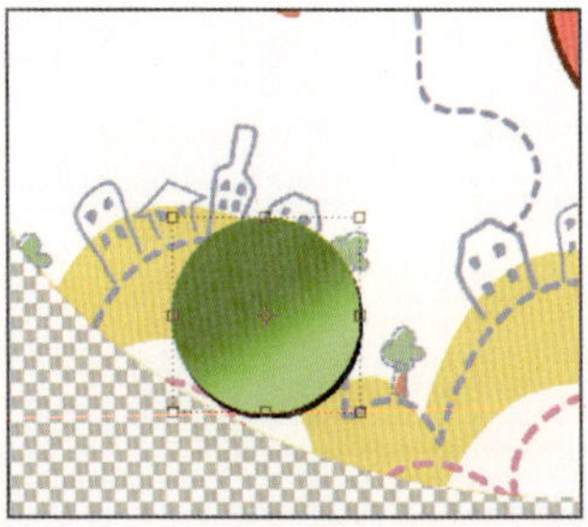

图16-110

图16-111

图16-112

12 用同样方法制作出圆形上侧的旋转文字，如图 16-113 所示。单击工具箱中的“画笔工具”按钮，设置前景色为白色，选择合适大小的画笔，在两组文字中间绘制折线，如图 16-114 所示。

13 单击“文字工具”在卡通人像左侧键入文字，如图 16-115 所示。单击“图层”面板中的“图层样式”按钮，执行“渐变叠加”命令，设置“混合模式”为正常，“不透明度”数值为 100%，“渐变”为一种黄色系渐变，如图 16-116 所示。

14 选中“投影”复选框，设置“混合模式”为正常，“不透明度”数值为 100%，“角度”数值为 120 度，“距离”数值为 4 像素，单击“确定”按钮结束操作，如图 16-117 和图 16-118 所示。

图16-113

图16-114

图16-115

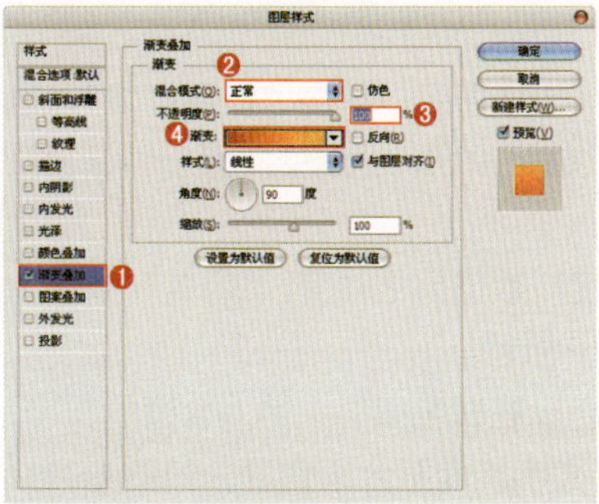

图16-116

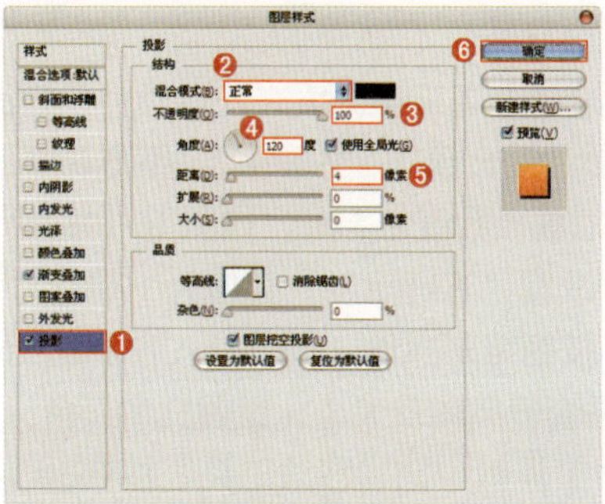

图16-117

图16-118

15 导入柠檬素材“2.png”，调整合适大小及位置，如图 16-119 所示。载入大的黄色椭圆形选区，单击“图层”面板中的“图层蒙版”按钮，为其填充图层蒙版，隐藏多余部分，如图 16-120 所示。

16 导入丝带素材“3.png”，用同样方法制作出瓶颈包装部分，如图 16-121 所示。

图16-119

图16-120

图16-121

17 导入背景素材“8.jpg”，隐藏制作完成的包装图层组，如图 16-122 所示。导入瓶子素材“9.png”，设置合适大小及位置，如图 16-123 所示。

18 复制制作好的瓶身包装部分，将其进行合并，调整合适大小及位置，如图 16-124 所示。

图16-122

图16-123

图16-124

19 载入瓶子选区，为标签图层添加“图层蒙版”，隐藏瓶身外多余的部分，如图 16-125 所示。用同样方法制作出瓶颈部分的包装，如图 16-126 所示。

20 单击工具箱中的“钢笔工具”按钮，在瓶身左侧绘制高光形状，单击鼠标右键，在弹出的快捷菜单中执行“建立选区”命令，如图 16-127 所示。新建图层并将其填充为白色，如图 16-128 所示。

21 在“图层”面板中设置“不透明数值”为 20%，瓶身左侧高光部分制作完成，如图 16-129 和图 16-130 所示。

图16-125

图16-126

图16-127

图16-128

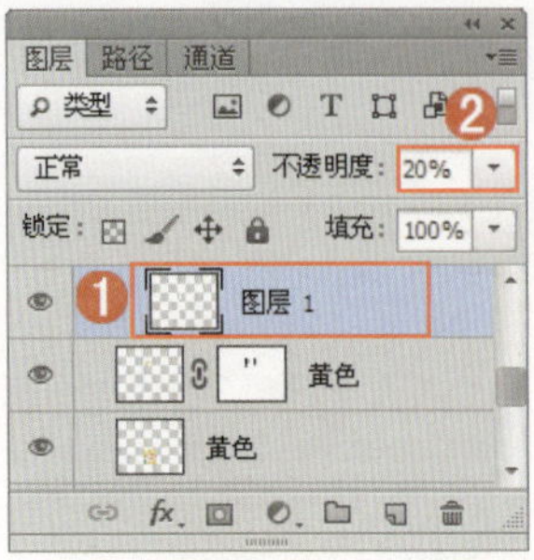

图16-129

图16-130

22 再次绘制同样大小的高光部分，添加图层蒙版，使用“画笔工具”进行适当涂抹，加强左侧瓶颈高光效果，如图 16-131 所示。用同样方法制作出瓶子右侧部分的高光效果，如图 16-132 所示。

23 新建图层，绘制左侧瓶身部分，并为其填充黑色，如图 16-133 所示。在“图层”面板中设置“不透明度”数值为 50%，如图 16-134 所示。

24 单击“图层蒙版”按钮，为阴影部分添加蒙版，使用柔角画笔进行适当涂抹，制作柔和的阴影部分，如图 16-135 所示。复制瓶子并将其合并，按 Ctrl+T 组合键自由变换，单击鼠标右键，在弹出的快捷菜单中执行“垂直翻转”命令，移至在瓶身下面制作倒影，如图 16-136 所示。

图16-131

图16-132

图16-133

图16-134

图16-135

图16-136

25 为倒影添加蒙版，擦除多余部分并适当调整不透明度，完成倒影的制作，如图 16-137 所示。用同样的方法可以制作出不同瓶子的包装和倒影效果，最终效果如图 16-138 所示。

图16-137

图16-138

16.4 异次元幻境电影海报

Photoshop CS6

案例文件	案例文件\第16章\16.4\异次元幻境电影海报.psd
视频教学	视频文件\第16章\16.4异次元幻境电影海报.flv
难易指数	★★★☆☆
知识掌握	自由变换、色相/饱和度、自然饱和度、画笔工具

案例效果

本案例主要通过使用自由变换操作制作出具有空间感的透视效果，配合大量光效素材制作极具梦幻效果的唯美画面。效果如图 16-139 所示。

图16-139

操作步骤

1 执行“文件 > 新建”命令，设置“宽度”数值为 1500 像素，“高度”数值为 1850 像素，单击“确定”按钮结束操作，如图 16-140 所示。

2 导入素材“1.jpg”，调整合适大小及位置，为了方便观察图片所在位置，这里先隐藏白色背景，如图16-141所示。执行“窗口 > 调整”命令，单击面板中的“色相 / 饱和度”按钮，调整“全图”，设置“饱和度”数值为 -10，“明度”数值为 -5，如图 16-142 所示。

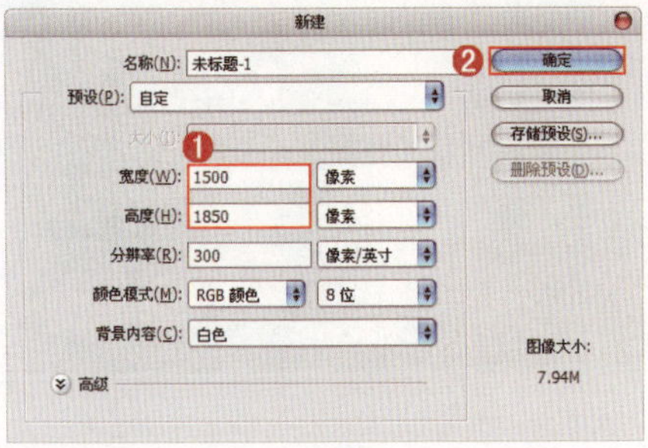

图16-140

图16-141

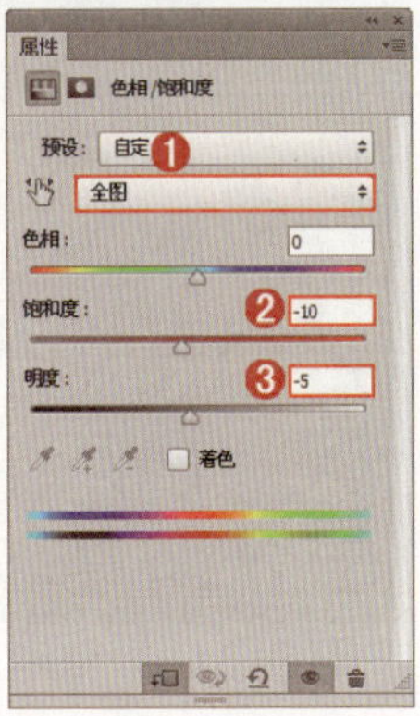

图16-142

3 调整“绿色”，设置“色相”数值为 -35，“饱和度”数值为 -52，如图 16-143 所示。调整“蓝色”，设置“色相”数值为 -24，“饱和度”数值为 -100，“明度”数值为 -54，如图 16-144 所示。

4 单击鼠标右键，在弹出的快捷菜单中执行“创建剪贴蒙版”命令，使调整图层只对风景素材有影响，如图 16-145 和图 16-146 所示。

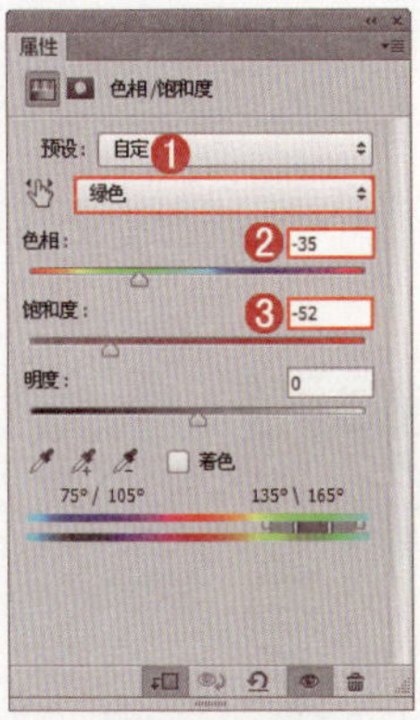

图16-143

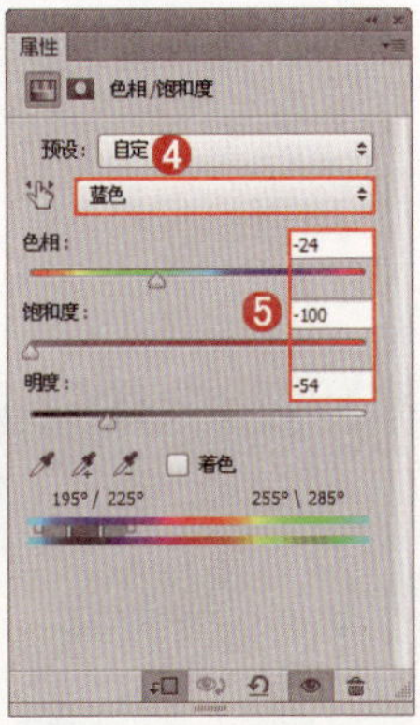

图16-144

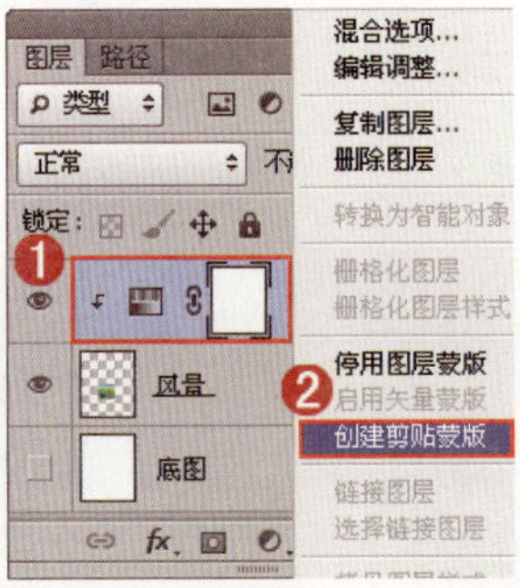

图16-145

图16-146

5 导入素材“2.jpg”，按 Ctrl+T 组合键自由变换，如图 16-147 所示。单击鼠标右键，在弹出的快捷菜单中执行“透视”命令，调整格子图的透视感，将其放置在画面上侧，如图 16-148 所示。

图16-147

图16-148

6 新建图层，填充一种浅棕色，设置图层“不透明度”数值为 50%，如图 16-149 所示。同样使用“自由变换”命令，将其调整并与格子图进行重叠，如图 16-150 所示。

7 复制格子与颜色图层进行合并，隐藏原图层，选择合并图层单击“图层”面板中的“添加蒙版”按钮，为图层添加蒙版，如图 16-151 所示。

图16-149

图16-150

图16-151

8 单击工具箱中的“渐变填充工具”按钮，在选项栏中设置渐变为从黑到白色，单击“径向渐变”按钮，如图 16-152 所示。在图层蒙版中进行拖曳，打造格子的透光感，如图 16-153 所示。用同样方法制作出左右两侧的格子效果，如图 16-154 所示。

9 导入人像素材“3.jpg”，调整合适大小及位置，如图 16-155 所示。单击工具箱中的“魔棒工具”按钮，在选项栏中设置“差值”数值为 25，在人像素材的白色区域单击，按 Delete 键删除白色区域，如图 16-156 所示。

图16-152

图16-153

图16-154

图16-155

图16-156

10 多次单击白色区域并进行删除，完成人像抠图，如图 16-157 所示。

11 打开“调整”面板，创建“色相 / 饱和度”调整图层，设置“全图”“饱和度”数值为 -78，如图 16-158 所示。单击鼠标右键，在弹出的快捷菜单中执行“创建剪贴蒙版”命令，使调整图层只对人像产生影响，单击工具箱中的“画笔工具”按钮，设置前景色为黑色，在调整图层蒙版中进行涂抹，隐藏调整图层对人像嘴唇和头发部分的影响，如图 16-159 所示。

12 单击“图层”面板中的“曲线”按钮，将曲线适当向上拉伸，提高亮度，如图 16-160 所示。单击鼠标右键，在弹出的快捷菜单中执行“创建剪贴蒙版”命令，使调整图层只对人像产生影响，使用黑色“画笔工具”涂抹，隐藏调整图层对人像嘴唇和头发部分的影响，如图 16-161 所示。

13 再次创建曲线调整图层，适当调整曲线，调整人像对比度，同样单击鼠标右键，在弹出的快捷菜单中执行“创建剪贴蒙版”命令，使调整图层只对人像产生影响，如图 16-162 和图 16-163 所示。

14 在人像图层下新建图层，单击“画笔工具”，设置一种柔角边画笔，调整合适大小，在人像头上和人像右下方绘制阴影效果，如图 16-164 所示。

图16-157

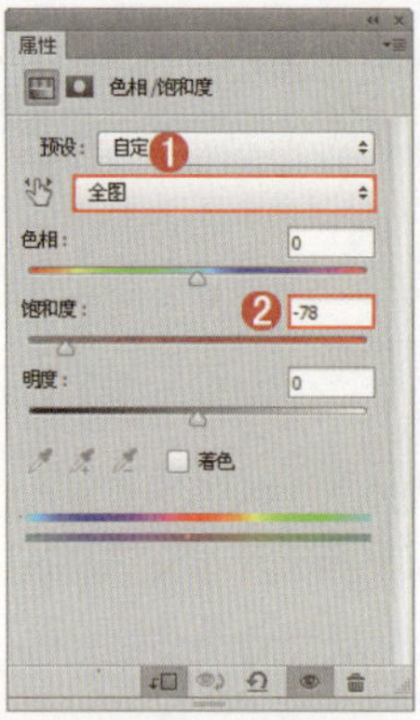

图16-158

图16-159

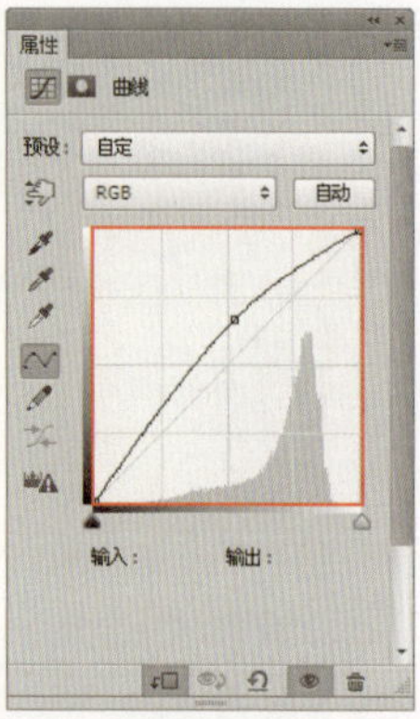

图16-160

图16-161

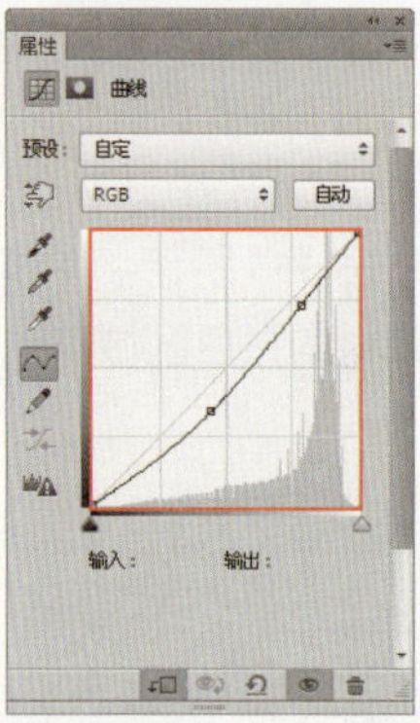

图16-162

图16-163

图16-164

15 单击工具箱中的“钢笔工具”按钮，在人像腿部绘制丝带的闭合路径，单击鼠标右键，在弹出的快捷菜单中执行“建立选区”命令，如图 16-165 所示。单击“渐变填充工具”，在选项栏中单击渐变，在渐变面板中设置一种红色系渐变，如图 16-166 所示。在画面中进行拖曳填充，如图 16-167 所示。

图16-165

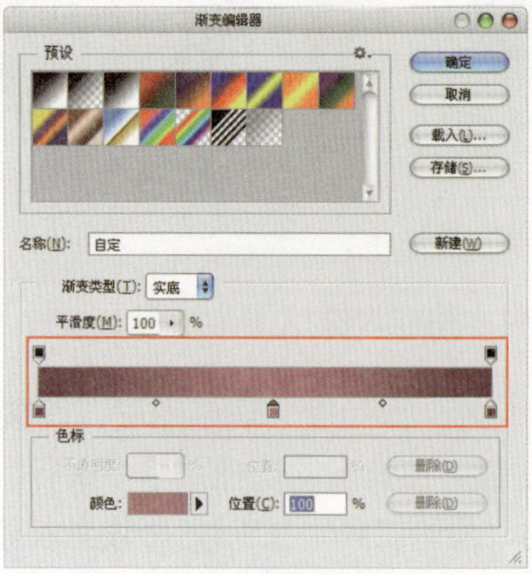

图16-166

图16-167

16 再次使用“钢笔工具”绘制丝带两侧暗部，为其填充深一点的红色，完成丝带部分的绘制，如图 16-168 所示。用同样方法制作另外两个丝带效果，如图 16-169 所示。

17 单击工具箱中的“文字工具”按钮，调整合适字体及大小，设置文字颜色为白色，分别在丝带上键入文字，如图 16-170 所示。

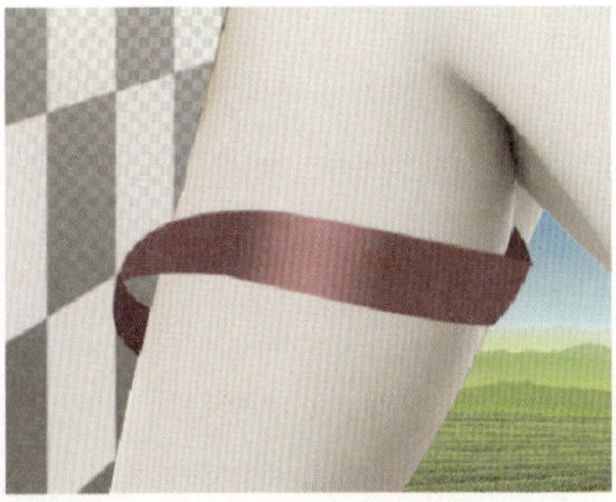

图16-168

图16-169

图16-170

18 单击工具箱中的“多边形套索工具”按钮，在左侧方格合适位置绘制选区，新建图层并填充白色，如图 16-171 所示。在“图层”面板中设置“不透明度”数值为 50%，如图 16-172 所示。

19 为白色矩形添加图层蒙版，在蒙版内进行涂抹，使白色矩形与格子图层更加融合，如图 16-173 所示。用同样方法绘制黑色矩形，营造阴影效果，如图 16-174 所示。

图16-171

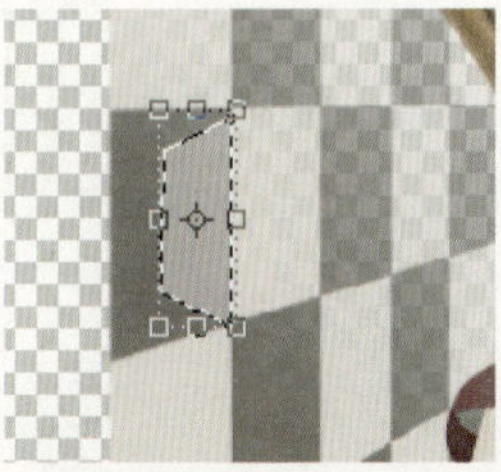

图16-172

图16-173

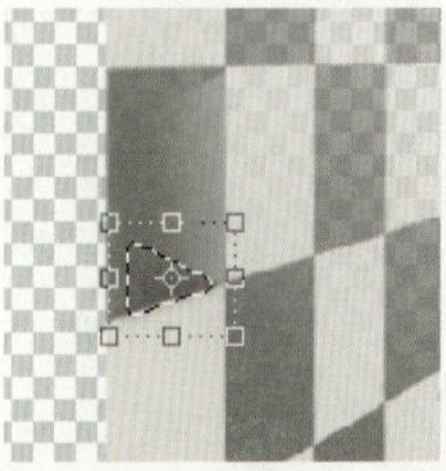

图16-174

20 导入素材“4.png”，调整合适大小，将其放置在画面左侧，如图 16-175 所示。导入相框素材“5.png”，摆放在画面的四周，如图 16-176 所示。

21 单击工具箱中的“多边形套索工具”，在画面下方绘制多边形，新建图层并填充灰色，如图 16-177 所示。

图16-175

图16-176

图16-177

22 导入前景素材“5.png”，调整合适大小及位置，显示出白色背景，如图 16-178 所示。

23 单击“文字工具”，设置合适字体及大小，在黑板上键入适合文字，如图 16-179 所示。

24 对文字执行“图层 > 图层样式 > 投影”命令，设置“不透明度”数值为 100%，“角度”数值为 120 度，“距离”数值为 5 像素，“大小”数值为 5 像素，单击“确定”按钮结束操作，如图 16-180 和图 16-181 所示。

25 在“调整”面板中单击“自然饱和度”按钮，设置“自然饱和度”数值为 100，如图 16-182 所示。最终效果如图 16-183 所示。

图16-178

图16-179

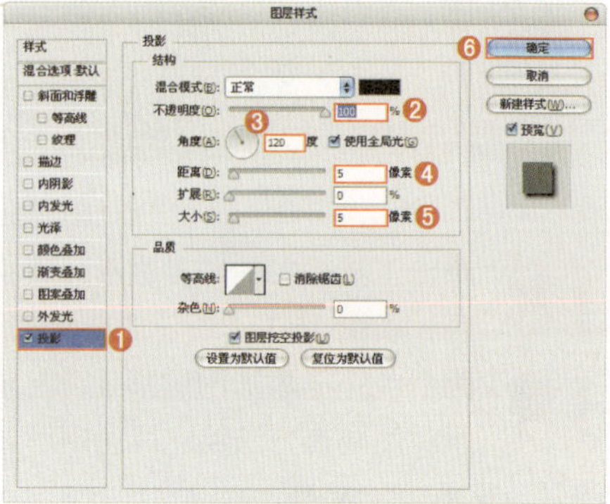

图16-180

图16-181

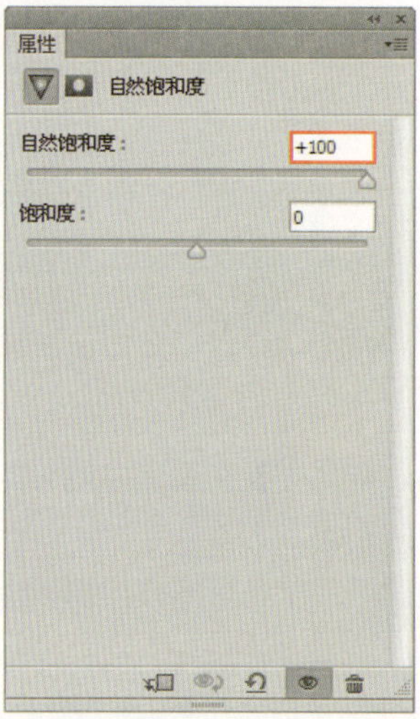

图16-182

图16-183

第 17 章

精通特效插画

17.1 炫彩光效插画

Photoshop CS6

案例文件	案例文件\第17章\17.1\炫彩光效插画.psd
视频教学	视频文件\第17章\17.1炫彩光效插画.flv
难易指数	★★★★★
知识掌握	混合模式、路径描边、图层样式

案例效果

本案例主要通过使用混合模式，为画面打造绚丽的光效，并配合图层样式制作发光的矩形以及文字效果，如图 17-1 所示。

图17-1

操作步骤

1 新建文件，执行“文件 > 新建”命令，设置“宽度”数值为 2550 像素，“高度”数值为 3300 像素，单击“确定”按钮结束操作，如图 17-2 所示。

2 将背景图层填充为黑色，单击工具箱中的“画笔工具”按钮，设置前景色为紫色，调整一种柔角边画笔，在黑色背景上单击，绘制光斑效果，如图 17-3 所示。

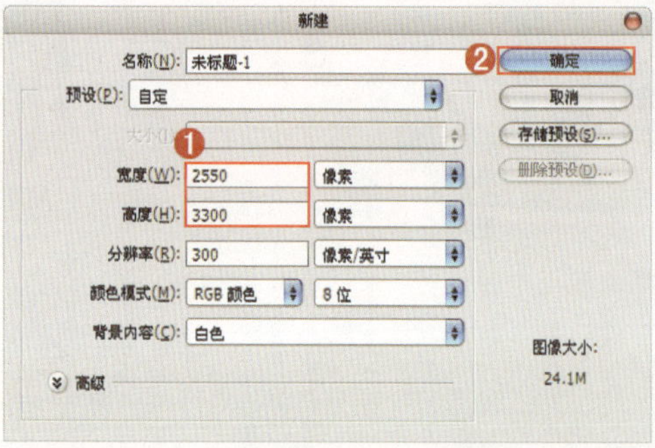

图17-2

图17-3

3 单击工具箱中的“多边形套索工具”按钮，在画面中绘制合适大小的图形选框，单击工具箱中的“渐变工具”按钮，在选项栏中单击“渐变”按钮，在“渐变编辑器”中设置一种红色系渐变，如图 17-4 所示。新建图层，在选框内拖曳进行渐变填充，在“图层”面板中设置“不透明度”数值为 68%，如图 17-5 所示。

4 用同样的方法可以制作不同颜色的条纹，并将其摆放合适位置，如图 17-6 所示。

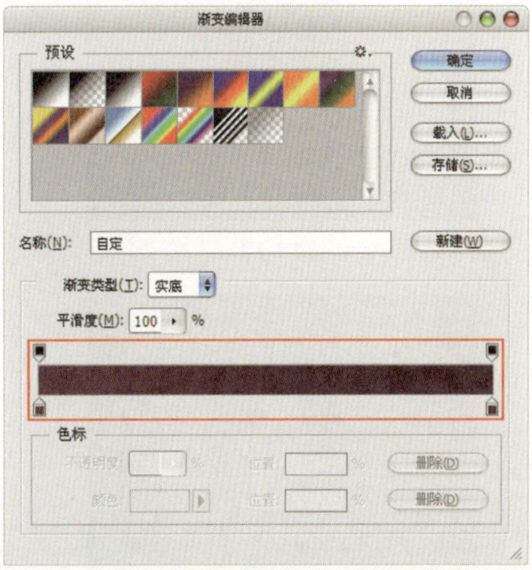

图17-4

图17-5

图17-6

5 将绘制完成的彩色条纹放置在同一个图层组中，单击“图层”面板中的“添加图层蒙版”按钮，如图 17-7 所示。单击“画笔工具”，设置前景色为黑色，在蒙版中进行适当涂抹，隐藏多余部分，如图 17-8 所示。

6 导入素材“1.png”，设置合适大小及位置，在“图层”面板中设置“混合模式”为线性光，如图 17-9 所示。导入素材“2.png”，设置合适大小及位置，如图 17-10 所示。

图17-7

图17-8

图17-9

图17-10

7 导入光效素材“3.png”，设置合适大小及位置，如图 17-11 所示。选中该图层，按 Ctrl+J 组合键，复制素材“3.png”并向上移动，如图 17-12 所示。

8 导入人像素材“4.jpg”，调整合适大小及位置，如图 17-13 所示。为人像添加图层蒙版，使用黑色画笔涂抹，隐藏人物背景部分，如图 17-14 所示。

9 由于人像头发部分不太完整，复制人像图层，将其移至人像下方。使用画笔调整蒙版中的黑白关系，使头发边缘处显示出来，如图 17-15 所示。设置“混合模式”为正片叠底，使灰色背景隐藏，而发丝部分保留下来。继续在人像下面新建图层，单击“画笔工具”，设置一种“柔角边”画笔，颜色为粉色，绘制出人像发光感，如图 17-16 所示。

图17-11

图17-12

图17-13

图17-14

图17-15

图17-16

10 执行“窗口 > 调整”命令，在“调整”面板中单击“可选颜色”按钮，调整“颜色”为黄色，设置“洋红”数值为 5%，“黄色”数值为 19%，如图 17-17 所示。调整“颜色”为中性色，设置“青色”数值为 1%，“洋红”数值为 12%，“黄色”数值为 12%，如图 17-18 所示。

11 在该调整图层上单击鼠标右键，在弹出的快捷菜单中执行“创建剪贴蒙版”命令（如图 17-19 所示），使调整图层只对人像产生影响，如图 17-20 所示。

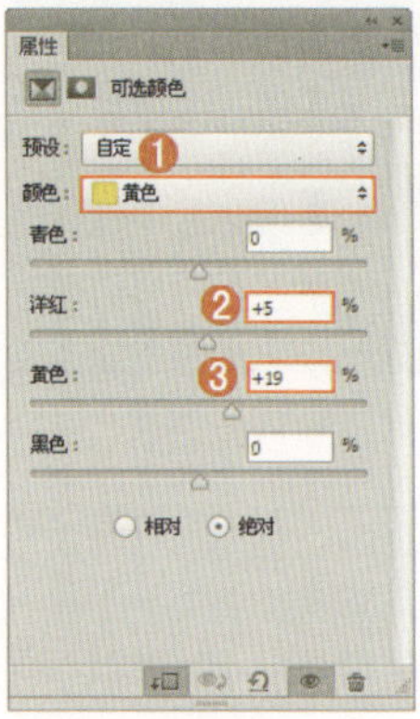

图17-17

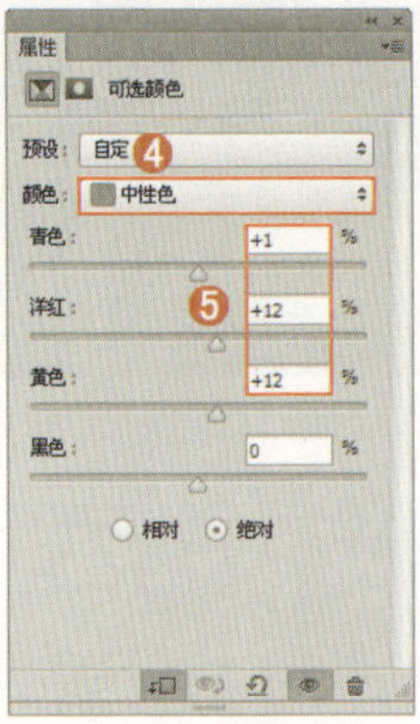

图17-18

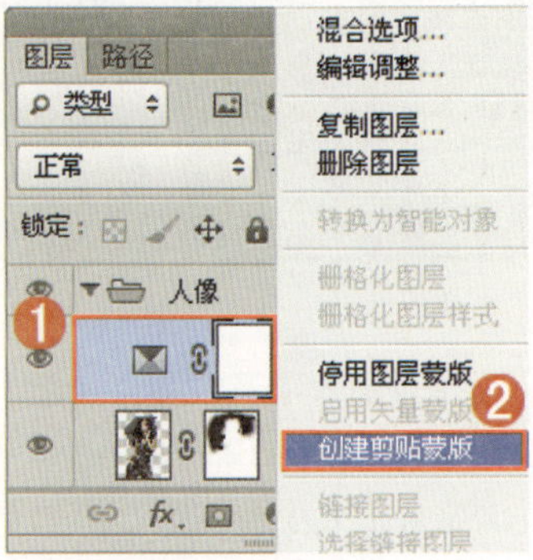

图17-19

图17-20

12 再次创建“可选颜色”调整图层，设置“颜色”为中性色，“青色”数值为 1%，“洋红”数值为 35%，“黄色”数值为 12%，单击鼠标右键，在弹出的快捷菜单中执行“创建剪贴蒙版”命令，使调整图层只对人像产生影响，如图 17-21 所示。将该调整图层蒙版填充为黑色，使用“画笔工具”，设置前景色为白色，涂抹人像眼皮和嘴唇部分，使其只对人像的这两个部分产生影响，如图 17-22 所示。

13 再次创建“可选颜色”调整图层，设置“颜色”为中性色，“青色”数值为 -40%，“洋红”数值为 -9%，“黄色”数值为 87%，单击鼠标右键，在弹出的快捷菜单中执行“创建剪贴蒙版”命令，如图 17-23 所示。将该调整图层蒙版填充为黑色，使用“画笔工具”涂抹人像头发，使其只对头发部分产生影响，如图 17-24 所示。

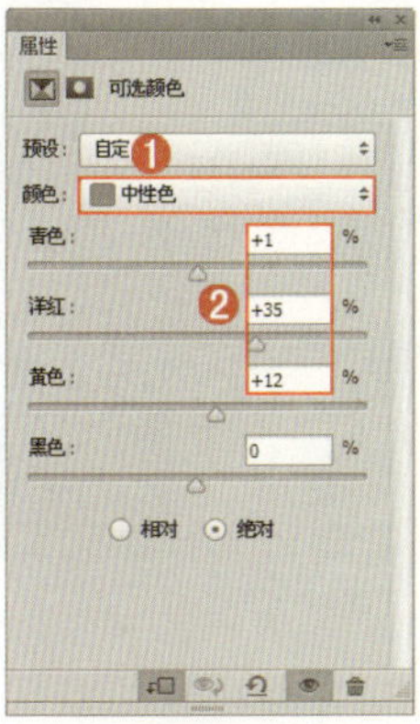

图17-21

图17-22

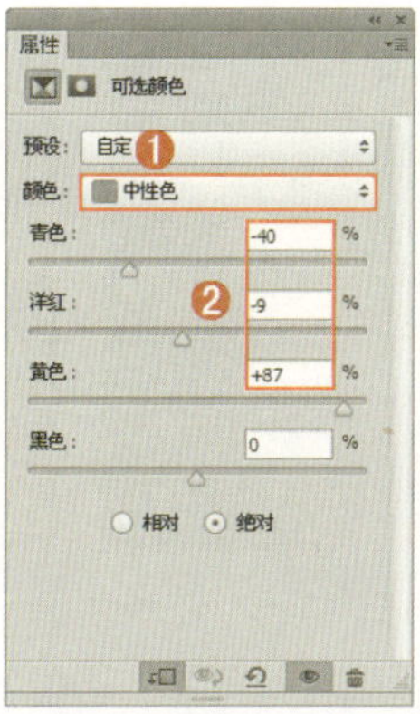

图17-23

图17-24

14 创建“曲线”调整图层，调整曲线形状，使画面变亮，单击鼠标右键，在弹出的快捷菜单中执行“创建剪贴蒙版”命令，如图 17-25 所示。使用灰色画笔工具在蒙版中进行涂抹，减淡曲线调整图层对人像面部的影响，如图 17-26 所示。

15 导入光效素材“5.jpg”，调整合适大小，将其摆放在手指部分，如图 17-27 所示。设置该图层“混合模式”为滤色，如图 17-28 所示。

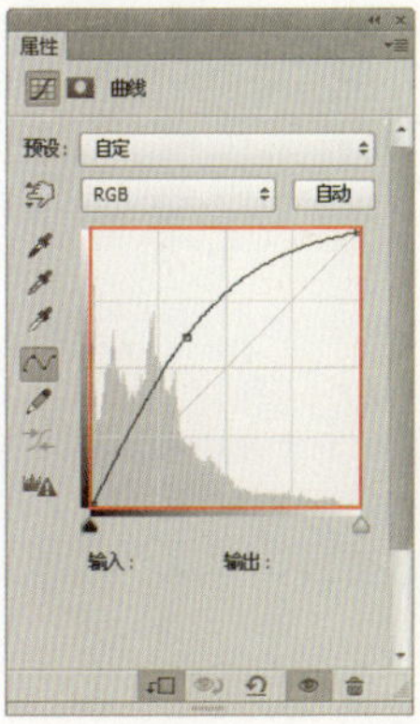

图17-25

图17-26

图17-27

图17-28

16 单击工具箱中的“矩形选框工具”按钮，在人像右侧绘制矩形选区并填充紫色，多次绘制并填充，制作飞溅效果，如图 17-29 所示。按 Ctrl 键载入飞溅选区，新建图层并填充黑色，调整位置及大小，如图 17-30 所示。

17 多次载入飞溅选区，填充不同颜色，调整大小及位置，丰富飞溅效果，如图 17-31 所示。单击“矩形选框工具”按钮在人像腿部绘制一个合适大小的矩形，任意填充颜色，如图 17-32 所示。

18 对其执行“图层 > 图层样式 > 描边”命令，设置“大小”数值为 3 像素，“颜色”为紫色，如图 17-33 所示。单击选中“内阴影”复选框，设置混合颜色为紫色，“角度”数值为 120 度，“距离”数值为 5 像素，“大小”数值为 5 像素，如图 17-34 所示。

19 选中“内发光”复选框，设置“混合模式”为正常，“不透明度”数值为 92%，设置颜色为黄色，“大小”数值为 5 像素，如图 17-35 所示。选中“外发光”复选框，设置“混合模式”为正常，“不透明度”数值为 100%，颜色为紫色，“大小”数值为 13 像素，如图 17-36 所示。

图17-29

图17-30

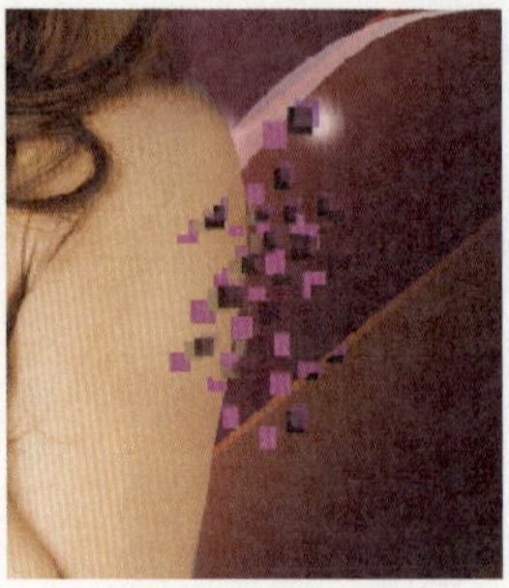
图17-31

图17-32

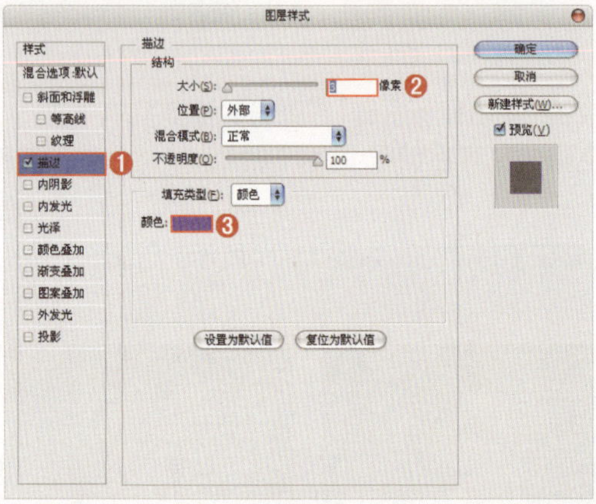

图17-33

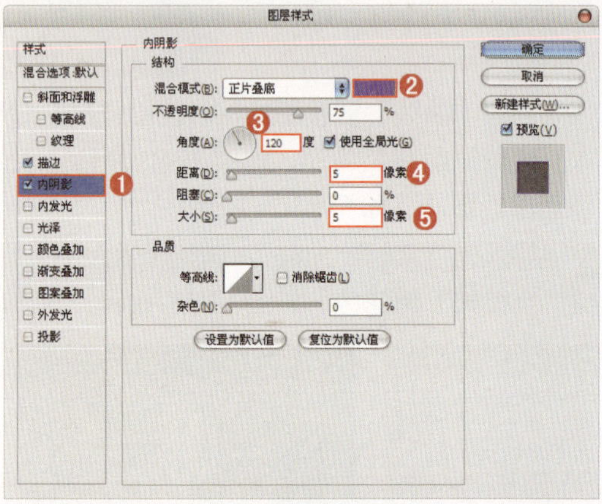

图17-34

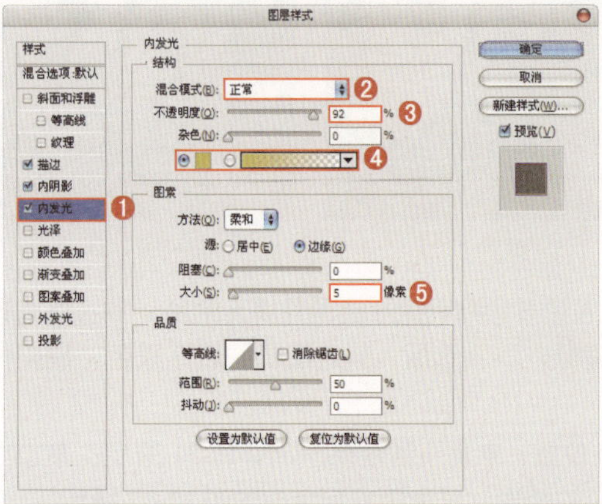

图17-35

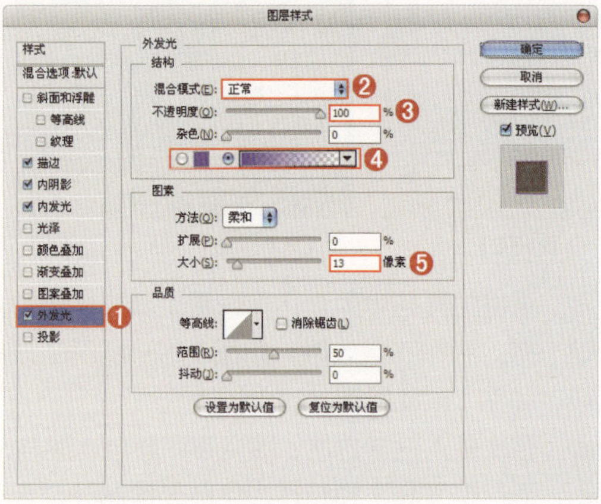

图17-36

20 选中“投影”复选框，设置“混合模式”为正常，颜色为红色，“不透明度”数值为100%，“角度”数值为120度，“距离”数值为13像素，“大小”数值为43像素，单击“确定”按钮结束操作，如图17-37所示。在“图层”面板中设置“填充”数值为0%。此时该形状呈现出透明的发光效果，如图17-38所示。用同样方法制作出不同色彩及大小的矩形，分别摆放在人像右侧不同位置，如图17-39所示。

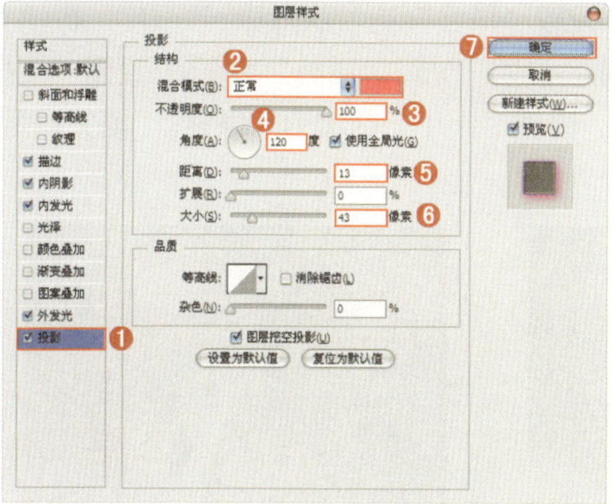

图17-37

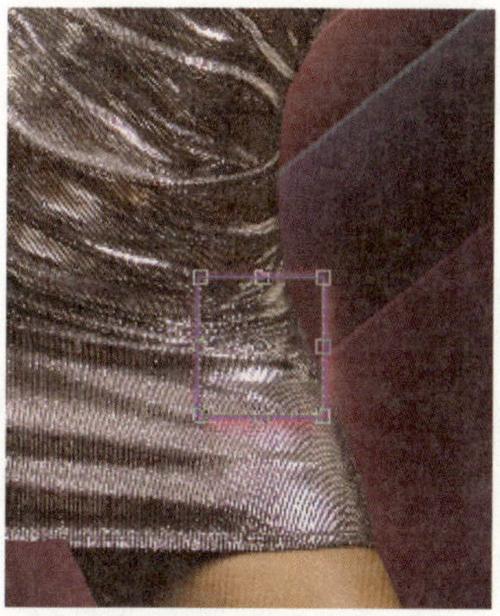

图17-38

图17-39

21 下面设置前景色为黄色，画笔“大小”为1像素，单击工具箱中的“钢笔工具”按钮，在画面中绘制曲线路径，如图17-40所示。

22 新建图层，单击鼠标右键，在弹出的快捷菜单中执行“描边路径”命令，如图17-41所示。在弹出的对话框中选择“画笔”，单击“确定”按钮完成操作，如图17-42所示。

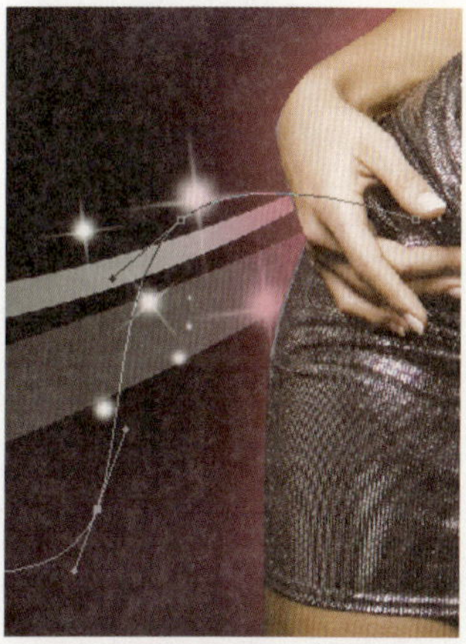

图17-40

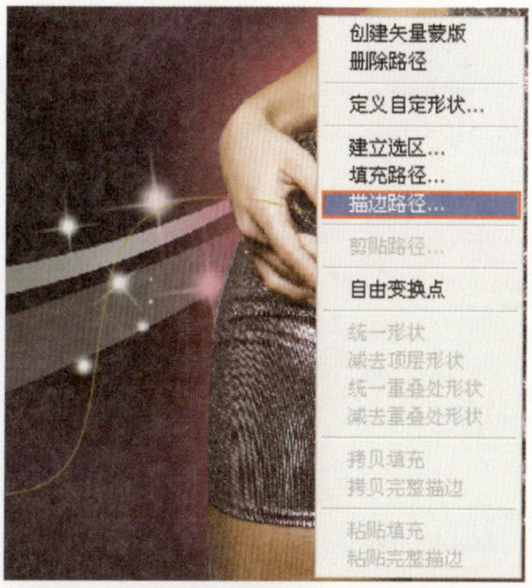

图17-41

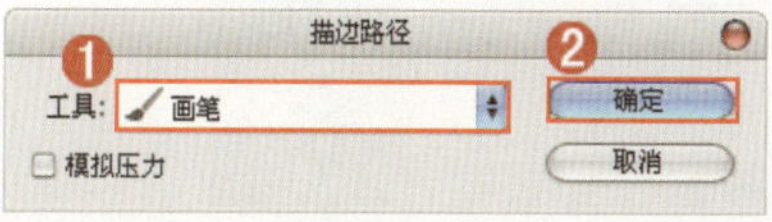

图17-42

23 继续使用“钢笔工具”完成贯穿画面的曲线，如图17-43所示。设置前景色为深一点的黄色，同样使用钢笔工具重复绘制曲线路径，再次绘制，设置更深一点的黄色，完善曲线的效果，如图17-44所示。

24 用同样方法绘制其他不同色彩的曲线，如图17-45所示。导入素材“6.jpg”，将光效图调整为画面同样大小，设置“混合模式”为滤色，如图17-46所示。

25 为光效图层添加图层蒙版，设置前景色为黑色，使用“画笔工具”在蒙版中进行适当涂抹，隐藏裙子上的多余部分，如图17-47所示。单击工具箱中的“文字工具”按钮，设置合适字体及大小，在画面中键入文字，将文字旋转至合适角度，如图17-48所示。

图17-43

图17-44

26 对文字执行“图层 > 图层样式 > 斜面和浮雕”命令，设置“样式”为枕状浮雕，“深度”数值为409%，“大小”数值为12像素，“软化”数值为6像素，设置“光泽等高线”为 ，设置“阴影模式”的颜色为红色，如图17-49所示。选中“描边”复选框，设置“大小”数值为6像素，“填充类型”为渐变，“渐变”颜色为一种灰色系渐变，如图17-50所示。

图17-45

图17-46

图17-47

图17-48

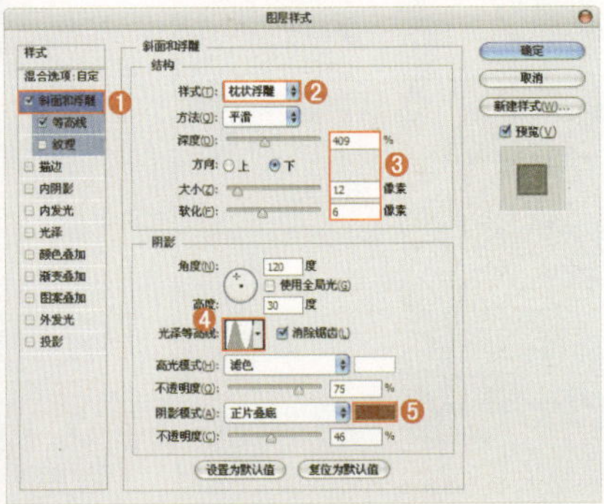
图17-49

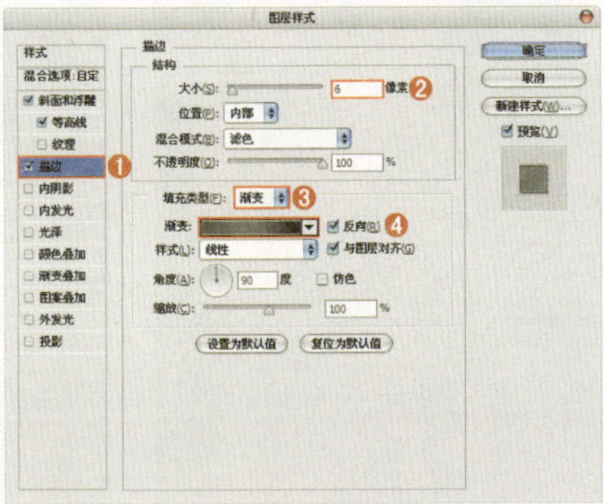
图17-50

27 选中“内阴影”复选框，设置“不透明度”数值为70%，“角度”数值为30度，“距离”数值为12像素，“大小”数值为3像素，如图17-51所示。选中“内发光”复选框，设置“混合模式”为颜色减淡，“不透明度”数值为100%，设置一种由黑色到白色再到黑色的渐变，“大小”数值为19像素，设置“等高线”为 ，“范围”数值为45%，如图17-52所示。

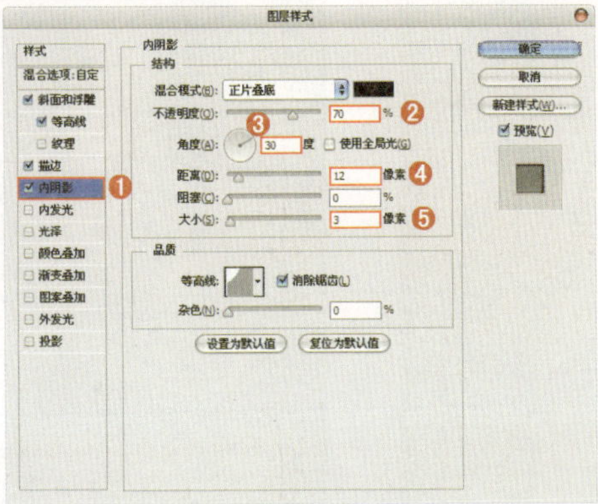
图17-51

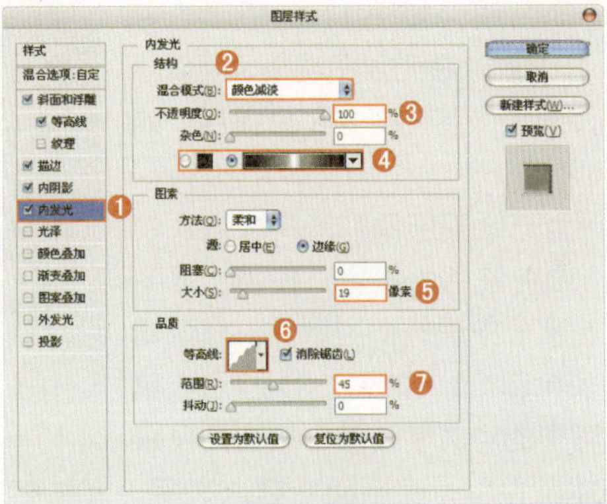
图17-52

28 选中“光泽”复选框，设置“混合模式”为正常，颜色为灰色，“不透明度”数值为70%，“角度”数值为30度，“距离”数值为22像素，“大小”数值为22像素，如图17-53所示。选中“颜色叠加”复选框，设置“混合模式”为正常，颜色为灰色，“不透明度”数值为20%，如图17-54所示。

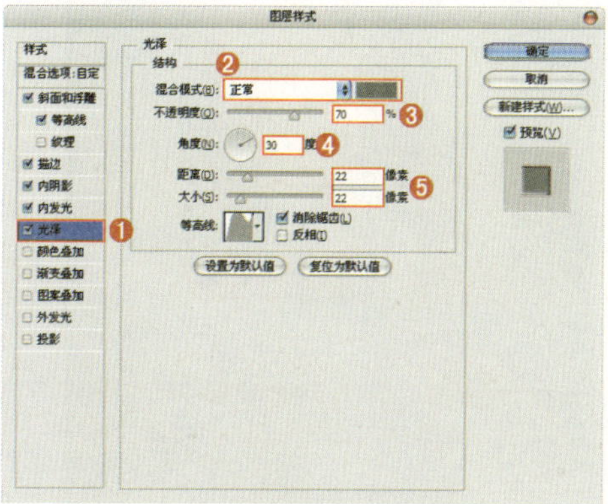

图17-53

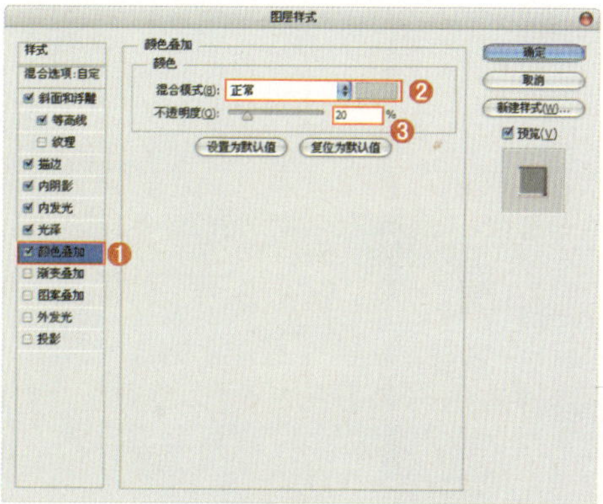

图17-54

29 选中“渐变叠加”复选框，设置“不透明度”数值为67%，“渐变”颜色为黑灰色渐变，如图17-55所示。选中“图案叠加”复选框，设置“不透明度”数值为100%，设置“图案”为一种纹理图案，“缩放”数值为91%，如图17-56所示。

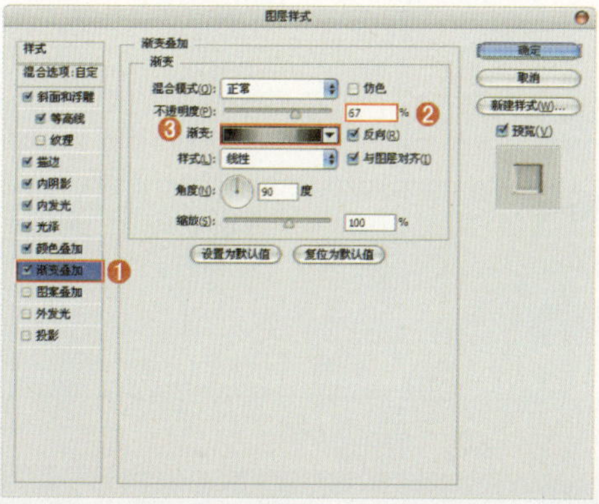

图17-55

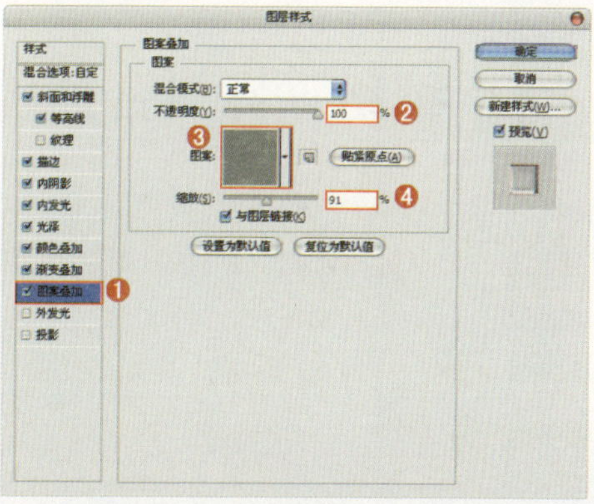

图17-56

30 选中“投影”复选框，设置“不透明度”数值为100%，“角度”数值为120度，“距离”数值为6像素，“大小”数值为16像素，单击“确定”按钮结束操作，如图17-57和图17-58所示。

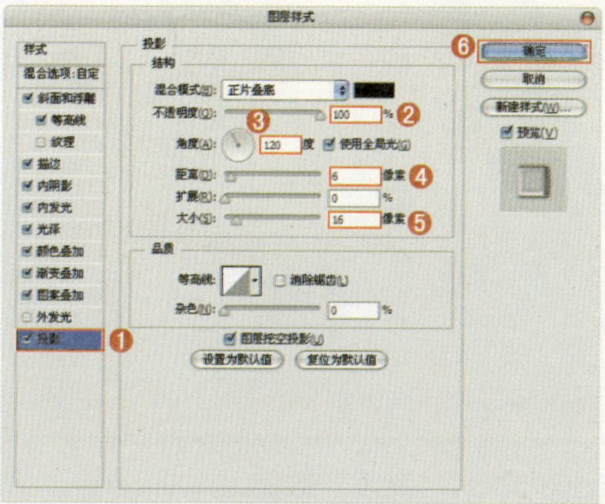

图17-57

图17-58

31 在“图层”面板中设置“填充”数值为 0%，如图 17-59 所示。最终效果如图 17-60 所示。

图17-59

图17-60

17.2 缤纷世界混合插画

Photoshop CS6

案例文件	案例文件\第17章\17.2\缤纷世界混合插画.psd
视频教学	视频文件\第17章\17.2缤纷世界混合插画.flv
难易指数	★★★★☆
知识掌握	钢笔工具、图层样式

案例效果

本例主要使用“钢笔工具”绘制花纹形态，转换为选区后填充合适的颜色，并使用“图层样式”制作出丰富多彩的立体效果，如图 17-61 所示。

图17-61

操作步骤

1 执行“文件 > 新建”命令，设置“宽度”数值为 3500 像素，“高度”数值为 3000 像素，如图 17-62 所示。

2 单击工具箱中的“渐变填充”按钮，在选项栏上设置一种橙色系渐变，单击“径向渐变”按钮，如图 17-63 所示。在画面拖曳并进行填充，如图 17-64 所示。

3 导入人像素材文件“1.jpg”，调整合适大小，将其放置在画面左下角，如图 17-65 所示。单击“图层”面板中的“添加图层蒙版”按钮，为人像图层添加蒙版，如图 17-66 所示。

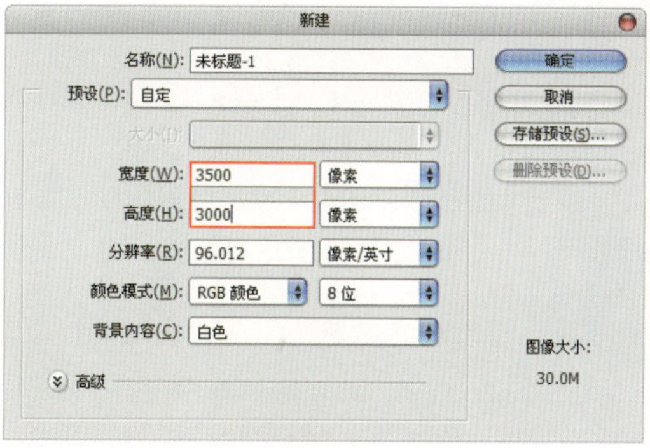

图17-62

图17-63

图17-64

图17-65

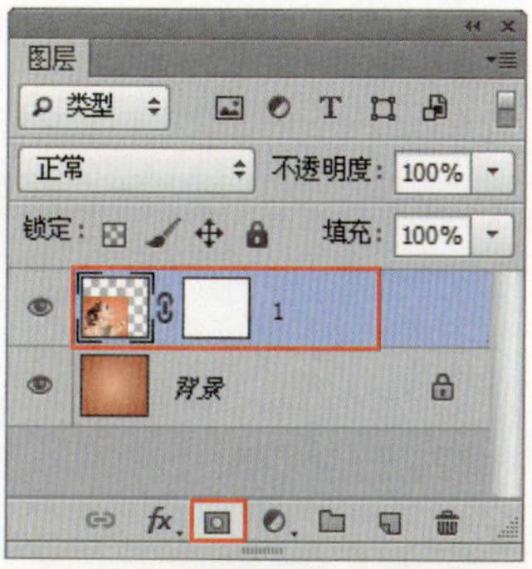

图17-66

4 单击工具箱中的“文字工具”按钮，设置前景色为黑色，在人像背景上进行涂抹，隐藏人像以外的区域，如图 17-67 所示。

5 由于人像头发边缘部分不能与背景融合，所以需要继续使用“画笔工具”在人像头发部分进行涂抹，使其隐藏，如图 17-68 所示。按 Ctrl+J 组合键复制人像图层，删除蒙版，放在人像图层下方，并设置“混合模式”为变暗，如图 17-69 所示。

图17-67

图17-68

图17-69

6 为复制的图层添加图层蒙版，擦出头发以外的部分，完成人像的制作，如图 17-70 所示。单击工具箱中的“钢笔工具”按钮，在合适位置绘制一个花纹的闭合路径，如图 17-71 所示。

7 单击鼠标右键，在弹出的快捷菜单中执行“建立选区”命令，设置前景色为橘红色，新建图层并进行填充，如图 17-72 所示。

图17-70

图17-71

图17-72

8 执行“图层 > 图层样式 > 外发光”命令，设置“混合模式”为正常，调整颜色为黄色，“扩展”数值为 10%，“大小”数值为 15 像素，如图 17-73 和图 17-74 所示。

9 按 Ctrl 键，单击花纹图层，载入花纹选区，如图 17-75 所示。新建图层并将其填充为棕色，如图 17-76 所示。

10 为棕色花纹图层添加图层蒙版，使用黑色尖角画笔工具在蒙版中进行涂抹擦处多余部分，制作出横纹的效果，如图 17-77 所示。执行“图层 > 图层样式 > 内发光”命令，设置“混合模式”为正常，“不透明度”数值为 100%，颜色为深棕色，“阻塞”数值为 100%，“大小”数值为 3 像素，如图 17-78 所示。

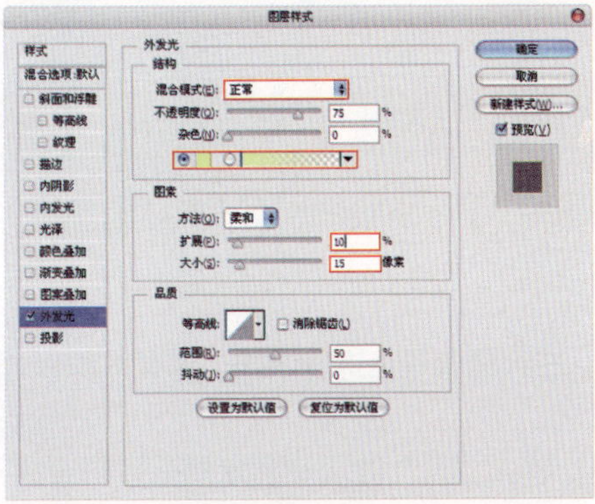

图17-73

图17-74

图17-75

图17-76

图17-77

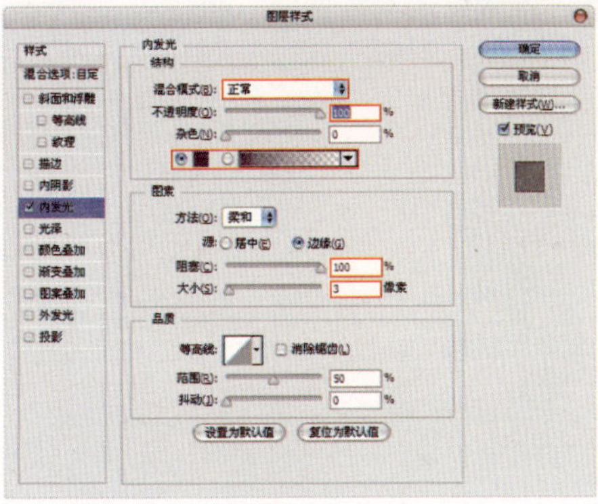

图17-78

11 选中“渐变叠加”复选框，设置“混合模式”为正常，“不透明度”数值为 100%，“渐变”颜色为棕色系渐变，“缩放”数值为 20%，如图 17-79 和图 17-80 所示。

12 再次使用“钢笔工具”在花纹左下角绘制另一个花纹的闭合路径，单击鼠标右键，在弹出的快捷菜单中执行“建立选区”命令，新建图层，将其填充为棕色，如图 17-81 所示。执行“图层 > 图

层样式 > 描边”命令，设置“大小”数值为 3 像素，设置颜色为深一点的棕色，如图 17-82 所示。

13 选中“光泽”复选框，设置“混合模式”为正常，颜色为黄色，“不透明度”数值为 50%，“角度”数值为 19 度，“距离”数值为 35 像素，“大小”数值为 90 像素，如图 17-83 所示。

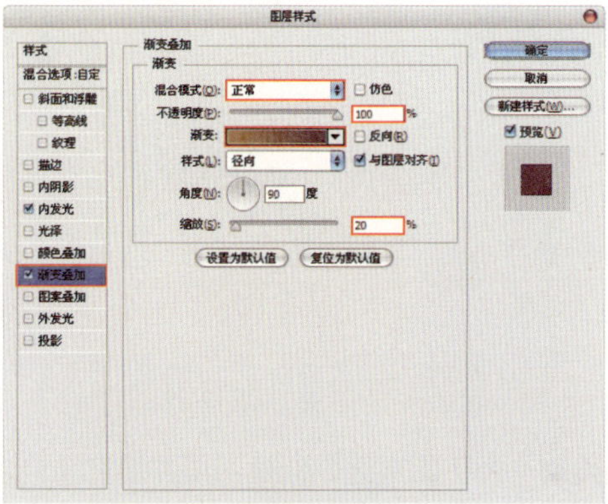

图17-79

图17-80

图17-81

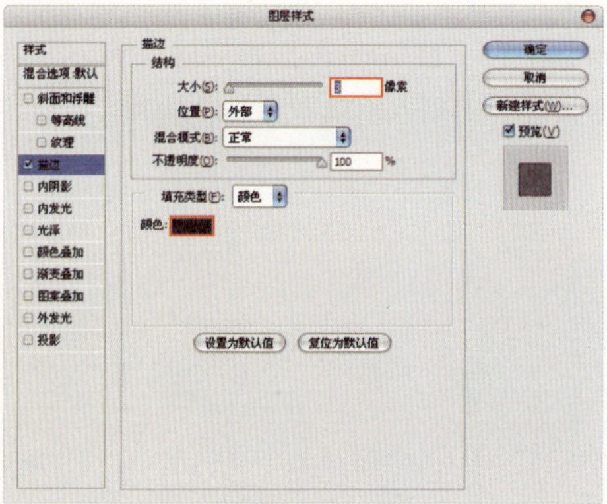

图17-82

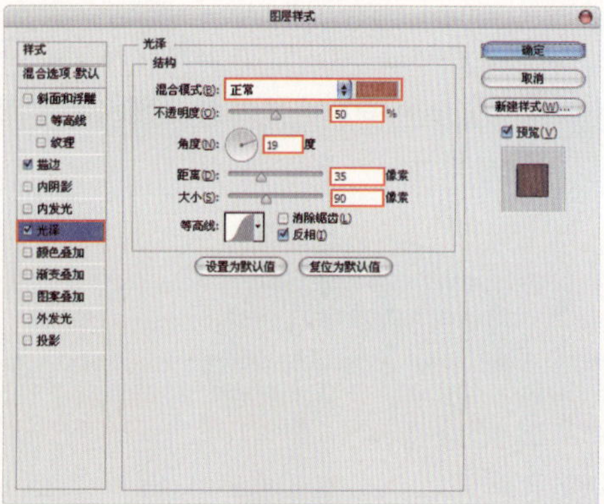

图17-83

14 选中“外发光”复选框，设置“不透明度”数值为 100%，“扩展”数值为 23%，“大小”数值为 15 像素，如图 17-84 和图 17-85 所示。

15 载入花纹选区，新建图层并填充为粉色，如图 17-86 所示。添加图层蒙版，隐藏多余部分，如图 17-87 所示。

16 执行“图层 > 图层样式 > 外发光”命令，设置“不透明度”数值为 100%，“扩展”数值为 100%，“大小”数值为 1 像素，如图 17-88 和图 17-89 所示。

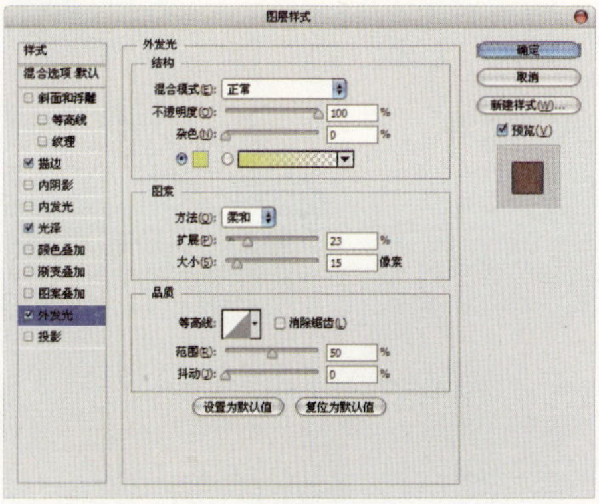

图17-84

图17-85

图17-86

图17-87

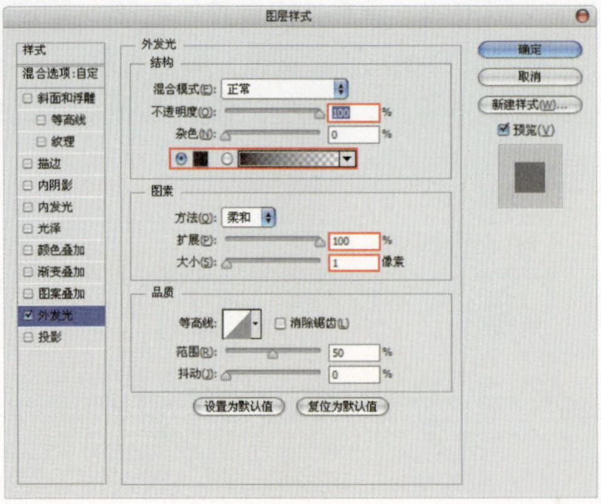

图17-88

图17-89

17 单击工具箱中的“椭圆选框工具”按钮，按 Shift 键绘制一个正圆选区，新建图层并填充粉色，如图 17-90 所示。多次绘制并进行填充，制作出花纹效果，如图 17-91 所示。

18 用同样方法分别绘制出人像右侧和左侧的其他花纹，如图 17-92 所示。导入花纹素材“2.png”和“3.png”，调整合适位置及大小，如图 17-93 所示。

19 选择人像左侧肩部的花纹，添加图层蒙版并隐藏多余部分，制作出具有空间感的花纹效果，如图 17-94 所示。

图17-90

图17-91

图17-92

图17-93

图17-94

17.3 欧美风格插画

Photoshop CS6

案例文件	案例文件\第17章\17.3\欧美风格插画.psd
视频教学	视频文件\第17章\17.3欧美风格插画.flv
难易指数	★★★★★
知识掌握	钢笔工具、画笔工具、图层蒙版、调整图层

案例效果

本例主要是针对“钢笔工具”、“画笔工具”、“图层蒙版”和“调整图层”等工具的用法进行练习，制作出欧美风格的混合式插画，如图 17-95 所示。

图17-95

操作步骤

1 首先执行“文件 > 新建”命令，设置“高度”为 3000 像素，“宽度”为 4700 像素，如图 17-96 所示。

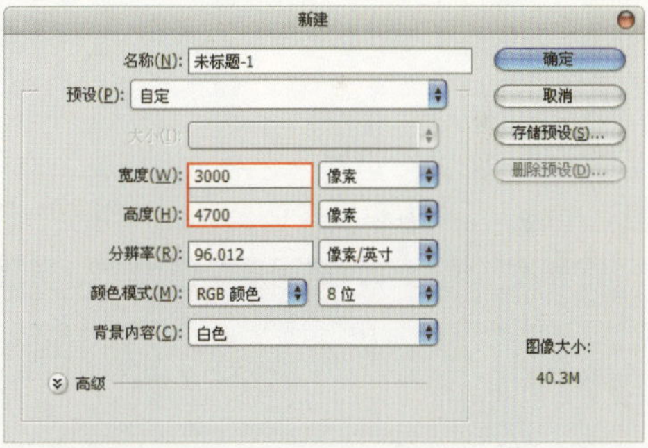

图17-96

2 单击工具箱中的“渐变填充工具”按钮，为图层背景添加黑色到深红的渐变色，如图 17-97 所示。单击工具箱中的“画笔工具”按钮，设置前景色为暗橙色，在“背景”图层上进行适当涂抹，如图 17-98 所示。

图17-97

图17-98

3 导入素材人像“1.jpg”，使用“钢笔工具”按钮绘制人像身体和脸部的路径，如图 17-99 所示。单击鼠标右键，在弹出的快捷菜单中执行“建立选区”命令，单击“图层”面板中的“添加图层蒙版”

按钮 ，人像部分被抠出，如图 17-100 所示。

图 17-99

图 17-100

4 执行“图像 > 调整 > 可选颜色”命令，创建新的“可选颜色”图层，为皮肤调整颜色，选择红色，设置“青色”值为 -49%，“洋红”值为 -34%，“黄色”值为 100%，“黑色”值为 36%，如图 17-101 所示；选择中性色，设置“青色”值为 -17%，“洋红”值为 14%，“黄色”值为 33%，“黑色”值为 -16%，如图 17-102 所示；选择黑色，设置洋红值为 100%，黑色值为 8%，如图 17-103 和图 17-104 所示。

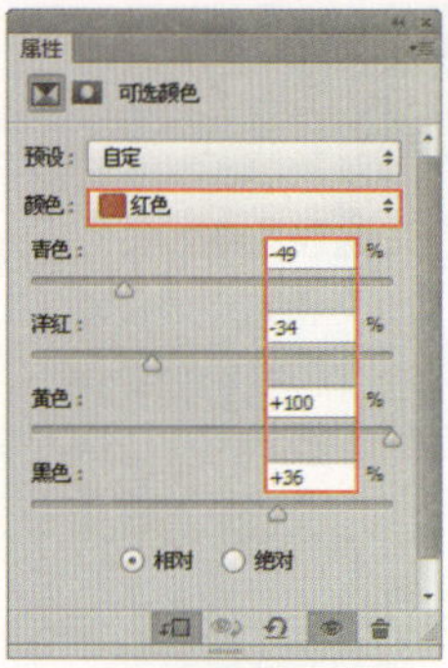

图 17-101

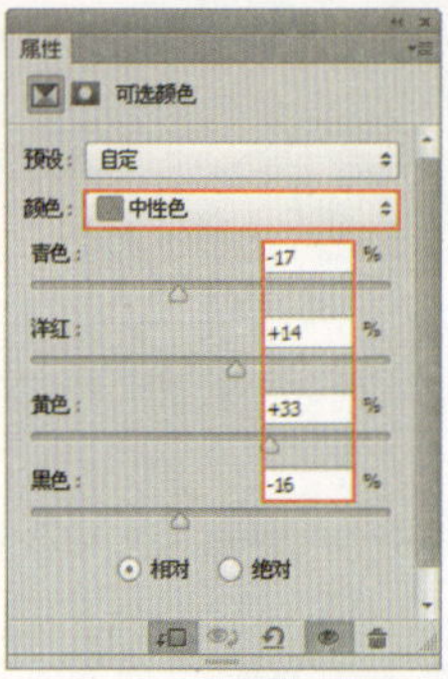

图 17-102

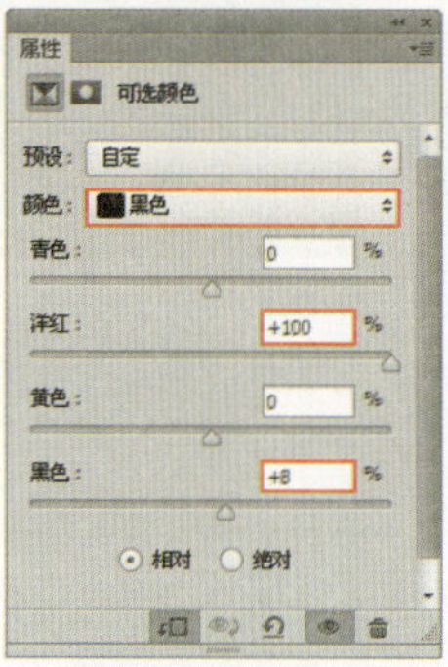

图 17-103

图 17-104

5 接着执行“图像 > 调整 > 色相 / 饱和度”命令，创建新的“色相 / 饱和度”图层，选择全图，设置“色相”值为 -8，“饱和度”值为 18，“明度”值为 -2，如图 17-105 所示；选择红色，设置“色相”值为 -11，“饱和度”值为 -11，“明度”值为 21，如图 17-106 和图 17-107 所示。

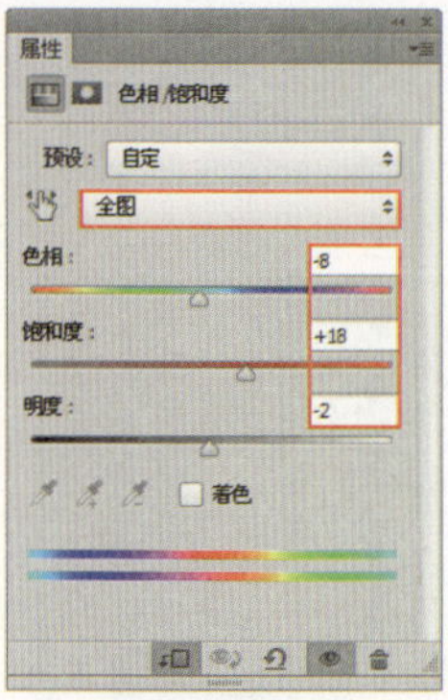

图 17-105

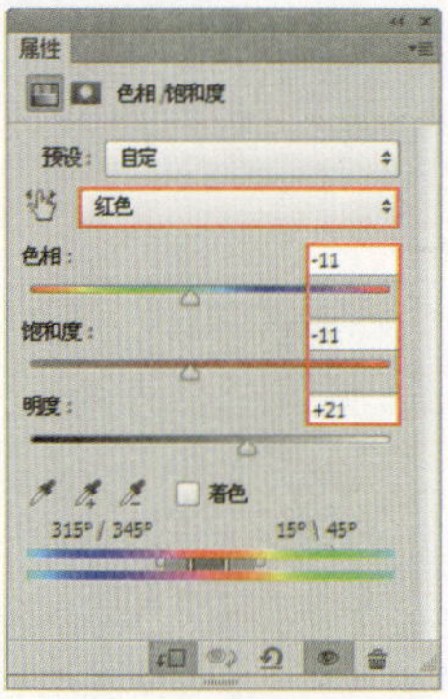

图 17-106

图 17-107

6 单击面板中的“创建组”按钮 ，下面在图层蒙版中创建新“组”，命名为“头发”，在该组中添加新图层“图层 1”，如图 17-108 所示。

7 为了看起来更清晰，先把其他图层隐藏起来，单独打开“图层 1”，绘制选区并填充白色，如图 17-109 所示。

8 在图像上单击鼠标右键，在弹出的快捷菜单中执行“描边”命令。设置“宽度”数值为 2 像素，“颜色”为黑色，位置居外，如图 17-110 所示。

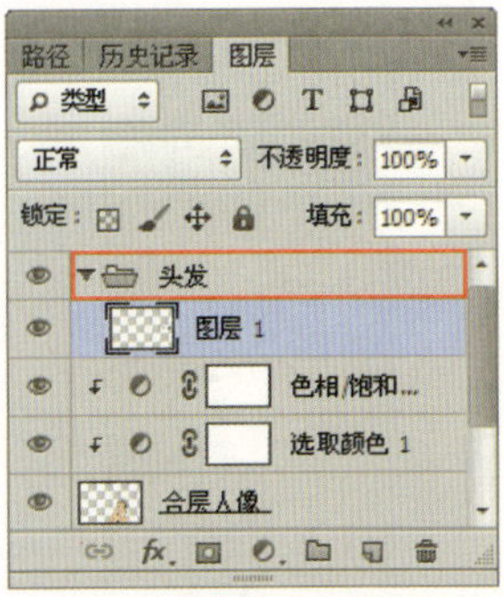

图17-108

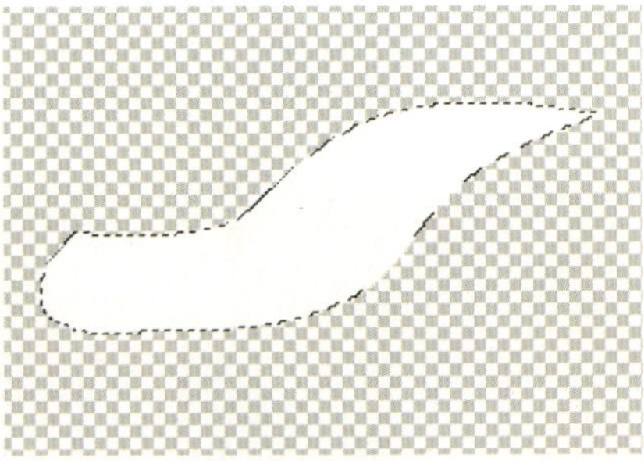

图17-109

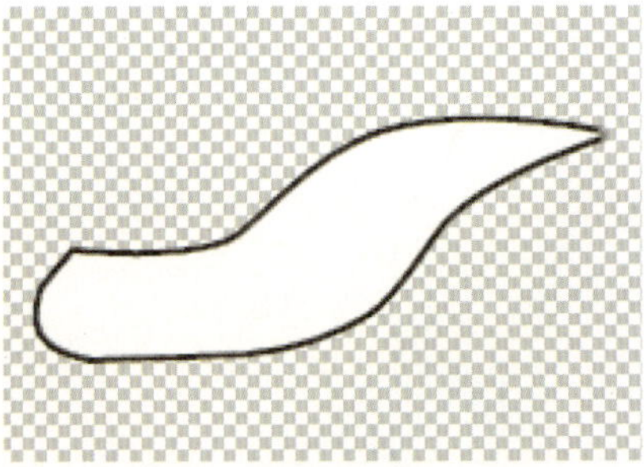

图17-110

9 下面绘制内部纹理，选择一个圆形画笔，设置画笔工具“大小”为 1 像素，“硬度”为 100%。单击工具箱中的“钢笔工具”按钮，绘制中间的曲线路径，如图 17-111 所示。单击鼠标右键，在弹出的快捷菜单中执行“描边路径”命令，设置工具为“画笔”，效果如图 17-112 所示。

10 继续绘制多条线段，放置在原图层人像头发上，如图 17-113 所示。

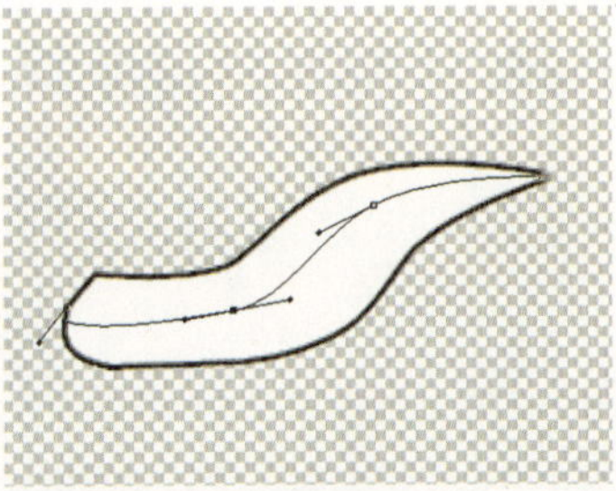

图17-111

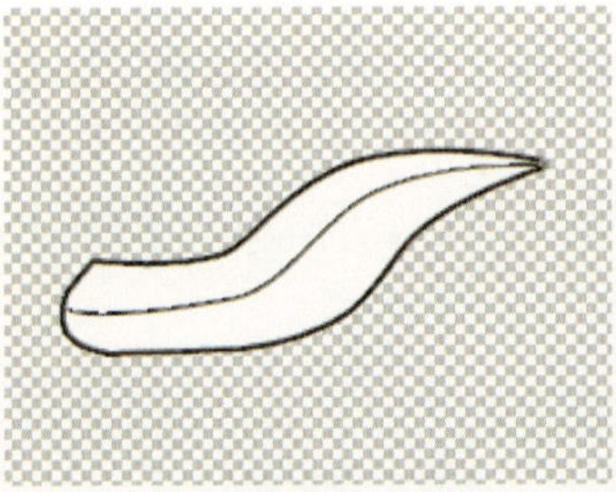

图17-112

图17-113

11 用同样的方法制作出其他各种形态的头发，如图 17-114 所示。

12 观察人像嘴唇颜色偏淡，选择“合层人像”图层，使用“钢笔工具”绘制嘴唇轮廓，单击鼠标右键，在弹出的快捷菜单中执行“建立选区”命令，如图 17-115 所示。

13 接着在“头发组”上面新建图层，命名为嘴唇，如图 17-116 所示。

图17-114

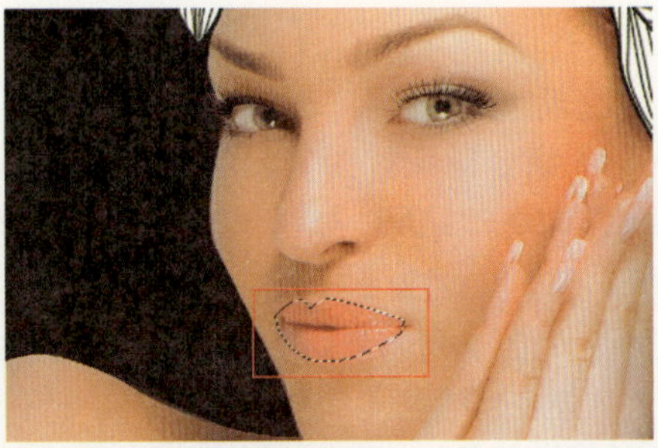

图17-115

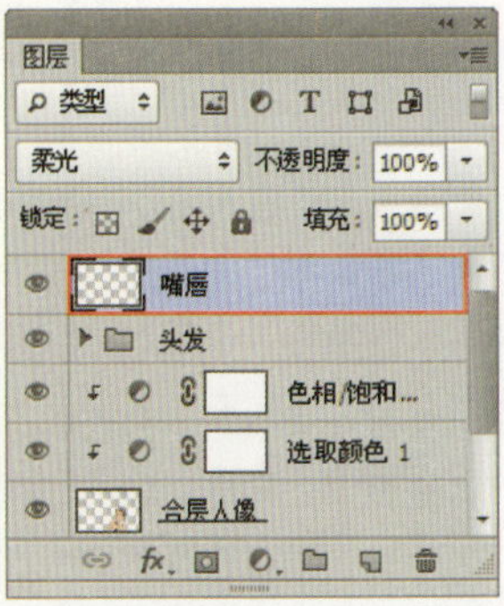

图17-116

14 设置前景色为红色，R：230，G：32，B：29，按 Alt+Delete 组合键填充颜色，如图 17-117 所示。

15 在“图层”面板中设置“混合模式”为柔光，如图 17-118 所示。

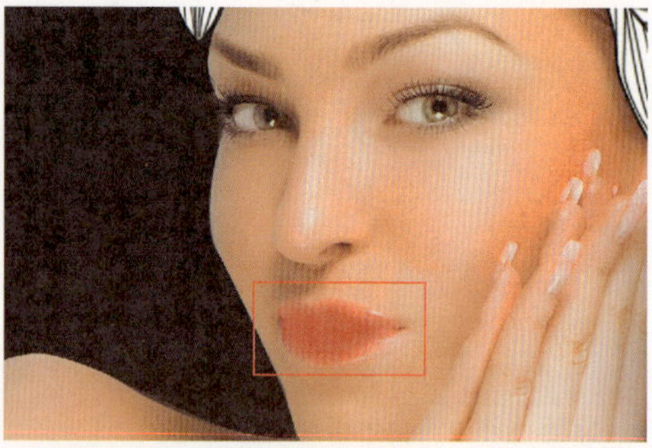

图17-117

图17-118

16 观察此时的嘴唇缺少高光，没有立体感。再次建新图层，单击工具箱中的“画笔工具”按钮，调整选项栏中的画笔大小，降低不透明度和流量，如图 17-119 所示。设置“不透明度”数值为 58%，如图 17-120 所示。

17 执行“编辑 > 预设管理器”命令，在弹出的“预设管理器”对话框中选择类型为“画笔”，单击“载入”按钮，载入睫毛笔刷素材“2.abr”即可，如图 17-121 所示。

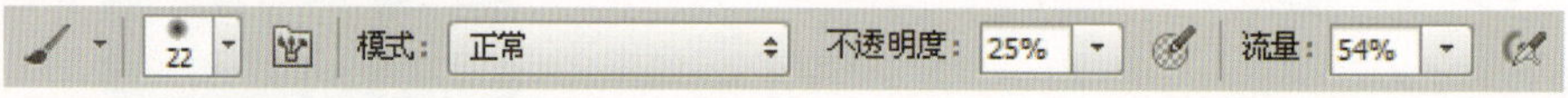

图17-119

图17-120

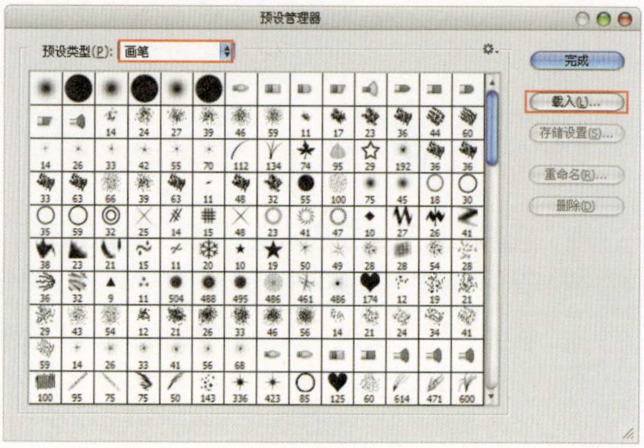

图17-121

18 新建图层，命名为“睫毛 1”，使用“画笔工具”选择新载入的睫毛画笔，在左眼单击进行睫毛的绘制，按 Ctrl+T 组合键调整图像大小及位置，单击鼠标右键，在弹出的快捷菜单中执行“扭曲”命令，将睫毛调整的更加贴服，如图 17-122 所示。使用同样方法制作出左侧睫毛效果，如图 17-123 所示。

19 创建新“组”，命名为“彩绘”。导入素材“3.png”，如图 17-124 所示。单击面板中的“添加图层蒙版”按钮，设置前景色为黑色，单击“画笔工具”，在选项栏中适当设置画笔的不透明度和流量，在花纹左半侧进行适当涂抹，使花纹效果看起来更加真实，如图 17-125 所示。

20 再此导入素材“4.png”花纹，按 Ctrl+T 组合键调整图像大小及位置，单击鼠标右键，在弹出的快捷菜单中执行“扭曲”命令，进行适当调整，使纹身更加逼真，如图 17-126 所示。

图17-122

图17-123

图17-124

图17-125

图17-126

21 复制两次花朵纹身素材“3.png”，调整合适大小，将其放置在人像左侧手臂位置，如图 17-127 所示。导入面部彩绘素材文件“5.png”，调整合适大小及位置，如图 17-128 所示。

图17-127

图17-128

22 在面板中设置“混合模式”为叠加，如图 17-129 所示。为其添加图层蒙版，使用黑色“画笔工具”进行适当涂抹，擦出人像面部以外的素材部分，如图 17-130 所示。

23 导入前景花纹素材文件“6.png”，调整合适位置及大小，如图 17-131 所示。

24 在“花纹”图层下方新建图层，载入前景花纹图层选区，设置前景色为黑色，按 Alt+Delete 组合键填充颜色，按 Ctrl+D 组合键取消选择，将阴影图层向下移动，如图 17-132 所示。

图17-129

图17-130

图17-131

图17-132

25 执行“滤镜 > 模糊 > 高斯模糊”命令，在“高斯模糊”对话框中设置“半径”数值为 43 像素，如图 17-133 所示。完成阴影效果的制作，如图 17-134 所示。

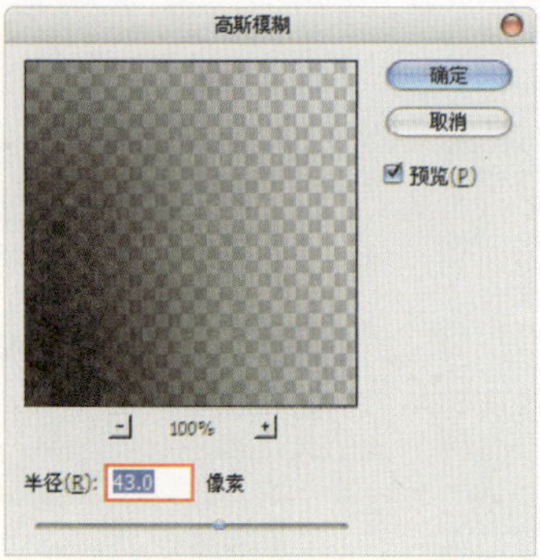

图17-133

图17-134

26 设置阴影图层的“不透明度”数值为 63%，如图 17-135 所示。

27 执行“图层 > 新建调整图层 > 色彩平衡”命令，设置“色调”为中间调，调整偏红色值为 100%，偏洋红值为 -61%，偏黄色值为 -100%，如图 17-136 所示。选择“色彩平衡”图层，在“图层”面板单击鼠标右键，在弹出的快捷菜单中执行“剪贴蒙版”命令，使该图层只对“前景花纹”图层起作用。使用“画笔工具”在调整图层的蒙版

图17-135

上进行涂抹，隐藏调整图层对多余部分的影响，如图 17-137 所示。

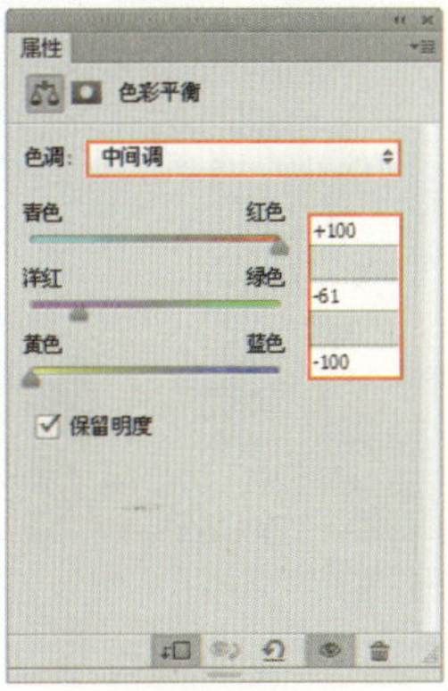

图17-136

图17-137

28 再次创建新的“可选颜色”图层，打开“可选颜色”窗口，设置“颜色”为红色，调整“青色”值为 -100%，“洋红”值为 100%，“黄色”值为 100%，如图 17-138 和图 17-139 所示。

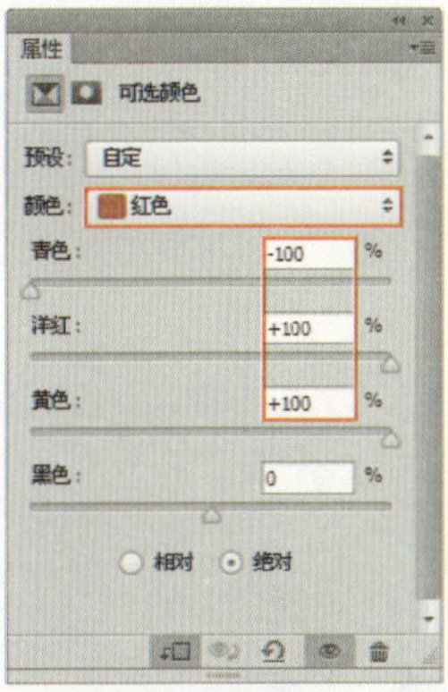

图17-138

图17-139

29 同样单击鼠标右键为前景花纹创建“剪贴蒙版”，使用“画笔工具”在调整图层蒙版上进行涂抹，隐藏调整图层对多余部分的影响，如图 17-140 所示。

30 再次创建新的“色彩平衡”图层，设置“色调”为中间调，偏红色值为 100%，偏洋红值为 -16%，偏黄色值为 -100%，如图 17-141 所示。再次创建“剪贴蒙版”，使用“画笔工具”在调整图层蒙版上进行涂抹，隐藏调整图层对多余部分的影响，如图 17-142 所示。

31 最后导入前景素材文件“7.png”，调整合适大小及位置，最终效果如图 17-143 所示。

图17-140

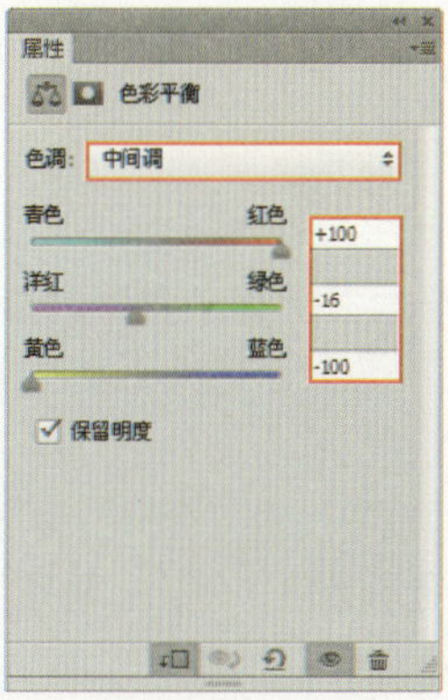

图17-141

图17-142

图17-143

17.4 矢量风格插画

Photoshop CS6

案例文件	案例文件\第17章\17.4\矢量风格插画.psd
视频教学	视频文件\第17章\17.4矢量风格插画.flv
难易指数	★★★★★
知识掌握	钢笔工具、文字工具、3D工具、图层样式

案例效果

本例主要针对“钢笔工具”、“文字工具”“3D 工具”和“图层样式”等工具的用法进行练习，制作矢量合成画面效果，如图 17-144 所示。

图17-144

操作步骤

1 打开本书配套光盘中的素材文件“1.jpg”，将其作为背景，如图 17-145 所示。导入地球素材“2.png”，设置合适大小及位置，如图 17-146 所示。

2 导入树的素材文件“3.png”，设置合适大小，执行“选择 > 色彩范围”命令，在弹出的“色彩范围”对话框中设置“选择”为取样颜色，设置“颜色容差”数值为 65，将鼠标移至树素材的蓝色背景上，单击左键选取蓝色，单击“确定”按钮结束操作，如图 17-147 和图 17-148 所示。

3 单击鼠标右键，在弹出的快捷菜单中执行“选择反向”命令，单击“图层”面板中的“添加图层蒙版”按钮，为树素材添加蒙版，如图 17-149 所示。按 Ctrl+T 组合键自由变换，将其旋转至合适角度，如图 17-150 所示。

图17-145

图17-146

图17-147

图17-148

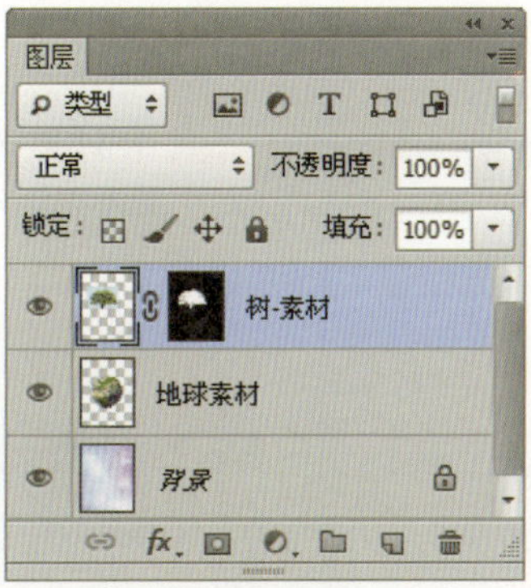

图17-149

图17-150

4 复制树素材，执行“图像 > 调整 > 色相 / 饱和度”命令，在弹出的“色相 / 饱和度”面板中设置“色相”数值为 11，单击“确定”按钮结束操作，如图 17-151 所示。调整树的位置及大小，如图 17-152 所示。

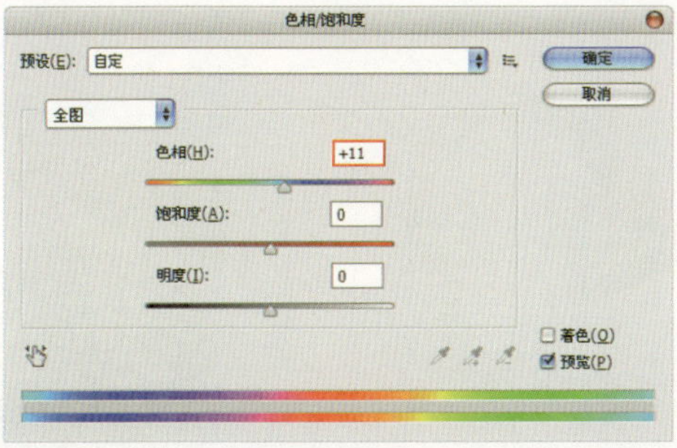

图17-151

图17-152

5 导入彩色圆形素材“3.png”，设置合适大小及位置，如图 17-153 所示。

6 单击工具箱中的“钢笔工具”按钮，在合适位置绘制出路灯的支柱轮廓，单击鼠标右键，在弹出的快捷菜单中执行“建立选区”命令，如图 17-154 所示。设置前景色为灰色，新建图层并将选区填充为灰色，如图 17-155 所示。

图17-153

图17-154

图17-155

7 用同样方法绘制出灯罩及其细节部分，分别为其填充灰色和黑色，如图 17-156 和图 17-157 所示。

8 单击工具箱中的“椭圆选框工具”按钮，在灯罩下方绘制合适大小的椭圆，如图 17-158 所示。单击工具箱中的“渐变工具”按钮，设置渐变颜色为灰色系渐变，单击选项栏中的“径向渐变”按钮，新建图层并在选区内进行拖曳，绘制灯泡，将灯泡图层放置在灯罩图层下，如图 17-159 所示。

9 再次使用“钢笔工具”在灯罩上绘制高光部分，新建图层并将其填充为一定程度的灰色，如图 17-160 所示。用同样方法绘制其他高光位置，如图 17-161 所示。

图17-156

图17-157

图17-158

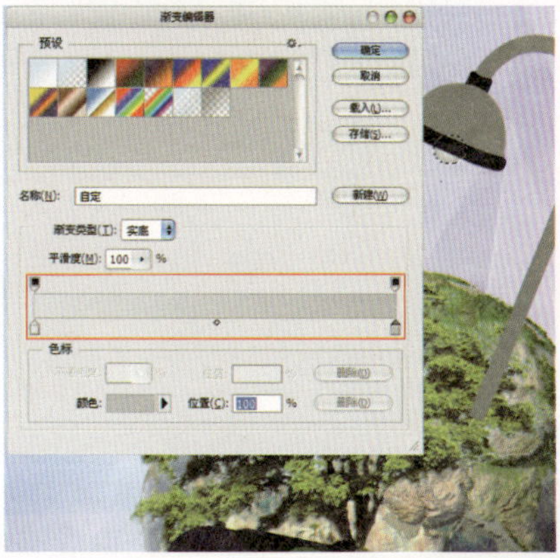

图17-159

图17-160

图17-161

10 导入爆米花素材“4.png”，调整合适大小及位置，如图 17-162 所示。单击“钢笔工具”在路灯下绘制雨滴形状，单击鼠标右键，在弹出的快捷菜单中执行“建立选区”命令，单击“渐变工具”，新建图层并将其填充为蓝色系渐变，如图 17-163 所示。

11 单击“钢笔工具”绘制水滴高光位置，单击鼠标右键，在弹出的快捷菜单中执行“建立选区”命令，新建图层并将其填充为白色，在“图层”面板中设置“不透明度”数值为 10%，如图 17-164 所示。

图17-162

图17-163

图17-164

12 用同样方法绘制出水滴其他高光部分，如图 17-165 所示。多次复制水滴并将其调整至合适大小及位置，如图 17-166 所示。

13 导入音响素材，调整合适大小及位置，如图 17-167 所示。单击“图层”面板中的“添加矢量蒙版”按钮，单击工具箱中的“画笔工具”按钮，设置前景色为黑色，在“图层”面板中进行涂抹，隐藏音响多余部分，如图 17-168 所示。

14 单击“钢笔工具”绘制花纹路径，单击鼠标右键，在弹出的快捷菜单中执行“建立选区”命令，设置前景色为深蓝色，新建图层并进行填充，如图 17-169 所示。多次复制绘制出的花纹，设置合适大小及位置，如图 17-170 所示。

图17-165

图17-166

图17-167

图17-168

图17-169

图17-170

15 导入花纹素材“5.png”，调整合适位置及大小，如图 17-171 所示。单击“图层”面板中的“添加图层样式”按钮fx，在弹出的“选项”面板中选中“投影”复选框，在弹出的“图层样式”面板中设置“混合模式”为正片叠底，“不透明度”数值为 50%，“角度”数值为 120 度，“距离”数值为 1 像素，“扩展”数值为 0%，“大小”数值为 5 像素，单击“确定”按钮结束操作，如图 17-172 和图 17-173 所示。

图17-171

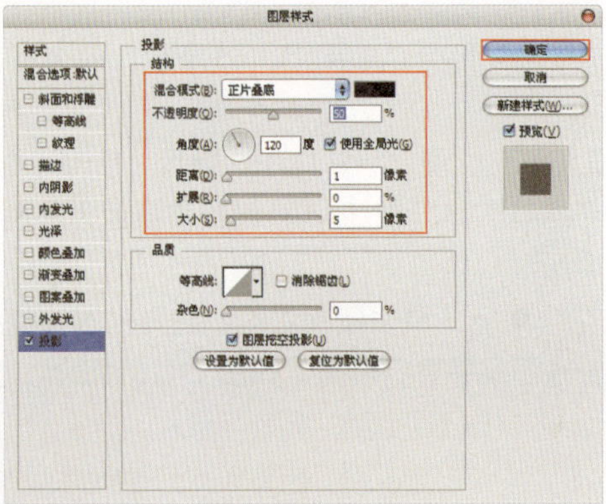

图17-172

图17-173

16 单击“钢笔工具”绘制出字母的外轮廓，单击鼠标右键，在弹出的快捷菜单中执行“建立选区”命令，新建图层并将其填充为黄色系渐变，如图 17-174 所示。

17 再次使用“钢笔工具”绘制出文字底轮廓，新建图层并将其填充为红色系渐变，如图 17-175 所示。将该图层放置在文字轮廓下，如图 17-176 所示。

图17-174

图17-175

图17-176

18 多次使用“钢笔工具”绘制文字其他部分，分别为其填充不同颜色，调整图层顺序，完成字母的绘制，如图 17-177 所示。

图17-177

19 选择绘制的所有文字图层，按 Ctrl+E 组合键，将图层进行合并，单击“添加图层样式”按钮，在弹出的“选项”面板中选中“投影”复选框，设置“混合模式”为正片叠底，“不透明度”数值为 50%，“角度”数值为 120 度，“距离”数值为 1 像素，“扩展”数值为 0%，“大小”数值为 5 像素，单击“确定”按钮结束操作，如图 17-178 和图 17-179 所示。

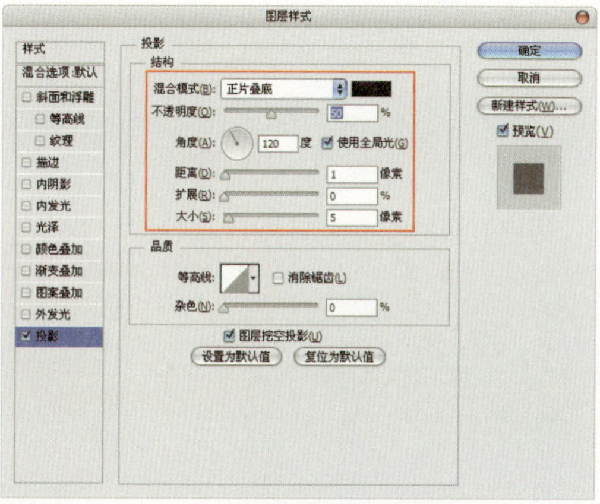

图17-178

图17-179

20 用同样方法制作出其他三个不同颜色的字母，设置合适位置及大小，如图 17-180 所示。

21 导入前景素材文件“6.png”，调整合适大小，如图 17-181 所示。单击“添加适量蒙版”按钮，单击“画笔工具”，设置前景色为黑色，在蒙版中进行涂抹隐藏多余部分，如图 17-182 所示。

图17-180

图17-181

图17-182

22 用同样方法导入音符素材“7.png”，设置“不透明度”数值为60%，如图17-183所示。单击“添加适量蒙版”按钮，单击“画笔工具”在蒙版中进行涂抹隐藏多余部分，如图17-184所示。

图17-183

图17-184

23 导入邮箱素材“8.png”，调整合适大小及位置，最终效果如图17-185所示。

图17-185

第18章

精通创意合成

18.1 纷飞的红舞裙

Photoshop CS6

案例文件	案例文件\第18章\18.1\ 纷飞的红舞裙.psd
视频教学	视频文件\第18章\18.1 纷飞的红舞裙.flv
难易指数	★★★★☆
知识掌握	图层蒙版 、画笔工具

案例效果

本例主要通过使用“图层蒙版”在人像裙子上模拟炸开的效果，并通过对“画笔工具”的设置，绘制出纷飞的碎片，效果如图 18-1 所示。

图18-1

操作步骤

1 执行“文件 > 新建”命令，设置“宽度”数值为 4040 像素，“高度”数值为 3050 像素，如图 18-2 所示。

2 设置前景色为黑色，按 Alt+Delete 组合键为图层填充黑色，导入人像素材“1.jpg”，调整合适大小，将其放置在画面右侧，如图 18-3 所示。

3 单击“图层”面板中的“添加图层蒙版”按钮，如图 18-4 所示。使用黑色画笔工具进行适当涂抹，如图 18-5 所示。

4 单击工具箱中的“画笔工具”按钮，在画面中单击鼠标右键，并在弹出的画笔选取窗口中选择“方头画笔”，如图 18-6 所示。在弹出的窗口中单击“追加”按钮，如图 18-7 所示。

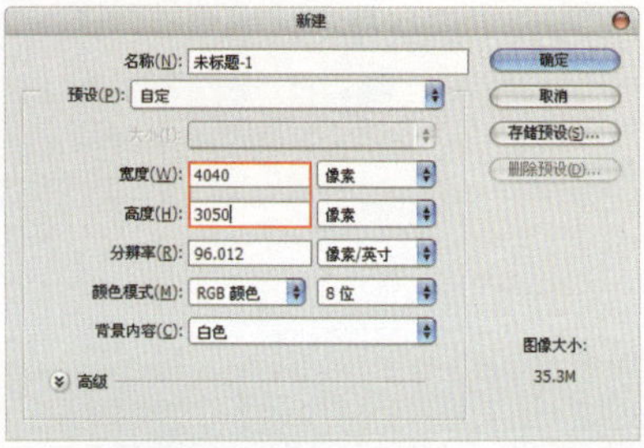

图18-2

图18-3

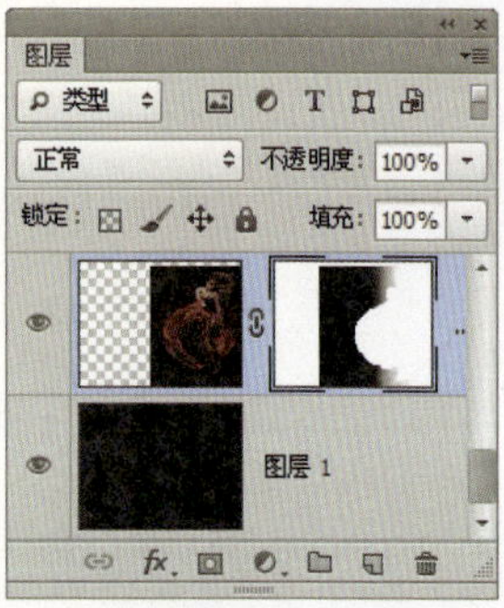

图18-4

图18-5

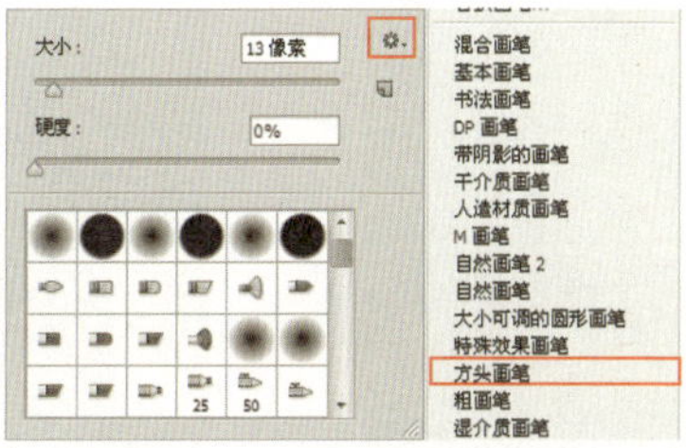

图18-6

图18-7

5 按F5键调出“画笔预设”面板，选择方形画笔，设置“大小”数值为100像素，“间距”数值为124%，如图18-8所示。选中“形状动态”复选框，设置“大小抖动”数值为50%，“角度”数值为20%，如图18-9所示。选中“散布”复选框，设置“散布”数值为500%，“数量”数值为4，“数量抖动”数值为30%，如图18-10所示。选中“传递”复选框，设置“不透明度抖动”为50%，如图18-11所示。

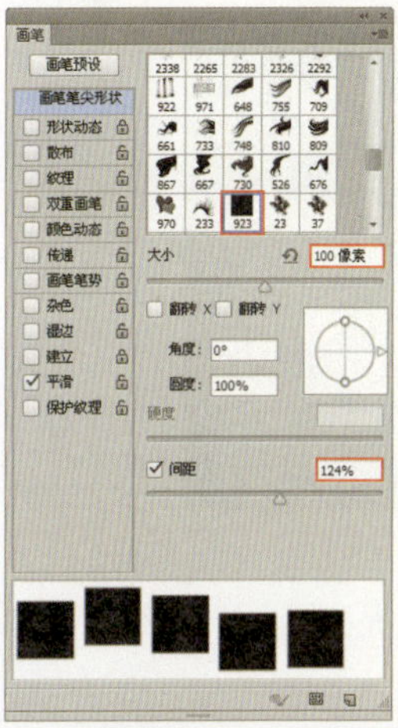

图18-8

图18-9

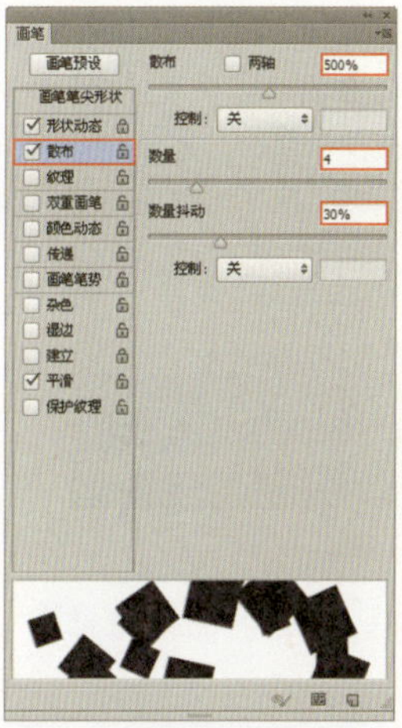

图18-10

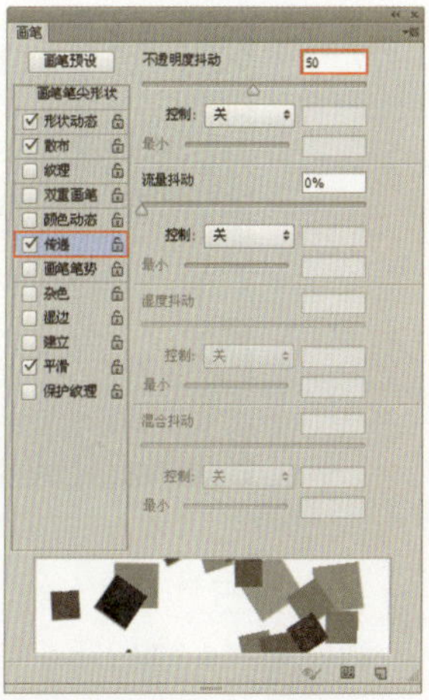

图18-11

6 新建图层，设置前景色为黑色，在人像裙子左侧的位置单击并涂抹绘制出粒子爆炸效果，在绘制中适当调整画笔大小，制作不同大小的粒子，如图18-12所示。

7 更改前景色为暗红色，再次新建图层，用同样方法制作出红色的粒子爆炸效果，适当调整“画笔预设”面板的数值，如图18-13所示。

图18-12

图18-13

8 导入艺术字素材“2.png”放在画面左下角，如图18-14所示。

9 导入光效素材文件“3.jpg”，调整合适位置及大小。设置“不透明度”数值为65%，如图18-15所示。

图18-14

图18-15

10 设置“混合模式”为滤色，如图18-16所示。为光效图层添加图层蒙版，使用“画笔工具”进行涂抹，隐藏右侧和下面多余的光效部分，最终效果如图18-17所示。

图18-16

图18-17

11 执行“图层 > 新建调整图层 > 曲线”命令，如图18-18所示。调整曲线提亮画面，最终效果如图18-19所示。

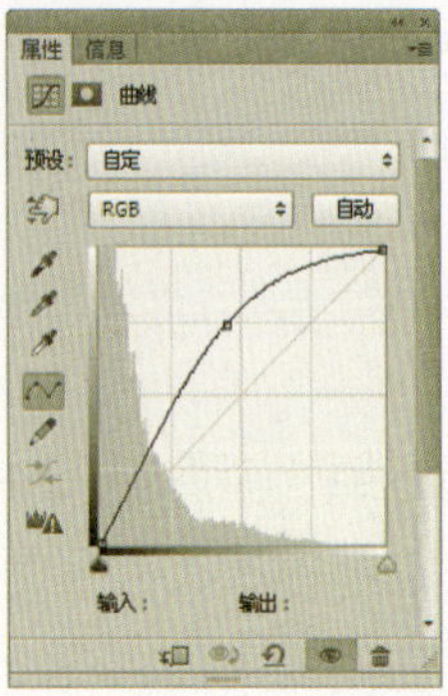

图18-18

图18-19

18.2 创意切割人像

Photoshop CS6

案例文件	案例文件\第18章\18.2\ 创意切割人像.psd
视频教学	视频文件\第18章\18.2 创意切割人像.flv
难易指数	★★★★★
知识掌握	画笔工具、混合模式、剪贴蒙版、镜头光晕

案例效果

本案例主要通过使用“画笔工具”、“混合模式”和“剪贴蒙版”等命令来制作切割人像的效果，如图 18-20 所示。

图18-20

操作步骤

1 执行“文件 > 新建”命令，设置“宽度”数值为 2500 像素，“高度”数值为 3300 像素，单击“确定”按钮结束操作，如图 18-21 所示。

2 单击工具箱中的“渐变填充工具”按钮，在“渐变编辑器”中设置从蓝色到白色的渐变，单击“确定”按钮结束操作，单击“径向渐变”按钮，如图 18-22 所示。新建图层并进行拖曳填充，如图 18-23 所示。

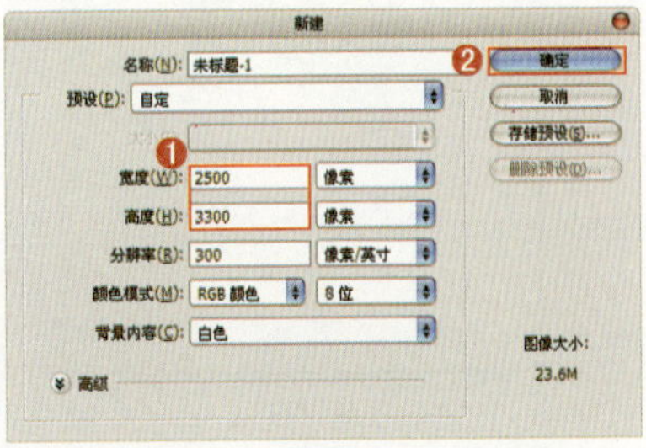

图18-21

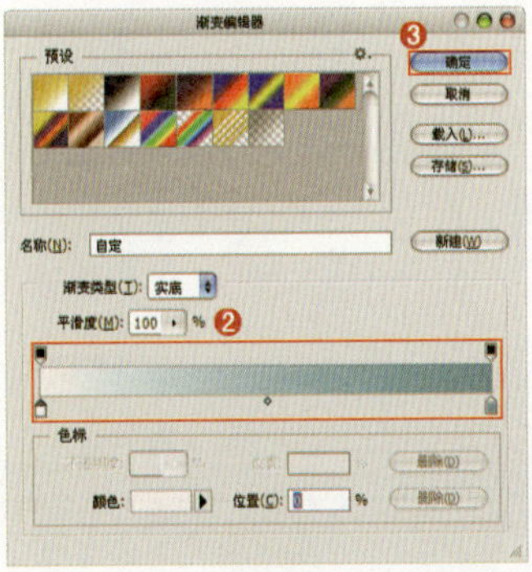

图18-22

图18-23

3 新建图层，设置前景色为黑色，单击工具箱中的“画笔工具”按钮，设置一种柔角边画笔，调整合适大小，在四角进行绘制，制作暗角效果，如图 18-24 所示。在“图层”面板中设置“混合模式”为柔光，如图 18-25 和图 18-26 所示。

图18-24

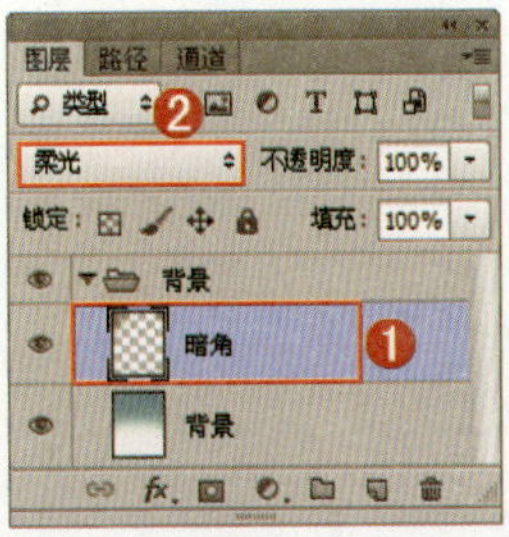

图18-25

图18-26

4 新建图层，单击“渐变填充工具”按钮，在编辑器中设置一种由黄色到透明的渐变，如图 18-27 所示。单击“线性渐变”按钮，在画面底部进行拖曳，如图 18-28 所示。

5 在“图层”面板中设置黄色图层的“混合模式”为滤色，如图 18-29 所示。导入云朵素材“1.png”，调整合适大小，将其放置在画面中心位置，如图 18-30 所示。

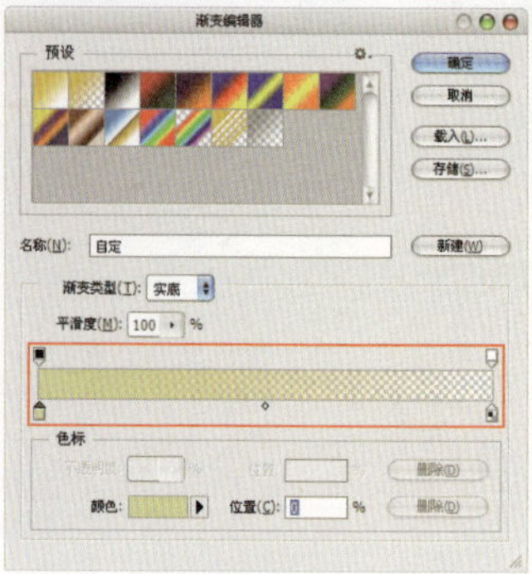

图 18-27

图 18-28

图 18-29

图 18-30

6 导入素材“2.png”，调整合适大小，将其放置在画面中心位置，如图 18-31 所示。分别导入素材“3.png”和素材“4.png”，调整合适大小及位置，设置这两个云朵的“混合模式”为正片叠底，如图 18-32 和图 18-33 所示。

图 18-31

图 18-32

图 18-33

7 导入翅膀素材“5.png”，调整合适大小，将其放置在画面下方，如图 18-34 所示。设置翅膀的“混合模式”为颜色加深，背景部分制作完成，如图 18-35 所示。

图 18-34

图 18-35

8 导入人像素材“6.jpg”，单击工具箱中的“魔棒工具”按钮，在选项栏中单击新选区按钮，设置“容差”数值为 10，选中“连续”复选框，如图 18-36 所示。单击人像素材的白色区域，单击鼠标右键，在弹出的快捷菜单中执行“选择反向”命令，如图 18-37 所示。

9 单击“图层”面板中的“图层蒙版”按钮，隐藏多余的部分，如图 18-38 和图 18-39 所示。

图 18-36

图 18-37

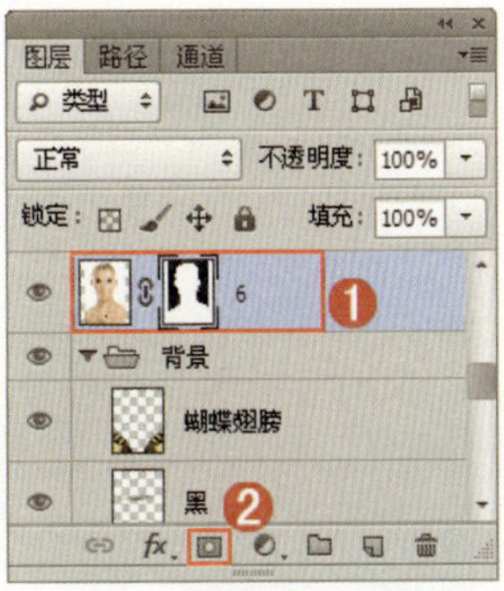

图 18-38

图 18-39

10 将人物移动到合适位置，调整大小，如图 18-40 所示。单击工具箱中的“画笔工具”按钮，在蒙版中进行涂抹，只留下头部嘴唇以下的位置，如图 18-41 所示。

11 复制该图层并将其移至原图层下方，在蒙版中适当的涂抹人像两侧，单击“图层”面板中的“添加图层样式”按钮，选择“斜面和浮雕”，如图 18-42 所示。设置“大小”数值为 5 像素，“高光模式”为正片叠底，颜色为深黄色，“不透明度”数值为 97%，单击“确定”按钮结束操作，如图 18-43 和图 18-44 所示。

图 18-40

图 18-41

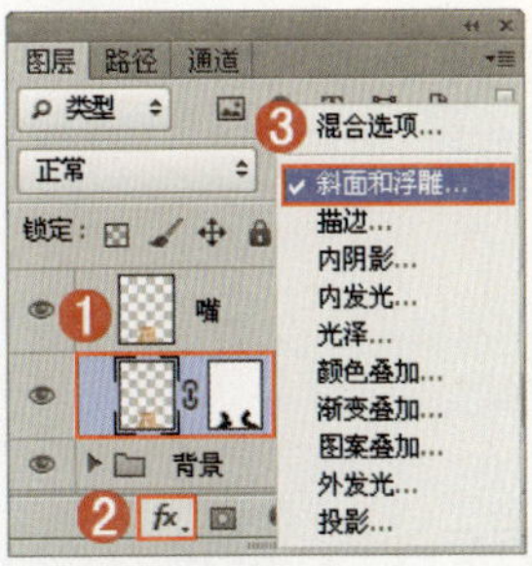

图 18-42

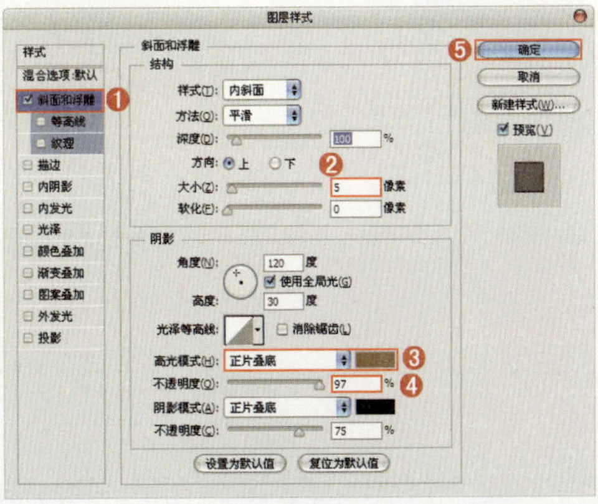

图 18-43

图 18-44

12 导入草地素材“7.jpg”，放置在人像副本图层下，对齐进行自由变换，调整至合适大小，将其放置在唇部上方，如图 18-45 所示。为草地素材添加图层蒙版，隐藏多余部分，如图 18-46 所示。

13 复制人像，调整蒙版隐藏多余部分，如图 18-47 所示。复制该图层将其放置在原图层下，创建图层蒙版，隐藏头部两侧部分，复制嘴唇图层的“斜面和浮雕”图层样式，将其粘贴在鼻子副本上，使这部分具有立体效果，如图 18-48 所示。

14 导入素材“8.png”，放在人像图层下方，调整合适大小及位置，如图 18-49 所示。为其添加图层蒙版，隐藏多余部分，如图 18-50 所示。

图18-45

图18-46

图18-47

图18-48

图18-49

图18-50

15 导入水花素材“9.jpg”，调整合适大小及角度，放置在左侧，如图 18-51 所示。在“图层”面板中设置“混合模式”为滤色，添加图层蒙版，隐藏海浪以外的部分，如图 18-52 所示。

图18-51

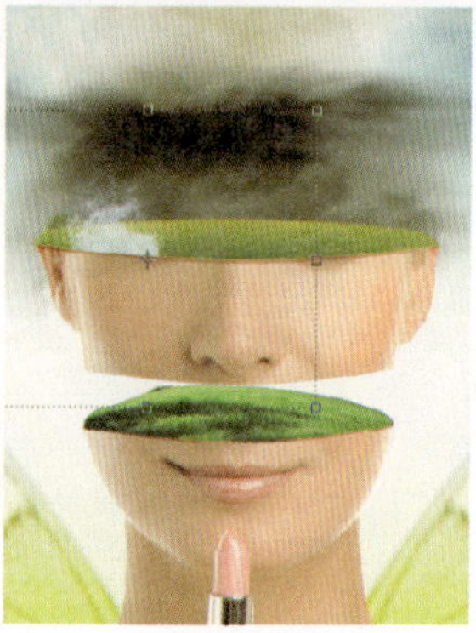
图18-52

16 多次复制浪花，依次在人像头部进行摆放，如图 18-53 所示。用同样的方法制作头顶的部分，如图 18-54 所示。

17 导入花朵素材“10.png”，将其放置在眼睛副本下，设置合适大小及位置，如图 18-55 所示。

图18-53

图18-54

图18-55

18 添加图层蒙版，隐藏多余部分，如图 18-56 所示。导入草叶素材“11.png”，设置合适大小及位置，添加图层蒙版，隐藏多余部分，如图 18-57 所示。

图18-56

图18-57

19 单击“画笔工具”，在“画笔”面板菜单中执行“载入画笔”命令，如图 18-58 所示。在载入窗口中单击选中瀑布笔刷素材“11.abr”，单击“载入”按钮完成载入，如图 18-59 所示。

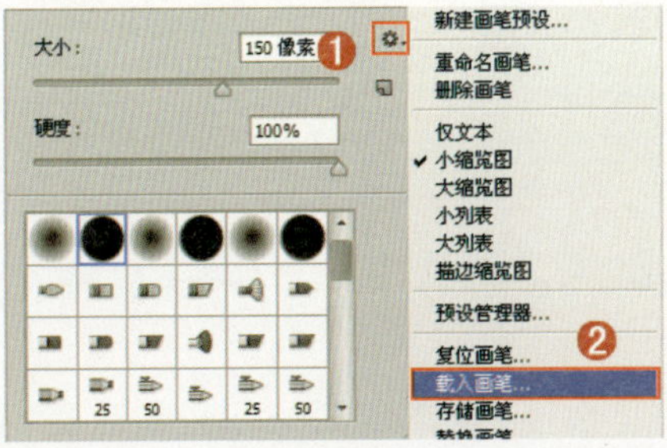

图18-58

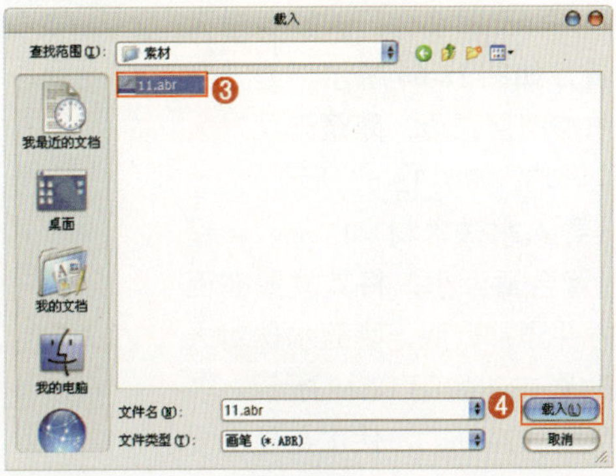

图18-59

20 在带有图层样式的眼睛图层下新建图层，设置前景色为白色，选择新载入的瀑布笔刷，设置合适大小的笔刷，多次单击绘制瀑布效果，如图 18-60 所示。创建图层蒙版，隐藏瀑布对人像多余部分的影响，如图 18-61 所示。

21 在眼睛图层上新建图层，设置前景色为深棕色，设置一种柔角边画笔，在眼睛左下方进行适当涂抹，如图 18-62 所示。在“图层”面板中设置“混合模式”为正片叠底，如图 18-63 所示。

22 在“图层”面板上单击鼠标右键，在弹出的快捷菜单中执行“创建剪贴蒙版”命令，使其只对眼镜部分起作用，如图 18-64 所示。创建图层蒙版，去除多余的部分，如图 18-65 所示。

图18-60

图18-61

图18-62

图18-63

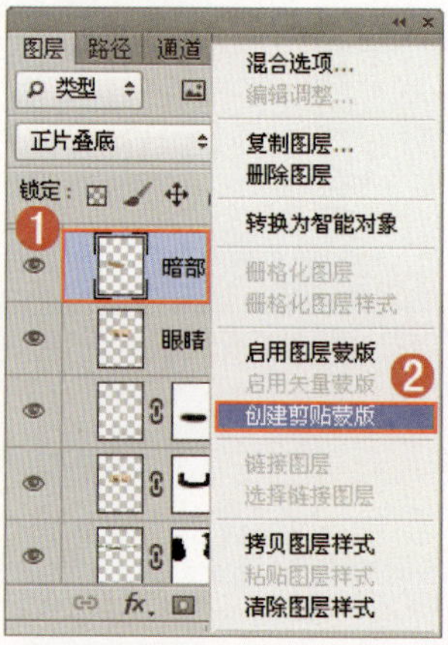

图18-64

图18-65

23 新建图层组，多次导入背景中的云朵素材，调整合适大小及位置，如图 18-66 所示。为云朵图层组添加图层蒙版，隐藏云朵对人像部分的影响，如图 18-67 所示。

24 导入水珠素材“13.png”，设置合适大小，将其放置在面部右下方并添加蒙版，隐藏水珠对人像面部的影响，如图 18-68 所示。多次导入素材“13.png”，使水花显得更为饱满，如图 18-69 所示。

图18-66

图18-67

25 导入水素材“14.jpg”，调整合适大小及位置，如图 18-70 所示。设置“混合模式”为滤色，创建图层蒙版隐藏瀑布对人像部分的影响，如图 18-71 所示。

26 再次导入素材“14.jpg”，调整合适大小及位置，设置“混合模式”为滤色，创建图层蒙版，隐藏瀑布对人像部分的影响，如图 18-72 所示。导入素材“15.png”，调整合适位置及大小，如图 18-73 所示。

图18-68

图18-69

图18-70

图18-71

图18-72

图18-73

27 创建图层蒙版，隐藏水花对人像眼睛以外的影响，如图 18-74 所示。导入云朵素材，调整合适大小，将其放置在人像眼部两侧，如图 18-75 所示。

图18-74

图18-75

28 新建图层将其填充为黑色，执行“滤镜 > 渲染 > 镜头光晕”命令，在面板中进行光晕的调整，单击“确定”按钮结束操作，如图 18-76 所示。设置该图层“混合模式”为滤色，最终效果如图 18-77 所示。

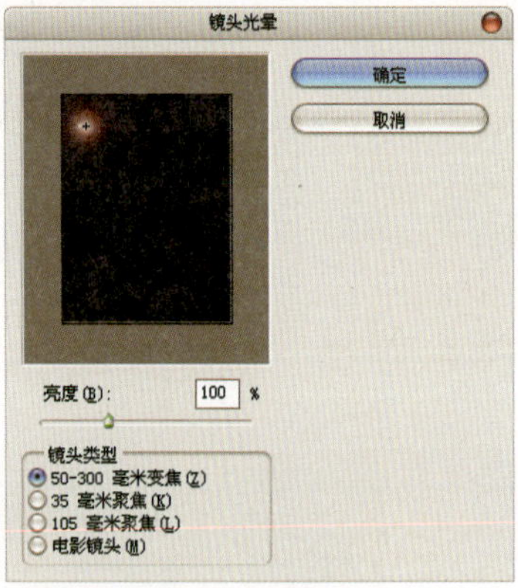

图18-76

图18-77

18.3 幻境奇缘

Photoshop CS6

案例文件	案例文件\第18章\18.3\ 幻境奇缘.psd
视频教学	视频文件\第18章\18.3 幻境奇缘.flv
难易指数	★★★★★
知识掌握	曲线、色相/饱和度、可选颜色、混合模式

案例效果

本案例主要通过使用“调整图层”和“混合模式”命令来制作极具梦幻效果的唯美画面，如图 18-78 所示。

图18-78

操作步骤

1 打开本书配套光盘中的素材文件“1.jpg”文件，如图 18-79 所示。

2 执行“窗口 > 调整”命令，在“调整”面板中单击“选取颜色”按钮，设置“颜色”为黄色，“黑色”数值为 -100，如图 18-80 所示。设置“颜色”为绿色，“黑色”数值为 1%，如图 18-81 和图 18-82 所示。

3 在“调整”面板中单击“色相/饱和度”按钮，调整颜色为黄色，设置“色相”数值为 -116，“明度”数值为 68，如图 18-83 所示。调整颜色为绿色，设置“色相”数值为 -113，“饱和度”数值为 -20，“明度”数值为 33，如图 18-84 所示。

图18-79

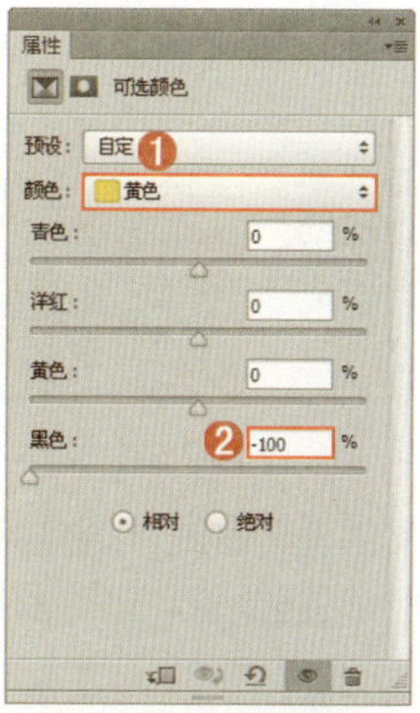

图18-80

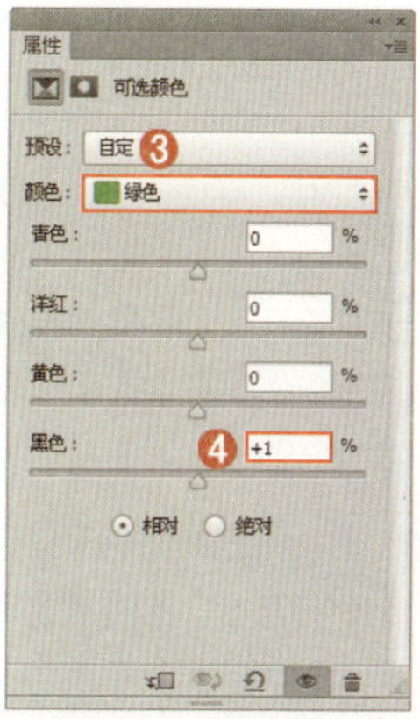

图18-81

图18-82

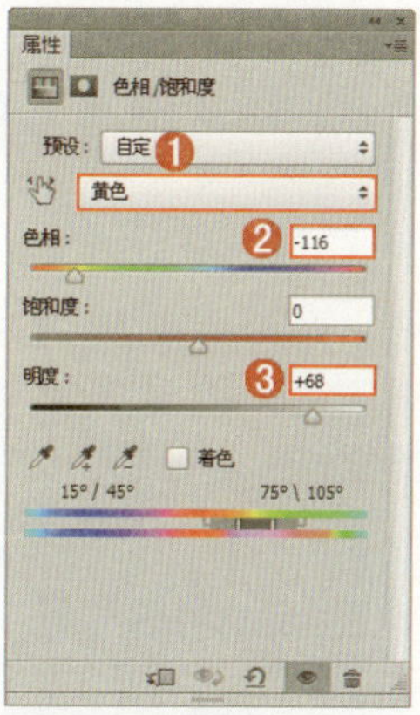

图18-83

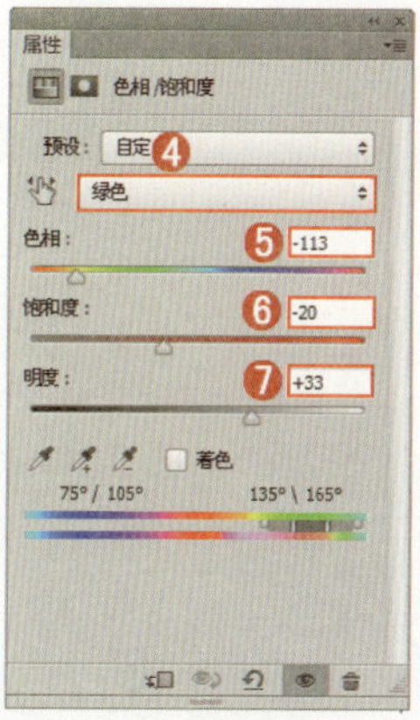

图18-84

4 单击工具箱中的“画笔工具”按钮，设置前景色为黑色，选择合适的画笔大小，在色相/饱和度蒙版中进行适当涂抹，消除“调整”图层对水面和石头部分的影响，如图 18-85 和图 18-86 所示。

图18-85

图18-86

5 在“调整”面板中单击“曲线”按钮，将曲线适当向上调整，如图 18-87 所示。使用“画笔工具”在曲线蒙版中进行适当涂抹，消除“曲线”调整图层对粉色树林以外的影响，如图 18-88 所示。

6 复制“曲线”调整图层，加强粉红树林的亮度，如图 18-89 所示。

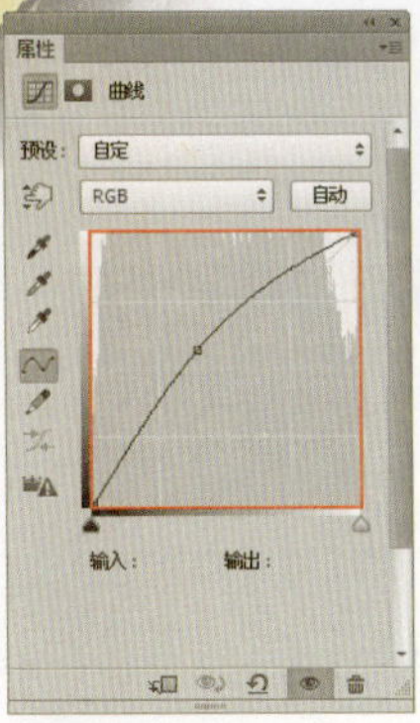

图18-87

图18-88

图18-89

7 由于左侧树林较暗，再次创建“曲线”调整图层，将曲线适当向上调整，如图 18-90 所示。用“画笔工具”在曲线蒙版中进行适当涂抹，消除曲线调整图层左侧树林以外的影响，如图 18-91 所示。

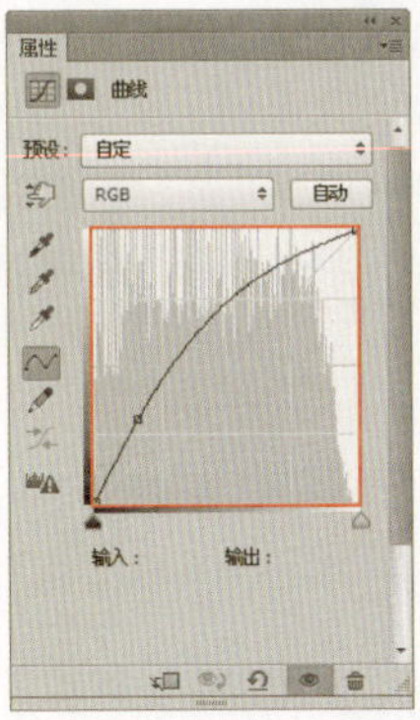

图18-90

图18-91

8 导入光效素材“2.jpg”，调整合适大小及位置，如图 18-92 所示。在“图层”面板中设置“混合模式”为滤色，如图 18-93 所示。

图18-92

图18-93

9 选中光效素材，单击“图层”面板中的“图层蒙版”按钮 为其添加图层蒙版，使用“画笔工具”，设置一种柔角边画笔，涂抹隐藏星球素材对天空以外的影响，如图 18-94 所示。

10 导入人像素材“3.png”，调整合适大小及位置，如图 18-95 所示。导入光效素材“4.jpg”，调整合适大小，将其放置在人物手前方，如图 18-96 所示。

图18-94

图18-95

图18-96

11 在“图层”面板中设置“混合模式”为滤色，如图18-97所示。为图层添加蒙版，使用“画笔工具”在蒙版上进行适当涂抹，使画面更加融合，如图18-98所示。

图18-97

图18-98

12 单击“调整”面板中的“可选颜色”按钮，创建可选颜色“调整”图层。设置“颜色”为红色，“洋红”数值为54%；设置“颜色”为青色，“青色”数值为38%，如图18-99和图18-100所示。

13 设置“颜色”为蓝色，“青色”数值为100，如图18-101和图18-102所示。

14 按Ctrl + Alt + Shift + E组合键盖印图层，此时图像颜色基本调整完毕。下面对部分山体和树林相交处的颜色以及一些缺失颜色的地方进行绘制。先用“吸管工具”吸取粉色树林的颜色，然后单击工具箱中的“颜色替换工具”按钮，绘制在缺失颜色的地方。最终效果如图18-103所示。

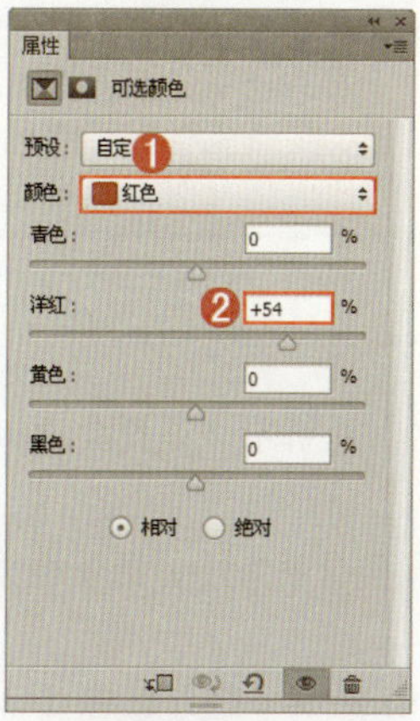

图18-99

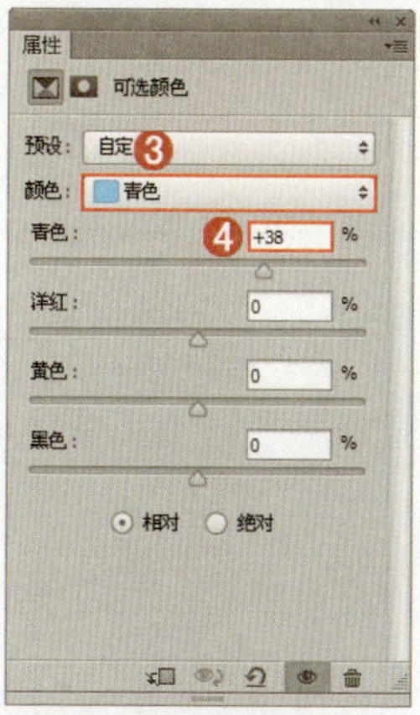

图18-100

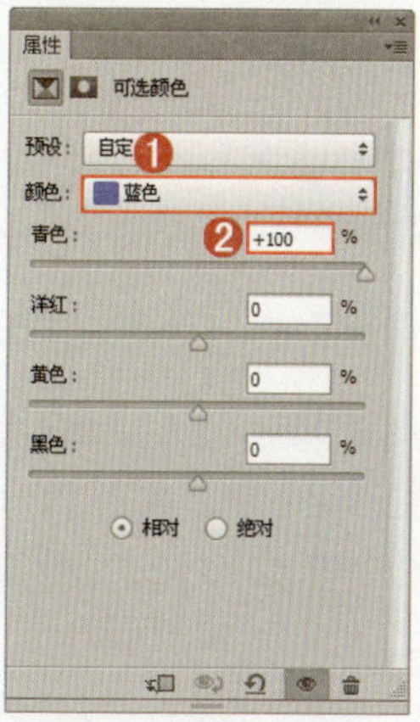

图18-101

图18-102

图18-103

18.4 童话仙境

Photoshop CS6

案例文件	案例文件\第18章\18.4 \童话仙境.psd
视频教学	视频文件\第18章\18.4 童话仙境.flv
难易指数	★★★★★
知识掌握	调整图层的运用、蒙版的应用、混合模式

案例效果

本例的合成中主要使用“图层蒙版”控制素材保留的区域，并通过大量使用“调整图层”融合素材的色感，效果如图18-104所示。

图18-104

操作步骤

1 打开背景素材“1.jpg”，如图18-105所示。

2 导入风车素材“2.png”，设置其“混合模式”为正片叠底，如图18-106所示。设置合适大小并将其放置在画面右侧，如图18-107所示。

3 导入山峦素材“3.png”、苹果素材“4.png”与芹菜素材“5.png”，调整合适大小，置于画面中合适的位置，如图18-108所示。

4 选择“芹菜”图层，对其执行“滤镜 > 模糊 > 高斯模糊”命令，设置“半径”数值为8像素，如图18-109和图18-110所示。

图18-105

图18-106

图18-107

图18-108

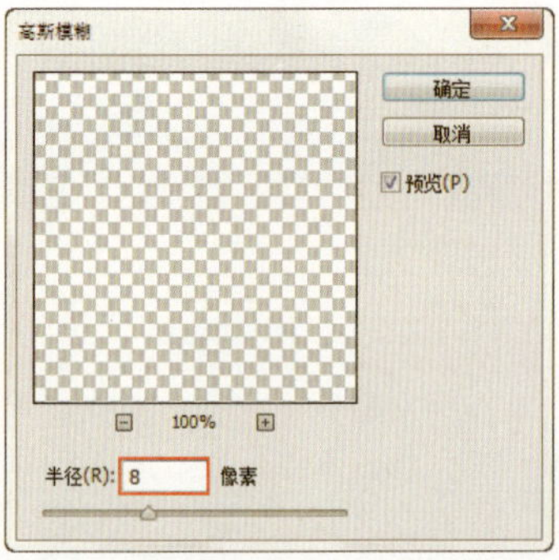

图18-109

图18-110

5 执行“图层 > 创建调整图层 > 可选颜色”命令，在“芹菜”图层上方创建可选颜色调整图层，设置“颜色”为红色，调整“青色”数值为 57%，如图 18-111 所示。设置“颜色”为黄色，“青色”数值为 71%，“洋红”数值为 24%，“黄色”数值为 28%，如图 18-112 所示。设置颜色为“绿色”，“青色”数值为 100%，“洋红”数值为 38%，“黄色”数值为 85%，“黑色”数值为 100%，如图 18-113 所示。

图18-111

图18-112

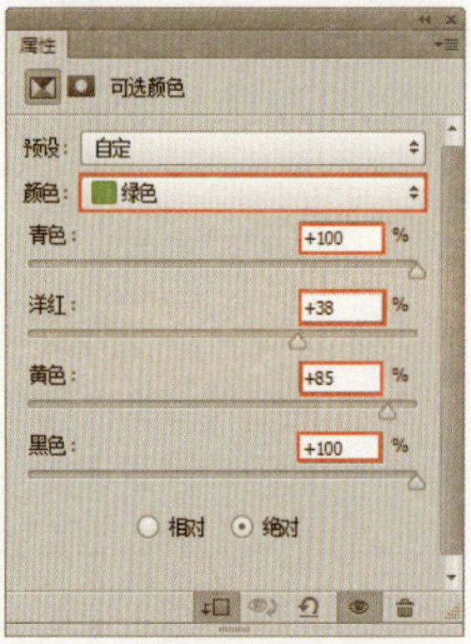

图18-113

6 设置“颜色”为青色，“青色”数值为 13%，“洋红”数值为 42%，“黄色”数值为 0%，“黑色”数值为 46%，如图 18-114 所示。单击鼠标右键，在弹出的快捷菜单中执行“剪贴蒙版”命令，使其只对“芹菜”图层起作用，如图 18-115 所示。

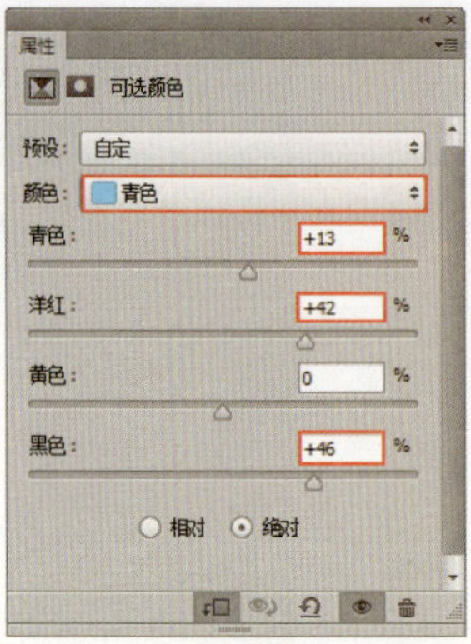

图18-114

图18-115

7 导入豆芽素材“6.png”，调整合适大小及位置，如图 18-116 所示。再次创建可选颜色调整图层，设置“颜色”为红色，“青色”数值为 -3%，如图 18-117 所示。设置“颜色”为黄色，“青色”数值为 2%，“洋红”数值为 -35%，“黄色”数值为 -48%，“黑色”数值为 80%，如图 18-118 所示。

图18-116

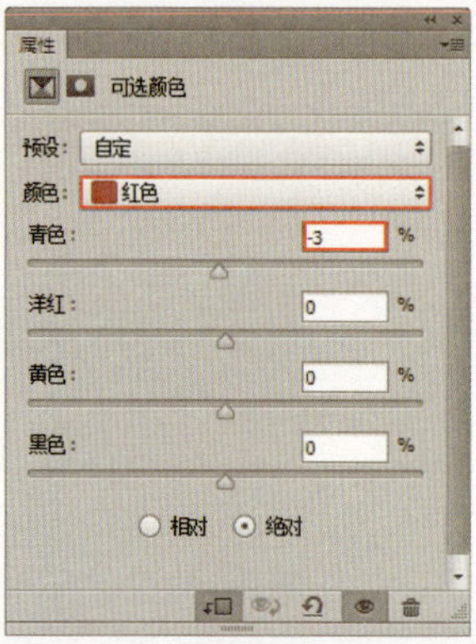

图18-117

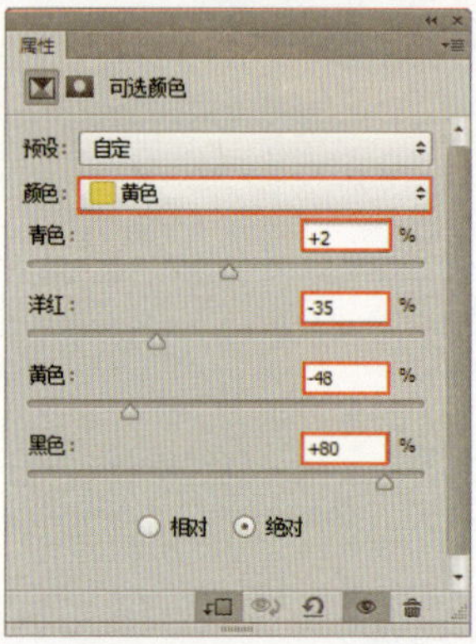

图18-118

8 设置“颜色”为绿色，“青色”数值为 -7%，“洋红”数值为 -10%，“黄色”数值为 -15%，“黑色”数值为 52%，如图 18-119 所示。设置“颜色”为蓝色，“青色”数值为 48%，“洋红”数值为 -52%，“黄色”数值为 -24%，“黑色”数值为 62%，如图 18-120 所示。单击鼠标右键，在弹出的快捷菜单中执行“创建剪贴蒙版”命令，如图 18-121 所示。

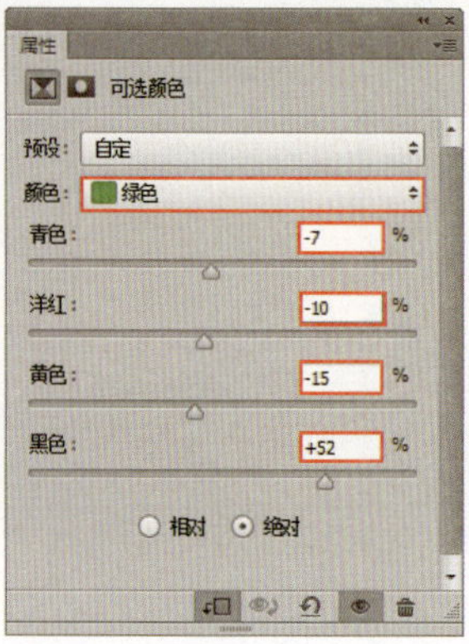

图18-119

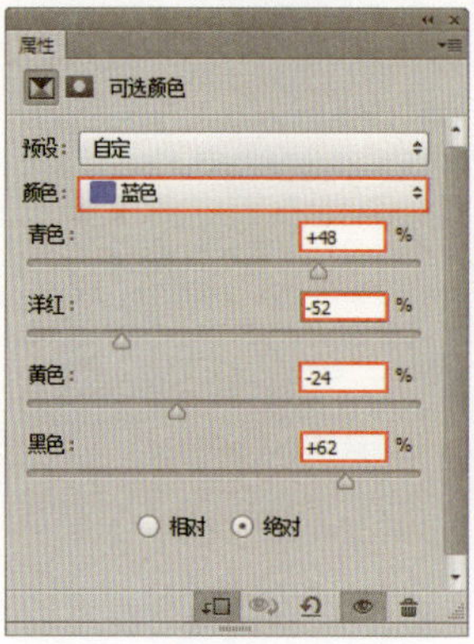

图18-120

图18-121

9 导入西兰花素材“7.png”，置于画面底部，如图 18-122 所示。导入南瓜素材“8.png”，置于画面中合适的位置，作为人物的座椅，如图 18-123 所示。

10 在“南瓜”图层上方新建图层命名为“投影”，使用黑色柔角画笔绘制南瓜上的黑色阴影，并为其“创建剪贴蒙版”，设置图层“不透明度”为 58%，如图 18-124 和图 18-125 所示。

11 在“南瓜”图层下方新建图层，使用黑色柔角画笔绘制南瓜的投影效果，设置“混合模式”为正片叠底，如图 18-126 和图 18-127 所示。

图18-122

图18-123

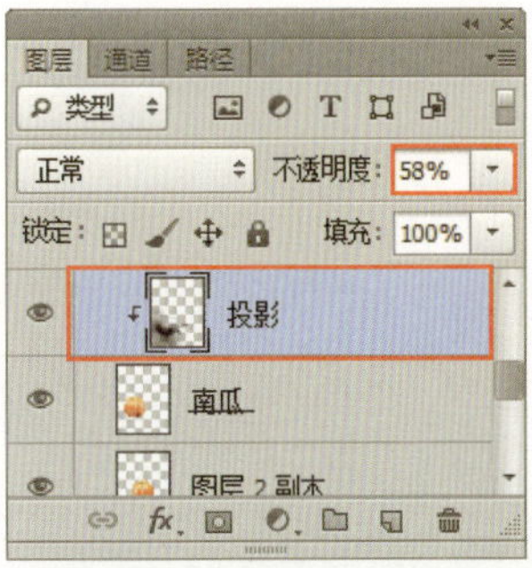

图18-124

图18-125

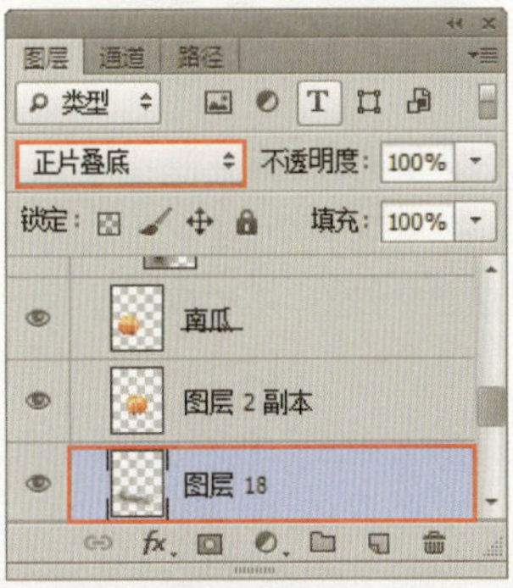

图18-126

图18-127

12 导入青蛙素材“9.png”，放置在画面中合适的位置，如图 18-128 所示。

13 导入人像素材“10.png”，调整合适大小及位置，如图 18-129 所示。使用“钢笔工具”绘制出人像外轮廓，转换为选区后，单击“图层”面板中的“添加图层蒙版”按钮，隐藏背景部分，如图 18-130 所示。

图18-128

图18-129

图18-130

14 使用黑色柔角画笔，降低其不透明度与流量，在蒙版中裙子边缘的透明区域适当涂抹，制作出半透明效果，如图 18-131 所示。

15 应用图层蒙版，并对人物执行“滤镜 > 液化”命令，适当调整人物的形体以及面部，效果如图 18-132 所示。

16 由于人像裙子边缘处过度较为生硬，使用“柔角橡皮擦工具”适当涂抹裙子边缘处，使其更加柔和，如图 18-133 所示。

图18-131

图18-132

图18-133

17 新建图层，单击工具箱中的“渐变工具”，在画面中填充白色到透明的渐变，如图 18-134 所示。设置图层的“混合模式”为柔光，“不透明度”数值为 61%，单击鼠标右键，在弹出的快捷菜单中执行“创建图层蒙版”命令，如图 18-135 和图 18-136 所示。

图18-134

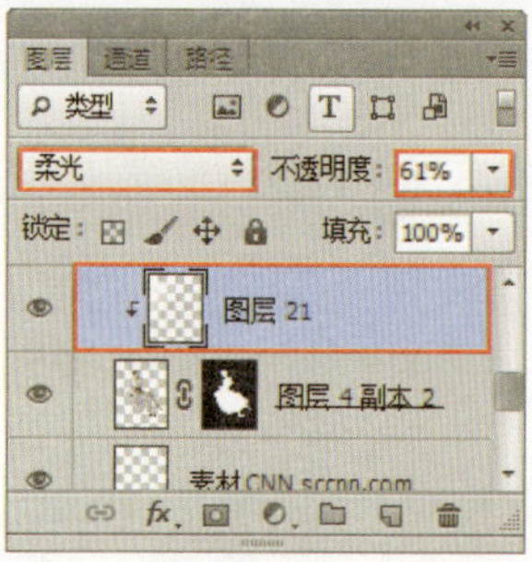

图18-135

图18-136

18 创建“色相 / 饱和度”调整图层，设置“颜色”为蓝色，“色相”数值为 -39，“饱和度”为 -6，“明度”为 72，如图 18-137 所示。设置“颜色”为洋红，“色相”数值为 -180，“饱和度”为 -9，“明度”为 36，如图 18-138 所示。单击鼠标右键，在弹出的快捷菜单中执行“创建剪贴蒙版”命令，如图 18-139 所示。

19 创建“曲线”调整图层，在弹出的对话框中调整曲线形状，如图 18-140 所示。单击鼠标右键，在弹出的快捷菜单中执行“创建剪贴蒙版”命令，提亮人像部分，如图 18-141 所示。

20 创建“自然饱和度”调整图层，在弹出的对话框中设置“自然饱和度”数值为 71，如图 18-142 所示。单击鼠标右键，在弹出的快捷菜单中执行“创建剪贴蒙版”命令，如图 18-143 所示。

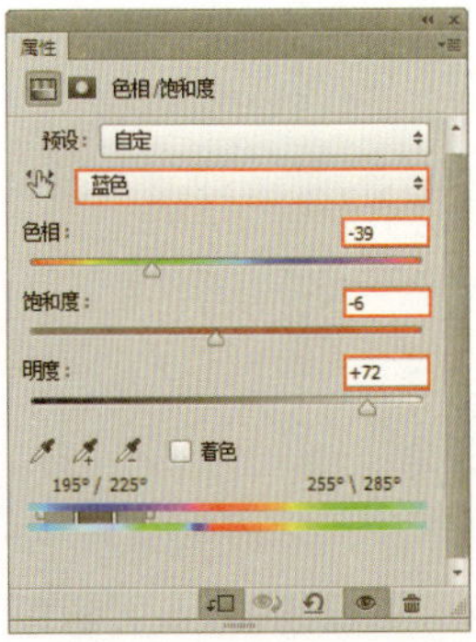

图18-137

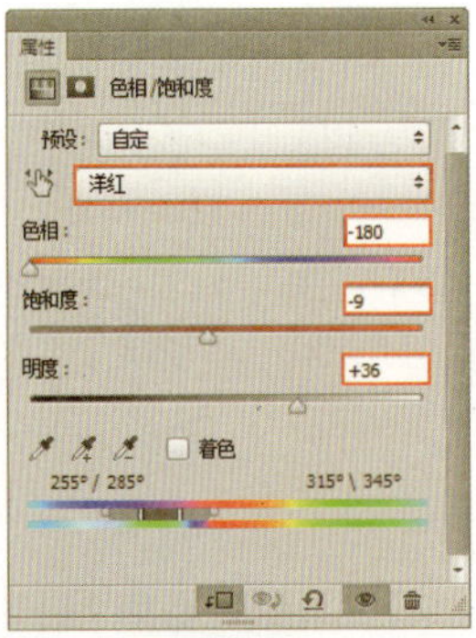

图18-138

图18-139

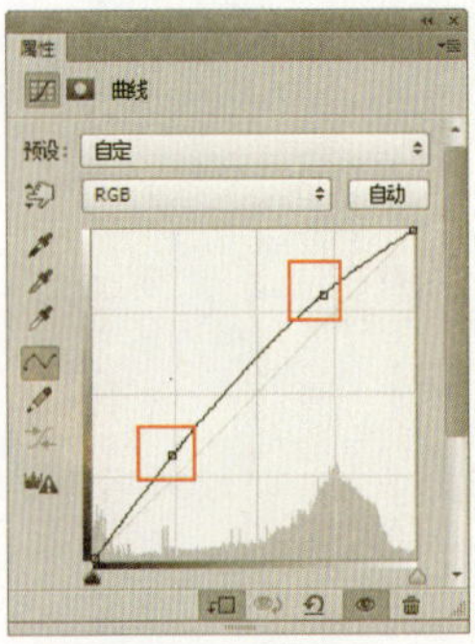

图18-140

图18-141

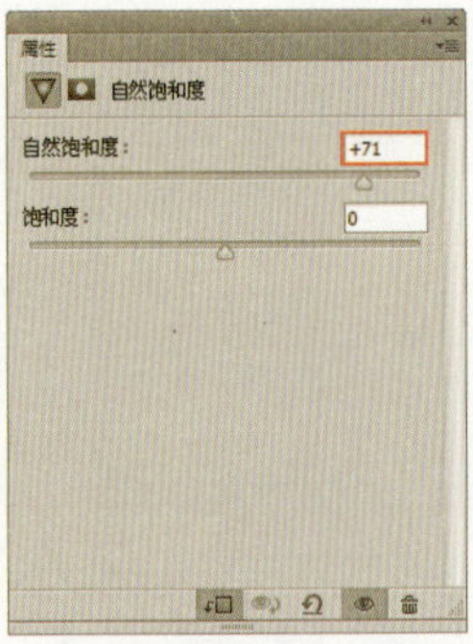

图18-142

图18-143

21 下面导入叶子素材“11.png”，摆放在人像的头部作为装饰，如图 18-144 所示。在叶子素材下方新建图层，使用黑色柔角画笔绘制出叶子的阴影效果，如图 18-145 所示。

图18-144

图18-145

22 创建“可选颜色”调整图层，设置“颜色”为红色，“青色”数值为 73%，“洋红”数值为 -13%，“黄色”数值为 -30%，“黑色”数值为 35%，如图 18-146 所示。设置“颜色”为黄色，“青色”数值为 -24%，“洋红”数值为 25%，“黄色”数值为 -47%，“黑色”数值为 0%，如图 18-147 所示。

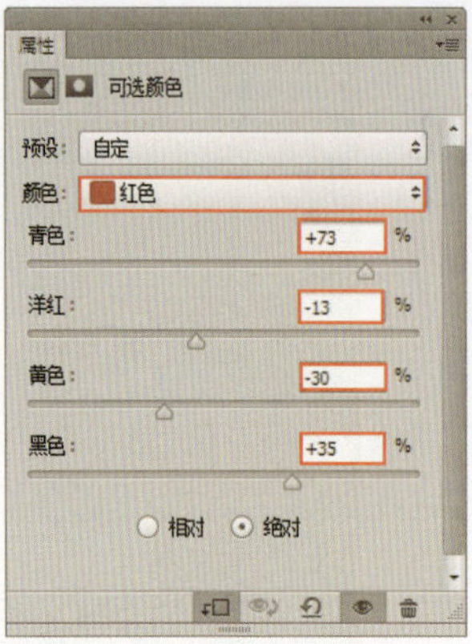

图18-146

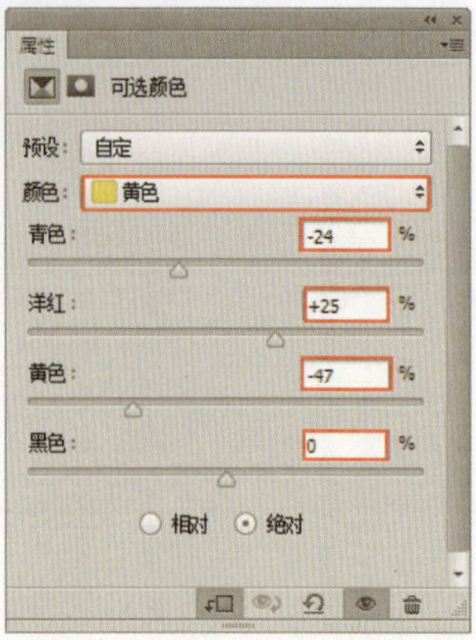

图18-147

23 设置“颜色”为绿色，“青色”数值为27%，“洋红”数值为3%，“黄色”数值为-33%，“黑色”数值为7%，如图18-148所示。设置“颜色”为蓝色，“青色”数值为52%，“洋红”数值为0%，“黄色”数值为-21%，“黑色”数值为49%，如图18-149所示。同样对树叶“创建剪贴蒙版”，如图18-150所示。

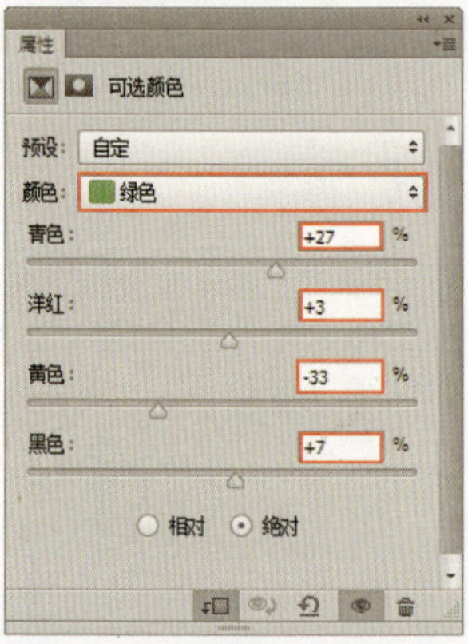

图18-148

图18-149

图18-150

24 创建“曲线”调整图层，调整曲线弯曲弧度，提高叶子对比度，如图18-151所示。单击鼠标右键，在弹出的快捷菜单中执行“创建剪贴蒙版”命令，如图18-152所示。

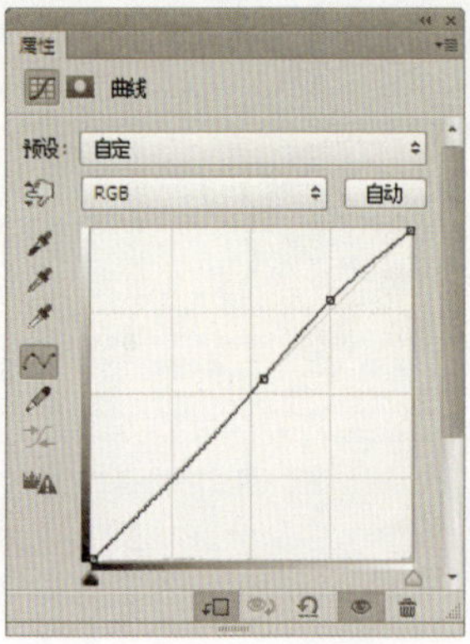

图18-151

图18-152

25 导入花朵素材“12.png”，调整合适大小及位置，如图18-153所示。创建“色相/饱和度”调整图层，设置“颜色”为全图，“色相”数值为-6，“饱和度”数值为-15，“明度”数值为5，如图18-154所示。设置“颜色”为红色，“色相”数值为4，“饱和度”数值为14，“明度”数值为-31，如图18-155所示。

图18-153

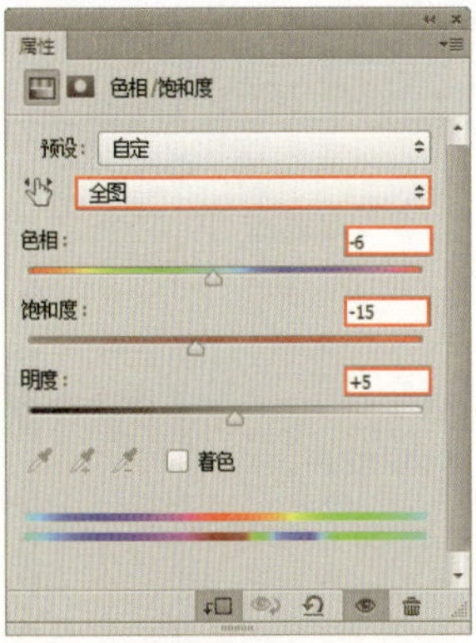

图18-154

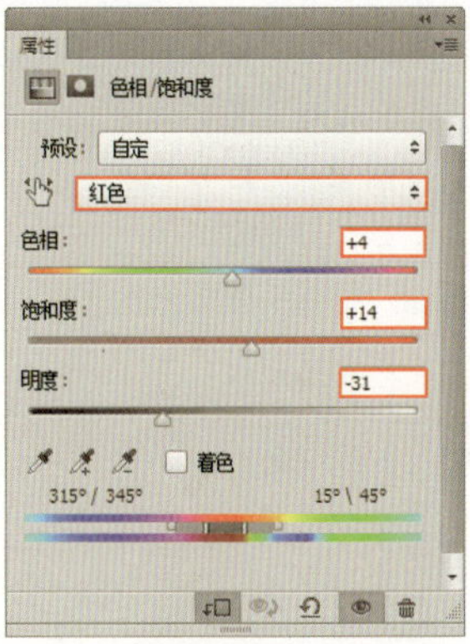

图18-155

26 设置“颜色”为黄色，“色相”数值为 165，“饱和度”数值为 0，“明度”数值为 0，如图 18-156 所示。单击鼠标右键，在弹出的快捷菜单中执行“创建剪贴蒙版”命令，如图 18-157 所示。

27 创建“可选颜色”调整图层，设置“颜色”为红色，“青色”数值为 -5%，“洋红”数值为 -3%，“黄色”数值为 5%，“黑色”数值为 -8%，如图 18-158 所示。设置“颜色”为白色，“青色”数值为 0%，“洋红”数值为 -29%，“黄色”数值为 53%，“黑色”数值为 -10%，如图 18-159 所示。

28 设置“颜色”为中性色，“青色”数值为 -3%，“洋红”数值为 -6%，“黄色”数值为 -26%，黑色数值为 3%，如图 18-160 所示。单击鼠标右键，在弹出的快捷菜单中执行“创建剪贴蒙版”命令，如图 18-161 所示。

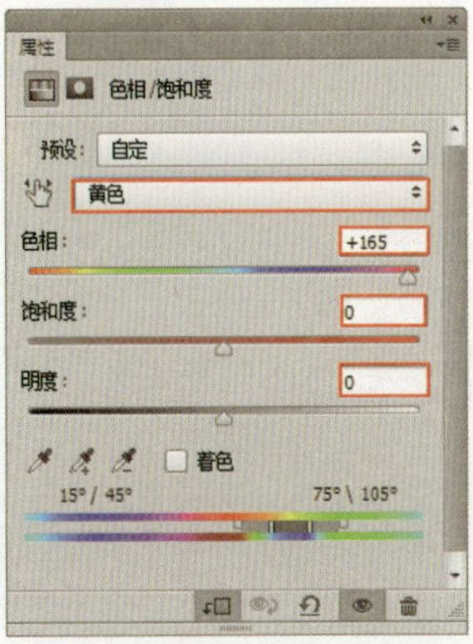

图18-156

图18-157

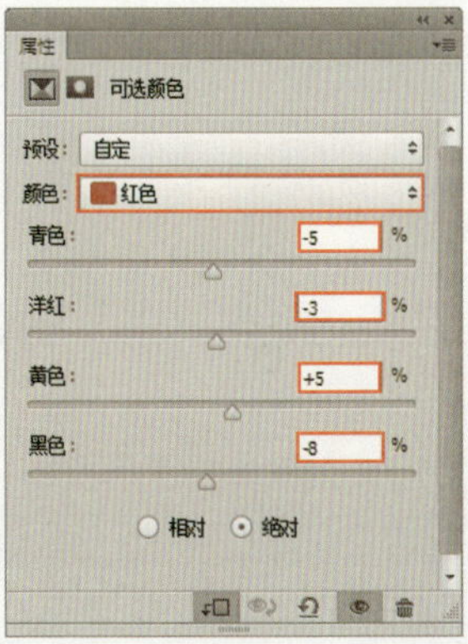

图18-158

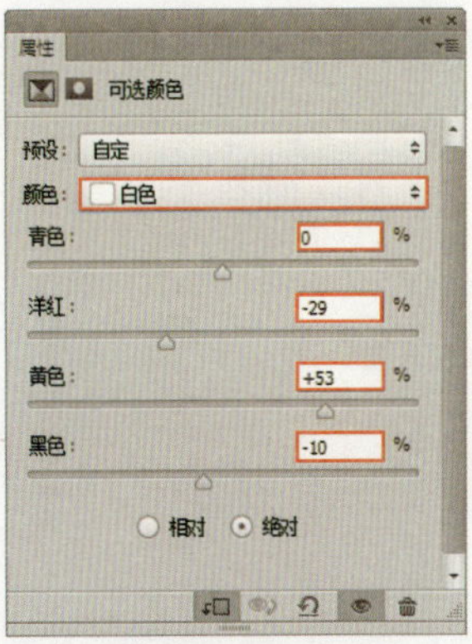

图18-159

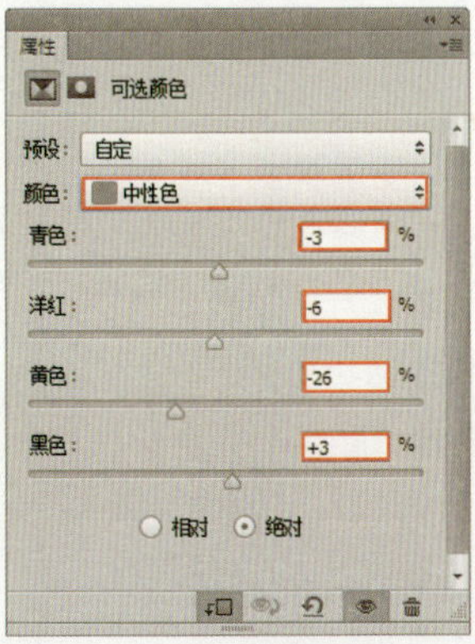

图18-160

图18-161

29 复制花朵图层和花朵调整图层，并合并为同一图层，缩放到合适大小，将其放置在左侧鞋子上，设置其“不透明度”为 69%，如图 18-162 所示。复制左侧的花朵置于人物右侧的鞋子，设置图层的“不透明度”为61%，如图18-163和图18-164所示。

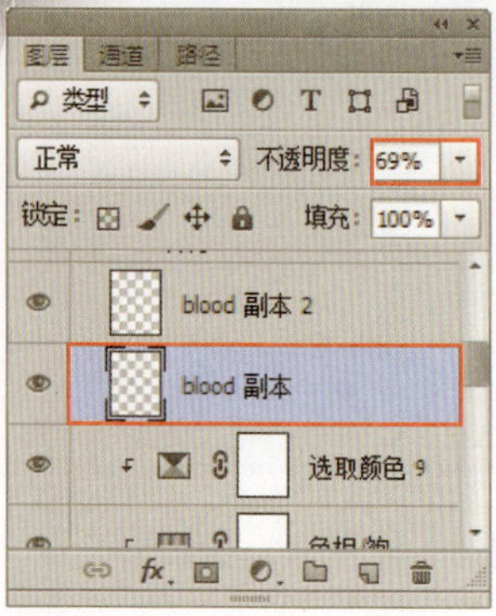

图18-162

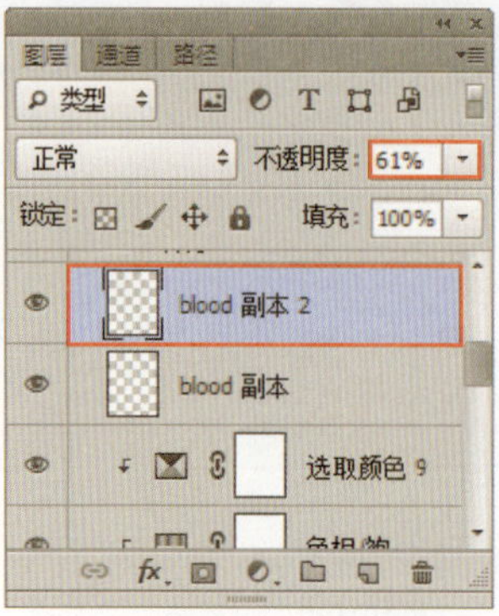

图18-163

图18-164

30 选中所有人物装饰图层置于同一图层组中，导入前景装饰素材“13.png”，置于图层顶部，如图18-165所示。

31 导入兔子素材“14.png”，设置合适大小，如图18-166所示。在“兔子”图层底部新建图层，设置合适的前景色，使用柔角画笔绘制兔子的阴影，并设置图层的“混合模式”为正片叠底，如图18-167所示。

图18-165

图18-166

图18-167

32 导入苹果素材“15.png”，放置在人物耳朵上，命名为耳环，如图18-168所示。

33 导入项链素材“16.png”，执行“图层 > 图层样式 > 投影”命令，设置“混合模式”为正片叠底，“颜色”为黑色，“不透明度”为39%，“角度”为42度，“距离”为5像素，“扩展”为5%，“大小”为6%，如图18-169和图18-170所示。

34 创建“色相/饱和度”调整图层，设置“颜色”为全图，“色相”数值为-51，“饱和度”数值为-37，“明度”数值为-2，如图18-171所示。单击鼠标右键，在弹出的快捷菜单中执行“创建剪贴蒙版”命令，如图18-172所示。

35 导入鸟素材“17.png”，调整合适大小及位置，如图18-173所示。在“鸟”图层底部新建图层，使用黑色画笔绘制

图18-168

鸟的阴影效果，并设置图层的“不透明度”数值为25%，如图18-174所示。

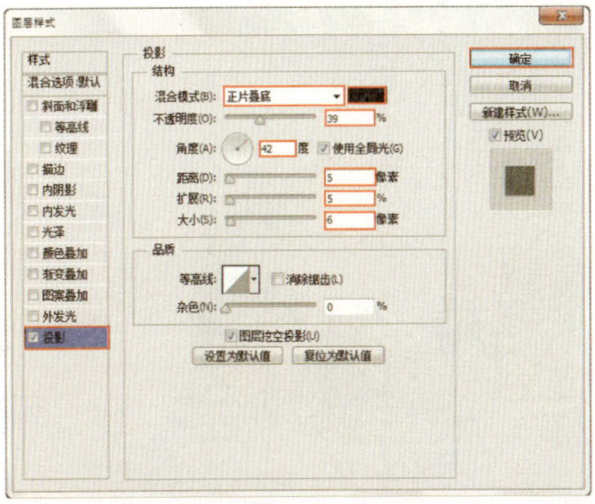

图18-169

图18-170

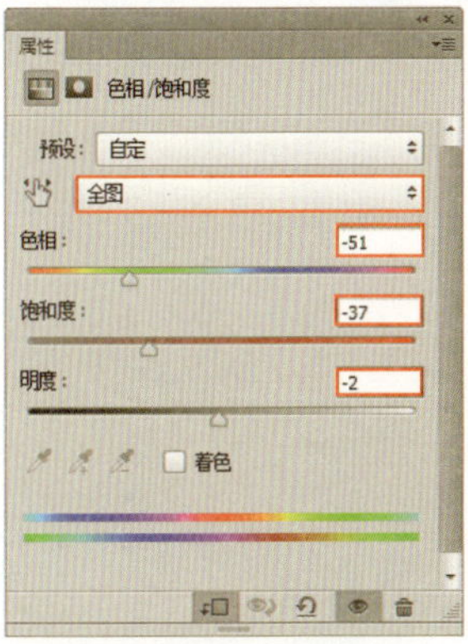

图18-171

图18-172

图18-173

图18-174

36 在“图层”面板顶部新建图层，使用黑色柔角画笔在画面四角进行绘制，并设置图层的“不透明度”为21%，如图18-175所示。制作四角压暗的效果，如图18-176所示。

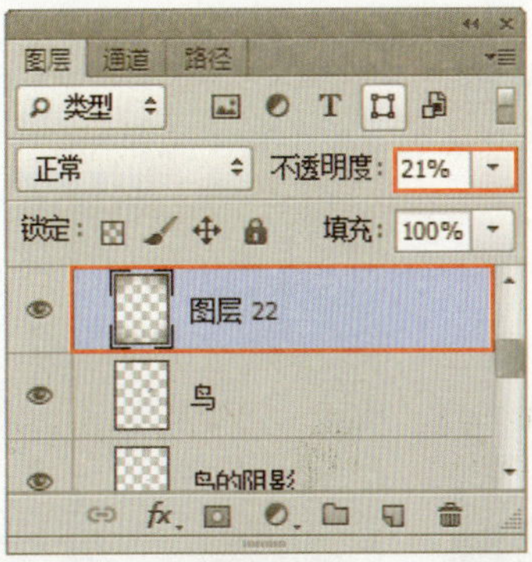

图18-175

图18-176

37 创建“曲线”调整图层，调整曲线的弯曲度，增强画面的对比度，如图18-177和图18-178所示。

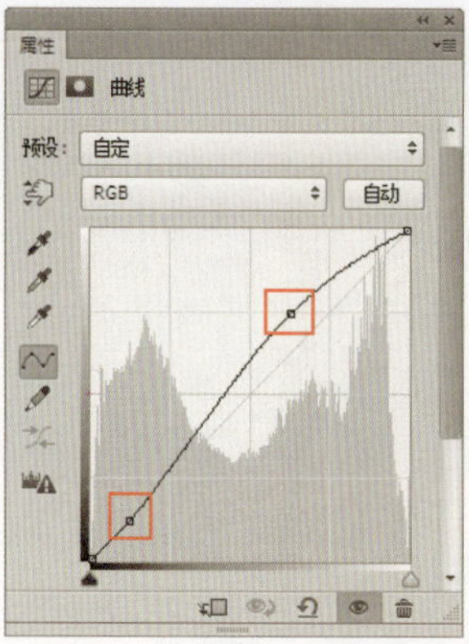

图18-177

图18-178

38 创建“可选颜色”调整图层，设置“颜色”为黄色，“青色”数值为 -5%，“洋红”数值为 -76%，“黄色”数值为 51%，“黑色”数值为 -30%，如图 18-179 所示。设置“颜色”为白色，“青色”数值为 5%，“洋红”数值为 -25%，“黄色”数值为 33%，“黑色”数值为 -38%，如图 18-180 所示。最终效果如图 18-181 所示。

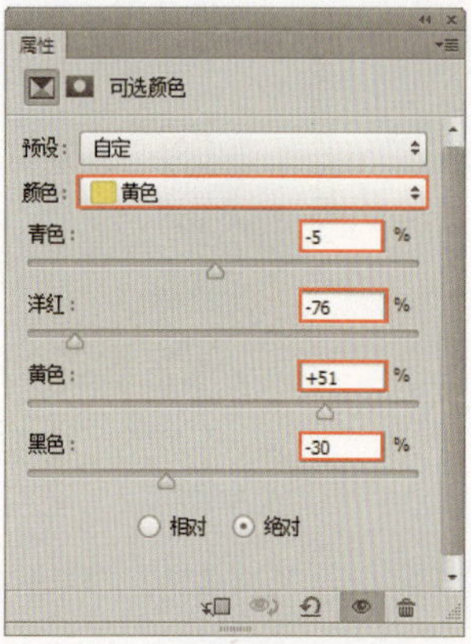

图18-179

图18-180

图18-181

39 由于图像效果过曝，选择调整图层蒙版，使用黑色柔角画笔在蒙版中绘制人物以及左侧背景部分，如图 18-182 所示。使其只对画面右侧起作用，如图 18-183 所示。

40 导入前景花朵素材“18.png”，置于画面中合适的位置，如图 18-184 所示。

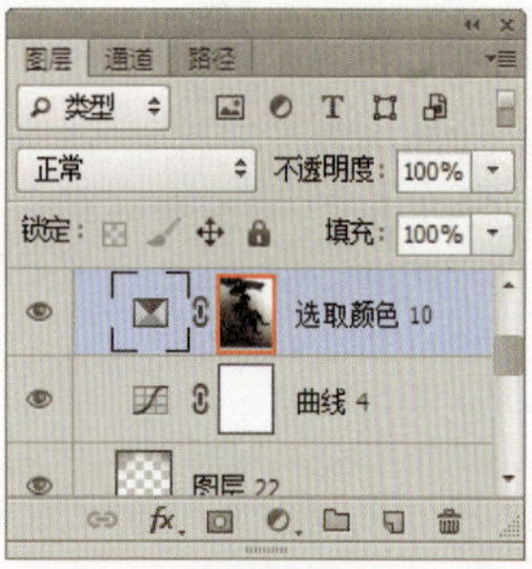

图18-182

图18-183

图18-184

41 再次创建“曲线”调整图层，使用黑色柔角画笔在蒙版中进行绘制，如图 18-185 所示。使其只对画面四角起作用，如图 18-186 和图 18-187 所示。

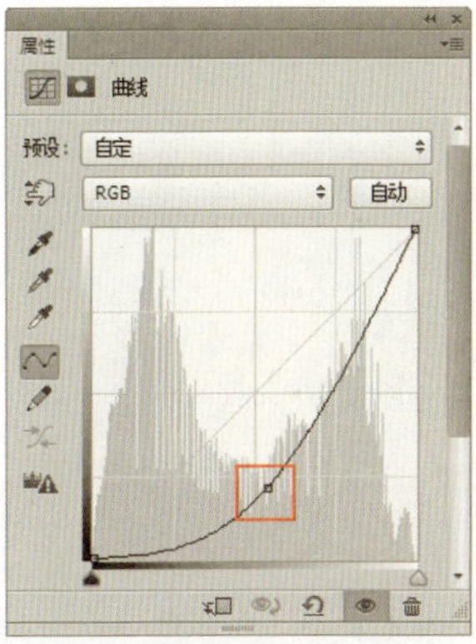

图18-185

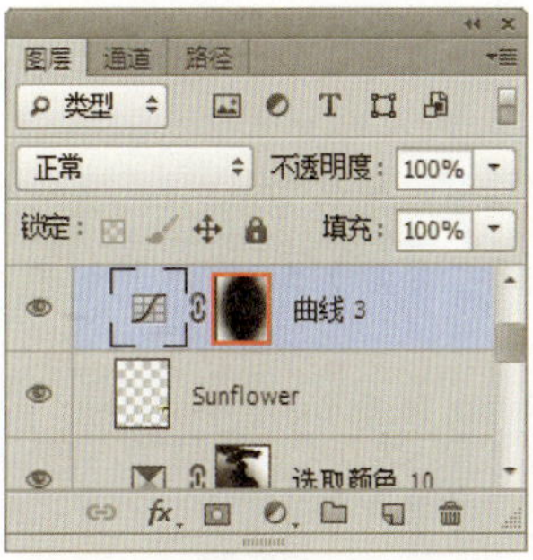

图18-186

图18-187

42 再次创建“可选颜色”调整图层，设置“颜色”为黄色，“青色”数值为 0%，“洋红”数值为 0%，“黄色”数值为 -93%，“黑色”数值为 0%，如图 18-188 所示。设置“颜色”为绿色，“青色”数值为 0%，“洋红”数值为 0%，“黄色”数值为 -100%，“黑色”数值为 0%，如图 18-189 所示。

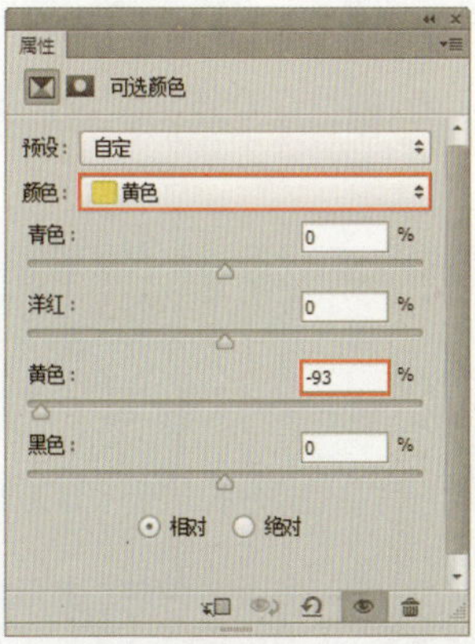

图18-188

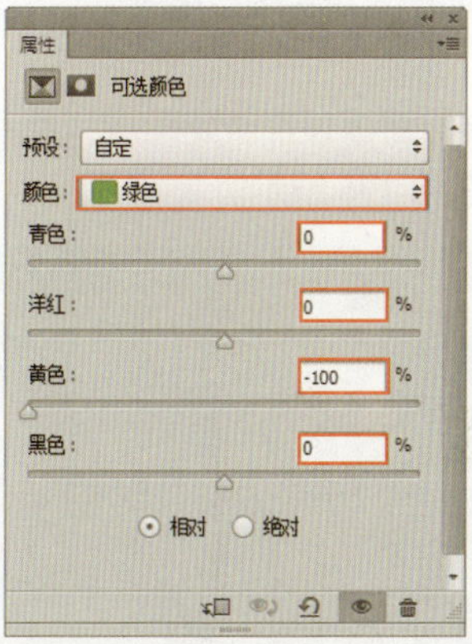

图18-189

43 设置“颜色”为黑色，“青色”数值为 0%，“洋红”数值为 0%，“黄色”数值为 -27%，“黑色”数值为 0%，如图 18-190 和图 18-191 所示。

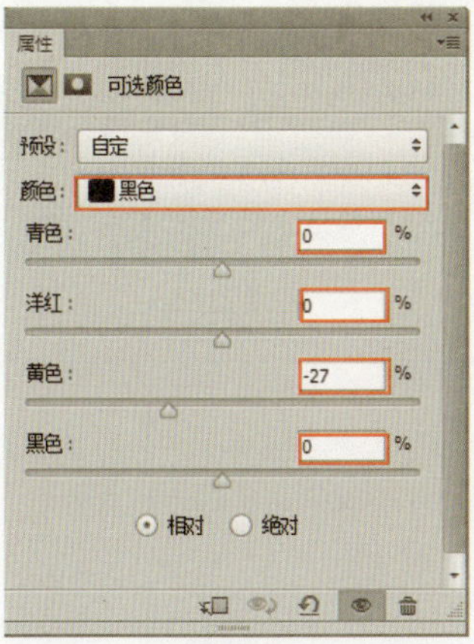

图18-190

图18-191

44 导入素材“19.png”，置于画面中合适位置，如图 18-192 所示。

45 新建图层设置前景色为紫色，填充前景色，设置图层的“混合模式”为变亮，“不透明度”为 36%，如图 18-193 和图 18-194 所示。

图 18-192

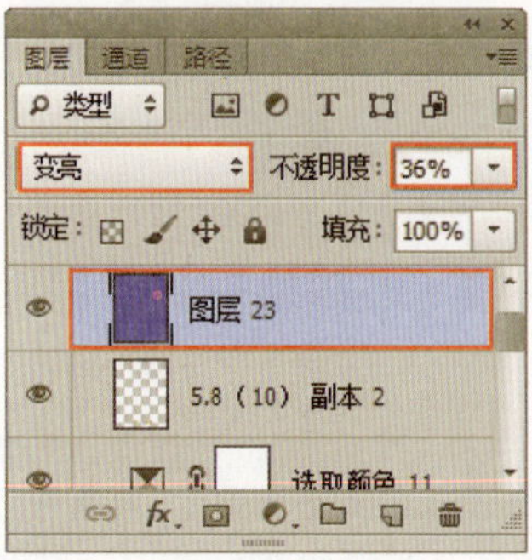

图 18-193

图 18-194

46 按 Ctrl+Shift+E 组合键盖印所有图层，按 Ctrl+T 组合键自由变换，调整图像透视效果，如图 18-195 所示。

47 在“图层”面板顶部新建图层，使用“矩形选框工具”绘制合适的矩形，并为其填充黑色。最终效果如图 18-196 所示。

图 18-195

图 18-196